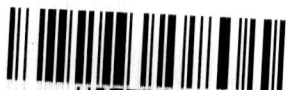

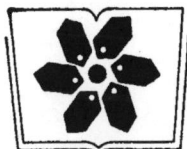

中国科学院科学出版基金资助出版

凝聚态物理学丛书·典藏版

准晶物理学

王仁卉　胡承正　桂嘉年　著

科　学　出　版　社

北　京

内 容 简 介

本书在阐述准晶物理学基本知识和基本理论的同时，突出地介绍了作者及其课题组在准晶物理学的开创性研究中所取得的主要成就. 全书 10 章，主要叙述准晶材料及其制备；准晶点阵的切割投影法描述；准晶的原子结构；准晶体的对称操作和对称群；准晶体平衡性质热力学及物理性质张量；准晶的线弹性理论；准晶的电子结构和物理性能；准晶近似相和准晶相变；晶体与准晶的热漫散射理论；准晶中的结构缺陷. 书末附录 A 至附录 E 列举了有关准晶点群的特征标，准晶的应变张量不变量，以及准晶的物理性能张量的具体形式。附录 F 则为本书三位作者和武汉大学准晶研究课题组所发表的有关准晶研究的主要论文目录.

本书可供从事准晶材料、准晶物理学和晶体物理学的科研、教学、开发、应用的科技工作者参阅，也可作为大专院校有关专业研究生的教学用书.

图书在版编目(CIP)数据

准晶物理学/王仁卉，胡承正，桂嘉年著. —北京：科学出版社，2004.8
(2017.1 重印)

（凝聚态物理学丛书：典藏版）

ISBN 978-7-03-011718-2

Ⅰ.①准… Ⅱ.①王…②胡… Ⅲ.①准晶体—晶体物理学 Ⅳ.①O753

中国版本图书馆 CIP 数据核字(2003)第 059355 号

科 学 出 版 社出版
北京东黄城根北街 16 号
邮政编码：100717
http://www.sciencep.com

北京厚诚则铭印刷科技有限公司 印刷
科学出版社发行 各地新华书店经销

*

2004 年 8 月第 一 版 开本：850×1168 1/32
2017 年 1 月印 刷 印张：15 3/4
字数：423 000

定价：128.00 元

(如有印装质量问题，我社负责调换)

《凝聚态物理学丛书》出版说明

以固体物理学为主干的凝聚态物理学,通过半个世纪以来的迅速发展,已经成为当今物理学中内容最丰富、应用最广泛、集中人力最多的分支学科. 从历史的发展来看,凝聚态物理学无非是固体物理学的向外延拓. 由于近年来固体物理学的基本概念和实验技术在许多非固体材料中的应用也卓有成效,所以人们乐于采用范围更加广泛的"凝聚态物理学"这一名称.

凝聚态物理学是研究凝聚态物质的微观结构、运动状态、物理性质及其相互关系的科学. 诸如晶体学、金属物理学、半导体物理学、磁学、电介质物理学、低温物理学、高压物理学、发光学以及近期发展起来的表面物理学、非晶态物理学、液晶物理学、高分子物理学及低维固体物理学等都是属于它的分支学科,而且新的分支尚在不断迸发. 还有,凝聚态物理学的概念、方法和技术还在向相邻的学科渗透,有力地促进了材料科学、化学物理学、生物物理学和地求物理学等学科的发展.

研究凝聚态物质本身的性质和它在各种外界条件(如力、热、光、气、电、磁、各种微观粒子束的辐照乃至各种极端条件)下发生的变化,常常可以发现多种多样的物理现象和效应,揭示出新的规律,形成新的概念,彼此层出不穷,内容丰富多彩,这些既体现了多粒子体系的复杂性,又反映了物质结构概念上的统一性. 所有这一切不仅对人们的智力提出了强有力的挑战,更重要的是,这些规律往往和生产实践有着密切的联系,在应用、开发上富有潜力,有可能开辟出新的技术领域,为新材料、元件、器件的研制和发展,提供牢固的物理基础. 凝聚态物理学的发展,导致了一系列重要的技术突破和变革,对社会和科学技术的发展将发生深远的影响.

为了适应世界正在兴起的新技术革命的需要,促进凝聚态物理学的发展,并为这一领域的科技人员提供必要的参考书,我们特组织了这套《凝聚态物理学丛书》,希望它的出版将有助于推动我国凝聚态物理学的发展,为我国的四化建设做出贡献.

主　编　葛庭燧

副主编　冯　端

序

晶体中的原子位置具有三维周期性,因而具有长程平移序. 受到具有周期性的限制,晶体的长程取向序只允许 1, 2, 3, 4, 6 次旋转对称,不允许 5 次及 7 次以上的旋转对称. 一个简单的例子就是不能用正五边形的地砖铺满地面而不留空隙. 自从 Laue 在 1912 年发现晶体的 X 射线衍射(后来还有电子衍射及中子衍射)和 Bragg 父子用它测定晶体中的原子位置以来,成千上万个晶体结构无一违反上述旋转对称定则. 因此,当 Shechtman 等在 1984 年底宣布在急冷的 Al-Mn 合金中观察到具有二十面体长程取向序(二十面体有六支 5 次旋转对称轴,十支 3 次轴,十五支 2 次轴)的合金相后,立即在固体科学界产生很大的震动. 有的科学周刊报道此一发现的标题竟是"晶体学的瓦解". 晶体学的泰斗、诺贝尔化学奖得主 Pauling 也拒绝接受 5 次旋转对称,并称它是"Nonsense". 但 Shechtman 等将其观察到的合金相解释为具有长程准周期(quasiperiodicity)平移序的合金相,这并未违背"周期性的晶体不可能具有 5 次或 7 次以上旋转对称"的法则. 问题在于过去人们把周期性与长程平移序完全等同,没有想到还有准周期的平移序. 接着人们又在一些急冷的合金相中发现了 8 次、10 次和 12 次旋转对称,它们也都具有准周期的长程平移序,但无周期性. 准晶(quasicrystal)就是准周期性晶体(quasiperiodic crystal)的简称. 迄今除了在近两百种合金中外,还在 Ta 的碲化物中发现准晶. 有些二元和三元准晶还是热力学的稳定相,出现在二元和三元平衡图中. 人们还用提拉法、Bridgman 法制备出来的 Al-Pd-Mn, Al-Li-Cu, Zn-Mg-Ho, Al-Cu-Fe 等二十面体准晶大单晶, Al-Co-Ni, Al-Co-Cu, Zn-Mg-Dy 等 10 次准晶大单晶. 此外,在一些工业铝合金、镁合金、不锈耐热钢等的长期使用过程中还会有准晶析出的现象. 因此可以说,准晶的出现不但没有使晶体学瓦解,反而丰富了晶体学的内容,扩大了它的范畴.

在三维周期性晶体中,描述其中原子的位置的矢量(位矢)以及描述原子的位移的位移矢量都是三维空间的矢量. 对于准晶,在每个准周期方向至少要用两个基矢描述原子的位置. 因此,在二十面体准晶中要用 6 个基矢($N = 6$)描述原子的位置. 准晶的物理学和晶体学工作者,往往把 d 维空间的准晶描述为由 N 维($N > d$)空间晶体被 d 维物理空间切割而得到. 二十面体准晶的长程位移序在三维空间中是准周期性的,但在六维空间中就是周期性的了. 这样,在六维空间中处理准晶的晶体学问题就简便多了. 但是在六维空间中,还有一个 $N - d = 3$ 维的赝空间(又称补空间或垂直空间),因此六维位矢 $\boldsymbol{R}$ 还有一个分量 $r^{\perp}$. 同理,六维空间中的位移矢量 $\boldsymbol{U}$ 也可分解为平行空间分量 u 和垂直空间分量 w:$\boldsymbol{U} = u + w$,前者称为声子(phonon)型位移,后者称为相位子(phason)型位移.

因此,准晶的原子结构的描述,准晶衍射花样的运动学理论计算,准晶的对称性(包括点群和空间群)和群论,准晶涉及的相位子应变的物理性能(例如弹性,压电效应等),以及准晶的热漫散射理论,不但要考虑声子型,还要考虑相位子型位移的影响,从而要比晶体中的情况更为复杂. 此外,准晶中某些特殊的线性相位子应变所引起的原子的跳动,使准晶转变成结构与其类似的晶体相.

早期的准晶都是在急冷合金中发现的,颗粒小(微米晶或纳米晶),又常有其他合金相并存,因此使用透射电子显微镜(包括微米或纳米电子衍射)就成为确认准晶和研究其晶体学特征(旋转对称和准周期性)的主要手段. 本书主要作者王仁卉教授,作为凝聚态物理和材料物理的实验工作者,在合金学、晶体学和电子显微学三方面均有很深造诣,因此在准晶研究初期就把电子衍射的动力学理论和会聚束电子衍射用于准晶研究. 本书第二作者胡承正教授,作为理论物理学工作者,在群表示理论和电子理论等方面学具有专长. 本书第三作者桂嘉年教授则专长于材料物理基本理论和相关的实验技术. 王仁卉领导的科研课题组,在准晶的高维晶体学、对称群、物理性能张量、位错 Burgers 矢量的实验鉴定、位错的弹性理论等方面发表了一系列高水平的学术论文. 特别是在准晶中的位错研究方面,始终处于国际研究前沿,有不少创新性研究成果. 正因为如此,王仁卉教授多次应邀在国际准晶学术会议上作专题报告. 王仁卉、胡承正应 Reports on Progress in Physics 学报主编的邀请,撰写的"准晶中的对称群、物性张量、弹性和位错[Symmetry groups, physical property tensors, elasticity and dislocations in quasicrystals, Rep. Prog. Phys., 2000(63):1～39]"综述已在三年前发表. 他们应 Westbrook J H 和 Fleischer R L 两位主编的邀请为《金属间化合物》第 3 卷(Intermetallic Compounds, Vol. 3, Progress)撰写了"准晶中的位错(Dislocations in Quasicrystals)"一章(该书已由 John Wiley & Sons 出版社于 2002 年出版).

本书在阐述准晶物理学的有关基本知识和基本理论的同时,也总结了王仁卉教授和他领导的武汉大学准晶研究小组多年研究的主要成果. 选材上,(1)较多侧重于准晶晶体学,包括准晶点阵和准晶原子模型的切割-投影法描述,准晶的晶系、点群和空间群的分类,群表示论在准晶中的应用等. (2)在准晶的物理性能方面,有一章介绍准晶的电子结构及相关的物理性能. 更多的篇幅则用于介绍准晶的弹性,以及与准晶弹性密切相关的准晶的热漫散射理论,还有采用实验测定的准晶热漫散射强度在倒易空间的分布而拟合出准晶弹性常数这方面的初步工作. (3)在准晶原子结构缺陷方面,本书综述了在准晶中引入线性相位子应变而形成的结构类似准晶的晶体相的理论以及有关的实验结果,详细地介绍了他们在准晶中位错的弹性理论方面的开创性研究成果,并简单概述了准晶中的面缺陷(包括层错、小角晶界、孪晶、反相畴壁、公度错等)的实验鉴定方面的结果.

本书深入浅出、雅俗共赏. 既注重通俗易懂地阐述新概念,又力求把读者带到准晶研究的最前沿. 具有材料科学或物理学本科毕业的基础并对准晶有兴趣的读者,通过努力,都可看懂. 愿向广大材料科学、凝聚态物理和晶体学工作者推荐,是为序.

郭可信

前　言

准晶是 1984 年新发现的具有与晶体和非晶玻璃态不同的结构的新的凝聚态物质. 此前, 人们通常认为, 固态物质只有晶态和非晶态两种结构类型. 晶体的基本特征是原子排列具有周期性, 具有长程平移序. 而非晶态的基本特征是原子排列只具有短程序, 长程则是无序的. 晶体的周期性决定了它的长程取向有序仅仅可能具有二次、三次、四次和六次的旋转对称性, 而不可能有五次、七次和其他旋转对称性. 准晶不同于非晶, 它具有长程平移序和取向序. 在具有长程平移序和取向序这一方面, 准晶同晶体是一样的. 他们的差别在于, 晶体具有周期性, 而准晶则没有周期性, 准晶具有准周期性. 正是因为准晶没有周期性, 其旋转对称性也就不限于二次、三次、四次和六次, 可以有五次、八次、十次、十二次等等旋转对称性. Schechtman 等于 1984 年在急冷的 Al-Mn 合金中观察到具有二十面体对称性的准晶. 二十面体准晶的旋转对称性中, 除了二次和三次对称性之外, 就包含有五次对称性.

对于具有周期性的 $d(d=1,2,3)$ 维空间的晶体, 描述其中原子的位置的矢量(位矢), 以及描述原子的位移的位移矢量, 也是 d 维空间的矢量. 准晶物理学工作者和准晶晶体学工作者, 往往把 d 维空间的准晶描述为由 N 维($N > d$)空间晶体被 d 维物理空间切割而得到. 因此, 对于具有准周期性的 $d(d=1,2,3)$ 维空间的准晶体, 描述其中原子的位置的位矢, 以及描述原子的位移的位移矢量, 则需要用 $N(N > d)$ 维空间的矢量来描述. 例如, 对于二十面体准晶, 位矢和位移矢量都需要用 $N = 6$ 维空间的矢量描述. 一个 N 维空间的位矢 $\boldsymbol{R}$ 可以分解为 d 维的物理空间(平行空间)矢量 $\boldsymbol{r}^{\parallel}$ 和($N-d$)维的垂直空间矢量 $\boldsymbol{r}^{\perp}$ 两部分: $\boldsymbol{R} = \boldsymbol{r}^{\parallel} + \boldsymbol{r}^{\perp}$, 其

中物理空间的分量 $r^{\parallel}$ 就是准晶中原子的位矢. 一个 N 维空间的位移矢量 U 可以分解为 d 维的物理空间(平行空间)位移矢量 u 和 $(N-d)$ 维的垂直空间位移矢量 w 两部分: $U = u + w$. 其中物理空间的分量 u 描述准晶中原子的位置的移动,这一类位移可以是连续变化的,文献上称之为声子型位移. 垂直空间位移矢量 w 描述准晶中原子向其近邻的另一个亚稳平衡位置的跳动,这一类位移在文献上称之为相位子型位移. 这是因为,高维空间的原子是沿着垂直空间的方向拉长的,具有一定的形状,沿垂直空间的位移 w 将会导致某些原来被物理空间切割的原子,例如处于位矢为 $R = r^{\parallel} + r^{\perp}$ 的原子,移到了 $R + w = r^{\parallel} + (r^{\perp} + w)$ 处,不再能够被切割,而另一些原来没有被切割的原子,例如其近邻的处于位矢为 $R + \Delta R = (r^{\parallel} + \Delta r^{\parallel}) + (r^{\perp} + \Delta r^{\perp})$ 的原子,则移动到 $R + \Delta R + w = (r^{\parallel} + \Delta r^{\parallel}) + (r^{\perp} + \Delta r^{\perp} + w)$ 处而能够被切割了. 换句话说,原子从位矢为 $r^{\parallel}$ 的一个位置跳到了位矢为 $(r^{\parallel} + \Delta r^{\parallel})$ 的另一个位置.

因此,准晶的原子结构的描述,准晶衍射花样的运动学理论计算,准晶的对称性和群论,包括点群和空间群,准晶所涉及的相位子应变的物理性能,例如弹性,压电效应等,以及准晶的热漫散射理论等都与晶体不完全相同,且更为复杂. 此外,准晶中某些特殊的线性相位子应变所引起的原子的跳动,使准晶转变成其近似晶体相(近似相). 在一定的条件下,准晶可以转变成近似相. 在中国科学院郭可信院士的关心、鼓励、指导和帮助下,武汉大学物理系准晶研究小组,包括本书的三名作者,还有丁棣华教授,邹化民教授,戴明星教授,以及先后在本课题组攻读博士学位或者在其攻博期间与本课题组师生密切合作的王洲光博士,鄢炎发博士,冯江林博士,杨文革博士,杨湘秀博士,雷建林博士,王建波博士,赵东山博士等,在国家自然科学基金委员会先后八个项目的资助下,从事准晶研究 17 年. 研究过程中有许多实验工作是在中国科学院北京电子显微镜实验室完成的,还有些工作是在日本国北海道大学高桥平一郎教授的超高压电镜与离子辐照联机装置、在德国 Juelich 研究中心 K. Urban 教授的微结构研究所、在法国国家研究中心下属的晶体生长机制研究中心 Gastaldi 研究员的实验室并通过他在欧洲同步辐射装置 X 射线形貌站合作完成的. 主要的成果如下：

(1) 准晶中缺陷的观察与鉴定. 这包括两方面：一是开发出了新的，或改进并完善了其他研究者已经采用过的运用透射电子显微镜实验鉴定全位错的 Burgers 矢量 $\boldsymbol{B} = \boldsymbol{b}^{\parallel} + \boldsymbol{b}^{\perp}$ 的技术. 计有：(a)开发出了鉴定孤立的、与试样薄膜斜交的、全位错的 Burgers 矢量的离焦会聚束电子衍射(CBED)技术；(b)改进并完善了鉴定全位错的 Burgers 矢量的衍射衬度法；(c)开发出了鉴定近乎垂直于试样薄膜的、全位错的 Burgers 矢量的高分辨点阵条纹技术. 二是采用这些实验技术对准晶中位错及其特征进行了大量的实验研究. 主要成果有：(a)采用离焦 CBED 技术鉴定出二十面体准晶和十次准晶中位错具有的一系列的 Burgers 矢量 $\boldsymbol{B} = \boldsymbol{b}^{\parallel} + \boldsymbol{b}^{\perp}$，它们在平行空间中的分量 $\boldsymbol{b}^{\parallel}$ 都平行于某一个方向，例如某支二次轴，但其垂直分量 $\boldsymbol{b}^{\perp}$ 与平行分量 $\boldsymbol{b}^{\parallel}$ 的长度之比 $|\boldsymbol{b}^{\perp}|/|\boldsymbol{b}^{\parallel}|$ 却不同. (b)采用衍射衬度法在 Al-Mn-Si 和 Al-Pd-Mn 二十面体准晶中鉴定出小位错圈.

(2) 准晶晶体学及准晶物理性能张量. 在荷兰著名的准晶晶体学家 T. Janssen 推导准晶点群工作的基础之上，完善了关于二维准晶和一维准晶的晶系、Laue 类、点群和空间群的分类. 把晶体平衡物理性能热力学推广到准晶，并应用群表示理论，推导出各种 Laue 类准晶的应变张量不变量，进而推导出各 Laue 类准晶独立弹性常数的个数以及在常用坐标系中弹性常数张量的具体的形式.

(3) 准晶以及准晶中位错的线弹性理论. 把晶体中相应的理论，包括计算长直位错线周围应变场和应力场的 Eshelby 法和 Stroh 法，推广到准晶的情况，并就某些特殊方向的长直位错线的弹性场推导出了解析表达式.

(4) 准晶的热漫散射理论和准晶弹性常数的热漫散射法测定. 完善并改进了 Jaric 和 Nelson 提出的准晶的热漫散射理论, 纠正了他们在处理相位子位移场冻结的效应时由于考虑不周而造成的计算公式中的错误, 并推导了计算二维准晶的热漫散射强度的公式, 计算发现, 热漫散射强度在倒空间中的分布强烈地依赖于弹性常数. 据此, 通过对 Al-Ni-Fe 十次准晶的漫散射强度分布的同步辐射 X 射线测定, 以及应用有能量过滤功能的透射电子显微镜对 Al-Pd-Mn 二十面体准晶的漫散射强度分布的电子衍射定量测定, 获得了有关其弹性常数的信息.

(5) 准晶高温塑性形变的微观机制. 与晶体塑性形变的微观机制类似, 准晶在高温的塑性形变主要是通过位错的滑移和增殖而实现的. 与晶体塑性形变的位错机制不同之处在于: 准晶中的位错运动通常是首先实现其 Burgers 矢量的声子型分量的滑移, 在位错扫过的区域留下一个相位子型的层错, 这个相位子型层错随后通过扩散而变宽, 直到消失. 现有的准晶在室温都是脆性的, 在高温才显示塑性. 因此, 原子扩散, 由于扩散而造成的位错攀移, 晶界滑移等机制也会起作用.

(6) 准晶合金的凝固过程和准晶的形成过程. 通过对 Al-Cu-Fe 二十面体准晶形成过程的研究, 发现过去被认为初生晶是 β 相的区域, 应该分成 β 相和 ϕ 相两个区域. 通过对 Al-Pd-Mn 二十面体准晶形成过程的研究, 提出了一个准晶晶粒可以在多处成核并长大的观点, 即一个准晶晶粒可以由多个畴构成, 这些畴在多处成核并长大, 但属于一个局域同晶类, 其间为相位子型畴壁.

本书在阐述准晶物理学的有关基本知识和基本理论的同时, 也总结了本课题组多年研究的主要成果. 选材上较多侧重于准晶晶体学, 包括准晶点阵和准晶原子模型的切割-投影法描述, 准晶的晶系、点群和空间群的分类, 群表示论在准晶中的应用等. 在准晶的物理性能方面, 有一章介绍准晶的电子结构及相关的物理性能, 更大的篇幅则用于介绍准晶的弹性. 由于科学出版社李义发等同志的鼓励、帮助与耐心等待,本书得以问世.在此,我们向科学出版社,郭可信院士,国家自然科学基金委员会,中国科学院北京电子显微镜实验室,我们课题组的全体师生,以及一切帮助过我们的国内外的朋友们,表示深切的谢意.由于时间有限,本书涉及的领域较宽,错误与不妥之处在所难免,欢迎指正.

王仁卉　胡承正　桂嘉年

目　　录

第一章 准晶材料及其制备

§1.1 准晶材料及其分类

晶体的最基本的特征是具有周期性,即在 3 维空间中,某个理想的完整晶体可由其单胞沿着 3 个方向周期性地平移而得到. 晶体学中往往用 Bravais 点阵来描述晶体的周期性,即 Bravais 点阵中的每个点代表着晶体的一个单胞,把某晶体的 Bravais 点阵中的每个阵点都换成这个晶体的单胞,就得到该晶体(理想的完整晶体). 周期性制约了旋转对称性只可能有 1 次,2 次,3 次,4 次和 6 次这几种. 由于晶体中存在的热振动引起的位移无序(这是不可避免的),或者异类原子以及其他原因引起的置换无序、位移无序等缺陷(包括无规分布的或呈现调制结构的),使得实际的晶体中的阵点的位置较之理想的 Bravais 点阵有所偏离,而且不同的阵点处的单胞内的原子的种类和位置也可能不同. 总之,实际的晶体不可能是完整的,但往往可用一个平均的 Bravais 点阵来描述. 相应地,晶体的衍射花样及其所反映的倒易点阵由分离的衍射斑点及其所反映的倒易阵点组成,而且这些倒易阵点的几何位置的分布(不考虑强度)也是周期性的,构成倒易点阵.

准晶的最基本的特征是没有周期性,但具有准周期性. 相应地,准晶的衍射花样及其所反映的倒易点阵由分离的衍射斑点及其所反映的倒易阵点组成,但这些倒易阵点的几何位置的分布(不考虑强度)是准周期性的. 无论周期性还是准周期性都是长程平移序. 不同处在于:对于具有周期性的晶体而言,描述其周期性的基矢的个数 N 与该晶体所在空间的维数 d 是一样的. 对于具有准周期性的准晶体而言,描述其准周期性的基矢的个数 N 大于该准晶体所在空间的维数 d:$N > d$. 准晶物理学工作者和准晶晶体学工作者,往往把 d 维空间的准晶体描述为由 N 维($N>d$)空间晶体被具有无理数斜率的 d 维物理空间切割而得到. 但是,并非满足条件 $N>d$ 的物体都是准晶体. 例如调制结构中最重要、最基本的是 d 维空间中的晶体,对这晶体的调制则用 $N-d$ 个波矢描述,是个微扰. 反映在衍射花样上,d 维晶体产生的衍射斑点强度较高,而对应于 $N-d$ 个调制波矢的卫星斑点则很弱. 这是具有平均的 Bravais 点阵的情况. 又如,复合结构可以描述为由 $n=2,3,\cdots$ 个晶体互相穿插而构成,其衍射花样中的强衍射斑可看作由这 n 个互相穿插的晶体各自的衍射花样加合而成. 描述准周期性的基矢的个数 N 不但大于该准晶体所在空间的维数 d:$N>d$,而且还不能从中选出 1 套对应于平均的 Bravais 点阵的强度较高的衍射斑点. 总之,准晶的基本特征是具有准周期性,不存在平均的 Bravais 点阵. 相应地,正因为准晶没有周期性,其旋转对称性也就不限于 1,2,3,4,6 次,可以有 5,8,10,12 次,甚至其他次旋转对称性. 但是,"具有准周期性,不存在平均的 Bravais 点阵"这样的条件,并没有排斥晶体学对称性.

但是,也有些作者认为准晶不但应该具有准周期性,还应该具有非晶体学对称,例如 5 次,8 次,10 次或 12 次旋转对称性. 按照这种观点,就不太容易处理实验上已经观察到的具有准周期性的立方准晶(Feng, et al. 1990; Wang, et al. 1994; Donnadieu, et al. 1996, 2000),一维准晶,以及六角准晶(Selke, et al. 1994; Selke & Ryder, 1995; Kuo, 2002a). 据此,我们认为,从高维空间晶体的对称群和群论出发,凡是被具有无理数斜率的 d 维物理空间切割而得到的,其中原子的分布不存在平均的 Bravais 点阵而具有准周期性的材料都是准晶. 郭可信院士(Kuo, 2002b)和著名的理论晶体学家和理论物理学家 Ted Janssen(1987, 1988, 1992)以及 Ron Lifshitz(Lifshitz, 2000, 2002)也持相同的观点. 本书按此观点收集准晶材料,并推导准晶的对称群,而不论是否具有非晶体学对称性.

根据准晶在热力学上的稳定性,可将其分为稳定准晶和亚稳准晶二大类. 根据三维物理空间中材料呈现周期性的维数,可以把准晶分成三维准晶、二维准晶和一维准晶三大类．所谓三维准晶，指的是三维物理空间的材料，其中的原子在三维上都是准周期分布的．实验上已经发现的三维准晶有二十面体准晶和立方准晶两大类．其中，二十面体准晶又可分为简单二十面体准晶和面心二十面体准晶两类．所谓二维准晶指的是三维物理空间的材料，其中的原子有二维是准周期分布的，另外一维则是周期地分布的．实验上已发现的二维准晶有十次准晶、十二次准晶、八次准晶和五次准晶等四类．这些二维准晶沿其周期性方向分别具有十次旋转轴，十二次旋转轴、八次旋转轴和五次旋转轴．所谓一维准晶，指的是三维物理空间的材料，其中的原子有二维是周期分布的，另外一维才是准周期地分布的．

至今已发现近 200 种成分的准晶，其中有七十余种是热力学上稳定的．在这些准晶中，有 96 种（其中 47 种是稳定的）二十面体准晶，65 种（其中 26 种是稳定的）十次准晶．

1.1.1　三维准晶

如上所述，所谓三维准晶，指的是三维物理空间的材料，其中的原子在三维上都是准周期分布的．实验上已经发现的三维准晶有二十面体准晶和立方准晶两大类．

1.二十面体准晶　表 1.1 列出了实验上已经发现的二十面体准晶的化学成分、准点阵常数 a_R、点阵类型（初基简单准点阵 P 或面心准点阵 F）、热力学上的稳定性、以及结构类型（A 类或 B 类）．其中 a_R 是初基简单二十面体准点阵的点阵常数．由于原子分布的有序化而形成的面心二十面体准点阵的点阵常数则为其两倍．按照构成准晶的原子团，现在在已知的二十面体准晶有两种结构类型．其中 A 类二十面体准晶的原子团是 Mackay 二十面体，准点阵常数 $a_R \approx 4.6$Å，电子浓度比 e/a 约为 1.75．B 类二十面体准晶的原子团是 Samson-Pauling-Bergmann 菱形三十面体，准点阵常数 $a_R \sim 5.2$Å，电子浓度比 e/a 约为 2.1．关于 Mackay 二十面体原子团和 Samson-Pauling-Bergmann 菱形三十面体原子团的详细描述参见郭可信(Kuo,2001)或 §3.1.

蔡安邦(1999)和董闯(1998)详细地总结了准晶与其晶体近似相的电子浓度比 e/a 的规律,认为稳定的二十面体准晶是由电子结构决定的 Hume-Rothery 相.

近年蔡安邦(2000)和郭俊清等(2000a,2000b, 2001,2002)在 Cd 基合金中新发现了 15 种稳定准晶,其中最引起大家兴趣的是 $Cd_{85}Ca_{15}$ 和 $Cd_{84}Yb_{16}$ 两个二元稳定准晶,因为此前发现的稳定准晶都是三元的甚至更多元的. 这些 Cd 基二十面体准晶的准点阵常数 a_R 比较大,约为 5.57 ~ 5.80 Å,电子浓度比 e/a 约为 2.0~2.2.

从表1.1可见,至今已经发现 96 种成分不同的二十面体准晶,其中有 47 种是热力学上稳定的,它们是:Al-Cu-TM 系,Al-Pd-TM 系(TM 代表过渡金属), $Ti_{41.5}Zr_{41.5}Ni_{17}$, $Ti_{45}Zr_{38}Ni_{17}$, $Al_{5.1}Li_3Cu$, $Zn_{43}Mg_{37}Ga_{20}$, $Mg_{47}Al_{38}Pd_{15}$, Zn-Mg-RE 系合金(RE 代表稀土元素),Cd 基合金以及 Ag-In 基合金.

表 1.1　实验上已经发现的二十面体准晶

化学成分	准点阵常数 a_R/Å	点阵类型	热力学稳定性	结构类型	参考文献
Al-TM(过渡金属)合金					
$Al_{86}Mn_{14}$	4.60Å	P		A	Shechtman,et al. (1984)
$Al_{85}Cr_{15}$	4.65Å			A	Zhang,et al. (1988) Inoue,et al. (1987)
Al-Mo	4.75Å			A	Chen,et al. (1987)
$Al_{78}Re_{22}$				A	Bancel and Heiney (1986)
Al_4Ru				A	Anlage,et al. (1988)
Al_4V	4.75Å			A	Chen,et al. (1987)
Al-W				A	

化学成分	准点阵常数 a_R / Å	点阵类型	热力学稳定性	结构类型	参考文献
Al-TM(过渡金属)合金					
$Al(Cr_{1-x}Fe_x)$				A	Schurer, et al. (1988)
$Al(Mn_{1-x}Fe_x)$				A	
$Al_{82.4}Fe_{8.8}V_{3.6}Si_{5.2}$		P		A	Tang, et al. (1993a)
$Al_{76.3}Fe_{9.2}Cr_{4.6}Mo_{2.9}Si_{7.0}$		P		A	关绍康等(1997)
$Al_{62}Cr_{19}Si_{19}$	4.60Å			A	Inoue, et al. (1987a)
$AL_{60}Cr_{20}Ge_{20}$					Chen., and Inoue (1987)
$AL_{65}Cr_{20-x}Fe_xGe_{15}$				A	Srinivas, et al. (1990)
Al-Cr-Ru				A	Bancel and Heiney (1986)
$Al_{62}Cu_{25.5}Fe_{12.5}$	4.45Å	F	稳定	A	Tsai, et al. (1988d); Ebalard & Spaepen (1989); Tsai (1999)
$Al_{62-x}Be_xCu_{25.5}Fe_{12.5}$		F	稳定	A	Song, et al. (2002)
$Al_{65}Cu_{20}Mn_{15}$		F		A	He, et al. (1988)
Al-Cu-Mn-B	4.51Å	F	稳定	A	
$Al_{63}Cu_{25}Os_{12}$	4.51Å	F	稳定	A	Tsai, et al. (1988b); Tsai(1999)
$Al_{63}Cu_{25}Ru_{12}$	4.53Å	F	稳定	A	
$Al_{65}Cu_{20}Cr_{15}$		F	稳定	A	Tsai, et al. (1988a)
$Al_{65}Cu_{20}V_{15}$	4.59Å			A	Tsai, et al. (1988a)
$Al_{70}Fe_{20}Ta_{10}$	4.55Å			A	Tsai, et al. (1988c)
$Al_{73}Mn_{21}Si_6$	4.60Å			A	Gratias, et al. (1988)
$Al_{55}Mn_{20}Si_{25}$				A	Inoue, et al. (1988)
$Al_{60}Mn_{20}Ge_{20}$				A	Tsai, et al. (1988d)
$Al_{75.5}Mn_{17.5}Ru_4Si_3$				A	Heiney, et al. (1986)

化学成分	准点阵常数 a_R / Å	点阵类型	热力学稳定性	结构类型	参考文献
$Al_{74}Mn_{17.6}Fe_{2.4}Si_6$	4.59Å			A	Ma and Stern (1988)
$Al_{75}Mn_{15}Cr_5Si_5$				A	Nanao, et al. (1987)
Al-Mn-(Cr,Fe)					Janot, et al. (1988)
$Al_{70.5}Pd_{21}Mn_{8.5}$	4.56Å	F	稳定	A	Tsai, et al. (1990b);
$Al_{70.5}Pd_{20.5}Re_9$	4.60Å	F	稳定	A	Tsai (1999)
Al-Pd-Mn-B	4.55Å	F	稳定	A	Yokoyama, et al. (1992)
$Al_{72}Pd_{25}V_3$		F		A	
$Al_{70}Pd_{17}Fe_{13}$		F		A	Tsai, et al. (1990c)
$Al_{72}Pd_{20}Cr_8$		F		A	
$Al_{75}Pd_{15}Co_{10}$		F		A	
$Al_{70}Pd_{20}Cr_5Fe_5$		F	稳定	A	
$Al_{70}Pd_{20}V_5Co_5$		F	稳定	A	Yokoyama, et al. (1991a);
$Al_{70}Pd_{20}Mo_5Ru_5$		F	稳定	A	Tsai (1999)
$Al_{70}Pd_{20}W_5Os_5$		F	稳定	A	
$Al_{52}Mg_{17}Pd_{31}$	4.63Å	F		A	Koshikawa, et al. (1993)
$Al_{70}Mg_8Rh_{22}$		F		A	

Ti 基, Ti-Ni 基, Ti-Zr 基,

V-Ni 基,

Pd 基合金

化学成分	准点阵常数 a_R / Å	点阵类型	热力学稳定性	结构类型	参考文献
$(Ti_{1-x}V_x)_2Ni,$ $x=0\sim0.3$		F		A	Zhang, et al. (1985)
Ti_2Fe	4.72Å	F		A	Dong, et al. (1986);
Ti_2Mn	4.79 Å	F		A	Kelton, et al. (1988)
Ti_2Co	4.82Å	F		A	
$Ti_{56}Ni_{28}Si_{16}$		F		A	Chatterjee and 0' handley (1989)

化学成分	准点阵常数 a_R / Å	点阵类型	热力学稳定性	结构类型	参考文献
$Ti_{41.5}Zr_{41.5}Ni_{17}$					Kim, et al. (1998);
			稳定		Majzoub, et al. (1998);
$Ti_{45}Zr_{38}Ni_{17}$					Davis, et al. (2000)
					Sadoc, et al. (2000)
$V_{41}Ni_{36}Si_{23}$				A	Kuo, et al. (1987)
Mn-Ni-Si					Kuo, et, al. (1986)
$Pd_{58.8}U_{20.6}Si_{20.6}$	5.14Å			A	Poon, et al. (1985)

$(Al, Zn, Cu, Au)_{49}Mg_{32}$ 类型合金

化学成分	准点阵常数 a_R / Å	点阵类型	热力学稳定性	结构类型	参考文献
$Al_{5.1}Li_3Cu$	5.04Å		稳定	B	Saintfort and Dubost(1986); Mai, et al. (1987)
Al_6CuMg_4	5.21Å			B	Sastry, et al. (1986)
$Al_{51}Cu_{12.5}$ ($Li_xMg_{36.5-x}$)	5.05Å			B	Shen, et al. (1988)
$Al_{50}Li_{25}Mg_{25}$	5.17Å	F		B	Niikura, et al. (1993)
Al_6AuLi_3	5.11Å			B	Chen, et al. (1987a)
$Al_{51}Zn_{17}Li_{32}$	5.11Å			B	
$Al_{50}Mg_{35}Ag_{15}$	5.23Å			B	Mukhopadhyay, et al. (1989)
Al-Ni-Nb				B	
$(Al, Zn)_{49}Mg_{32}$	5.15Å			B	Henley & Elser (1986)
$Zn_{38}Mg_{37}Al_{25}$					
$(Al, Zn, Cu)_{49}Mg_{32}$	5.15Å			B	Mukhopadhyay, et al. (1987)
$Zn_{52}Mg_{32}Ga_{16}$	5.09Å			B	Ohashi & Spaepen (1987)

化学成分	准点阵常数 a_R / Å	点阵类型	热力学稳定性	结构类型	参考文献
$Zn_{43}Mg_{37}Ga_{20}$		P	稳定	B	Kaneko, et al. (2001); Tsai (1999)
$Zn_{40}Mg_{40}Al_{20}$		P		B	Kaneko, et al. (2001)
$Mg_{44}Al_{43}Pd_{13}$	5.13Å			B	Koshikawa, et al. (1992)
$Mg_{47}Al_{38}Pd_{15}$			稳定	B	Tsai (1999)
Zn-Mg-RE 系合金（RE 代表稀土元素）					
Zn-Mg-Y			稳定	B	Luo, et al. (1993)
$Zn_{67.5}Mg_{19.4}Y_{8.1}Zr_{4.9}$			稳定	B	Tang, et al. (1993b)
$Zn_{60}Mg_{30}RE_{10}$ (RE = Gd, Tb, Dy, Ho, Er)		F	稳定	B	Niikura, et al. (1994a); Niikura, et al. (1994b); Tsai, et al. (1994); Tsai (1999)
$Zn_{62.8}Mg_{30.2}Dy_{7.0}$		F	稳定	B	Fisher, et al. (1998)
$Zn_{80}Mg_5Sc_{15}$	5.031Å	P	稳定	B	Kaneko, et al. (2001)
Cd 基合金					
Cd-Cu				B	Bendersky & Biancaniello (1987); Tsai (1999)
$Cd_{84}Yb_{16}$	5.681Å	P	稳定	B	Tsai (2000); Guo, et al. (2000a)
$Cd_{85}Ca_{15}$	5.731Å	P	稳定	B	Guo, et al. (2000a)
$Cd_{65}Mg_{20}Y_{15}$	5.606Å	P	稳定	B	Guo, et al. (2000b, 2002)
$Cd_{65}Mg_{20}Nd_{15}$ $Cd_{70-80}Mg_{10-20}Nd_{7.5-12.5}$	5.711Å	P	稳定	B	Guo, et al. (2000b, 2002)
$Cd_{50-85}Mg_{5-40}Sm_{7.5-12.5}$		P		B	Guo, et al. (2002)
$Cd_{65}Mg_{20}Eu_{15}$	5.799Å	P	稳定		Guo, et al. (2000b)
$Cd_{65}Mg_{20}Gd_{15}$	5.648Å	P	稳定	B	Guo, et al. (2000b)
$Cd_{65}Mg_{20}Tb_{15}$	5.628Å	P	稳定	B	Guo, et al. (2000b)

化学成分	准点阵常数 a_R / Å	点阵类型	热力学稳定性	结构类型	参考文献
Cd$_{66}$Mg$_{21}$Dy$_{13}$ Cd$_{55-80}$Mg$_{5-30}$ Dy$_{5-20}$	5.634Å	P	稳定	B	Guo, et al. (2001)
Cd$_{65}$Mg$_{20}$Ho$_{15}$	5.625Å	P	稳定	B	Guo, et al. (2000b)
Cd$_{65}$Mg$_{20}$Er$_{15}$	5.622Å	P	稳定	B	Guo, et al. (2000b)
Cd$_{65}$Mg$_{20}$Tm$_{15}$	5.606Å	P	稳定	B	Guo, et al. (2000b)
Cd$_{65}$Mg$_{20}$Yb$_{15}$	5.727Å	P	稳定	B	Guo, et al. (2000b)
Cd$_{25-85}$Mg$_{0-60}$ Yb$_{10-20}$		P		B	Guo, et al. (2001)
Cd$_{65}$Mg$_{20}$Lu$_{15}$	5.571Å	P	稳定	B	Guo, et al. (2000b)
Cd$_{25-85}$Mg$_{0-52}$ Ca$_{10-20}$		P		B	Guo, et al. (2001)
Ag-In 基合金					
Ag$_{42}$In$_{42}$Ca$_{16}$		P	稳定		
Ag$_{42}$In$_{42}$Yb$_{16}$		P	稳定		
Ag$_{42-x/2}$In$_{42-x/2}$Ca$_{16}$Mg$_x$		P	稳定		Guo, Tsai(2002)
Ag$_{42-x/2}$In$_{42-x/2}$Yb$_{16}$Mg$_x$		P	稳定		

2. **立方准晶** 立方准晶具有立方晶体的对称性,但其中原子排列没有周期性,具有准周期性.有些准晶研究工作者认为准晶必须具有非晶体学对称性,不承认有立方准晶.如上所述,本书对于准晶采用"具有准周期性,不存在平均的 Bravais 点阵"这样的条件,并不排斥晶体学对称性.表 1.2 中列举了实验上观察到的立方准晶.

表 1.2　实验上已经发现的立方准晶

化学成分	制备方法	准点阵常数	晶体近似相	参考文献
$V_6Ni_{16}Si_7$	快速凝固			Feng, et al. (1990)
$V_6Ni_{16}Si_7$	快速凝固	10.7Å	α-Mn (bcc, $a=8.8$Å)	Wang, et al. (1994)
$Mg_{39}Al_{61}$	快速凝固			Donnadieu, et al. (1996, 2000)

1.1.2　二维准晶

如前所述,所谓二维准晶,指的是三维物理空间的材料,其中的原子有二维是准周期分布的,另外一维则是周期分布的. 实验上已发现,非晶体学二维准晶具有十次准晶、十二次准晶、八次准晶和五次准晶等四类. 这些二维准晶沿其周期性方向分别具有十次旋转轴、十二次旋转轴、八次旋转轴和五次旋转轴. 此外,Selke等 (1994)与 Selke 和 Ryder (1995)还在 Al_4Mn 和 Al_4Cr 合金中观察到二维的六次准晶. 沿其周期性方向具有六次旋转轴,与之垂直的二维平面内原子是准周期分布的.

1. 十次准晶　沿着十次准晶的周期性方向是十次旋转轴 $C_{10}(10)$ 或是十次倒反旋转轴 $C_{5h}(\overline{10})$,即十次准晶的准周期性平面具有十次旋转对称性. 表 1.3 列举了实验上观察到的十次准晶的化学成分、沿着十次轴方向的周期、热力学上的稳定性、及其晶体近似相(准晶及其晶体近似相具有类似的近邻原子结构). 几乎所有的十次准晶都是由 A,B 和 C 三种原子层按不同的顺序堆垛而成. 例如,Al-Co-Cu 类型的十次准晶是由两个平面的原子层按照顺序 Aa 堆垛而得到的,其周期约为 4Å. 其中 A 原子层具有五次对称性,也就是旋转 72°不变. 原子层 a 是把原子层 A 旋转 36°而得到的. 这样得到的十次准晶具有 10_5 螺旋轴对称性. Al-Mn类型的十次准晶是由 6 个原子层按照顺序 ABAaba 堆垛而得到的,其周期约为 12Å. 其中,B 原子层是平面的,而 A 原子层是波浪状的,起伏约为±0.3 Å. Al-Fe-Pd 类型的十次准晶是由 8 个原子层按照 CABA*caba* 顺序堆垛而得到的,其周期约为 16Å. 其中 B 原子层是平面的,而 A 和 C 原子层是波浪状的.

根据十次准晶的准周期平面内原子分布的有序化状态,可以将 Al-Co-Ni 十次准晶分为(1)基本的富 Ni 型(basic Ni-rich state,简称 bNi 型);(2) I 型超结构态(type I superstructure state,简称 I 型);(3) II 型超结构态(type II superstructure state,简称 II 型);(4)S1 型超结构态(type S1 superstructure state,简称 S1 型);(5)基本的富 Co 型(basic Co-rich state,简称 bCo 型)等五种类型. 这五种类型的十次准晶沿其十次轴的选区电子衍射花样各有其不同的特征,分别在不同的成分和温度出现. 详见图 1.12 和 Edagawa,et al. (1992);Grushko, et al. (1994);Ritsch (1996),Ritsch,et al. (1995,1998),Ohsuna,et al. (2000),蔡安邦(1999)以及其中引用的文献.

早年发现的十次准晶几乎全部是 Al 基合金. 近年,Sato 等(1997)在 Zn 基合金 Zn-Mg-Dy 中发现了十次准晶. 郭可信及其合作者(Wu & Kuo, 1997;Ge & Kuo, 1997;Wu et al.,1998;Wu et al. 1999;Wu & Kuo, 2000)在 Ga 基合金(Ga$_7$Mn$_6$,Ga$_7$Mn$_5$, Ga$_{46}$Fe$_{23}$Cu$_{23}$Si$_8$, Ga$_{50}$Co$_{25}$Cu$_{25}$, Ga$_{46}$V$_{23}$Ni$_{23}$Si$_8$)中也发现了十次准晶,并对其结构和晶体近似相的结构进行了系统的研究. 详见有关原始文献.

由表 1.3 可知,至今已经发现了 65 种成分的十次准晶,其中有 26 种是稳定的,它们是 Al-Co-Cu, Al-Co-Ni, Al-Ni-Ru, Al-Pd-TM 和 Zn-Mg-RE 等合金系.

表 1.3 实验上已经发现的十次准晶

化学成分	沿着十次轴方向的周期 c	热力学稳定性	晶体近似相	参考文献
$Al_{65}Cu_{20}Co_{15}$	4,8,12 和 16Å	稳定	$Al_{13}Co_4$	He,et al. (1988b; 1988c)
$Al_{65}Cu_{20}Co_{15}$	4Å	稳定	$Al_{13}Co_4$	Steurer & Kuo (1990)
$Al_{65}Cu_{15}Co_{20}$		稳定	$Al_{13}Co_4$	Tsai (1999)
$Al_{70}Co_{15}Ni_{15}$	4Å	稳定	$Al_{13}Co_4$	Steurer, et al. (1993)
$Al_{70.6}Ni_{22.7}Co_{6.7}$ (bNi 态)	4Å	稳定	$Al_{13}Co_4$	Cervellino, et al. (2001)
$Al_{70.8}Ni_{20}Co_{9.2}$ (900℃)(bNi 态)	4Å	稳定	$Al_{13}Co_4$	Ritsch (1996)
$Al_{72}Ni_{20}Co_8$	4Å	稳定	$Al_{13}Co_4$	Steinhartd,et al. (1998); Saitoh,et al. (1997) Takakura, et al. (2001)
$Al_{72.5}Ni_{16.5}Co_{11}$ (900℃)(S1 型)	8Å	稳定	$Al_{13}Co_4$	Hiraga, et al. (2000a)
$Al_{71.5}Ni_{15.5}Co_{13}$; $Al_{72.5}Ni_{13.5}Co_{14}$; $Al_{71}Ni_{16}Co_{13}$ (900℃)(S1 型)	8Å	稳定	$Al_{13}Co_4$	Ritsch, et al. (1995,1998); Ritsch (1996)
$Al_{70}Ni_{16.5}Co_{13.5}$ (800℃)(I 型) $Al_{72.5}Ni_{13.5}Co_{14}$ (650℃)(I 型)	8Å	稳定	$Al_{13}Co_4$	Ritsch, et al. (1995,1998); Hiraga, et al. (2000b) Ritsch (1996)
$Al_{70.2}Ni_{15.1}Co_{14.7}$ (I 型)	8Å	稳定	$Al_{13}Co_4$	Schall, et al. (2001)

化学成分	沿着十次轴方向的周期 c	热力学稳定性	晶体近似相	参考文献
$Al_{71.8}Ni_{12.7}Co_{15.5}$ (730~900℃) (Ⅱ型)	8Å	稳定	$Al_{13}Co_4$	Ritsch (1996)
$Al_{72.9}Ni_{10.4}Co_{16.7}$ (bCo 型)	8Å	稳定	$Al_{13}Co_4$	Ritsch (1996); Ritsch,et al.(1996a); Schall,et al. (2001)
$Al_{72.2}Ni_{10}Co_{17.8}$ (600~1000℃) (bCo 型)	8Å	稳定	$Al_{13}Co_4$	Ritsch (1996)
$Al_{70}Co_{20-x}Ni_{10+x}$ ($x=0~10$)		稳定	$Al_{13}Co_4$	Tsai (1999)
$Al_{75}Ni_{15}Ru_{10}$	4Å,16Å	稳定		Sun,Hiraga(2002)
Al_5Ir	16Å		Al_3Ir	
Al_5Pd	16Å		Al_3Pd	Ma,et al. (1988)
Al_5Pt	16Å		Al_3Pt	
Al_5Ru	16Å		$Al_{13}Ru_4$	Bancel et al. (1985)
Al_5Os	16Å		$Al_{13}Os_4$	Kuo (1987)
Al_5Rh	16Å		Al_9Rh_2	Wang,Kuo (1988)
Al_4Fe	16Å		$Al_{13}Fe_4$	Fung et al. (1986)
Al_4Ni	4Å			Li and Kuo (1988)
$Al_6Ni(Si)$	16Å		$Al_9(Ni,Si)_2$	Li and Kuo (1988, 1993)
$Al_{77.5}Co_{22.5}$	16Å		$Al_{13}Co_4$	Dong,Li, Kuo(1987)
$Al_{10}Co_4$	8Å	稳定	$Al_{13}Co_4$	Ma & Kuo (1994)

化学成分	沿着十次轴方向的周期 c	热力学稳定性	晶体近似相	参考文献
Al_4Mn	12Å		$Al_{11}Mn_4$ μ-Al_4Mn	Bendelsky L, (1985) Shoemaker, et al. (1989) Steurer (1991)
Al-TM (TM = Mn, Co Fe, Pd)				Tsai (1999)
$Al_{79}Fe_{2.6}Mn_{19.4}$	12Å			Ma, Stern (1987)
$Al_{70}Ni_{15}Rh_{15}$	4Å	稳定	$Al_{13}Co_4$ $Al_{13}Co_4$	Tsai et al. (1989b)
$Al_{65}Cu_{15}Rh_{20}$	4Å	稳定		
$Al_{70}Ni_{10+x}Fe_{20-x}$ ($x = 0 \sim 10$)				Saito, et al. 1992; Tsuda, et al. 1993; Tanaka, et al. 1993
$Al_{71}Ni_{24}Fe_5$	4Å	稳定	$Al_{13}Co_4$	Lemmerz et al. (1989a)
$Al_{75}Cu_{10}Ni_{15}$	4Å			
$Al_{72}Cr_{16}Cu_{12}$	36Å			Okabe et al. (1992)
$Al_{65}Cu_{20}Fe_8Cr_7$	12Å		$Al_{13}Fe_4$	Liu et al. (1992)
$Al_{74}Pd_{21}Mg_5$	16Å		Al_3Pd	Koshikawa et al. (1993)
$Al_{70.5}Pd_{13}$ $Mn_{16.5}$		稳定	μ-Al_4Mn	Steurer et al. (1994)
$Al_{70}Pd_{13}Mn_{17}$		稳定		Tsi (1999)

化学成分	沿着十次轴方向的周期 c	热力学稳定性	晶体近似相	参考文献
$Al_{80}Pd_{10}Fe_{10}$	16Å	稳定	$Al_{13}Fe_4$	Tsi et al.(1991a)
$AL_{80}Pd_{10}Ru_{10}$	16Å	稳定	$Al_{13}Fe_4$	
$Al_{80}Pd_{10}Os_{10}$	16 Å	稳定	$Al_{13}Fe_4$	
Al_{75} Pd_{15} TM_{10} (TM = Fe, Ru, Os)		稳定		Tsai (1999)
V-Ni-Si				Fung et al. (1986)
ZnMgDy				Sato et al. (1997)
Zn-Mg-RE (RE = Y, Gd, Tb, Dy, Ho, Lu)				Tsai (1999)
Zn_{60} Mg_{38} RE_2 (RE = Y, Gd, Tb, Dy, Ho, Lu)		稳定		Tsai (1999)
Ga_6Mn_5				Wu & Kuo (1997); Wu et al. (1998); Wu et al. (1999); Wu & Kuo (2000)
Ga_7Mn_6	12Å		Ga_7Mn_5	
Ga_7Mn_5				
$Ga_{46}Fe_{23}Cu_{23}Si_8$				Ge & Kuo,(1997); Wu et al. (1999)
$Ga_{50}Co_{25}Cu_{25}$				
$Ga_{46}V_{23}Ni_{23}Si_8$				

化学成分	沿着十次轴方向的周期 c	热力学稳定性	晶体近似相	参考文献
$Fe_{52}Nb_{18}$	4Å		Zr_4Al_3	He et al.(1990)
$Fe_{60}Nb_{40}$				Tsai (1999)

2.十二次准晶   除 Ta_xTe 相可能是稳定的十二次准晶之外,其他已经发现的十二次准晶都是亚稳的,见表 1.4,其中亚稳的 V_3Ni_2 和 $V_{15}Ni_{10}Si$ 十二次准晶同 σ-CrFe 相在原子结构上具有密切的联系,σ-CrFe 相的点阵常数 $c = 4.544$Å 对应于这两种十二次准晶沿着十二次轴方向的周期.

表 1.4   实验上已经发现的十二次准晶

化学成分	沿着十二次轴方向的周期 c/Å	近似相	参考文献
$Cr_{70.6}Ni_{29.4}$			Ishimasa et al. (1985,1988)
V_3Ni_2	4.5Å		Chen et al.(1988)
$V_{15}Ni_{10}Si$	4.5Å		Chen et al.(1988)
$Ta_{63}Te_{37}$	20.7Å	四方 t1: $a = 27.587$Å, $c = 20.548$Å; 四方 t2: $a = 37.588$Å, $c = 20.662$Å	Krumeich et al. (1993, 1994)
$Ta_{62}Te_{38}$		六角	Uchida, Horiuchi (1998,2000)

化学成分	沿着十二次轴方向的周期 c/Å	近似相	参考文献
$(Ta,V)_{61.5}$ $Te_{38.5}$	10.3Å	$(Ta,V)_{61.8}Te_{38.2}$，六角 P6mm，$a=19.5$Å, $c=10.3$Å	Conrad et al. (2000) 和 Krumeich et al. (2000)

3. 八次准晶　实验上发现的八次准晶都是亚稳的,见表1.5. 这些亚稳的八次准晶同 β-Mn 相在原子结构上具有密切的联系, β-Mn 相的点阵常数 $a=6.315$Å 对应于八次准晶沿着八次轴方向的周期.

表 1.5　实验上已经发现的八次准晶

化学成分	沿着八次轴方向的周期 c/Å	参考文献
$Ni_{10}SiV_{15}$	6.3Å	Wang et al. (1987)
$Cr_5Ni_3Si_2$	6.3Å	
Mn_4Si	6.2Å	Cao et al. (1988)
$Mn_{82}Si_{15}Al_3$	6.2Å	Wang et al. (1988)
Fe-Mn-Si		Wang & Kuo (1988)

4. 五次准晶　实验上已经发现的五次准晶见表1.6. 必须强调指出,五次准晶的点群属于 Laue 类 $\bar{5}$ 和 $\bar{5}m$,十次准晶的点群属于 Laue 类 $\frac{10}{m}$ 和 $\frac{10}{m}mm$. 点群为 $\overline{10}\,m2=\frac{5}{m}m2$ 的准晶属于 Laue 类 $\frac{10}{m}mm$,应该属于十次准晶,而不是五次准晶. 我们认为,蔡安邦 (1999),Ranganathan 等 (1997)把这样的准晶归类为五次准晶是不妥当的.

表 1.6 实验上已经发现的五次准晶

化学成分	制备方法	沿着五次轴方向的周期	晶体近似相	参考文献
$Al_{70}Co_{15}Ni_{10}Tb_5$	快速凝固	4Å	Ortho. ($a = 61$Å, $b = 4$Å, $c = 84$Å)	Li et al. (1996)
$Al_{70}Co_{15}Ni_{10}Tb_5$	快速凝固	4Å	Ortho. ($a = 61$Å, $b = 4$Å, $c = 84$Å)	Li & Hiraga (1996)
$Al_{63.6}$ $Cu_{24.5}$ $Fe_{11.9}$	710℃ 退火	52.31Å		Bancel (1993)
$Al_{60.3}Cu_{30}Fe_{9.7}$	708℃ 退火	84.49Å		Quiquandon et al. (1996)
$Al_{71.5}Co_{25.5}Ni_3$	1160℃ 退火	8.2Å		Ritsch et al. (1999)
$Al_{72.7}Co_{19.3}Ni_8$ (高温五次准晶)	900~1020℃			Ritsch (1996) Ritsch et al. (1998)
$Al_{72.7}Co_{19.3}Ni_8$	600~860℃			

1.1.3 一维准晶

所谓一维准晶指的是三维物理空间的材料,其中的原子有二维是周期分布的,另外一维才是准周期地分布的. 表 1.7 中列举的一维准晶都是把二维晶体按照 Fibonacci 序列堆垛而成. 通过引入合适的线性相位子应变,使十次准晶中的某一个准周期方向转变成周期的,则此十次准晶就转变成了一维准晶. 例如,杨文革、桂嘉年和王仁卉(1996)观察到,从表 1.3 中所列举的十次准晶 $Al_{65}Cu_{20}Mn_{15}$ 和 $Al_{65}Cu_{20}Fe_{15}$ 出发,沿十次准晶的一个 $A2P$ 二次轴方向引入参量 α 分别为 $\alpha_1 = \tau^{-6} = 0.0557$, $\alpha_2 = -\tau^{-6} = -0.0557$ 和 $\alpha_3 = -\tau^{-8} = -0.0213$ 的线性相位子应变,则此十次准晶就转变成表 1.7 所列举的点阵常数分别为 $a_1 = 18.4\text{Å}$, $c_1 = 12\text{Å}$; $a_2 = 41.4\text{Å}$, $c_2 = 12\text{Å}$; 和 $a_3 = 29.9\text{Å}$, $c_3 = 12\text{Å}$ 的一维准晶 $Al_{65}Cu_{20}Fe_{10}Mn_5$. 一维准晶也可以用分子束外延的方法,让两种不同的晶体薄片按照 Fibonacci 序列生长,由人工制造出来.

表 1.7　实验上已经发现或制备出的一维准晶

化学成分	制备方法	热力学稳定性	点阵常数	参考文献
GaAs-AlAs	人工合成			Merlin et al. (1985)
GaAs-AlAs	人工合成			Todd et al. (1986)
Mo-V	人工合成			Karkut et al. (1986)
GaAs-AlAs GaAs-Al$_{0.5}$Ga$_{0.5}$As	人工合成			Hu et al. (1986); Chen et al. (1987; 1989)
Nb-Cu; aSi-aSiN$_x$	人工合成			Feng et al. (1987)
Al-Pd; Al-Cu-(Ni)				Chattopadhyay et al. (1987)
Al$_{80}$Ni$_{14}$Si$_6$ Al$_{65}$Cu$_{20}$Co$_{15}$ Al$_{65}$Cu$_{20}$Mn$_{15}$				He et al. (1988a) Zhang and Kuo (1990a) Zhang and Kuo (1990b)
Al$_{75}$Fe$_{10}$Pd$_{15}$		稳定		Tsai et al. (1992b)

化学成分	制备方法	热力学稳定性	点阵常数	参考文献
$Al_{65}Cu_{20}Fe_{10}Mn_5$	铸锭在880℃退火	稳定	$a_1 = 18.4\text{Å}$, $c_1 = 12\text{Å}$ $a_2 = 41.4\text{Å}$, $c_2 = 12\text{Å}$ $a_3 = 29.9\text{Å}$, $c_3 = 12\text{Å}$	Tsai et al. (1992a); Yang et al. (1996)
$Al_{71.2}$ Co_{18-22} $Ni_{6.8-10.8}$	在900℃以上退火			Ritsch (1996); Ritsch et al. (1998).

§1.2 稳定准晶的平衡相图

从表 1.1 至表 1.7 可知,18 年来发现的准晶合金共约有 200种,其中有 70 种是稳定准晶. 在这些准晶中大多是 Al 基合金,但也有 Ga 基、Ti 基、Ti-Zr 基、Zn-Mg 基、Mg-Zn 基、Cd 基合金、Ag-In 基合金等. 而且新的准晶不断被发现,说明准晶的存在不是偶然的、个别的现象,准晶的确是凝聚态物质大家族中的一员,值得深入研究.

为了深入了解准晶生长的机制,并制备出大的准晶单晶,已经对某些稳定准晶的合金相图进行了深入的研究. 现将若干初步结果概述如下.

1.2.1 Al-Li-Cu 合金

Al-Li-Cu 合金是最早发现有稳定的二十面体准晶的合金系,对其相图研究得比较充分. 图 1.1 示出的是 Al-Li-Cu 合金相图的 $Al_x Li_3 Cu$ 截面的一部分($4.0 < x < 10.0$). 其中二十面体准晶

（Ⅰ）的成分是 $Al_{5.1}Li_3Cu$. 二十面体准晶的晶体近似相是 R 相, 成分是 $Al_{4.8}Li_3Cu$, 熔点为 910K. 化学成分为二十面体准晶的熔体(L), 冷却到 $T_R \approx 900K$ 时, 首先析出其晶体近似相 R 相. 继续冷却到 $T_m \approx 884$ K 时发生包晶反应 $L + R\text{-}Al_{4.8}Li_3Cu \rightarrow$ Ⅰ-$Al_{5.1}Li_3Cu$, 从而生成二十面体准晶Ⅰ相. 发生包晶反应的熔体的化学成分范围是 $Al_{4.8}Li_3Cu\text{-}Al_{6.1}Li_3Cu$. 当 Al_xLi_3Cu 合金中 Al 的成分 $x > 5.1$ 时, 二十面体准晶与 Al 固溶体平衡共存.

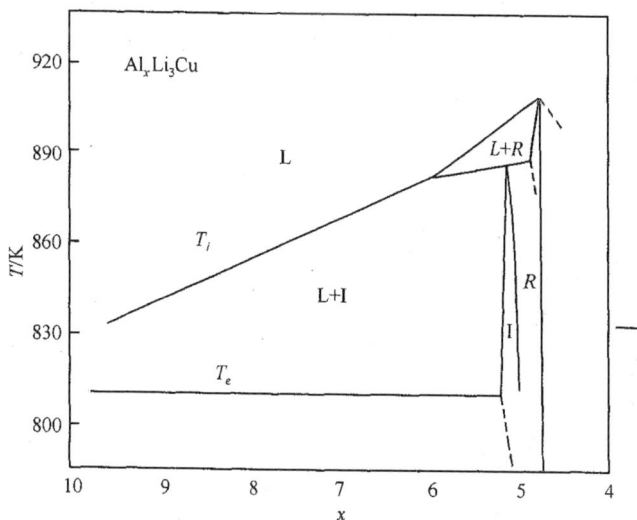

图 1.1 Al-Li-Cu 合金相图的 Al_xLi_3Cu 截面的一部分($4.0 < x < 10.0$)

(取自蔡安邦, 1999)

1.2.2 Al-Cu-Fe 合金

早在 1939 年, Bradley 和 Goldschmidt(1939)就已经研究了 Al-Cu-Fe 合金系的相图. 当时有一个结构未知的 ψ 相, 1987 年蔡安邦在 Al-Cu-Fe 合金中发现了二十面体准晶之后, 人们才知道 ψ 相就是二十面体准晶. El-Boragy 等(1972)测定了 η_2-AlCu 相和 ε_2-Cu_3Al_2

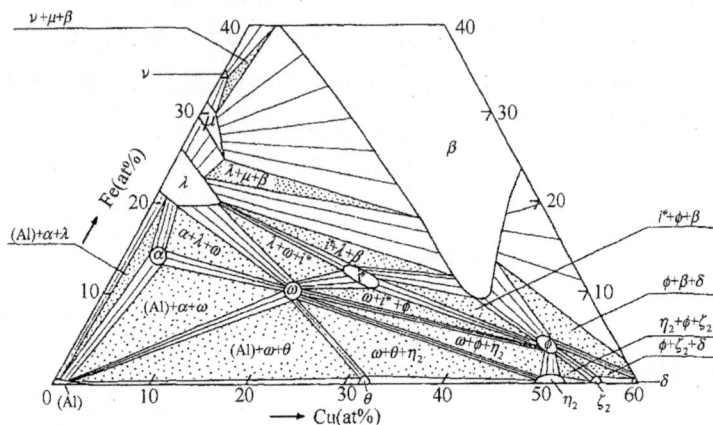

图 1.2 Al-Cu-Fe 合金相图的固相投影图

(取自 Faudot,1993)

的晶体结构,发现它们都可以描述成空位有序的 B2 结构.

Bancel(1991),Gayle et al.(1992),Gayle(1992),Faudot (1993),Quiquandon 等(1996)等对于在二十面体准晶附近的 Al-Cu-Fe 合金相图进行了深入系统的研究. 董闯等(Dong, et al. 1998, 2000),张利明等(Zhang and Lueck, 2002, 2003),武汉大学准晶研究组(张瑞康等, 1999; Gui, et al. 2001;赵东山等, 2002; Zhao, et al. 2003)近年来也开展了有关 Al-Cu-Fe 合金凝固过程和二十面体准晶 $Al_{62.5}Cu_{25}Fe_{12.5}$ 的生成过程研究. 这些研究也涉及到 Al-Cu-Fe 合金相图. 图 1.2 示出的是 Al-Cu-Fe 合金相图的固相投影图,图中标出了二十面体准晶及其邻近的合金相,其中 i 代表二十面体准晶及其近似相. 图 1.3 示出的是 Al-Cu-Fe 合金相图的 700℃ 等温截面图的一部分,标出完整的二十面体准晶及其近似相:五次准晶 P1,菱面体相 R,正交相 O.图中化学成分为 $Al_{60.3}$ $Cu_{30}Fe_{9.7}$ 的标为 O 的正交相,在 708℃ 退火时转变成五次准晶 P2. 表 1.8 列举了与二十面体准晶有关的合金相的名称、空间群、点阵常数和化学成分.

· 22 ·

表 1.8　Al-Cu-Fe 合金系中与二十面体准晶有关的

合金相的名称、空间群、点阵常数和化学成分

合金相的名称	空间群	点阵常数/Å	化学成分
I 相(二十面体准晶)	$Fm\bar{3}\bar{5}$	$4.46\times\sqrt{2}=6.31$	$Al_{62.5}Cu_{25}Fe_{12.5}$
P1 相(五次准晶)	$\bar{5}m$	$c=52.31$	$Al_{63.6}Cu_{24.5}Fe_{11.9}$
P2 相(五次准晶)	$\bar{5}m$	$c=84.49$	$Al_{60.3}Cu_{30}Fe_{9.7}$
R 相(菱面体相)	$R\bar{3}m$	$a_R=32.14,\alpha=36°$	$Al_{62.5}Cu_{26.5}Fe_{11}$
O 相(正交相)	$Immm$	$a=32.16,b=116.34,$ $c=19.85$	$Al_{60.3}Cu_{30}Fe_{9.7}$
λ-$Al_{13}Fe_4$ 相	$C2/m$	$a=15.492,b=8.078,$ $c=12.471,\beta=107.69°$	$Al_{73}Cu_5Fe_{22}$
β-Al(Fe,Cu)相	$Pm\bar{3}m$	2.91	$Al_1(Fe_xCu_{1-x})_1,$ $X\geqslant0.2$
φ-$Al_{10}Cu_{10}Fe_1$ 相			$Al_{10}Cu_{10}Fe_1$ $(Al_{47.6}Cu_{47.6}Fe_{4.8})$
ω-Al_7Cu_2Fe 相	$P4/mnc$	$a=6.336,c=14.870$	Al_7Cu_2Fe
θ-Al_2Cu 相	$I4/mcm$	$a=6.063,c=4.872$	Al_2Cu
η_2-AlCu 相	$C2/m$	$a=12.066,b=4.105,$ $c=6.913,\beta=55.04°$	$Al_{50.2\sim47.7}Cu_{49.8\sim52.3}$
ζ_2-Al_3Cu_4	单斜(?)	$a=7.07,b=4.08,$ $c=10.02,\beta=90.63°$	$Al_{44.8\sim43.7}Cu_{55.2\sim56.3}$
ε_2-Cu_3Al_2	$P6_3/mmc$	$A=4.146,c=5.063$	$Cu_{55.0\sim61.1}Al_{45.0\sim38.9}$
τ_3-Al_3Cu_2	$P\bar{3}m1$	$A=4.106,c=5.094$	$Al_{60}Cu_{40}$
π-$Al_{56.5}Cu_{42}Fe_{1.5}$			

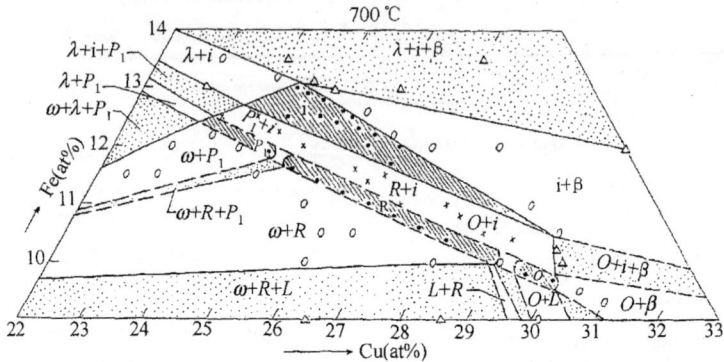

图 1.3 Al-Cu-Fe 合金相图的 700℃ 等温截面图的一部分,标出完整的二十面体
准晶及其近似相.(取自 Quiquandon,et al.,1996)

图 1.4 示出的是 Al-Cu-Fe 合金相图中与生成二十面体准晶
有关的液相面的交线的投影图. 这图是在 Gayle et al.(1992),
Faudot(1993)和张利明等(Zhang,et al. 2002,2003)的工作的基础
上,按照我们自己的最近的研究(Gui,et al. 2001;Zhao,et al.
2003)而作出的. 图中三条线的交点上都是四相平衡点. 例如,在
P_1 点 L 相(液相)、λ 相、β 相与 I 相四相平衡. 即,降温到 860℃,
液相与 λ 相、β 相包晶反应生成 I 相(二十面体准晶)如下:

$$L + \lambda + \beta \rightarrow I.$$

又如,在 E_2 点 L 相(液相)、η 相、θ 相与 ω 相四相平衡. 即,降
温到 565℃ 时,发生液相转变成 η 相、θ 相与 ω 相的共晶反应如下;

$$L \rightarrow \eta + \theta + \omega$$

又如,在 U_4 点液相、λ 相、ω 相与 I 相四相平衡. 即,降温到
725℃ 时,发生包共晶反应

$$L + \lambda \rightarrow \omega + I,$$

液相和 λ 相转变成 ω 相与 I 相. 表 1.9 列举了图 1.4 中所示各四
相平衡点的温度、反应的类别和有关四相的名称和反应.

在液相面的交线的投影图中每条线都代表三相平衡. 例如,
P_1 与 U_4 两点的连接线上 L 相、λ 相与 I 相三相平衡,L 相与 λ

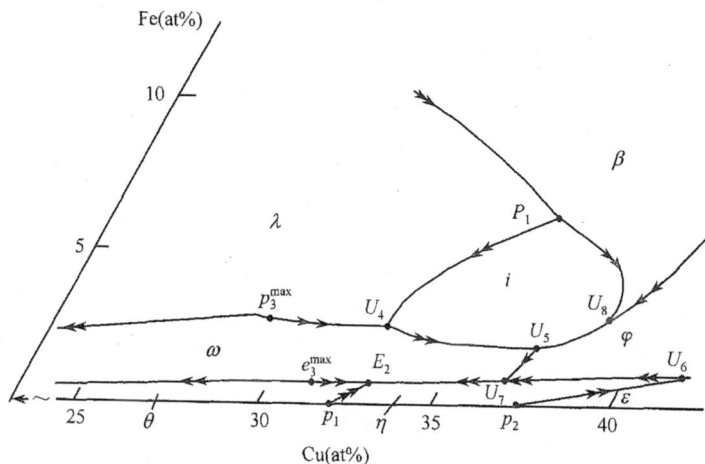

图 1.4　Al-Cu-Fe 合金相图的液相面的交线的投影图

(取自 Faudot 1993；Zhang et al. 2003；Zhao et al. 2003)

表 1.9　图 1.4 中所示各四相平衡点的温度、反应的

类别以及有关四相的名称和反应

四相平衡点	四相平衡点的温度	反应的类别	有关四相的名称和反应
E_2	565℃	共晶反应	$L \leftrightarrow \omega + \theta + \eta$
P_1	860～882℃	包晶反应	$L + \lambda + \beta \leftrightarrow I$
U_4	725～740℃	包共晶反应	$L + \lambda \leftrightarrow I + \omega$
U_5	695℃	包共晶反应	$L + I \leftrightarrow \varphi + \omega$
U_6	620℃	包共晶反应	$L + \varepsilon \leftrightarrow \eta + \varphi$
U_7	594℃	包共晶反应	$L + \varphi \leftrightarrow \eta + \omega$
U_8		包共晶反应	$L + \beta \leftrightarrow \phi + I$

相包晶反应生成二十面体准晶. 图中线与线之间的区域则代表两相平衡. 例如,图中标有 λ 的很大一个成分范围都是 λ 相与液相之间的平衡. 当温度降到液相面时,由液相析出 λ 相. 又如,图中 $P_1 U_4$ 线, $U_4 U_5$ 线, $P_1 U_8$ 线和 $U_8 U_5$ 线之间的范围标有 I,表示 I 相与液相之间的平衡. 当温度降到液相面时,由液相析出 I 相.

在恒定的压强(通常是大气压)下,三元相图有 3 个变量,即温度和两组元的含量. 因此,为了用平面图描述三元相图,除了采用液相面投影图和等温截面图之外,还需要用垂直截面图. 图1.5和图1.6所示出的就是Al-Cu-Fe合金相图的两个垂直截面图. 其中图1.5示出电子浓度比为1.86的垂直截面图,图1.6则示出成分为$Al_{61}Cu_{39}$到$Al_{62.5}Cu_{17.5}Fe_{20}$的垂直截面图,此图可指导用提拉法生长准单晶.

根据Quiquandon等(1996)对于在二十面体准晶附近的相图进行的深入系统的研究,五次准晶P1,菱面体相R,正交相O以及五次准晶P2的晶体结构,都可以通过在二十面体准晶中引入适当的线性相位子应变来描述. 图1.3中电子浓度值为$e/a = 1.78$(Al,Cu和Fe的价电子数分别为3,1和-2.66)的、成分从$Al_{63}Cu_{24}Fe_{13}$到$Al_{60.5}Cu_{28.5}Fe_{11}$的长条形区域,二十面体准晶一直到很低的温度都是稳定的.电子浓度值为$e/a = 1.84$的、成分从$Al_{63.6}Cu_{24.5}Fe_{11.9}$到$Al_{60.3}Cu_{30}Fe_{9.7}$的长条形区域,则二十面体准晶或者它的某种近似相是稳定的,视温度和成分而定. 成分为$Al_{63.6}Cu_{24.5}Fe_{11.9}$的五次准晶在710℃附近很窄温度范围内是稳定的,700℃以下转变为菱面体R相,735℃以上转变为二十面体准晶. 成分从$Al_{63.4}Cu_{25}Fe_{11.6}$到$Al_{61.6}Cu_{28}Fe_{10.4}$的菱面体R相在低温是稳定相,温度升高到735℃以上转变成二十面体准晶. 成分为$Al_{60.3}Cu_{30}Fe_{9.7}$合金的稳定相在680℃以下是菱面体R相,在690℃到705℃温度区间正交的O相是稳定相,在708℃到710℃温度范围内退火可观察到五次准晶P_2. 当温度高于715℃,二十面体准晶是稳定相. 总之,电子浓度值为$e/a = 1.78$的、成分从$Al_{63}Cu_{24}Fe_{13}$到$Al_{60.5}Cu_{28.5}Fe_{11}$的长条形区域,二十面体准晶从凝固点一直到很低的温度都是稳定的.在电子浓度值为$e/a = 1.84$的、成分从$Al_{63.6}Cu_{24.5}Fe_{11.9}$到$Al_{60.3}Cu_{30}Fe_{9.7}$的长条形的区域,在680℃以下的低温,菱面体R相是稳定的. 当温度高于735℃时,它们都转变成二十面体准晶. 稳定的二十面体准晶在740℃温度下成分范围最宽.

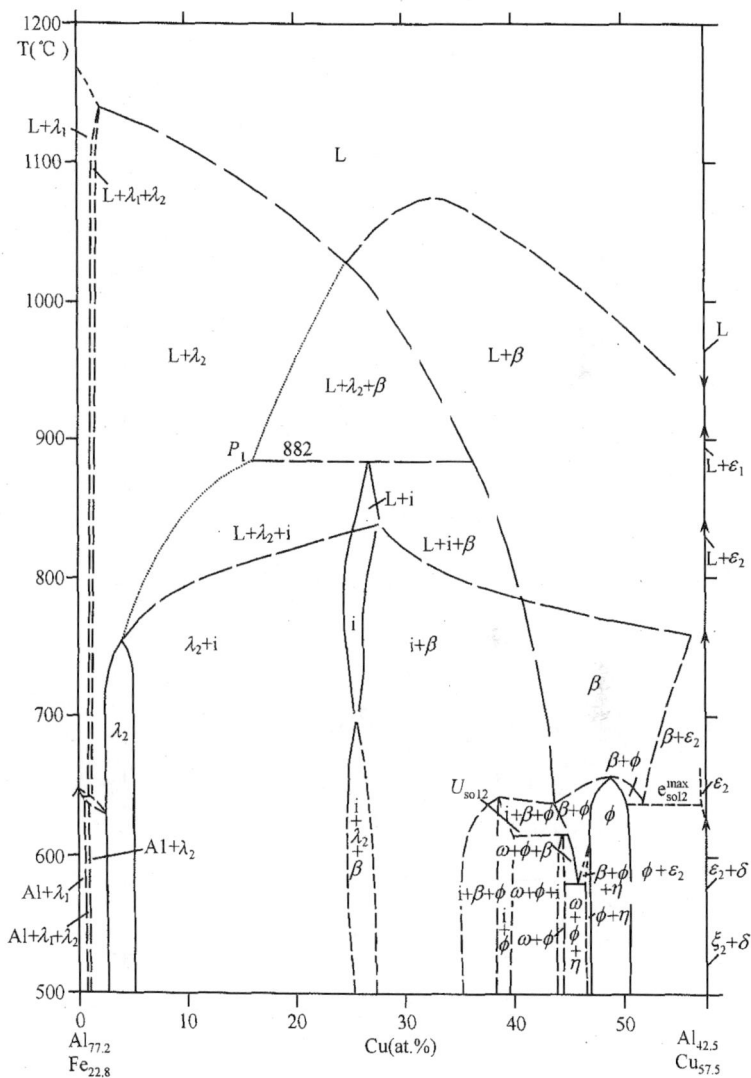

图 1.5　Al-Cu-Fe 合金相图电子浓度为 1.86 的截面图(取自 Zhang, Lück,2003)

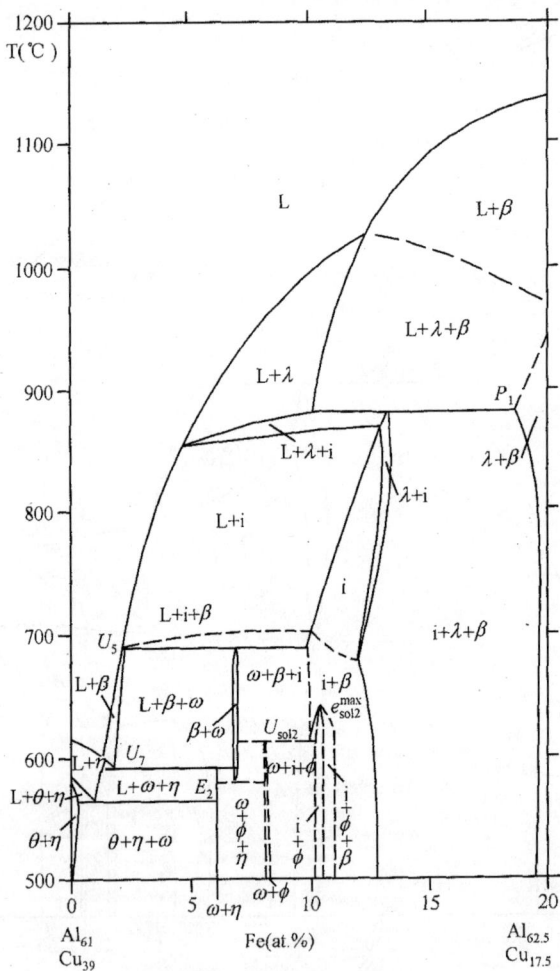

T(℃)

1200

1100

L

L+β

1000

L+λ+β

L+λ

900

P_1

L+λ+i

λ+β

800

λ+i

L+i

i

700

L+i+β

i+λ+β

U_5

ω+β+i

L+β

i+β

L+β+ω

e_{sol2}^{max}

β+ω

U_{sol2}

600

L+η

U_7

ω+i+φ

L+ω+η

E_2

ω+φ+η

i+φ

i+φ+β

L+θ+η

θ+η

θ+η+ω

ω+φ

500

0

5

ω+η

10

15

20

Al_{61}
Cu_{39}

Fe(at.%)

$Al_{62.5}$
$Cu_{17.5}$

图 1.6　Al-Cu-Fe 合金相图的含成分为 $Al_{61}Cu_{39}$ 到 $Al_{62.5}Cu_{17.5}Fe_{20}$ 的垂直截面图

(取自 Zhang, Lück, 2003)

1.2.3 Al-Pd-Mn 合金

由于可以制备出高纯度、高完整性、大颗粒的二十面体准晶单晶,Al-Pd-Mn 合金相图已被研究得很充分 (Yokoyama, et al. 1991b; Audier, et al. 1993; Goedecke and Lueck, 1995). 图 1.7 示出的是 Al-Pd-Mn 合金相图的 600℃ 等温截面图,图中标出了二十面体准晶(I)、十次准晶(D)及其邻近的合金相,包括成分约为 Al_2Mn 的 γ_1 相, γ_2-Al_8Mn_5 相, $Al_{11}Mn_4$ 的高温相 H 相和低温相 R 相, μ-Al_4Mn 相, Al_6Mn, Al, ξ-Al_3(Pd, Mn)相, δ-Al_3Pd_2 相和具有 CsCl(B2)结构的 β-Al_{50}(Pd, Mn)$_{50}$ 相等等. 由图可见,二十

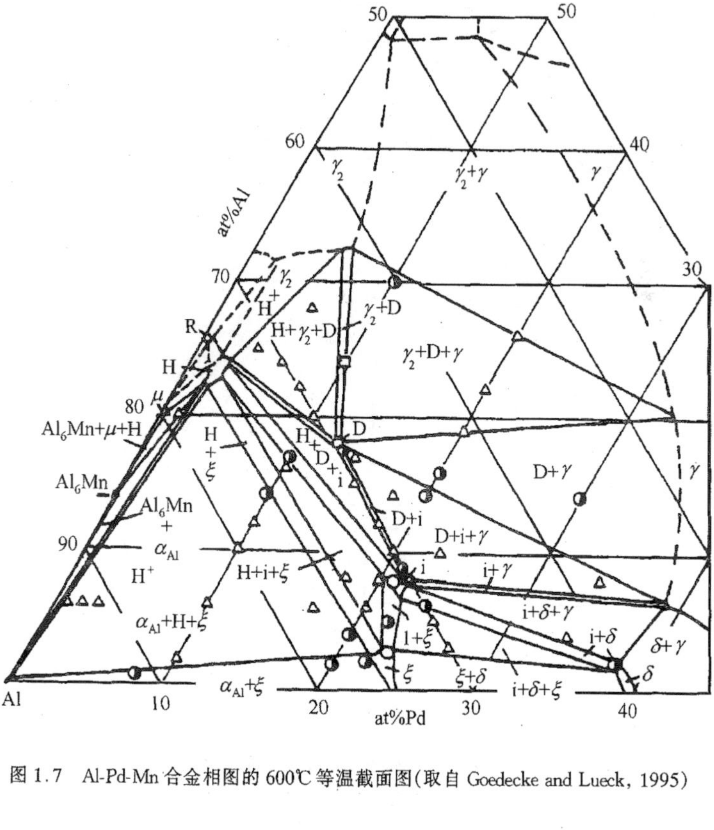

图 1.7 Al-Pd-Mn 合金相图的 600℃ 等温截面图(取自 Goedecke and Lueck, 1995)

面体准晶的成分约为 $Al_{71}Pd_{21}Mn_8$, 十次准晶的成分约为 $Al_{69.8}$ $Pd_{12.1}Mn_{18.1}$. 图 1.8 示出的是 Al-Pd-Mn 合金相图的液相面投影图, 其中图 1.8(b) 是通过长时间退火而得到的平衡态的液相面投影图, 而图 1.8(a) 则是以正常冷却速度而得到的亚稳的液相面投

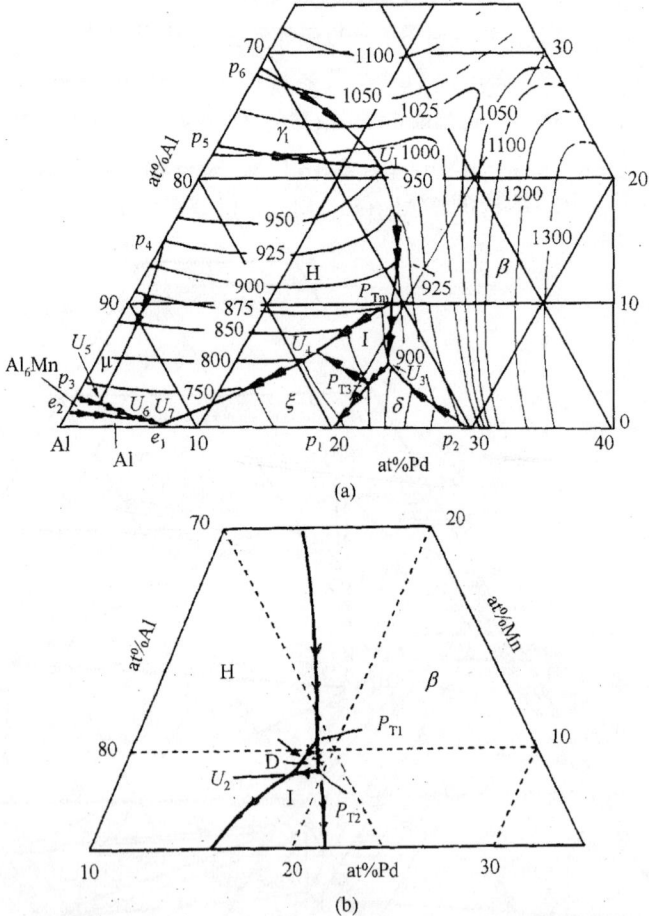

(a)

(b)

图 1.8 Al-Pd-Mn 合金相图的液相面投影图. (a)以正常冷却速度而得到的亚稳的液相面投影图;(b)通过长时间退火而得到的平衡态的液相面投影图 (取自 Goedecke and Lueck, 1995)

影图. 图 1.8 中示出的各四相平衡点的温度、反应的类别以及有关的反应列于表 1.10. 图 1.9 示出了 Al-Pd-Mn 合金相图的 $Al_{70}Pd_xMn_{30-x}$ 截面图,在这个垂直截面图中包含了二十面体准晶和十次准晶(以及微量的 H 相).

表 1.10 图 1.8 中各四相平衡点的温度、反应的类别以及有关的反应

四相平衡点	四相平衡点的温度	反应的类别	有关的反应
P_{T1}	896℃	包晶反应	$L + \beta + H \leftrightarrow D$
P_{T2}	893℃	包晶反应	$L + D + \beta \leftrightarrow I$
P_{Tm}	894-876℃	包晶反应	$L + H + \beta \leftrightarrow I$
P_{T3}	850℃	包晶反应	$L + I + \delta \leftrightarrow \epsilon$
U_1	952℃	包共晶反应	$L + \gamma_1 \leftrightarrow \beta + H$
U_2	887℃	包共晶反应	$L + D \leftrightarrow H + I$
U_3	867℃	包共晶反应	$L + \beta \leftrightarrow I + \delta$
U_4	832℃	包共晶反应	$L + I \leftrightarrow H + \epsilon$
U_5	647℃	包共晶反应	$L + \mu \leftrightarrow Al_6Mn + H$
U_6	626℃	包共晶反应	$L + Al_6Mn \leftrightarrow Al + H$
U_7	618℃	包共晶反应	$L + H \leftrightarrow Al + \epsilon$

1.2.4 Zn-Mg-Y 合金

早在准晶发现之前,就已经研究了 Zn-Mg-Y 合金系的相图. 当时有一个成分为 Zn_6Mg_3Y 的结构未知的相,现在发现它就是二十面体准晶. 还有报道说二十面体准晶的成分是 $Zn_{56}Mg_{36}Y_8$ 和 $Zn_{56.8}Mg_{34.5}RE_{8.7}$,这里 RE 代表 La 系稀土元素. 可见 Zn-Mg-Y 二十面体准晶的成分中 Y 的范围比较窄,为 8~10at%,而 Zn 和 Mg 则可以在较大的范围内互相置换. 图 1.10 示出的是 Zn-Mg-Y

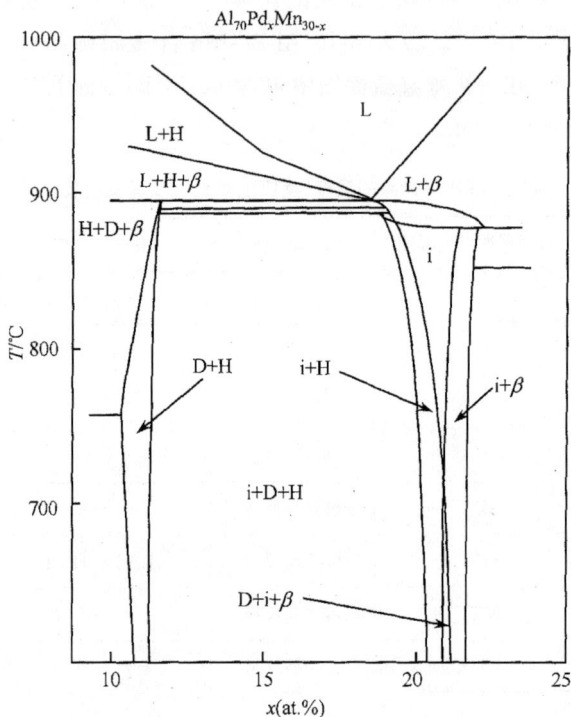

图 1.9 Al-Pd-Mn 合金相图的 $Al_{70}Pd_xMn_{30-x}$ 截面图(取自蔡安邦,1999)

合金相图的 $Zn_{60}Mg_{30-x}Y_x$ 截面图. 化学成分为 Zn_6Mg_3Y 的熔体在凝固过程中冷却到 960K 的温度后首先结晶出 $(Zn,Mg)_5Y$ 晶体相,然后在 900K 温度下通过包晶反应 $L+(Zn,Mg)_5Y \rightarrow I$ 生成二十面体准晶. 当 Y 元素的含量较低时,例如化学成分为 $Zn_{60}Mg_{37}Y_3$ 的熔体,在冷却过程中首先结晶出二十面体准晶. 这种合金在 700 ~ 620K 温度范围退火两天,就在二十面体准晶与 Zn_3Mg_2 晶体之间的相界处析出十次准晶(D).

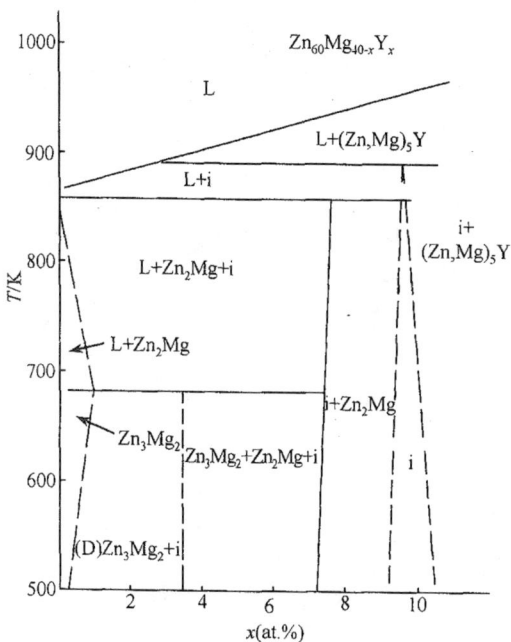

图 1.10　Zn-Mg-Y 合金相图的 $Zn_{60}Mg_{40-x}Y_x$ 截面图(取自蔡安邦,1999)

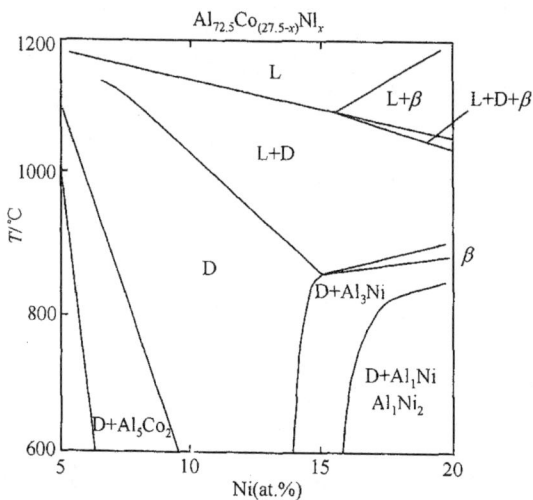

图 1.11　Al-Ni-Co 合金相图的 $Al_{72.5}Ni_xCo_{27.5-x}$ 垂直截面图(取自蔡安邦,1999)

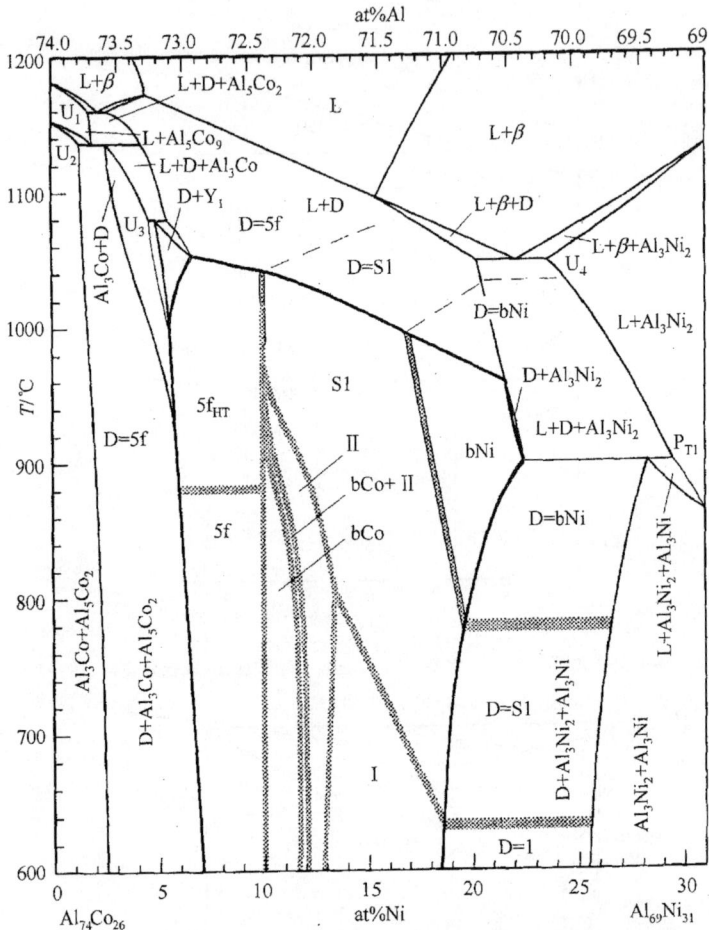

图 1.12　Al-Ni-Co 合金相图中沿着 $Al_{74}Co_{26}$-$Al_{69}Ni_{31}$ 成分线的垂直截面图,标出了不同结构的 bNi,I,II,S1 和 bCo 型十次准晶的分布(取自 Ritsch,et al.,1998)

1.2.5　Al-Ni-Co 合金

在 Al-Ni-Co 合金中,平均成分为 $Al_{72}Ni_{12}Co_{16}$ 的稳定的十次准晶有比较宽的成分范围. Goedecke 和 Ellner (1996,1997),

Goedecke 等（1997），Scheffer 等（1998），Ritsch（1996），以及 Ritsch 等（1996a,1996b,1998,1999）已经系统地研究了 Al-Ni-Co 三元相图. 图 1.11 示出 Al-Ni-Co 合金相图的 $Al_{72.5}Ni_xCo_{27.5-x}$ 垂直截面图. 可见在 600℃ 温度下，十次准晶中 Ni 的含量为 9.5～13.5at%. 在更高的温度下，Ni 的含量可为 7～15at%，范围更宽. 对于这些成分，凝固过程中直接结晶出十次准晶. 而且正如 1.1.2 节所述，不同成分的合金，在不同温度下退火后，可能生成不同结构的十次准晶，见图 1.12.

§1.3 准晶的凝固过程和晶形

1.3.1 稳定准晶的凝固过程

为了深入系统地研究准晶的物理性质、力学性能，为了能够采用标准的 X 射线晶体结构分析的方法研究准晶的原子结构，需要制备出大颗粒的准晶单晶. 为此，需要对稳定准晶的凝固过程进行系统的研究. Al-Cu-Fe 和 Al-Pd-Mn 合金系的凝固过程研究得最为充分. 武汉大学准晶研究组（张瑞康等，1999；Gui，et al.2001；赵东山等，2002；Zhao，et al.2003）和张利明等（Zhang，et al. 2003）近年来开展了有关 Al-Cu-Fe 合金凝固过程和二十面体准晶 $Al_{62.5}Cu_{25}Fe_{12.5}$ 的生成过程研究. 初步的工作表明：Gayle，等（1992）和 Faudot(1993) 给出的 Al-Cu-Fe 合金在二十面体准晶为初生相的近邻区的液相面交线投影图中的 β 相区应该分成 β 与 ϕ 两个相区，而且生成二十面体准晶的包晶反应（L + λ + β→IQC）点 P_1 应该向 Cu 含量较低，Fe 含量较高的方向移动（Zhang，et al. 2003；Zhao et al. 2003）. 图 1.4 和图 1.13 就是在 Gayle 等（1992）和 Faudot（1993）的工作的基础上，根据张利明等（Zhang，et al. 2002 和 2003）和武汉大学准晶研究组的新成果而作出的.

图 1.13 示出了 Al-Cu-Fe 合金与生成二十面体准晶有关的平衡凝固过程中的反应. 从图 1.2、图 1.4 和图 1.13 可知，当熔体的

成分是二十面体准晶的成分 $Al_{62.5}Cu_{25}Fe_{12.5}$ 时,凝固过程中首先结晶出 λ-$Al_{13}Fe_4$ 相,剩余的熔体的成分向富铜方向改变. 然后通过共晶反应 $L \to \lambda + \beta$ 结晶出 λ-$Al_{13}Fe_4$ 相和 β-$Al_{50}(Fe,Cu)_{50}$ 相,剩余的熔体的成分向 P_1 点改变. 最后在 P_1 点于 860℃通过包晶反应 $L + \lambda + \beta \to I$ 而生成二十面体准晶.

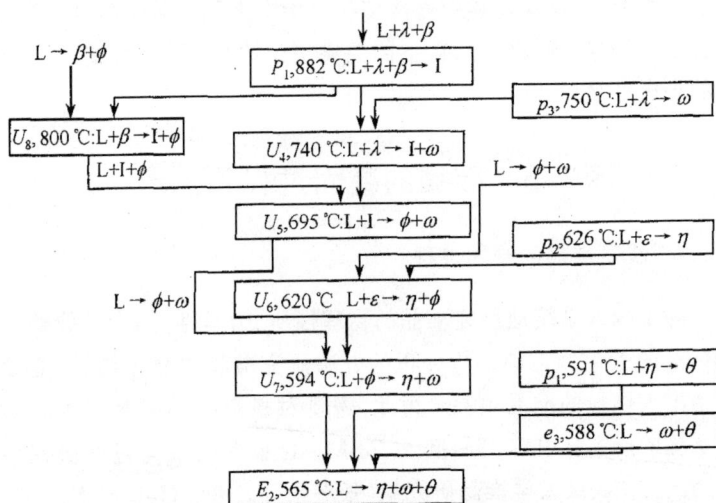

图 1.13　Al-Cu-Fe 合金与生成二十面体准晶有关的平衡凝固过程中的反应

为了从熔体直接结晶出稳定的成分为 $Al_{62.5}Cu_{25}Fe_{12.5}$ 的二十面体准晶,熔体的成分应处于图 1.4 中 P_1U_4 线, U_4U_5 线, U_5U_8 线和 U_8P_1 线之间的标有 I 的范围内. 在结晶出稳定的二十面体准晶的过程中,剩余的熔体的成分向 U_4U_5 线或 U_5U_8 线移动. 在 U_4U_5 线上的熔体通过包晶反应 $L + I \to \omega$ 生成 ω 相,剩余熔体的成分向 U_5 点改变. 在 U_8U_5 线上的熔体则通过共晶反应 $L \to \phi + I$ 生成 ϕ 相和二十面体准晶,剩余的熔体的成分向 U_5 点改变. 然后在 U_5 点于 695℃通过包共晶反应 $L + I \to \phi + \omega$ 而生成 ϕ 相与 ω 相. 对比图 1.2 和图 1.4 可知,初生晶为 I 相的 Al-Cu-Fe 合金在平衡态由 θ-Al_2Cu 相、η-$AlCu$ 相和 ω-Al_7Cu_2Fe 相 3 个相组成. 因此,如果冷却速度非常慢,在 U_5 点的包共晶反应 L

+ $I \leftrightarrow \phi + \omega$ 将要进行到把 I 相消耗完为止. 然后剩余的熔体通过共晶反应 $L \rightarrow \phi + \omega$ 继续生成 ϕ 与 ω 相,同时剩余的熔体的温度不断降低,化学成分朝向 U_7 点改变. 然后在 U_7 点于 594℃ 通过包共晶反应 $L + \phi \rightarrow \eta + \omega$ 而生成 η 与 ω 相,直到把 ϕ 相消耗完. 接着,熔体通过共晶反应 $L \rightarrow \eta + \omega$ 继续生成 η 与 ω 相,同时剩余的熔体的温度不断降低,化学成分朝向 E_2 点改变. 最后在 E_2 点于 565℃ 通过共晶反应 $L \rightarrow \theta + \eta + \omega$ 而生成 θ, η 与 ω 相,直到把熔体消耗完为止.

图 1.14 示出了 Al-Pd-Mn 合金在不太慢的冷却速度下凝固过程中的反应,图 1.15 则是 Al-Pd-Mn 合金平衡凝固过程中的反应. 由图 1.7,图 1.8,图 1.9,图 1.14 和图 1.15 可见,成分为二十面体准晶 $Al_{71}Pd_{21}Mn_8$ 的熔体在凝固过程中首先结晶出 β-$Al_{50}(Pd,Mn)_{50}$ 相,同时剩余的熔体的成分向 P_{Tm}-U_3 线的方向改变. 然后再通过包晶反应 $L + \beta \rightarrow I$ 生成二十面体准晶(I). 为了从熔体直接结晶出稳定的二十面体准晶,熔体的成分应处于标有 I 的 P_{Tm}-U_3-P_{T3}-U_4-P_{Tm} 区域内. 这样的熔体,例如成分为 $Al_{74}Pd_{18}Mn_8$ 的熔体,在凝固过程中首先结晶出二十面体准晶,同时剩余的熔体的成分向 U_4 点的方向改变,因而结晶完毕之后试样中含有少量的 H 相和 ε 相.

类似地,成分为十次准晶 $Al_{69.8}Pd_{12.1}Mn_{18.1}$ 的熔体在凝固过程中首先结晶出 H 相,同时剩余的熔体的成分向 U_1-P_{Tm} 线的方向改变. 当熔体的成分到达 U_1-P_{Tm} 线之后,就通过共晶反应 $L \rightarrow H + \beta$ 而析出 H 相与 β 相. 下一步凝固过程视冷却速度而定. 当冷却速度不是非常慢时,按照图 1.8(a) 和图 1.14,熔体的成分向 P_{Tm} 点的方向改变,然后再通过包晶反应 $L + H + \beta \rightarrow I$ 生成二十面体准晶(I). 凝固过程结束后共有三个组成相:I, H 与 β 相,它们在 770℃ 时通过包析反应 $I + H + \beta \rightarrow D$ 生成十次准晶(D). 当冷却速度非常缓慢时,按照图 1.8(b) 和图 1.15,熔体的成分向 PT_1 点的方向改变,然后再在 896℃ 通过包晶反应 $L + H + \beta \rightarrow D$ 生成十次准晶(D).

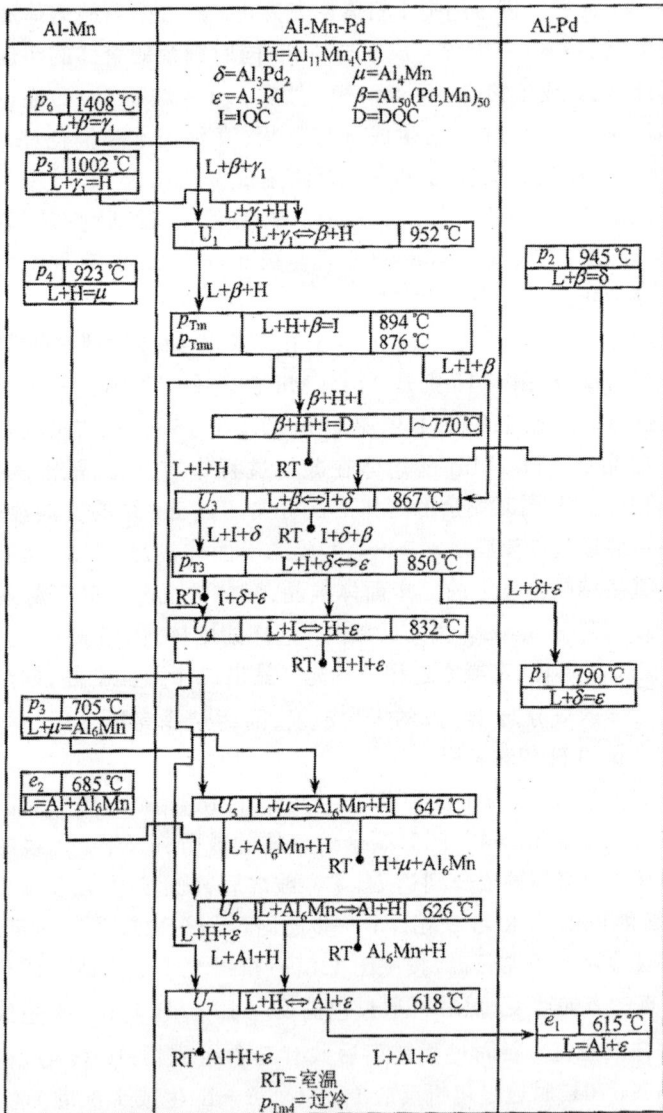

Al-Mn	Al-Mn-Pd	Al-Pd

H=$Al_{11}Mn_4$(H)
δ=Al_3Pd_2 μ=Al_4Mn
ε=Al_3Pd β=$Al_{50}(Pd,Mn)_{50}$
I=IQC   D=DQC

Al-Mn:

p_6 | 1408 ℃
L+β=γ_1

p_5 | 1002 ℃
L+γ_1=H

p_4 | 923 ℃
L+H=μ

p_3 | 705 ℃
L+μ=Al_6Mn

e_2 | 685 ℃
L=Al+Al_6Mn

Al-Mn-Pd:

L+β+γ_1
L+γ_1+H
U_1 | L+γ_1⇔β+H | 952 ℃
L+β+H
p_{Tm} / p_{Tmu} | L+H+β=I | 894 ℃ / 876 ℃
L+I+β
β+H+I
β+H+I=D | ～770 ℃
L+I+H RT
U_3 | L+β⇔I+δ | 867 ℃
L+I+δ RT I+δ+β
p_{T3} | L+I+δ⇔ε | 850 ℃
RT I+δ+ε
U_4 | L+I⇔H+ε | 832 ℃
RT H+I+ε
U_5 | L+μ⇔Al_6Mn+H | 647 ℃
L+Al_6Mn+H RT H+μ+Al_6Mn
U_6 | L+Al_6Mn⇔Al+H | 626 ℃
L+H+ε RT Al_6Mn+H
L+Al+H
U_7 | L+H⇔Al+ε | 618 ℃
RT Al+H+ε L+Al+ε
RT=室温
p_{Tm4}=过冷

Al-Pd:

p_2 | 945 ℃
L+β=δ

L+δ+ε

p_1 | 790 ℃
L+δ=ε

e_1 | 615 ℃
L=Al+ε

图 1.14　Al-Pd-Mn 合金在不太慢的冷却速度下凝固过程中的反应
(取自 Ritsch, et al., 1995, 但有所简化)

为了从熔体直接结晶出稳定的十次准晶,熔体的成分应处于图 1. 8(b)中标有 D 的 P_{T1}- P_{T2}- U_2- P_{T1} 区域内. 这样的熔体,例如成分为 $Al_{71.2}Pd_{18.5}Mn_{10.3}$ 的熔体,在非常缓慢的凝固过程中首先结晶出十次准晶,同时剩余的熔体的成分向 P_{T2} 点以及 U_2 点的方向改变,在 896℃(P_{T2}点)通过包晶反应 L + D + β→I 和/或在 887℃(U_2 点)通过包共晶反应 L + D→H + I 而结晶出二十面体准晶(I)和 H 相,见图 1.15. 由于熔体的成分很接近二十面体准晶的成分,结晶完毕之后试样中含有大量的 I 相和少量的 H 相和 D 相. 如果冷却速度不太慢,则按照图 1.8(a),H 相首先结晶,然后 H 相与 β 相共晶析出,最后在 P_{Tm} 点通过包晶反应 L + H + β→ I 而生成大量的二十面体准晶(I).

此外,如 1.2.1 节所述,化学成分为 $Al_{5.1}Li_3Cu$ 二十面体准晶的熔体(L),冷却到 $T_R \approx 900K$ 时,首先析出其晶体近似相 R 相. 继续冷却到 $T_m \approx 884$ K 时发生包晶反应 L + R → I,从而生成二十面体准晶 I 相. 在 1.2.4 节中我们还提到,化学成分为 Zn_6Mg_3Y 的熔体在凝固过程中冷却到 960K 的温度后首先结晶出 $(Zn,Mg)_5Y$ 晶体相,然后在 900K 温度下通过包晶反应 L + $(Zn,Mg)_5Y$→I 生成二十面体准晶. 综上所述,从这四种合金系中的成分为稳定二十面体准晶的熔体,直接结晶的都是晶体相,二十面体准晶是通过包晶反应而生成的. 这一特点使得大颗粒准晶单晶的制备较为困难.

第一个尺寸达厘米量级的准晶单晶是用 Bridgman 法制备的 $Al_{5.1}Li_3Cu$ 二十面体准晶. 其关键是选择适当的熔体成分,即 Al_xLi_3Cu 中的 $x > 6.1$,当然也需要适当的温度梯度和生长速度,使得二十面体准晶,而不是 R 相,从熔体中生长. 这样得到的大颗粒准晶单晶的周围是共晶相. 准晶晶粒内部则含有大量的针孔和弥散的析出物. 这些准晶晶粒的衍射峰比较宽,说明结构的无序度较高. 在 Al-Pd-Mn 合金系中发现稳定准晶以后,准晶单晶的生长取得了重大的进展. 20 世纪 90 年代初已经用提拉法(czochralski method)和 Bridgman 法制备出直径约为 1cm,长度达

5cm 的,完整性很好的 $Al_{71}Pd_{21}Mn_8$ 二十面体准晶单晶. 近年又报道了:(1)用 Bridgman 法制备出 Zn-Mg-Ho 二十面体准晶单晶;(2)用提拉法制得 Al-Cu-Fe 二十面体准晶单晶和 Al-Cu-Co 十次准晶单晶;(3)用熔体生长法(flux growth technique)生长出 Zn-Mg-RE 二十面体准晶单晶,Al-Ni-Co 十次准晶单晶,Al-Pd-Mn 二十面体准晶单晶,以及 ξ'-Al-Pd-Mn 近似相单晶.

1.3.2 快速凝固二十面体准晶的成核与生长

大量的准晶,特别是早期发现的准晶,在热力学上是亚稳的,需要用快速凝固的方法制备出来. Al-Mn 系快速凝固的二十面体准晶的成核与成长的过程研究得较为仔细,现将其主要的结果概述如下(Schaefer and Bendersky,1988). 从熔体制备亚稳的准晶通常需要高达 10^3 到 10^4 K/s 的冷却速度,以便抑制稳定相的析出. 经典的金属玻璃也是快速凝固获得的,在快速凝固的过程中晶体相来不及成核和成长. 这样的金属玻璃通常在深度共晶的成分下形成,在这些化学成分处没有稳定的晶体相,在平衡态下这种合金必须是两个或多个的成份大不相同的晶体相共存. 因此,这些晶体的成核和成长需要扩散. 这在快速冷却的条件下极其困难,故而生成金属玻璃. 反之,在化学成分为相图的共晶处从未见到关于准晶相形成的报道. 准晶的化学成分通常是在相图的包晶或一串包晶处,不同种类的原子之间有很强的交互作用,有形成金属间化合物的很强的趋势. 当熔体中原子近邻关系与准晶中原子近邻关系相近时,快速凝固过程中准晶易于成核与成长,而经典的金属玻璃的形成则需要没有成核和成长的过程. 对 Al-Mn 合金的系统的研究表明,虽然 Mn 在面心立方的 α-Al 中的平衡固溶度仅仅只有0.6at%,在快速凝固的 Al-Mn 合金中可以大到 7.5at%. 因此,含量低于 7.5at% 的 Al-Mn 合金在快速凝固时形成过饱和的 Al(Mn)固溶体. 当合金中的 Mn 含量更高时,如果冷却速度不很高,就会结晶出 Al_6Mn,$Al_{11}Mn_4$ 等金属间化合物晶体. 如果冷却速度很快,就会形成准晶.

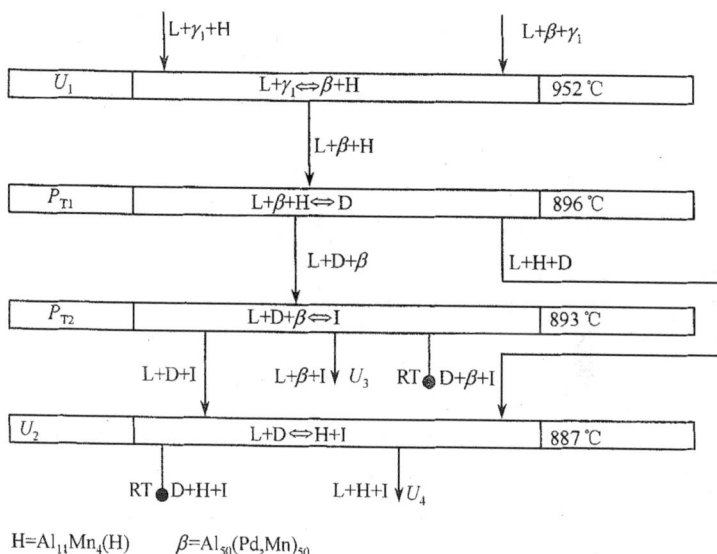

$L+\gamma_1+H$ $L+\beta+\gamma_1$

| U_1 | $L+\gamma_1 \Leftrightarrow \beta+H$ | 952 ℃ |

$L+\beta+H$

| P_{T1} | $L+\beta+H \Leftrightarrow D$ | 896 ℃ |

$L+D+\beta$ $L+H+D$

| P_{T2} | $L+D+\beta \Leftrightarrow I$ | 893 ℃ |

$L+D+I$ $L+\beta+I\ U_3$ $RT\bullet D+\beta+I$

| U_2 | $L+D \Leftrightarrow H+I$ | 887 ℃ |

$RT\bullet D+H+I$ $L+H+I\ U_4$

$H=Al_{11}Mn_4(H)$ $\beta=Al_{50}(Pd,Mn)_{50}$

图 1.15 Al-Pd-Mn 合金平衡凝固过程中的反应

(取自 Ritsch, et al. ,1995,但有所简化)

此外,在低温形成的非经典的金属玻璃,通过加热或离子束激活,可以转变成准晶. 实验上还观察到非晶合金在加热时首先转变成准晶,然后再转变成晶体相. 还观察到晶体合金在时效过程中析出准晶的现象. 详见综述性论文(Ranganathan and Chattopadhyay,1991).

1.3.3 准晶的晶体外形

在一定的条件下,晶体可能生成与其对称性相应的多面体形状(晶形). 这些多面体的面往往是表面能最低的面,或者它的法线方向生长速度最慢. 在准晶中也观察到与其对称性相应的晶形. 例如,Kortan 等 (1989)在 Al-Li-Cu 合金中观察到菱形三十面体形状的二十面体准晶. 菱形三十面体共有 30 个金刚石形状的表面,它们各垂直于一只二次轴. 共有 32 个顶点,其中 20 个顶点沿着三次轴,另外 12 个顶点则沿着五次轴. Al-Cu-Fe, Zn-Mg-Ga, Al-Pd-Mn, Zn-Mg-Y, 以及 Al-Mn-Si 等等合金中的二十面体准晶则显示为规则的五角十二面体. 五角十二面体共有 12 个五角形面,它们分别垂直于一个五次轴. 共有 20 个顶点,它们分别沿着一个三次轴.

在 Al-Ni-Co, Al-Cu-Co, Al-Pd-Mn 等等合金中观察到柱状的十棱柱形的稳定的十次准晶,表明这些十次准晶沿着十次轴方向的生长速度最快,沿着二次轴方向的生长速度最慢.

由于稳定的二十面体准晶是通过包晶反应而形成的,例如,$L + R\text{-}Al_{4.8}Li_3Cu \rightarrow I\text{-}Al_{5.1}Li_3Cu, L + \lambda\text{-}Al_{13}Fe_4 + \beta\text{-}Al(Fe,Cu) \rightarrow I\text{-}Al_{62.5}Cu_{25}Fe_{12.5}, L + H\text{-}Al_{11}Mn_4 + \beta\text{-}Al(Pd,Mn) \rightarrow I\text{-}Al_{71}Pd_{21}Mn_8$,等等. 在快速凝固的合金中往往发现有二十面体准晶与立方晶体相共存的现象. 例如,快速凝固的 Ti_2Fe 合金中的二十面体准晶 $I\text{-}Ti_2Fe$ 与立方晶体相 $\alpha\text{-}Ti_2Fe$ 和 $\beta\text{-}TiFe$(董闯,1998),快速凝固的 Ti_2Ni 合金中的二十面体准晶 $I\text{-}Ti_2Ni$ 与立方晶体相 (Zhang,et al.,1986),快速凝固的 $Al_{13}Cr_4Si_4$ 合金中的二十面体准晶 $I\text{-}Al_{13}Cr_4Si_4$ 与立方晶体相 (Zhang,et al.,1989). 这里 $R\text{-}Al_{4.8}Li_3Cu, \beta\text{-}Al(Fe,Cu), \beta\text{-}Al(Pd,Mn)$ 和 $\beta\text{-}TiFe$ 都是 CsCl(B2) 型的立方晶体相,$\alpha\text{-}Al_{73}Mn_{17}Si_{10}, \alpha\text{-}Ti_2Fe, \alpha\text{-}Ti_2Ni$ 和 $\alpha\text{-}Al_{13}Cr_4Si_4$ 都是空间群为 $Fd\bar{3}m$ 的、$a \approx 11\text{Å}$ 的面心立方晶体相,它们与二十面体准晶(IQC)之间有一定的取向关系. 现已发现两类取向关系如下:

(1) A2(IQC) ∥ [1 0 0](立方),A3(IQC) ∥ [1 1 1](立方).

例如,Al-Li-Cu 合金中的 $I\text{-}Al_{5.1}Li_3Cu$ 与 $R\text{-}Al_{4.8}Li_3Cu$, Al-Mn-Si 合金中的 $I\text{-}Al_{73}Mn_{21}Si_6$ 与 $\alpha\text{-}Al_{73}Mn_{17}Si_{10}$, $\alpha\text{-}Ti_2Fe$ 与立方晶体相 $\alpha\text{-}Ti_2Fe$ 等等.

(2) A2(IQC) ∥ [1 $\bar{1}$ 0](立方), A2(IQC) ∥ [1 $\bar{1}$ 1](立方),A3(IQC) ∥ [1 1 1](立方). ,A5(IQC) ∥ [1 1 0](立方).

例如,Al-Cu-Fe 合金中的 $\beta\text{-}Al(Fe,Cu)$ 与 $I\text{-}Al_{62.5}Cu_{25}Fe_{12.5}$,

$Al_{13}Cr_4Si_4$ 合金中的二十面体准晶 I- $Al_{13}Cr_4Si_4$ 与立方晶体相,I-Ti_2Fe 与立方晶体相 β-TiFe 等等.

董闯等(董闯,1998;Dong,et al. 1998, 2000)详细地总结并系统地研究了 Al-Cu-Fe 准晶与其晶体近似相的结构联系和取向关系.

准晶与其晶体近似相的结构联系和取向关系有时也反应在它们的晶体外形上. 例如,Kortan 等(1989)在 Al-Li-Cu 合金中观察到立方块形状的 R-$Al_{4.8}Li_3Cu$ 颗粒,在它的若干个沿着<1 1 1>方向的顶角上分别长出一个菱形三十面体形状的 I-$Al_{5.1}Li_3Cu$ 二十面体准晶颗粒. I-$Al_{5.1}Li_3Cu$ 与 R-$Al_{4.8}Li_3Cu$ 之间具有取向关系,见(1).

在某些合金系中观察到二十面体准晶与十次准晶共存的现象. 例如,在 Al-Pd-Mn 合金中的十次准晶在高温是稳定的,可从二十面体准晶中析出. 在熔体急冷的 $Al_{72}Pd_{25}Cr_3$ 合金中蔡安邦(1999) 观察到二十面体准晶与十次准晶共存. 二十面体准晶(IQC)与十次准晶(DQC)之间的取向关系如下:

A5(IQC) ∥ A10(DQC),A2(IQC) ∥ A2(DQC),

这种取向关系有时也反应在它们的晶体外形上. 例如,蔡安邦(1999)报道了在五角十二面体的 Al-Pd-Mn 二十面体准晶颗粒的一个五角形面上长出了一根十棱柱的十次准晶,两者具有取向关系 A5(IQC) ∥ A10(DQC).

参 考 文 献

董闯. 准晶材料. 北京:国防工业出版社,1998

关绍康,沈宁福,胡汉起. 中国有色金属学报,1997(7):145~148

张瑞康,王建波,汪大海,刘静,陈方玉,陈小梅,桂嘉年,王仁卉. 金属学报,1999(35):463~468

赵东山,王仁卉,桂嘉年等. 电子显微学报,2002(21):455~460

AnlageS M, Fultz B, Krishnan K M. J Mat Res,1988(3):421~425

Audier M, Durand-charre M, Deboissieu M. Phil Mag B,1993(68):607~618

Aziz M J, Budai J D. J Mater Res,1986(1):401~404

Bancel P A. Phil Mag Lett,1993(67):43

Bancel P A, Heiney P A, Stephens P W et al. Phys Rev Lett,1985(54): 2422~2425

Bancel P A, Heiney P A. Phys Rev B,1986(33): 7917~7922

Bancel P A. In: Di Vincenzo, Steinhardt eds. Quasicrystals:The State of the Art. Singapore: World Scientific,1991. 17

Bendersky L. Phys Rev Lett,1985(55):1461~1463

Bendersky L A, Biancaniello F S. Scripta Met,1987(21): 531

Bradley A J, Goldschmidt H J. J Inst Met,1939(65):403~418

Cao W, Ye H Q, Kuo K H. Phys Stat Sol (a),1988(107): 511~519

Cervellino A, Haibach T, Steurer W. Acta Cryst B,2002(58):8~33

Chatterjee R, O'Handley R C. Phys Rev B,1989(39): 8128~8131

Chattopadhyay K, Lele S, Thangarai N et al. Acta Metall,1987(35): 727~733

Chen H, Li D X, Kuo K H. Phys Rev Lett,1988(60): 1645~1648

ChenH S, Inoue A. Scripta Met,1987(21):527~530

ChenH S, Phillips J C, Villars P et al. Phys Rev B,1987(35):9326~9329

Chen K J, Mao G M, Feng D et al. J Non-Cryst Solids,1987(97,98):341

Chen K J, Mao G M, Jiang S S et al. J Non-Cryst Solids,1989(114):780

Conrad M, Krumeich F, Reich C et al. Mater Sci Eng A,2000(294~296): 37~40

Dong C, Hei Z K, Song Q H et al. Scripta Met,1986(20):1155~1160

Dong C, Li B G, Kuo K H. J Phys F Metal Phys,1987(17 L1): 89~92

Dong C,Zhang Q. H., Wang D. H.,Wang Y. M. Eur Phys J B,1998,6(1): 25~32

Dong C,Zhang Q H,Wang D H,Wang Y M. Micron,2000,31(5): 507~514

Donnadieu P, Su H L, Proult A, Harmelin M, Effenberg G, Aldinger F. J de Phys,1996 (I 6): 1155

Donnadieu P, Denoyer F, Lauriat J P, Ochin P. Mater Sci Eng A,2000 (294~296): 120~123

Davis J P, Majzoub E H, Simmons J M et al. Mater Sci Eng A,2000(294~296):104~ 107

Ebalard S, Spaepen F. J Mater Res,1989(4):9~43

Edagawa K, Ichihara M, Suzuki K et al. Phil Mag Lett,1992(66):19~25

El-Boragy M, Szepan R. and Schubert K. J. Less-Common Metals,1972(29):133

Faudot F. Ann Chim Fr,1993(18):445~456

Feng D, Hu A, Chen J K, Xiong S. Mater Sci Forum,1987(22~24):489~497

Feng Y C, Lu G, Ye H Q et al. J Phys: Condens Matter,1990(2): 9749~9755

Fisher I R, Islam Z, Panchula A F et al. Phil Mag B,1998(77):1601

Fung K K, Yang C Y, Zhou Y Q et al. Phys Rev Lett,1986(56):2060~2063

Gayle F W, Shapiro A J, Biancaniello F S et al. Metall Trans A,1992(23):2409~2417

Gayle F W. J Phase Equil,1992(13): 619~622

Ge S P and Kuo K H. Phil Mag Lett,1997(75): 245~253

Goedecke T, Lueck R. Z Metallkd,1995(86):109~121

Goedecke T, Ellner M. Z Metallkd,1996(87):854

Goedecke T, Ellner M. Z Metallkd,1997(88):382

Goedecke T, Scheffer M, Lueck R, Ritcsh S, Beeli C. Z Metallkd,1997(88):687

Gratias D, Caiin J.W, Mozer B. Phys Rev B, 1988(38): 1643~1646

Grushko B, Urban K. Philos Mag B,1994(70): 1063

Gui J N Wang J B, Wang R H. J Mater Res,2001(16):1037~1046

Guo J Q, Abe E, Tsai A P. Phys Rev B,2000a(62): R14605~R14607

Guo J Q, Abe E, Tsai A P. Jpn J Appl Phys, 2000b(39): L770~L771

Guo J Q, Abe E, Tsai A P. Phil Mag Lett,2001(81): 17~21

Guo J Q, Tsai A P. Phil Mag Lett, 2002(82): 349~352

He A Q, Yang Q B, Ye H Q. 1990(61): 69~75

He L X, Li X Z, Zhang Z. Phys Rev Lett,1988a(61):1116~1118

He L X, Wu Y K, Kuo K H. J Mater Sci,1988b(7): 1284~1286

He L X, Zhang Z, Wu Y K, Kuo K H. Inst Phys Conf Ser Papers presented at EUREM
    88,York, England. 1988c, 93(2):501~502

Henley C L, Elser V. Phil Mag B,1986(53): L59~66

Heiney P A, Bancel P A, Goldman A I. Phys Rev B,1986(34):6746~6751

Hiraga K, Ohsuna T, Nishimura S. Phil Mag Lett,2000(180):653~659

Hu A, Tian C, Li X J, Wang Y H, Feng D. Phys Lett A,1986(119):313

Inoue A H, Kimura M, Masumoto T, Tsai A P. J Mater Sci Lett,1987a(67): 771~774

Inoue A, Kimura H M, Masumoto T. J Mater Sci,1987b(22): 1758~1768

Inoue A, Bizen Y, Masumoto T. Met Trans A, 1988(19): 383~386

Ishimasa T, Fukano Y, Nissen H U. in:Quasicrystalline Materials (ed. Janot C, Dubois J
    M). Singapore: World Scientific,1988(1). 168~177

Ishimasa T, Nissen H U, Fukano Y. Phys Rev Lett, 1985(55):511~513

Janot C, Pannetier J, Dubois J M, Houin J P, Weinland P. Phil Mag B,1988(58):
    59~67

Janssen T Janner A. Adv Phys, 1987(36): 519~624

Janssen T. Phys Reports,1988(168): 55~113

Janssen T. Z Krist, 1992(198):17

Kaneko Y, Arichika Y, Ishimasa T. Phil Mag Lett, 2001(81): 777~787

Karkut M G, Triscone J M, Ariosa D, Fisher O. Phys Rev B,1986(34): 4390~4393

Kelton K F, Gibbons P C, Sabes P N. Phys Rev B,1988(38): 7810~7813

Kim W J, Gibbons P C, Kelton K F. In: Proc 6th Int Conf on Quasicrystals. Eds. Takeuchi S, Fujiwara T. Singapore: World Scientific 1998:47~50

Kortan A R, Chen H S, Parse J M, Kimerling L C. J Mater Sci,1989(24): 1999~2005

Koshikawa N, Edagawa K, Honda Y, Takeuchi S. Phil Mag Lett,1993(68): 123~129

Koshikawa N, Sakamoto S, Edagawa K, Takeuchi S. Jpn J Appl Phys, 1992(31): 966~969

Krumeich F, Conrad M, Harbrecht. Optik Suppl,1993(5, 94): 68

Krumeich F, Conrad M, Harbrecht B. Proc 13th Int Congress Electron Microscopy (ICEM~13) Paris. 1994:751~752

Krumeich F, Reich C, Conrad M, Harbrecht B. Mater Sci Eng A,2000(294~296): 152 ~155

Kuo K H. Mater Sci Forum,1987(22~24): 131~140

Kuo K H. Struc Chem,2002a(13). 211~230

Kuo K H. Acta Cryst A,2002b(58):209

Kuo K H, Dong C, Zhou D S, Guo X Y, Hei Z K, Li D X. Scripta Met,1986(20): 1695~1698

Kuo K H, Zhou D S, Li D X. Phil Mag Lett, 1987(55): 33~39

Lemmerz U, Grushko B, Freiburg C, Jansen M. Phil Mag Lett,1994(69):141~146

Li X Z, Kuo K H. J Mater Res,1993(8): 2499~2503

Li X Z, Yu R C, Kuo K H, Hiraga K. Phil Mag Lett,1996(73): 255

Li X Z, Hiraga K. J Mater Res,1996(11):1891~1896

Li X Z, Kuo K H. Phil Mag Lett,1988(58): 167~171

Lifshitz R. 2000. The Definition of Quasicrystals, http://xxx. lanl. gov/abs/cond-mat/ 0008152

Lifshitz R. 2002. The Square Fibonacci Tiling. J Alloy Comp,2002, 342:186~190

Liu W, Köstr U, Müller F, Rosenber M. Phys Stat Sol (a),1992(132): 17~34

Luo Z, Zhang S, Tang Y, Zhao D. Scr Metal and Mater,1993(28):1513~8

Ma X L, Kuo K H. Metall Mater Trans A, 1994(25):47~56

Ma Y, Stern E A. Phys Rev B,1987,35: 2678~2681

Ma Y, Starn E A. Phys Rev B,1988(38): 3754~3765

Ma L, Wang R, Kuo K H. Scr Metall,1988(22):1791~1796

Mai Z, Zhang B, Hui M, Huang Z, Chen X. Mat Sci Forum,1987,22(4): 591~600

Majzoub E H, Kim J Y, Hennig R G, Kelton K F, Gibbons P C, Yelon W B. Mater Sci Eng A,2000(294~296):108~111

Mukhopadhyay N K, Chattopadhyay K, Ranganathan S. Met Trans A,1989(20): 805~

812

Mukhopadhyay N K, Thangaraj N, Chattopadhyay K, Ranganathan S. J Mater Res,1987 (2): 299~304

Nanao S, Dmowski W, Egami T, Richardson J W, Jorgensen J D. Phys Rev B,1987(35): 435~440

Niikura A, Tsai A P, Inoue A, Masumoto T, Yamamoto A. Jpn J Appl Phys,1993(32): L1160~L1163

Niikura A, Tsai A P, Inoue A, Masumoto T. Phil Mag Lett, 1994a(69): 351

Niikura A, Tsai A P, Inoue A, Masumoto T. Jpn J Appl Phys B,1994,33: L1534

Ohashi W, Spaepen F. Nature,1987(330): 555~556

Ohsuna T, Sun W, Hiraga K. Phil Mag Lett,2000(80): 577~583

Okabe T, Furihata J I, Morishita K, Fujimori H. Phil Mag Lett,1992(66): 259~264

Poon S J, Drehmann A J, Lawless K R. Phys Rev Lett,1985(55): 2324~2327

Quiquandon M, Quivy A, Devaud J, Faudot F, Lefebvre S, Bessiere M, Calvayrac Y. J Phys: Condens Matter,1996(8):2487~2512

Ranganathan S J. Mater Res,1987(2): 299~304

Ranganathan S,Chattopadhyay K. Annu Rev Mater Sci,1991(21): 437

Ranganathan S, Chattopadhyay K, Singh Alok, Kelton K F. Progress in Materials Science, 1997(41):195~240

Ritsch S, Beeli C, Nissen H U, Lueck R. Philos Mag Lett,1995(71): 671

Ritsch S. PhD Thesis 11730, Swiss Federal Institute of Technology Zurich,1996

Ritsch S, Beeli C, Nissen H U, Goedecke T, Scheffer M, Lueck R. Phil Mag Lett,1996a (74): 99

Ritsch S, Beeli C, Nissen H U. Phil Mag Lett,1996b(74):203

Ritsch S, Beeli C, Nissen HU, Goedecke T, Scheffer M, Lueck R. Phil Mag Lett,1998 (78): 67~75

Ritsch S, Beeli C, Lueck R, Hiraga K. Philos Mag Lett,1999(79): 225~232

Sadoc A, Kim J Y, Kelton K F. Mater Sci Eng A,2000(294~296):348~350

Saito M, Tanaka M, Tsai A P et al. Jpn J Appl Phys,1992(31): L109

Saitoh K, Tsuda K, Tanaka M, Kaneko K, Tsai A P. Jpn J Appl Phys, 1997(36): L1400~L1402

Sainfort P and Dubost B. The T2 compound: a stable quasicrystal in the system Al-Li-Cu-(Mg). J Phys (Paris),1986(47): C3-321~330

Sastry G V S, Rao V V, Ramachandrarao P, Anantharaman T R. Scr Metall,1986(20): 191~193.

Sato et al. J Appl Phys,1997(36): L1038~L1039

Schaefer R J, Bendersky L A. in: Introduction to Quasicrystals. M V Jaric ed. Boston: Academic Press, 1988(1). 111

Schall P, Feuerbacher M, Urban K, Mater Sci Eng A, 2001(309~310): 548~551

Scheffer M, Goedecke T, Lueck R, Beeli C, Ritcsh S. Z Metallkd, 1998(89):270

Schurer P J, Koopmans B, Van der Woude F. Hume-Rothery rule in quasicrystals. In: Quasicrystalline materials. ed C Janot and J M Dubois. Singapore World Scientific, 1988. 75~82

Selke H, Ryder P L. In: Janot C & Moseri R (eds), Proc. 5th Intern Conf on Quasicrystals. Singapore: World Scientific, 1995. 220~223

Selke H, Vogg U, Ryder P L. Phys Stat Sol (a), 1994(141): 31

Shechtman D, Blech I, Gratias D, Cahn J W. Phys Rev Lett, 1984(53): 1951~1953

Shen Y, Shiflet G J, Poon S J. Phys Rev B, 1988(38):5332~5337

Shoemaker C B, Keszler D A, Shoemaker D P. Acta Cryst B, 1989(45): 13~20

Song G S, Lee M H, Kim W T, Kim D H. J Non Cryst Solids, 2002(297): 254~262

Srinivas V, Dulap R A, Bahadur D, Dunlap E. Phil Mag B, 1990(61): 177~188

Steinhartd P J, Jeong H C, Saitoh K, Tanaka M, Abe E, Tsai A P. Nature, 1998(396): 55~57

Steurer W, Haibach T, Zhang B, Beeli C, Nissen H U. J Phys: Condens Matter, 1994(6):613~632

Steurer W, Haibach T, Zhang B, Kek S, Lück R. Acta Crystallogr B, 1993(49): 661~675

Steurer W, and Kuo K H. Acta Crystallogr B, 1990(46):703~712

Sun W, Hiraga K. Physica B-Condensed Matter, 2002(324):352~359

Takakura H, Yamamoto A, Tsai A P. Acta Cryst A, 2001(57): 576~585

Tanaka M, Tsuda K, Terauchi M, et al. J Non-Crystalline Solids, 1993(153,154): 98

Tang Y, Guan S K, Zhao D S, Shen N F, Hu H Q. J Mater Sci Lett, 1993a(12):1749~1751

Tang Y, Zhao D, Luo Z, Sheng N, Zhang D S. Mater Lett, 1993b(18): 148~150

Todd J, Merlen R, Clarke R, Mohanty K M, Axe J D. Phys Rev Lett, 1986(57):1157~1160

Tsai AP, Inoue A, Masumoto T. Jpn J Appl Phys, 1987a(26): 1505~1507

Tsai AP, Inoue A, Masumoto T. Jpn J Appl Phys, 1987b(26): 1994

Tsai AP, Inoue A, Masumoto T. Mater Trans JIM, 1988a(29): 521~524

Tsai AP, Inoue A. Masumoto T. Jpn J Appl Phys, 1988b(27): L1587~L1590

Tsai AP, Inoue A. Masumoto T. Jpn J Appl Phys, 1988c(27): L5~L8

Tsai AP, Inoue A, Masumoto T. J Mater Sci Lett, 1988d(7): 322~326

Tsai AP, Inoue A, Masumoto T. Mater Trans JIM,1989a(30): 150

Tsai AP, Inoue A, Masumoto T. Mater Trans JIM,1989b(30): 463~473

Tsai AP, Inoue A, Bizen Y, Masumoto T. Acta Metall,1989c(37): 1443

Tsai AP, Yokoyama Y,Inoue A, Masumoto T. Phil Mag Lett,1990a(61): 9

Tsai AP, Inoue A, Yokoyama Y,Masumoto T. Mat Trans JIM,1990b(31): 98~103

Tsai AP, Yokoyama Y,. Inoue A, Masumoto T. Jpn J Appl Phys,1990c(29):L1161~
    L1164

Tsai AP, Inoue. A, Masumoto T. Phil Mag Lett,1991a(64): 163~167

Tsai AP, Yokoyama Y,Inoue A, Masumoto T. J Mater Res,1991b(6): 2646

TsaiAP, Sato A,Yamamoto A, Inoue A. , Masumoto T. Jpn J Appl Phys,1992a(31):
    L970~L973

Tsai A P, Yamamoto A, Masumoto T. PhiL Mag Lett,1992b(66): 203~208

Tsai A P,Tsurui T, Memezawa A, Aoki K, Inoue A, Masumoto T. PhiL Mag Lett,1993a
    (67):393

Tsai A P, Chen H S, Inoue A, Masumoto T. J Non-Cryst Solids,1993b(153~154): 513

Tsai A P, Niikura A, Inoue A, Masumoto T, Nishida Y, Tsuda K, Tanaka M. Phil Mag
    Lett,1994a(70):169

Tsai A P, Hiraga K, Inoue A, Masumoto T, Chen H S. Phys Rev B,1994b(49): 3569

Tsai A P, Niikura A, Inoue A, Masumoto T. J Mater Res,1997(12): 1468

Tsai A P. Metallurgy of Quasicrystals. in: Physical Properties of Quasicrystals. Edited by.
    Z M Stadnik. Berlin: Springer,1999

Tsai A P, Guo J Q, Abe E et al. Nature,2000(408):537~538

Tsuda K, Saito M, Terauchi M et al. Jpn J Appl Phys,1993,32: 129

Uchida M, Horiuchi S. J Appl Cryst,1998(31):634~637

Uchida M, Horiuchi S. Micron,2000(31):457~467

Wang N, Chen H, Kuo K H. Phys Rev Lett,1987,59: 1010~1013

Wang N, Fung K K, Kuo K H. Appl Phys Lett,1988,52: 2120~22

Wang R H, Qin C, Lu G, Feng Y, Xu S. Acta Cryst A,1994(50):366~375

Wang Z M, Kuo K H. Acta Cryst A,1988(44): 857~63

Wu J S,. Kuo K H. Metall Mater Trans A,1997(28):729~742

Wu J S, Li X Z. Kuo K H. Phil Mag Lett,1998(77):359~370

Wu J S, Ge S P, Kuo K H. Phil Mag A,1999(79):1787~1803

Wu J S, Kuo K H. Micron,2000(31):459~467

Yang W G, Gui J N, Wang R H. Phil Mag Lett,1996, 74: 357~366

Yokoyama Y, Tsai A P, Inoue A, Masumoto T, Chen H S. Mater Trans JIM,1996(32):
    421~428

Yokoyama Y, Tsai A P, Inoue A, Masumoto T. Mater Trans JIM,1991(32):1089

Yokoyama Y, Inoue A, Masumoto T. Mater Trans JIM,1992(33):1012~1019

Zhang Z,Ye H Q, Kuo K H. Phil Mag A,1985(52): L49~L52

Zhang H, Kuo K H. Phil Mag B,1986(154): 83

Zhang H, Wang D H, Kuo K H. Phys Rev B,1988(37):6220~6225

Zhang H, Kuo K H. Scr Metall,1989(23): 355~358

Zhang H, Wang D H, Kuo K H. J Mater Sci,1989(24): 2981

Zhang H, Kuo K H. Phys Rev B 1990(41): 3482

Zhang L M,Lueck R. J Alloys Comp,2002(342):53~56

Zhang L M, Lueck R. Z Metallkd,2003(94):91~97;98~107;108~115;341~344;
774~781

Zhao D S, Wang R H, Wang J B , Qu W B, Shen N F, Gui J N. Mater Lett,2003(57):
4493~4500

第二章 准晶点阵的切割-投影法描述

§2.1 高维空间晶体几何学与线性坐标变换

在准晶点阵的切割-投影法描述中,经常要用到高维空间晶体几何学和坐标变换的基本知识,现就此介绍如下.

2.1.1 倒易点阵

设在六维空间中,有两套基矢分别为 $e_j = (e_1, e_2, e_3, e_4, e_5, e_6)$ 和 $E_j = (E_1, E_2, E_3, E_4, E_5, E_6)$ 的坐标系[图 2.1(a)],这两套基矢之间的联系可用矩阵乘法表示如下:

$$e_j^{\mathrm{T}} = TE_j^{\mathrm{T}} \qquad \text{或者} \qquad E_j^{\mathrm{T}} = We_j^{\mathrm{T}}, \qquad (2.1)$$

式中上标 T 表示转置,矩阵 $T = W^{-1}$ 与 W 互为逆矩阵.

在任一套坐标系中,倒易空间的基矢 $e_j^* = (e_1^*, e_2^*, e_3^*, e_4^*, e_5^*, e_6^*)$[图 2.1(b)]与正空间的基矢 $e_j = (e_1, e_2, e_3, e_4, e_5, e_6)$ 之间有如下关系:

$$e_j^{*\mathrm{T}} e_j = I \qquad \text{或者} \qquad e_j^{\mathrm{T}} e_j^* = I, \qquad (2.2a)$$

这里 I 表示单位矩阵. 类似地,倒易空间的基矢 $E_j^* = (E_1^*, E_2^*, E_3^*, E_4^*, E_5^*, E_6^*)$ 与正空间的基矢 $E_j = (E_1, E_2, E_3, E_4, E_5, E_6)$ 之间有如下关系:

$$E_j^{*\mathrm{T}} E_j = I \qquad \text{或者} \qquad E_j^{\mathrm{T}} E_j^* = I \qquad (2.2b)$$

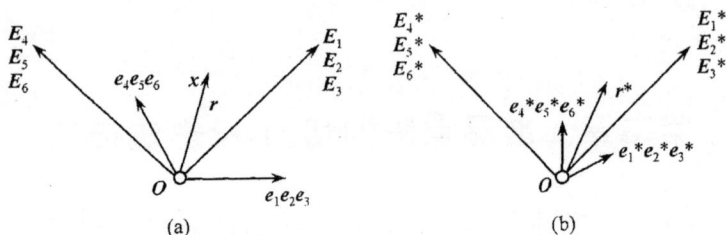

图 2.1　(a)两套基矢分别为 $e_j = (e_1, e_2, e_3, e_4, e_5, e_6)$ 和 $E_3 = (E_1, E_2, E_3, E_4, E_5, E_6)$ 的坐标系;(b)对应的倒易空间的基矢 $e_j^* = (e_1^*, e_2^*, e_3^*, e_4^*, e_5^*, e_6^*)$ 和 $E_j^* = (E_1^*, E_2^*, E_3^*, E_4^*, E_5^*, E_6^*)$

式(2.2a)写成展开的形式

$$
\begin{pmatrix} e_2^* \\ e_2^* \\ e_3^* \\ e_4^* \\ e_5^* \\ e_6^* \end{pmatrix} (e_1 \quad e_2 \quad e_3 \quad e_4 \quad e_5 \quad e_6) =
$$

$$
\begin{pmatrix}
e_1^* \cdot e_1 & e_1^* \cdot e_2 & e_1^* \cdot e_3 & e_1^* \cdot e_4 & e_1^* \cdot e_5 & e_1^* \cdot e_6 \\
e_2^* \cdot e_1 & e_2^* \cdot e_2 & e_2^* \cdot e_3 & e_2^* \cdot e_4 & e_2^* \cdot e_5 & e_2^* \cdot e_6 \\
e_3^* \cdot e_1 & e_3^* \cdot e_2 & e_3^* \cdot e_3 & e_3^* \cdot e_4 & e_3^* \cdot e_5 & e_3^* \cdot e_6 \\
e_4^* \cdot e_1 & e_4^* \cdot e_2 & e_4^* \cdot e_3 & e_4^* \cdot e_4 & e_4^* \cdot e_5 & e_4^* \cdot e_6 \\
e_5^* \cdot e_1 & e_5^* \cdot e_2 & e_5^* \cdot e_3 & e_5^* \cdot e_4 & e_5^* \cdot e_5 & e_5^* \cdot e_6 \\
e_6^* \cdot e_1 & e_6^* \cdot e_2 & e_6^* \cdot e_3 & e_6^* \cdot e_4 & e_6^* \cdot e_5 & e_6^* \cdot e_6
\end{pmatrix} = I
$$

$$(2.3)$$

2.1.2　线性坐标变换

按照式(2.1),两套基矢 $e_j = (e_1, e_2, e_3, e_4, e_5, e_6)$ 和 $E_j = (E_1, E_2, E_3, E_4, E_5, E_6)$ 中任意一个基矢都可以表示为另一

坐标系中基矢的线性组合,故称之为线性坐标变换.

把式(2.1)代入式(2.2a)可得 $e_j^{*\mathrm{T}}E_jT^{\mathrm{T}} = I$,右乘 $(T^{-1})^{\mathrm{T}}E_j^{*\mathrm{T}}E_j$ 可得 $e_j^{*\mathrm{T}}E_j = (T^{-1})^{\mathrm{T}}E_j^{*\mathrm{T}}E_j$.于是我们得到了倒易点阵基矢 e_j^* 与 E_j^* 之间的如下关系:

$$e_j^{*\mathrm{T}} = (T^{-1})^{\mathrm{T}}E_j^{*\mathrm{T}} = (W)^{\mathrm{T}}E_j^{*\mathrm{T}}$$

或者 $\qquad E_j^{*\mathrm{T}} = (W^{-1})^{\mathrm{T}}e_j^{*\mathrm{T}} = T^{\mathrm{T}}e_j^{*\mathrm{T}}.$ $\qquad$ (2.4)

对比式(2.1)与式(2.4)可知,两套坐标系正点阵基矢之间的变换矩阵与倒易点阵基矢之间的变换矩阵互为转置逆矩阵的关系.

现在考虑六维空间中某一点 x 的位矢 r[图 2.1(a)],r 在两套坐标系中的分量 $x_j = (x_1, x_2, x_3, x_4, x_5, x_6)$ 和 $X_j = (X_1, X_2, X_3, X_4, X_5, X_6)$ 是不一样的,我们有:

$$r = e_j x_j^{\mathrm{T}} = E_j X_j^{\mathrm{T}}.$$

现在探讨这两套分量之间的关系.把式(2.1)代入等号左边,立即得到

$$r = E_j T^{\mathrm{T}} x_j^{\mathrm{T}} = E_j X_j^{\mathrm{T}},$$

进而有

$$X_j^{\mathrm{T}} = T^{\mathrm{T}} x_j^{\mathrm{T}} \quad \text{或者} \quad x_j^{\mathrm{T}} = (T^{-1})^{\mathrm{T}} X_j^{\mathrm{T}} = (W)^{\mathrm{T}} X_j^{\mathrm{T}} \qquad (2.5)$$

对比式(2.4)与式(2.5)可知,正空间某一点 X 的坐标,也就是位矢 r 分量,当坐标变换时,与倒易点阵基矢的变换方式一样.正点阵基矢之间的变换矩阵(W)与正空间某一点的坐标的变换矩阵(T^{T})互为转置逆矩阵的关系.

类似地,我们现在考虑六维倒易空间中某一点 X^* 的位矢 r^*[图 2.1(b)],r^* 在两套坐标系中的分量 $x_j^* = (x_1^*, x_2^*, x_3^*, x_4^*, x_5^*, x_6^*) = (h_1, h_2, h_3, h_4, h_5, h_6)$ 和 $X_j^* = (X_1^*, X_2^*, X_3^*, X_4^*, X_5^*, X_6^*) = (H_1, H_2, H_3, H_4, H_5, H_6)$ 是不一样的,我们有

$$r^* = x_j^* e_j^{*\mathrm{T}} = X_j^* E_j^{*\mathrm{T}}$$

现在探讨这两套分量之间的关系. 把式(2.4)代入上式, 立即得到

$$r^* = x_j^* \, e_j^{*\,\mathrm{T}} = X_j^* \, T^{\mathrm{T}} e_j^{*\,\mathrm{T}},$$

进而有 $x_j^* = X_j^* \, T^{\mathrm{T}}$, 即

$$x_j^{*\,\mathrm{T}} = T X_j^{*\,\mathrm{T}},$$

或者

$$X_j^{*\,\mathrm{T}} = T^{-1} x_j^{*\,\mathrm{T}} = W(x^*)_j^{\mathrm{T}}. \tag{2.6}$$

对比(2.1)与(2.6)式可知, 倒易空间某一点 X^* 的坐标, 也就是倒易矢量 r^* 的分量, 当坐标变换时, 与正点阵基矢的变换方式一样.

2.1.3 度量张量和倒易度量张量

在 2.1.2 节的讨论中, 基矢分别为 $e_j = (e_1, e_2, e_3, e_4, e_5, e_6)$ 和 $E_j = (E_1, E_2, E_3, E_4, E_5, E_6)$ 的两套坐标系都可以是任意的. 在准晶点阵的切割投影法描述中, 通常我们取基矢 $E_j = (E_1, E_2, E_3, E_4, E_5, E_6)$ 的前三个分量(E_1, E_2, E_3)为平行空间(物理空间)中的一套正交归一化的基矢, 后 3 个分量(E_4, E_5, E_6)则为垂直空间(数学空间或补空间)中的一套正交归一化的基矢. 对于正交归一化的基矢 $E_j = (E_1, E_2, E_3, E_4, E_5, E_6)$ 而言, 我们有 $E_j^{\mathrm{T}} E_j = I$. 对照式(2.2b)可得 $E_j^* = E_j$, 即倒易点阵基矢与正点阵基矢是一样的. 基矢 $e_j = (e_1, e_2, e_3, e_4, e_5, e_6)$ 则表示高维空间晶体的基矢.

在晶体几何学计算工作中, 度量张量 G 的用处很大. 度量张量 G 是基矢标量积构成的矩阵

$$G = e_j^{\mathrm{T}} e_j. \tag{2.7}$$

倒易点阵基矢 $e_j^* = (e_1^*, e_2^*, e_3^*, e_4^*, e_5^*, e_6^*)$ 的标量积构成的矩阵则称之为倒易度量张量 G^*

$$G^* = e_j^{*\,\mathrm{T}} e_j^*. \tag{2.8}$$

记 G^{-1} 为度量张量 G 的逆矩阵, 则由 $I = G^{-1} G = G^{-1} e_j^{\mathrm{T}} e_j$, 把

它与式(2.2)对比可知

$$e_j^{*\mathrm{T}} = G^{-1} e_j^{\mathrm{T}}. \tag{2.9}$$

式(2.9)可以作为倒易点阵基矢 e_j^* 的另外一种定义. 由此公式我们可以进一步证明: $G^* = e_j^{*\mathrm{T}} e_j^* = G^{-1} e_j^{\mathrm{T}} e_j^* = G^{-1}$, 即倒易度量张量 G^* 是度量张量 G 的逆矩阵

$$G^* = G^{-1}. \tag{2.10}$$

三维空间中由 3 个线性无关的矢量 (A_1, A_2, A_3) 所构成的平行六面体(单胞)的体积 V 可表示为

$$V = A_1 \cdot A_2 \times A_3 = \begin{vmatrix} A_{11} & A_{12} & A_{13} \\ A_{21} & A_{22} & A_{23} \\ A_{31} & A_{32} & A_{33} \end{vmatrix} \tag{2.11}$$

式(2.11)中 A_{jk} 是矢量 A_j 在某直角坐标系中的第 k 个分量(j, $k = 1, 2, 3$). 这个单胞体积的表达式可以推广到高维空间晶体. 由 6 个线性无关($j = 1,2,3,4,5,6$)的矢量 $A_j = (A_{j1}, A_{j2}, A_{j3}, A_{j4}, A_{j5}, A_{j6})$ 构成的六维空间一个超平行六面体的体积 V 也可以表示为这些基矢在某一个正交归一化坐标系(例如正交归一化的基矢 $E_j = E_j^* = (E_1, E_2, E_3, E_4, E_5, E_6)$)中的分量 A_{jk} (j, $k = 1, 2, 3, 4, 5, 6$)构成的矩阵 $A = [A_{jk}]$ 的行列式

$$V = |A| = \begin{vmatrix} A_{11} & A_{12} & A_{13} & A_{14} & A_{15} & A_{16} \\ A_{21} & A_{22} & A_{23} & A_{24} & A_{25} & A_{26} \\ A_{31} & A_{32} & A_{33} & A_{34} & A_{35} & A_{36} \\ A_{41} & A_{42} & A_{43} & A_{44} & A_{45} & A_{46} \\ A_{51} & A_{52} & A_{53} & A_{54} & A_{55} & A_{56} \\ A_{61} & A_{62} & A_{63} & A_{64} & A_{65} & A_{66} \end{vmatrix} \tag{2.12}$$

当用 2.1.1 节中的 e_j 代替 A_j 时, 式(2.12)就是正点阵单胞体积的表达式; 当用 2.1.1 节中的 e_j^* 代替 A_j 时, 得到倒易点阵单胞体积的表达式.

由线性代数教科书我们知道, 两个矩阵 $A = [A_{jk}]$ 和 $B = [B_{jk}]$ 的乘积 AB 的行列式 $|AB|$ 等于这两矩阵的行列式 $|A|$

与 $|B|$ 的乘积：$|AB| = |A||B|$，而且行列式 $|B|$ 与它的转置行列式 $|B^T|$ 相等：$|B| = |B^T|$. 设有两组（每组有 6 个）线性无关的矢量 A_j 和 B_j，它们在正交归一化基矢上的分量分别是 A_{jk} 和 B_{jk}. 这两组矢量构成的单胞的体积分别是 $V_A = |A|$ 和 $V_B = |B|$. 于是我们有 $V_A V_B = |A||B| = |A||B^T| = |AB^T|$，即

$$V_A V_B = |AB^T| = |A_j^T B_j| =$$

$$\begin{vmatrix} A_1 \cdot B_1 & A_1 \cdot B_2 & A_1 \cdot B_3 & A_1 \cdot B_4 & A_1 \cdot B_5 & A_1 \cdot B_6 \\ A_2 \cdot B_1 & A_2 \cdot B_2 & A_2 \cdot B_3 & A_2 \cdot B_4 & A_2 \cdot B_5 & A_2 \cdot B_6 \\ A_3 \cdot B_1 & A_3 \cdot B_2 & A_3 \cdot B_3 & A_3 \cdot B_4 & A_3 \cdot B_5 & A_3 \cdot B_6 \\ A_4 \cdot B_1 & A_4 \cdot B_2 & A_4 \cdot B_3 & A_4 \cdot B_4 & A_4 \cdot B_5 & A_4 \cdot B_6 \\ A_5 \cdot B_1 & A_5 \cdot B_2 & A_5 \cdot B_3 & A_5 \cdot B_4 & A_5 \cdot B_5 & A_5 \cdot B_6 \\ A_6 \cdot B_1 & A_6 \cdot B_2 & A_6 \cdot B_3 & A_6 \cdot B_4 & A_6 \cdot B_5 & A_6 \cdot B_6 \end{vmatrix}.$$

$$(2.13)$$

当 A_j 和 B_j 都取为 e_j 时，我们可利用式(2.13)得到正点阵单胞体积 V_c 以度量张量 G 表达的公式如下：

$$V_c{}^2 = |e_j^T e_j| = |G| = \det(G), \qquad (2.14)$$

这里 $|G|$ 和 $\det(G)$ 都表示矩阵 G 的行列式. 当 A_j 和 B_j 都取为 $e_j{}^*$ 时，我们可利用式(2.13)得到倒易点阵单胞体积 V_c^* 以倒易度量张量 G^* 表达的公式如下：

$$V_c^*{}^2 = |e_j^{*T} e_j^*| = |G^*| = \det(G^*) = \det(G^{-1}). $$

$$(2.15)$$

由式 (2.14) 和式 (2.15)，我们有 $V_c{}^2 V_c^*{}^2 = \det(G)\det(G^{-1}) = \det(GG^{-1}) = \det(I) = 1$，即

$$V_c V_c^* = 1.$$

可知正点阵单胞体积 V_c 与倒易点阵单胞体积 V_c^* 互为倒数.

2.1.4 线性坐标变换后点对称操作矩阵和度量张量的改变

现在考虑有两套基矢分别为 $e_j = (e_1, e_2, e_3, e_4, e_5, e_6)$

和 $E_j = (E_1, E_2, E_3, E_4, E_5, E_6)$ 的坐标系,这两套坐标系的基矢之间的关系由式(2.1)表示

$$e_j{}^{\mathrm{T}} = TE_j{}^{\mathrm{T}} \tag{2.1a}$$

和

$$E_j{}^{\mathrm{T}} = We_j{}^{\mathrm{T}}. \tag{2.1b}$$

某一个位矢 r 在两套坐标系中的分量 $x_j = (x_1, x_2, x_3, x_4, x_5, x_6)$ 和 $X_j = (X_1, X_2, X_3, X_4, X_5, X_6)$ 是不一样的,它们之间的关系则由(2.5)式表示,即

$$X_j{}^{\mathrm{T}} = T^{\mathrm{T}} x_j{}^{\mathrm{T}} \tag{2.5a}$$

和

$$x_j{}^{\mathrm{T}} = (T^{-1})^{\mathrm{T}} X_j{}^{\mathrm{T}} = (W)^{\mathrm{T}} X_j{}^{\mathrm{T}} \tag{2.5b}$$

类似地,点对称操作矩阵和度量张量的具体的形式也会随坐标系而改变.

设作用到位矢 r 在 e_j 坐标系中的坐标 x_j 上的某个点对称操作矩阵是 Γ,它把位矢 r 变成 r',其分量为 x'_j

$$x'_j{}^{\mathrm{T}} = \Gamma(e_j) x_j{}^{\mathrm{T}} \tag{2.16a}$$

在以 E_j 为基矢的坐标系中,也应该有类似的关系

$$X'_j{}^{\mathrm{T}} = \Gamma'(E_j) x_j{}^{\mathrm{T}}, \tag{2.16b}$$

式中 $X_j{}^{\mathrm{T}}$ 和 $X'_j{}^{\mathrm{T}}$ 分别是点对称操作作用之前的位矢 r 和之后的位矢 r' 在 E_j 坐标系中的坐标,$\Gamma'(E_j)$ 则是在这坐标系中的点对称操作矩阵. 把式(2.5b)代入式(2.16a),并与式(2.16b)对比,就得到线性坐标变换之前与之后的点对称操作矩阵的关系

$$\Gamma'(E_j) = T^{\mathrm{T}} \Gamma(e_j) W^{\mathrm{T}}. \tag{2.16c}$$

综合式(2-5a)与式(2-16c),可以说:如果两套坐标系的坐标 X_j 与 x_j 之间的关系是

$$X_j{}^{\mathrm{T}} = Q x_j{}^{\mathrm{T}},$$

写成展开的形式即

$$\begin{bmatrix} X_1 \\ X_2 \\ \vdots \\ X_N \end{bmatrix} = \begin{bmatrix} Q_{11} & Q_{12} & \cdots & Q_{1N} \\ Q_{21} & Q_{22} & \cdots & Q_{2N} \\ \vdots & \vdots & & \vdots \\ Q_{N1} & Q_{N2} & \cdots & Q_{NN} \end{bmatrix} \begin{bmatrix} x_1 \\ x_2 \\ \vdots \\ x_N \end{bmatrix},$$

(这里 $\boldsymbol{Q}$ 是两套坐标系的坐标 X_j 与 x_j 之间的坐标变换矩阵),则两套坐标系的点对称操作矩阵之间的关系是

$$\boldsymbol{\Gamma}'(X_j) = \boldsymbol{Q}\boldsymbol{\Gamma}(x_j)\boldsymbol{Q}^{-1}. \tag{2.16d}$$

按照式(2.7)给出的定义,在 e_j 坐标系和 E_j 坐标系中的度量张量的表达式分别为

$$\boldsymbol{G}(e_j) = e_j{}^{\mathrm{T}}e_j \tag{2.7a}$$

和

$$\boldsymbol{G}'(\boldsymbol{E}_j) = \boldsymbol{E}_j{}^{\mathrm{T}}\boldsymbol{E}_j. \tag{2.7b}$$

把式(2.1b)代入式(2.7b),并与式(2.7a)对比,就得到

$$\boldsymbol{G}'(\boldsymbol{E}_j) = \boldsymbol{W}\boldsymbol{G}(e_j)\boldsymbol{W}^{\mathrm{T}}. \tag{2.7c}$$

对倒易空间中的点对称操作矩阵 $\boldsymbol{\Gamma}^*(e_j^*)$ 和倒易度量张量 $\boldsymbol{G}^*(e_j^*) = e_j^*{}^{\mathrm{T}}e_j^*$ 也有类似于(2.16c)和(2.7c)两式表示的关系,但相应的变换矩阵应该是这里所用的矩阵的转置逆矩阵

$$\boldsymbol{\Gamma}^{*'}(\boldsymbol{E}_j^*) = \boldsymbol{W}\boldsymbol{\Gamma}^*(e_j^*)\boldsymbol{T}, \tag{2.16e}$$

$$\boldsymbol{G}^{*'}(\boldsymbol{E}_j^*) = \boldsymbol{T}^T\boldsymbol{G}^*(e_j^*)\boldsymbol{T}. \tag{2.7d}$$

本节介绍的有关坐标变换及其引起的点对称操作矩阵和度量张量的改变,在§4.1讨论群的矩阵表示及其约化时要用到.

§2.2 非周期结构切割投影法描述的基本概念

2.2.1 准周期结构切割投影法描述的基本概念

图2.2示出由长的线段(L)和短的线段(S)按照 Fibonacci 序列的规则构成的一维空间的(直线上的)准晶体. 这里长线段与短线段的长度之比 $L/S = \tau = (1+\sqrt{5})/2 = 1.618\ldots$是黄金分

割数. 所谓 Fibonacci 序列,是指按照递推公式

$$F_{n+1} = F_n + F_{n-1} \qquad (2.17)$$

形成的序列.例如我们取 $F_0 = S$, $F_1 = L$,就会依次得到下列序列:

F_0	S
F_1	L
F_2	LS
F_3	LSL
F_4	$LSLLS$
F_5	$LSLLSLSL$
F_6	$LSLLSLSLLSLLS$
F_7	$LSLLSLSLLSLLSLSLLSLSL$
F_8	$LSLLSLSLLSLLSLSLLSLSLLSLSLLSLLSLSLLSLLS$
$\vdots$	$\vdots$

最后得到如图 2.2 所示的一维空间的(直线上的)准晶. 这是最简单的准晶,它是按照 Fibonacci 序列的规则构成的,因而是长程有序的,但又没有周期性,而且既不能被描述为非公度调制结构,也不能归类于复合结构.

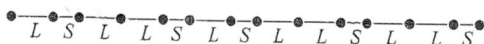

图 2.2 一维空间的(直线上的)准晶示意图.由长的线段(L)和短的线段(S)按照
Fibonacci 序列的规则构成

注意到一维准晶具有两个特征长度 L 和 S,我们可以将它描述为由二维晶体向一维空间投影或被一维空间切割而得到. 图 2.3(a)和(b)中绘出了基矢为 e_1 和 e_2(它们的长度都是 a)的正方晶体点阵,以及基矢为 E_1 的平行空间和基矢为 E_2 的垂直空间. 如果平行空间基矢 E_1 相对于基矢 e_1 和 e_2 的斜率是有理数,例如 $\tan \alpha = 1/2$[图 2.3(a)],则它将通过(2,1), (4,2), (6,3),... 阵点. 如果我们选取一个与平行空间 E_1 平行的条带,其宽度 W 是

正方单胞在垂直空间的投影,并将在此条带内(即投影窗口 W 内)的二维空间的所有的阵点投影到平行空间,就得到了结构为 $LSLLSLLSLLSLLS\cdots$,周期为 LSL 的晶体. 注意到 $L = a\cos\alpha = 2a/\sqrt{5}$,$S = a\sin\alpha = a/\sqrt{5}$,可以计算出这一维空间晶体的周期是 $(2\cos\alpha + \sin\alpha)a = \sqrt{5}a$. 如果平行空间的斜率是无理数,例如 $\tan\alpha = 1/\tau$ [图 2.3(b)],则平行空间将仅仅通过正方点阵中的一个阵点,例如通过坐标原点 O. 如果我们将窗口 W 内的二维空间的所有的阵点投影到平行空间,就得到了结构为 $LSLLSLSLL\text{-}SLLS\cdots$,即 Fibonacci 序列的一维空间的准晶.

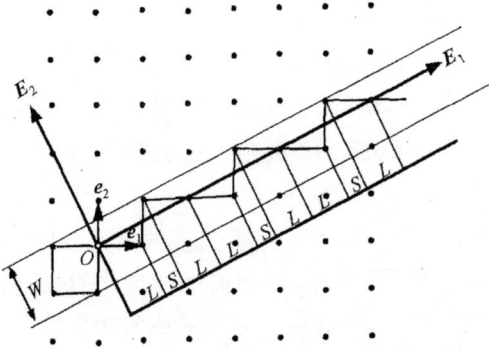

(a)

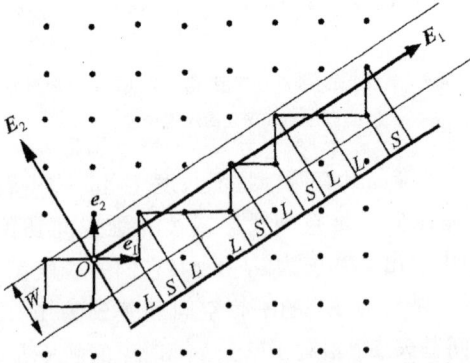

(b)

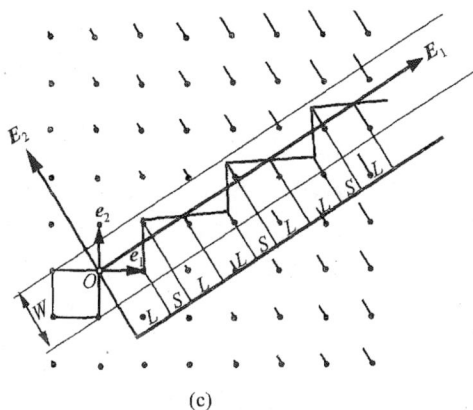

(c)

图 2.3 二维正方点阵在窗口 W 之内的阵点向一维平行空间投影得到的结构.
(a)斜率是有理数,$\tan\alpha = 1/2$,得到晶体;(b)斜率是无理数,$\tan\alpha = 1/\tau$,把窗口
W 之内的阵点投影得到一维空间的准晶;(c)在准晶中引入相位子位移 $\Delta X_2 = (5\tau - 8)X_1$,使得阵点$(2,1),(4,2),(6,3),\ldots$落在平行空间 E_1 上,得到准晶的
$(2,1)$晶体近似相

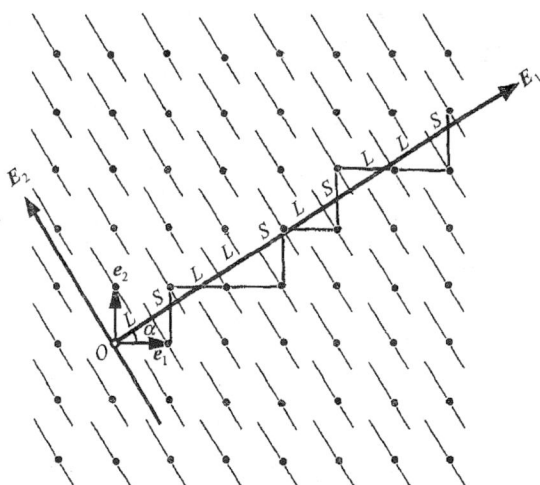

图 2.4 二维正方晶体(把二维点阵中的每一个阵点扩展成为形状如投影窗口 W
的原子面而得到)被一维平行空间切割得到的结构. 斜率是无理数 $\tan\alpha = 1/\tau$,得
到与图 2.3(b)相同的一维空间的准晶

结构为 Fibonacci 序列的一维空间的准晶也可以用切割方法得到. 图 2.4 中每一个阵点都拉长成为长度为 W 的线段,称之为原子面. 显然,把二维点阵中窗口 W 之内的阵点投影到平行空间(图 2.3),等价于首先把二维点阵中的每一个阵点扩展成为形状如投影窗口 W 的原子面,然后再用平行空间去切割二维晶体(图 2.4). 如果平行空间基矢 E_1 相对于基矢 e_1 和 e_2 的斜率是有理数,例如 $\tan\alpha = 1/2$,得到与图 2.3(a)相同的一维空间的晶体. 如果斜率是无理数,例如 $\tan\alpha = 1/\tau$(图 2.4),则得到与图 2.3(b)相同的一维空间的准晶.

由二维晶体向一维平行空间投影或被一维平行空间切割而得到一维空间的准晶的方法,可以被用来说明准晶及其晶体近似相的联系. 引入线性相位子位移,即二维空间所有的阵点都沿着垂直空间的方向产生位移 ΔX_2,而且这位移量 ΔX_2 与该原子的位矢的平行分量 X_1 呈线性关系: $\Delta X_2 = \alpha X_1$,即二维空间的 (X_1, X_2) 点位移到 $(X_1, X_2 + \Delta X_2) = (X_1, X_2 + \alpha X_1)$ 处. 如果选取适当的 α 值,使得 $X_2 + \alpha X_1 = 0$,即该阵点移到平行空间上了,就得到准晶的晶体近似相. 例如,$\Delta X_2 = (5\tau - 8) X_1$,就使得 $(2,1)$ 阵点,即位矢为 $r = 2e_1 + e_2 = \{(2\tau + 1)E_1 - (2 - \tau)E_2\}/\sqrt{2 + \tau}$ 的阵点,即 $X_1 = (2\tau + 1)/\sqrt{2 + \tau}$,$X_2 = -(2 - \tau)/\sqrt{2 + \tau}$ 的阵点,位移到 $(X_1, 0)$ 处,即平行空间上,得到准晶的 $(2,1)$ 晶体近似相,见图 2.3(c).

2.2.2 准晶的倒易点阵

准晶点阵的 Fourier 变换就构成准晶的倒易点阵. 设某高维空间晶体的电子密度分布函数或电势分布函数为 $\rho(X_1, X_2)$,则其 Fourier 变换(Cowley,1981),即衍射振幅的表达式为

$$F(H_1, H_2) = \int \rho(X_1, X_2) \exp(2\pi i(H_1 X_1 + H_2 X_2)) \mathrm{d} X_1 \mathrm{d} X_2.$$

$$(2.18a)$$

它是倒易点阵矢量 $r^*(H_1, H_2)$ 的函数. 逆 Fourier 变换的表达式为

$$\rho(X_1, X_2) = \int F(H_1, H_2) \exp(-2\pi i(H_1 X_1 + H_2 X_2)) \mathrm{d}H_1 \mathrm{d}H_2.$$

$$(2.18\mathrm{b})$$

由有关 X 射线衍射(例如,黄胜涛,1985)或者电子衍射的教科书可知,晶体或者准晶的衍射花样是与 Ewald 反射球相交接的倒易阵点产生的. 已知晶体点阵的基矢 $e_j = (e_1, e_2, e_3, e_4, e_5, e_6)$, 可以按式(2.2)或式(2.9)求出它的倒易点阵的基矢 $e_j^* = (e_1^*, e_2^*, e_3^*, e_4^*, e_5^*, e_6^*)$. 为了求出准晶的倒易点阵,就需要利用 Fourier 变换的切割定理,投影定理,乘积定理,以及卷积定理."切割"和"投影"的数学上的表示如下:所谓某一个由基矢 (E_1, E_2) 张着的高维空间函数 $f(X_1, X_2)$ 被某一个低维平行空间,例如由基矢 E_1 构成的空间切割,如果切割面通过原点的话,就是令函数 $f(X_1, X_2)$ 中的位矢的垂直空间分量 $X_2 = 0 : f(X_1, X_2)|_{X_2=0} = f(X_1, 0)$. 所谓某一个由基矢 (E_1, E_2) 张着的高维空间函数 $f(X_1, X_2)$ 向某一个低维平行空间投影,就是将这个函数对垂直空间积分

$$\int \rho(X_1, X_2) \,\mathrm{d}\, X_2.$$

两个函数 $f(X_1, X_2)$ 和 $g(X_1, X_2)$ 的卷积 $f(X_1, X_2) \otimes g(X_1, X_2)$ 定义为

$$f(X_1, X_2) \otimes g(X_1, X_2) = \int f(\xi_1, \xi_2) g(X_1 - \xi_1, X_2 - \xi_2) \,\mathrm{d}\xi_1 \mathrm{d}\xi_2.$$

$$(2.19)$$

两个函数 $f(X_1, X_2)$ 和 $g(X_1, X_2)$ 的卷积 $f(X_1, X_2) \otimes g(X_1, X_2)$ 的物理意义(Cowley, 1981)是把函数 $f(X_1, X_2)$ 中的每一点都展宽成函数 $g(X_1, X_2)$ 的形状. 例如,把二维点阵 L 中的每一个阵点按照投影窗口 W 的形状扩展成为原子面(如图 2.4),就得到函数 L 与函数 W 的卷积 $L \otimes W$.

现就这 4 个定理分述如下.

(1) Fourier 变换的切割定理:注意到有关 $\delta(X)$ 函数的表达式

$$\delta(X) = \int \exp(2\pi i HX) dH, \qquad (2.20)$$

利用式(2.18a)并改变积分次序,我们有

$$\int F(H_1, H_2) dH_2$$

$$= \int dH_2 \left[\int\int \rho(X_1, X_2) \exp(2\pi i(H_1 X_1 + H_2 X_2)) dX_1 dX_2 \right]$$

$$= \iint \rho(X_1, X_2) \delta(X_2) \exp(2\pi i H_1 X_1) dX_1 dX_2$$

$$= \int \rho(X_1, 0) \exp(2\pi i H_1 X_1) dX_1$$

此即

$$\int \rho(X_1, 0) \exp(2\pi i H_1 X_1) dX_1 = \int F(H_1, H_2) dH_2. \qquad (2.21)$$

式(2.21)说明:高维正空间的函数 $\rho(X_1, X_2)$ 被平行空间切割(就是令 $X_2 = 0$)之后进行 Fourier 变换,等于该函数的 Fourier 变换 $F(H_1, H_2)$ 向平行空间的投影.

(2) Fourier 变换的投影定理:利用式(2.18a),我们有

$$F(H_1, H_2)|_{H_2=0}$$

$$= \left[\iint \rho(X_1, X_2) \exp(2\pi i(H_1 X_1 + H_2 X_2)) dX_1 dX_2 \right]\big|_{H_2=0}$$

$$= \int \left[\int \rho(X_1, X_2) d X_2 \right] \exp(2\pi i H_1 X_1) dX_1. \qquad (2.22)$$

式(2.22)说明:高维空间的函数 $\rho(X_1, X_2)$ 向平行空间的投影 $\int \rho(X_1, X_2) dX_2$ 的 Fourier 变换,等于该函数的 Fourier 变换 $F(H_1, H_2)$ 被平行空间切割(就是令 $H_2 = 0$).

(3) Fourier 变换的乘积定理:利用式(2.18b)和式(2.20)并改变积分次序,我们有:两个函数 $f(X_1, X_2)$ 和 $g(X_1, X_2)$ 的乘积 $f(X_1, X_2) g(X_1, X_2)$ 的 Fourier 变换

$$\iint f(X_1, X_2) g(X_1, X_2) \exp(2\pi i(H_1 X_1 + H_2 X_2)) d X_1 d X_2$$

$$= \iint \left[\iint F(u_1, u_2) \exp(-2\pi i(u_1 X_1 + u_2 X_2)) d u_1 d u_2 \right]$$

$$\cdot \left[\iint G(v_1, v_2) \exp(-2\pi i(v_1 X_1 + v_2 X_2)) d v_1 d v_2 \right]$$

$$\exp(2\pi i (H_1 X_1 + H_2 X_2)) d X_1 d X_2$$

$$= \iint F(u_1, u_2) d u_1 d u_2 \iint G(v_1, v_2) d v_1 d v_2$$

$$\cdot \delta(H_1 - u_1 - v_1) \delta(H_2 - u_2 - v_2)$$

$$= \iint F(u_1, u_2) G(H_1 - u_1, H_2 - u_2) du_1 du_2$$

$$= F(H_1, H_2) \otimes G(H_1, H_2). \tag{2.23}$$

式(2.23)说明:两个函数 $f(X_1, X_2)$ 和 $g(X_1, X_2)$ 的乘积的 Fourier 变换,等于这两个函数的 Fourier 变换 $F(H_1, H_2)$ 和 $G(H_1, H_2)$ 的卷积 $F(H_1, H_2) \otimes G(H_1, H_2)$.

(4) Fourier 变换的卷积定理:利用式(2.18a)和式(2.19)并改变积分次序,我们有:两个函数 $f(X_1, X_2)$ 和 $g(X_1, X_2)$ 的卷积 $f(X_1, X_2) \otimes g(X_1, X_2)$ 的 Fourier 变换

$$\iint [f(X_1, X_2) \otimes g(X_1, X_2)] \exp(2\pi i (H_1 X_1 + H_2 X_2)) d X_1 d X_2$$

$$= \iint [\iint f(\xi_1, \xi_2) g(X_1 - \xi_1, X_2 - \xi_2) d\xi_1 d\xi_2] \exp(2\pi i (H_1 X_1 + H_2 X_2)) d X_1 d X_2$$

$$= G(H_1, H_2) [\iint f(\xi_1, \xi_2) \exp(2\pi i (H_1 \xi_1 + H_2 \xi_2)) d\xi_1 d\xi_2]$$

$$= F(H_1, H_2) G(H_1, H_2). \tag{2.24}$$

式(2.24)说明:两个函数 $f(X_1, X_2)$ 和 $g(X_1, X_2)$ 的卷积 $f(X_1, X_2) \otimes g(X_1, X_2)$ 的 Fourier 变换,等于这两个函数的 Fourier 变换 $F(H_1, H_2)$ 和 $G(H_1, H_2)$ 的乘积 $F(H_1, H_2) G(H_1, H_2)$.

现在我们分两种情况讨论如何求准晶的倒易点阵.

(1) 准晶被描述为高维空间的在窗口内的阵点的投影:

高维空间以 e_1 和 e_2 为基矢的点阵 L 可以利用函数 $L = \sum_{n1, n2 = -\infty}^{+\infty} \delta(x_1 - n_1, x_2 - n_2)$ 来表示,窗口函数 W 则为

$$W(X_1, X_2) = \begin{cases} 1, & -a\cos\alpha < X_2 \leqslant a\sin\alpha \\ 0, & \text{其他}, \end{cases} \tag{2.25}$$

其宽度为 $w = a(\cos\alpha + \sin\alpha)$. 因此,高维空间晶体的密度函数

$\rho(X_1, X_2)$是这两个函数的乘积

$$\rho(X_1, X_2) = L\, W(X_1, X_2),$$

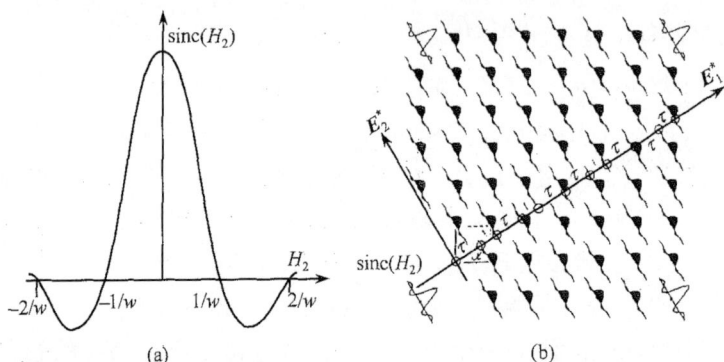

图 2.5 准晶倒易点阵的求得——准晶由高维空间晶体密度函数 $L\,W$ 向平行空间投影而得.(a) $\mathrm{sinc}(H_2)$ 函数(即窗口函数 $W(X_2)$ 的 Fourier 变换)的形状.其主峰的全宽度为 $2/w$;(b) 高维倒易空间函数$(L^*)\otimes\mathrm{sinc}(H_2)$.它被平行空间切割就得到准晶的倒易点阵

见图 2.3(b).已知(Cowley,1981)晶体点阵 L 的 Fourier 变换是倒易点阵 L^*

$$L^* = \sum_{n1^*, n2^* = -\infty}^{+\infty} \delta(h_1 - n_1{}^*, h_2 - n_2{}^*).$$

窗口函数 $W(X_1, X_2)$ 的 Fourier 变换的振幅比例于 sinc 函数

$$\mathrm{sinc}(H_2) = \frac{\sin(\pi H_2 w)}{\pi H_2 w}.$$

函数 $\mathrm{sinc}(H_2)$ 的形状绘于图 2.5(a)以及图 2.5(b)的四角,其主峰的全宽度为 $2/w$.利用 Fourier 变换的乘积定理,可以求出高维空间晶体的密度函数 $\rho(X_1, X_2)$ 的 Fourier 变换,即描述高维倒易空间的函数为

$$F(H_1, H_2) = \int \rho(X_1, X_2) \exp(2\pi i(H_1 X_1 + H_2 X_2))\mathrm{d}X_1\,\mathrm{d}X_2$$
$$= L^* \otimes \mathrm{sinc}(H_2),$$

它是倒易点阵 L^* 与 $\mathrm{sinc}(H_2)$(窗口函数的 Fourier 变换)的卷积,

见图 2.5(b).图中叠加在倒易点阵上的具有变化的厚度的线段就代表 sinc(H_2)函数.在每一线段的中心该线段最厚,代表sinc(H_2)函数值最大,往边缘走则该线段的厚度越来越小,代表 sinc(H_2)函数值越来越小.平行空间中的准晶是图 2.3(b)所示高维空间晶体在窗口函数之内的阵点向平行空间的投影.按照 Fourier 变换的投影定理,准晶函数的 Fourier 变换可以用平行空间切割高维倒易空间而得到,见图 2.5(b).切割而得到的倒易点的振幅与位置的关系见图2.6(b).由图可见,由于Sinc函数的值

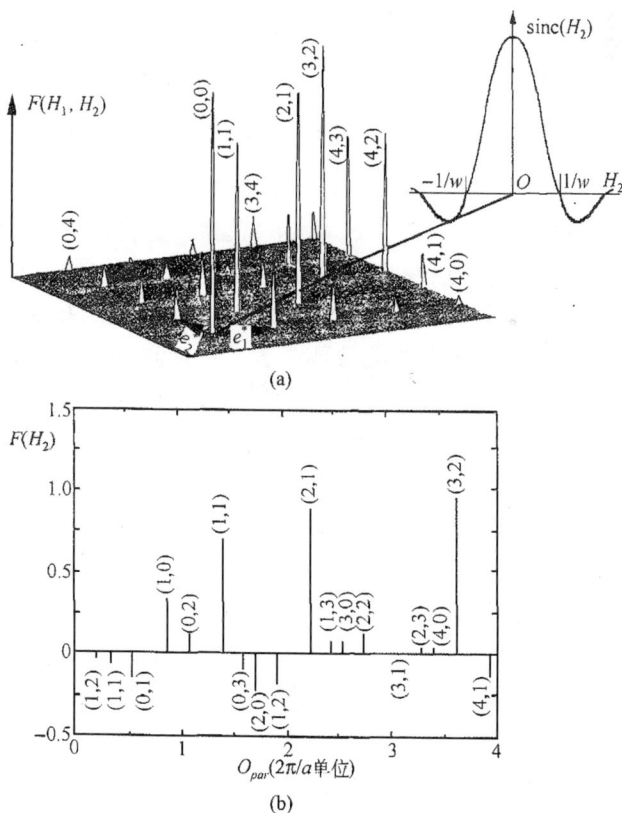

(a)

(b)

图2.6 准晶倒易点阵的求得——准晶由高维空间晶体密度函数 $L \otimes W$ 被平行空间切割而得.(a) 高维倒易空间的函数(L^*) sinc(H_2)(透视图);(b)它向平行空间投影得到准晶的倒易点阵

随着远离倒易阵点的中心而迅速衰减,当高维倒易空间被平行空间切割时,仅仅最靠近平行空间的那些倒易点才有显著的贡献.也就是说,高维空间倒易阵点的垂直分量越小,对准晶的倒易点阵的贡献就越大.

(2) 准晶被描述为高维晶体点阵 L 的阵点按照窗口函数 $W(X_1, X_2)$ 扩展成为原子面后被平行空间切割而得:这时,高维空间晶体的密度函数 $\rho(X_1, X_2)$ 是这两个函数的卷积

$$\rho(X_1, X_2) = L \otimes W(X_1, X_2),$$

见图 2.4.利用 Fourier 变换的卷积定理,可以求出高维空间晶体的密度函数 $\rho(X_1, X_2)$ 的 Fourier 变换,即高维倒易空间的函数为

$$F(H_1, H_2) = \int \rho(X_1, X_2)\exp(2\pi i(H_1 X_1 + H_2 X_2))\mathrm{d}X_1 \mathrm{d}X_2$$

$$= (L^*)\,\mathrm{sinc}(H_2),$$

它是倒易点阵 L^* 与窗口函数的 Fourier 变换的乘积,见图 2.6(a).图中右边的曲线就代表 $\mathrm{sinc}(H_2)$ 函数(即窗口函数的 Fourier 变换),其函数的值随着倒易矢量的垂直分量 H_2 的增大而迅速衰减.平行空间中的准晶是图 2.4 所示高维空间晶体函数 $\rho(X_1, X_2) = L \otimes W(X_1, X_2)$ 被平行空间切割而得.按照 Fourier 变换的切割定理,准晶函数的 Fourier 变换等于高维倒易空间向平行空间的投影,见图 2.6(b).由图可见,由于 sinc 函数,仅仅最靠近平行空间的那些倒易点才有显著的贡献,也就是说,高维空间倒易阵点的垂直分量越小,对准晶的倒易点阵的贡献就越大.

上述两种求得准晶的倒易点阵的方法,可归纳为图 2.7(a) 和 (b).图 2.7(a)描述的是:高维(N 维)空间晶体的密度函数是高维点阵函数 L^N 与窗口函数 W 的乘积 $L^N W$,其 Fourier 变换,即高维倒易点阵,等于这两个函数各自的 Fourier 变换 L^{N*} 与 sinc $(H^{\perp})$ 的卷积 $L^{N*} \otimes \mathrm{sinc}(H^{\perp})$.在正空间,$d$ 维准晶的准点阵 $(L^d)^{\parallel}$ 是高维空间晶体点阵的投影,则在倒空间,d 维准晶的倒易点阵 $(L^d)^{\parallel *}$ 就是高维倒易空间被平行空间切割而得.图 2.7(b) 描述的是:高维空间晶体的密度函数是高维点阵函数 L^N 与窗口

函数 W 的卷积 $L^N \otimes W$. 其 Fourier 变换, 即高维倒易点阵, 等于这两个函数各自的 Fourier 变换 L^{N*} 与 $\mathrm{sinc}(H^\perp)$ 的乘积 $(L^N)^*$ $(\mathrm{sinc}(H^\perp))$. 在正空间, 准晶由高维空间晶体被平行空间切割而得, 则在倒空间, 准晶的倒易点阵就是高维倒易空间的投影.

以上的叙述介绍了由二维晶体通过切割或投影而得到一维空间的准晶的原理和方法. 这一原理和方法可以推广到更高维空间的情况, 例如由四维晶体通过切割或投影而得到二维空间的准晶, 由六维晶体通过切割或投影而得到三维空间的准晶. 当垂直空间是一维空间时, 窗口 W 是宽度为 w 的线段; 当垂直空间是二维空间时, 窗口 W 是面积为 A_w 的多边形; 当垂直空间是三维空间时, 窗口 W 是体积为 V_w 的多面体.

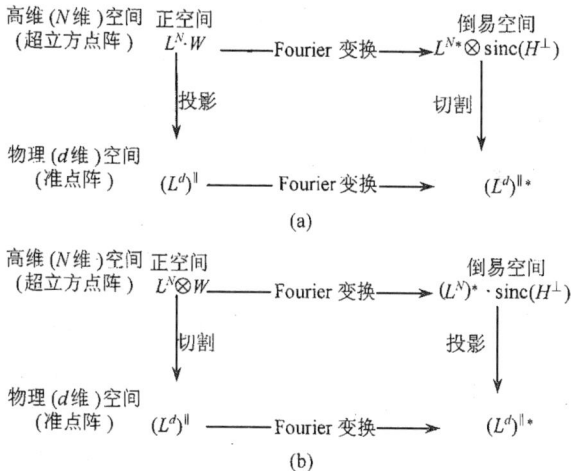

图 2.7 准晶的倒易点阵的求法. (a)准晶由高维空间晶体密度函数 LW 向平行空间投影而得; (b)准晶由高维空间晶体密度函数 $L \otimes W$ 被平行空间切割而得

2.2.3 非公度调制结构和复合结构

除了准晶之外, 还有非公度调制结构和复合结构(Janssen and Janner, 1987), 也是属于非周期结构的. 图 2.8 描述非公度调制结

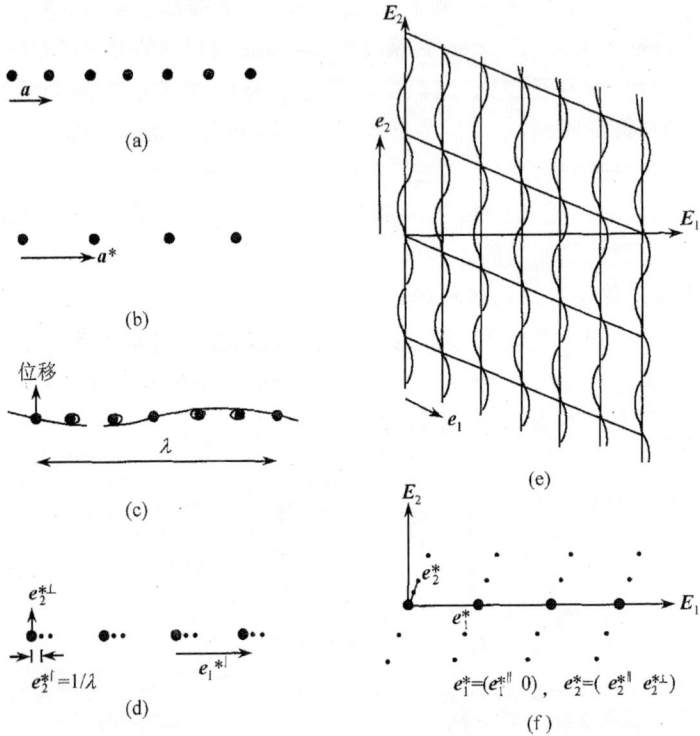

图 2.8 非公度调制结构及其倒易点阵.(a) 完整晶体的 Bravais 点阵,周期为 a;
(b) 完整晶体的倒易点阵,周期为 $a^* = 1/a$;(c) 在平行空间的位移调制结构.用
空心圆圈描述的完整晶体的阵点位移到实心圆点处.图中的正弦曲线描述位移
量作为空间坐标的函数形式.图中调制波的波长 $\lambda \approx 5.9a$;(d) 位移调制结构的
倒易点阵,其中大的实心圆点表示周期性地分布的、基矢为 $e_1^{*\parallel}$ 的、对应于平均
的 Bravais 点阵的倒易阵点,它们产生强衍射斑.从这些倒易阵点指向小的实心圆
点的倒易矢 $e_2^{*\parallel}$,就是调制波矢,其模量与调制波的波长成反比关系:$|e_2^{*\parallel}| =$
$1/\lambda$;(e) 对应于位移调制结构的高维空间晶体,它由平均起来平行于垂直空间
的、连续的原子面组成.它被平行空间切割就得到如图 2.8(c)所示的调制结构;(f)
图 2.8(e)所示高维空间晶体的倒易点阵.它向平行空间投影就得到如图 2.8(d)
所示的调制结构的倒易点阵

构及其倒易点阵.如果原子都处于周期为 a 的规则的格点上[图
2.8(a)],则其倒易点阵中的倒易点的位置也是周期性地分布的

[图 2.8(b)],周期为 $a^* = 1/a$.原子相对于其规则位置发生了位移,原先处于空心圆圈的原子移到了实心圆点处,见图 2.8(c),图中的曲线表示原子的位移量(纵坐标)随该原子的位置(横坐标)的变化,表示调制波,这是位移调制结构.其倒易点阵见图 2.8(d).图中仍可见图 2.8(b)所示的完整晶体的倒易点阵中的周期性的分布的强的倒易点,它们对应于平均的 Bravais 点阵.此外,还有一些弱的卫星倒易点,从基本的倒易点指向这些卫星倒易点的矢量,就是调制波的波矢 $q = e_2^{*\parallel}$.除了位移调制之外,还可能形成原子种类的调制,即是原子散射因子的调制,或者位移调制(晶面间距调制)与原子散射因子调制两者并存的情况.如果调制波的波长与晶体的基矢成有理数的关系,也就是调制波的波矢与倒易点阵的基矢成有理数的关系,就称之为公度调制结构.如果成无理数的关系,就称之为非公度调制结构.非公度调制结构也可以描述为高维空间的晶体被平行空间切割而得,见图 2.8(e).非公度调制结构的高维空间晶体与准晶的高维空间晶体不同点在于,其原子面是连续的,且存在平均原子面,实际的原子面相对于平均原子面偏离的幅度较之平均原子面的面间距是一个很小的量.实际的原子面或是其质量密度沿垂直空间方向周期性地分布(对应于在平行空间的原子种类的调制,即原子散射因子的调制);或是波浪状的(对应于在平行空间的位移调制).对应于图 2.8(e)所示的高维空间晶体结构的高维空间倒易点阵见图 2.8(f).除了对应于平均原子面的落在平行空间的强的倒易点之外,同样由于 sinc 函数的性质,高维空间倒易点阵中倒易点的强度随着倒易矢量垂直分量的增大而迅速减小.这些高维空间倒易点向平行空间投影就得到了非公度调制结构的倒易点阵,它由强的周期性的基本的倒易点和弱的卫星倒易点组成.

图 2.9 示出复合结构及其倒易点阵.复合结构由若干个子系统组成,其中每一个子系统是晶体或调制结构.图 2.9(a)示出分别用空心圆圈和实心圆点表示的两个互相穿插的晶体.它的倒易点阵见图 2.9(b),主要由这两个晶体的周期性地分布的强的倒易

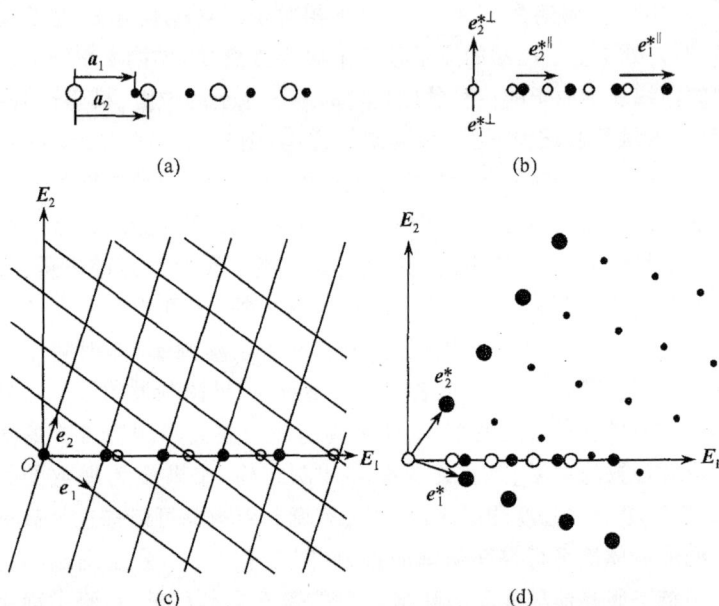

图 2.9　两个子系统组成的复合结构及其倒易点阵.(a)两个子系统,即周期为 a_1
的用实心圆点表示的一个晶体和周期为 a_2 的用空心圆圈表示的另一个晶体,组
成的复合结构;(b) 两个子系统组成的复合结构的倒易点阵.其中较强的用实心圆
点表示的、基矢为 $e_1^{*\parallel}$ 的倒易点阵对应于图 2.9(a)中的第一个晶体,较强的用空
心圆圈表示的、基矢为 $e_2^{*\parallel}$ 的倒易点阵对应于图 2.9(a)中的第二个晶体;(c) 对应
于两个子系统组成的复合结构的高维空间晶体,它由两组连续的原子面组成.它被
平行空间切割就得到如图 2.9(a)所示的复合结构;(d) 图 2.9(c)所示高维空间晶
体的倒易点阵.它向平行空间投影就得到如图 2.9(b)所示的复合结构的倒易点阵

点构成.此外,还有一些弱的倒易点,位于这两套倒易点的矢量和
之处.复合结构也可以描述为高维空间的晶体被平行空间切割而
得到,见图 2.9(c).复合结构的高维空间晶体的特点在于,它有若
干套连续的原子面.例如图 2.9(c)中的高维空间由两套连续的原
子面组成,它们被平行空间切割就得到图 2.9(a)所示的复合结
构,由两个互相穿插的晶体构成.如果高维空间中有一套原子面
的形状或/和密度是波浪状起伏的,则对应于在平行空间的该子系
统是位移调制或/和原子散射因子调制结构.对应图 2.9(c)所

示的高维空间晶体结构的高维空间倒易点阵见图 2.9(d). 除了对应于每一套原子面的法线方向的强的倒易点之外,同样由于 sinc 函数的性质,高维空间倒易点阵中其他倒易点都很弱.这些高维空间倒易点向平行空间投影就得到了图 2.9(b)所示的倒易点阵.

从 2.2.1 节和 2.2.2 节的讨论中我们知道,对于描述完整的准晶点阵而言,切割法与投影法是等价的.但是,为了描述准晶的原子结构,切割法较之投影法更为方便.这是因为,一个高维空间单胞内一般会有若干个原子,而且这些原子的原子面形状往往各不相同.若用投影法描述,就需要引入不同的投影窗口.由 2.2.3 节可知,为了描述其他非周期结构,如非公度调制结构和复合结构,切割法最为方便.本书下文的讨论中都采用切割法,即认为高维晶体的密度函数 $\rho(X_1, X_2)$ 是高维晶体点阵函数 L 与原子面函数 $W(X_1, X_2)$ 的卷积:$\rho(X_1, X_2) = L * W(X_1, X_2)$,准晶由高维空间晶体密度函数 $L \otimes W$ 被平行空间切割而得.

对比本节有关准晶、非公度调制结构和复合结构的描述可知,这三种结构都不是严格的周期结构,可以被称为非周期结构,都可用高维空间的晶体被三维物理空间切割而得到.但非公度调制结构具有平均的晶体点阵,即平均的 Bravais 点阵.与之相应地,它们的倒易空间中的较强的倒易点构成这平均晶体的倒易点阵.从平均晶体的较强的倒易阵点指向其近邻的较弱的倒易点的矢量 q 则是调制波矢,描述调制的方向和波长 $\lambda = 1/|q|$.复合结构由若干个子系统组成,其中每一个子系统是晶体或调制结构.与之相应地,其倒易空间中的较强的倒易点构成这几个平均晶体的倒易点阵.按照国际晶体学会关于准晶的定义(Kuo, 2002a),即准晶"具有准周期性,不存在平均的 Bravais 点阵",非公度调制结构和复合结构都不是准晶.

§2.3 一维准晶

2.3.1 一维准晶的切割-投影矩阵

如 1.1.3 节所述,所谓一维准晶指的是三维物理空间的材料,其中的原子有二维是周期分布的,另外一维才是准周期地分布的.因此,为了描述一维准晶,需要考虑由基矢 $e_j = (e_1, e_2, e_3, e_4)$ 张着的四维空间晶体以及另外一套由基矢 $E_j = (E_1, E_2, E_3, E_4)$ 张着的正交归一化的坐标系,其中基矢 E_1, E_2, E_3 张着平行空间,基矢 E_4 张着垂直空间.四维空间晶体中由基矢 e_1, e_2 张着的二维空间恰好就是平行空间中由基矢 E_1, E_2 张着的二维空间,具有周期性,以下不再讨论.四维空间晶体中另外的由基矢 e_3, e_4 张着的二维空间与正交归一化坐标系中的另外两个基矢 E_3, E_4 之间的关系是

$$\begin{bmatrix} e_3 \\ e_4 \end{bmatrix} = \frac{a}{\sqrt{2+\tau}} \begin{pmatrix} \tau & -1 \\ 1 & \tau \end{pmatrix} \begin{bmatrix} E_3 \\ E_4 \end{bmatrix} \qquad (2.26a)$$

和

$$\begin{bmatrix} E_3 \\ E_4 \end{bmatrix} = \frac{a^*}{\sqrt{2+\tau}} \begin{pmatrix} \tau & 1 \\ -1 & \tau \end{pmatrix} \begin{bmatrix} e_3 \\ e_4 \end{bmatrix}, \qquad (2.26b)$$

故式(2.1)中的坐标变换矩阵 T 和 W 分别是

$$T = \frac{a}{\sqrt{2+\tau}} \begin{pmatrix} \tau & -1 \\ 1 & \tau \end{pmatrix} \qquad (2.27a)$$

和

$$W = T^{-1} = \frac{a^*}{\sqrt{2+\tau}} \begin{pmatrix} \tau & 1 \\ -1 & \tau \end{pmatrix}, \qquad (2.27b)$$

式中 a 和 a^* 分别是高维正方晶体基矢和倒易基矢的长度.

在有关一维准晶、十次准晶和二十面体准晶的讨论中,经常碰到黄金分割数 $\tau = (1+\sqrt{5})/2 = 1.618\cdots$,它具有下列特性: $\tau^2 = \tau + 1$,因而具有递推关系

$$\tau^{n+2} = \tau^{n+1} + \tau^n . \tag{2.28}$$

据此可得下列表达式:

$$\cdots, 1/\tau^5 = 5\tau - 8, 1/\tau^4 = -3\tau + 5, 1/\tau^3 = 2\tau - 3, 1/\tau^2 = -\tau +$$
$$2, 1/\tau = \tau - 1, \tau^2 = \tau + 1, \tau^3 = 2\tau + 1, \tau^4 = 3\tau + 2, \tau^5 = 5\tau +$$
$$3, \cdots \tag{2.29a}$$

和

$$\frac{4\tau + 3}{3\tau + 1} = \frac{3\tau + 1}{\tau + 2} = \frac{\tau + 2}{2\tau - 1} = \frac{2\tau - 1}{-\tau + 3} = \tau, \text{其中} 2\tau - 1 = \sqrt{5},$$
$$\tag{2.29b}$$

这些表达式在本书的讨论中很有用.

按照 1.1.2 节关于线性坐标变换的讨论, 可知对一维准晶而言, 倒易点阵基矢 $e_j^* = (e_3^*, e_4^*)$ 和 $E_j^* = (E_3^*, E_4^*)$, 原子位矢的分量 $x_j = (x_3, x_4)$ 和 $X_j = (X_3, X_4)$, 以及倒易点阵矢量的指数 $h_j = (h_3, h_4)$ 和 $H_j = (H_3, H_4)$, 分别按下列公式进行变换:

$$\begin{bmatrix} e_3^* \\ e_4^* \end{bmatrix} = \frac{a^*}{\sqrt{2+\tau}} \begin{pmatrix} \tau & -1 \\ 1 & \tau \end{pmatrix} \begin{bmatrix} E_3^* \\ E_4^* \end{bmatrix}, \tag{2.30a}$$

$$\begin{bmatrix} E_3^* \\ E_4^* \end{bmatrix} = \frac{a}{\sqrt{2+\tau}} \begin{pmatrix} \tau & 1 \\ -1 & \tau \end{pmatrix} \begin{bmatrix} e_3^* \\ e_4^* \end{bmatrix}, \tag{2.30b}$$

$$\begin{bmatrix} x_3 \\ x_4 \end{bmatrix} = \frac{a^*}{\sqrt{2+\tau}} \begin{pmatrix} \tau & -1 \\ 1 & \tau \end{pmatrix} \begin{bmatrix} X_3 \\ X_4 \end{bmatrix}, \tag{2.31a}$$

$$\begin{bmatrix} X_3 \\ X_4 \end{bmatrix} = \frac{a}{\sqrt{2+\tau}} \begin{pmatrix} \tau & 1 \\ -1 & \tau \end{pmatrix} \begin{bmatrix} x_3 \\ x_4 \end{bmatrix}, \tag{2.31b}$$

$$\begin{bmatrix} h_3 \\ h_4 \end{bmatrix} = \frac{a}{\sqrt{2+\tau}} \begin{pmatrix} \tau & -1 \\ 1 & \tau \end{pmatrix} \begin{bmatrix} H_3 \\ H_4 \end{bmatrix}, \tag{2.32a}$$

$$\begin{bmatrix} H_3 \\ H_4 \end{bmatrix} = \frac{a^*}{\sqrt{2+\tau}} \begin{pmatrix} \tau & 1 \\ -1 & \tau \end{pmatrix} \begin{bmatrix} h_3 \\ h_4 \end{bmatrix}, \tag{2.32b}$$

在准晶晶体学中, 经常用到投影矩阵 $P^{\parallel}$ 和 $P^{\perp}$, 它们分别联系着高维空间晶体基矢 $e_j = (e_1, e_2, e_3, e_4, e_5, e_6)$ 及其在平行空间

中的分量 $e_j^\parallel = (e_1^\parallel, e_2^\parallel, e_3^\parallel, e_4^\parallel, e_5^\parallel, e_6^\parallel)$ 和垂直空间中的分量 $e_j^\perp = (e_1^\perp, e_2^\perp, e_3^\perp, e_4^\perp, e_5^\perp, e_6^\perp)$

$$(e_j^\parallel)^{\mathrm{T}} = \boldsymbol{P}^\parallel e_j^{\mathrm{T}} \quad \text{和} \quad (e_j^\perp)^{\mathrm{T}} = \boldsymbol{P}^\perp e_j^{\mathrm{T}}. \qquad (2.33\mathrm{a})$$

按照定义式(2.33a),显然有下列关系式:

$$P^\parallel + P^\perp = \mathrm{I}\ (单位矩阵). \qquad (2.33\mathrm{b})$$

一维准晶的投影矩阵的表达式可由式(2.26)推导出

$$\begin{bmatrix} e_3^\parallel \\ e_4^\parallel \end{bmatrix} = \frac{a}{\sqrt{2+\tau}} \begin{pmatrix} \tau & -1 \\ 1 & \tau \end{pmatrix} \begin{bmatrix} \boldsymbol{E}_3 \\ 0 \end{bmatrix}$$

$$= \frac{a}{\sqrt{2+\tau}} \begin{pmatrix} \tau & -1 \\ 1 & \tau \end{pmatrix} \frac{a^*}{\sqrt{2+\tau}} \begin{pmatrix} \tau & 1 \\ 0 & 0 \end{pmatrix} \begin{bmatrix} e_3 \\ e_4 \end{bmatrix}$$

$$= \frac{1}{2+\tau} \begin{bmatrix} \tau^2 & \tau \\ \tau & 1 \end{bmatrix} \begin{bmatrix} e_3 \\ e_4 \end{bmatrix},$$

故有

$$P^\parallel = \frac{1}{2+\tau} \begin{bmatrix} \tau^2 & \tau \\ \tau & 1 \end{bmatrix} = \frac{1}{\sqrt{5}} \begin{pmatrix} \tau & 1 \\ 1 & \tau-1 \end{pmatrix}, \qquad (2.34)$$

这里用了式(2.29).类似地可以推导出

$$P^\perp = \frac{1}{\sqrt{5}} \begin{pmatrix} \tau-1 & -1 \\ -1 & \tau \end{pmatrix}. \qquad (2.35)$$

式(2.34)和式(2.35)显然满足关系式(2.33b).

2.3.2 准晶的结构因子

如2.2.2节所述,高维晶体的密度函数 $\rho(x_1, x_2)$ 是高维晶体点阵函数 L 与原子面函数 $W(X_1, X_2)$ 的卷积: $\rho(x_1, x_2) = L \otimes W(X_1, X_2)$. 在实际的准晶中,每一个高维晶体的单胞内往往含有若干个其原子面形状各不相同的原子.设每个单胞内有 n 个原子,第 k 个原子中心位于 $\boldsymbol{r}_k = \boldsymbol{r}_k^\parallel + \boldsymbol{r}_k^\perp$ 处,其原子面在垂直空间中的体积为 $A_k^\perp$. 此时高维晶体的密度函数 $\rho(x_1, x_2)$ 是高维晶体点阵函数 L 与一个高维晶体的单胞内的密度函数 $\rho_{\mathrm{cell}}(\boldsymbol{r})$ 的卷积: $\rho(x_1, x_2) = L \otimes \rho_{\mathrm{cell}}(\boldsymbol{r})$. 其 Fourier 变换,即高维倒易点

阵,等于这两个函数各自的 Fourier 变换 L^* 与 $F(H)$ 的乘积 $(L^*)F(H)$. 这里结构因子 $F(H)$ 就是一个高维晶体的单胞内原子面函数的 Fourier 变换. 一个高维晶体的单胞内的密度函数 $\rho_{\text{cell}}(r)$ 可以表示为

$$\rho_{\text{cell}}(r) = \sum_{k=1}^{n} \rho_k^{\parallel}(r^{\parallel}) \rho_k^{\perp}(r^{\perp}), \qquad (2.36a)$$

其中 $\rho_k^{\perp}(r^{\perp})$ 仅仅在原子面 $A_k^{\perp}$ 的范围才有值

$$\rho_k^{\perp}(r^{\perp}) = \begin{cases} 1/A_{\text{UC}}^{\perp} & r^{\perp} \in A_k^{\perp}, \\ 0, & \text{其他}, \end{cases} \qquad (2.36b)$$

式中 $A_{\text{UC}}^{\perp}$ 是高维晶体单胞向垂直空间的投影体积. 于是准晶的结构因子 $F(H)$ 的表达式可被推导出

$$F(\mathbf{H}) = \int_{\text{cell}} \rho_{\text{cell}}(r) \exp(2\pi\mathrm{i}(H^{\parallel} \cdot r^{\parallel} + H^{\perp} \cdot r^{\perp})) \mathrm{d}r^{\parallel} \mathrm{d}r^{\perp}$$

$$= \sum_{k=1}^{n} T_k(H^{\parallel}, H^{\perp}) f_k(H^{\parallel}) g_k(H^{\perp}) \exp(2\pi\mathrm{i}H^{\parallel} r_k^{\parallel}),$$

$$(2.37)$$

其中

$$f_k(H^{\parallel}) = \int \rho_k^{\parallel}(r^{\parallel} - r_k^{\parallel}) \exp(2\pi\mathrm{i}H^{\parallel}(r^{\parallel} - r_k^{\parallel})) \mathrm{d}r^{\parallel}$$

$$(2.38)$$

是第 k 个原子的原子散射因子, $g_k(H^{\perp})$ 是第 k 个原子的原子面函数的 Fourier 变换

$$g_k(H^{\perp}) = \frac{1}{A_{\text{UC}}^{\perp}} \int_{A_k^{\perp}} \exp(2\pi\mathrm{i}H^{\perp} r^{\perp}) \mathrm{d}r^{\perp} \qquad (2.39a)$$

称之为几何形状因子. 式(2.37)中的 $T_k(H^{\parallel}, H^{\perp})$ 代表第 k 个原子的温度因子,由高维空间原子面的运动而产生. 其中沿垂直空间方向的运动描述的是原子在物理空间的无规的翻转. 假设高维空间原子的运动是简谐振动,则温度因子可以像常规晶体那样表达为

$$T_k(H^{\parallel}, H^{\perp}) = \exp(-2\pi^2 H^{\parallel} \langle u^{\parallel \mathrm{T}} u^{\parallel} \rangle H^{\parallel \mathrm{T}})$$

$$\exp(-2\pi^2 \boldsymbol{H}^\perp \langle \boldsymbol{u}^{\perp T} \boldsymbol{u}^\perp \rangle \boldsymbol{H}^{\perp T}), \tag{2.40}$$

其中 $\boldsymbol{H}^\parallel = (H_1^\parallel \quad H_2^\parallel \quad H_3^\parallel)$ 是倒易点阵矢量的平行空间分量构成的行矩阵,等等.矩阵

$$\langle \boldsymbol{u}^{\parallel T} \boldsymbol{u}^\parallel \rangle = \begin{pmatrix} \langle u_1^2 \rangle & \langle u_1 u_2 \rangle & \langle u_1 u_3 \rangle \\ \langle u_2 u_1 \rangle & \langle u_2^2 \rangle & \langle u_2 u_3 \rangle \\ \langle u_3 u_1 \rangle & \langle u_3 u_2 \rangle & \langle u_3^2 \rangle \end{pmatrix} \tag{2.41a}$$

中的矩阵元 $\langle u_m u_n \rangle$ 表示平行空间 m 方向的位移 u_m 与 n 方向的位移 u_n 的乘积的平均值.矩阵

$$\langle \boldsymbol{u}^{\perp T} \boldsymbol{u}^\perp \rangle = \begin{pmatrix} \langle u_4^2 \rangle & \langle u_4 u_5 \rangle & \langle u_4 u_6 \rangle \\ \langle u_5 u_4 \rangle & \langle u_5^2 \rangle & \langle u_5 u_6 \rangle \\ \langle u_6 u_4 \rangle & \langle u_6 u_5 \rangle & \langle u_6^2 \rangle \end{pmatrix} \tag{2.41b}$$

中的矩阵元 $\langle u_m u_n \rangle (m, n \geqslant 4)$ 则代表高维空间原子沿 m 方向的位移与 n 方向的位移(在垂直空间)的乘积的平均值.这里没有考虑平行空间位移与垂直空间位移之间的耦合.

在准晶结构因子的具体计算中,当原子面的形状比较复杂时,按照式(2.39a)计算几何形状因子比较麻烦.

2.3.3　一维准晶的结构因子

一维准晶的垂直空间是一维的,故而式(2.36b)表示的高维晶体单胞向垂直空间的投影体积 $A_{UC}^\perp$ 蜕化为一段长度为

$$A_{UC}^\perp = \frac{(1+\tau)a}{\sqrt{2+\tau}} \tag{2.36c}$$

的线段.由式(2.32b),高维晶体空间中指数为 $(h_1 \ h_2 \ h_3 \ h_4)$ 的倒易矢的垂直分量

$$H^\perp = \frac{(-h_3 + \tau h_4)a^*}{\sqrt{2+\tau}}.$$

如果每个原子面都等于单胞在垂直空间的投影 $A_{UC}^\perp$,并将这里有关 $A_{UC}^\perp$ 和 $H^\perp$ 的表达式代入,则几何形状因子表达式(2.39a)成为

$$g_k(H^\perp) = \frac{1}{A_{UC}^\perp} \int_{A_k^\perp} \exp(2\pi i H^\perp \ r^\perp) \mathrm{d}r^\perp$$

$$= \frac{\sin(\pi H^\perp \ A_k^\perp)}{(\pi H^\perp \ A_{UC}^\perp)} = \frac{\sin(\chi)}{\chi}, \qquad (2.39b)$$

式中

$$\chi = \frac{\pi \tau^2 (-h_3 + \tau h_4)}{2 + \tau}.$$

式(2.39b)表明,随着倒易矢的垂直分量 $H^\perp$ 的增大,几何形状因子,因而结构因子迅速减小. 此外,由于一维准晶的垂直空间的维数是一,矩阵(2.41b)蜕化为数值 $\langle u_4^2 \rangle$. 这些都使得一维准晶结构因子的计算较为简单.

2.3.4 一维准晶的标度特性

普通晶体的倒易点阵中的倒易点的分布不是无限密集的,由三个不共线方向上的最短的倒易点间距可以求出倒易点阵的 3 个初基的基矢,由它们就可构造出整个倒易点阵. 准晶倒易点阵基矢的选择则比较复杂. 这是因为,准晶中的倒易阵点分布很密集,而且随着准晶晶体的完整性的改善和记录衍射花样的仪器的灵敏度的提高,实验上可以测量到的倒易点的密集度也相应的进一步得到提高. 而且由于准晶的标度对称性,同一套倒易点阵阵点,可以通过将正点阵基矢膨胀或者收缩(相应地,倒易点阵基矢收缩或者膨胀)而按不同的方式指标化.

对于一维准晶,如果我们用膨胀矩阵

$$S^* = \begin{pmatrix} 1 & 1 \\ 1 & 0 \end{pmatrix} \qquad (2.42)$$

作用到原有的倒易点阵基矢(e_3^*, e_4^*)上,得到新的基矢($e_3^{*'}$, $e_4^{*'}$)

$$\begin{bmatrix} e_3^{*'} \\ e_4^{*'} \end{bmatrix} = \begin{pmatrix} 1 & 1 \\ 1 & 0 \end{pmatrix} \begin{pmatrix} e_3^* \\ e_4^* \end{pmatrix}. \qquad (2.43)$$

显然,这个膨胀矩阵使倒易点阵基矢的平行空间分量增大到 τ 倍

$$
\begin{pmatrix} e_3^{*\,\parallel'} \\ e_4^{*\,\parallel'} \end{pmatrix} = \begin{pmatrix} 1 & 1 \\ 1 & 0 \end{pmatrix} \begin{pmatrix} e_3^{*\,\parallel} \\ e_4^{*\,\parallel} \end{pmatrix} = \tau \begin{pmatrix} e_3^{*\,\parallel} \\ e_4^{*\,\parallel} \end{pmatrix} \tag{2.44}
$$

而倒易点阵基矢的垂直空间分量则缩小到 $1/\tau$,而且反号

$$
\begin{pmatrix} e_3^{*\,\perp'} \\ e_4^{*\,\perp'} \end{pmatrix} = \begin{pmatrix} 1 & 1 \\ 1 & 0 \end{pmatrix} \begin{pmatrix} e_3^{*\,\perp} \\ e_4^{*\,\perp} \end{pmatrix} = \frac{-1}{\tau} \begin{pmatrix} e_3^{*\,\perp} \\ e_4^{*\,\perp} \end{pmatrix} . \tag{2.45}
$$

容易求得膨胀矩阵的转置逆矩阵为

$$
S = (S^{*^{-1}})^{\mathrm{T}} = \begin{pmatrix} 0 & 1 \\ 1 & -1 \end{pmatrix} . \tag{2.46}
$$

对比式(2.1)和式(2.4)可知,这就是相应的作用到正点阵基矢上的收缩矩阵

$$
\begin{pmatrix} e_3' \\ e_4^{-1} \end{pmatrix} = \begin{pmatrix} 0 & 1 \\ 1 & -1 \end{pmatrix} \begin{pmatrix} e_3 \\ e_4 \end{pmatrix} , \tag{2.47}
$$

其作用是使得正点阵的基矢的平行空间分量收缩到原来的 $1/\tau$

$$
\begin{pmatrix} e_3^{\parallel'} \\ e_4^{\parallel'} \end{pmatrix} = \frac{1}{\tau} \begin{pmatrix} e_3^{\parallel} \\ e_4^{\parallel} \end{pmatrix} . \tag{2.48}
$$

而垂直空间分量则膨胀到原来的 τ 倍,而且反号

$$
\begin{pmatrix} e_3^{\perp'} \\ e_4^{\perp'} \end{pmatrix} = -\tau \begin{pmatrix} e_3^{\perp} \\ e_4^{\perp} \end{pmatrix} . \tag{2.49}
$$

当然,我们也可以把式(4.42)~式(4.49)中所有的 * 号都去掉,把没有 * 的矩阵 S 以及基矢 e_3 和 e_4 都加上 * 号,即:把对倒易点阵基矢的膨胀改为收缩,而把对正点阵基矢的收缩改为膨胀,结论也是正确的.也就是说,单从衍射斑点的几何位置的分布来看,指标化的方案是不唯一的.但是,如果进一步考虑衍射强度的分布,则衍射花样的指标化就几乎是唯一的了.这是因为,即使在最简单的一维准晶的情况下,由结构因子的表达式[(见式2.37)]中的第 k 个原子的形状因子 g_k 的表达式[式(2.39b)]可知,衍射强度与倒易矢量的垂直分量关系非常密切.如果我们把式(2.43)和式

·

(2.47)描述的点阵基矢的膨胀与收缩当着是一个坐标变换,由式
(2.6)可知,倒易点阵中的某阵点的指数也将如同正点阵的基矢一
样地按照式(2.47)由 (h_1, h_2, h_3, h_4) 变换成 (h_1, h_2, h_3', h_4')

$$\begin{pmatrix} h_3' \\ h_4' \end{pmatrix} = \begin{pmatrix} 0 & 1 \\ 1 & -1 \end{pmatrix} \begin{pmatrix} h_3 \\ h_4 \end{pmatrix}. \tag{2.50}$$

再用式(2.38),可知 $H^\perp$ 变换成了 $H^{\perp'} = -\tau H^\perp$. 显然,在理论计
算该倒易阵点的强度时,较之仅仅发生倒易点阵基矢的膨胀与收
缩而保持其指数不变的情况,肯定是大不一样的. Steurer 讨论了
这一问题,详见 Steurer(1999)及其中所引的原始文献.

2.3.5 一维准晶的晶体近似相

如 2.2.1 节所述,引入线性相位子位移,即二维空间所有的阵
点都沿着垂直空间的方向产生位移 ΔX_2,而且这位移量 ΔX_2 与该
阵点的位矢的平行分量 X_1 呈线性关系. 如果选取适当的线性关
系,使得二维空间的一组阵点移到平行空间上了,就得到准晶的晶
体近似相.

一般的,线性相位子位移矩阵

$$A_P = \begin{pmatrix} I & 0 \\ A & I \end{pmatrix} \tag{2.51a}$$

作用到格点坐标的平行空间分量 $X^\parallel$ 和垂直空间分量 $X^\perp$ 上,使
垂直空间分量由 $X^\perp$ 变成 $X^\perp + \Delta X^\perp$ 位移量与格点坐标的平行空
间分量 $X^\parallel$ 成线性关系: $\Delta X^\perp = A X^\parallel$. 把这个矩阵乘积表达式写
成展开的形式即

$$\begin{pmatrix} X^{\parallel'} \\ X^{\perp'} \end{pmatrix} = \begin{pmatrix} I & 0 \\ A & I \end{pmatrix} \begin{pmatrix} X^\parallel \\ X^\perp \end{pmatrix} = \begin{pmatrix} X^\parallel \\ X^\perp + \Delta X \end{pmatrix}.$$

容易证明,线性相位子位移矩阵 A_P 的转置逆矩阵可以表达为

$$(A_P^{-1})^\mathrm{T} = \begin{pmatrix} I & -A^\mathrm{T} \\ 0 & I \end{pmatrix}. \tag{2.51b}$$

对比式(2.5)与式(2.6),倒易点阵矢量的平行空间分量 $H^\parallel$ 和垂

直空间分量 $H^{\perp}$ 应该按照公式

$$\begin{bmatrix} H^{\parallel\,'} \\ H^{\perp} \end{bmatrix} = \begin{bmatrix} I & -A^{\mathrm{T}} \\ 0 & I \end{bmatrix} \begin{bmatrix} H^{\parallel} \\ H^{\perp} \end{bmatrix} \qquad (2.52a)$$

变换,可见线性相位子位移不影响倒易点阵矢量的垂直分量,而是使其平行空间分量由 $H^{\parallel}$ 变成

$$H^{\parallel\,'} = H^{\parallel} - A^{\mathrm{T}} H^{\perp}. \qquad (2.52b)$$

通过选择合适的线性相位子位移变换矩阵 A,可以使高维空间的一组格点位移到平行空间上,构成准晶的晶体近似相.同时倒易点阵矢量的平行空间分量变得具有有理数关系,对应于准晶晶体近似相的倒易点阵.

对于一维准晶而言,垂直空间仅有一维.线性相位子位移矩阵 A_P 简化成

$$A_P = \begin{bmatrix} 1 & 0 & 0 & 0 \\ 0 & 1 & 0 & 0 \\ 0 & 0 & 1 & 0 \\ 0 & 0 & A_{43} & 1 \end{bmatrix}. \qquad (2.51c)$$

由式(2.31),四维空间晶体点阵矢量 $r = me_1 + ne_2 + pe_3 + qe_4$ 的平行空间分量是

$$r^{\parallel} = mE_1 + nE_2 + \frac{(p\tau + q)a}{\sqrt{2+\tau}} E_3. \qquad (2.53a)$$

垂直空间分量是

$$r^{\perp} = \frac{(q\tau - p)a}{\sqrt{2+\tau}} E_4. \qquad (2.53b)$$

线性相位子位移把垂直分量变成

$$r^{\perp\,'} = r^{\perp} + A_{43} r^{\parallel} = \frac{(q\tau - p)a}{\sqrt{2+\tau}} + A_{43} \frac{(p\tau + q)a}{\sqrt{2+\tau}}. \qquad (2.53c)$$

由式(2.32),四维空间倒易矢量 $r^* = h_1 e_1{}^* + h_2 e_2{}^* + h_3 e_3{}^* + h_4 e_4{}^*$ 的平行分量是

$$H^{\parallel} = h_1 a_1^* E_1^* + h_2 a_2^* E_2^* + \frac{(h_3 \tau + h_4) a^*}{\sqrt{2+\tau}} E_3^*. \qquad (2.54a)$$

垂直空间分量是

$$\frac{(-h_3+h_4\tau)a^*}{\sqrt{2+\tau}}\boldsymbol{E}_4^*. \tag{2.54b}$$

线性相位子位移把倒易矢量的平行空间分量变成了

$$H^{\parallel\,\prime}=H^{\parallel}-A_{43}H^{\perp}=h_1a_1^*\boldsymbol{E}_1^*+h_2a_2^*\boldsymbol{E}_2^*+\frac{(h_3\tau+h_4)a^*}{\sqrt{2+\tau}}\boldsymbol{E}_3^*$$

$$-A_{43}\frac{(-h_3+h_4\tau)a^*}{\sqrt{2+\tau}}\boldsymbol{E}_3^*. \tag{2.54c}$$

如果取系数

$$A_{43}=\frac{F_{n+1}-F_n\tau}{F_{n+1}\tau+F_n}. \tag{2.55a}$$

式中 F_n 和 F_{n+1} 是 Fibonacci 序列…0,1,1,2,3,5,8,13,21…中相邻的两个整数. F_{n+1} 与 F_n 的比值 F_{n+1}/F_n,即 $1/0,1/1,2/1,3/2$,$5/3,8/5,13/8,21/13,\dots$.是无理数 τ 的有理数近似值,而且 n 越大,比值 F_{n+1}/F_n 就越接近 τ),则显然有

$$\boldsymbol{H}^{\parallel\,\prime}=\boldsymbol{H}^{\parallel}-A_{43}\boldsymbol{H}^{\perp}$$

$$=h_1a_1^*\boldsymbol{E}_1^*+h_2a_2^*\boldsymbol{E}_2^*+\frac{(h_3F_{n+1}+h_4F_n)\sqrt{2+\tau}^a}{F_{n+1}\tau+F_n}\boldsymbol{E}_3^*$$

$$=h_1a_1^*\boldsymbol{E}_1^*+h_2a_2^*\boldsymbol{E}_2^*+(h_3F_{n+1}+h_4F_n)a_3^{Ap\,*}\boldsymbol{E}_3^*, \tag{2.54d}$$

即一维准晶变成了倒易点阵基矢为

$$a_1^{Ap\,*}=a_1^*,\ a_2^{Ap\,*}=a_2^*,\ a_3^{Ap}=\frac{a^*\sqrt{2+\tau}}{F_{n+1}\tau+F_n} \tag{2.56a}$$

的晶体近似相.把式(2.55a)代入式(2.53c),容易证明,相位子位移使得高维空间中 $\dfrac{x_3}{x_4}=\dfrac{p}{q}=\dfrac{F_{n+1}}{F_n}$ 的阵点的垂直分量 $=0$,即高维空间中该方向上的阵点都落在平行空间上,形成了周期为

$$a_1^{Ap}=a_1,\ a_2^{Ap}=a_2,\ a_3^{Ap}=\frac{(F_{n+1}\tau+F_n)a}{\sqrt{2+\tau}} \tag{2.56b}$$

的晶体.以上文中 a_1 和 a_2 是一维准晶周期平面上的两个基矢,

a_1^* 和 a_2^* 是相应的两个倒易基矢. 对比 (2.56a) 和 (2.56b) 两式可知, $a_3^{Ap*} = \dfrac{1}{a_3^{Ap}}$, 表明这两种方法推导出的晶体近似相是一样的.

式 (2.55a) 给出的相位子位移参数 A_{43} 的表达式可以如下化简 (Zhang and Kuo, 1990b). 根据 Fibonacci 数列的基本特性 $F_{n+1} = F_n + F_{n-1}$, 且定义 $F_0 = 0$, $F = 1$, 并注意到 $\tau^2 = \tau + 1$, 则式 (2.55a) 的分母可以简化为

$$\tau F_{n+1} + F_n = \tau(F_n + F_{n-1}) + F_n = \tau(\tau F_n + F_{n-1})$$
$$= \cdots = \tau^n(\tau F_1 + F_0) = \tau^{n+1}.$$

(2.57a)

类似地, 式 (2.55a) 的分子可以简化为

$$F_{n+1} - \tau F_n = \frac{F_n - \tau F_{n-1}}{(-\tau)} = \frac{F_1 - \tau F_0}{(-\tau)^n} = \frac{1}{(-\tau)^n}.$$

(2.57b)

进一步还可推导出有关 Fibonacci 数列的下列特性:

$$\tau^2 F_{n+1} - F_{n-1} = \tau F_{n+1} + F_{n+1} - F_{n-1} = \tau F_{n+1} + F_n = \tau^{n+1},$$

(2.57c)

$$F_{n+1} - \tau^2 F_{n-1} = F_n + F_{n-1} - (\tau + 1)F_{n-1}$$
$$= F_n - \tau F_{n-1} = \frac{1}{(-\tau)^{n-1}}.$$

(2.57d)

于是式 (2.55a) 给出的相位子位移参数 A_{43} 的表达式可以化简为

$$A_{43} = \frac{(-1)^n}{\tau^{2n+1}}.$$

(2.55b)

对比式 (2.54a) 和式 (2.54d) 中沿一维准晶准周期方向 (即 E_3^* 方向) 的指数可知, 如果引入式 (2.55) 表示的相位子位移把准晶的倒易点阵矢量中的无理数 τ [见式 (2.54a)] 用其有理数近似值 $\dfrac{F_{n+1}}{F_n}$ 替代 [见式 (2.54d)], 准晶就变成了晶体. 而且, 对比式 (2.55) 和式 (2.56) 可知, n 越大, 则相位子位移量越小, 同时其晶体近似相的单胞就越大.

§2.4 十次准晶

2.4.1 十次准晶的切割-投影矩阵

如 1.1.3 节所述,所谓十次准晶,指的是三维物理空间的材料,其中的原子有二维是准周期分布的,另外一维则是周期地分布的,且沿其周期性方向具有十次旋转轴.因此,为了描述十次准晶,需要考虑由基矢 $e_j = (e_1, e_2, e_3, e_4, e_5)$ 张着的五维空间晶体以及另外一套由基矢 $E_j = (E_1, E_2, E_3, E_4, E_5)$ 张着的正交归一化的坐标系,其中基矢 E_1, E_2, E_3 张着平行空间,基矢 E_4, E_5 张着垂直空间.五维空间晶体中由基矢 e_5 张着的一维空间恰好就是平行空间中由基矢 E_3 张着的呈周期性的一维空间.五维空间晶体中剩下的由基矢 e_1, e_2, e_3, e_4 张着的四维空间与正交归一化坐标系中的另外四个基矢 E_1, E_2, E_4, E_5 相对应.由群表示理论(见本书第四、五章),四维空间中的十次旋转操作在平行空间是旋转 $2\pi/10$ 角度.在垂直空间则是旋转 $3 \times 2\pi/10$ 角度.据此我们可以如图 2.10(a) 安排倒易点阵基矢的平行空间分量,并如图 2.10(b) 安排倒易点阵基矢的垂直空间分量,它们都是由正五边形的中心指向顶点的矢量.

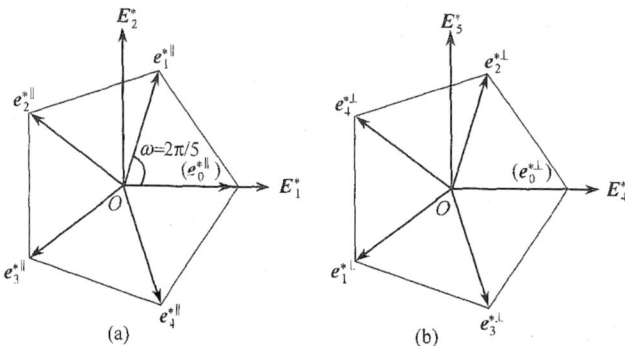

图 2.10 十次准晶倒易点阵的基矢.(a)平行空间分量;(b)垂直空间分量

在有关十次准晶和五次准晶的讨论中,经常要碰到正五边形和正十边形.现就正五边形和正十边形中的几何关系讨论如下,见图 2.11. 图中 $\omega = \dfrac{2\pi}{5}$. 图 2.11(a) 中正五边形 $ABCDE$ 的次近邻顶点的连线构成一个正五角星,其中还有一个小的正五边形 $FGHIJ$. 等腰三角形 ABE 与 AFE 是相似的,据此可知边长比 $BE/AE = AE/EF$,故 $BE/EF = BF/EF + 1 = AE/EF + 1$ 满足方程

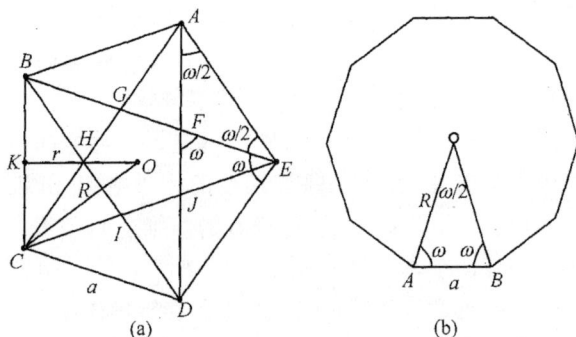

图 2.11 正五边形和正十边形中的几何关系.(a)正五边形;(b)正十边形

$$(AE/AF)^2 = (AE/AF) + 1,$$

故有:$AE/AF = \tau$,并进而有 $AC/AB = AB/AF = AF/FG = \tau$. 即正五边形的次近邻顶点的间距与其边长之比为 τ,正五边形 $ABCDE$ 与正五边形 $FGHIJ$ 的边长之比为 τ^2. 由等腰三角形 JFE 可以推导出 $\cos\omega = \cos 4\omega = \dfrac{1}{2\tau}$,并进而有 $\sin\omega = -\sin 4\omega = \dfrac{\sqrt{2+\tau}}{2}$. 同样地,由等腰三角形 AFE 可以推导出 $\cos\dfrac{\omega}{2} = -\cos 2\omega = \dfrac{\tau}{2}$,并进而有 $\sin\dfrac{\omega}{2} = \sin 2\omega = \dfrac{\sqrt{3-\tau}}{2}$. 由此公式可以进一步推导出正五边形内切圆半径 $r = OK$ 和外接圆半径 $R = OC$ 与边长 $a = BC = CD$ 的关系为:$\dfrac{R}{a} = \dfrac{1}{\sqrt{3-\tau}}$ 和 $\dfrac{r}{a} = \dfrac{\tau}{2\sqrt{3-\tau}}$. 由图

2.11(b)中等腰三角形 OAB 可以推导出正十边形外接圆半径 R = OA 与边长 a = AB 之比 $\dfrac{R}{a} = \tau$.

由图 2.10 可以得到,倒易点阵基矢($e_1{}^*$,$e_2{}^*$,$e_3{}^*$,$e_4{}^*$)和 $E_j{}^*$ = ($E_1{}^*$,$E_2{}^*$,$E_4{}^*$,$E_5{}^*$)之间的下列关系(Takakura, et al.,2001):

$$
\begin{pmatrix} e_1{}^* \\ e_2{}^* \\ e_3{}^* \\ e_4{}^* \end{pmatrix} = W^T \begin{pmatrix} E_1{}^* \\ E_2{}^* \\ E_4{}^* \\ E_5{}^* \end{pmatrix}, \tag{2.58}
$$

式中

$$
W^T = a^* \begin{pmatrix} \cos\omega & \sin\omega & \cos3\omega & \sin3\omega \\ \cos2\omega & \sin2\omega & \cos\omega & \sin\omega \\ \cos3\omega & \sin3\omega & \cos4\omega & \sin4\omega \\ \cos4\omega & \sin4\omega & \cos2\omega & \sin2\omega \end{pmatrix}, \tag{2.59}
$$

$$
\omega = 2\pi/5,\ \cos\omega = \cos4\omega = \frac{\tau-1}{2},
$$

$$
\cos2\omega = \cos3\omega = -\cos\frac{\omega}{2} = -\frac{\tau}{2},
$$

$$
\sin\omega = -\sin4\omega = \frac{\sqrt{2+\tau}}{2},
$$

$$
\sin2\omega = -\sin3\omega = \sin\frac{\omega}{2} = \frac{\sqrt{3-\tau}}{2} = \frac{1}{\tau}\sin\omega. \tag{2.60}
$$

由式(2.59)可以求出式(2.1)中的坐标变换矩阵 $T = W^{-1}$ 是

$$
T = \frac{2}{5a^*} \begin{pmatrix} \cos\omega-1 & \sin\omega & \cos3\omega-1 & \sin3\omega \\ \cos2\omega-1 & \sin2\omega & \cos\omega-1 & \sin\omega \\ \cos3\omega-1 & \sin3\omega & \cos4\omega-1 & \sin4\omega \\ \cos4\omega-1 & \sin4\omega & \cos2\omega-1 & \sin2\omega \end{pmatrix}. \tag{2.61}
$$

由式(2.60)可知,$\cos(m\omega) + \cos(3m\omega) = -1/2$($m$ 是整数).据此

很容易验证(2.59)与(2.61)两式的转置逆矩阵关系,式中 a^* 是十次准晶倒易基矢在平行空间的分量和垂直空间分量的长度.

按照 2.1.2 节关于线性坐标变换的讨论,可知对十次准晶而言,正点阵基矢 $e_j = (e_1, e_2, e_3, e_4)$ 和 $E_j = (E_1, E_2, E_4, E_5)$,倒易点阵基矢 $e_j^* = (e_1^*, e_2^*, e_3^*, e_4^*)$ 和 $E_j^* = (E_1^*, E_2^*, E_4^*, E_5^*)$,原子位矢的分量 $x_j = (x_1, x_2, x_3, x_4)$ 和 $X_j = (X_1, X_2, X_4, X_5)$,以及倒易点阵矢量的指数 $h_j = (h_1, h_2, h_3, h_4)$ 和 $H_j = (H_1, H_2, H_4, H_5)$,分别按下列公式进行变换:

$$e_j^{\mathrm{T}} = T E_j^{\mathrm{T}} \quad \text{或者} \quad E_j^{\mathrm{T}} = W e_j^{\mathrm{T}}, \qquad (2.62)$$

$$e_j^{*\mathrm{T}} = W^{\mathrm{T}} E_j^{*\mathrm{T}} \quad \text{或者} \quad E_j^{*\mathrm{T}} = T^{\mathrm{T}} e_j^{*\mathrm{T}}, \qquad (2.63)$$

$$x_j^{\mathrm{T}} = W^{\mathrm{T}} X_j^{\mathrm{T}} \quad \text{或者} \quad X_j^{\mathrm{T}} = T^{\mathrm{T}} x_j^{\mathrm{T}}, \qquad (2.64)$$

$$h_j^{\mathrm{T}} = T H_j^{\mathrm{T}} \quad \text{或者} \quad H_j^{\mathrm{T}} = W h_j^{\mathrm{T}}. \qquad (2.65)$$

以上各式中大写字母标出的第一和二分量表示平行空间的分量,第四和第五分量表示垂直空间的分量.由式(2.61)和式(2.62)可以得出十次准晶正点阵基矢在平行空间[图 2.12(a)]和垂直空间[图 2.12(b)]的分量,他们都是由正五边形的一个顶点(图 2.12(a)和 2.12(b)中的 O 点)指向其他顶点的矢量.而 $\dfrac{2}{5a^*}$ 则是这个正五边形的外接圆的半径,即 Penrose 菱形的边长 a_R.

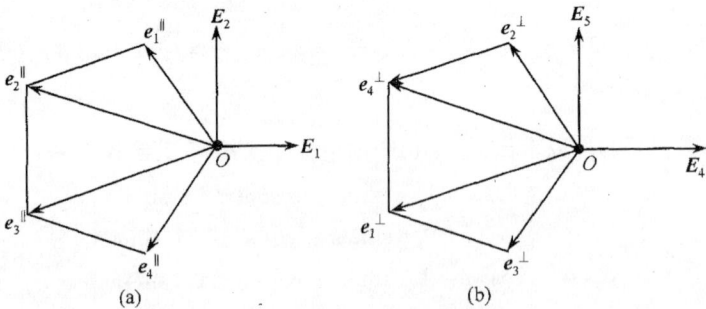

图 2.12　十次准晶正点阵的基矢.(a)平行空间分量;(b)垂直空间分量

十次准晶的投影矩阵 $P^{\parallel}$ 和 $P^{\perp}$,它们分别联系着高维空间晶体基矢 $e_j = (e_1, e_2, e_3, e_4)$ 及其在平行空间中的分量 $e_j^{\parallel} = (e_1^{\parallel}, e_2^{\parallel}, e_3^{\parallel}, e_4^{\parallel})$ 和垂直空间中的分量 $e_j^{\perp} = (e_1^{\perp}, e_2^{\perp}, e_3^{\perp}, e_4^{\perp})$

$$(e_j^{\parallel})^T = P^{\parallel} e_j^T \quad \text{和} \quad (e_j^{\perp})^T = P^{\perp} e_j^T \tag{2.66}$$

可以由式(2.59)、式(2.61)和式(2.62)求得

$$P^{\parallel} = \frac{1}{\sqrt{5}} \begin{pmatrix} \tau-1 & 1 & 0 & -1 \\ 0 & \tau & 1 & -1 \\ -1 & 1 & \tau & 0 \\ -1 & 0 & 1 & \tau-1 \end{pmatrix} \text{和} \ P^{\perp} = \frac{1}{\sqrt{5}} \begin{pmatrix} \tau & -1 & 0 & 1 \\ 0 & \tau-1 & -1 & 1 \\ 1 & -1 & \tau-1 & 0 \\ 1 & 0 & -1 & \tau \end{pmatrix}.$$
$$\tag{2.67}$$

注意到,$2\tau - 1 = \sqrt{5}$,式(2.67)显然满足下列关系式:

$$P^{\parallel} + P^{\perp} = I (\text{单位矩阵}).$$

由式(2.59)、式(2.61)和式(2.62),并注意到,$\cos m\omega + \cos 3 m\omega = -1/2$($m$ 是整数),还可求得对应于十次准晶由基矢 $e_j = (e_1, e_2, e_3, e_4)$ 张着的四维空间的度量张量 G 和倒易度量张量 G^* 的表达式如下:

$$G = \begin{pmatrix} e_1 \\ e_2 \\ e_3 \\ e_4 \end{pmatrix} \cdot (e_1 \ e_2 \ e_3 \ e_4) = \frac{2a^2}{5} \begin{pmatrix} 2 & 1 & 1 & 1 \\ 1 & 2 & 1 & 1 \\ 1 & 1 & 2 & 1 \\ 1 & 1 & 1 & 2 \end{pmatrix} \tag{2.68}$$

和

$$G^* = \begin{pmatrix} e_1^* \\ e_2^* \\ e_3^* \\ e_4^* \end{pmatrix} \cdot (e_1^* \ e_2^* \ e_3^* \ e_4^*) = \frac{a^{*2}}{2} \begin{pmatrix} 4 & -1 & -1 & -1 \\ -1 & 4 & -1 & -1 \\ -1 & -1 & 4 & -1 \\ -1 & -1 & -1 & 4 \end{pmatrix}. \tag{2.69}$$

由式(2.68)可知,十次准晶高维空间晶体的描述准周期的 4 个基矢 $e_j = (e_1, e_2, e_3, e_4)$ 并非正交的,基矢的长度等于 $\frac{2a}{\sqrt{5}}$,两个基矢之间的夹角为 $\arccos\left(\frac{1}{2}\right) = 60°$. 由式(2.69)可知,十次准晶高

维空间晶体的描述准周期的四个倒易基矢 $e_j{}^* = (e_1{}^*, e_2{}^*, e_3{}^*, e_4)$ 也不是正交的,基矢的长度等于 $\sqrt{2}a^*$,两个基矢之间的夹角为 $\arccos\left(-\dfrac{1}{4}\right) = 104.5°$. 当然,这 4 个描述准周期的基矢与描述十次准晶周期方向的基矢是互相垂直的.

五次、十次、十二次和八次这四种二维准晶都是五秩的,即线性无关的基矢有 5 个,其中有一个方向是周期性的,平行于旋转轴.另外四秩对应于四维晶体空间,用来描述其准周期平面.但是,对于五次、十次、十二次准晶而言,它们的用来描述准周期的四维空间晶体的 4 个基矢 $e_j = (e_1, e_2, e_3, e_4)$ 不是正交的,而且由旋转对称联系着的等效的方向,不能从其指数反映出来.例如,指数 $[1\,0\,0\,0]^*$ 与 $[\bar{1}\,\bar{1}\,\bar{1}\,\bar{1}]^*$ 看起来大不相同.但十次准晶中指数为 $[1\,0\,0\,0]^*$ 和 $[\bar{1}\,\bar{1}\,\bar{1}\,\bar{1}]^*$ 的两个倒易矢量却是等价的,绕着十次轴旋转 $\dfrac{-2\pi}{5}$ 角,就把前者变成后者.反之,指数为 $[1\,1\,0\,0]^*$ 与 $[1\,0\,1\,0]^*$ 的两个倒易矢量是不等价的,虽然这两套指数看起来似乎类似.晶体中六角系晶体的衍射指数或带轴指数也有类似的问题[黄胜涛,固体 X 射线学(一)].为了解决六角系晶体的这个问题,可以采用四指数,即在垂直于六次轴的平面上,除了原有的互成 $120°$ 的基矢 a 和 b 之外,再选一个基矢 $d = -(a+b)$. 对于十次准晶,也有不少作者(Jaric,1988;You and Hu,1988;Zhang and Kuo,1990a,1990b;Yan,et al. 1993;Yan,et al. 1994)采用类似的方法,即在准周期平面上另外再加上一个基矢 $e_0 = -(e_1 + e_2 + e_3 + e_4)$,见图 2.10,使十次准晶的指数具有对称性.

2.4.2 十次准晶的结构因子

按照 2.3.2 节的讨论,设每一个高维晶体的单胞内含有 n 个原子,第 k 个原子中心位于 $r_k = r_k{}^{\parallel} + r_k{}^{\perp}$ 处,其在垂直空间的原子面的面积为 $A_k{}^{\perp}$. 又,高维晶体单胞在垂直空间的投影 $A_{UC}^{\perp}$. 于是十次准晶的结构因子 $F(\boldsymbol{H})$ 的表达式可被推导出

$$F(\boldsymbol{H}) = \int_{\text{cell}} \rho_{\text{cell}}(r) \exp(2\pi\mathrm{i}(H^{\parallel} r^{\parallel} + H^{\perp} r^{\perp})) \mathrm{d}r^{\parallel} \mathrm{d}r^{\perp}$$

$$= \sum_{k=1}^{n} T_k(H^{\parallel}, H^{\perp}) f_k(H^{\parallel}) g_k(H^{\perp}) \exp(2\pi\mathrm{i}H^{\parallel} r_k^{\parallel}),$$

$$(2.37)$$

$f_k(H^{\parallel})$ 是第 k 个原子的原子散射因子, $g_k(H^{\perp})$ 是第 k 个原子的原子面函数的 Fourier 变换

$$g_k(H^{\perp}) = \frac{1}{A_{UC}^{\perp}} \int_{A_k^{\perp}} \exp(2\pi\mathrm{i}H^{\perp} r^{\perp}) \mathrm{d}r^{\perp} \qquad (2.39\mathrm{a})$$

是倒易矢的垂直分量 $H^{\perp}$ 的函数,称之为几何形状因子.对于十次准晶而言,垂直空间是二维的.高维晶体空间中指数为 $(h_1\ h_2\ h_3\ h_4\ h_5)$ 的倒易矢的垂直分量

$$H^{\perp} = \begin{pmatrix} H_4 \\ H_5 \end{pmatrix} = a^* \begin{pmatrix} \dfrac{\tau-1}{2}(h_2+h_3) - \dfrac{\tau}{2}(h_1+h_4) \\[2mm] \dfrac{\sqrt{2+\tau}}{2}(h_2-h_3) + \dfrac{\sqrt{3-\tau}}{2}(h_1-h_4) \end{pmatrix}.$$

$$(2.70)$$

高维空间单胞在垂直空间的投影 $A_{UC}^{\perp}$[见图 2.13(a)]由 6 个平行四边形组成.4 个基矢在垂直空间的分量 $e_j^{\perp} = (e_1^{\perp},\ e_2^{\perp},\ e_3^{\perp},\ e_4^{\perp})$ 中任意取两个就构成一个平行四边形.把式(2.61)代入式(2.62)可以求得高维晶体基矢在垂直空间的分量 $e_j^{\perp}$ 的长度分别是 $|e_1^{\perp}| = |e_4^{\perp}| = \dfrac{2\sqrt{2+\tau}}{5a^*}$ 和 $|e_2^{\perp}| = |e_3^{\perp}| = \dfrac{2\sqrt{2+\tau}}{5a^*\tau}$. 由式(2.60)可以知道,其中第 j 与第 k 个两者之间的夹角 α_{jk} 的 sin 值分别是 $\sin\alpha_{jk} = \sin\dfrac{2\pi}{5} = \dfrac{\sqrt{2+\tau}}{2}$ 或 $\sin\dfrac{\pi}{5} = \dfrac{\sqrt{2+\tau}}{2\tau}$. 据此,图 2.13 (a)示出的高维空间单胞在垂直空间的投影的面积的表达式为

$$A_{UC}^{\perp} = \frac{6(2+\tau)^{3/2}}{25a^{*2}}. \qquad (2.71)$$

十次准晶结构分析的结果,一般认为其第 k 个原子面 $A_k^{\perp}$,是

在垂直空间的外接圆半径为 R_k 的正五边形[图 2.13(b)]. 则第 k 个原子的几何形状因子表达式(2.39a)中的积分应该在这个正五边形内进行. 为此, 我们把这个正五边形分解成 5 个由半径矢量 R_j 和 $R_{j+1}(j=0,1,2,3,4)$ 构成的等腰三角形, 则可计算出对第 j 个三角形的积分等于

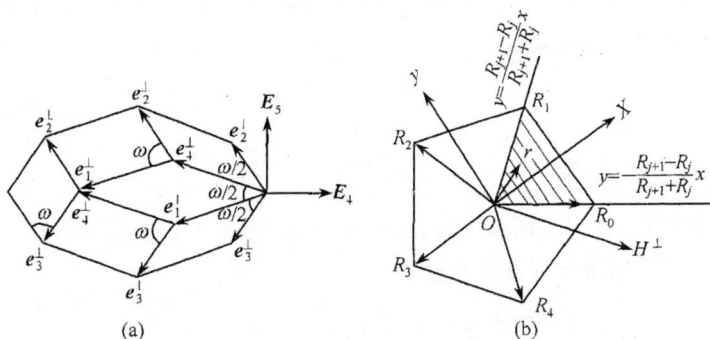

图 2.13 十次准晶高维空间单胞和原子面在垂直空间的投影. (a)高维空间单胞在垂直空间的投影, 由 6 个边为 $e_i^{\perp}$ 和 $e_j^{\perp}(i,j=1,2,3,4)$ 的平行四边形组成; (b) 第 k 个原子面在垂直空间的投影 $A_k^{\perp}$, 是外接圆半径为 R_k 的正五边形

$$I_j = R_k{}^2 \left(\frac{\sqrt{2+\tau}}{2} \right) \frac{A_j[\exp(iA_{j+1})-1] - A_{j+1}[\exp(iA_j)-1]}{A_j A_{j+1}(A_j - A_{j+1})},$$

$$(2.72)$$

式中

$$A_j = 2\pi \boldsymbol{H}^{\perp} \cdot \boldsymbol{R}_j.$$

现以图 2.13(b)中的绘有阴影线的由半径矢量 $\boldsymbol{R}_j$ 和 $\boldsymbol{R}_{j+1}(j=0)$ 构成的等腰三角形对表达式(2.39a)中的积分的贡献为例, 介绍式 (2.72)的推导步骤. 首先建立直角坐标系 (x,y), 其中 x 轴垂直于等腰三角形的底边 $(\boldsymbol{R}_{j+1}-\boldsymbol{R}_j)$, 平行于 $\boldsymbol{R}_{j+1}+\boldsymbol{R}_j$, y 轴则平行于 $\boldsymbol{R}_{j+1}-\boldsymbol{R}_j$. 在这个坐标系之下, $\boldsymbol{R}_{j+1}$ 和 $\boldsymbol{R}_j$ 的直线方程分别是

$$y_U = \frac{(\boldsymbol{R}_{j+1}-\boldsymbol{R}_j)x}{(\boldsymbol{R}_{j+1}+\boldsymbol{R}_j)} \quad \text{和} \quad y_L = -\frac{(\boldsymbol{R}_{j+1}-\boldsymbol{R}_j)x}{(\boldsymbol{R}_{j+1}+\boldsymbol{R}_j)}. \quad \text{在被积函数}$$

$\exp(2\pi i \boldsymbol{H}^\perp \cdot \boldsymbol{r}^\perp)$ 中 的 $\boldsymbol{H}^\perp \cdot \boldsymbol{r}^\perp = H_x^\perp x + H_y^\perp y =$ $\dfrac{\boldsymbol{H}^\perp \cdot (\boldsymbol{R}_{j+1} + \boldsymbol{R}_j) x}{(\boldsymbol{R}_{j+1} + \boldsymbol{R}_j)} + \dfrac{\boldsymbol{H}^\perp \cdot (\boldsymbol{R}_{j+1} - \boldsymbol{R}_j) y}{(\boldsymbol{R}_{j+1} - \boldsymbol{R}_j)}$. 积分时先就某一个固定的 x 值对 y 从 y_L 积分到 y_U, 然后对 x 从 0 积分到 $(\boldsymbol{R}_{j+1} + \boldsymbol{R}_j)/2$. 把这样推导出的式 (2.72) 对 $j = 0,1,2,3,4$ 求和并除以式 (2.71) 表示的高维空间单胞在垂直空间的投影的面积, 就得到十次准晶的第 k 个原子的几何形状因子 $g_k(H^\perp)$ 的表达式 (2.39a) 为

$$g_k(H^\perp) = \frac{1}{A_{\mathrm{UC}}^\perp} \sum_{j=0}^{4} I_j. \tag{2.73}$$

式 (2.37) 中的第 k 个原子的温度因子 $T_k(H^\parallel, H^\perp)$ 仍然可以按照式 (2.40) 和式 (2.41) 计算. 对于十次准晶, 垂直空间的维数是二, 代表高维空间原子沿 m 方向的位移与 n 方向的位移 (在垂直空间) 的乘积的平均值的矩阵元 $\langle u_m u_n \rangle$ $(m, n = 4, 5)$ 构成的矩阵 (2.41b) 蜕化为 2×2 的矩阵

$$\langle u^{\perp \mathrm{T}} u^\perp \rangle = \begin{pmatrix} \langle u_4^2 \rangle & \langle u_4 u_5 \rangle \\ \langle u_5 u_4 \rangle & \langle u_5^2 \rangle \end{pmatrix}. \tag{2.41c}$$

2.4.3 十次准晶的标度特性

对于十次准晶, 如果我们用膨胀矩阵

$$S^* = \begin{pmatrix} 0 & 0 & -1 & -1 \\ 1 & 1 & 1 & 0 \\ 0 & 1 & 1 & 1 \\ -1 & -1 & 0 & 0 \end{pmatrix} \tag{2.74}$$

作用到原有的倒易点阵基矢 $e_j^* = (e_1^*, e_2^*, e_3^*, e_4^*)$ 上, 得到新的基矢 $e_j^{*\prime} = (e_1^{*\prime}, e_2^{*\prime}, e_3^{*\prime}, e_4^{*\prime})$: $(e_j^{*\prime})^{\mathrm{T}} = S^* (e_j^*)^{\mathrm{T}}$. 显然, 这个膨胀矩阵使倒易点阵基矢的平行空间分量增大到 τ 倍, 垂直空间分量则缩小而且反号到 $-1/\tau$.

$$S^* \begin{pmatrix} e_1^* \\ e_2^* \\ e_3^* \\ e_4^* \end{pmatrix} = \tau \begin{pmatrix} e^*{}_1^{\parallel} \\ e^*{}_2^{\parallel} \\ e^*{}_3^{\parallel} \\ e^*{}_4^{\parallel} \end{pmatrix} - \frac{1}{\tau} \begin{pmatrix} e^*{}_1^{\perp} \\ e^*{}_2^{\perp} \\ e^*{}_3^{\perp} \\ e^*{}_4^{\perp} \end{pmatrix}, \qquad (2.75)$$

容易求得膨胀矩阵的转置逆矩阵为

$$S = (S^{*-1})^{\mathrm{T}} = \begin{pmatrix} -1 & 1 & 0 & -1 \\ 0 & 0 & 1 & -1 \\ -1 & 1 & 0 & 0 \\ -1 & 0 & 1 & -1 \end{pmatrix}. \qquad (2.76)$$

对比式(2.1)和式(2.4)可知,这就是相应的作用到正点阵基矢上的收缩矩阵:$(e_j{}')^{\mathrm{T}} = S(e_j)^{\mathrm{T}}$. 显然,这个收缩矩阵使正点阵基矢的平行空间分量收缩到原来的 $1/\tau$,垂直空间分量则膨胀,而且反号到原来的 $-\tau$ 倍.

$$S \begin{pmatrix} e_1 \\ e_2 \\ e_3 \\ e_4 \end{pmatrix} = \frac{1}{\tau} \begin{pmatrix} e_1^{\parallel} \\ e_2^{\parallel} \\ e_3^{\parallel} \\ e_4^{\parallel} \end{pmatrix} - \tau \begin{pmatrix} e_1^{\perp} \\ e_2^{\perp} \\ e_3^{\perp} \\ e_4^{\perp} \end{pmatrix}. \qquad (2.77)$$

不难验证,式(2.74)和式(2.76)给出的膨胀和收缩矩阵满足下列关系式:

$$(S^*)^2 = S^* + I \qquad \text{和} \qquad S^2 = -S + I. \quad (2.78)$$

郭可信在其与周公度合著的关于"晶体和准晶体的衍射"的书中,系统地讨论了十次准晶的 Penrose 拼图及其膨胀和收缩的自相似性. 本书不再重复.

2.4.4　十次准晶的晶体近似相

对于十次准晶而言,基矢 $e_5 \parallel E_3$ 张着的一维空间是周期性的,由基矢 E_4 和 E_5 张着的是二维垂直空间. 式(2.51a)和式(2.51b)给出的描述线性相位子应变的矩阵 A_P(作用到正点阵的坐标 X_j 上的矩阵)及其转置逆矩阵 $(A_p{}^{-1})^{\mathrm{T}}$(作用到倒易点阵的

坐标 X_j^* 上的矩阵)具体化为

$$A_p = \begin{pmatrix} 1 & 0 & 0 & 0 & 0 \\ 0 & 1 & 0 & 0 & 0 \\ 0 & 0 & 1 & 0 & 0 \\ A_{41} & A_{42} & 0 & 1 & 0 \\ A_{51} & A_{52} & 0 & 0 & 1 \end{pmatrix} \qquad (2.79)$$

和

$$(A_p^{-1})^{\mathrm{T}} = \begin{pmatrix} 1 & 0 & 0 & -A_{41} & -A_{51} \\ 0 & 1 & 0 & -A_{42} & -A_{52} \\ 0 & 0 & 1 & 0 & 0 \\ 0 & 0 & 0 & 1 & 0 \\ 0 & 0 & 0 & 0 & 1 \end{pmatrix}. \qquad (2.80)$$

一般的情况下,如果选取适当的相位子应变的参数,使得互相垂直的沿着基矢 E_1 和基矢 E_2 的两方向都变成周期性的,则得到正交晶系的晶体近似相.详细的讨论见本书的第八章.

§2.5 二十面体准晶

2.5.1 二十面体准晶的切割-投影矩阵

图 2.14 中示出了常见的具有二十面体对称性的多面体.图 2.14(a) 所示的二十面体由 20 个正三角形面组成.若将正方向与负方向各算一支轴,则共有十二支由二十面体中心指向顶点的五次轴 A5,二十支由中心指向三角形面中点的三次轴 A3,以及三十支由中心指向棱边中点的二次轴 A2.其中近邻的五次轴之间的夹角是 $\theta = 63.43°$,每支五次轴周围环绕着五支三次轴 A3 和五支二次轴 A2,这些三次轴与这五次轴之间的夹角都是 37.38°,这些二次轴与这支五次轴的夹角则是 31.72°.近邻的三次轴与二次轴之间的夹角是 20.90°.

图 2.14(b) 所示的五角十二面体由 12 个正五边形面组成,其

对称性与二十面体一样,但这时的十二支五次轴是由中心指向正五边形的中点,三次轴则由中心指向顶点,恰好与二十面体成对偶关系.所谓对偶关系,指的是两个多面体,两者的面和顶点的方向恰好互相交换.即,在二十面体中五次轴指向二十面体的顶点,在五角十二面体中五次轴则垂直于五角形面;在二十面体中三次轴垂直于其三角形面,在五角十二面体中三次轴则指向其顶点.

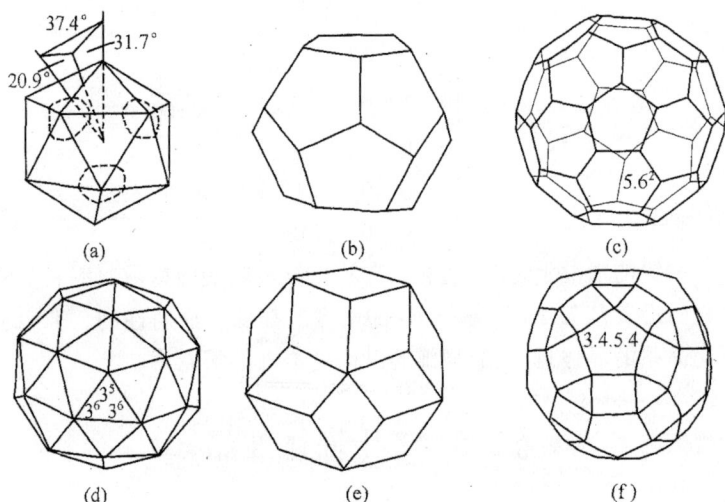

图2.14 具有二十面体对称性的多面体.(a)二十面体;(b)五角十二面体;(c)截顶二十面体;(d)三角形六十面体;(e)菱形三十面体;(f)正方二十面十二面体

把图 2.14(a) 中的二十面体的 30 个棱边各自三等分,从其 1/3 处如图 2.14(a) 虚线所示将 12 个顶点截去,形成 12 个正五角形,二十面体中的 20 个三角形面则变成正六边形,就得到图 2.14(c) 中所描绘的截顶二十面体.截顶二十面体共有 32 个面,60 个顶点.大家常见的足球就可近似地看作是截顶二十面体.足球往往就是由十二块黑色的正五角形的皮与 20 块白色的正六角形的皮缝制而成,每块黑五角皮与五块白六角皮缝在一起,但没有任意两块黑五角皮相邻.此外,C_{60} 分子笼的 60 个 C 原子就坐落在截顶二十面体的 60 个顶点上. 图中的 Schlaefli 符号 $5 \cdot 6^2 = 5 \cdot 6 \cdot 6$ 表示多面体的该顶点由一个五边形和两个六边形的顶点构成.

与截顶二十面体对偶的是三角形六十面体[图 2.14(d)]. 图中的 Schlaefli 符号 3^5 和 3^6 表示该多面体有两种顶点. 其中一类沿着五次轴方向,由 5 个三角形的顶点构成,总共有 12 个. 另一类沿着三次轴方向,由 6 个三角形的顶点构成,总共有 20 个. 三角形六十面体的每个三角形面与截顶二十面体的一个顶点对应. 三角形六十面体共有 32 个顶点,它们对应于截顶二十面体的三十二个面. 在三角形六十面体的两个近邻的五次轴之间有两个三角形,在特殊的几何情况下,这两个三角形在一张平面上,合在一起构成一个菱形,则此三角形六十面体就变成了菱形三十面体[图 2.14(e)].

图 2.14(f)描绘的正方二十面十二面体上的 Schlaefli 符号,3·4·5·4 表示这种多面体的每一个顶点都由三角形,正方(四方)形,五边形和正方形的顶点构成. 从多面体的中心指向三角形面的中心的矢量平行于三次轴,指向五边形中心和正方形中心的矢量则分别平行于五次轴和二次轴. 图 2.14 中示出的 5 个多面体虽然形状不一样,但都是具有二十面体对称性.

图示二十面体的对称性的最好的方法是极射赤面投影图. 在极射赤面投影图中,每一个点代表着一条直线的方向. 其原理是,让被描述的每一个方向都由过球心的直线代表. 如果这条直线与球面的交点位于北半球,就将它与南极相连接;如果交点位于南半球,就将它与北极相连接. 这连线与赤道平面的交点就代表这一个方向. 过球心的一张平面与球面的交迹称之为大圆,球面上的大圆被南极或北极投影到赤道面上,就得到极射赤面投影图中的表示平面的大圆. 例如,图 2.15(a)是二十面体的极射赤面投影图. 图中用实心五边形表示二十面体的五次轴 $A5$,用实心三角形表示二十面体的三次轴 $A3$,用像眼睛的符号表示二十面体的二次轴 $A2$. 注意,垂直于任一支五次轴都有五支互成 $36°$ 的二次轴,每两支相邻的二次轴之间则为伪二次轴 $A2P$. 图 2.15(a)中标出了垂直于 $e_4^{\parallel}$ 的大圆,并用实心圆点标出了五支伪二次轴 $A2P$. 这些轴之间的夹角关系也标在图的右下部.

图 2.15 中用二十面体的极射赤面投影图标出了下述五种坐标系的选择.

(1) A5-A2-A2P 坐标系:平行空间的 E_3 方向和垂直空间的 E_6 方向,分别平行于二十面体的一支五次轴 A5.垂直于二十面体的这支五次轴有五支互成 36°的二次轴 A2.选取其中一支二次轴作为直角坐标系的 E_2 方向(平行空间)和 E_5 方向(垂直空间),与它们垂直的那支伪二次轴 A2P 则作为直角坐标系的 E_1 方向(平行空间)和 E_4 方向(垂直空间).在文献中采用这种描述二十面体准晶的坐标系的有:Levine, et. al, 1985;Lubensky, et al, 1986,武汉大学课题组的丁棣华等,1992;杨文革等(Yang,et al., 1998), Steurer and Haibach,1999 等等.

(2) A2-A2-A2 坐标系:这是大多数文献采用的坐标系,它们都是让平行空间和垂直空间的坐标轴分别平行于二十面体的三支互相垂直的二次轴 A2.由于二十面体准晶中没有四次轴,绕着这样的二次轴旋转 90°前后的状态不等价,故而这类坐标系又分成四种类型:

(i) AA 类型,如图 2.15(b)所示.Janssen (1991)、武汉大学物理系课题组王仁卉和戴明星(Wang and Dai,1993)、王仁卉等(Wang,et al.,1994)、赵东山等(Zhao,et al.,1988)、冯江林和王仁卉(Feng and Wang,1994a;1994b)、邹文晖等(Zou,et al.,1994),经常采用这类坐标系.

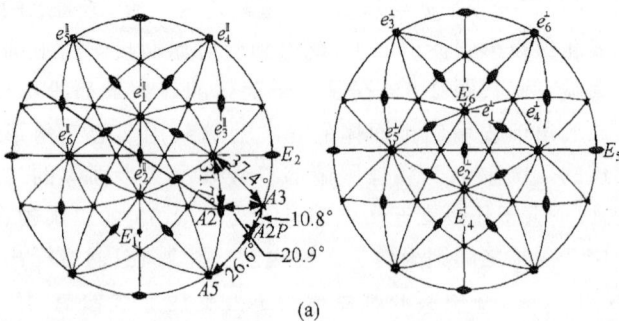

(a)

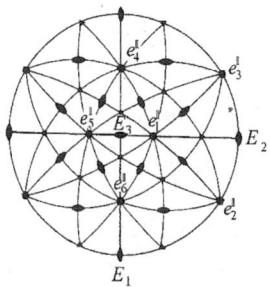

(b)

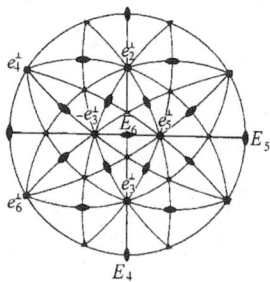

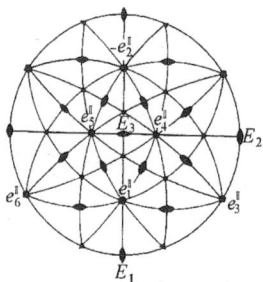

(c)

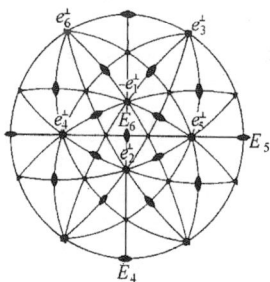

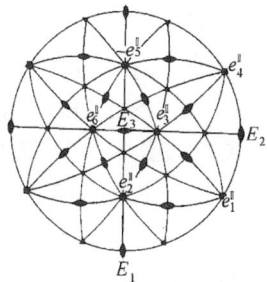

(d)

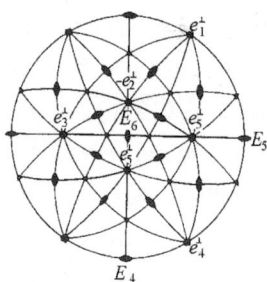

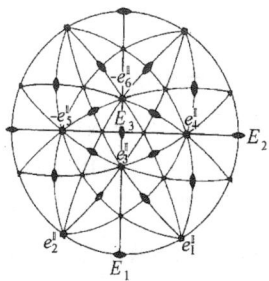

(e)

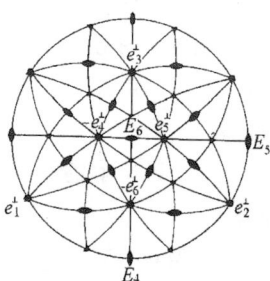

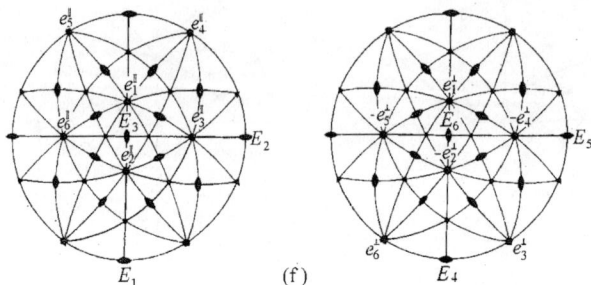

图 2.15. 二十面体的极射赤面投影图,图中标出了几种坐标系的选择.
(a) A5-A2-A2P 坐标系:平行空间的 E_3 方向和垂直空间的 E_6 方向,分别平行于二十面体的一支五次轴 A5;(b) A2-A2-A2 坐标系(平行空间和垂直空间的坐标轴都是分别平行于二十面体的三支互相垂直的二次轴),AA 型;(c) A2-A2-A2 坐标系,AB 型;(d) A2-A2-A2 坐标系,AB 型,但基矢的编号不同;(e) A2-A2-A2 坐标系,BA 型;(f) A2-A2-A2 坐标系,BB 型

  (ii) AB 类型:从 AA 类型出发,把垂直空间的二十面体绕着 E_4, E_5,或 E_6 中某一个坐标轴旋转 90°就得到 AB 类型的坐标系,见图 2.15(c).这种坐标系在文献中用得最多,如 Jaric and Nelson (1988); Widom (1991); de Boissieu, et, al. (1995); Shaw, et al. (1991);Li (李方华)(1993)等.在同一种类型的坐标系中,随着高维空间晶体的基矢编号的不同,其切割投影矩阵也不一样.如同是 AB 类型的坐标系,文献中常用的,除了如图 2.15(c)所示的,Jaric and Nelson(1988); Widom(1991); de Boissieu(1995); Shaw, et al.(1991)采用的坐标系之外,还有如图 2.15(d)所示的,Cahn, et al. (1986)采用的坐标系.

  (iii) BA 类型:从 AA 类型出发,把平行空间的二十面体绕着 E_1, E_2,或 E_3 中某一个坐标轴旋转 90°就得到 BA 类型的坐标系,见图 2.15(e).已知日本的石井(Ishii, 1989;1992)采用了这种类型的坐标系.

  (iv) BB 类型:从 AA 类型出发,把平行空间以及垂直空间的二十面体分别绕着某一个坐标轴旋转 90°就得到 BB 类型的坐标

系,见图 2.15(f).已知 Lubensky,et al. (1985)采用了这种类型的坐标系.

无论采用什么坐标系,都是取 $E_j = (E_1, E_2, E_3, E_4, E_5, E_6)$ 作为一套正交归一化的坐标系,其中 E_1, E_2, E_3 张着平行空间,E_4, E_5, E_6 则张着垂直空间.让六维空间晶体的 6 个正交的基矢 $e_j = (e_1, e_2, e_3, e_4, e_5, e_6)$ 和对应的倒易点阵的基矢 $e_j^* = (e_1^*, e_2^*, e_3^*, e_4^*, e_5^*, e_6^*)$ 在平行空间和垂直空间的分量都分别平行于二十面体的一支五次轴.而且如果两个基矢 e_j 和 e_k 在平行空间的分量成 63.43°的角度,则它们在垂直空间的分量成 116.57°的角度,即成补角关系.在不同的坐标系的选择之下,切割投影阵的形式也不一样.例如,对 Levine,et al. (1985);丁棣华等(1992)和 Steurer,et al. (1999)采用的 $A5$-$A2$-$A2P$ 坐标系 [图 2.15(a)],切割投影矩阵的形式如下:

$$T = \frac{1}{\sqrt{2}} \begin{pmatrix} 0 & 0 & 1 & 0 & 0 & -1 \\ \sin\theta\cos0 & \sin\theta\sin0 & \cos\theta & \sin\theta\cos0 & \sin\theta\sin0 & \cos\theta \\ \sin\theta\cos\omega & \sin\theta\sin\omega & \cos\theta & \sin\theta\cos3\omega & \sin\theta\sin3\omega & \cos\theta \\ \sin\theta\cos2\omega & \sin\theta\sin2\omega & \cos\theta & \sin\theta\cos\omega & \sin\theta\sin\omega & \cos\theta \\ \sin\theta\cos3\omega & \sin\theta\sin3\omega & \cos\theta & \sin\theta\cos4\omega & \sin\theta\sin4\omega & \cos\theta \\ \sin\theta\cos4\omega & \sin\theta\sin4\omega & \cos\theta & \sin\theta\cos2\omega & \sin\theta\sin2\omega & \cos\theta \end{pmatrix},$$

$$(2.81)$$

式中 $\omega = \frac{2\pi}{5}, \theta = 63.43°, \cos\theta = \frac{1}{\sqrt{5}}, \sin\theta = \frac{2}{\sqrt{5}}$.利用式(2.60),容易证明 T 是个正交矩阵:$T T^{\mathrm{T}} = I$,即 $T^{-1} = T^{\mathrm{T}}$.按照 2.1.2 节关于线性坐标变换的讨论,可知对二十面体准晶而言,正点阵基矢 $e_j = (e_1, e_2, e_3, e_4, e_5, e_6)$ 和 $E_j = (E_1, E_2, E_3, E_4, E_5, E_6)$,倒易点阵基矢 $e_j^* = (e_1^*, e_2^*, e_3^*, e_4^*, e_5^*, e_6^*)$ 和 $E_j^* = (E_1^*, E_2^*, E_3^*, E_4^*, E_5^*, E_6^*)$,原子位矢的分量 $x_j = (x_1, x_2, x_3, x_4, x_5, x_6)$ 和 $X_j = (X_1, X_2, X_3, X_4, X_5, X_6)$,以及倒易点阵矢量的指数 $h_j = (h_1, h_2, h_3, h_4, h_5, h_6)$ 和 $H_j = (H_1, H_2, H_3, H_4, H_5, H_6)$,分别按下列公式进行变换:

$$e_j{}^T = A \boldsymbol{T} E_j{}^T \qquad 或者 \qquad E_j{}^T = A^* \boldsymbol{T}^T e_j{}^T, \qquad (2.82)$$

$$e_j{}^{*T} = A^* \boldsymbol{T} E_j{}^{*T} \qquad 或者 \qquad E_j{}^{*T} = A \boldsymbol{T}^T e_j{}^{*T}, \qquad (2.83)$$

$$x_j{}^T = A^* \boldsymbol{T} X_j{}^T \qquad 或者 \qquad X_j{}^T = A \boldsymbol{T}^T x_j{}^T, \qquad (2.84)$$

$$h_j{}^T = A \boldsymbol{T} H_j{}^T \qquad 或者 \qquad H_j{}^T = A^* \boldsymbol{T}^T h_j{}^T. \qquad (2.85)$$

以上各式中 A 是六维晶体单胞的边长,即点阵常数,$A^* = 1/A$ 是六维空间倒易点阵单胞的边长,小写字母标出的是六维空间晶体坐标系中的有关的量,大写字母标出的第 1,2 和 3 个分量表示平行空间的分量,第 4,5 和 6 个分量则表示垂直空间的分量.

二十面体准晶的投影矩阵 $P^{\parallel}$ 和 $P^{\perp}$,它们分别联系着六维空间晶体基矢 $e_j = (e_1, e_2, e_3, e_4, e_5, e_6)$ 及其在平行空间中的分量 $e_j^{\parallel} = (e_1^{\parallel}, e_2^{\parallel}, e_3^{\parallel}, e_4^{\parallel}, e_5^{\parallel}, e_6^{\parallel})$ 和垂直空间中的分量 $e_j^{\perp} = (e_1^{\perp}, e_2^{\perp}, e_3^{\perp}, e_4^{\perp}, e_5^{\perp}, e_6^{\perp})$

$$(e_j{}^{\parallel})^T = P^{\parallel} e_j{}^T \qquad 和 \qquad (e_j{}^{\perp})^T = P^{\perp} e_j{}^T \qquad (2.66)$$

可以由式(2.89)和式(2.90)求得

$$\boldsymbol{P}^{\parallel} = \frac{1}{2\sqrt{5}} \begin{pmatrix} \sqrt{5} & 1 & 1 & 1 & 1 & 1 \\ 1 & \sqrt{5} & 1 & -1 & -1 & 1 \\ 1 & 1 & \sqrt{5} & 1 & -1 & -1 \\ 1 & -1 & 1 & \sqrt{5} & 1 & -1 \\ 1 & -1 & -1 & 1 & \sqrt{5} & 1 \\ 1 & 1 & -1 & -1 & 1 & \sqrt{5} \end{pmatrix} \qquad (2.86\mathrm{a})$$

和

$$\boldsymbol{P}^{\perp} = \boldsymbol{I} - \boldsymbol{P}^{\parallel} = \frac{1}{2\sqrt{5}} \begin{pmatrix} \sqrt{5} & -1 & -1 & -1 & -1 & -1 \\ -1 & \sqrt{5} & -1 & 1 & 1 & -1 \\ -1 & -1 & \sqrt{5} & -1 & 1 & 1 \\ -1 & 1 & -1 & \sqrt{5} & -1 & 1 \\ -1 & 1 & 1 & -1 & \sqrt{5} & -1 \\ -1 & -1 & 1 & 1 & -1 & \sqrt{5} \end{pmatrix}. \qquad (2.86\mathrm{b})$$

式(2.86)显然满足下列关系式:

$$P^{\parallel} + P^{\perp} = I \ (单位矩阵).$$

容易求得对应于二十面体准晶由基矢 $e_j=(e_1,e_2,e_3,e_4,$ $e_5,e_6)$ 张着的六维空间的度量张量 G 和倒易度量张量 G^* 的表达式如下:

$$G=(AT)(AT^T)=A^2I \tag{2.87a}$$

和

$$G^*=G^{-1}=(A^*)^2I. \tag{2.87b}$$

由式(2.87)可知,二十面体准晶六维空间晶体的 6 个基矢 $e_j=$ $(e_1,e_2,e_3,e_4,e_5,e_6)$ 是互相正交的,基矢的长度为 A;相应的倒易点阵基矢 $e_j^*=(e_1^*,e_2^*,e_3^*,e_4^*,e_5^*,e_6^*)$ 也是互相正交的,其长度为 A^*.进一步由式(2.86)可知, $|e_j^{\parallel}|=|e_j^{\perp}|=\dfrac{A}{\sqrt{2}}$, 且有当 $j\neq k$ 时, $e_j^{\parallel}\cdot e_k^{\parallel}=-e_j^{\perp}\cdot e_k^{\perp}=\pm\dfrac{1}{\sqrt{5}}$. 故有上文所述:两个基矢 e_j 和 e_k 在平行空间的分量的夹角与它们在垂直空间的分量的夹角成补角关系.

对应于图 2.15(a~f)所描述的坐标系,切割投影矩阵的形式分别如下:

$$T^D=\frac{1}{\sqrt{2}}\begin{pmatrix} 0 & 0 & 1 & 0 & 0 & -1 \\ \sin\theta\cos0 & \sin\theta\sin0 & \cos\theta & \sin\theta\cos0 & \sin\theta\sin0 & \cos\theta \\ \sin\theta\cos\omega & \sin\theta\sin\omega & \cos\theta & \sin\theta\cos3\omega & \sin\theta\sin3\omega & \cos\theta \\ \sin\theta\cos2\omega & \sin\theta\sin2\omega & \cos\theta & \sin\theta\cos\omega & \sin\theta\sin\omega & \cos\theta \\ \sin\theta\cos3\omega & \sin\theta\sin3\omega & \cos\theta & \sin\theta\cos4\omega & \sin\theta\sin4\omega & \cos\theta \\ \sin\theta\cos4\omega & \sin\theta\sin4\omega & \cos\theta & \sin\theta\cos2\omega & \sin\theta\sin2\omega & \cos\theta \end{pmatrix},$$
$$\tag{2.88a}$$

$$T^{AA}=\frac{1}{\sqrt{2(2+\tau)}}\begin{pmatrix} 0 & 1 & \tau & 0 & 1 & -\tau \\ 1 & \tau & 0 & -\tau & 0 & 1 \\ -1 & \tau & 0 & \tau & 0 & 1 \\ -\tau & 0 & 1 & -1 & -\tau & 0 \\ 0 & -1 & \tau & 0 & 1 & \tau \\ \tau & 0 & 1 & 1 & -\tau & 0 \end{pmatrix}, \tag{2.88b}$$

$$T^J = \frac{1}{\sqrt{2(2+\tau)}} \begin{pmatrix} \tau & 0 & 1 & 1 & 0 & -\tau \\ \tau & 0 & -1 & 1 & 0 & \tau \\ 1 & \tau & 0 & -\tau & 1 & 0 \\ 0 & 1 & \tau & 0 & -\tau & 1 \\ 0 & -1 & \tau & 0 & \tau & 1 \\ 1 & -\tau & 0 & -\tau & -1 & 0 \end{pmatrix}, \qquad (2.88c)$$

$$T^C = \frac{1}{\sqrt{2(2+\tau)}} \begin{pmatrix} 1 & \tau & 0 & -\tau & 1 & 0 \\ \tau & 0 & 1 & 1 & 0 & -\tau \\ 0 & 1 & \tau & 0 & -\tau & 1 \\ -1 & \tau & 0 & \tau & 1 & 0 \\ \tau & 0 & -1 & 1 & 0 & \tau \\ 0 & -1 & \tau & 0 & \tau & 1 \end{pmatrix}, \qquad (2.88d)$$

$$T^I = \frac{1}{\sqrt{2(2+\tau)}} \begin{pmatrix} \tau & 1 & 0 & 1 & -\tau & 0 \\ \tau & -1 & 0 & 1 & \tau & 0 \\ 1 & 0 & \tau & -\tau & 0 & 1 \\ 0 & \tau & 1 & 0 & 1 & -\tau \\ 0 & \tau & -1 & 0 & 1 & \tau \\ 1 & 0 & -\tau & -\tau & 0 & -1 \end{pmatrix}, \qquad (2.88e)$$

$$T^{\mathrm{Lub}} = \frac{1}{\sqrt{2(2+\tau)}} \begin{pmatrix} -1 & 0 & \tau & -1 & 0 & \tau \\ 1 & 0 & \tau & -1 & 0 & -\tau \\ 0 & \tau & 1 & \tau & 1 & 0 \\ -\tau & 1 & 0 & 0 & -\tau & -1 \\ -\tau & -1 & 0 & 0 & \tau & -1 \\ 0 & -\tau & 1 & \tau & -1 & 0 \end{pmatrix}. \qquad (2.88f)$$

由图 2.15 以及式(2.89)和式(2.88)可以得到上述 6 个坐标系之间的关系. 例如,对比图 2.15(a)与图 2.15(f),可知,由 $A2P$-$A2$-$A5$ 系(用上标 D 表示)到 BB 型 $A2$-$A2$-$A2$ 系(用上标 L 表示),在平行空间是绕着 Y 轴(即 E_2)旋转 $\theta/2 = 31.7°$;在垂直空间则是绕着 Y 轴(即 E_2)旋转 $31.7°$ 之后再倒反. 据此可得平行空间和

垂直空间坐标变换矩阵分别是

$$Q_{\text{para}}^{\text{DL}} = \begin{bmatrix} \cos\dfrac{\theta}{2} & 0 & -\sin\dfrac{\theta}{2} \\ 0 & 1 & 0 \\ \sin\dfrac{\theta}{2} & 0 & \cos\dfrac{\theta}{2} \end{bmatrix} = \begin{bmatrix} \dfrac{\tau}{\sqrt{2+\tau}} & 0 & -\dfrac{1}{\sqrt{2+\tau}} \\ 0 & 1 & 0 \\ \dfrac{1}{\sqrt{2+\tau}} & 0 & \dfrac{\tau}{\sqrt{2+\tau}} \end{bmatrix},$$

$$\tag{2.89a}$$

$$Q_{\text{perp}}^{\text{DL}} = \begin{bmatrix} \dfrac{-\tau}{\sqrt{2+\tau}} & 0 & \dfrac{1}{\sqrt{2+\tau}} \\ 0 & -1 & 0 \\ \dfrac{-1}{\sqrt{2+\tau}} & 0 & \dfrac{-\tau}{\sqrt{2+\tau}} \end{bmatrix}. \tag{2.89b}$$

图 2.15(c)所示的 Jaric 坐标系与图 2.15(f)所示的 Lubensky 坐标系之间的关系可以表述为:从图 2.15(f)所示的 Lubensky 坐标系出发,把平行空间的坐标轴绕 E_2 旋转 90°,并且把垂直空间的坐标轴绕 E_5 旋转 180°,就得到图 2.15(c)所示的 Jaric 坐标系(用上标 J 表示).据此可得平行空间和垂直空间从 Lubensky 坐标系到 Jaric 系坐标变换矩阵分别是

$$Q_{\text{para}}^{\text{LJ}} = \begin{bmatrix} 0 & 0 & 1 \\ 0 & 1 & 0 \\ -1 & 0 & 0 \end{bmatrix}, \tag{2.90a}$$

$$Q_{\text{perp}}^{\text{LJ}} = \begin{bmatrix} -1 & 0 & 0 \\ 0 & 1 & 0 \\ 0 & 0 & -1 \end{bmatrix}. \tag{2.90b}$$

从图 2.15(c)所示的 Jaric 坐标系出发,把垂直空间的坐标轴 E_5 与 E_6 交换,然后再将六维空间晶体的基矢 $e_j = (e_1, e_2, e_3, e_4, e_5, e_6)$ 按照下列方式变换:$e_1 \to e_6$,$e_2 \to -e_4$,$e_3 \to e_2$,$e_4 \to e_1$,$e_5 \to e_5$,$e_6 \to -e_3$,就得到图 2.15(b)所示的用上标 AA 表示的坐标系.如果暂时不考虑六维空间晶体的基矢 e_j 编号的差别,据此可得平行空间和垂直空间从 Jaric 系到 AA 系坐标变换矩阵分别

是

$$Q_{\text{para}}^{\text{JAA}} = I, \tag{2.91a}$$

$$Q_{\text{perp}}^{\text{JAA}} = \begin{bmatrix} 1 & 0 & 0 \\ 0 & 0 & 1 \\ 0 & 1 & 0 \end{bmatrix}. \tag{2.91b}$$

从图 2.15(c)所示的 Jaric 坐标系出发,将六维空间晶体的基矢 $e_j = (e_1, e_2, e_3, e_4, e_5, e_6)$ 按照下列方式变换:$e_1 \rightarrow e_2$, $e_2 \rightarrow e_5$, $e_3 \rightarrow e_1$, $e_4 \rightarrow e_3$, $e_5 \rightarrow e_6$, $e_6 \rightarrow -e_4$,就得到图 2.15(d)所示的 Cahn 坐标系(用上标 C 表示). 如果从图 2.15(c)所示的 Jaric 坐标系出发,把平行空间的坐标轴 E_2 与 E_3 交换,并且把垂直空间的坐标轴 E_5 与 E_6 交换,就得到图 2.15(e)所示的 Ishii 所采用的坐标系(用上标 I 表示). 据此可得平行空间和垂直空间从 Jaric 系到 Ishii 系坐标变换矩阵分别是

$$Q_{\text{para}}^{\text{JI}} = \begin{bmatrix} 1 & 0 & 0 \\ 0 & 0 & 1 \\ 0 & 1 & 0 \end{bmatrix}, \tag{2.92a}$$

$$Q_{\text{perp}}^{\text{JI}} = \begin{bmatrix} 1 & 0 & 0 \\ 0 & 0 & 1 \\ 0 & 1 & 0 \end{bmatrix}. \tag{2.92b}$$

在不同的坐标系之下,准晶的物理性能的张量的具体形式会不一样. §6.4 将要讨论二十面体准晶弹性常数张量的形式与坐标系的关系. 但是,式(2.86)给出的投影矩阵,因而高维空间晶体基矢在平行空间的分量的长度和夹角关系,还有基矢在垂直空间的分量的长度和夹角关系等等,都与坐标系的选择没有关系. 请读者从式(2.88)中选一个切割-投影矩阵,按照投影矩阵 $P^{\parallel}$ 和 $P^{\perp}$ 的定义对此论断进行验算.

2.5.2 二十面体准晶的结构因子

在 2.3.2 节讨论准晶的结构因子时的一般公式,包括式(2.37),(2.38),(2.39a),(2.40),(2.41a)和(2.41b)等公式,都可

用于二十面体准晶结构因子的计算.但为了能具体计算出二十面体准晶的结构因子,需要推导出计算几何形状因子的公式,包括如何计算六维晶体单胞在垂直空间的投影的体积 $A_{UC}^{\perp}$.对于二十面体准晶而言,垂直空间是三维的.六维晶体空间中指数为($h_1\ h_2\ h_3\ h_4\ h_5\ h_6$)的倒易矢的垂直分量可按式(2.85)计算.当选用 Cahn 的坐标系时,把式(2.88d)代入式(2.85)可得

$$(\boldsymbol{H}^{\perp})^{\mathrm{T}} = \begin{bmatrix} H_4 \\ H_5 \\ H_6 \end{bmatrix} = \frac{A^*}{\sqrt{2(2+\tau)}} \begin{bmatrix} (h_2 + h_5) + (-h_1 + h_4)\tau \\ (h_1 + h_4) + (-h_3 + h_6)\tau \\ (h_3 + h_6) + (-h_2 + h_5)\tau \end{bmatrix}.$$

(2.93a)

六维空间单胞在垂直空间的投影 $A_{UC}^{\perp}$ 是一个菱形三十面体[见图 2.14(e)],由 20 个菱面体组成.从六维空间晶体基矢 $e_j = (e_1, e_2, e_3, e_4, e_5, e_6)$ 在垂直空间中的 6 个分量 $e_j^{\perp} = (e_1^{\perp}, e_2^{\perp}, e_3^{\perp}, e_4^{\perp}, e_5^{\perp}, e_6^{\perp})$ 中任意选取 3 个就构成一个菱面体,共有 $C_6^3 = 20$ 组选取方法,故有 20 个菱面体.

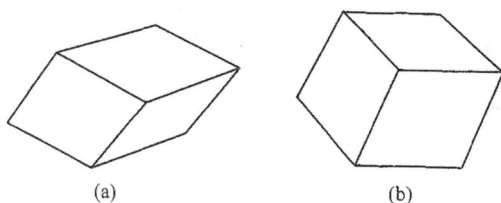

图 2.16　组成菱形三十面体的两种菱面体.(a) 长菱面体;(b)扁菱面体

其中由基矢组($e_1^{\perp}$, $e_2^{\perp}$, $e_4^{\perp}$),($e_1^{\perp}$, $e_2^{\perp}$, $e_5^{\perp}$),($e_1^{\perp}$, $e_3^{\perp}$, $e_5^{\perp}$),($e_1^{\perp}$, $e_3^{\perp}$, $e_6^{\perp}$),($e_1^{\perp}$, $e_4^{\perp}$, $e_6^{\perp}$),($e_2^{\perp}$, $e_3^{\perp}$, $e_4^{\perp}$),($e_2^{\perp}$, $e_3^{\perp}$, $e_6^{\perp}$),($e_2^{\perp}$, $e_5^{\perp}$, $e_6^{\perp}$),($e_3^{\perp}$, $e_4^{\perp}$, $e_5^{\perp}$),($e_4^{\perp}$, $e_5^{\perp}$, $e_6^{\perp}$)构成的是长菱面体[见图 2.16(a)],由基矢组($e_1^{\perp}$, $e_2^{\perp}$, $e_3^{\perp}$),($e_1^{\perp}$, $e_2^{\perp}$, $e_6^{\perp}$),($e_1^{\perp}$, $e_3^{\perp}$, $e_4^{\perp}$),($e_1^{\perp}$, $e_4^{\perp}$, $e_5^{\perp}$),($e_1^{\perp}$, $e_5^{\perp}$, $e_6^{\perp}$),($e_2^{\perp}$, $e_3^{\perp}$, $e_5^{\perp}$),($e_2^{\perp}$, $e_4^{\perp}$, $e_5^{\perp}$),($e_2^{\perp}$, $e_4^{\perp}$, $e_6^{\perp}$),($e_3^{\perp}$, $e_4^{\perp}$, $e_6^{\perp}$),($e_3^{\perp}$, $e_5^{\perp}$, $e_6^{\perp}$)构成的是扁菱

面体[见图2.16(b)]. 两种菱面体的边长都是 $a_r = \dfrac{A}{\sqrt{2}}$, 也就是六维晶体基矢在垂直空间的分量的长度 $a_r = |e_i^{\perp}|$. 构成这两组菱面体的菱面的锐角都是 63.43°. 构成长菱面体的 3 个基矢之间的夹角都是锐角, 也可以说两个钝角和一个锐角. 构成扁菱面体的 3 个基矢之间的夹角则为 3 个钝角, 也可以说是两个锐角和一个钝角. 长菱面体的主顶点(也就是三次轴所通过的顶点)的立体角是 $\dfrac{4\pi}{20}$, 其他 6 个顶点的立体角是 $3\left(\dfrac{4\pi}{20}\right)$. 扁菱面体的主顶点(也就是三次轴所通过的顶点)的立体角是 $7\left(\dfrac{4\pi}{20}\right)$, 其他 6 个顶点的立体角是 $\left(\dfrac{4\pi}{20}\right)$. 请读者用硬纸板做成 10 个长菱面体(用下标 P 标记)和 10 个扁菱面体(用下标 O 标记), 就可以用它们拼砌菱形三十面体. 菱形三十面体的外接球的半径 R, 也就是从中心到五次轴顶点的距离, 是菱形边长 a_r 的 τ 倍: $R = \tau a_r$. 利用式(2.81)可以推导出计算长的和扁的菱面体的体积 V_P 和 V_O 的公式如下:

$$V_p = (-e_1^{\perp} \times e_2^{\perp}) \cdot e_4^{\perp} = \begin{vmatrix} 0 & 0 & 1 \\ \sin\theta & 0 & \cos\theta \\ \sin\theta\cos\omega & \sin\theta\sin\omega & \cos\theta \end{vmatrix} \left(\frac{A}{\sqrt{2}}\right)^3$$

$$= \frac{\sqrt{2+\tau}}{5\sqrt{2}} A^3 = \frac{2\sqrt{2+\tau}}{5} a_r^3, \tag{2.94a}$$

$$V_o = (e_1^{\perp} \times e_2^{\perp}) \cdot e_3^{\perp} = \frac{1}{5}\sqrt{\frac{3-\tau}{2}} A^3 = \frac{V_p}{\tau}. \tag{2.94b}$$

据此, 可以得到计算六维空间单胞在垂直空间的投影体积的公式为

$$V_{UC}^{\perp} = 10V_p + 10V_o = \sqrt{2(2+\tau)} \cdot \tau A^3 = 4\tau\sqrt{2+\tau} a_r^3. \tag{2.95}$$

二十面体准晶结构分析的结果, 一般认为其第 k 个原子面 $A_k^{\perp}$, 是在垂直空间的外接球半径为 R_k 的菱形三十面体[图 2.14(e)]. 则第 k 个原子的几何形状因子表达式(2.39a)中的积分应该

在这个菱形三十面体内进行. 为此, 我们把这个菱形三十面体分解成 60 个由半径矢量 R_1, R_2 和 R_3 构成的等腰三棱柱, 则可计算出对这个三棱柱的积分等于

$$g_k(H^\perp) = -iV_r$$

$$\frac{A_2 A_3 A_4 \exp(iA_1) + A_1 A_3 A_5 \exp(iA_2) + A_1 A_2 A_6 \exp(iA_3) + A_4 A_5 A_6}{A_1 A_2 A_3 A_4 A_5 A_6},$$

$$(2.96)$$

式中 $A_j = 2\pi H^\perp \cdot R_j (j = 1,2,3)$, $A_4 = A_2 - A_3$, $A_5 = A_3 - A_1$, $A_6 = A_1 - A_2$, $V_r = R_1 \times R_2 \cdot R_3$ 是由 3 个半径矢量 $R_j (j = 1, 2, 3)$ 构成的平行六面体的体积.

2.5.3　二十面体准晶的标度特性

对于二十面体准晶, 图 2.15(a~f) 所示的坐标系有一个共同的特点: 六维空间晶体的基矢的平行空间分量中的 $e_2^\parallel$, $e_3^\parallel$, $e_4^\parallel$, $e_5^\parallel$, $e_6^\parallel$ 与 $e_1^\parallel$ 的夹角都是 $63.43°$, 它们依次围绕着 $e_1^\parallel$ 分布, 而且 $e_2^\parallel$ 与 $e_3^\parallel$, $e_3^\parallel$ 与 $e_4^\parallel$, ... 的夹角也都是 $63.43°$. 如果我们采用这些坐标系, 并将膨胀矩阵 (Elser, 1985; 1986)

$$S = \frac{1}{2} \begin{pmatrix} 1 & 1 & 1 & 1 & 1 & 1 \\ 1 & 1 & 1 & -1 & -1 & 1 \\ 1 & 1 & 1 & 1 & -1 & -1 \\ 1 & -1 & 1 & 1 & 1 & -1 \\ 1 & -1 & -1 & 1 & 1 & 1 \\ 1 & 1 & -1 & -1 & 1 & 1 \end{pmatrix} \qquad (2.97)$$

作用到原有的六维空间晶体点阵基矢 $e_j = (e_1, e_2, e_3, e_4, e_5, e_6)$ 上, 得到新的基矢 $e_j' = (e_1', e_2', e_3', e_4', e_5', e_6')$: $(e_j')^T = S(e_j)^T$. 把此式中的膨胀矩阵 S 作用到式 [2.96(a~f)] 不难证明, 这个膨胀矩阵使正点阵基矢的平行空间分量增大到 τ 倍, 垂直空间分量则缩小, 而且反号到 $-1/\tau$

$$\mathbf{S}\begin{pmatrix} e_1 \\ e_2 \\ e_3 \\ e_4 \\ e_5 \\ e_6 \end{pmatrix} = \tau \begin{pmatrix} e_1^{\|} \\ e_2^{\|} \\ e_3^{\|} \\ e_4^{\|} \\ e_5^{\|} \\ e_6^{\|} \end{pmatrix} - \frac{1}{\tau}\begin{pmatrix} e_1^{\perp} \\ e_2^{\perp} \\ e_3^{\perp} \\ e_4^{\perp} \\ e_5^{\perp} \\ e_6^{\perp} \end{pmatrix}, \tag{2.98}$$

容易求得膨胀矩阵的转置逆矩阵为

$$\mathbf{S}^{*} = (\mathbf{S}^{-1})^{\mathrm{T}} = \frac{1}{2}\begin{pmatrix} -1 & 1 & 1 & 1 & 1 & 1 \\ 1 & -1 & 1 & -1 & -1 & 1 \\ 1 & 1 & -1 & 1 & -1 & -1 \\ 1 & -1 & 1 & -1 & 1 & -1 \\ 1 & -1 & -1 & 1 & -1 & 1 \\ 1 & 1 & -1 & -1 & 1 & -1 \end{pmatrix}. \tag{2.99}$$

对比式(2.1)和式(2.4)可知,这就是相应的作用到倒易点阵基矢上的收缩矩阵:$(e_i^{*\prime})^{\mathrm{T}} = \mathbf{S}^{*}(e_j^{*})^{\mathrm{T}}$. 显然,这个收缩矩阵使倒易点阵基矢的平行空间分量收缩到原来的 $1/\tau$,垂直空间分量则膨胀而且反号到原来的 $-\tau$ 倍

$$\mathbf{S}^{*}\begin{pmatrix} e_1^{*} \\ e_2^{*} \\ e_3^{*} \\ e_4^{*} \\ e_5^{*} \\ e_6^{*} \end{pmatrix} = \frac{1}{\tau}\begin{pmatrix} e_1^{*\,\|} \\ e_2^{*\,\|} \\ e_3^{*\,\|} \\ e_4^{*\,\|} \\ e_5^{*\,\|} \\ e_6^{*\,\|} \end{pmatrix} - \tau \begin{pmatrix} e_1^{*\,\perp} \\ e_2^{*\,\perp} \\ e_3^{*\,\perp} \\ e_4^{*\,\perp} \\ e_5^{*\,\perp} \\ e_6^{*\,\perp} \end{pmatrix}. \tag{2.100}$$

不难验证,式(2.97)和式(2.99)给出的膨胀和收缩矩阵满足下列关系式:

$$\mathbf{S}^{-1} = \mathbf{S} - \mathbf{I},$$
$$\mathbf{S}^{2} = \mathbf{S} + \mathbf{I},$$
$$\mathbf{S}^{-2} = -\mathbf{S} + 2\mathbf{I} = -\mathbf{S}^{-1} + \mathbf{I},$$

$$S^3 = 2S + I,$$
$$S^{-3} = 2S - 3I. \qquad (2.101)$$

对应于式(2.97)和式(2.99)描述的点阵基矢的膨胀与收缩，由式(2.6)可知，倒易点阵指数 $h_j = (h_1, h_2, h_3, h_4, h_5, h_6)$ 按下列公式变换：

$$\begin{pmatrix} h'_1 \\ h'_2 \\ h'_3 \\ h'_4 \\ h'_5 \\ h'_6 \end{pmatrix} = S \begin{pmatrix} h_1 \\ h_2 \\ h_3 \\ h_4 \\ h_5 \\ h_6 \end{pmatrix} = \frac{1}{2} \begin{pmatrix} 1 & 1 & 1 & 1 & 1 & 1 \\ 1 & 1 & 1 & -1 & -1 & 1 \\ 1 & 1 & 1 & 1 & -1 & -1 \\ 1 & -1 & 1 & 1 & 1 & -1 \\ 1 & -1 & -1 & 1 & 1 & 1 \\ 1 & 1 & -1 & -1 & 1 & 1 \end{pmatrix} \begin{pmatrix} h_1 \\ h_2 \\ h_3 \\ h_4 \\ h_5 \\ h_6 \end{pmatrix}.$$

$$(2.102)$$

注意，二十面体准晶的膨胀矩阵 S 及其转置逆矩阵 S^* 都含有一个系数 $1/2$. 对于简单点阵的二十面体准晶，这一个特性可能会使基矢变换成单胞的体心或面心处的矢量. 由式(2.102)可知，二十面体准晶的倒易点阵矢量的指数 $h_j = (h_1, h_2, h_3, h_4, h_5, h_6)$ 在基矢膨胀之后也可能变成半整数，变成整数的充分必要的条件是这六个指数全是奇数或全是偶数. 因此，简单点阵的二十面体并不具备式(2.97)和式(2.99)给出的矩阵所描述的膨胀 – 收缩特性. 需用 $S^3 = 2S + I$ 来进行膨胀变换，这是因为矩阵 S^3 及其转置逆矩阵 $(S^{-3})^{\mathrm{T}} = 2S - 3I$ 只有整数元

$$S^3 = 2S + I = \begin{pmatrix} 2 & 1 & 1 & 1 & 1 & 1 \\ 1 & 2 & 1 & -1 & -1 & 1 \\ 1 & 1 & 2 & 1 & -1 & -1 \\ 1 & -1 & 1 & 2 & 1 & -1 \\ 1 & -1 & -1 & 1 & 2 & 1 \\ 1 & 1 & -1 & -1 & 1 & 2 \end{pmatrix} \qquad (2.103)$$

和

$$((S^3)^{-1})^T = 2S - 3I = \begin{vmatrix} -2 & 1 & 1 & 1 & 1 & 1 \\ 1 & -2 & 1 & -1 & -1 & 1 \\ 1 & 1 & -2 & 1 & -1 & -1 \\ 1 & -1 & 1 & -2 & 1 & -1 \\ 1 & -1 & -1 & 1 & -2 & 1 \\ 1 & 1 & -1 & -1 & 1 & -2 \end{vmatrix}.$$

$$(2.104)$$

当采用 Cahn 坐标系时,对应于式(2.97)的膨胀矩阵应该改写为

$$S_{Cahn} = \frac{1}{2} \begin{bmatrix} 1 & 1 & 1 & 1 & 1 & -1 \\ 1 & 1 & 1 & -1 & 1 & 1 \\ 1 & 1 & 1 & 1 & -1 & 1 \\ 1 & -1 & 1 & 1 & -1 & -1 \\ 1 & 1 & -1 & -1 & 1 & -1 \\ -1 & 1 & -1 & -1 & -1 & 1 \end{bmatrix}.$$

$$(2.97a)$$

现举例说明如下. 图 2.17(a)所示的是简单二十面体准晶的沿着 E_3 带轴的选区电子衍射花样示意图. 这里采用式(2.88d)和图 2.15(d)描述的 Cahn 坐标系. 图中标了 F0 的衍射斑点,对应于沿着准晶的 $e_1^{\parallel} = e_1^{\parallel *}$ 方向的倒易矢. 其长度为 $g^* = 0.460(4)$ (Å)$^{-1}$,面间距为 $d = \frac{1}{g^*} = 2.174$Å. Bancel 等 (1985) 将这个斑点指标化为(1 0 0 0 0 0). 把式(2.88d)代入式(2.85),可得由对应于六维空间晶体的指数 $h_j = (h_1 \ h_2 \ h_3 \ h_4 \ h_5 \ h_6)$ 求该倒易点的平行空间分量的公式如下:

$$H^{\parallel T} = \begin{bmatrix} H_1^{\parallel} \\ H_2^{\parallel} \\ H_3^{\parallel} \end{bmatrix} = \frac{A^*}{\sqrt{2(2+\tau)}} \begin{bmatrix} 1 & \tau & 0 & -1 & \tau & 0 \\ \tau & 0 & 1 & \tau & 0 & -1 \\ 0 & 1 & \tau & 0 & -1 & \tau \end{bmatrix} \begin{bmatrix} h_1 \\ h_2 \\ h_3 \\ h_4 \\ h_5 \\ h_6 \end{bmatrix},$$

$$(2.105)$$

式中 $A^* = \frac{1}{A}$ 与 A 分别是六维空间晶体的倒易点阵基矢和正点阵

基矢的长度，$\dfrac{A}{\sqrt{2}} = a_r$ 是物理空间正点阵中菱面体的棱边的长度. 把 $(h_1\,h_2\,h_3\,h_4\,h_5\,h_6) = (1\,0\,0\,0\,0\,0)$ 代入式(2.105)，得到其倒易矢的平行空间分量为

$$H^{\parallel \mathrm{T}} = \begin{bmatrix} H_1^{\parallel} \\ H_2^{\parallel} \\ H_3^{\parallel} \end{bmatrix} = \frac{A^*}{\sqrt{2(2+\tau)}} \begin{bmatrix} 1 \\ \tau \\ 0 \end{bmatrix},$$

其长度为 $\dfrac{A^*}{\sqrt{2}} = a^* = \dfrac{1}{2a_r}$. 与实验值 $0.460(4)(\text{\AA})^{-1}$ 对比，可知 $a_r = 1.087\text{\AA}$. 用式(2.97a)给出的膨胀矩阵 S 依次作用一次，二次，三次，使正点阵的基矢的平行空间分量的长度由 $a_r = 1.087\text{\AA}$ 依次膨胀成 $\tau a_r = 1.759\text{\AA}$，$\tau^2 a_r = 2.846\text{\AA}$，$\tau^3 a_r = 4.604\text{\AA}$. 图 2.17 (a)中标为 $D0$ 并指标化为 $(0\,0\,1\,0\,0\,\bar{1})$ 的衍射斑点，按式(2.105)计算得到的该倒易矢平行空间分量的长度为 $\dfrac{1}{a_r\,\sqrt{2+\tau}}$. 与实验值 $0.484(\text{\AA})^{-1}$ 对比，可得 $a_r = 1.086\text{\AA}$，与由 $F0$ 衍射斑点得到的结果一样. 用式(2.97a)给出的膨胀矩阵 S 作用一次，二次，三次的结果，依次把指数为 $(0\,0\,1\,0\,0\,\bar{1})$ 的倒易点 $D0$ 收缩至倒易矢长度为 $\dfrac{1}{a_r\tau\,\sqrt{2+\tau}}$，$\dfrac{1}{a_r\tau^2\,\sqrt{2+\tau}}$，$\dfrac{1}{a_r\tau^3\,\sqrt{2+\tau}}$ 的标记为 $D1, D2, D3$ 的衍射斑点. 同时，原先采用指数 $(0\,0\,1\,0\,0\,\bar{1})$ 指标化的 $D0$ 点，其指数应该用膨胀矩阵(2.97a)依次膨胀成 $(1\,0\,0\,1\,0\,0)$，$(1\,0\,1\,1\,0\,\bar{1})$，$(2\,0\,1\,2\,0\,\bar{1})$. 另一方面，$F0$ 衍射斑点对应于倒易点阵的基矢的平行空间分量，其长度按式(2.108)由 $a^* = 0.460(4)(\text{\AA})^{-1}$ 依次收缩至 $\dfrac{a^*}{\tau} = 0.285(\text{\AA})^{-1}$，$\dfrac{a^*}{\tau^2} = 0.176(\text{\AA})^{-1}$，$\dfrac{a^*}{\tau^3} = 0.108(7)(\text{\AA})^{-1}$，即图 2.17(a)中标为 $F1, F2, F3$ 之处. 可是，对简单点阵二十面体准晶，$F1$ 和 $F2$ 处并没有衍射斑点，在图 2.17 (a)中用 + 号标出. 同时，原先采用指数 $(1\,0\,0\,0\,0\,0)$ 指标化的 $F0$

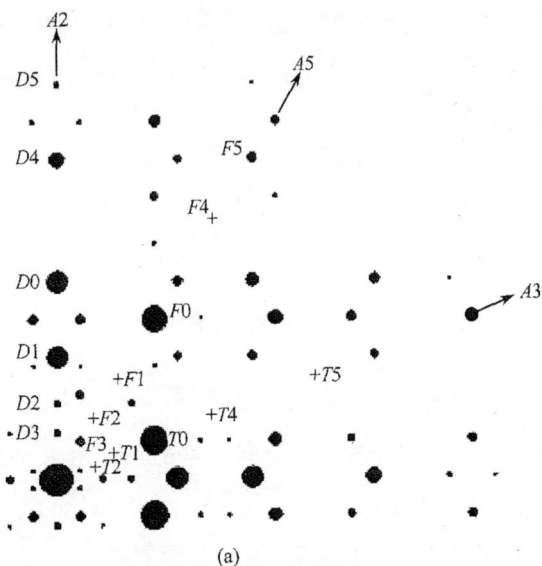

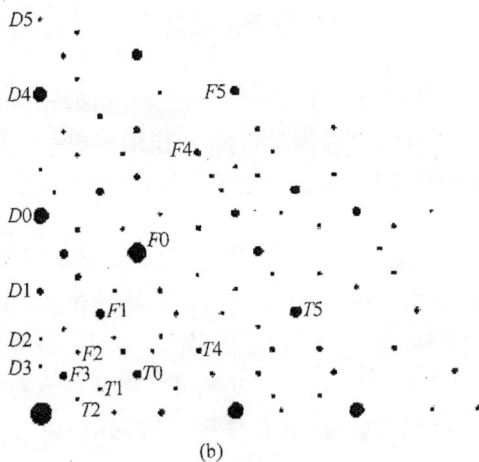

图 2.17　二十面体准晶的选区电子衍射花样示意图.(a)简单点阵;(b)面心点阵

点,其指数应该用膨胀矩阵(2.97a)依次膨胀成 $\frac{1}{2}(1\ 1\ 1\ 1\ 1\ \overline{1})$, $\frac{1}{2}$

$(3\,1\,1\,1\,1\,\overline{1})$,$(2\,1\,1\,1\,1\,\overline{1})$. 注意,前两者的指数都是半整数. 因此,我们可以说,简单点阵的二十面体并不具备式(2.97a)和式(2.99)给出的矩阵所描述的膨胀-收缩特性,而是具有三次用 S 和 S^* 进行膨胀和收缩的标度对称性. 三次用 S 和 S^* 进行膨胀和收缩的结果,使正点阵的基矢的平行空间分量 $a_r = 1.086\text{Å}$ 膨胀成 $\tau^3 a_r = 4.601\text{Å}$,倒易点阵的基矢的平行空间分量由 $a^* = 0.460(4)(\text{Å})^{-1}$ 收缩至 $\dfrac{a^*}{\tau^3} = 0.108(7)(\text{Å})^{-1}$,即图 2.17(a)中标为 $F3$ 之处. 同时,原先采用指数$(1\,0\,0\,0\,0\,0)$指标化的 $F0$ 点,其指数应该用膨胀矩阵(2.105a)膨胀成 $(2\,1\,1\,1\,1\,\overline{1})$. 而原先采用指数$(0\,0\,1\,0\,0\,\overline{1})$指标化的 $D0$ 点,其指数应该用膨胀矩阵(2.105a)膨胀成 $(2\,0\,1\,2\,0\,\overline{1})$. 这正好就是 Elser(1985)给出的指标化系统,也是现在准晶研究工作者通常采用的指标化系统.

表 2.1 二十面体准晶沿着 E_3 带轴($A2_z$ 带轴)的选区电子衍射花样中沿 A_5 方向,$A2_y$ 方向,以及 A_3 方向的代表性的衍射斑点的指数

标号	$(h/h',\ k/k',\ l/l')$(Cahn 坐标系)	$(n1, n2, n3, n4, n5, n6)$(Cahn 坐标系)	$(h_1\ h_2\ h_3\ h_4\ h_5\ h_6)$(Jaric 坐标系)	Fci 所特有的超反射	Y/N
F3	$(1/0,0/1,0/0)$	$(1\,0\,0\,0\,0\,0)$	$(0\,0\,1\,0\,0\,0)$		
F2	$(0/1,1/1,0/0)$	$\frac{1}{2}(1\,1\,1\,1\,1\,\overline{1})$	$\frac{1}{2}(1\,1\,1\,1\,\overline{1}\,\overline{1})$	Fci	Y, 图 10.10(a)
F1	$(1/1,1/2,0/0)$	$\frac{1}{2}(3\,1\,1\,1\,1\,\overline{1})$	$\frac{1}{2}(1\,1\,3\,1\,\overline{1}\,\overline{1})$	Fci	Y, 图 10.10(b)
F0	$(1/2,2/3,0/0)$	$(2\,1\,1\,1\,1\,\overline{1})$	$(1\,1\,2\,1\,\overline{1}\,\overline{1})$		N, 图 10.10(c)
F4	$(2/3,3/5,0/0)$	$\frac{1}{2}(7\,3\,3\,3\,3\,\overline{3})$	$\frac{1}{2}(3\,3\,7\,3\,\overline{3}\,\overline{3})$	Fci	Y, 图 10.10(d)

标号	$(h/h', k/k', l/l')$(Cahn坐标系)	$(n1, n2, n3, n4, n5, n6)$(Cahn坐标系)	$(h1\ h2\ h3\ h4\ h5\ h6)$(Jaric坐标系)	Fci所特有的超反射	Y/N
F5	$(2/4,4/6,0/0)$	$(4\,2\,2\,2\,2\,\bar{2})$	$(2\,2\,4\,2\,\bar{2}\,\bar{2})$		N,图10.10 (e)
D3	$(0/0,2/0,0/0)$	$(0\,0\,1\,0\,0\,\bar{1})$	$(0\,0\,0\,1\,\bar{1}\,0)$		
D2	$(0/0,0/2,0/0)$	$(1\,0\,0\,1\,0\,0)$	$(0\,0\,1\,0\,0\,\bar{1})$		
D1	$(0/0,2/2,0/0)$	$(1\,0\,1\,1\,0\,\bar{1})$	$(0\,0\,1\,1\,\bar{1}\,\bar{1})$		
D0	$(0/0,2/4,0/0)$	$(2\,0\,1\,2\,0\,\bar{1})$	$(0\,0\,2\,1\,\bar{1}\,\bar{2})$		N
D4	$(0/0,4/6,0/0)$	$(3\,0\,2\,3\,0\,\bar{2})$	$(0\,0\,3\,2\,\bar{2}\,\bar{3})$		N
D5	$(0/0,4/8,0/0)$	$(4\,0\,2\,4\,0\,\bar{2})$	$(0\,0\,4\,2\,\bar{2}\,\bar{4})$		N
T2	$(0/1,\bar{1}/1,0/0)$	$\frac{1}{2}(1\,1\,\bar{1}\,1\,1\,1)$	$\frac{1}{2}(1\,1\,1\,\bar{1}\,1\,\bar{1})$	Fci	
T1	$(1/1,1/0,0/0)$	$\frac{1}{2}(1\,1\,1\,\bar{1}\,1\,\bar{1})$	$\frac{1}{2}(1\,1\,1\,1\,\bar{1}\,1)$	Fci	
T0	$(1/2,0/1,0/0)$	$(1\,1\,0\,0\,1\,0)$	$(1\,1\,1\,0\,0\,0)$		
T4	$(2/3,1/1,0/0)$	$1/2(3\,3\,1\,\bar{1}\,3\,\bar{1})$	$\frac{1}{2}(3\,3\,3\,1\,\bar{1}\,1)$	Fci	Y
T5	$(3/5,1/2,0/0)$	$1/2(5\,5\,1\,\bar{1}\,5\,\bar{1})$	$\frac{1}{2}(5\,5\,5\,1\,\bar{1}\,1)$	Fci	Y

　　为了便于对比两种点阵之间的异同,表中一律按照简单二十面体点阵的点阵常数来指标化.此时半整数的指数是面心二十面体点阵(标有 fci)所特有的超反射.Y,N 表示选取该衍射成像时反相畴壁是否显示衬度(详见第十章).

　　在表 1.1 中列举的二十面体准晶材料中,Al-Cu-TM 系(TM 代表过渡族金属,例如 Fe,Mn,Cr,Os,Ru 等),Al-Pd-TM 系(TM 代表 Mn,Fe,Cr,Re 等),以及某些 Zn-Mg-RE 系(RE 代表 Dy,Ho 等稀土元素)的合金,在一定的条件下,由于原子在晶格中分布的有序化而变成点阵常数加倍的面心点阵.正点阵常数加倍导致倒易点阵常数减半,倒易点指数加倍.图 2.17(b)是面心二十面体准晶的沿着 E_3 带轴的选区电子衍射花样示意图.与简单二十面体准晶的衍射花样对比,主要差别在于沿五次轴和三次轴方向多出了一些由于有序化而产生的超衍射,如沿五次轴 $A5$ 方向的 $F1$,$F2$,$F4$ 等,以及沿三次轴的 $T1$,$T2$,$T4$,$T5$ 等.这样,我们可以说,面心二十面体准晶具有式(2.105)给出的膨胀 - 收缩标度对称性.

2.5.4 二十面体准晶衍射花样的指标化

有了切割 - 投影矩阵就可以对衍射花样进行初步的指标化.指标化的原理是:依次给定高维晶体空间倒易点的指数 $h_j = (h_1$ $h_2 \, h_3 \, h_4 \, h_5 \, h_6)$,按照式(2.93)计算出该倒易点阵矢量的平行空间分量 $H^{\parallel} = (H_1 \, H_2 \, H_3)$ 以及垂直空间分量 $H^{\perp} = (H_4 \, H_5 \, H_6)$.由垂直空间分量 $H^{\perp}$ 可以计算出它的衍射强度.然后把计算得到的衍射斑点或衍射峰的位置 $H^{\parallel} = (H_1 \, H_2 \, H_3)$ 和强度与实验获得的衍射花样进行对比,即可将衍射花样指标化.通常用二十面体准晶的高维空间倒易点的指数 $h_j = (h_1 \, h_2 \, h_3 \, h_4 \, h_5 \, h_6)$ 作为其在三维的物理空间的衍射花样中衍射斑点或衍射峰的指数.为了简化计算,在初步指标化的阶段,可不考虑高维空间晶体的原子结构,而认为每个单胞仅含有一个原子.还可采用某种近似的方法计算几何形状因子.比如说,用球代替菱形三十面体,将使计算公式比式(2.96)要简单.

进一步较为准确的指标化则应该考虑准晶的标度对称性,如2.5.3 节中所讨论的,Elser(1985)的指标化系统较之由它收缩了三次的 Bancel 等 (1985)的指标化系统要好.

表 2.1 列举了二十面体准晶沿着 E_3 带轴($A2_z$ 带轴)的选区电子衍射花样中沿 $A5$ 方向,$A2_y$ 方向,以及 $A3$ 方向代表性的衍射斑点的指数.为了便于对比两种点阵之间的异同,表中一律按照简单二十面体点阵的点阵常数来指标化.此时半整数的指数是面

心二十面体点阵所特有的超反射.

但是法国和德国的一些准晶工作者习惯于采用 Cahn 等(1986)的指标化方法.按照式(2.85)和式(2.88c),在 Cahn 采用的坐标系之下,倒易矢量的平行空间分量(H_1, H_2, H_3)和垂直空间分量$(H_4 \ H_5, H_6)$与其高维空间倒易矢量的指数 $h_j = (h_1, h_2, h_3, h_4 \ h_5, h_6)$之间的关系为

$$
\begin{bmatrix} H_1 \\ H_2 \\ H_3 \\ H_4 \\ H_5 \\ H_6 \end{bmatrix} = \frac{A^*}{\sqrt{2(2+\tau)}} \begin{bmatrix} 1 & \tau & 0 & -1 & \tau & 0 \\ \tau & 0 & 1 & \tau & 0 & -1 \\ 0 & 1 & \tau & 0 & -1 & \tau \\ -\tau & 1 & 0 & \tau & 1 & 0 \\ 1 & 0 & -\tau & 1 & 0 & \tau \\ 0 & -\tau & 1 & 0 & \tau & 1 \end{bmatrix} \begin{bmatrix} h_1 \\ h_2 \\ h_3 \\ h_4 \\ h_5 \\ h_6 \end{bmatrix}.
$$

(2.106)

注意,式(2.88d),(2.93a)与式(2.106)中的 6×6 矩阵与 Cahn 等(1986)的相应的表达式不完全一样,这是因为该文有印刷错误,须将该文中式(20)中的第 6 行的第 5 与第 6 列的矩阵元交换才对.该文表 1 内有关围绕$[1 \ \tau \ 0]$方向的 5 次旋转操作的矩阵表示 $\boldsymbol{Y}$ 中也有印刷错误.正确的应该是

$$
\boldsymbol{Y} = \begin{bmatrix} \frac{1}{2} & g & G \\ g & G & -\frac{1}{2} \\ -G & \frac{1}{2} & g \end{bmatrix},
$$

(2.107)

式中 $g = \cos\dfrac{2\pi}{5} = \dfrac{1}{2\tau}$,$G = \cos\dfrac{\pi}{5} = \dfrac{\tau}{2}$.

Cahn 等人选用高维空间倒易点阵矢量的平行空间分量

$$
(\boldsymbol{H}^{\|})^{\mathrm{T}} = \begin{bmatrix} H_1 \\ H_2 \\ H_3 \end{bmatrix} = \frac{A^*}{\sqrt{2(2+\tau)}} \begin{bmatrix} h+h'\tau \\ k+k'\tau \\ l+l'\tau \end{bmatrix}
$$

(2.93b)

中的以 $\dfrac{A^*}{\sqrt{2(2+\tau)}}$ 为单位的指数 (h/h', k/k', l/l') 作为衍射斑点的指数. 对比式(2.114)与式(2.93b)可知, Cahn 的指数 (h/h', k/k', l/l') 与六维空间倒易点阵矢量的指数 (h_1, h_2, h_3, h_4, h_5, h_6) 之间的关系是

$$h = h_1 - h_4, h' = h_2 + h_5,$$
$$k = h_3 - h_6, k' = h_1 + h_4, \qquad (2.108a)$$
$$l = h_2 - h_5, l' = h_3 + h_6,$$

以及

$$2h_1 = h + k', 2h_4 = -h + k',$$
$$2h_2 = l + h', 2h_5 = -l + h', \qquad (2.108b)$$
$$2h_3 = k + l', 2h_6 = -k + l'.$$

参 考 文 献

丁棣华,杨文革,胡承正. 武汉大学学报(自然科学版),1992(3):23

郭可信,见:周公度,郭可信. 晶体和准晶体的衍射. 北京:北京大学出版社,2000

黄胜涛,固体 X 射线学(一). 北京:高等教育出版社,1985

王仁卉,郭可信. 晶体学中的对称群.北京:科学出版社,1990

Bancel A, Heiney P A, Stephens P W, Goldman A I, Horm P M. Phys Rev Lett, 1985(54): 2422

Boudard M, de Boissieu M, Janot C, Heger G, Beeli C, Nissen H U, Vincent H, Ibberson R, Audier M, Dubois J M. J Phys: Condens Matter,1992(4): 10149

Cahn J W, Shechtman D, Gratias D. J Mater Res,1986(1):13

Chandra S, Suryanarayana C. Phil Mag B,1988(58): 185~202

Cowley J M. Diffraction Physics. New York. North-Holland Publishing Company Amsterdam,1981

De Boissieu M, Boudard M, Hennion B, Bellissent R, Kycai S, Goldman A, Janot C, Audier M. Phys Rev Lett,1995(75):89~92

Elser V. Phys Rev B,1985(32): 4892~4898

Elser V. Henley C L. Phys Rev Lett,1985(55): 2883~2886

Elser V. Acta Cryst,1986(A42):36~43

Feng J L, Wang R H. J Phys,1994a(6): 6437~6446

Feng J L, Wang R H. Phil Mag,1994b(A69): 981~994

Gratias D, Katz A, Quiquandon M. J Phys: Condens Matter,1995(7):9101

Guo J Q, Abe E, Tsai A P. Phys Rev B,2000(62):R14605~R14607

Guryan C A, Stephens P W, Goldman A I, Gayle F W. Phys Rev B,1988(37):8495~8498.

Ishii Y. Phys Rev B,1989(39):11 862

Ishii Y. Phys Rev B,1992(45):5228.

Janssen T, Janner A. Adv Phys,1987(36):519

Janssen T. Europhys Lett,1991(14): 131~136

Jaric M V, Nelson D R. Phys Rev B,1988(37):4458

Kuo K H. Acta Cryst A,2002a(58):209

Levine D, Lubensky T C, Ostlund S, Ramaswamy S, Steinhardt P J, Toner J. Phys Rev Lett,1985(54):1520

Li F H. in: Crystal-Quasicrystal Transitions, ed. Jacaman M J and Torres M, Elsevier Sci Publ,1993

Lubensky T C, Ramaswamy S, Toner J. Phys Rev B,1985(32):7444

Lubensky T C, Socolar J E S, Steinhardt P J et al. Phys Rev Lett,1986(57):1440

Niizeki K. J Phys A,1992(25):1843

Quiquandon M, Quivy A, Devaud J, Faudot F, Lefebvre S, Bessiere M, Calvayrac Y. J Phys: Condens Matter,1996(8): 2487~2512

Ricker M, Bachteler J, Trebin H R Eur. Phys J B,2001(23): 351~363

Shaw L J, Elser V, Henley C L. Phys Rev B,1991(43): 3423

Steurer W, Haibach T. in: ed Stadnik Z M. Physical Properties of Quasicrystals. Berlin: Springer,1999

Takakura H, Yamamoto A, Tsai A P. Acta Cryst A,2001(57): 576~585

Trebin HR, Fink W, Stark H. J Mod Phys B, 1993(7): 1475

Tsai A P, Guo J Q, Abe E, Takakura H, Sato T J. Nature,2000(408): 537~538

Wang R H, Dai M X. Phys Rev B,1993(47): 15326~15329

Wang R H, Feng J L, Yan Y F, Dai M X. Mater Sci Forum,1994 (150~151):323~334

Widom. Phil Mag Lett,1991(64): 297

Yan Y F, Wang R H, Gui J N, Dai M X. Acta Cryst B,1993(49): 435~443

Yan Y F, Zhang Z, Wang R H. Phil Mag Lett,1994(69):123~130

Yang W G, Feuerbacher M, Tamura N, Ding D H, Wang R H, Urban K. Phil Mag A, 1998,77(6):1481~1497

You J Q,Hu T B. Phys stat Sol B,1988(147):471

Zhang H, Kuo K H. Phys Rev B,1990a(41): 3482~3487

Zhang H, Kuo K H. Phys Rev B,1990b(42): 8907~8914

Zhao D S, Wang R H, Cheng Y F, Wang Z G. J Phys,1988(18): 1893~1904

Zou W H, Wang R H, Gui J N, Zhao J Y, Jiang J H. J Appl Cryst,1994(27):13~19

第三章 准晶的原子结构

§3.1 二十面体准晶的原子结构

Shoemaker 等(1988)系统地讨论了构成准晶的原子团. 按照构成准晶的原子团, 二十面体准晶有两种结构类型. 其中 A 类二十面体准晶的原子团是 Mackay 二十面体, 准点阵常数 $a \approx 4.6 \text{Å}$, 电子浓度比 e/a 约为 1.75. B 类二十面体准晶的原子团是 Samson-Pauling-Bergman 菱形三十面体, 准点阵常数 $a \approx 5.2 \text{Å}$, 电子浓度比 e/a 约为 2.1.

为了庆贺 Alan L. Mackay 教授 75 岁寿辰, 郭可信院士特撰文(Kuo, 2002)讨论 Mackay 二十面体以及推广的(扩展的)Mackay 二十面体, 它们是 A 类二十面体准晶的基本结构单元. A 类原子团的第一层由位于二十面体顶点的 12 个原子组成, 这 12 个原子位于由二十面体中心发出的 12 支五次轴上, 见图 3.1(a). 第二层共有 42 个原子, 可以分成两个亚层. 其中第一个亚层的 12 个原子也是位于这 12 支五次轴上, 也构成一个二十面体, 其半径大约为第一层的两倍, 见图 3.1(b)中示出的实心圆. 第二层的第二个亚层的 30 个原子则位于第二层的第一亚层的二十面体的棱边的中点, 即由二十面体中心发出的 30 支二次轴上, 构成一个二十面十二面体(icosidodecahedron), 见图 3.1(b)中示出的空心圆圈. 图 3.1(a)和(b)合在一起就得到 Mackay 二十面体 54 个原子的分布. 对于 Al-Si-Mn 简单点阵二十面体准晶, Mn 原子占据第二层的第一亚层, 即图 3.1(b)中实心圆处. 这个由 54 个原子构成的 Mackay 二十面体中的其余 42 个原子则被(Al, Si)原子占据.

Mackay 二十面体中既有四面体间隙, 也有八面体间隙, 如同面心立方晶体中一样. 比如说, 图 3.1(a)中标记为 B 的 3 个原子与图 3.1(b)中空心圆圈内标记为 C 的 3 个原子就构成了一个八面体,而图 3.1(a)中标记为 B 的任意一个原子,恰位于图 3.1(b)中标记为 C 的两个空心圆圈和一个实心圆表示的三角形的正下方,因而构成一个四面体.

　　Mackay 二十面体的概念还可以进一步推广. 如图 3.1(c)所示,第三层有 92 个原子,分为两个亚层. 第三层的第一个亚层的 12 个原子位于 12 支五次轴上. 第二个亚层共有 80 个原子,其中每一个棱边上可放 2 个共 60 个原子,大的三角面中心各 1 个共 20 个原子. 更一般的,第 n 层有 12 个原子放在五次轴上,每个棱边上可放 $(n-1)$ 个共放 $30(n-1)$ 个原子,每个面上可放 $(n-1)(n-2)/2$ 个共 $20(n-1)(n-2)/2$ 个原子. 即第 n 层共有 $10n^2+2$ 个原子. Mackay 二十面体的这种堆砌方式就是面心立方晶体中(111)面按 $BCABC\cdots$ 的堆砌方式,见图 3.1(a,b,c)中标出的 B,C,A. 如果在堆砌过程中产生了层错,由 BCA 变成了 BCB,则第三层原子的分布并非如图 3.1(c),而是如图 3.1(d)那样,60 个空心圆圈表示的原子构成一个正方二十面十二面体.

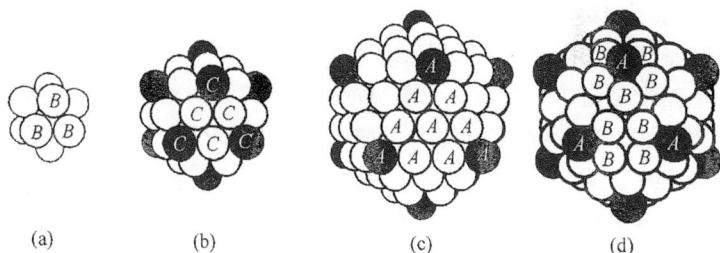

(a)　　　　(b)　　　　(c)　　　　(d)

图 3.1　Mackay 二十面体原子团和扩展的 Mackay 二十面体原子团. (a) 第一层是沿二十面体 5 次轴方向的 12 个原子构成的二十面体;(b) Mackay 二十面体 54 个原子中第二层 32 个原子的分布. 其中实心圆表示沿二十面体 5 次轴方向的 12 个原子,空心圆圈表示在二十面体的 30 个棱边中点放置的 30 个原子;(c) 推广的 Mackay 二十面体的第三层的 92 个原子的分布;(d) 扩展的 Mackay 二十面体. 其中实心圆表示沿二十面体 5 次轴方向的 12 个原子,空心圆圈表示在二十面体的 20 个面上各放置的 3 个原子(转引自 Kuo,2001)

Gummelt(1995)首先提出了描述十次准晶原子结构的"覆盖"的新概念,即采用一种适当的正十边形的准晶单胞,这样的单胞构造十次准晶时允许有,也必须有重叠,但要求重叠部分的原子结构相同. 在讨论是否可以把"覆盖"的概念推广到二十面体准晶时,Duneau(2000)发现:图 3.1(b)描绘的由 54 个原子构成的 Mackay 原子团太小了,不能覆盖用切割方法得到的二十面体准晶的全部原子. Duneau(2000)提出了图 3.2 描述的扩展的 Mackay 二十面体原子团模型. 其中第一层不是图 3.1(a)所示的由 12 个原子构成的二十面体,而是如图 3.2(a)所示的由 20 个原子构成五角十二面体,但实际上仅有 7 个原子(7/20). 第二层是如图 3.2(b)所示的由 12 个原子构成的二十面体,也就是图 3.1(b)中用实心圆绘出的 12 个原子. 第三层[图 3.2(c)]是位于图 3.2(b)的 30 个棱边中点(图中用细线绘出的小圆圈标出)处的 30 个原子,与图 3.1(b)中用空心圆圈表示的 30 个原子一样. 这 30 个原子构成一个二十面十二面体,其中既有 20 个正三角形构成的二十面体,也有 12 个正五角形构成的十二面体. 但实际上这 30 个原子中仅出现 19 原子(19/30). 注意:从二十面十二面体的中心到每一个顶点都是一支二次轴. 第四层[图 3.2(d)]是 60 个原子构成的正方二十面十二面体. 绕着二十面体的 30 支二次轴各放置 4 个构成正方形的原子,并注意到每一个原子为两个正方形共有,总共就是 60 个原子. 第四层原子与第三层原子的关系可以从图 3.2(c)中用细线绘出的一个正五边形及其周围的交替排列的正方形与正三角形看出,从多面体的中心指向这些交点并往外延伸,就得到图 3.2(d)所示的正方二十面十二面体. 其中有 30 个围绕二次轴的正方形,20 个围绕三次轴的正三角形,12 个围绕五次轴的正五角形. 与图 3.1(d)对比,可知 Duneau(2000)建议的扩展的 Mackay 二十面体原子团的第四层,即由 60 个原子构成的正方二十面十二面体,与图 3.1(d)中所示出的 60 个空心圆圈表示的原子构成的正方二十面十二面体是一样的. 第五层是 30 个原子构成的二十面十二面体,这 30 个原子位于图 3.2(d)中 30 个正方形的正上方.

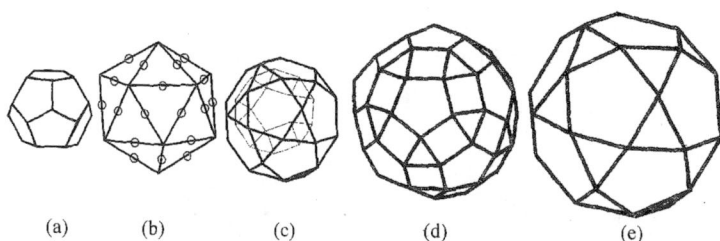

(a)　　　(b)　　　　(c)　　　　(d)　　　　　(e)

图 3.2　Duneau 建议的扩展的 Mackay 二十面体原子团. (a) 第一层由 20 个原子构成五角十二面体,但实际上仅有 7 个原子,记为 7/20;(b) 第二层由 12 个原子构成二十面体;(c) 第三层是位于图 3.2(b) 的 30 个棱边中点(图中用细线绘出的小圆圈标出)处的 30 个原子,这 30 个原子构成一个二十面十二面体,但实际上仅有 19 个原子(19/30);(d) 第四层是 60 个原子构成的正方二十面十二面体,但实际上仅有 33 个原子(33/60);(e) 第五层是 30 个原子构成的二十面十二面体,这 30 个原子位于图 3.2(d) 中 30 个正方形的正上方

B 类二十面体准晶的原子团是 Samson-Pauling-Bergman 原子团,见图 3.3. 第一层的 12 个原子构成二十面体,见图 3.3(a),其中心还可以放置 1 个原子. 第二层的 20 个原子放在这个二十面体的 20 个三角形面的正上方,构成五角十二面体,见图 3.3(b). 在其 12 个五边形的上方放置第三层的 12 个原子,见图 3.3(c) 中的空心圆圈,它们构成一个中等大小的二十面体. 这 12 个原子与第二层的 20 个原子一起构成一个菱形三十面体,见图 3.3(c). Samson（1949a）在测定立方 $Al_5Mg_2Cu_6$ 晶体（$Pm\bar{3}$, $a = 0.8311nm$）和与之同构的 Mg_2Zn_{11} 晶体（Samson, 1949b）的结构时,就发现了立方 $Al_5Mg_2Cu_6$ 和 Mg_2Zn_{11} 晶体中的原子的分布正好构成这种由 45 个原子构成的多面体.

对比图 3.3(a), 3.3(b) 和 3.3(c) 可知,在 Samson-Pauling-Bergman 原子团中,仅仅有四面体堆垛. 例如,图 3.3(b) 中的每一个原子都位于图 3.3(a) 中的某一个正三角形的正上方,显然构成四面体. 然后在图 3.3(b) 中的 12 个五边形的上方放置第三层的 12 个原子(即图 3.3(c) 中的空心圆圈),其中任一个原子和与之在同一支五次轴上的图 3.3(a)中的相应的原子,分别位于图 3.3(b)中的相关的正五边形的正上方和正下方,形成一个双五棱锥,它由共有这支五次轴的 5 个四面体构成.

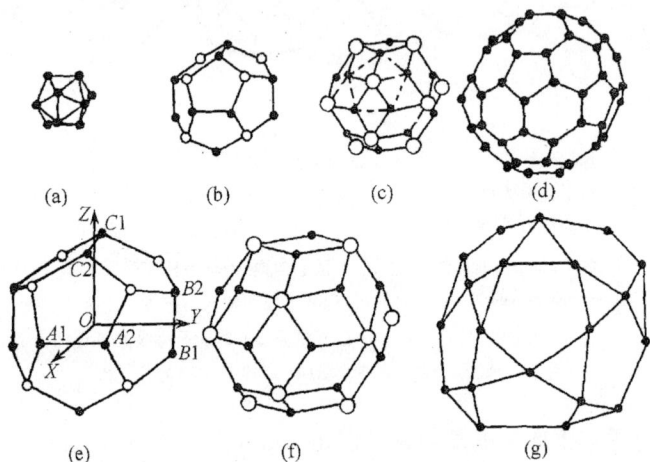

图 3.3　Samson-Pauling-Bergman 原子团. (a) 第一层的 12 个原子构成二十面体;(b) 第二层的 20 个原子构成五角十二面体;(c) 第三层的 12 个原子(空心圆圈)构成一个较大些的二十面体. 与第二层的 20 个原子一起构成一个菱形三十面体;(d) 第四层的 60 个原子构成一个截顶二十面体;(e) 第五层的 20 个原子构成一个大的五角十二面体;(f) 第六层的 12 个原子(空心圆圈)构成一个大的二十面体. 第五与第六层的 32 个原子一起构成一个大的菱形三十面体,即 Samson-Pauling-Bergman 菱形三十面体原子团;(g) 还可以在这 30 个菱形面的正上方各放置一个原子而构造出一个大的二十面十二面体,称为扩展的 Samson-Pauling-Bergman 原子团

受到 Samson (1949a, b)上述工作的启发,Pauling(1955)提出了 Mg_{32} (Al, Zn)$_{49}$ 晶体的原子模型. 按照 Pauling 的建议,Bergman 等(1952)首先用 X 射线粉末衍射法,后来又采用单晶 X 射线衍射法(Bergman, et al. 1957)实验测定了 Mg_{32}(Al, Zn)$_{49}$ 晶体的复杂的原子结构. 仔细观察图 3.3(c)可知,菱形三十面体有 60 个三角面,或者说有 30 个菱形,菱形三十面体的中心到这 30 个菱形的中心的连线就是二十面体的 30 支二次轴. 继续遵循仅

含四面体堆砌的准则,在这 60 个三角面的正上方各放置一个原子就得到第四层的 60 个原子,它们构成一个具有足球形状的截顶二十面体,见图 3.3(d). 这样就得到了由 105 个原子(有一个中心原子)或 104 个原子(多面体中心无原子)构成的著名的 Pauling-Bergman 原子团. 考虑到 Samson 在此领域的原创性的贡献,郭可信院士(Kuo, 2002)建议称之为 Samson-Pauling-Bergman 原子团.

进一步还可以在这个截顶二十面体的 20 个六边形面的正上方各放置一个原子,就得到第五层的 20 个原子构成的大的五角十二面体,见图 3.3(e). 在这个五角十二面体的 12 个五边形面的正上方各放置一个原子,见图 3.3(f)中的空心圆圈,就构成了第六层的一个大的二十面体. 第六层的 12 个原子与第五层的 20 个原子一起,总共是 32 个原子,它们构成一个大的菱形三十面体,见图 3.3(f). 中心原子加上这六层的 12 + 20 + 12 + 60 + 12 + 20 个原子,总共 137 个原子,郭可信(Kuo, 2001)称为 Samson-Pauling-Bergman 菱形三十面体原子团. 如果在这个菱形三十面体的每个菱形的中心,也就是沿着 30 支二次轴各放置一个原子,就得到一个大的二十面十二面体,见图 3.3(g),称为扩展的 Samson-Pauling-Bergman 原子团.

Duneau(2000)建议的扩展的 Bergman 原子团(XBC)的构成也可以用图 3.3 来说明. XBC 的第一层和第二层分别就是图 3.3(a)所示的二十面体(12 个原子)和图 3.3(b)所示的十二面体(20 个原子). XBC 的第三层和第四层都是图 3.3(d)所示的截顶二十面体(分别有 22/60 个和 19/60 个原子),但第三层截出的顶较小,第四层截出的顶则较大. XBC 的第五层与图 3.3(e)一样,20 个原子构成一个大的五角十二面体,第六层则与图 3.3(f)中的 12 个内含实心点的空心圆圈一样,构成一个大的二十面体. Duneau(2000)指出,这样的由 105 个原子组成的扩展的 Bergman 原子团,从理论上有可能作为二十面体准晶的单胞,通过覆盖而得到 98% 的原子.

A 和 B 两类二十面体对称的原子团首先都是在晶体中发现

的. 首先讨论 A 类准晶中的 Mackay 原子团. 例如,让 Mackay 二十面体的第二层之第一亚层的 12 个原子是 Fe 原子,第一层的 12 个原子和第二层之第二亚层的 20 个原子是(Al, Si)原子,并让体心立方点阵的每一个阵点代表一个 Mackay 二十面体原子团,然后在空隙处放置若干(Al, Si)原子,就得到 α-$Fe_{12}Al_{50}Si_7$ 晶体. α-$Fe_{12}Al_{50}Si_7$ 晶体的空间群是 $Im\overline{3}$. 如果 Mackay 二十面体的第二层之第一亚层的 12 个原子是 Mn 原子,就得到空间群是 $Im\overline{3}$ 的 α-$Mn_{12}(Al, Si)_{57}$ 晶体. 当然,如果位于顶点的二十面体与位于体心的二十面体的原子分布略有不同,就得到空间群是 $Pm\overline{3}$ 的 α-$Mn_{12}(Al, Si)_{57}$ 晶体,点阵参数是 $a = 1.2625$nm.

类似地可以讨论 B 类准晶中的 Samson-Pauling-Bergman 原子团. 让体心立方点阵的每一个阵点代表一个 Samson-Pauling-Bergman 原子团,就得到 $Mg_{32}(Al, Zn)_{49}$ 和 R-$Al_{5.1}CuLi_3$ 晶体 (Hardy & Silcock, 1955),它们的空间群都是 $Im\overline{3}$. 注意到二十面体总共有 30 支二次轴,从中选出三支(共 6 个方向的)互相垂直的二次轴作为立方晶体的坐标轴 OX, OY, OZ,见图 3.3(e). 在图 3.3(b)和图 3.3(e)中的构成五角十二面体的 20 个原子可分成两类. 第 1 类是沿着立方晶体的 8 个<111>方向的 8 个原子,在图 3.3(b)和图 3.3(e)中用空心圆圈表示. 当把 Samson-Pauling-Bergman 原子团按照体心立方的方式堆砌成为 $Mg_{32}(Al, Zn)_{49}$ 晶体时,图 3.3(e)中用空心圆圈表示的 8 个原子正好就是其近邻的 Samson-Pauling-Bergman 原子团的第二层[图 3.3(b)]中沿着立方体的<111>方向的 8 个原子. 第二类由其余的 12 个实心圆所代表的原子组成. 这 12 个原子分成 6 对,其中每一对的连线 A1A2, B1B2, C1C2 分别与 OX, OY, OZ 坐标轴垂直,沿着 OY, OZ, OX 的方向.

把半径较大的 Mg 原子放置在 Samson-Pauling-Bergman 原子团的第二层(20 个原子),第四层之 e 位置[12 个原子,见图 3.3(d)],以及第五层的 32 个原子[图 3.3(e)和图 3.3(f)]中去除沿着<111>方向的 8 个原子之后剩下来的 24 个. 半径较小的(Al,

Zn)原子放置在中心(1 个原子),第一层(12 个原子),第三层(12 个原子)和第四层之 h 位置(48 个原子). 让体心立方点阵的每一个阵点代表这样的一个 Samson-Pauling-Bergman 原子团,就得到 $Mg_{32}(Al,Zn)_{49}$ 晶体,它的空间群是 $Im\bar{3}$. 在计算原子个数比时需注意:第四层的原子都是与近邻的原子团共有的,第五层的沿着立方体的 <1 1 1> 方向的 8 个大原子就是近邻原子团的第二层中沿着立方体的 <1 1 1> 方向的 8 个大原子,其余的 24 个原子都分别为 4 个近邻原子团共有. 可知平均每个 Samson-Pauling-Bergman 原子团含有 20(第二层)+12/2(第四层)+24/4(第五层)= 32 个半径较大的 Mg 原子,1 + 12(第一层)+ 12(第三层)+ 48/2(第四层)= 49 个半径较小的(Al,Zn)原子.

类似地,把半径较大的 Li 原子放置在 Samson-Pauling-Bergman 原子团的第二层(20 个原子),以及第五层[24 个原子,图 3.3(e)]. 即平均每个原子团含有 20 + 24/4 = 26 个 Li 原子. 半径较小的(Al,Cu)原子放置在中心(1 个原子),第一层(12 个原子),第三层(12 个原子)和第四层(60 个原子). 即平均每个原子团含有 1 + 12 + 12 + 60/2 = 55 个(Al,Cu)原子. 让体心立方点阵的每一个阵点代表这样的一个 Samson-Pauling-Bergman 菱形三十面体原子团,并注意到某些原子是共有的,就得到成分为 $Li_{26}(Al,Cu)_{55}$ 的 $R\text{-}Al_{5.1}CuLi_3$ 晶体(Hardy 和 Silcock,1955),它的空间群是 $Im\bar{3}$.

在准晶结构研究的早期,Elser 和 Henley (1985),Guyot 和 Audier (1985)互相独立地发现了:表 1.1 中列举的 IQC-$Al_{74}Mn_{20}Si_6$ 二十面体准晶的衍射花样与 α-$(Al_{72.5}Mn_{17.4}Si_{10.1})$ 晶体(Cooper 和 Robinson,1966),还有 α-$Fe_{12}(Al,Si)_{57}$ 晶体(Cooper 1967)的衍射花样极其相似,强衍射斑点的分布基本上是一样的. 说明 IQC-$Al_{74}Mn_{20}Si_6$ 二十面体准晶与体心立方 α-$(Al_{72.5}Mn_{17.4}Si_{10.1})$ 晶体和 α-$Fe_{12}(Al,Si)_{57}$ 晶体相具有相同的结构单元. 如在 §8.6 讨论二十面体准晶的晶体近似相时将要指出,若引入线性相位子应变

矩阵

$$A_p = \begin{bmatrix} 1 & 0 & 0 & 0 & 0 & 0 \\ 0 & 1 & 0 & 0 & 0 & 0 \\ 0 & 0 & 1 & 0 & 0 & 0 \\ A_{41} & 0 & 0 & 1 & 0 & 0 \\ 0 & A_{52} & 0 & 0 & 1 & 0 \\ 0 & 0 & A_{63} & 0 & 0 & 1 \end{bmatrix}, \tag{3.1}$$

其中矩阵元

$$A_{41} = A_{52} = A_{63} = \frac{\tau - 1}{\tau + 1} = 0.236,$$

就可以得到点阵常数为

$$a^{Ap} = a^{Ap}_{Cubic} = \frac{\sqrt{2}A(\tau + 1)}{\sqrt{2 + \tau}} = \frac{2a_R\tau^2}{\sqrt{2 + \tau}} \tag{3.2}$$

的立方近似相. 将表 1.1 中列出的 $Al_{73}Mn_{21}Si_6$ 二十面体准晶的准点阵常数 $a_R = A/\sqrt{2} = 0.460$nm 代入,就得到立方晶体近似相的点阵常数 $a^{Ap} = 1.266$nm. 此值与体心立方 α-($Al_{72.5}Mn_{17.4}$ $Si_{10.1}$)晶体的点阵常数的实验值 1.268nm 非常接近,说明 α-($Al_{72.5}Mn_{17.4}Si_{10.1}$)晶体是 IQC-$Al_{74}Mn_{20}Si_6$ 二十面体准晶的近似相. 类似地,$Mg_{32}(Al,Zn)_{49}$ 和 R-$Al_{5.6}Li_{2.9}Cu$ 立方晶体也分别是$(Al,Zn)_{49}Mg_{32}$ 和 Al_6Li_3Cu 二十面体准晶的晶体近似相. 在准晶研究的早期,还没有制备出大颗粒的准晶单晶,不可能用单晶 X 射线衍射和中子衍射进行结构分析. 根据上述准晶的近似相的原子结构,Elser 和 Henley 把 Mackay 原子团放在二十面体准点阵的阵点上,提出了 IQC-$Al_{74}Mn_{20}Si_6$ 二十面体准晶的原子结构模型.

在稳定的二十面体准晶发现之后,准晶研究工作者已经能够制备出毫米甚至厘米量级的大颗粒准晶,用于测量准晶的物理性能,并进行准晶单晶结构分析. 二十面体准晶的原子结构可以描述为六维空间的超立方体被三维物理空间切割而得到. 在已测定了原子结构的二十面体准晶在六维空间的结构模型中,原子占据的位置都是立方体的结点、体心和棱边中点. 图 3.4 示出了空间群为 $Fm\bar{3}\bar{5}$ 的面心二十面体准晶中这些位置. 指数和为偶数(偶性)的节点 $N0$ 所代表的原子与指数和为奇数(奇性)的结点 $N1$ 的不同. 这些原子的原子面多是在垂直空间的菱形三十面体或者其他多面体. 为了描述和计算的方便,原子面通常都近似地用球形或者两个半径不同的球之间的球壳来代替. 表 3.1 列出面心二十面体准晶在六维空间的占位的情况. 为了便于对比面心的与简单的二十面体准晶的 6 维晶体点阵之间的异同,表中一律按照简单二十面体点阵的点阵常数 $A_{half} = a_{half}$(面心二十面体准晶的点阵常数 $a_0 = 2a_{half}$)来标记.

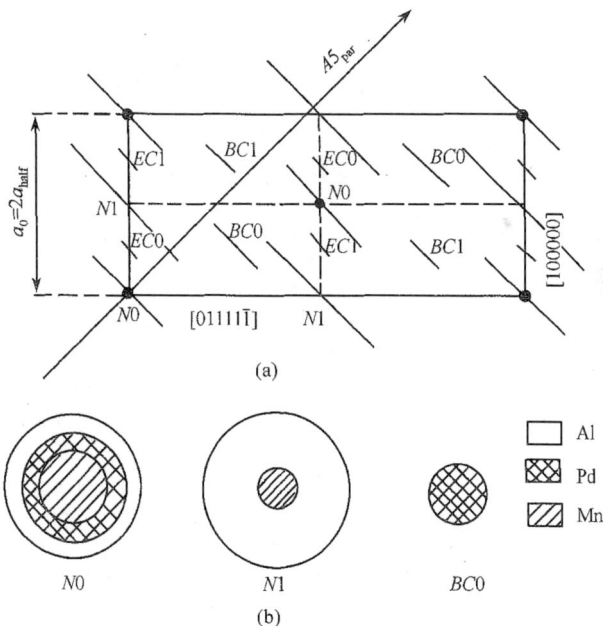

(a)

(b)

图 3.4 空间群为 $Fm\bar{3}\bar{5}$ 的面心二十面体准晶的原子结构模型图. (a)在六维空间占位示意图. $N0$:偶性单胞顶点;$BC0$:偶性体心;$EC0$:偶性棱边中点. $N1$:奇性单胞顶点;$BC1$:奇性体心;$EC1$:奇性棱边中点;(b) AlPdMn 二十面体准晶的原子面. 棱边中点 $EC0$ 或 $EC1$ 处,奇性体心 $BC1$ 处没有原子

表 3.1 空间群为 *Fm* $\bar{3}$ 5的面心二十面体准晶的原子在六维空间占位以及内区球形原子面的半径或球壳形原子面的外半径 $r^{\perp}$

	IQC-Al$_{63}$Cu$_{25}$Fe$_{12}$	IQC-Al$_{70.5}$Pd$_{21}$Mn$_{8.5}$	IQC-Zn$_{60}$Mg$_{30}$Ho$_{10}$
N0：[0 0 0 0 0 0]	Fe/0.80Å(内区球半径) Cu/1.34Å(第 2 壳外半径) Al/1.52Å(第 3 壳外半径)	Mn/0.83Å(内区球半径) Pd/1.26Å(第 2 壳外半径) Al/1.55Å(第 3 壳外半径)	Zn/0.97A
N1：[1 0 0 0 0 0]	Fe/0.78Å(内区球半径) Al/1.64Å(第 2 壳外半径)	Mn/0.52Å(内区球半径) Al/1.64Å(第 2 壳外半径)	Mg/0.89A
BC0：[1 1 1 1 1 1]/2	Cu/0.71Å(内区球半径)	Pd/0.71Å	Zn/0.75A
BC1：[3 1 1 1 1 1]/2	空位	空位	Mg/0.57Å(内区球半径) Ho/1.05Å(第 2 壳外半径)
EC0：[1 0 0 0 0 0]/2	空位	空位	Zn$_{0.7}$Mg$_{0.3}$/椭球体,其短轴(平行于 5 次轴方向)的半径为 0.67Å,长轴半径为 0.95Å
EC1：[3 0 0 0 0 0]/2	空位	空位	空位
6 维立方体边长 A	6.317Å	6.451Å	7.3445Å
准点阵常数 $a_R = A/\sqrt{2}$	4.467Å	4.562Å	5.193Å

由六维空间中各种原子的位置和原子面的形状可以计算出物理空间中各种原子的坐标,其方法如下:选定物理空间的范围(盒子),然后在足够大的六维空间的范围内依次考查各原子. 首先按

照式(2.92)计算出该原子在物理空间的坐标 $X^{\parallel}=(X_1,X_2,X_3)$. 若此原子在预定的盒子内,就按照式(2.92)计算出该原子在垂直空间的坐标 $X^{\perp}=(X_4,X_5,X_6)$,并进一步由此 $X^{\perp}$ 考察物理空间是否与此原子面相截. 若相截,与该原子面内的何种原子相截.

把这种方法用于 Al-Pd-Mn 面心二十面体准晶,发现有两类 Mackay 二十面体,见图 3.5. 对照图 3.1 可知,构成 Mackay 二十面体的第二层的第一亚层的大二十面体的 12 个原子主要是 Mn 原子,加上少量的 Al 原子[图 3.5(a)]或者 Pd 原子[图 3.5(b)]. 构成 Mackay 二十面体的第二层的第二亚层的二十面十二面体的 30 个原子是 Al 和 Pd 原子[图 3.5(a)]或者仅仅是 Al 原子[图 3.5 (b)]. 这两类 Mackay 二十面体的第一层并不是 12 个原子构成的小二十面体,而是只有几个原子构成五角二十面体的一部分. 可见这种 Mackay 二十面体有点像图 3.2(a),(b)和(c)所示的扩展的 Mackay 二十面体的内层部分,不同的在于图 3.2(c)中的二十面十二面体的 30 个原子在 Al-Pd-Mn 面心二十面体准晶中都可出现,而在扩展的 Mackay 二十面体中仅仅出现 19 个. 在 Al-Pd-Mn 面心二十面体准晶中大约 60% 的原子属于这两类 Mackay 二十面体. 其余的原子大部分属于由 33 个原子构成的五角十二面体,其中心为 1 个原子,第一层 12 个原子构成二十面体[见图 3.3 (a)],第二层 20 个原子构成五角十二面体[见图 3.3(b)]. 这样的多面体位于 Mackay 二十面体之间,起着黏结的作用.

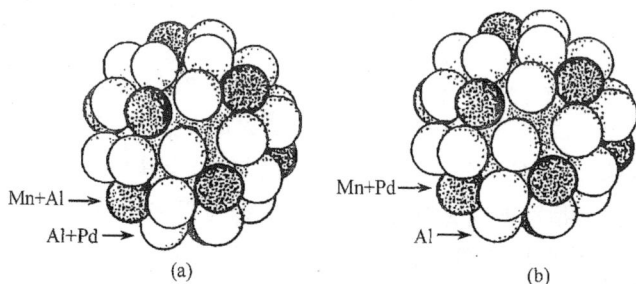

图 3.5 Al-Pd-Mn 面心二十面体准晶中的两类 Mackay 二十面体.
(a)第一类;(b)第二类

把切割方法用于 $Zn_{60}Mg_{30}Ho_{10}$ 面心二十面体准晶(Ohno,et al.,1988),发现有两类扩展的 Samson-Pauling-Bergman 原子团,见表 3.2. 对照图 3.3 可知,这两类扩展的 Samson-Pauling-Bergman 原子团的中心原子分别是位于偶性节点 $N0$ 的 Zn 原子和位于奇性节点 $N1$ 的 Mg 原子,而且它们的第二层或者空着,或者被 Ho 原子占据.

表 3.2 $Zn_{60}Mg_{30}Ho_{10}$面心二十面体准晶中的两类扩展的 **Samson-Pauling-Bergman** 原子团(参看图 3.3)

层	多面体	半径/Å	棱边长/Å	原子种类	原子种类
0				Zn(偶性结点)	Mg(奇性结点)
1	二十面体	2.60	2.73	0.5Mg+0.5Zn	0.5Mg+0.5Zn
2	五角十二面体	4.73	3.37	空位	Ho
3	二十面体	5.19	5.46	Mg	Zn
4	截顶二十面体	6.77	2.73	0.5Mg+0.5Zn	0.5Mg+0.5Zn
5	五角十二面体	7.65	5.46	Mg	0.4Mg+0.6Zn
6	二十面体	8.40	8.84	0.4Mg+0.6Zn	Mg
7	二十面十二面体	8.84	5.46	Zn	Mg

§3.2 十次准晶的原子结构以及准晶的原子结构的覆盖描述法

Al-Co-Ni, Al-Co-Cu 以及 Al-Ni-Fe 十次准晶都是热力学上稳定的准晶. 因此,可以用单晶 X 射线衍射的方法测定其原子结构,见 Takakura 等(2001)和 Cervellino 等(2001)及其所引用的文献. 此外,对于稳定的或亚稳的十次准晶,都可以采用透射电子显微镜(TEM)获得高分辨电子显微像(HRTEM). 在专用的扫描透射电子显微镜(STEM)或者在具有扫描透射电子显微镜功能的透射电子显微镜中,可以让聚得很小(~2Å)的束斑在试样上方逐点地扫描,同时逐点地用一个大角度环状探测器记录下在该聚焦束斑作用下高角度散射电子的强度,就可以得到分辨率为束斑尺度的高角度环状暗场(High Angle Annular Dark Field,简称为 HAADF)像. STEM-HAADF 像的亮度与原子序数 Z 的平方成正比,称之为 Z 衬度成像(Z-contrast Imaging). 在 Al-TM(TM 代表过渡金属 Co,Ni,Cu,Fe,等等)合金的十次准晶中,过渡金属原子柱在 HAADF 像中呈现为强亮斑,Al 原子柱则呈现为难于肉眼分辨的很浅的亮斑. HRTEM 和 STEM-HAADF 像都可用来研究十次准晶的原子结构.

类似于二十面体准晶的情况,十次准晶的原子结构也可以用高维空间晶体的原子面被平行空间切割而得到,见 Boudard 等(1999),Takakura 等(2001)和 Cervellino 等(2001)及其所引用的文献. 如 2.4.1 节中提到过,这里只需考虑张着四维空间晶体的基矢 e_1,e_2,e_3,e_4 与正交归一化坐标系中的另外 4 个基矢 E_1,E_2,E_4,E_5,其中基矢 E_1,E_2 张着平行空间,E_4,E_5 张着垂直空间. 对于沿十次轴方向的周期 $c = 0.4nm$ 的 $Al_{72}Ni_{20}Co_8$ 十次准晶而言,一个周期内有两层原子. 作为一级近似,其中 $z = 1/4$ 的原子层由位于 4 维空间晶体中(1/5,1/5,1/5,1/5)处和(2/5,2/5,2/5,2/5)处的在垂直空间分别呈方向和尺寸都不同的两个正五边形的原子面被平行空间切割而得;$z = 3/4$ 的原子层则由位于 4 维空间晶体中(4/5,4/5,4/5,4/5)处和(3/5,3/5,3/5,3/5)处的在垂直空间呈正五边形的两个原子面被切割而得.

分析上述用切割法得到的十次准晶的原子结构,并与 HRTEM 和 STEM-HAADF 实验研究(Saitoh,et al. 1997,1999;Abe,et al. 2000;Yan,et al. 1988,2000,2001)对比,得到一个结论:Al 基过渡金属十次准晶的基本结构单元是直径为 2nm 的原子团簇,这原子团簇的高度为 0.4nm 的整数倍,即十次准晶沿着十次轴方向的周期. 就成分为 $Al_{72}Ni_{20}Co_8$ 的富 Ni 基本十次准晶而言,周期是 0.4nm,直径为 2nm 的原子团柱由两层原子构成.

至今对于十次准晶中原子团柱内原子的分布尚无定论. 鄢炎

发等(Yan, et al., 2000, 2001)根据十次准晶的晶体近似相 $Al_{13}Co_4$ 中的已知的直径为 2nm 的原子团柱内的原子的分布,并且考虑到 $Al_{72}Ni_{20}Co_8$ 十次准晶沿着十次轴方向的 HRTEM 和 STEM-HAADF 像的实验结果,以及第一性原理总能计算,提出了如图 3.6(a, b, c, d)所示的周期为 0.4nm 的四种原子团柱模型. 其中每一种原子团柱模型都由在周期方向的坐标 $z = 1/4$(实心圆)和 3/4(浅灰色圆)的两个原子层构成. 其中图 3.6(a)所示的模型具有十次对称性,最内面的十个原子柱由 50% 的 Al 原子和 50% 的过渡金属原子无规地占据. 图 3.6(b)所示的模型具有五次对称性,最内面的十个原子柱分别由 Al 原子和过渡金属原子有序地占据. 在图 3.6(c)所示的模型中,最内面的十个原子柱分别由 Al 原子和过渡金属原子有序地占据,而且不再具有十次或五次对称性(对称性破缺). 图 3.6(d)所示的模型则是在有序且对称性破缺的模型的基础上,用第一性原理总能计算,经过弛豫而得到的. 计算的结果表明,相对于图 3.6(c)所示的原子团柱模型(有序,对称性破缺,未弛豫),图 3.6(d)所示的原子团柱模型(有序,对称性破缺,弛豫),其总能降低了 8eV;图 3.6(b)所示的原子团柱模型(有序,具有五次对称性,未弛豫),其总能增大了 5eV;图 3.6(a)所示的原子团柱模型(无序,具有十次对称性,未弛豫),其总能增大了 12eV. 原子团柱的总能按照图 3.6(a, b, c, d)的顺序而递减.

按照 Penrose 于 1974 年提出(Penrose, 1974),后来又不断得到改进的(Penrose, 1978; 1979)Penrose tiling(拼砌)的概念,由边长相同的两种菱形,一种是顶角为 72° 的胖的菱形,另一种是顶角为 36° 的瘦的菱形,按照一定的匹配规则拼砌(tiling)就可以准周期性地布满整个平面,得到 Penrose 拼图,见图 3.7(b). Penrose 拼图可以看作是十次准晶的准点阵,图中的每一个结点即是十次准晶的一个阵点. 拼接既不允许留有空隙,也不允许重叠,有如用瓷砖或木块铺地板一样. 这种具有五次对称的准周期点阵也可以由四维空间的晶体点阵投影到一张二维平面上而得到. 它虽然没有周期性,但却具有严格的长程平移序. 因而能圆满地解释五次或

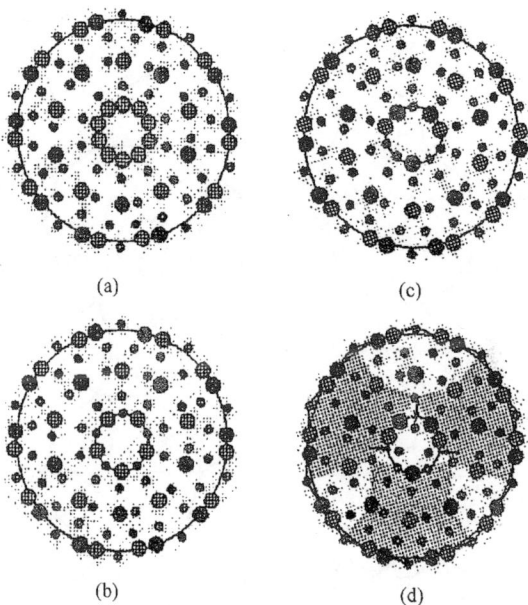

图 3.6 Al$_{72}$Ni$_{20}$Co$_8$ 十次准晶中的四种十棱柱原子团簇,其中每一种原子团簇模型都由在周期方向的坐标 $z = 1/4$ (实心圆)和 $3/4$ (浅灰色圆)的两个原子层构成.
(a)最内面的十个原子柱由 Al 原子和过渡金属原子无规地占据,有十次对称性;
(b)最内面的十个原子柱分别由 Al 原子和过渡金属原子有序地占据,具有五次对称性;(c)最内面的十个原子柱分别由 Al 原子和过渡金属原子有序地占据,而且不再具有十次或五次对称性(对称性破缺);(d)在有序且对称性破缺的模型的基础上,用第一性原理总能计算,经过弛豫而得到的

十次对称的准晶的电子衍射图中有明锐的衍射斑点这一实验事实.

但是有一个问题一直困惑着准晶研究工作者,这就是如此严格的拼接规律和长程平移序如何能够在急冷凝固过程中得以实现? 此外,Penrose 拼图也难以解释准晶的生长及稳定性. 针对 Penrose 拼图的上述问题,德国的青年数学家 Gummelt 在她的博士论文工作中,从正十边形的覆盖(covering)出发探索了十次准晶的原子结构模型. 郭可信(2000)结合他们课题组用 HRTEM 研究

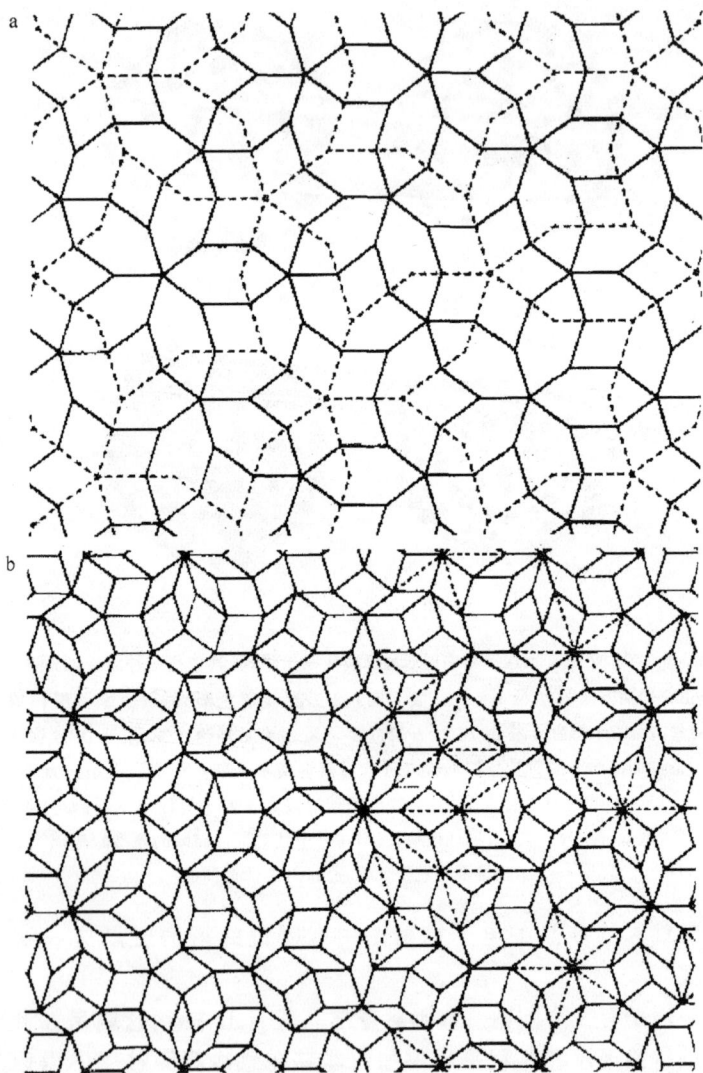

图 3.7 (a) Penrose 拼图(实线)及膨胀至其 τ 倍的 Penrose 拼图(虚线);(b)反
Penrose 拼图(实线)及膨胀至其 τ^2 倍的反 Penrose 拼图(虚线)(取自 Niizeki,1989)

十次准晶及其晶体近似相的原子结构的工作,综述了十次准晶的原子结构的覆盖描述法.

在 Niizeki(1989)给出的 Penrose 点阵中,把正十边形分解为二个扁六边形和一个船形,见图 3.7(a). Gummelt(1995)设计了一种如图 3.8(a)所示的黑白双色十边形,并将它分解为二个扁六边形和一个船形. 这样的黑白双色正十边形用覆盖的原理构造十次准晶的过程中,允许重叠,而且也必须有重叠. 好比是用瓦片盖房顶一样. 但要求两个正十边形的重叠部分的原子模型基本上一样. 图 3.8 示出了两个十边形覆盖的情况. 覆盖面积可以是一个扁六边形,称为 A 型重叠,如图 3.8(b, c, d, e)所示,此时相邻近的两个十边形的中心的距离是十边形直径的 $1/\tau$ 倍. 覆盖面积也可以是一个压扁了的十边形,称为 B 型重叠,如图 3.8(f)所示,此时相邻近的两个十边形的中心的距离是十边形直径的 $1/\tau^2$ 倍. 图 3.8(b)表示的是两个十边形中的扁六边形重叠;在图 3.8(c,d)中,一个十边形中的船形的一部分与另一个十边形中的扁六边形重叠;而在图 3.8(e)中则是两个十边形中的船形的一部分重叠,合成一个五角星形. 这种情况下两个船形的重叠部分较小,合成之后的白色五角星中仅仅右边的一个角是重叠的. 图 3.8(b~e)所示的都是 A 型重叠,两个十棱柱原子团的重叠部分是一个扁六边形,重叠后两个十棱柱的中心的距离是十棱柱原子团直径的 $1/\tau$ 倍. 在图 3.8(f)中,两个船形合成了一个内为黑色五角星、外为缺了右下角的白色五角星形. 这种情况下两个船形的重叠部分较大,合成之后的白色五角星中右边的和正上方的两个角都是重叠的. 这是 B 型重叠,两个十棱柱原子团的重叠部分是一个扁十边形,重叠后两个十棱柱的中心的距离是十棱柱原子团直径的 $1/\tau^2$ 倍.

经过连续的重叠与扩展,发展成一片十次准晶. 经过严格的数学推导,Gummelt 证明这种由双色正十边形覆盖得出的结果与 Penrose 拼图完全一致. 但是两者的意义显然不同. 首先,图 3.7 示出的是用两种菱形按照一定的规则构成准周期性的拼图,而覆盖描述法只用一种重复单元,有人称之为"准单胞". 其次,相邻单元的覆盖是近程操作,只要求两个双色十边形的重叠部分相同. 第三,更重要的是它能较好地描述准晶的生长过程. 所谓重叠部分实际上就是在原有已经生长了的十边形单元中已经存在的,可作为新生长出的十边形单元的核. 重叠部分越大,新的结构单元就越容易生成. 重叠的数目越多,单位面积内的十边形数目越多,十边形中心间的距离越短. 如上一段所述,十边形单元是一种能量低的原子团簇,则准晶的能量也就很低. 从这个角度也就容易理解,为甚么有些准晶在一定的成分和温度范围内是热力学稳定的相.

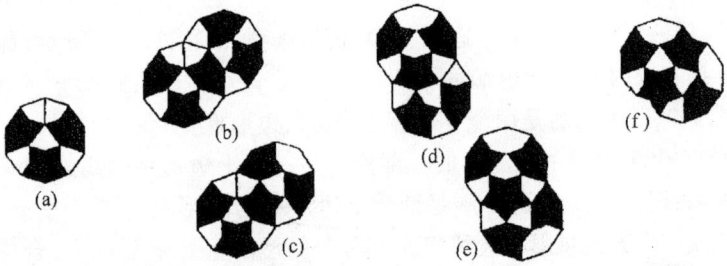

图 3.8 Gummelt 提出的双色正十边形的重叠. (a) 黑白双色十边形,分解为二个扁六边形和一个船形;(b) 两个十边形中的扁六边形重叠. (c),(d) 一个十边形中的船形的一部分与另一个十边形中的扁六边形重叠;(e) 两个十边形中的船形部分重叠,合成一个五角星形. (b~e) 所示的都是 A 型重叠,两个十棱柱原子团的重叠部分是一个扁六边形,重叠后两个十棱柱的中心的距离是十棱柱原子团直径的 $1/\tau$ 倍;(f) 两个船形的重叠部分大,合成一个缺了一个角的五角星形. 这是 B 型重叠,两个十棱柱原子团的重叠部分是一个扁十边形,重叠后两个十棱柱的中心的距离是十棱柱原子团直径的 $1/\tau^2$ 倍

图 3.6 所示的四种十棱柱中原子的分布,都能够满足覆盖描述法所要求的条件,见图 3.9. 在图 3.9(a) 中,两个如图 3.6(d) 所示的有序的、对称破缺的、且经过弛豫的十棱柱原子团部分重叠,其中心的距离是十棱柱原子团直径的 $1/\tau$ 倍. 两个十棱柱原子团的重叠部分是一个扁六边形,其中的原子分布,除了箭头所指的原

子外基本相同. 这是对应于图 3.8(b) 的 A 型重叠. 因此,一旦有
了图 3.9(a) 中的左边的十棱柱,则其中的扁六边形部分就可以作
为第二个十棱柱生长的核. 图 3.9(b) 表示的是对应于图 3.8(f) 的
B 型重叠. 两个十棱柱的中心的距离是十棱柱直径的 $1/\tau^2$ 倍,两
个十棱柱中的船形的大部分重叠,重叠部分是一个压扁了的十边
形,合成了一个缺了一角的五角星形. 十棱柱的有序度愈高,对称
破缺愈严重,图 3.9 所示的十棱柱重叠的可能性愈少,就生长出高
完整性的十次准晶. 反之,如果十棱柱是无序的且具有十次对称
性,则十棱柱重叠的可能性很多,从而生长出含有大量相位子位移
的无规拼接 (random tiling) 的十次准晶.

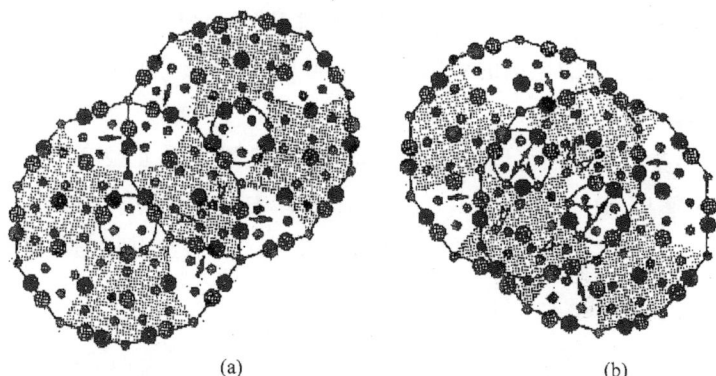

(a)   (b)

图 3.9 两个如图 3.6(d) 所示的有序的、对称破缺的、且经过弛豫的十棱柱原子
团部分重叠. (a) 对应于图 3.8(b) 的 A 型重叠. 两个十棱柱中心的距离是十棱柱
原子团直径的 $1/\tau$ 倍. 两个十棱柱原子团的重叠部分是一个扁六边形;(b) 对应
于图 3.8(f) 的 B 型重叠. 两个十棱柱的中心的距离是十棱柱直径的 $1/\tau^2$ 倍,两
个十棱柱中的船形的大部分重叠,重叠部分是一个压扁了的十边形,合成了一个
缺了左下角的五角星形

以上所述 Gummelt 提出的准晶原子结构的覆盖描述法还仅
仅是很初步的. 在基本理论方面,Gummelt 本人还在不断地改进
(Gummelt, et al. 2000),在实验方面仅仅在少数十次准晶中得到
初步的验证.

Al-Ni-Co 十次准晶在很宽的成分范围(70%～73%的 Al,9%～22%的 Co,7%～22%的 Ni,都是原子%)和温度范围(700～1050℃)内都是热力学上稳定的. 但在不同的成分和温度生成结构和有序状态不同的变体. 现在已知:(1)成分为 $Al_{71}Ni_{21}Co_9$ 左右的十次准晶在950℃附近是基本的富 Ni(bNi)十次准晶,具有很高的完整性. (2)成分为 $Al_{72}Ni_{10}Co_{18}$ 左右的十次准晶在 700～1050℃附近是基本的富 Co(bCo)十次准晶,具有很高的完整性. (3)成分为 $Al_{71}Ni_{17}Co_{12}$ 左右的十次准晶在 900℃附近是 S1 有序态的十次准晶. S1 有序态存在的成分和温度范围比较宽. 对于成分为 $Al_{70}Ni_{20}Co_{10}$ 左右的合金,在 900℃以上是基本的富 Ni 十次准晶,900℃以下是 S1 有序态的十次准晶. (4)成分为 $Al_{72.5}Ni_{13.5}Co_{14}$ 左右很窄的范围的十次准晶在 800℃以下是 I 型有序态的十次准晶,但它在 800℃以上是 S1 有序态的. (5)成分为 $Al_{72.5}Ni_{12}Co_{15.5}$ 左右很窄的范围的十次准晶在 850℃以下是 II 型有序态的十次准晶,但它在 850℃以上是 S1 有序态的. (6)成分为 $Al_{72.5}Ni_{7.5}Co_{20}$ 左右的合金在 900～1100℃高温区是五次对称的二维准晶.

§3.3 准晶衍射花样的模拟计算和准晶原子结构的实验测定

在§2.2 我们已经讨论了准晶的切割-投影描述法. 即:准晶被描述为高维晶体点阵 L 的阵点扩展成为原子面后被平行空间切割而得. 则在倒空间,准晶的倒易点阵就是高维倒易点阵的投影. 知道了被研究的准晶的切割-投影矩阵 T[见式(2.27a),(2.61),(2.89)和式(2.96)],及其逆矩阵 $W = T^{-1}$[见式(2.27b),(2.59)和式(2.98)],就可以由高维空间晶体坐标系中倒易矢量 $r^* = h_1 e_1^* + h_2 e_2^* + h_3 e_3^* + h_4 e_4^* + h_5 e_5^* + h_6 e_6^*$ 的指数 $(h_1, h_2, h_3, h_4, h_5, h_6)$,按照式(2.32b),(2.85),(2-101a),

(2-101b),式（2.113）计算出其在平行空间的分量 $\boldsymbol{H}^{\parallel} = (H_1^{\parallel} \quad H_2^{\parallel} \quad H_3^{\parallel})$ 和垂直空间的分量 $\boldsymbol{H}^{\perp} = (H_1^{\perp} \quad H_2^{\perp} \quad H_3^{\perp})$ 的指数. 让高维空间晶体的倒易矢量的指数 $h_1, h_2, h_3, h_4, h_5, h_6$ 分别在一定的范围内,例如从 -6 到 $+6$,依次取值. 去掉按照空间群系统消光的倒易点. 计算出其平行空间分量 $\boldsymbol{H}^{\parallel}$, 去掉从几何学的考虑超出了给定的范围的倒易点. 例如,$\boldsymbol{H}^{\parallel}$ 的长短有一个给定的范围,或者 $\boldsymbol{H}^{\parallel}$ 的方向需要与给定的带轴垂直(当计算选区电子衍射花样时),或者 $\boldsymbol{H}^{\parallel}$ 满足衍射条件时入射束与带轴的夹角应该小于某一个给定的值[当计算菊池线花样或高阶 Laue 带(HOLZ)线花样时]. 然后计算出该倒易矢量的垂直空间的分量 $\boldsymbol{H}^{\perp}$,用式(2.37)计算出该倒易点的结构因子,并进而计算出相应的衍射强度. 去掉太弱的,即强度小于某一给定值的衍射束. 把这样选出的各衍射束按照一定的规律排队,例如按 $\boldsymbol{H}^{\parallel}$ 的长短由小到大的顺序(当计算多晶衍射花样时),或者衍射强度由大到小的顺序(当计算菊池线或 HOLZ 线花样时). 最后按适当的图示方法显示出并且打印出计算结果.

至今已测定了原子结构的二十面体准晶在六维空间的结构模型都比较简单,原子占据的位置都是立方体的结点、体心和棱边中点. 这些原子的原子面多是在垂直空间的菱形三十面体、截顶菱形三十面体或者其他多面体. 为了描述和计算的方便,原子面通常都近似地用半径为 $R^{\perp}$ 的球形或者两个半径不同的球之间的球壳来代替. 在这种简化的情况下,第 k 个原子的原子面函数的 Fourier 变换(称之为几何形状因子)

$$g_k(H^{\perp}) = \frac{1}{A_{UC}^{\perp}} \int_{A_k^{\perp}} \exp(2\pi i H^{\perp} r^{\perp}) dr^{\perp} \qquad (2.39a)$$

的计算公式可以简化为

$$g_k(H^{\perp}) = \frac{1}{A_{UC}^{\perp}} \frac{\sin X - X\cos X}{2\pi^2 (H^{\perp})^3}, \qquad (3.3)$$

式中

$$X = 2\pi H^{\perp} R_o^{\perp}$$

关于准晶原子结构的实验测定方法和步骤,郭可信(周公度,郭可信,1999)和 Boudard and de Boissieu (1999)已有很好的综述,这里不再重复.

参 考 文 献

郭可信,物理,2000(29):708~711

周公度,郭可信.晶体和准晶体的衍射.北京:北京大学出版社,1999

Abe E, Saitoh K, Takakura H et al. Phys Rev Lett, 2000(84):4609~4612

Bergman G, Waugh J L T, Pauling L. Nature, 1952(169):1057

Bergman G, Waugh J L T, Pauling L. Acta Cryst, 1957(10):254

Boudard M, and de Boissieu M. In: Stadnik Z M (ed), Physical Properties of Quasicrystals. Berlin: Springer,1999

Boudard et al. J Phys, 1992(4):10149

Cervellino A, Haibach T, Steurer W, Acta Cryst, 2002(B 58):8~33

Cooper M, Robinson K. Acta Crystallogr, 1966(20):614

Cooper M. Acta Crystallogr, 1967(23):1106

Duneau M. Mater Sci Eng A, 2000(294~296):192~198

Elser V, and Henley C. Phys Rev Lett, 1985(55):2883

Gummelt P. In: Janot C, Mosseri R, Eds. Proc 5th Int Conf on Quasicrystals. Singapore: World Sci, 1995. 84~87

Gummelt P, Bandt. Mater Sci Eng A, 2000(294~296):250~253

Guyot P, Audier M. Phil Mag B, 1985(53):L15~19

Hardy H K, Silcock J M. J Inst Metals 1955(24):423

Ishimasa T and Shimizu T. Mater Sci Eng A, 2000(294~296):232~236

Janot C,Loreto L,Farinato R. Mater Sci Eng A, 2000(294~296):405~408

Kuo K H. Struc Chem, 2002

Mackay A L. Acta Cryst, 1962(15):916

Niizeki K. J. Phys A: Math Gen, 1989(22):205~218

Ohno T, Ishimasa T. In: Takeuchi S, Fujiwara T Eds. Proc 6th Int Conf on Quasicrystals. Singapore: World Sci, 1998:39~42

Pauling L. Phys Rev Lett, 1987(58):365

Pauling L. Amer Scientist, 1955(43):285

Penrose R. Bull Inst Math Appl, 1974(10):266~271

Penrose R. Eureka,39:16. Reprinted in:Per Mineral, 1978(59):95~100

Penrose R. Math Intell, 1979(2):32

Saitoh K, Tsuda K, Tanaka M et al. Jpn J Appl Phys, 1997(36): L1400~L1402

Saitoh K, Tsuda K, Tanaka M et al. Jpn J Appl Phys, 1999(38): L671~L674

Samson S. Acta Chem. Scnd, 1949a(3): 809

Samson S. Acta Chem. Scnd, 1949b(3): 835

Shoemaker D P and Shoemaker C B. in: Jaric MV, ed. Aperiodicity and Order, V.1, Introduction to Quasicrystals, San Diego: Academic Press, 1988. 1~57

Steurer W. In: Cahn R W, Haasen P (eds). Physical Metallurgy Vol. 1. Amsterdam: Elsevier, 1996. 371

Takakura H, Yamamoto A, Tsai A P. Acta Cryst A, 2001(57):576~585

Yan Y, Pennycook S J, Tsai A P. Phys Rev Lett, 1998(81): 5145~5148

Yan Y, Pennycook S J. Mater Sci Eng A, 2000(294~296):211~216

Yan Y, Pennycook S J. Phys Rev Lett, 2001(86):1542~1545

第四章　准晶体的对称操作和对称群

本章将讨论高维空间的点对称操作矩阵的约化,也就是将整系数多项式分解成有理系数的既约多项式. 由此出发,可以求出高维空间(n维空间,$n = 4$, 5, 6)的所有可能的点对称操作. 然后再按照 Janssen (1992)的方法,判断这些点对称操作中哪些可以用于准周期性结构,也就是求出可能用于准晶的全部对称操作. 进而推导出准晶的点群以及空间群.

§4.1　对称操作的矩阵表示及其约化

现在以抽象群 $G = \{e, d, f, a, b, c\}$ 及与之同构的晶体学点群 $3m = \{1, 3+, 3-, mA, mB, mC\}$ 为例,来讨论点对称操作的矩阵表示及其约化. 这里 1 表示恒等操作,$3+$ 和 $3-$ 分别表示绕着一支 3 次轴 $A3$ 旋转 $2\pi/3 = 120°$ 和 $-2\pi/3 = -120°$. mA, mB, mC 分别表示对通过这支三次轴的互成 $120°$ 的镜面 mA, mB, mC 的反映. 表 4.1 列出了点群 $3m$ 的乘法表,也就是点群中任意两个对称操作之间的相互关系,即任意两个对称操作的乘积. 例如,相继施以两次 $3+$ 操作即得到 $3-$ 操作:$(3+) \cdot (3+) = (3-)$,即 $d \cdot d = f$. 又如,先施以镜面反映 mA,再施以 3 次旋转操作 $3+$,就得到镜面反映 mC:$(3+) \cdot (mA) = (mC)$,即 $d \cdot a = c$. 先施以 3 次旋转操作 $3+$,再施以镜面反映 mA,就得到镜面反映 mB:$(mA) \cdot (3+) = (mC)$,即 $a \cdot d = b$. 这也是一个例子,说明群元素的乘积一般地不遵从交换律. 注意:先施以的操作在乘号($\cdot$)的右边,后施以的操作在左边.

所谓对称操作的矩阵表示就是一组矩阵,其中每一个矩阵对应于一个对称操作,这些矩阵中的任意两个的乘积应该与该点群的乘法表一致. 同一个对称操作,在不同的坐标系之下有不同的矩阵表示. 图 4.1 示出了点群 $3m$ 的矩阵表示 $\Gamma3$[图 4.1(a)]和矩阵表示 $\Gamma3'$[图 4.1(c)]采用的两种坐标系及其相互关系. 表 4.2 给出了点群 $3m$ 的若干种矩阵表示,其中的矩阵表示 $\Gamma3$ 是在图 4.1(a)所示坐标系中的,轴 $A3$ 平行于正交归一化基矢 $e_1, e_2,$ e_3 的体对角线 $e_1 + e_2 + e_3$ 方向. $3+$ 操作把 x 变成 y, y 变成 z, z

表 4.1 抽象群 $G = \{e, d, f, a, b, c\}$ 及与之同构的晶体学点群
$3m = \{1, 3+, 3-, mA, mB, mC\}$ 的乘法表

		1	3+	3-	mA	mB	mC
		e	d	f	a	b	c
1	e	e	d	f	a	b	c
3+	d	d	f	e	c	a	b
3-	f	f	e	d	b	c	a
mA	a	a	b	c	e	d	f
mB	b	b	c	a	f	e	d
mC	c	c	a	b	d	f	e

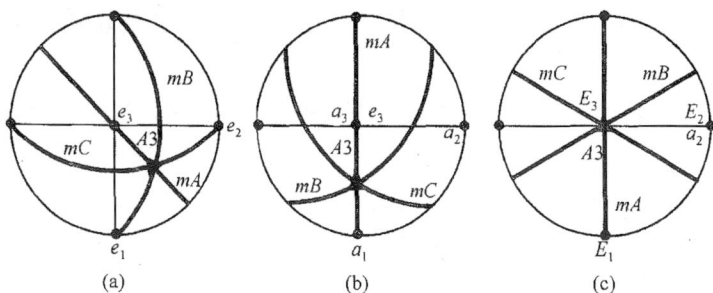

(a)　　　　　(b)　　　　　(c)

图 4.1 点群 $3m$ 的矩阵表示采用的两种坐标系及其相互关系. (a)3 次旋转轴 $A3$ 平行于坐标系基矢 e_1, e_2, e_3 的体对角线 $e_1 + e_2 + e_3$ 方向;(b)中间状态的坐标系 $a_1, a_2, a_3 = e_3$,将图(a)所示的 $A3$-mA-mB-mC 绕 e_3 轴旋转 $-45°$而得;(c)3 次旋转轴 $A3$ 平行于基矢 E_3,将图(b)所示的 $A3$-mA-mB-mC 绕 a_2 轴旋转 $-54.7°$而得

变成 x, 对应于对称操作矩阵 $3^+ = \begin{bmatrix} 0 & 0 & 1 \\ 1 & 0 & 0 \\ 0 & 1 & 0 \end{bmatrix}$. mA 操作互换 x

与 y, 对应于对称操作矩阵 $mA = \begin{bmatrix} 0 & 1 & 0 \\ 1 & 0 & 0 \\ 0 & 0 & 1 \end{bmatrix}$. 矩阵表示 $\Gamma 3'$ 则是

在图 4.1(c) 所示坐标系中的矩阵表式. 空间中某一个点在这两套坐标系中的坐标 (x_1, x_2, x_3) 与 (X_1, X_2, X_3) 之间的变换关系用矩

阵 $Q = \begin{bmatrix} 1/\sqrt{6} & 1/\sqrt{6} & -\sqrt{2/3} \\ -1/\sqrt{2} & 1/\sqrt{2} & 0 \\ 1/\sqrt{3} & 1/\sqrt{3} & 1/\sqrt{3} \end{bmatrix}$ 描述: $X_j^{\mathrm{T}} = Q x_j^{\mathrm{T}}$. 这个变换可

以分成两步说明如下: 首先绕图 4.1(a) 的 e_3 轴旋转 $-45°$ 得到图 4.1(b) 所示的中间状态的坐标系 $a_1, a_2, a_3 = e_3$, 相应的坐标变换

矩阵是 $Q1 = \begin{bmatrix} 1/\sqrt{2} & 1/\sqrt{2} & 0 \\ -1/\sqrt{2} & 1/\sqrt{2} & 0 \\ 0 & 0 & 1 \end{bmatrix}$. 然后再将图 4.1(b) 所示的坐

标系绕 a_3 轴旋转 $-54.7°$, 相应的坐标变换矩阵是 $Q2 = \begin{bmatrix} 1/\sqrt{3} & 0 & -\sqrt{2/3} \\ 0 & 1 & 0 \\ \sqrt{2/3} & 0 & 1/\sqrt{3} \end{bmatrix}$, 就得到图 4.1(c) 所示的 3 次旋转轴 $A3$ 平

行于基矢 E_3 的坐标系. 把这两个矩阵相乘, 就得到图 (a) 系的坐标 (x_1, x_2, x_3) 与图 4.1(c) 系的坐标 (X_1, X_2, X_3) 之间的关系的坐标变换矩阵 $Q = Q2 \cdot Q1$. 找到了两个坐标系之间的坐标变换关系, 就可以用式 (2.16d) 求出两套坐标系中的对称操作矩阵之间的关系如下:

$$\Gamma 3' = Q \Gamma 3 Q^{-1} \tag{4.1}$$

请读者核对表 4.2 中所列举的矩阵表示 $\Gamma 3'$ 和 $\Gamma 3$ 之间是否满足关系式 (4.1). 表 4.2 中还列举了 6 个矩阵全部为 1 的恒等表示 $\Gamma 1$, 这是任意一个群都有的一个表示. 此外, 表中的 $\Gamma 1'$ 也是一个

表 4.2 点群 3m 的若干种矩阵表示

群表示	维数	e (1)	d (3+)	f (3−)	a (mA)	b (mB)	c (mC)
Γ1	1	1	1	1	1	1	1
Γ1′	1	1	1	1	−1	−1	−1
Γ2	2	$\begin{bmatrix} 1 & 0 \\ 0 & 1 \end{bmatrix}$	$\begin{bmatrix} \frac{-1}{2} & \frac{-\sqrt{3}}{2} \\ \frac{\sqrt{3}}{2} & \frac{-1}{2} \end{bmatrix}$	$\begin{bmatrix} \frac{-1}{2} & \frac{\sqrt{3}}{2} \\ \frac{-\sqrt{3}}{2} & \frac{-1}{2} \end{bmatrix}$	$\begin{bmatrix} 1 & 0 \\ 0 & -1 \end{bmatrix}$	$\begin{bmatrix} \frac{-1}{2} & \frac{-\sqrt{3}}{2} \\ \frac{-\sqrt{3}}{2} & \frac{1}{2} \end{bmatrix}$	$\begin{bmatrix} \frac{-1}{2} & \frac{\sqrt{3}}{2} \\ \frac{\sqrt{3}}{2} & \frac{1}{2} \end{bmatrix}$
Γ3	3	$\begin{bmatrix} 1 & 0 & 0 \\ 0 & 1 & 0 \\ 0 & 0 & 1 \end{bmatrix}$	$\begin{bmatrix} 0 & 0 & 1 \\ 1 & 0 & 0 \\ 0 & 1 & 0 \end{bmatrix}$	$\begin{bmatrix} 0 & 1 & 0 \\ 0 & 0 & 1 \\ 1 & 0 & 0 \end{bmatrix}$	$\begin{bmatrix} 0 & 1 & 0 \\ 1 & 0 & 0 \\ 0 & 0 & 1 \end{bmatrix}$	$\begin{bmatrix} 1 & 0 & 0 \\ 0 & 0 & 1 \\ 0 & 1 & 0 \end{bmatrix}$	$\begin{bmatrix} 0 & 0 & 1 \\ 0 & 1 & 0 \\ 1 & 0 & 0 \end{bmatrix}$
Γ3′= Γ2⊕ Γ1	3	$\begin{bmatrix} 1 & 0 & 0 \\ 0 & 1 & 0 \\ 0 & 0 & 1 \end{bmatrix}$	$\begin{bmatrix} \frac{-1}{2} & \frac{-\sqrt{3}}{2} & 0 \\ \frac{\sqrt{3}}{2} & \frac{-1}{2} & 0 \\ 0 & 0 & 1 \end{bmatrix}$	$\begin{bmatrix} \frac{-1}{2} & \frac{\sqrt{3}}{2} & 0 \\ \frac{-\sqrt{3}}{2} & \frac{-1}{2} & 0 \\ 0 & 0 & 1 \end{bmatrix}$	$\begin{bmatrix} 1 & 0 & 0 \\ 0 & -1 & 0 \\ 0 & 0 & 1 \end{bmatrix}$	$\begin{bmatrix} \frac{-1}{2} & \frac{-\sqrt{3}}{2} & 0 \\ \frac{-\sqrt{3}}{2} & \frac{1}{2} & 0 \\ 0 & 0 & 1 \end{bmatrix}$	$\begin{bmatrix} \frac{-1}{2} & \frac{\sqrt{3}}{2} & 0 \\ \frac{\sqrt{3}}{2} & \frac{1}{2} & 0 \\ 0 & 0 & 1 \end{bmatrix}$

表示. 这两个表示中任意两个数(一维矩阵)之间的乘法关系都是与点群 $3m$ 的乘法表一致的. 仔细观察可以发现矩阵表示 $\Gamma 3'$ 是两个矩阵表示的直和: $\Gamma 3' = \Gamma 2 \oplus \Gamma 1$. 即是说, 通过坐标变换可以把对称操作矩阵约化成为分块对角化的不可约矩阵的直和.

现在让我们讨论(1)高维空间的点对称操作矩阵 Γ 的约化;(2)求点对称操作矩阵 Γ 的本征值和本征矢;(3)将整系数多项式分解成复系数、实系数和有理系数的既约多项式, 以及这三者之间的关系. 求矩阵

$$\boldsymbol{\Gamma} = \begin{bmatrix} \Gamma_{11} & \Gamma_{12} & \Gamma_{13} & \Gamma_{14} & \Gamma_{15} \\ \Gamma_{21} & \Gamma_{22} & \Gamma_{23} & \Gamma_{24} & \Gamma_{25} \\ \Gamma_{31} & \Gamma_{32} & \Gamma_{33} & \Gamma_{34} & \Gamma_{35} \\ \Gamma_{41} & \Gamma_{42} & \Gamma_{43} & \Gamma_{44} & \Gamma_{45} \\ \Gamma_{51} & \Gamma_{52} & \Gamma_{53} & \Gamma_{54} & \Gamma_{55} \end{bmatrix} \tag{4.2}$$

的本征值 λ 与本征矢

$$\boldsymbol{r} = \begin{bmatrix} x_1 \\ x_2 \\ x_3 \\ x_4 \\ x_5 \end{bmatrix}$$

就是要求解下列方程:

$$\Gamma \boldsymbol{r} = \lambda \boldsymbol{r}, \tag{4.3a}$$

也就是方程

$$(\Gamma - \lambda I)\boldsymbol{r} = 0, \tag{4.3b}$$

这是个齐次线性方程组, 它有非零解的条件是其系数行列式为零

$$| \Gamma - \lambda \boldsymbol{I} | = 0,$$

即

$$\begin{vmatrix} \Gamma_{11} - \lambda & \Gamma_{12} & \Gamma_{13} & \Gamma_{14} & \Gamma_{15} \\ \Gamma_{21} & \Gamma_{22} - \lambda & \Gamma_{23} & \Gamma_{24} & \Gamma_{25} \\ \Gamma_{31} & \Gamma_{32} & \Gamma_{33} - \lambda & \Gamma_{34} & \Gamma_{35} \\ \Gamma_{41} & \Gamma_{42} & \Gamma_{43} & \Gamma_{44} - \lambda & \Gamma_{45} \\ \Gamma_{51} & \Gamma_{52} & \Gamma_{53} & \Gamma_{54} & \Gamma_{55} - \lambda \end{vmatrix} = 0,$$

$$\tag{4.4}$$

这里 I 是单位矩阵. 方程(4.4)是个五次整系数代数方程. 可见求矩阵的本征值 λ 与本征矢 r 的问题涉及到求解代数方程,这也就是对多项式进行因式分解. 例如,式(4.4)的等号的左边是一个关于 λ 的五次多项式

$$f(\lambda) = a_0\lambda^5 + a_1\lambda^4 + a_2\lambda^3 + a_3\lambda^2 + a_4\lambda + a_5. \quad (4.5)$$

如果我们将它分解成 5 个多项式的乘积

$$f(\lambda) = a_0(\lambda - \lambda_1)(\lambda - \lambda_2)(\lambda - \lambda_3)(\lambda - \lambda_4)(\lambda - \lambda_5), \quad (4.6)$$

我们就得到了矩阵 $\boldsymbol{\Gamma}$ 的 5 个本征值 $\lambda_1, \lambda_2, \lambda_3, \lambda_4, \lambda_5$.

根据"代数基本定理",即:次数 $n \geqslant 1$ 的复数系数多项式 $f(\lambda)$ 至少有一个复数根. 设这个根是 λ_1,则 $f(\lambda) = (\lambda - \lambda_1)p(\lambda)$. 这里 $p(\lambda)$ 是 λ 的 $n-1$ 次多项式. 当 $n-1 \geqslant 1$ 时,$p(\lambda)$ 至少有一个复数根,设为 λ_2,则我们有 $f(\lambda) = (\lambda - \lambda_1)(\lambda - \lambda_2)q(\lambda)$. 如此继续下去,就得到(4.6)式所表述的因式分解. 于是,从代数基本定理出发,就可以知道:n 次复系数多项式有 n 个复根;或者,复数域上的既约多项式的次数为 1.

现在让我们来讨论实系数多项式的"复根成双"定理,即:设 $f(\lambda)$ 是一个实数系数多项式,$\lambda_1 = a + ib$ 是它的一个复数根,则 λ_1 的共轭复数 $\lambda_1^* = a - ib$ 也是它的一个根. 证明如下:已有 $f(\lambda_1) = 0$,则

$$
\begin{aligned}
f(\lambda_1^*) &= a_0(\lambda_1^*)^5 + a_1(\lambda_1^*)^4 + a_2(\lambda_1^*)^3 + a_3(\lambda_1^*)^2 + a_4(\lambda_1^*) + a_5 \\
&= a_0(\lambda_1^5)^* + a_1(\lambda_1^4)^* + a_2(\lambda_1^3)^* + a_3(\lambda_1^2)^* + a_4(\lambda_1)^* + a_5 \\
&= [f(\lambda_1)]^* = 0,
\end{aligned}
$$

这样的两个对应于共轭复数根的既约多项式相乘就得到一个二次实数系数的多项式

$$
\begin{aligned}
(\lambda - \lambda_1)(\lambda - \lambda_1^*) &= (\lambda - (a + ib))(\lambda - (a - ib)) \\
&= \lambda^2 + a^2 + b^2 - 2\lambda a,
\end{aligned}
$$

因此,实系数多项式的在实数域上的既约多项式的次数最多是两次. 而且奇数次的实系数方程一定有实数根.

设矩阵 $\boldsymbol{\Gamma}$ 有一个复数本征值 $a + ib$ 及相应的复数本征矢

$$\xi + i\eta = \begin{bmatrix} \xi_1 + i\eta_1 \\ \xi_2 + i\eta_2 \\ \xi_3 + i\eta_3 \\ \xi_4 + i\eta_4 \\ \xi_5 + i\eta_5 \end{bmatrix}, 即\ \boldsymbol{\Gamma}(\xi + i\eta) = (\xi + i\eta)(a + ib).\ 由于本书讨$$

论的对称操作保持着矢量的长度或任意两点的间距不变,故本征值的模应该等于 1,$a + ib = \exp\left(\dfrac{p_1}{m_1}2\pi i\right)$ 对应于旋转 $\dfrac{p_1}{m_1}2\pi$ 角,这里 p_1 是满足条件 $0 < p_1 < m_1$ 的而且与 m_1 互为质数的整数. 把实部和虚部分开有

$$\boldsymbol{\Gamma}\xi = a\xi - b\eta \quad 和 \quad \boldsymbol{\Gamma}\eta = b\xi + a\eta,$$

写成矩阵乘法的形式

$$\boldsymbol{\Gamma}\begin{bmatrix} \xi_1 & \eta_1 & 0 & 0 & 0 \\ \xi_2 & \eta_2 & 0 & 0 & 0 \\ \xi_3 & \eta_3 & 0 & 0 & 0 \\ \xi_4 & \eta_4 & 0 & 0 & 0 \\ \xi_5 & \eta_5 & 0 & 0 & 0 \end{bmatrix} = \begin{bmatrix} \xi_1 & \eta_1 & 0 & 0 & 0 \\ \xi_2 & \eta_2 & 0 & 0 & 0 \\ \xi_3 & \eta_3 & 0 & 0 & 0 \\ \xi_4 & \eta_4 & 0 & 0 & 0 \\ \xi_5 & \eta_5 & 0 & 0 & 0 \end{bmatrix}\begin{bmatrix} a & b & 0 & 0 & 0 \\ -b & a & 0 & 0 & 0 \\ 0 & 0 & 0 & 0 & 0 \\ 0 & 0 & 0 & 0 & 0 \\ 0 & 0 & 0 & 0 & 0 \end{bmatrix}.$$

$$(4.7)$$

设矩阵 $\boldsymbol{\Gamma}$ 另外还有一个本征值 $c + id = \exp\left(\dfrac{p_2}{m_2}2\pi i\right)$ 及本征矢 $\rho + i\zeta$,则有

$$\boldsymbol{\Gamma}\begin{bmatrix} 0 & 0 & \rho_1 & \zeta_1 & 0 \\ 0 & 0 & \rho_2 & \zeta_2 & 0 \\ 0 & 0 & \rho_3 & \zeta_3 & 0 \\ 0 & 0 & \rho_4 & \zeta_4 & 0 \\ 0 & 0 & \rho_5 & \zeta_5 & 0 \end{bmatrix} = \begin{bmatrix} 0 & 0 & \rho_1 & \zeta_1 & 0 \\ 0 & 0 & \rho_2 & \zeta_2 & 0 \\ 0 & 0 & \rho_3 & \zeta_3 & 0 \\ 0 & 0 & \rho_4 & \zeta_4 & 0 \\ 0 & 0 & \rho_5 & \zeta_5 & 0 \end{bmatrix}\begin{bmatrix} 0 & 0 & 0 & 0 & 0 \\ 0 & 0 & 0 & 0 & 0 \\ 0 & 0 & c & d & 0 \\ 0 & 0 & -d & c & 0 \\ 0 & 0 & 0 & 0 & 0 \end{bmatrix}.$$

$$(4.8)$$

在本例中,矩阵是五阶的,因而多项式是五次的. 由于复根必须成

双,剩下的一个本征值必为实数 f,相应的本征矢为 $\varphi = \begin{bmatrix} \varphi_1 \\ \varphi_2 \\ \varphi_3 \\ \varphi_4 \\ \varphi_5 \end{bmatrix}$

$$\Gamma \begin{bmatrix} 0 & 0 & 0 & 0 & \varphi_1 \\ 0 & 0 & 0 & 0 & \varphi_2 \\ 0 & 0 & 0 & 0 & \varphi_3 \\ 0 & 0 & 0 & 0 & \varphi_4 \\ 0 & 0 & 0 & 0 & \varphi_5 \end{bmatrix} = \begin{bmatrix} 0 & 0 & 0 & 0 & \varphi_1 \\ 0 & 0 & 0 & 0 & \varphi_2 \\ 0 & 0 & 0 & 0 & \varphi_3 \\ 0 & 0 & 0 & 0 & \varphi_4 \\ 0 & 0 & 0 & 0 & \varphi_5 \end{bmatrix} \begin{bmatrix} 0 & 0 & 0 & 0 & 0 \\ 0 & 0 & 0 & 0 & 0 \\ 0 & 0 & 0 & 0 & 0 \\ 0 & 0 & 0 & 0 & 0 \\ 0 & 0 & 0 & 0 & f \end{bmatrix}.$$

$$(4.9)$$

把式(4.7),(4.8)和式(4.9)合并可得

$$\Gamma Q^{-1} = Q^{-1} \Gamma'$$

或

$$\Gamma' = Q \Gamma Q^{-1}. \tag{4.10}$$

式中 Γ 即是式(4.2)给出的某个可约的对称操作的矩阵,Q 是为了约化它而采用的坐标变换矩阵,其逆矩阵 Q^{-1} 由作为列矩阵的本征矢构成

$$Q^{-1} = [\xi \quad \eta \quad \rho \quad \zeta \quad \varphi] = \begin{bmatrix} \xi_1 & \eta_1 & \rho_1 & \zeta_1 & \varphi_1 \\ \xi_2 & \eta_2 & \rho_2 & \zeta_2 & \varphi_2 \\ \xi_3 & \eta_3 & \rho_3 & \zeta_3 & \varphi_3 \\ \xi_4 & \eta_4 & \rho_4 & \zeta_4 & \varphi_4 \\ \xi_5 & \eta_5 & \rho_5 & \zeta_5 & \varphi_5 \end{bmatrix}. \tag{4.11}$$

Γ' 是约化之后的在实数域不可约的对称操作矩阵,由本征值构成

$$\Gamma' = \begin{bmatrix} a & b & 0 & 0 & 0 \\ -b & a & 0 & 0 & 0 \\ 0 & 0 & c & d & 0 \\ 0 & 0 & -d & c & 0 \\ 0 & 0 & 0 & 0 & f \end{bmatrix}. \tag{4.12}$$

在§2.1中已经讨论过,对比式(2.1)与式(2.5)可知,正点阵基矢之间的变换矩阵(W)与正空间某一点的坐标的变换矩阵 $Q = T^T = (W^{-1})^T$ 互为转置逆矩阵的关系.设对应于对称操作矩阵 $\boldsymbol{\Gamma}$ 的基矢是 $e_j = (e_1, e_2, e_3, e_4, e_5)$,对应于约化后的对称操作矩阵 $\boldsymbol{\Gamma}'$ 的基矢是 $E_j = (E_1, E_2, E_3, E_4, E_5)$,则由式(4.11)可知两者的变换关系是

$$
\begin{bmatrix} E_1 \\ E_2 \\ E_3 \\ E_4 \\ E_5 \end{bmatrix} = \begin{bmatrix} \xi_1 & \xi_2 & \xi_3 & \xi_4 & \xi_5 \\ \eta_1 & \eta_2 & \eta_3 & \eta_4 & \eta_5 \\ \rho_1 & \rho_2 & \rho_3 & \rho_4 & \rho_5 \\ \zeta_1 & \zeta_2 & \zeta_3 & \zeta_4 & \zeta_5 \\ \varphi_1 & \varphi_2 & \varphi_3 & \varphi_4 & \varphi_5 \end{bmatrix} \begin{bmatrix} e_1 \\ e_2 \\ e_3 \\ e_4 \\ e_5 \end{bmatrix}. \tag{4.13}
$$

式(4.13)表明,新的坐标系的基矢 E_1, E_2, E_3, E_4, E_5,分别是本征矢 $\xi, \eta, \rho, \zeta, \varphi$. 式(4.12)是在以 $E_j = (E_1, E_2, E_3, E_4, E_5)$ 为基矢的坐标系中的对称操作矩阵,它是分块对角化的. 相应地,这个五维空间被分成了分别由$(1) E_1$ 和 E_2,$(2) E_3$ 和 E_4,$(3) E_5$ 张着的 3 个子空间. 这个对称操作也分解成了在$(1) E_1$ 和 E_2,$(2) E_3$ 和 E_4,$(3) E_5$ 这 3 个子空间内的 3 个子对称操作. 在$(1) E_1$ 和 E_2 子空间内是旋转 $\dfrac{p_1}{m_1} 2\pi$ 角,在$(2) E_3$ 和 E_4 子空间内是旋转 $\dfrac{p_2}{m_2} 2\pi$ 角,在$(3) E_5$ 子空间内是恒等操作(当 $f = 1$ 时)或镜面反映操作(当 $f = -1$ 时).

可见对称操作矩阵的约化与求解该矩阵的本征值和本征矢密切相关:(1)约化之后的新的坐标系的基矢就是本征矢,见式(4.13).(2)约化后的对称操作矩阵就是本征值构成的矩阵 $\boldsymbol{\Gamma}'$,见式(4.12).

§4.2 $n(n=4,5,6)$维空间的点对称操作

设五维空间某个晶体点阵的基矢是 $e_j = (e_1, e_2, e_3, e_4,$

e_5),某个点对称操作 g 的矩阵 $\boldsymbol{\Gamma}(g)$ 把这组基矢变换成另一组矢量 $e_j' = (e_1', e_2', e_3', e_4', e_5')$

$$(e_j')^{\mathrm{T}} = \boldsymbol{\Gamma}(g) e_j^{\mathrm{T}}. \tag{4.14}$$

点对称操作 g 的阶数为 N,它是个有限的数:$[\boldsymbol{\Gamma}(g)]^N = \boldsymbol{I}$,即经过 N 次操作之后就还原了.g 是个点对称操作,应该保持这个五维晶体点阵不变,即 e_j' 应该是 e_j 的整系数线性组合,故矩阵 $\boldsymbol{\Gamma}(g)$ 应该是整数系数的矩阵.如 §4.1 所述,在复数域上,矩阵 $\boldsymbol{\Gamma}(g)$ 可以对角化,其本征值 λ 的模为 1:$\lambda = \exp(\mathrm{i}\phi)$.在实数域上,由于复数根是成对地出现的,矩阵 $\boldsymbol{\Gamma}(g)$ 可以分块对角化成维数为 2 或 1 的块.

现在我们来探讨有理数域上的约化.把式(4.5)表示的五次整系数多项式 $f(\lambda)$ 分解成有理系数的既约多项式 $f_\mu(\lambda)$ 的乘积

$$f(\lambda) = \prod_\mu f_\mu(\lambda), \tag{4.15}$$

$f_\mu(\lambda)$ 的次数为 n_μ,有 n_μ 个复数根.若 $\lambda = \exp\left(\dfrac{p}{m_\mu} 2\pi\mathrm{i}\right)$ 是 $f_\mu(\lambda)$ 的一个根,则一切在 0 与 m_μ 之间的而且与 m_μ 互质的整数 p' 构成的 $\lambda' = \exp\left(\dfrac{p'}{m_\mu} 2\pi\mathrm{i}\right)$ 都是 $f_\mu(\lambda)$ 的根.p' 的个数 n_μ 就是多项式 $f_\mu(\lambda)$ 的次数,称为 m_μ 的 Euler 函数:$E(m_\mu) = n_\mu$.对应于式(4.15)的分解,n 维空间 V 也被分解成了若干个 n_μ 维的子空间 V_μ:$n = \sum n_\mu$,$V = \sum V_\mu$.这里 n_μ 维空间 V_μ 的基矢是 n 维晶体点阵空间的基矢的有理系数线性组合,因而仍然是周期结构.

表 4.3 列举了旋转轴次 m_μ 不太高的多项式 $f_\mu(\lambda)$ 的根(本征值)$\lambda' = \exp\left(\dfrac{p'}{m_\mu} 2\pi\mathrm{i}\right)$ 中的 p' 值,以及多项式 $f_\mu(\lambda)$ 的次数 n_μ.对应于 $m_\mu = 1$ 的本征值是 $\exp(2\pi\mathrm{i}) = 1$,这是恒等操作(全同操作),相应的是 $n_\mu = 1$ 的一维空间.对应于 $m_\mu = 2$ 的本征值是 $\lambda' = \exp\left(\dfrac{1}{2} 2\pi\mathrm{i}\right) = -1$,这是个镜面反映操作,相应的是 $n_\mu = 1$ 的一维空间.对应于 $m_\mu = 3$ 有两个 p'($p' = 1$ 和 $p'' = 2$),相应的两个本征值是 $\lambda' = \exp\left(\dfrac{1}{3} 2\pi\mathrm{i}\right)$ 和 $\lambda'' = \exp\left(\dfrac{2}{3} 2\pi\mathrm{i}\right)$,这是个 $n_\mu = 2$ 的

二维空间内的三次旋转操作. 对应于 $m_\mu = 4$ 有两个 p' ($p' = 1$ 和 $p'' = 3$), 相应的两个本征值是 $\lambda' = \exp\left(\dfrac{1}{4} 2\pi i\right)$ 和 $\lambda'' = \exp\left(\dfrac{3}{4} 2\pi i\right)$, 这是个 $n_\mu = 2$ 的二维空间内的四次旋转操作. 对应于 $m_\mu = 5$ 有四个 p' ($p' = 1, 2, 3, 4$), 即 4 个本征值与本征矢. 而且这 4 个本征矢的系数是有理数, 它们张着一个四维 ($n_\mu = 4$) 晶体点阵. 根据复根成双定理, 每两个互相复共轭的本征值组合在一起, 对应于一个二维空间. 即: 本征值 $\lambda' = \exp\left(\dfrac{1}{5} 2\pi i\right)$ 和 $\lambda'''' = \exp\left(\dfrac{4}{5} 2\pi i\right)$ 组合, 相应的两个本征矢是实系数的, 它们张着的二维空间内的对称操作是旋转角为 $\dfrac{2\pi}{5}$ 的五次旋转操作. 本征值 $\lambda'' = \exp\left(\dfrac{2}{5} 2\pi i\right)$ 和 $\lambda''' = \exp\left(\dfrac{3}{5} 2\pi i\right)$ 组合, 相应的两个本征矢是实系数的, 它们张着的二维空间内的对称操作是旋转角为 $\dfrac{4\pi}{5}$ 的五次旋转操作.

表 4.3　多项式 $f_\mu(\lambda)$ 的本征值 $\lambda' = \exp\left(\dfrac{p'}{m_\mu} 2\pi i\right)$ 中的 m_μ 和 p' 的值, 以及多项式 $f_\mu(\lambda)$ 的次数 n_μ

m_μ	p'	n_μ	m_μ	p'	n_μ
1	1	1	11	1,2,3,4,5,6,7,8,9,10	10
2	1	1	12	1,5,7,11	4
3	1,2	2	13	1,2,3,4,5,6,7,8,9,10,11,12	12
4	1,3	2	14	1,3,5,9,11,13	6
5	1,2,3,4	4	15	1,2,4,7,8,11,13,14	8
6	1,5	2	16	1,3,5,7,9,11,13,15	8
7	1,2,3,4,5,6	6	18	1,5,7,11,13,17	6
8	1,3,5,7	4	20	1,3,7,9,11,13,17,19	8
9	1,2,4,5,7,8	6	21	1,2,4,5,8,10,11,13,16,17,19,20	12
10	1,3,7,9	4	22	1,3,5,7,9,13,15,17,19,21	10

表 4.3 中列出的 m_μ 的 Euler 函数值 $n_\mu = E(m_\mu)$ 可以用下列公式计算(Rabson, et al., 1991):

$$n_\mu = E(m_\mu) = m_\mu \frac{(p'-1)(p''-1)\cdots}{p'p''\cdots}, \qquad (4.16)$$

式中 $p', p'', \cdots$,是 m_μ 的各不相同的素数.

现在以五维空间的一个八次旋转对称操作为例说明如下. 具有八次旋转对称的五维空间晶体的基矢 $(e_1, e_2, e_3, e_4, e_5)$ 都是互相垂直的,其中 e_5 平行于这支八次轴. 八次旋转操作把 e_5 变成 e_1,并依次把基矢 e_1 变成 e_2,把 e_2 变成 e_3,把 e_3 变成 e_4,把 e_4 变成 $-e_1$,等等. 因此,这个对称操作的作用在坐标上的矩阵是

$$\boldsymbol{\Gamma}(C_8) = \begin{bmatrix} 0 & 0 & 0 & -1 & 0 \\ 1 & 0 & 0 & 0 & 0 \\ 0 & 1 & 0 & 0 & 0 \\ 0 & 0 & 1 & 0 & 0 \\ 0 & 0 & 0 & 0 & 1 \end{bmatrix}. \qquad (4.17)$$

它对应的五次多项式及其因式分解如下:

$$f(\lambda) = \begin{vmatrix} -\lambda & 0 & 0 & -1 & 0 \\ 1 & -\lambda & 0 & 0 & 0 \\ 0 & 1 & -\lambda & 0 & 0 \\ 0 & 0 & 1 & -\lambda & 0 \\ 0 & 0 & 0 & 0 & 1-\lambda \end{vmatrix}$$

$$= -(\lambda^4+1)(\lambda-1) \qquad (4.18a)$$

$$= -(\lambda^2-\sqrt{2}\lambda+1)(\lambda^2+\sqrt{2}\lambda+1)(\lambda-1) \qquad (4.18b)$$

$$= -(\lambda-\lambda_1)(\lambda-\lambda_2)(\lambda-\lambda_3)(\lambda-\lambda_4)(\lambda-1). \qquad (4.18c)$$

式(4.18c)已将多项式 $f(\lambda)$ 在复数域上分解成了既约多项式,有一个实数(在这个例子里是整数 1)根和四个复数根 $\lambda_1 = \exp(\pi i/4)$,$\lambda_2 = \exp(-\pi i/4)$,$\lambda_3 = \exp(3\pi i/4)$ 和 $\lambda_4 = \exp(-3\pi i/4)$,其中,$\lambda_1$ 和 λ_2 是互相复共轭的一对复根,相应的两个本征矢是 $\zeta + i\eta$ 和 $\zeta - i\eta$,其中 ζ 和 η 都是实系数的,它们张着的二维空间 V_{11} 内的对称操作是旋转角为 $\pi/4$ 的八次旋转操作,对应于式

(4.18b)中的第一个因子$(\lambda^2 - \sqrt{2}\lambda + 1)$. 类似地,$\lambda_3$和$\lambda_4$也是互相复共轭的一对复根,两个实系数的本征矢张着的二维空间V_{12}内的对称操作是旋转角为$3\pi/4$的八次旋转操作,对应于式(4.18b)中的第二个因子$(\lambda^2 + \sqrt{2}\lambda + 1)$. 总之,式(4.18b)给出的是将多项式$f(\lambda)$在实数域上分解成既约多项式的情况. 因式分解(4.18a)是有理系数域上的既约多项式分解,对应于式(4.15).

式(4.18a)表示,在五维空间的晶体学点对称操作C_8所对应的多项式$f(\lambda)$分解成了两个有理数域上的既约多项式,其中一个是$(\lambda^4 + 1)$,对应于一个八次旋转操作的四维空间V_1,它是两个二维子空间V_{11}与V_{12}的直和:$V_1 = V_{11} \oplus V_{12}$. 另一个是$(\lambda - 1)$,对应于一个恒等操作的一维空间$V_2$.

由以上的讨论可知,描述高维空间中的点对称操作最重要的参数是旋转的轴次m_μ,故以下我们用若干个m_μ构成的数组来表示高维晶体空间中的点对称操作$\boldsymbol{R}$. 例如,式(4.17)就代表五维空间的一个名为18的点对称操作.

现在讨论四维空间的点对称操作,列在表4.4中. 四维空间的点对称操作可以由表4.3推导出,只需要从表4.3中选出$n_\mu \leqslant 4$的操作,即:$1,2$(以上$n_\mu = 1$);$3,4,6$(以上$n_\mu = 2$);$5,8,A(10)$和$C(12)$(以上$n_\mu = 4$). 把以上九种操作组合成维数为$n = \sum n_\mu = 4$的点对称操作,就得到表4.4列举的四维空间的全部点对称操作. 其中每个操作的阶N等于构成这个操作的几个子操作的阶m_μ的最小公倍数. 例如,操作64是由一个二维空间内的6次旋转(阶数为6)和另一个二维空间内的4次旋转(阶数为4)组成的,因而其阶为12. 需要特别说明的是:对称操作$\boldsymbol{R} = 2111$中的2表示的并不是2次旋转,而是使第一个坐标反号的镜面反映. $\boldsymbol{R} = 2211$表示的是两个坐标反号,因而是一个2次旋转. $\boldsymbol{R} = 321$表示的操作包含有一个二维平面内的3次旋转,第三个坐标反号,因而是个3次旋转反映操作S_3,等于5次施以6次旋转倒反操作$\bar{6}$:$S_3 = (\bar{6})^5$. $\boldsymbol{R} = 621$则是6次旋转反映操作S_6,等于5

次施以 3 次旋转倒反操作 $\overline{3}$：$S_6 = (\overline{3})^5$．关于旋转反映与旋转倒反操作的这种关系的详细讨论,可参阅有关晶体学的教科书.

表 4.4　四维空间的点对称操作

$R = \{m_\mu\}$	阶	说　　明
1111	1	全同操作 1
2111	2	镜面反映 m
2211	2	2 次旋转 2
2221	2	三维倒反 $\overline{1}$
2222	2	
311	3	3 次旋转 3
321	6	3 次旋转反映 $S_3 = (\overline{6})^5$
322	6	
411	4	4 次旋转 4
421	4	4 次旋转反映 $S_4 = (\overline{4})^3$
422	4	
611	6	6 次旋转 6
621	6	6 次旋转反映 $S_6 = (\overline{3})^5$
622	6	
33	3	
43	12	
44	4	
63	6	
64	12	
66	6	
5	5	5 次旋转 5
8	8	8 次旋转 8
A	10	10 次旋转 A
C	12	12 次旋转 C

　　五维空间的点对称操作也可类似地推导. 由于复根成双,五

次多项式至少有一个实数根. 又, 点对称操作的根的模(绝对值)必须是 1, 即此根为 1 或 -1. 剩下的就是已列入表 4.4 中的 24 个对称操作了. 因此, 五维空间的点对称操作就是在表 4.4 中列举的点对称操作上分别添上 1 或 -1 而得到的. 扣除重复的, 最后得到下列 38 个点对称操作:

[1] 共 6 个: 11111, 21111, 22111, 22211, 22221, 22222.

[2] 共 $4 \times 3 = 12$ 个: 3111, 3211, 3221, 3222; 4111, 4211, 4221, 4222; 6111, 6211, 6221, 6222.

[3] 共 $2 \times 6 = 12$ 个: 331, 332; 431, 432; 441, 442; 631, 632; 641, 642; 661, 662.

[4] 共 $2 \times 4 = 8$ 个: 51, 52; 81, 82; $A1, A2$; $C1, C2$. (4.19)

为了推导出六维空间的点对称操作, 需要考虑从表 4.3 中选出 $n_\mu \leqslant 6$ 的操作, 即: 1, 2(以上 $n_\mu = 1$); 3, 4, 6(以上 $n_\mu = 2$); 5, 8, $A(10)$ 和 $C(12)$(以上 $n_\mu = 4$); 7, 9, $E(14)$, $I(18)$ (以上 $n_\mu = 6$). 由这 13 个基本的操作可以组合出 78 个六维空间的点对称操作, 它们是:

[1] 共 7 个: 111111, 211111, 221111, 222111, 222211, 222221, 222222.

[2] 共 $5 \times 3 = 15$ 个: 31111, 32111, 32211, 32221, 32222; 41111, 42111, 42211, 42221, 42222; 61111, 62111, 62211, 62221, 62222.

[3] 共 $6 \times 3 = 18$ 个: 3311, 3321, 3322; 4311, 4321, 4322; 4411, 4421, 4422; 6311, 6321, 6322; 6411, 6421, 6422; 6611, 6621, 6622.

[4] 共 10 个: 333, 433, 443, 444; 633, 643, 644; 663, 664, 666.

[5] 共 $3 \times 4 = 12$ 个: 511, 521, 522; 811, 821, 822; $A11$, $A21, A22$; $C11, C21, C22$.

[6] 共 $3 \times 4 = 12$ 个: 53, 54, 56; 83, 84, 86; $A3, A4, A6$; $C3$, $C4, C6$.

§4.3   准晶的点对称操作

在§4.2 中已推导出,$n = 4,5,6$ 维空间中可能的点对称操作. 这一节我们将探讨哪些点对称操作是准晶的,或者可以是准晶的. 讨论的关键在于,一方面从对称操作矩阵约化的观点,n 维空间 V 首先分解成有理数不可约的(因而是晶体点阵的)若干个子空间:$V = V_1 + V_2 + \ldots$,然后每个有理数不可约的子空间 V_μ 又可以分解成若干个实数不可约的维数为 1 或 2 的子空间 $V_\mu = V_{\mu p1} \oplus V_{\mu p2} \oplus \cdots$.

维数为 1 时,得到点对称操作 1 或 2,维数为 2 时,得到旋转角为 $\pm \dfrac{p_j}{m_\mu} 2\pi$ 的一个在二维空间的点对称操作. 另外一方面,n 维空间又可以分解为 d 维($d = 1,2,3$)物理空间(或称为平行空间)V_E 和 $(n-d)$ 维的补空间(或称为垂直空间)V_I. n 维空间的晶体被 d 维($d = 1,2,3$)物理空间切割而得到准晶. 现在让我们分成若干种情况讨论如下:

(1)混合操作:某一个二维的实数域不可约子空间 $V_{\mu p}$ 分属于 V_E 和 V_I,则 V_E 内的点被操作 R 变换到 V_I 中. 此时 V_E 不是操作 R 的不变空间,或者说 R 不是 V_E 内的对称操作. 例:$n = 4$,$d = 3$,$R = \{8\}$.

(2)不混合操作:V_E 和 V_I 分别包含若干个完整的 $V_{\mu p}$,R 操作把 V_E 和 V_I 空间内的坐标分别变换到 V_E 和 V_I 空间内. 这就是说,R 是个对称操作. 但是 R 是否可以作为准晶的点对称操作,还应分别几种情况讨论如下:

(i)某 V_μ 中一个实数二维不变子空间 $V_{\mu p}$ 属于 V_E,其余 $(n_\mu - 2)$ 维子空间属于 V_I. 例:$n = 4,d = 2,R = \{8\}$. 让对称操作 $R = \{8\}$ 中的对应于旋转 $\pm \pi/4$ 角的二维子空间属于 V_E,其对应于旋转 $\pm 3\pi/4$ 角的二维子空间属于 V_I. 由于在实数域上的本征值和本征矢不可能都是有理数,必含有无理数,则由本征矢构成的用于约化的基矢也含有无理数. 因此,V_E 内是准周期函数.

(ii) 整个 V_μ 空间都属于 V_I. 注意:V_μ 空间是有理数不可约的子空间,因而在 V_μ 空间内仍有周期性. 又分为如下两种情况:

(a) V_I 内的全部 V_μ 对应的 m_μ 在 V_E 中都不出现. 例:$n = 4, d = 2, \{m_\mu\} = \{43\}$. 这种情况下 V_E 空间具有周期性.

(b) V_I 内的某个 V_μ 对应的 m_μ 在 V_E 中出现. 例:$n = 4, d = 2, \{m_\mu\} = \{44\}$. 这种情况下,$V_E$ 空间可以具有周期性,因为与对称操作{4}对应的二维空间的基矢可以是有理系数的. 但是我们也可以在 $\{m_\mu\} = \{44\}$ 所对应的四维空间内人工地作一个包含有无理数的坐标变换,这样的变换一方面保持操作仍然是{44},另一方面则使得空间内的基矢的系数变为无理数的,从而得到一个准周期的结构.

总之,以上讨论的(i)和(ii)(b)两种情况下可以构造出准晶. 在 $n = 4, 5, 6$ 的情况下 $d = 3$ 的物理空间中可能作为准晶的点对称操作列举在表 4.5 中. 现在举如下几个例子:

(1) 物理空间的 6 次旋转操作,对一维准晶而言,它是个在二维晶体学平面上的操作. 物理空间的第三维与补空间(它是一维的)的操作相同,都是全同操作 1. 这正好是(ii)(b)的情况:V_I 内的某个 V_μ(在这里是个一维空间)对应的 m_μ(在这里是 1)在 V_E 中出现,可以构造出个一维的准周期结构. 同是物理空间的 6 次旋转操作,对二维准晶而言,它与补空间中的 6 次旋转操作组合,也是(ii)(b)的情况:V_I 内的某个 V_μ(在这里是个二维空间)对应的 m_μ(在这里是 6)在 V_E 中出现,可以构造出准周期结构. 物理空间的第三维则是周期性的.

(2) $m_\mu = 5, 8, 10, 12$ 是 $n_\mu = 4$ 的四维空间 V_μ 中的 5 次,8 次,10 次,12 次旋转的晶体学对称操作. 对于二维或三维准晶,V_μ 可以分解成两个二维的无理数空间,一个属于 V_E,另一个属于 V_I. 它们是点对称操作,这正好是(i)的情况. 但是对于一维准晶,这些都是混合操作,属于情况(1). 这是因为一维准晶的补空间只有一维.

注意:点操作 $\{32\}$ 是旋转反映操作 S_3,它对应于 $\bar{6}$. 点操作 $\{62\}=S_6$,对应于 $\bar{3}$. 点操作 $\{52\}=S_5$,对应于 $\overline{10}=\bar{A}$. 点操作 $\{A2\}=S_{10}$,对应于 $\bar{5}$.

§4.4 一维准晶的点群和空间群

从表 4.5 可知,一维准晶可能的点对称操作可以分成两类. 一类是普通的二维晶体学点群具有的 6 个,即:$1,2,3,4,6,m$. 由它们可以组合成 10 个平面点群,见表 4.6 中的第一栏. 第二类是三维的点对称操作共六个,即:$\bar{1},m_h,2_h,\bar{3},\bar{4},\bar{6}$. 10 个平面点群与它们组合就可得到全部一维准晶点群. 在组合时只需考虑其中 $\bar{1}$, $m_h,2_h,4$ 4 个,列在表 4.6 的第一行. 这是因为 $\bar{3}$ 和 $\bar{6}$ 本身就是组合的结果:$\bar{3}=3\otimes\bar{1},\bar{6}=3\otimes m_h$. 表 4.6 中的第一栏列出的 10 个平面点群与第一行列出的 4 个三维空间的对称元素组合的结果,去除重复的,就得到 31 个一维准晶的点群. 在表 4.6 中,重复的点群用方括号【】括起来. 表的最后一行给出该栏的点群的个数,总共是 31 个. 一维准晶的这 31 个点群也可以通过下述考虑而得到:表 4.5 所列出的一维准晶的点对称操作都在晶体学点对称操作的范围之内,因而由它们构成的点群也应该在 32 个晶体学点群的范围之内. 32 个晶体学点群中的 5 个立方点群($23,m\bar{3},432$, $\bar{4}3m,m\bar{3}m$)都包含有斜交的轴,不可能是一维准晶的点群. 考虑到 2 与 2_h,m 与 m_h,$2/m_h$ 与 $2_h/m$,$2mm$ 与 2_hmm_h 对于一维准晶是不同的点群,我们正好得到 31 个点群.

这 31 个点群列在表 4.7 的第三栏,它们可以归类成 6 个晶系,10 个 Laue 类,见表 4.7 的第一和第二栏. 在第六章讨论主准晶的线弹性理论时会知道,属于同一个 Laue 类的准晶的弹性行为是一样的.

表 4.5 在 $n = 4,5,6$ 的情况下 $d = 3$ 的物理空间中可能的点对称操作 $\{m_\mu\}$，它们在物理空间的分量 K_E，在补空间的分量 K_I，以及它们的阶。K_E 与 K_I 都采用国际晶体学表中习惯的 Hermann-Mauguin 符号。点对称操作 $\{m_\mu\}$ 中前三维的操作属于物理空间，后一维（$n = 4$，一维准晶），后两维（$n = 5$，二维准晶），或后三维（$n = 6$，三维准晶）则属于补空间

$n=4$,一维准晶				$n=5$,二维准晶				$n=6$,三维准晶			
$\{m_\mu\}$	K_E	K_I	阶	$\{m_\mu\}$	K_E	K_I	阶	$\{m_\mu\}$	K_E	K_I	阶
1111	1	1	1	11111	1	1	1	111111	1	1	1
2111	m	1	2	11211	m_h	1	2				
1122	m_h	m	2	21121	m	m	2	211211	m	m	2
2211	2	1	2	12212	2_h	m	2				
1222	2_h	m	2	22122	2	2	2	221221	2	2	2
2222	$\bar{1}$	m	2	22222	$\bar{1}$	2	2	222222	$\bar{1}$	$\bar{1}$	2
311	3	1	3	313	3	3	3	3131	3	3	3
322	$\bar{6}$	m	6	323	$\bar{6}$	3	6	3232	$\bar{6}$	$\bar{6}$	6
411	4	1	4	414	4	4	4	4141	4	4	4
422	$\bar{4}$	m	4	424	$\bar{4}$	4	4	4242	$\bar{4}$	$\bar{4}$	4
611	6	1	6	616	6	6	6	6161	6	6	6
622	$\bar{3}$	m	6	626	$\bar{3}$	6	6	6262	$\bar{3}$	$\bar{3}$	6
				15	5	5	5	151	5	5	5
				25	$\bar{A}$	5	10	252	$\bar{A}$	$\bar{A}$	10
				18	8	8	8	181	8	8	8
				28	$\bar{8}$	8	8	282	$\bar{8}$	$\bar{8}$	8
				1A	A	A	10	1A1	A	A	10
				2A	$\bar{5}$	A	10	2A2	$\bar{5}$	$\bar{5}$	10
				1C	C	C	12	1C1	C	C	12
				2C	$\bar{C}$	C	12	2C2	$\bar{C}$	$\bar{C}$	12

表 4.6　31 个一维准晶点群的推导

	$\bar{1}$	m_h	2_h	$\bar{4}$
1	$\bar{1}$	m_h	2_h	$\bar{4}$
2	$2/m$	【$2/m$】	222	【$\bar{4}$】
3	$\bar{3}$	$\bar{6}=3/m$	32	
4	$4/m$	【$4/m$】	422	【$4/m$】
6	$6/m$	【$6/m$】	622	
m	$2_h/m$	$2_h mm_h$	【$2_h/m$】	【$\bar{4}m2$】
			【$2_h mm_k$】	
$2mm$	mmm	【mmm】	【mmm】	【$\bar{4}m2$】
			$\bar{4}m2$	
$3m$	$\bar{3}2/m$	$\bar{6}m2$	【$32/m$】	
			【$\bar{6}m2$】	
$4mm$	$4/mmm$	【$4/mmm$】	【$4/mmm$】	【$4/mmm$】
$6mm$	$6/mmm$	【$6/mmm$】	【$6/mmm$】	
10	10	4	6	1

表 4.7 的第四栏列出了一维准晶的空间群. 一维准晶在 x-y 平面内是有周期性的,在 z 方向上是准周期的. 因而只可能有简单(P)或 C 心两种点阵,水平 2 次螺旋轴 $2_1[100]$ 和 $2_1[010]$,铅垂滑移面 $a[010]$ 和 $b[100]$,水平滑移面 $a[001]$,$b[001]$ 和 $n[001]$. 不可能有任何包含 z 方向的平移的操作,如 $n[100]$ 或 $n[010]$. 因此,从 230 个晶体学空间群出发,(1)去掉所有的立方空间群. (2)对于每一个单斜和正交的空间群,需要依次考虑各种放置. 例如,对于第 53 号空间群 $Pmna$,还需要考虑其他的放置:$Pnmb$,$Pbmn$,$Pcnm$,$Pncm$ 和 $Pman$. 这是因为它们对于一维准晶是不等价的. (3)去掉 A 心,B 心,体心,面心以及菱面体(R)点阵的空间群,去掉包含 z 方向的平移的空间群. 按照这一准则,上述六个空间群就只剩下 $Pbmn$ 和 $Pman$ 两个,它们对于一维准晶是等价的. 用这种方法推导出 80 个一维准晶的空间群,列在表 4.7 的第四栏.

表 4.7 一维准晶的晶系，Laue 类，点群，空间群

晶系	Laue类		点群	空间群
	序号	名称		
三斜	1	$\bar{1}$	$1, \bar{1}$	$P1, P\bar{1}$
单斜	2	$2/m_h$	$2, m_h, 2/m_h$	$P112, P11m, P11b, P11\,2/m, P112/b$
	3	$2_h/m$	$2_h, m, 2_h/m$	$P121, P12_11, C121, P1m1, P1a1, C1m1, P12/m1,$ $P12_1/m1, C12/m1, P12/a1, P12_1/a1$
正交	4	mmm_h	$2_h2_h2, mm2,$ $2_hmm_h, mmm_h$	$P222, P2_122, P2_12_12, C222, Pmm2, Pbm2,$ $Pba2, Cmm2, P2mm, P2_1am, P2_1ma, P2aa,$ $P2mb, P2_1ab, P2an, P2_1mn, C2mm, C2mb,$ $Pmmm, Pmaa, Pban, Pbmm, Pmma, Pbmn,$ $Pbaa, Pbam, Pmab, Pmmn, Cmmm, Cmma$
四方	5	$4/m_h$	$4, \bar{4}, 4/m_h$	$P4, P\bar{4}, P4/m, P4/n$
	6	$4/m_hmm$	$42_h2_h, 4mm,$ $\bar{4}2_hm, 4/m_hmm$	$P422, P42_12, P4mm, P4bm, P\bar{4}2m, P\bar{4}2_1m,$ $P\bar{4}m2, P\bar{4}b2, P4/mmm, P4/nbm, P4/mbm, P4/nmm$
三角	7	$\bar{3}$	$3, \bar{3}$	$P3, P\bar{3}$
	8	$\bar{3}m$	$32_h, 3m, \bar{3}m$	$P312, P321, P3m1, P31m, P\bar{3}1m, P\bar{3}m1$
六角	9	$6/m_h$	$6, \bar{6}, 6/m_h$	$P6, P\bar{6}, P6/m$
	10	$6/m_hmm$	$62_h2_h, 6mm,$ $\bar{6}m2_h, 6/m_hmm$	$P622, P6mm, P\bar{6}m2, P\bar{6}2m, P6/mmm$

关于一维准晶的点群和空间群的推导,特别是运用群论的严格的推导请参阅王仁卉等(Wang, et al. 1997),以及王仁卉和郭可信(1990).

§4.5 二维准晶的点群和空间群

从表4.5可知,二维准晶可能的点对称操作可以分成两类.一类是晶体学允许的,与一维准晶的点对称操作形式上一样. 不同之处在于:一维准晶的 x-y 平面是周期性的,z 方向是准周期的. 二维准晶的 x-y 平面是准周期性的,z 方向是周期的. 这些对称元素组合的结果,得到 31 个二维准晶的点群。它们分别属于 6 个晶系,10 个 Laue 类,见表 4.8. 第二类是四维空间中的晶体学点对称操作 $5, 8, A = 10$ 和 $C = 12$ 在物理空间中的分量. 它们是描述准周期性的 x-y 平面上的对称性的 5 次,8 次,10 次和 12 次旋转操作. 类似于在推导晶体学点群时采用的方法(Schoenlies 推导方法),我们也可以把这些操作对应的 N 次轴(和 $\overline{N}$ 次轴)与水平镜面 m_h,水平二次轴 2_h,铅垂镜面 m_v 当中的一个,或两个(相当于 3 个)相组合,而推导出有关的点群,见表 4.9. 这样总共得到 26 个含有非晶体学点对称操作的二维点群.

表 4.8　晶体学允许的点对称操作构成的二维准晶的晶系,Laue 类和点群

晶系	Laue 类		点群
三斜	1	$\overline{1}$	$1, \overline{1}$
单斜	2	$2/m_h$	$2, m, 2/m$
	3	$2_h/m$	$2_h, m, 2_h/m$
正交	4	mmm_h	$2_h 2_h 2, mm2, 2_h mm_h, mmm_h$
四方	5	$4/m_h$	$4, \overline{4}, 4/m$
	6	$4/m_h mm$	$42_h 2_h, 4mm, \overline{4}2_h m, 4/m_h mm$
三角	7	$\overline{3}$	$3, \overline{3}$
	8	$\overline{3}m$	$32_h, 3m, \overline{3}m$
六角	9	$6/m_h$	$6, \overline{6}, 6/m_h$
	10	$6/m_h mm$	$62_h 2_h, 6mm, \overline{6}m2_h, 6/m_h mm$

表 4.9 用 Schoenflies 法推导 26 个含有非晶体学点对称操作 5,8,10 = A 和 12 = C 的二维准晶的点群

主对称轴	加水平镜面 m_h	加铅垂镜面 m_v	加水平二次轴 2_h	同时加上三者
5	$5/m = \overline{A} = \overline{10}^-$	$5m$	52	$\overline{A}m2 = \overline{10}\,m2$
$\overline{5}$		$\overline{}52/m$	$\overline{}52/m$	
8	$8/m$	$8mm$	822	$8/mmm$
$\overline{8}$		$\overline{8}m2$	$\overline{8}m2$	
10(A)	$10/m = A/m$	$10mm = Amm$	$10,2,2 = A22$	$10/mmm = A/mmm$
$\overline{A} = \overline{10}$		$\overline{10}\,m2 = \overline{A}m2$	$\overline{10}\,m2 = \overline{A}m2$	
12(C)	$12/m = C/m$	$12mm = Cmm$	$12,2,2 = C22$	$12/mmm = C/mmm$
$\overline{C} = \overline{12}$		$\overline{}12\,m2 = \overline{C}m2$	$\overline{12}\,m2 = \overline{C}m2$	

这 26 个含有非晶体学点对称操作的二维点群还可进一步分成 4 个晶系,8 个 Laue 类,见表 4.10. Rabson 等(1991)系统地推导了二维准晶的空间群,其结果也列在表 4.10 中. 二维准晶的三维空间点阵可以由在准周期平面内的点阵(1)沿着主轴方向周期性地堆砌而得. 此时相邻两层之间的平移矢量 c 就是该二维准晶的周期. 这种情况相当于晶体中六角点阵. (2)当主轴的轴次 N 为素数的幂函数(例如 $N = 5$)时,或者是 2 的幂函数(例如 $N = 8$)时,交错地堆砌而得. 此时相邻两层之间的平移矢量是 $zc + \tau$,这里 τ 是在准周期平面内的某个矢量. 这种情况相当于晶体中主轴为三次轴的菱面体点阵,或者体心四方点阵. 在表 4.10 中,与这类点阵相应的空间群的首位是 S.

本节仅讨论了垂直空间的维数与物理空间的维数相同的非晶体学旋转对称操作,即 5 次、10 次、8 次、12 次共 4 种四维旋转操作. 这些操作有一个共同特点:在二维的物理空间是旋转 $\pm\dfrac{2\pi}{m}$ 角,在二维的垂直空间则是旋转 $\pm\dfrac{p \times 2\pi}{m}$ 角. $m = 5,10,8,12$ 是旋转的轴次,$p = 3$(当 $m = 5,10,8$ 时)或 5(当 $m = 12$ 时)是一个大于 1 且小于 m 的与 m 互质的整数. 从理论上考虑,还可以有六维空间中的 $m = 7,9,14,18$ 的旋转对称操作. 它们在二维的物理空间中

表 4.10 含有非晶体学点对称操作 5,8,10 = A 和 12 = C 的二维准晶体的晶系、Laue 类、点群和空间群

晶系	Laue 类序号	Laue 类名称	点群	空 间 群
五角	11	$\bar{5}$	5	$P5,\ P5_j(j=1,2,3,4),\ S5$
			$\bar{5}$	$P\bar{5},\ S\bar{5}$
	12	$\bar{5}m$	$5m$	$P5m1,\ P5c1,\ P51m,\ P51c,\ S5m,\ S5c$
			52	$P512,\ P5_j12(j=1,2,3,4),\ P521,\ P5_j21(j=1,2,3,4),\ S52$
			$\bar{5}m$	$P\bar{5}\frac{2}{m}1,\ P\bar{5}\frac{2}{c}1,\ P\bar{5}1\frac{2}{m},\ P\bar{5}1\frac{2}{c},\ S\bar{5}\frac{2}{m},\ S\bar{5}\frac{2}{c}$
八角	13	$8/m$	8	$P8,\ P8_j(j=1,\cdots,7),\ S8,\ S8_j(j=1,2,3)$
			$\bar{8}$	$P\bar{8},\ S\bar{8}$
	14	$8/mmm$	$8/m$	$P\frac{8}{m},\ P\frac{8_4}{m},\ P\frac{8}{n},\ S\frac{8}{m},\ S\frac{8_4}{n}$
			$8mm$	$P8mm,\ P8bm,\ P8cc,\ P8nc,\ P8_4mc,\ P8_4bc,\ P8_4nm,\ P8_4cm,\ S8mm,\ S8mc,$ $S8dm,\ S8dc$
			822	$P822,\ P82_12,\ P8_j22(j=1,\cdots,7),\ P8_j2_12(j=1,\cdots,7),\ S822,\ S8_j22(j=1,2,3)$
			$\bar{8}m2$	$P\bar{8}m2,\ P\bar{8}b2,\ P\bar{8}c2,\ P\bar{8}n2,\ P\bar{8}2m,\ P\bar{8}2c,\ P\bar{8}2_1m,\ P\bar{8}2_1c,\ S\bar{8}m2,\ S\bar{8}d2,$
			$8/mmm$	$P\frac{8}{m}\frac{2}{m}\frac{2}{m},\ P\frac{8}{m}\frac{2}{b}\frac{2}{m},\ P\frac{8}{n}\frac{2}{b}\frac{2}{m},\ P\frac{8}{n}\frac{2}{m}\frac{2}{m},$ $P\frac{8}{m}\frac{2}{m}\frac{2}{c},\ P\frac{8}{m}\frac{2_1}{n}\frac{2}{c},\ P\frac{8}{n}\frac{2}{c}\frac{2}{c},\ P\frac{8}{n}\frac{2_1}{n}\frac{2}{c},$ $P\frac{8_4}{m}\frac{2}{m}\frac{2}{c},\ P\frac{8_4}{m}\frac{2}{c}\frac{2}{m},\ P\frac{8_4}{n}\frac{2}{m}\frac{2}{c},\ P\frac{8_4}{n}\frac{2_1}{c}\frac{2}{m},$ $P\frac{8_4}{n}\frac{2}{b}\frac{2}{c},\ P\frac{8_4}{m}\frac{2_1}{c}\frac{2}{m},$

晶系	Laue 类序号	Laue 类名称	点群	空间群
十角	15	$A/m = 10/m$	10	$P10$, $P10_j (j=1,2,\cdots,9)$
			$\overline{1}0$	$P\overline{1}0$
	16	$A/mmm =$ $10/mmm$	$10/m$	$P\dfrac{10}{m}$, $P\dfrac{10_5}{m}$
			$10mm$	$P10mm$, $P10cc$, $P10_5mc$, $P10_5cm$
			$A22$	$PA22$, $PA_j22(j=1,2,\cdots,9)$
			$\overline{1}0m2$	$P\overline{1}0m2$, $P\overline{1}0c2$, $P\overline{1}02m$, $P\overline{1}02c$
			$10/mmm$	$P\dfrac{10}{m}\dfrac{2}{m}\dfrac{2}{m}$, $P\dfrac{10}{m}\dfrac{2}{c}\dfrac{2}{c}$, $P\dfrac{10_5}{m}\dfrac{2}{c}\dfrac{2}{m}$
十二角	17	$C/m = 12/m$	12	$P12$, $P12_j(j=1,2,\cdots,11)$
			$\overline{1}2$	$P\overline{1}2$
	18	$C/mmm =$ $12/mmm$	$12/m$	$P\dfrac{12}{m}$, $P\dfrac{12_6}{m}$,
			Cmm	$PCmm$, PC_6cm, $PCcc$
			$C22$	$PC22$, $PC_j22(j=1,2,\cdots,11)$
			$\overline{1}2m2$	$P\overline{1}22m$, $P\overline{1}22c$
			$12/mmm$	$P\dfrac{12}{m}\dfrac{2}{m}\dfrac{2}{m}$, $P\dfrac{12_6}{m}\dfrac{2}{c}\dfrac{2}{c}$, $P\dfrac{12}{m}\dfrac{2}{c}\dfrac{2}{c}$

是旋转 $\pm \dfrac{2\pi}{m}$ 角,对应的四维的垂直空间则分成两个二维子空间,其中的操作分别是旋转 $\pm \dfrac{p' \times 2\pi}{m}$ 角和 $\pm \dfrac{p'' \times 2\pi}{m}$ 角. 当 $m = 7, 9$ 时,$p' = 2, p'' = 4$. 当 $m = 14, 18$ 时,$p' = 5, p'' = 11$. 这样的准晶实验上还没有发现.

§4.6 三维准晶的点群与空间群

由表4.5可知,三维准晶的点对称操作与二维准晶的一样,只是在用这些操作组合成点群时允许它们斜交. 因此,多出了五个立方点群 $23, \dfrac{2}{m}\bar{3}, 432, \bar{4}3m, \dfrac{4}{m}\bar{3}\dfrac{2}{m}$ 和两个二十面体点群 $235, \dfrac{2}{m}\bar{3}\ \bar{5}$. 总之,三维准晶点群共有 60 个,其中 32 个与晶体学点群一样,但是不具有周期性;另外 28 个含有非晶体学点对称操作,它们就是两个二十面体点群 235 和 $\dfrac{2}{m}\bar{3}\ \bar{5}$,再加上表 4.8 中所列举的 26 个. 但需注意,这 26 个主轴分别为 5 次,8 次,10 次,12 次的非晶体学对称的点群,当作为二维准晶的点群时,沿着这些主轴的方向是周期性的. 当作为三维准晶的点群时,沿着这些主轴的方向则是准周期性的.

Bak 和 Goldman(1988)讨论了三种点阵的二十面体准晶,即简单二十面体准晶,面心(face-centered)二十面体准晶,以及体心(body-centered)二十面体准晶. Rokhsar 等(1988)讨论了二十面体准晶可能的空间群,有关结果见表 4.11,表中 q 表示准滑移面,$2/q$ 则表示这滑移面是垂直于 2 次轴的. 如同第一章讨论已发现的准晶材料时指出的,至今已发现了大量的简单二十面体准晶和面心二十面体准晶,但尚无关于体心二十面体准晶的报道.

表 4.11 二十面体准晶的点群和空间群

点 群	空 间 群		
	简单点阵	面心点阵	体心点阵
235	$P235, P235_1$	$F235, F235_1$	$I235, I235_1$
$\dfrac{2}{m}\bar{3}\ \bar{5}$	$P\dfrac{2}{m}\bar{3}\ \bar{5}, P\dfrac{2}{q}\bar{3}\ \bar{5}$	$F\dfrac{2}{m}\bar{3}\ \bar{5}, F\dfrac{2}{q}\bar{3}\ \bar{5}$	$I\dfrac{2}{m}\bar{3}\ \bar{5}$

§4.7 准晶的点群与空间群的实验测定

会聚束电子衍射(CBED)是实验鉴定晶体对称群的重要技术. X 射线衍射结构分析,透射电镜中的高分辨电子显微像(HRTEM),扫描透射电镜中的高角环状暗场(STEM-HAADF)成像等实验技术都可提供有关原子结构的信息. 这样的信息显然有助于晶体和准晶的点群与空间群的测定. Tanaka 等(Tanaka, et al.,2000;Tanaka, et al., 2002)最近就这些实验技术及其在准晶点群和空间群测定中的应用作了详尽的评述. 他们对十次准晶的点群和空间群进行了系统的研究,结果发现如下:

(1) 仅当晶体的结构比较完整时,才能用会聚束电子衍射测定出较为可靠的结果. 例如,早期的十次准晶 Al-Mn 的晶体结构不够完整,用 CBED 技术不能判断其点群究竟是 $10/m$ 还是 $10/mmm$(Bendersky, et al., 1986; Tanaka, et al., 1988). 待制备出了完整性较高(即在其选区电子衍射花样上能观察到距离原点很近的对应于面间距为 2.6nm 甚至 4.2nm 的弱衍射斑)的 Al-Ni-Fe, Al-Co-Cu, Al-Ni-Co, Al-Ni-Rh, Al-Ni-Ir 等十次准晶之后,才得到有关十次准晶点群和空间群的一系列可靠的实验测定结果.

(2) $Al_{70}Ni_{10+x}Fe_{20-x}$ 合金的点群和空间群与成分有关(Saito, et al., 1992;Tsuda, et al., 1993;Tanaka, et al., 1993). 当 $0 \leqslant x \leqslant 7$ 时,空间群为 $P\overline{10}m2$(对应的点群是非中心对称的 $\overline{10}m2$),当 $7.5 \leqslant x \leqslant 10$ 时,测出的空间群为 $P10_5/mmc$. 沿周期方向(即十次轴方向)的 HRTEM 观察发现大量的直径约为 2nm 的具有 5 次对称的原子团簇. 进一步还观察到同一方向的原子团簇构成畴,极性相反的原子团簇构成的畴之间具有倒反并且平移 $c/2$ 的关系. 当 $0 \leqslant x \leqslant 7$ 时,畴尺寸为 100nm 量级,入射电子束可照到一个畴内,故测得其真实的空间群为非中心对称的 $P\overline{10}m2$. 当 $7 < x \leqslant 10$ 时,倒反畴的尺寸为纳米量级,入射电子束照射到若

干成倒反关系的畴上,故实验测出的空间群是 $P10_5/mmc$(对应的点群是中心对称的 $10/mmm$).

(3) Tsuda 等(1994)和 Saitoh 等(1994) 进行的类似的研究发现:熔体急冷的 $Al_{70}Co_{30-x}Cu_x$($x = 2, 4, 6, 8, 10$ 和 12),$Al_{65}Co_{20}Cu_{15}$,$Al_{65}Co_{15}Cu_{20}$ 和 $Al_{73}Co_{27}$ 等合金的空间群为 $P\overline{10}m2$. 也观察到具有倒反并且平移 $c/2$ 的关系的畴界. 但未观察到空间群随成分的变化. Saitoh 等(1996)把熔体急冷的 $Al_{70}Co_{22}Cu_8$ 在电镜中原位加热,发现畴的尺寸随着加热而减小,到约 610℃ 就看不见畴了,此时空间群为 $P10_5/mmc$. 又,对 $Al_{65}Co_{20}Cu_{15}$ 合金从液态凝固并在 1050℃ 退火的试样,用 CBED 和 HRTEM 法研究,发现其空间群为 $P10_5/mmc$,处于两种不同极性的具有 5 次对称的原子团簇混合的状态.

(4) Tsuda 等(1996a) 采用 200kV 的高分辨电子显微镜研究了 $Al_{70}Ni_{15-x}Co_{15+x}$($x = 0 \sim 5$)十次准晶的空间群和晶体结构. 发现其结构与 $Al_{70}Ni_{10+x}Fe_{20-x}$(当 $7.5 \leqslant x \leqslant 10$ 时),还有 1050℃ 退火的 $Al_{65}Co_{20}Cu_{15}$ 十次准晶一样,都是空间群为 $P10_5/mmc$,处于两种不同极性的具有 5 次对称的原子团簇混合的状态. 值得指出的是:当 Hiraga 等(1991)采用加速电压为 400kV 的 HRTEM 研究 $Al_{70}Ni_{15-x}Co_{15+x}$($x = 0 \sim 5$)十次准晶的原子结构时,观察到的是具有十次对称的、直径为 2nm 的原子团簇. Burkov (1991)和 Steurer 等(1993)正是基于这一结果,提出了或者用单晶 X 射线衍射方法测定了 Al-Ni-Co 十次准晶的原子结构模型. 为了澄清原子团簇的对称性,Tsuda 等 (1996b)就 5 次对称的原子团簇的 HRTEM 像随加速电压的变化进行了计算机模拟,发现当加速电压 200kV 时,HRTEM 像显示出 5 次对称. 加速电压达到 300kV 时,5 次对称的原子团簇的 HRTEM 像就大体上显示成十次对称了.

(5) Tsuda 等(1996b)采用 HRTEM 和 CBED 研究了 $Al_{70}Ni_{20}Rh_{10}$,$Al_{70}Ni_{15+x}Ir_{15-x}$($x = 0, 2$ 和 5)和 $Al_{70}Ni_{15-x}Co_{15+x}$($x = 0$ 或 5)等十次准晶的空间群和原子结构,发现这些十次准晶中的原

子团簇都具有 10 次对称,空间群为 $P10_5/mmc$.

单晶 X 射线衍射是测定晶体结构的标准方法,近年来也用于准晶结构(包括其点群和空间群)的测定. Steurer 和他的同事(Steurer et al., 1993; Steurer 1996; Steurer et al., 1999; Cervellino et al., 2002)研究了下列十次准晶:$Al_{65}Co_{15}Cu_{20}$,$Al_{70}Co_{20}Ni_{10}$,$Al_{70}Co_{15}Ni_{15}$,$Al_{78}Mn_{22}$,$Al_{70.5}Mn_{16.5}Pd_{13}$ 和 $Al_{80}Fe_{10}Pd_{10}$,发现它们的空间群都是 $P10_5/mmc$.

关于二十面体准晶的点群和空间群,早期的会聚束电子衍射研究表明,Al-Mn-Si 二十面体准晶的点群是中心对称的 $m\bar{3}\bar{5}$,而不是非中心对称的 235. 后来进一步发现,$Al_{73}Mn_{21}Si_6$,Al_6CuLi_3,$Ga_{20.4}Mg_{36.7}Zn_{42.9}$ 和 $Al_{38}Mg_{47}Pd_{15}$ 的空间群是 $Pm\bar{3}\bar{5}$,而 Al-Cu-Me(Me=Fe,Ru,Os) 和 Al-Me-Pd(Me=Mn,Re) 系的空间群则是 $Fm\bar{3}\bar{5}$. 理论上来讲,二十面体准晶还可能有体心的空间群 $I235$ 和 $Im\bar{3}\bar{5}$,但迄今未见实验发现这类准晶的报道. 此外,还有实验表明 Al-Cu-Fe 和 Al-Pd-Mn 二十面体准晶没有对称中心.

总之,准晶点群和空间群的实验鉴定虽有相当进展,但工作仍是初步的,尚有待进一步的深入和完善.

参 考 文 献

王仁卉,郭可信. 晶体学中的对称群. 北京:科学出版社, 1990

Bak P. Goldman A I. in: Jaric MV, ed. Aperiodicity and Order, V. 1, Introduction to QCs, San Diego: Academic Press, 1988. 143~170

Bendersky L, Kaufman M J. Phil Mag B, 1986. (53): L75

Burkov S E. Phys Rev Lett, 1991(67): 614

Cervellino A, Haibach T, Steurer W. Acta Cryst B, 2002(58): 8~33

Hahn T. Intern Tables for Crystallography, 1999(A)

Hiraga K, Lincoln F J, Sun W. Mater Trans JIM, 1991(32): 308

Hu C Z, Wang R H, Ding D H. Rep Prog Phys, 2000(6):31~39

Janssen T. Z Kristall, 1992(198):17~32

Rabson D A, Mermin N D, Rokhsar D S, Wright D C. Rev Mod Phys, 1991(63): 699~733

Rokhsar D S, Wright D C, Mermin N D. Phys Rev B, 1988(37): 8145~8149

Saito M, Tanaka M, Tsai A P et al. Jpn J Appl Phys, 1992(31): L109

Saitoh K, Tsuda K, Tanaka M. Phil Mag A, 1998(76):135

Saitoh K, Tsuda K, Tanaka M et al. Materials Science and Engineering, 1994(A 181/A 182): 805

Saitoh K, Tsuda K, Tanaka M et al. Phil Mag A, 1996(73): 387

Steurer W, Haibach T, Zhang B. Acta Cryst A, 1993(49):661

Steurer W. , in: Cahn R W, Haasen P (eds). Physical Metallurgy Vol I . Elsevier Science, 1996.371~411

Steurer W, Haibach T. in: ed. Stadnik Z M. Physical Properties of Quasicrystals, Berlin: Springer, 1999

Tanaka M, Terauchi M, Kaneyama T. Convergent-Beam Electron Diffraction II . Tokyo: JEOL, 1988

Tanaka M, Terauchi M,Tsuda K. Convergent-Beam Electron Diffraction III . Tokyo: JEOL, 1994

Tanaka M, Terauchi M, Tsuda K, Saitoh K. Convergent-Beam Electron Diffraction IV , Tokyo: JEOL, 2002

Tanaka M, Terauch M, Tsuda K et al. 日本金属学会会报, 2000(32):645~653

Tanaka M, Tsuda K, Saitob K. Sci Rep A RITU, 1996(42):199

Tanaka M, Tsuda K, Terauchi M et al. J Non-Crystalline Solids, 1993(153~154): 98

Tsuda K, Nishida Y, Saitoh K et al. Phil Mag A, 1996a(74): 697

Tsuda K, Nishida Y, Tanaka M et al. Phil Mag Lett, 1996b(73): 271

Tsuda K, Saito M, Saitoh K et al. Materials Science Forum, 1994(150~151): 255

Tsuda K, Saito M, Terauchi M et al. Jpn J Appl Phys, 1993(32): 129

Wang R H, Yang W G, Hu C Z et al. J Phys:Condens Matter, 1997(9):2411~2422

Yamamoto A, Weber S. Phys Rev Lett, 1997(79): 861

第五章　准晶体平衡性质热力学及物理性质张量

§5.1　准晶体状态参量及其相互关系

二十面体对称最先在 Al-Mn 合金中被发现时是以亚稳定状态出现的,现在各种热力学稳定的准晶体已能由人工顺利培育出来,详见§1.2. 这就使得人们在研究准晶体性质时将它看成能承受一系列外界作用并给予相应响应的热力学系统不仅有了理论上的必要,而且有了实际上的可能. 从热力学观点看来,一个热力学系统可以处于两种状态. 一种是系统与周围环境处于平衡,这时需用到平衡态热力学. 武汉大学准晶研究组杨文革等(Yang,et al.,1996)已把晶体的平衡物理性能热力学推广到准晶的情况. 另一种是系统不处于平衡态,它的状态随时间变化,这时需用到非平衡态热力学. 这一章我们只按照杨文革等(Yang,et al.,1996)讨论准晶体的平衡性质热力学,而对非平衡态过程,如准晶的传热、导电过程则放到第七章去讨论.

准晶体作为一个热力学系统,它在不同物理量作用下将产生不同的响应. 这些作用物理量和代表产生响应的效果物理量之间的关系刻画了准晶体各种不同的物理性质. 我们把这些作用物理量和效果物理量称为状态参量. 准晶体的一个状态可以由它所有的独立参量来确定. 准晶体的状态参量分为强度参量和广延参量两种. 强度参量与系统质量无关,通常有温度(θ)、应力(T_{ij},H_{ij})、电(磁)场强度(F_i),它们多表现为对系统的作用. 广延参量与系统质量有关,通常有熵(S)、应变(E_{ij},W_{ij})、电位移(磁感应)矢量(D_i),它们多表现为对作用的响应. 这里应该注意的是:由于准晶有声子和相位子两种位移场,因此相应的应力和应变也有两种类型,与声子相关的应力 T_{ij} 和应变 E_{ij},以及与相位子相关的应力 H_{ij} 和应变 W_{ij}(有关它们的详细讨论请参见下章). 因为强度参量多表现为对准晶的作用(作用物理量),广延参量多表现为对这些作用所产生的响应(效果物理量),所以常把强度参量选作描写热力学系统的独立变量(自变量),而广延参量则作为系统的因变量. 当某一种作用施加于准晶体时,准晶体会产生一些相应的效应. 这些效应描叙了作用物理量和效果物理量之间的关系,一般它们可分为两类:属于相应的强度参量和广延参量之间的效应称为主效应,其他的效应则称为耦合效应. 今列举如下:

主效应

(1) 热学主效应,温度变化 $\mathrm{d}\theta$ 引起熵的变化 $\mathrm{d}S$,即热学主效应. 这时

$$\mathrm{d}S = \frac{\partial S}{\partial \theta}\mathrm{d}\theta = \frac{c}{\theta}\mathrm{d}\theta, \tag{5.1}$$

其中系数 c(标量)即热容量.

(2) 电(磁)学主效应,电(磁)场强度的变化引起电位移(磁感应强度)矢量的变化称为电(磁)学主效应. 这时

$$\mathrm{d}D_i = \frac{\partial D_i}{\partial F_j}\mathrm{d}F_j = \kappa_{ij}\mathrm{d}F_j, \tag{5.2}$$

其中系数 κ_{ij}(二阶张量)对于电学效应即为介电张量,对于磁学效应即为磁导张量.

(3) 力学主效应,应力的变化产生应变的变化即力学主效应. 不过,应该注意的是,准晶体有两类应变(E_{ij}, W_{ij})和两类应力(T_{ij}, H_{ij}),因此描写这一效应的关系为

$$\mathrm{d}E_{ij} = \frac{\partial E_{ij}}{\partial T_{kl}}\mathrm{d}T_{kl} + \frac{\partial E_{ij}}{\partial H_{kl}}\mathrm{d}H_{kl},$$

$$\mathrm{d}W_{ij} = \frac{\partial W_{ij}}{\partial T_{kl}}\mathrm{d}T_{kl} + \frac{\partial W_{ij}}{\partial H_{kl}}\mathrm{d}H_{kl}, \tag{5.3}$$

式中 $E_{ij} = (\partial_i u_j + \partial_j u_i)/2$,$W_{ij} = \partial_j w_i$,$\boldsymbol{u}$,$\boldsymbol{w}$ 分别为声子位移场和相位子位移场. 在小应变条件下,应力和应变成线性关系,它们服

从 Hooke 定律

$$\begin{pmatrix} T_{ij} \\ H_{ij} \end{pmatrix} = \begin{bmatrix} [C_{ijkl}] & [R_{ijkl}] \\ [R'_{ijkl}] & [K_{ijkl}] \end{bmatrix} \begin{pmatrix} E_{kl} \\ W_{kl} \end{pmatrix} \tag{5.4}$$

或等价地

$$\begin{pmatrix} T \\ H \end{pmatrix} = \begin{bmatrix} [C] & [R] \\ [R]^T & [K] \end{bmatrix} \begin{pmatrix} E \\ W \end{pmatrix}, \tag{5.5}$$

这里 C, K, R(四阶张量)即弹性常数,它们分别描写声子场、相位子场以及声子-相位子耦合.

耦合效应

(1) 机电效应,应力的改变引起电位移矢量的改变为机电效应,俗称为压电效应. 这时

$$\mathrm{d}D_i = \frac{\partial D_i}{T_{jk}} \mathrm{d}T_{jk} + \frac{\partial D_i}{H_{jk}} \mathrm{d}H_{kl} = d_{ijk}^{(1)} \mathrm{d}T_{jk} + d_{ijk}^{(2)} \mathrm{d}H_{jk}. \tag{5.6}$$

逆效应是电场的变化引起应变的变化

$$\mathrm{d}E_{ij} = \frac{\partial E_{ij}}{\partial F_k} \mathrm{d}F_k = \underline{d}_{ijk}^{(1)} \mathrm{d}F_k,$$

$$\mathrm{d}W_{ij} = \frac{\partial W_{ij}}{\partial F_k} \mathrm{d}F_k = \underline{d}_{ijk}^{(2)} \mathrm{d}F_k, \tag{5.7}$$

其中系数 $d_{ijk}^{(1)}(\underline{d}_{ijk}^{(1)})$、$d_{ijk}^{(2)}(\underline{d}_{ijk}^{(2)})$(三阶张量)即正(逆)压电系数. 如果式(5.6)和式(5.7)中的 D 和 F 分别是磁感应和磁场强度,那么式(5.7)即表示磁致伸缩效应,而式(5.6)即表示 Villari 效应.

(2) 热电效应,温度的变化引起电位移矢量的变化即热电效应. 这时

$$\mathrm{d}D_i = \frac{\partial D_i}{\partial \theta} \mathrm{d}\theta = p_i \mathrm{d}\theta. \tag{5.8}$$

逆效应为电热效应,即电场改变引起熵改变

$$\mathrm{d}S = \frac{\partial S}{\partial F_i} \mathrm{d}F_i = \underline{p}_i \mathrm{d}F_i, \tag{5.9}$$

式中 p_i(矢量)为热释电系数. 如果式(5.8)和式(5.9)中的 D, F 分别是磁感应和磁场强度,那么它们即描写磁热效应.

(3) 热弹效应,温度的变化引起应变的变化为热弹效应. 这时

$$dE_{ij} = \frac{\partial E_{ij}}{\partial \theta} d\theta = \alpha_{ij}^{(1)} d\theta,$$

$$dW_{ij} = \frac{\partial W_{ij}}{\partial \theta} d\theta = \alpha_{ij}^{(2)} d\theta. \qquad (5.10)$$

逆效应为应力的变化引起熵的变化

$$dS = \frac{\partial S}{\partial T_{ij}} dT_{ij} + \frac{\partial S}{\partial H_{ij}} dH_{ij} = \alpha_{ij}^{(1)} dT_{ij} + \alpha_{ij}^{(2)} dH_{ij}, \qquad (5.11)$$

式中 α_{ij} 即热膨胀系数.

从以上的讨论可以看出,对于热学、电学主效应及热电效应,它们与晶体的情况相同;对其他与力学性质有关的效应,描写相位子的应变 W_{ij} 和应力 H_{ij} 就应该考虑在内;随之,刻画这些效应的物理量(比例系数)也就有两类. 这时,我们对这些量将附加上标 (1)和(2)以表示它们分别与声子和相位子有关.

§5.2 准晶体平衡性质的热力学关系 (Yang et al., 1996)

下面我们将上节所列举的效应都考虑在内,并视准晶体为一热力学体系对之进行总体研究,从中得到各状态参量以及各种性质之间可能存在的相互关系. 若选取应力、电(磁)场强度和温度作为描叙系统状态的自变量,则相应的因变量是应变、电位移(磁感应强度)矢量和熵. 自变量改变时因变量的改变为

$$dE_{ij} = \left(\frac{\partial E_{ij}}{\partial T_{kl}}\right)_{H,F,\theta} dT_{kl} + \left(\frac{\partial E_{ij}}{\partial H_{kl}}\right)_{T,F,\theta} dH_{kl}$$

$$+ \left(\frac{\partial E_{ij}}{\partial F_k}\right)_{T,H,\theta} dF_k + \left(\frac{\partial E_{ij}}{\partial \theta}\right)_{T,H,F} d\theta,$$

$$dW_{ij} = \left(\frac{\partial W_{ij}}{\partial T_{kl}}\right)_{H,F,\theta} dT_{kl} + \left(\frac{\partial W_{ij}}{\partial H_{kl}}\right)_{T,F,\theta} dH_{kl}$$

$$+ \left(\frac{\partial W_{ij}}{\partial F_k} \right)_{T,H,\theta} \mathrm{d}F_k + \left(\frac{\partial W_{ij}}{\partial \theta} \right)_{T,H,F} \mathrm{d}\theta,$$

$$\mathrm{d}D_i = \left(\frac{\partial D_i}{\partial T_{kl}} \right)_{H,F,\theta} \mathrm{d}T_{kl} + \left(\frac{\partial D_i}{\partial H_{kl}} \right)_{T,F,\theta} \mathrm{d}H_{kl}$$

$$+ \left(\frac{\partial D_i}{\partial F_k} \right)_{T,H,\theta} \mathrm{d}F_k + \left(\frac{\partial D_i}{\partial \theta} \right)_{T,H,F} \mathrm{d}\theta,$$

$$\mathrm{d}S = \left(\frac{\partial S}{\partial T_{kl}} \right)_{H,F,\theta} \mathrm{d}T_{kl} + \left(\frac{\partial S}{\partial H_{kl}} \right)_{T,F,\theta} \mathrm{d}H_{kl}$$

$$+ \left(\frac{\partial S}{\partial F_k} \right)_{T,H,\theta} \mathrm{d}F_k + \left(\frac{\partial S}{\partial \theta} \right)_{T,H,F} \mathrm{d}\theta, \tag{5.12}$$

这些微分方程反映了系统状态的变化. 这些微分方程中的系数并非都是独立的, 利用热力学定律可以求出它们之间的关系. 按定义, 系统的 Gibbs 函数

$$G = U - T_{ij}E_{ij} - H_{ij}W_{ij} - F_iD_i - \theta S, \tag{5.13}$$

式中内能 U 的变化根据热力学定律为

$$\mathrm{d}U = T_{ij}\mathrm{d}E_{ij} + H_{ij}\mathrm{d}W_{ij} + F_i\mathrm{d}D_i + \theta\mathrm{d}S. \tag{5.14}$$

于是

$$\mathrm{d}G = - E_{ij}\mathrm{d}T_{ij} - W_{ij}\mathrm{d}H_{ij} - D_i\mathrm{d}F_i - S\mathrm{d}\theta. \tag{5.15}$$

由于 G 是系统的状态函数, 因此

$$\mathrm{d}G = \left(\frac{\partial G}{\partial T_{ij}} \right)_{H,F,\theta} \mathrm{d}T_{ij} + \left(\frac{\partial G}{\partial H_{ij}} \right)_{T,F,\theta} \mathrm{d}H_{ij}$$

$$+ \left(\frac{\partial G}{\partial F_i} \right)_{T,H,\theta} \mathrm{d}F_i + \left(\frac{\partial G}{\partial \theta} \right)_{T,H,F} \mathrm{d}\theta. \tag{5.16}$$

比较式(5.15)和式(5.16)可得

$$E_{ij} = - \left(\frac{\partial G}{\partial T_{ij}} \right)_{H,F,\theta}, \quad W_{ij} = - \left(\frac{\partial G}{\partial H_{ij}} \right)_{T,F,\theta},$$

$$D_i = - \left(\frac{\partial G}{\partial F_i} \right)_{T,H,\theta}, \quad S = - \left(\frac{\partial G}{\partial \theta} \right)_{T,H,F}. \tag{5.17}$$

对照上式和(5-12)式, 我们看到各主效应和耦合效应的系数都可以通过 G 对各强度量求导得到. 如弹性顺服系数 s_{ijkl}、r_{ijkl} 和 k_{ijkl}

就可表示为

$$S_{ijkl} = -\left(\frac{\partial^2 G}{\partial T_{ij} \partial T_{kl}}\right)_{F,\theta}, \quad r_{ijkl} = -\left(\frac{\partial^2 G}{\partial T_{ij} \partial H_{kl}}\right)_{F,\theta},$$

$$\underline{r}_{ijkl} = -\left(\frac{\partial^2 G}{\partial H_{ij} \partial T_{kl}}\right)_{F,\theta}, \quad k_{ijkl} = -\left(\frac{\partial^2 G}{\partial H_{ij} \partial H_{kl}}\right)_{F,\theta}. \quad (5.18)$$

由于微商的次序不影响微商的结果,因此

$$s_{ijkl} = s_{klij}, \quad r_{ijkl} = \underline{r}_{klij}, \quad k_{ijkl} = k_{klij}. \quad (5.19)$$

如果引入自由能

$$\Psi = U - \theta S, \quad (5.20)$$

那么

$$\mathrm{d}\Psi = T_{ij}\mathrm{d}E_{ij} + H_{ij}\mathrm{d}W_{ij} + F_i\mathrm{d}D_i - S\mathrm{d}\theta. \quad (5.21)$$

类似于从式(5.15)到式(5.19)的推导过程便可得到有关弹性劲度系数 C_{ijkl}, R_{ijkl} 和 K_{ijkl} 的转置关系

$$C_{ijkl} = C_{klij}, \quad R_{ijkl} = \underline{R}_{klij}, \quad K_{ijkl} = K_{klij}. \quad (5.22)$$

这种转置对称关系在相关耦合效应的系数间也成立,即

$$\underline{d}_{ijk}^{(1)} = \frac{\partial E_{ij}}{\partial F_k} = -\frac{\partial^2 G}{\partial F_k \partial T_{ij}} = \frac{\partial D_k}{\partial T_{ij}} = d_{kij}^{(1)},$$

$$\underline{d}_{ijk}^{(2)} = \frac{\partial W_{ij}}{\partial F_k} = -\frac{\partial^2 G}{\partial F_k \partial H_{ij}} = \frac{\partial D_k}{\partial H_{ij}} = d_{kij}^{(2)},$$

$$\underline{\alpha}_{ij}^{(1)} = \frac{\partial S}{\partial T_{ij}} = -\frac{\partial^2 G}{\partial T_{ij} \partial \theta} = \frac{\partial E_{ij}}{\partial \theta} = \alpha_{ij}^{(1)},$$

$$\underline{\alpha}_{ij}^{(2)} = \frac{\partial S}{\partial H_{ij}} = -\frac{\partial^2 G}{\partial H_{ij} \partial \theta} = \frac{\partial W_{ij}}{\partial \theta} = \alpha_{ij}^{(2)},$$

$$\underline{p}_i = \frac{\partial S}{\partial F_i} = -\frac{\partial^2 G}{\partial F_i \partial \theta} = \frac{\partial D_i}{\partial \theta} = p_i, \quad (5.23)$$

这表明,正效应和逆效应的系数相等,它们互为正逆效应.

§5.3 群表示理论和张量分析的有关知识 (Yang, et al., 1994; 胡承正等, 1997)

为了便于无意深究群理论和张量分析的数学细节的读者了解

它们在准晶物理中的应用技巧,在此,我们将不去刻意追求数学的严谨性,而以一种较为通俗、直观的方式介绍有关它们的一些基本知识.

如果 V 为一 n 维实(复)向量空间,那么我们把 V 映射到自身上所有非奇异线性变换($n \times n$ 满秩矩阵)所组成的群称为 n 维实(复)一般线性群,记做 $GL(V)$. 对于任一群 G,若存在 G 到 $GL(V)$ 的一个同态 $\Gamma: g \to \Gamma(g)$ $(g \in G)$,则称它为群 G 的一个表示. V 为表示空间,n 为表示的维数. 根据同态的定义,这就是说,对任意 $g_1, g_2, g \in G$,下列关系成立:

$$\Gamma(g_1 g_2) = \Gamma(g_1)\Gamma(g_2),$$
$$\Gamma(g^{-1}) = \Gamma(g)^{-1}, \Gamma(e) = I, \tag{5.24}$$

式中 e 为 G 中单位元,I 为恒等变换($n \times n$ 单位矩阵). G 的同态象中元素 $\Gamma(g)$(即相应的非奇异矩阵)称为 g 的表示矩阵. 作为一个例子,我们来写出 C_{2v} 群的表示. C_{2v} 群有 4 个元素:一个恒等操作 e,一个绕二度轴的旋转 C_2,两个对包含二度轴且互相正交的平面的反映 σ_v、σ_v'. 如果我们选取二度轴为 z 轴,相应 σ_v 和 σ_v' 的对称面分别为 xz 和 yz 平面,那么一种自然的对应是

$$\Gamma(e) = \begin{bmatrix} 1 & 0 & 0 \\ 0 & 1 & 0 \\ 0 & 0 & 1 \end{bmatrix}, \quad \Gamma(C_2) = \begin{bmatrix} -1 & 0 & 0 \\ 0 & -1 & 0 \\ 0 & 0 & 1 \end{bmatrix},$$

$$\Gamma(\sigma_v) = \begin{bmatrix} 1 & 0 & 0 \\ 0 & -1 & 0 \\ 0 & 0 & 1 \end{bmatrix}, \quad \Gamma(\sigma_v') = \begin{bmatrix} -1 & 0 & 0 \\ 0 & 1 & 0 \\ 0 & 0 & 1 \end{bmatrix}, \tag{5.25}$$

对照 C_{2v} 群的乘法表

e	C_2	σ_v	σ_v'	e	C_2	σ_v	σ_v'
C_2	e	σ_v'	σ_v	σ_v'	σ_v	C_2	e
σ_v	σ_v'	e	C_2				

直接利用矩阵乘法定义,不难验证,上述对应满足条件 (5.24),因此映射 Γ 是 G 的一个表示. 由 Γ 所定义的 4 个矩阵

（表示矩阵）组成 $GL(V)$ 的一个子群. 由于这种对应是 $1 \leftrightarrow 1$ 的（$1 \leftrightarrow 1$ 的同态称同构），该表示通常叫忠实表示. 在上面的例子中我们还可以看到，所有的表示矩阵被分成相同的对角块，显然所有相应的对角块同样构成 C_{2v} 的一个表示，即

$$\Gamma_1 : e \to 1, C_2 \to 1, \sigma_v \to 1, \sigma'_v \to 1,$$

$$\Gamma'_1 : e \to 1, C_2 \to -1, \sigma_v \to -1, \sigma'_v \to 1,$$

$$\Gamma''_1 : e \to 1, C_2 \to -1, \sigma_v \to 1, \sigma'_v \to -1, \tag{5.26}$$

是 G 的 3 个一维表示. 这时我们说，Γ 被分解成 3 个一维表示的直和，并记为

$$\Gamma = \Gamma_1 + \Gamma'_1 + \Gamma''_1, \tag{5.27}$$

式中 + 表直和. 又比如点群 $C_3(3)$ 由 3 个元素组成：e, C_3, C_3^2. 它的一个忠实表示显然为

$$\Gamma(e) = \begin{pmatrix} 1 & 0 & 0 \\ 0 & 1 & 0 \\ 0 & 0 & 1 \end{pmatrix}, \quad \Gamma(C_3) = \begin{pmatrix} \cos\dfrac{2\pi}{3} & -\sin\dfrac{2\pi}{3} & 0 \\ \sin\dfrac{2\pi}{3} & \cos\dfrac{2\pi}{3} & 0 \\ 0 & 0 & 1 \end{pmatrix},$$

$$\Gamma(C_3^2) = \begin{pmatrix} \cos\dfrac{4\pi}{3} & -\sin\dfrac{4\pi}{3} & 0 \\ \sin\dfrac{4\pi}{3} & \cos\dfrac{4\pi}{3} & 0 \\ 0 & 0 & 1 \end{pmatrix}. \tag{5.28}$$

上面所有表示矩阵也被分成了相同的对角块：一个 1×1 的矩阵和一个 2×2 的矩阵，它们定义了 C_3 群的一个一维表示

$$\Gamma_1 : e \to 1, C_3 \to 1, C_3^2 \to 1 \tag{5.29}$$

和一个二维表示

$$\Gamma_2 : e \to \begin{pmatrix} 1 & 0 \\ 0 & 1 \end{pmatrix}, C_3 \to \begin{pmatrix} \cos\dfrac{2\pi}{3} & -\sin\dfrac{2\pi}{3} \\ \sin\dfrac{2\pi}{3} & \cos\dfrac{2\pi}{3} \end{pmatrix},$$

$$C_3^2 \rightarrow \begin{pmatrix} \cos\dfrac{4\pi}{3} & -\sin\dfrac{4\pi}{3} \\[2mm] \sin\dfrac{4\pi}{3} & \cos\dfrac{4\pi}{3} \end{pmatrix}. \tag{5.30}$$

如果我们考虑表示空间 V 为一复空间,那么我们还可以对 V 的基矢进行线性组合,即令变换矩阵

$$A = \frac{1}{\sqrt{2}} \begin{pmatrix} 1 & i \\ 1 & -i \end{pmatrix}. \tag{5.31}$$

因而有 $A^{-1} = \dfrac{1}{\sqrt{2}} \begin{pmatrix} 1 & 1 \\ -i & i \end{pmatrix}$. 相应地,所有表示矩阵将作同样的相似变换,这时我们有

$$A\Gamma(e)A^{-1} = \begin{pmatrix} 1 & 0 \\ 0 & 1 \end{pmatrix}, \quad A\Gamma(C_3)A^{-1} = \begin{pmatrix} \rho & 0 \\ 0 & \rho^{-1} \end{pmatrix},$$

$$A\Gamma(C_3^2)A^{-1} = \begin{pmatrix} \rho^{-1} & 0 \\ 0 & \rho \end{pmatrix}, \tag{5.32}$$

式中 ρ 为三次单位原根,一般取 $\rho = \exp(i2\pi/3)$. 可见上面的二维表示 Γ_2 又被分解成两个一维表示 Γ_1' 和 Γ_1''. 这种定义在复空间上的表示称为复表示. 于是,对于群 C_3 的表示 Γ,在实数域的范围内,它被分解成一个一维表示和一个二维表示的直和

$$\Gamma = \Gamma_1 + \Gamma_2. \tag{5.33}$$

而在复数域的范围内,它被分解成 3 个一维表示的直和

$$\Gamma = \Gamma_1 + \Gamma_1' + \Gamma_1''. \tag{5.34}$$

如果对于群 G 的某一表示 Γ,存在一个相似变换(等价地存在表示空间中基的改变),使得所有表示矩阵被分成完全相同形式的对角块,那么我们称该表示为可约表示,否则为不可约表示. 将一个群的某一个可约表示分解成不可约表示的直和叫做群表示的约化. 如果对于群的两个表示 $(\Gamma、\Gamma')$,它们之间存在一个相似变换:$\Gamma' = A\Gamma A^{-1}$,则称 Γ 和 Γ' 为等价表示,否则为不等价表示. 互相等价的表示在群表示论中被认为是相同的. 对有限群(所含元素个数有限的群),只存在有限个不等价的不可约表示,其个数恰

好等于群共轭类的个数,且满足

$$\sum_{\mu=1}^{r} n_\mu^2 = h , \tag{5.35}$$

式中 r 为不等价不可约表示数目(亦即群共轭类数目), n_μ 为第 μ 个不可约表示的维数, h 为群的阶(即群元素个数). 这个结果限制了有限群不可约表示的数目和大小,这就使我们原则上能确定有限群所有不可约表示.

不等价不可约表示反映了有限群的本质. 不过,要实际确定群表示的所有表示矩阵仍然是相当困难的. 下面我们引入群表示论中一个非常重要而有用的概念——特征标. 一个群的许多性质往往无须知道表示矩阵的具体形式而单独从它的不可约表示特征标中便可导出,这样就把我们研究的某些问题大为简化了. 一个群元素的特征标定义为相应表示矩阵之迹,通常用符号 χ 标记,即

$$\chi(g) = \mathrm{tr}\Gamma(g), g \in G. \tag{5.36}$$

一个群所有元素在某一表示中的特征标完全集合称为群表示的特征标. 群表示的特征标具有如下性质:

(1)互为等价的表示的特征标相等;反之,如果两个表示的特征标相等,则这两个表示等价.

(2)属于同一共轭类的元素特征标相等.

(3)对于不等价不可约表示 Γ_μ 和 Γ_v,它们的特征标满足

$$\sum_{g \in G} \chi_\mu(g) \chi_v(g)^* = h\delta_{\mu v}. \tag{5.37}$$

考虑到同一个共轭类元素特征标相等,上式还可改写为

$$\sum_{i=1}^{r} h_i \chi_\mu(g_i) \chi_v(g_i)^* = h\delta_{\mu v}, \tag{5.38}$$

式中 h_i 是群 G 中第 i 个共轭类元素的个数, $\chi_\mu(g_i)$ 是该类任一元素在第 μ 个不可约表示中的特征标.

在实际应用中,常将一个群所有不等价不可约表示的特征标排列成表,称为特征标表. 作为示例,我们给出在准晶对称性研究中两个有代表性的点群特征标表. 首先考虑 $C_5(5)$ 点群. C_5 点群

是一个循环群,它由一个绕 5 度轴旋转生成,共有五个元素:e,
C_5,$C_5{}^2$,$C_5{}^3$,$C_5{}^4$. 循环群是可交换群(Abelian 群),因此,它的每
一个元素单独构成一类,共 5 个共轭类. 根据式(5.35),C_5 点群
共有 5 个不等价的不可约表示,并且全都是一维的. 由于一维表
示的特征标和它的表示矩阵相同,因此我们只须写出生成元的特
征标,其余元素的特征标便可以利用循环群的性质确定. 又由于
C_5 点群的生成元是一个绕 5 度轴的旋转,因此它的特征标是 1 和
4 个 5 次单位原根:ρ,$\rho^2 = \rho^{-3}$,$\rho^3 = \rho^{-2}$,$\rho^4 = \rho^{-1}$,通常 ρ 取为
$\rho = \exp(\mathrm{i}2\pi/5)$. 这样,我们便得到了 C_5 点群所有不等价不可约
表示的特征标(见表 5.1).

表 5.1 点群 C_5(5)特征标表(ρ 为 5 次单位原根)

	e	C_5	$C_5{}^2$	$C_5{}^3$	$C_5{}^4$
Γ_1	1	1	1	1	1
Γ_2	1	ρ	ρ^2	ρ^{-2}	ρ^{-1}
Γ'_2	1	ρ^{-1}	ρ^{-2}	ρ^2	ρ
Γ_3	1	ρ^2	ρ^{-1}	ρ	ρ^{-2}
Γ'_3	1	ρ^{-2}	ρ	ρ^{-1}	ρ^2

利用 5 次单位原根的性质
$$0 = x^5 - 1 = (x - 1)(x^4 + x^3 + x^2 + x + 1),$$
即
$$\rho^4 + \rho^3 + \rho^2 + \rho + 1 = \rho^{-2} + \rho^{-1} + \rho^2 + \rho + 1 = 0. \quad (5.39)$$
我们不难验证条件式(5.38)成立. 从表(5.1)可看出,表示 Γ_1 中
每个群元素都对应于一恒等变换,这样的表示称为恒等表示. 显
然,任何一个群都有一个恒等表示,通常我们把它放在特征标表的
首行. Γ_2 和 Γ_2'、Γ_3 和 Γ_3' 是两个互相共轭的表示. 前面我们已
经讲过,在实空间中它们是两个二维忠实表示,分别由在平面上旋
转 $\pm\dfrac{2\pi}{5}$ 和 $\pm 3 \times \dfrac{2\pi}{5}$ 生成. 在群特征标表中,一般我们用一曲括号将

它们联立起来,往往记为一个表示(Γ_2 和 Γ_3). 其次考虑 $C_{5v}(5m)$ 点群. C_{5v} 点群有 10 个元素,分成 4 个共轭类:e 单独成一类,C_5 和 C_5^4,C_5^2 和 C_5^3 各成一类,所有的映射 σ 成一类. 因此,C_{5v} 点群共有 4 个不等价不可约表示. 由于

$$1^2 + 1^2 + 2^2 + 2^2 = 10, \tag{5.40}$$

[参见式(5.35)],这意味着其中 2 个是一维表示,2 个是二维表示. 显然,一维表示中有一个是恒等表示,而另一个我们可以利用群的生成元来构造. C_{5v} 有两个生成元:C_5 和 σ_v. 令 $\chi(C_5) = 1$ 和 $\chi(\sigma_v) = -1$,即推得另一个一维表示所有的特征标. 这里应该注意,$\chi(C_5)$ 不可能为 -1,因为 C_5 和 C_5^4 属于同一共轭类. 不难看出,两个二维表示分别由绕 5 度轴旋转 $2\pi/5$ 和 $4\pi/5$(或 $6\pi/5$)生成. 这样,我们便得到了 C_{5v} 点群所有不等价不可约表示的特征标(见表 5.2).

表 5.2 点群 $C_{5v}(5m)$ 特征标表

	e	$2C_5$	$2C_5^2$	$5\sigma_v$
Γ_1	1	1	1	1
Γ_2	1	1	1	-1
Γ_3	2	$\rho + \rho^{-1}$	$\rho^2 + \rho^{-2}$	0
Γ_4	2	$\rho^2 + \rho^{-2}$	$\rho + \rho^{-1}$	0

(ρ 为 5 次单位原根. 若取 $\rho = \exp(\mathrm{i}2\pi/5)$,则 $\rho + \rho^{-1} = 2\cos(2\pi/5) = 1/\tau$,$\rho^2 + \rho^{-2} = 2\cos(2 \times 2\pi/5) = 2\cos(3 \times 2\pi/5) = -\tau$,$\tau = (1+\sqrt{5})/2$.)

由前面一节我们看到,准晶的作用物理量和效果物理量之间的关系在线性近似下可以用一组线性偏微分方程表示,这组偏微分方程的系数即准晶体的各种物理性质张量. 因为这些系数一般不只包含一个分量,它们是由满足一定变换关系的一组数(分量)来确定的,所以被称为张量. 特别地,0 阶张量被称为标量,1 阶张量被称为矢量,1 阶以上的张量则称为张量. 用群表示论的语言

来说,它们张成系统对称群的表示空间,而群元素对其基矢作用所产生的变换确定了相应的表示矩阵. 因此,这样的表示又叫做标量表示、矢量表示和张量表示. 今分述如下:

(1) 标量表示. 表示空间为一维空间. 若选取基矢为 r,则点群 G 中对称操作对其基矢的作用为 $r \to r$,即

$$\Gamma(g)r = r, \qquad g \in G. \qquad (5.41)$$

可见,任意群元素的表示矩阵都是单位矩阵. 这是一个一维(不可约)恒等表示. 因此,标量表示即为恒等表示.

(2) 矢量表示. 表示空间为矢量空间. 若选取基矢为 r,则点群 G 中对称操作对其基矢的作用为 $r \to r'$,即

$$r' = \Gamma(g)r,$$

或写成分量形式

$$r'_i = \sum_j \alpha_{ij} r_j, \qquad (5.42)$$

式中 α_{ij} 为表示矩阵第 i 行第 j 列元素.

(3) 张量表示. 表示空间为张量空间. 如果 n 阶张量都能写成 n 个矢量的直积(张量积),这样的张量叫可乘张量,那么我们可以选取空间基矢为 $R = r^{(1)} \times r^{(2)} \times \cdots \times r^{(n)}$($\times$ 号表示直积,$r^{(i)}$ 为矢量空间基矢). 点群 G 中对称操作对基矢作用为 $R \to R'$,即

$$R' = r^{(1)'} \times r^{(2)'} \times \cdots \times r^{(n)'} = \Gamma(g)R = \Gamma^{(1)}(g)r^{(1)} \times \Gamma^{(2)}(g)r^{(2)}$$
$$\times \cdots \times \Gamma^{(n)}(g)r^{(n)},$$

或写成分量形式

$$R'_{i_1 i_2 \cdots i_n} = r^{(1)'}_{i_1} r^{(2)'}_{i_2} \cdots r^{(n)'}_{i_n} = \sum_{j_1 \cdots j_n} \alpha^{(1)}_{i_1 j_1} \alpha^{(2)}_{i_2 j_2} \cdots \alpha^{(n)}_{i_n j_n} r^{(1)}_{j_1} r^{(2)}_{j_2} \cdots r^{(n)}_{j_n}.$$

$$(5.43)$$

一般我们将 n 个矢量空间基矢取成相同,这时上式化为

$$R'_{i_1 i_2 \cdots i_n} = \sum_{j_1 \cdots j_n} \alpha_{i_1 j_1} \alpha_{i_2 j_2} \cdots \alpha_{i_n j_n} R_{j_1 j_2 \cdots j_n}, \qquad (5.44)$$

这里变换系数 $\alpha_{i_1 j_1} \alpha_{i_2 j_2} \cdots \alpha_{i_n j_n}$ 是 $\Gamma(g)$ 的矩阵元,而

$$\Gamma(g) = \Gamma^{(1)}(g) \times \Gamma^{(1)}(g) \times \cdots \times \Gamma^{(1)}(g)$$
$$\{\Gamma^{(1)}(g)\}_{ij} = \alpha_{ij}, \qquad (5.45)$$

式中右端表示 n 个 $\Gamma^{(1)}(g)$ 的直积. 因此, n 阶张量表示是 n 个矢量表示的直积, 一般它们是可约的.

将张量分析应用到准晶时, 有两点值得注意. 首先, 根据准晶的高维空间描述法, 准晶的某些物理量(应变和应力)应有两类: 一类与声子场相连, 例如 E_{ij}, T_{ij}, 另一类与相位子场相连, 例如 W_{ij}, H_{ij}. 前者是物理空间(平行空间)中矢量, 它们按系统对称群的矢量表示变换; 后者是数学空间(垂直空间)中矢量, 它们按照一个相关的但非矢量表示变换. 其次, 对五次、十次、八次和十二次对称准晶, 物理空间一个绕对称轴旋转 $\alpha = 2\pi/n$, ($n = 5, 10, 8,$ 12)的操作联系数学空间一个旋转 $\beta = p\alpha$, ($p = 3, 3, 3, 5$)的操作. 对二十面体准晶, 则有 $\alpha = 2\pi/5$, $\beta = 6\pi/5$.

根据 Neumann 原理, 一个系统的任何宏观物理性质的对称元素必须包含系统对称群中的全部元素. 所谓物理性质具有某个对称元素, 就是说代表这个物理性质的张量在此对称操作下不变. 因此, 一个物理性质张量由于系统本身的对称性其中一些分量必定为零, 其余非零分量应当在系统对称群所有元素作用下保持不变, 从而由这些分量组成的张量本身也保持不变. 满足此要求的张量分量及其线性组合叫做张量不变量. 理论分析的任务就在于如何寻找任意一个物理性质张量非零独立分量的个数和确定它们的具体形式(或等价地给出其所有张量不变量). 我们将在下节针对准晶这一具体情况详细讨论此问题.

§5.4 准晶物理性质张量非零独立分量个数的确定(Yang, et al., 1994; 胡承正等, 1997; Hu, et al., 2000)

由上节我们知道, 准晶体物理性质张量张成其对称群的一个表示空间, 一般是可约的; 而此物理性质张量中的任意非零独立分量是其对称群的一个不变量, 它荷载该群的一个不变子空间; 群元素对此子空间作用均为恒等变换, 相应表示是恒等表示. 因此, 物理性质张量构成的表示空间中所含张量不变量的数目,或等价地说,张量表示中所含恒等表示的数目,即非零独立分量的数目;而张量不变量本身则确定了非零独立分量的形式. 为了具体确定物理性质张量非零独立分量,下面我们先论述下列 3 个有关的定理:

(1) 群 G 的某一不可约表示 Γ_μ 在可约表示 Γ 中出现的次数 a_μ 可按下列公式计算:

$$a_\mu = \frac{1}{h}\sum_{g\in G}\chi(g)\chi_\mu(g)^*. \tag{5.46}$$

证:任一可约表示最终可约化为

$$\Gamma = a_1\Gamma_1 + a_2\Gamma_2 + \cdots + a_k\Gamma_k = \sum_v a_v\Gamma_v. \tag{5.47a}$$

对每个 $g\in G$,两边求迹都有

$$\chi(g) = \sum_v a_v\chi_v(g). \tag{5.47b}$$

从而

$$\sum_{g\in G}\chi(g)\chi_\mu(g)^* = \sum_v a_v\sum_{g\in G}\chi_v(g)\chi_\mu(g)^* = \sum_v a_v h\delta_{\mu v},$$

即

$$a_\mu = \frac{1}{h}\sum_{g\in G}\chi(g)\chi_\mu(g)^*. \tag{5.48}$$

证明中已用到式(5.37).

特别地,如果不可约表示 Γ_μ 为恒等表示 Γ_1,那么

$$\chi_\mu(g) = \chi_1(g) = 1, g\in G, \tag{5.49}$$

则

$$a_1 = \frac{1}{h}\sum_{g\in G}\chi(g). \tag{5.50}$$

利用上式就可以计算任何一个可约表示的约化式中包含恒等表示的数目.

(2) 若 n 阶张量可以写成 n 个矢量的并积(张量积)时,那么群元素在此张量表示中的特征标 $\chi(g)$ 等于张量积中各矢量表示特征标 $\chi_i(g)$ 之积,即

$$\chi(g) = \prod_i \chi_i(g). \tag{5.51}$$

证:此结论可直接由式(5.45)得到.

(3) 如果二阶张量张成的表示空间的基矢可以写成两个矢量空间相同基矢的并积 $r_i r_j$,那么我们总能将此张量表示空间分成对称空间(由对称基矢$(r_i r_j + r_j r_i)$/2 张成)和反对称空间(由反对称基矢$(r_i r_j - r_j r_i)$/2 张成)两个子空间的直和. 我们称由对称基矢线性组合成的张量为对称张量,由反对称基矢线性组合成的张量为反对称张量;定义在对称空间上的表示为对称张量表示,定义在反对称空间上的表示为反对称张量表示. 这时,二阶对称张量表示和反对称张量表示的特征标与其矢量表示的特征标关系为

$$\chi_S(g) = \frac{1}{2} [\chi(g)^2 + \chi(g^2)],$$

$$\chi_A(g) = \frac{1}{2} [\chi(g)^2 - \chi(g^2)], \tag{5.52}$$

式中下标 S, A 分别表示对称和反对称张量表示,$\chi(g)$表示群中任意元素 g 在矢量表示中的特征标.

证:由对称和反对称基矢的构造,我们不难验证,对称空间和反对称空间分别是张量表示空间的不变子空间,二阶张量表示可约化成

$$\Gamma(g) \times \Gamma(g) = [\Gamma(g) \times \Gamma(g)]_S + [\Gamma(g) \times \Gamma(g)]_A, \tag{5.53}$$

其中对称部分和反对称部分的变换矩阵元可以表示成

$$\{[\Gamma(g) \times \Gamma(g)]_S\}_{ij, i'j'} = \frac{1}{2}(\alpha_{ii'}\alpha_{jj'} + \alpha_{ij'}\alpha_{ji'}),$$

$$\{[\Gamma(g) \times \Gamma(g)]_A\}_{ij, i'j'} = \frac{1}{2}(\alpha_{ii'}\alpha_{jj'} - \alpha_{ij'}\alpha_{ji'}), \tag{5.54}$$

这里 $\alpha_{ii'}$ 为矢量表示 $\Gamma(g)$ 的矩阵元,即$[\Gamma(g)]_{ii'} = \alpha_{ii'}$. 将上式两边求迹得

$$\chi_S(g) = \text{tr}[\Gamma(g) \times \Gamma(g)]_S = \frac{1}{2}\sum_{ij}(\alpha_{ii}\alpha_{jj} + \alpha_{ij}\alpha_{ji})$$

$$= \frac{1}{2}\left\{ \sum_i [\Gamma(g)]_{ii} \sum_j [\Gamma(g)]_{jj} + \sum_{ij} [\Gamma(g)]_{ij} [\Gamma(g)]_{ji} \right\}$$

$$= \frac{1}{2}\left\{\chi(g)\chi(g) + \sum_i [\Gamma(g^2)]_{ii}\right\}$$

$$= \frac{1}{2}\{\chi(g)^2 + \chi(g^2)\}$$

$$\chi_A(g) = \text{tr}[\Gamma(g) \times \Gamma(g)]_A = \frac{1}{2}\sum_{ij}(\alpha_{ii}\alpha_{jj} - \alpha_{ij}\alpha_{ji})$$

$$= \frac{1}{2}\{\chi(g)^2 - \chi(g^2)\},$$

此即式(5.52). 证明中我们没有明显用到限定条件: $i \leqslant j, i' \leqslant j'$, 但由 $(r_j r_i \pm r_i r_j)/2 = \pm (r_i r_j \pm r_j r_i)/2$ 可知, 交换指标次序并未产生新的基矢. 实际上, 若矢量空间为 m 维, 则对称空间维数为 $C_m^2 + m = m(m+1)/2$, 反对称空间维数为 $C_m^2 = m(m-1)/2$, 它们的总数恰好是二阶张量空间维数 m^2. 考虑到空间基矢指标存在限定条件($i \leqslant j, i' \leqslant j'$)这一因素, 式(5.54)将变为

$$\{[\Gamma(g) \times \Gamma(g)]_S\}_{ij,i'j'} = \left(1 - \frac{1}{2}\delta_{i'j'}\right)(\alpha_{ii'}\alpha_{jj'} + \alpha_{ij'}\alpha_{ji'}),$$

$$\{[\Gamma(g) \times \Gamma(g)]_A\}_{ij,i'j'} = \left(1 - \frac{1}{2}\delta_{i'j'}\right)(\alpha_{ii'}\alpha_{jj'} - \alpha_{ij'}\alpha_{ji'}), \quad (5.55)$$

这时 $i \leqslant j, i' \leqslant j'$, 但式(5.52)不变. 我们未明显这样做是因为它便于计算具有交换对称性的更高阶张量的特征标.

显然, 利用式(5.50)我们便可以求出准晶体物理性质张量非零独立分量的数目; 并且计算中只须知道此张量表示的特征标, 而无须知道它的表示矩阵的具体形式, 这种方法称为特征标分析法. 不过, 根据前述理由, 在将它应用到准晶时, 我们必须区分构成张量积的矢量空间基矢是张成一个物理空间, 按矢量表示(记为 Γ_A)变换; 还是张成它的正交补空间(数学空间), 按一个相关的但非矢量表示的不等价表示(记为 Γ_B)变换. 鉴于这两类空间不同变换性质, 以下我们用英文字母作下标来标记那些与物理空间有关的分量, 而用希腊字母标记那些与补空间有关的分量. 另外, 我们还用$\{\}$来标记$\{\}$内的量彼此具有交换对称性. 由式(5.50)可知, 只要知道了所有群元素 g 在张量表示中的特征标 $\chi(g)$, 便容易计算出该张量的非零独立分量的数目. 下面将给出§5.1所列举的

各类张量相应的表示矩阵和特征标[5]. 为简单计,我们用 A 和 B 代替上面提到的 $\Gamma_A(g)$ 和 $\Gamma_B(g)$,并记 $\chi_A(g) = \mathrm{tr}\Gamma_A(g)$, $\chi_B(g) = \mathrm{tr}\Gamma_B(g)$.

(1) 形如 $F_{\{ij\}}$ 的二阶张量

$$[\Gamma(g)]_{ij,i'j'} = \{A \times A\}_{ij,i'j'} = \frac{1}{2}(A_{ii'}A_{jj'} + A_{ij'}A_{ji'}),$$

$$\chi(g) = \frac{1}{2}(A_{ii}A_{jj} + A_{ij}A_{ji}) = \frac{1}{2}[\chi_A(g)^2 + \chi_A(g^2)].$$

$$(5.56)$$

(2) 形如 $F_{\mu i}$ 的二阶张量

$$[\Gamma(g)]_{\mu i,\mu'i'} = (B \times A)_{\mu i,\mu'i'} = B_{\mu\mu'}A_{ii'},$$

$$\chi(g) = B_{\mu\mu}A_{ii} = \chi_B(g)\chi_A(g).$$

$$(5.57)$$

(3) 形如 $F_{i\{jk\}}$ 的三阶张量

$$[\Gamma(g)]_{ijk,i'j'k'} = (A \times \{A \times A\})_{ijk,i'j'k'} = A_{ii'} \times \{A \times A\}_{jk,j'k'}$$

$$= A_{ii'}\frac{1}{2}(A_{jj'}A_{kk'} + A_{jk'}A_{kj'})$$

$$\chi(g) = A_{ii}\frac{1}{2}(A_{jj}A_{kk} + A_{jk}A_{kj}) = \frac{1}{2}\chi_A(g)[\chi_A(g)^2 + \chi_A(g^2)].$$

$$(5.58)$$

(4) 形如 $F_{i\mu k}$ 的三阶张量

$$[\Gamma(g)]_{i\mu k,i'\mu'k'} = (A \times (B \times A))_{i\mu k,i'\mu'k'} = A_{ii'} \times (B \times A)_{\mu k,\mu'k'}$$

$$= A_{ii'}B_{\mu\mu'}A_{kk'},$$

$$\chi(g) = A_{ii}B_{\mu\mu}A_{kk} = \chi_B(g)\chi_A(g)^2,$$

$$(5.59)$$

(5) 形如 $F_{\{\{ij\},\{kl\}\}}$ 的四阶张量

$$[\Gamma(g)]_{ijkl,i'j'k'l'} = \{\{A \times A\} \times \{A \times A\}\}_{ijkl,i'j'k'l'}$$

$$= \frac{1}{2}[\{A \times A\}_{ij,i'j'} \times \{A \times A\}_{kl,k'l'} + \{A \times A\}_{ij,k'l'} \times \{A \times A\}_{kl,i'j'}]$$

$$= \frac{1}{8}[(A_{ii'}A_{jj'} + A_{ij'}A_{ji'})(A_{kk'}A_{ll'} + A_{kl'}A_{lk'}) + (A_{ik'}A_{jl'} + A_{il'}A_{jk'})$$

$$\cdot (A_{ki'}A_{lj'} + A_{kj'}A_{li'})],$$

$$\chi(g) = \frac{1}{8}\chi_A(g)^4 + \frac{1}{4}\chi_A(g)^2\chi_A(g^2) + \frac{3}{8}\chi_A(g^2)^2 + \frac{1}{4}\chi_A(g^4).$$

$$(5.60)$$

(6) 形如 $F_{\{\mu i, vj\}}$ 的四阶张量

$$[\Gamma(g)]_{\mu ivj, \mu'i'v'j'} = \{(B\times A)\times(B\times A)\}_{\mu ivj, \mu'i'v'j'}$$

$$= \frac{1}{2}\big[(B\times A)_{\mu i, \mu'i'}(B\times A)_{vj, v'j'} + (B\times A)_{\mu i, v'j'}(B\times A)_{vj, \mu'i'}\big]$$

$$= \frac{1}{2}(B_{\mu\mu'}A_{ii'}B_{vv'}A_{jj'} + B_{\mu v'}A_{ij'}B_{v\mu'}A_{ji'}),$$

$$\chi(g) = \frac{1}{2}\big[\chi_B(g)^2\chi_A(g)^2 + \chi_B(g^2)\chi_A(g^2)\big]. \qquad (5.61)$$

(7) 形如 $F_{\{ij\}, \mu k}$ 的四阶张量

$$[\Gamma(g)]_{ij\mu k, i'j'\mu'k'} = (\{A\times A\}\times(B\times A))_{ij\mu k, i'j'\mu'k'}$$

$$= \{A\times A\}_{ij, i'j'}(B\times A)_{\mu k, \mu'k'} = \frac{1}{2}\big[A_{ii'}A_{jj'} + A_{ij'}A_{ji'}\big]B_{\mu\mu'}A_{kk'},$$

$$\chi(g) = \frac{1}{2}\big[\chi_A(g)^2 + \chi_A(g^2)\big]\chi_B(g)\chi_A(g). \qquad (5.62)$$

(上面各式中的重复指标表示求和).

对于各种对称准晶,利用其点群的特征标表就可以计算出上述各类张量相应该点群所有对称操作的特征标,于是,由式(5.50)则能确定此张量独立分量的数目. 下面以五次对称准晶(点群5)为例来计算它的热膨胀系数 $\alpha_{ij}^{(1)}$, $\alpha_{ij}^{(2)}$ 和压电系数 $d_{ijk}^{(1)}$, $d_{ijk}^{(2)}$ 的独立分量数目. 这两类物理性质张量属于刚才提到的类型(1)、(2)、(3)、(4). 我们已经知道,点群 C_5(5)的不可约表示全是一维的(见表5.1),其中一个是恒等表示 Γ_1,另外4个配成两对,它们在实数域中是两个二维不可约表示(Γ_2, Γ_3). 这时物理空间基矢按 $\Gamma_1 + \Gamma_2$(即前面提到的 A)变换,补空间基矢按 Γ_3(即前面提到的 B)变换.

现将计算中涉及的有关参数列入表5.3.

热膨胀系数 $\alpha_{ij}^{(1)}$ 属于类型(1),由表 5.3 中的"$\chi(g)$:式(5.56)"得到按式(5.56)计算的有关数据:

$$\chi(e) = 6, \chi(\alpha) = \chi(\alpha^2) = \chi(\alpha^3) = \chi(\alpha^4) = 1, \qquad (5.63)$$

表 5.3　计算点群 $C_5(5)$ 的物理性能张量独立分量个数的步骤

对称操作 g	e	C_5	C_5^4	C_5^3	C_5^2	物理性质张量独立分量个数：按式(5.50)
对称操作矩阵 $A(g)$	$\begin{bmatrix} 1 & 0 & 0 \\ 0 & 1 & 0 \\ 0 & 0 & 1 \end{bmatrix}$	$\begin{bmatrix} \frac{1}{2\tau} & -\frac{\sqrt{2+\tau}}{2} & 0 \\ \frac{\sqrt{2+\tau}}{2} & \frac{1}{2\tau} & 0 \\ 0 & 0 & 1 \end{bmatrix}$	C_5^{-1}	$\begin{bmatrix} -\frac{\tau}{2} & \frac{\sqrt{3-\tau}}{2} & 0 \\ -\frac{\sqrt{3-\tau}}{2} & -\frac{\tau}{2} & 0 \\ 0 & 0 & 1 \end{bmatrix}$	$(C_5^3)^{-1}$	
特征标 $\chi_A(g)$	3	τ	τ	$-\tau+1$	$-\tau+1$	
特征标 $\chi_A(g^2)$	3	$-\tau+1$	$-\tau+1$	τ	τ	
特征标 $\chi_A(g^4)$	3	τ	τ	$-\tau+1$	$-\tau+1$	
对称操作矩阵 $B(g)$	$\begin{bmatrix} 1 & 0 \\ 0 & 1 \end{bmatrix}$	$\begin{bmatrix} -\frac{\tau}{2} & \frac{\sqrt{3-\tau}}{2} \\ -\frac{\sqrt{3-\tau}}{2} & -\frac{\tau}{2} \end{bmatrix}$	C_5^{-1}	$\begin{bmatrix} \frac{1}{2\tau} & \frac{\sqrt{2+\tau}}{2} \\ -\frac{\sqrt{2+\tau}}{2} & \frac{1}{2\tau} \end{bmatrix}$	$(C_5^3)^{-1}$	
特征标 $\chi_B(g)$	2	$-\tau$	$-\tau$	$\tau-1$	$\tau-1$	

对称操作 g	特征标	e	C_5	C_5^4	C_5^3	C_5^2	物理性质张量独立分量个数:按式(5.50)
	$\chi_B(g^2)$	2	$\tau-1$	$\tau-1$	$-\tau$	$-\tau$	
	式(5.56)	6	1	1	1	1	$n_{a(1)}=2$
	式(5.57)	6	$-(\tau+1)$	$-(\tau+1)$	$-(2-\tau)$	$-(2-\tau)$	$n_{a(2)}=0$
	式(5.58)	18	τ	τ	$-\tau+1$	$-\tau+1$	$n_{d(1)}=4$
	式(5.59)	18	$-(2\tau+1)$	$-(2\tau+1)$	$2\tau-3$	$2\tau-3$	$n_{d(2)}=2$
	式(5.60)	21	1	1	1	1	$n_C=5$
	式(5.61)	21	2τ	2τ	$2-2\tau$	$2-2\tau$	$n_K=5$
	式(5.62)	36	$-(\tau+1)$	$-(\tau+1)$	$\tau-2$	$\tau-2$	$n_R=6$

这里 e 表示恒等变换, α 为 5 次旋转, 即表中的对称操作 C_5. 由式 (5.50) 求出非零独立分量的数目为 $(6+4)/5=2$. 热膨胀系数 $\alpha_{ij}^{(2)}$ 属于类型 (2), 由表 5.3 中的 "$\chi(g)$: 式 (5.57)" 得到按式 (5.57) 计算的有关数据

$$\chi(e)=6, \chi(\alpha)=\chi(\alpha^4)=-(\tau+1), \chi(\alpha^2)=\chi(\alpha^3)=\tau-2,$$
$$(5.64)$$

这里 $\tau=(1+\sqrt{5})/2$. 由式 (5.50) 知非零独立分量数目为 $[6-2(\tau+1)+2(\tau-2)]/5=0$. 压电系数 $d_{ijk}^{(1)}$ 属于类型 (3), 由表 5.3 中的 "$\chi(g)$: 式 (5.58)" 得到按式 (5.58) 计算的有关数据

$$\chi(e)=18, \chi(\alpha)=\chi(\alpha^4)=\tau, \chi(\alpha^2)=\chi(\alpha^3)=1-\tau,$$
$$(5.65)$$

其非零独立分量数目为 $[18+2\tau+2(1-\tau)]/5=4$. 压电系数 $d_{ijk}^{(2)}$ 属于类型 (4), 由表 5.3 中的 "$\chi(g)$: 式 (5.59)" 得到按式 (5.59) 计算的有关数据

$$\chi(e)=18, \chi(\alpha)=\chi(\alpha^4)=-(2\tau+1), \chi(\alpha^2)=\chi(\alpha^3)=2\tau-3,$$
$$(5.66)$$

其非零独立分量数目为 $[18-2(2\tau+1)+2(2\tau-3)]/5=2$. 表中 n_C, n_K 和 n_R 分别是声子、相位子和耦合弹性常数的独立分量的个数, 其推导步骤见 §6.3. 其余物理性质张量非零独立分量数目均可以类似求得.

§5.5　准晶物理性质张量非零独立分量的确定 (胡承正等, 1997; Hu, et al., 2000; Yang, et al., 1995; Hu, et al., 1997)

确定物理性质张量非零独立分量的具体形式无疑要比计算它们的数目困难得多, 这需要用到群表示的约化理论. 在此, 我们先以点群 $C_n(N)$ 为例, 在 5.5.1 节中讨论 n 次旋转 (转角为 $\alpha=\dfrac{2\pi}{n}$) 对称性的作用下, 声子和相位子应变张量表示约化的矩阵形式.

然后以五次对称准晶为例, 来推导它的热膨胀系数 $\alpha_{ij}{}^{(1)}$, $\alpha_{ij}{}^{(2)}$ 和压电系数 $d_{ijk}{}^{(1)}$, $d_{ijk}{}^{(2)}$ 的独立分量. 在 §6.3 再讨论应变的二次不变量以及弹性常数的独立分量.

5.5.1 声子和相位子应变张量表示约化的矩阵形式

这里, 我们介绍一种简单易行的确定二次不变量的方法, 即声子、相位子应变张量表示约化的矩阵形式. 下面的讨论将以准周期平面是 4 秩的二维准晶为例, 这时物理空间是三维的, 补空间是二维的. 这里讨论的基本方法原则上适用于更高秩的二维准晶和其他维准晶. 首先需要指出的是: 声子位移场 $u_i(i=1,2,3)$ 和梯度算符 $\partial_i(i=1,2,3)$ 按准晶点群的一个真实表示变换, 而相位子位移场 w_i $(i=1,2)$ 按另一个不可约表示变换. 另外, 由于点群的所有对称操作均可由其生成元(n 次旋转、旋转反演、反演、平面反映)得到, 因此在约化过程中只需求出生成元所对应的表示矩阵的变换就够了. 这样, 就矩阵形式来看, 群表示的约化即是矩阵的分块对角化.

对点群 $N(C_n)$, 其生成元只有一个, 即, n 次旋转 $\alpha = 2\pi/n$, 在 α 的作用下, 矢量 ∂, u 和 w 的变换分别为

$$\partial' = \begin{pmatrix} M(\alpha) & 0 \\ 0 & 1 \end{pmatrix}\partial, \quad u' = \begin{pmatrix} M(\alpha) & 0 \\ 0 & 1 \end{pmatrix}u, \quad w' = M(\beta)w,$$

$$(5.67)$$

其中

$$M(\theta) = \begin{pmatrix} \cos\theta & -\sin\theta \\ \sin\theta & \cos\theta \end{pmatrix}, \tag{5.68}$$

于是, 声子应变场的变换为

$$(\partial \times u)' = \left\{ \begin{pmatrix} M(\alpha) & 0 \\ 0 & 1 \end{pmatrix} \times \begin{pmatrix} M(\alpha) & 0 \\ 0 & 1 \end{pmatrix} \right\} (\partial \times u). \tag{5.69}$$

相位子应变场的变换为

$$(\partial \times w)' = \left\{ \begin{pmatrix} M(\alpha) & 0 \\ 0 & 1 \end{pmatrix} \times M(\beta) \right\} (\partial \times w), \tag{5.70}$$

(其中的 "$\times$" 号表直积). 通过计算, 式(5.69)可分成如下三部分:

$$\begin{pmatrix} \partial_1 u_1 \\ \partial_1 u_2 \\ \partial_2 u_1 \\ \partial_2 u_2 \end{pmatrix}' = M_1 \begin{pmatrix} \partial_1 u_1 \\ \partial_1 u_2 \\ \partial_2 u_1 \\ \partial_2 u_2 \end{pmatrix} =$$

$$\begin{pmatrix} \cos^2\alpha & -\cos\alpha\sin\alpha & -\cos\alpha\sin\alpha & \sin^2\alpha \\ \cos\alpha\sin\alpha & \cos^2\alpha & -\sin^2\alpha & -\cos\alpha\sin\alpha \\ \cos\alpha\sin\alpha & -\sin^2\alpha & \cos^2\alpha & -\cos\alpha\sin\alpha \\ \sin^2\alpha & \cos\alpha\sin\alpha & \cos\alpha\sin\alpha & \cos^2\alpha \end{pmatrix}$$

$$\times \begin{pmatrix} \partial_1 u_1 \\ \partial_1 u_2 \\ \partial_2 u_1 \\ \partial_2 u_2 \end{pmatrix}, \tag{5.71}$$

$$\begin{pmatrix} \partial_1 u_3 \\ \partial_2 u_3 \\ \partial_3 u_1 \\ \partial_3 u_2 \end{pmatrix}' = M_2 \begin{pmatrix} \partial_1 u_3 \\ \partial_2 u_3 \\ \partial_3 u_1 \\ \partial_3 u_2 \end{pmatrix}$$

$$= \begin{pmatrix} \cos\alpha & -\sin\alpha & 0 & 0 \\ \sin\alpha & \cos\alpha & 0 & 0 \\ 0 & 0 & \cos\alpha & -\sin\alpha \\ 0 & 0 & \sin\alpha & \cos\alpha \end{pmatrix} \begin{pmatrix} \partial_1 \mu_3 \\ \partial_2 \mu_3 \\ \partial_3 \mu_1 \\ \partial_3 \mu_2 \end{pmatrix}, \tag{5.72}$$

$$(\partial_3 u_3)' = \partial_3 u_3. \tag{5.73}$$

而式(5.70)分成如下两部分：

$$\begin{pmatrix} \partial_1 w_1 \\ \partial_1 w_2 \\ \partial_2 w_1 \\ \partial_2 w_2 \end{pmatrix}' = M_3 \begin{pmatrix} \partial_1 w_1 \\ \partial_1 w_2 \\ \partial_2 w_1 \\ \partial_2 w_2 \end{pmatrix}$$

$$= \begin{pmatrix} \cos\alpha\cos\beta & -\cos\alpha\sin\beta & -\sin\alpha\cos\beta & \sin\alpha\sin\beta \\ \cos\alpha\sin\beta & \cos\alpha\cos\beta & -\sin\alpha\sin\beta & -\sin\alpha\cos\beta \\ \sin\alpha\cos\beta & -\sin\alpha\sin\beta & \cos\alpha\cos\beta & -\cos\alpha\sin\beta \\ \sin\alpha\sin\beta & \sin\alpha\cos\beta & \cos\alpha\sin\beta & \cos\alpha\cos\beta \end{pmatrix} \begin{pmatrix} \partial_1 w_1 \\ \partial_1 w_2 \\ \partial_2 w_1 \\ \partial_2 w_2 \end{pmatrix},$$

$$(5.74)$$

$$\begin{pmatrix} \partial_3 w_1 \\ \partial_3 w_2 \end{pmatrix}' = M(\beta) \begin{pmatrix} \partial_3 w_1 \\ \partial_3 w_2 \end{pmatrix}. \qquad (5.75)$$

由式(5.73)知,$\partial_3\mu_3$ 按群的恒等表示变换,因而它是一个一次不变量. 对式(5.71),(5.72),(5.74)和式(5.75)进行如下运算:先作基变换,即选取两个变换矩阵

$$T_1 = \begin{pmatrix} \dfrac{1}{\sqrt{2}} & 0 & 0 & \dfrac{1}{\sqrt{2}} \\ 0 & \dfrac{1}{\sqrt{2}} & \dfrac{-1}{\sqrt{2}} & 0 \\ 0 & \dfrac{1}{\sqrt{2}} & \dfrac{1}{\sqrt{2}} & 0 \\ \dfrac{1}{\sqrt{2}} & 0 & 0 & \dfrac{-1}{\sqrt{2}} \end{pmatrix}, \quad T_2 = \begin{pmatrix} \dfrac{1}{\sqrt{2}} & 0 & \dfrac{1}{\sqrt{2}} & 0 \\ 0 & \dfrac{1}{\sqrt{2}} & 0 & \dfrac{1}{\sqrt{2}} \\ \dfrac{-1}{\sqrt{2}} & 0 & \dfrac{1}{\sqrt{2}} & 0 \\ 0 & \dfrac{1}{\sqrt{2}} & 0 & \dfrac{-1}{\sqrt{2}} \end{pmatrix},$$

$$(5.76)$$

使得

$$T_1 \begin{pmatrix} \partial_1 u_1 \\ \partial_1 u_2 \\ \partial_2 u_1 \\ \partial_2 u_2 \end{pmatrix} = \frac{1}{\sqrt{2}} \begin{pmatrix} \partial_1 u_1 + \partial_2 u_2 \\ \partial_1 u_2 - \partial_2 u_1 \\ \partial_1 u_2 + \partial_2 u_1 \\ \partial_1 u_1 - \partial_2 u_2 \end{pmatrix},$$

$$T_2 \begin{pmatrix} \partial_1 u_3 \\ \partial_2 u_3 \\ \partial_3 u_1 \\ \partial_3 u_2 \end{pmatrix} = \frac{1}{\sqrt{2}} \begin{pmatrix} \partial_1 u_3 + \partial_3 u_1 \\ \partial_2 u_3 + \partial_3 u_2 \\ \partial_3 u_1 - \partial_1 u_3 \\ \partial_2 u_3 - \partial_3 u_2 \end{pmatrix},$$

$$T_1 \begin{Bmatrix} \partial_1 w_1 \\ \partial_1 w_2 \\ \partial_2 w_1 \\ \partial_2 w_2 \end{Bmatrix} = \frac{1}{\sqrt{2}} \begin{Bmatrix} \partial_1 w_1 + \partial_2 w_2 \\ \partial_1 w_2 - \partial_2 w_1 \\ \partial_1 w_2 + \partial_2 w_1 \\ \partial_1 w_1 - \partial_2 w_2 \end{Bmatrix}. \tag{5.77}$$

然后将上面 3 个基的变换应用到式(5.71),式(5.72)和式(5.74),并计算出相似变换 $T_1 M_1 T_1^{-1}$,$T_2 M_2 T_2^{-1}$ 和 $T_1 M_3 T_1^{-1}$,便可以得到用来确定不变量的表示式. 它们连同式(5.73)和(5.75)可总括为

$$\begin{Bmatrix} E'_{11} - E'_{22} \\ 2E'_{12} \end{Bmatrix} = M(2\alpha) \begin{Bmatrix} E_{11} - E_{22} \\ 2E_{12} \end{Bmatrix}, \tag{5.78}$$

$$\begin{Bmatrix} E'_{13} \\ E'_{23} \end{Bmatrix} = M(\alpha) \begin{Bmatrix} E_{13} \\ E_{23} \end{Bmatrix}, \tag{5.79}$$

$$E'_{11} + E'_{22} = I(E_{11} + E_{22}), \tag{5.80}$$

$$E'_{33} = I E_{33}, \tag{5.81}$$

$$\begin{Bmatrix} W'_{11} + W'_{22} \\ W'_{21} - W'_{12} \end{Bmatrix} = M(\beta - \alpha) \begin{Bmatrix} W_{11} + W_{22} \\ W_{21} - W_{12} \end{Bmatrix}, \tag{5.82}$$

$$\begin{Bmatrix} W'_{11} - W'_{22} \\ W'_{21} + W'_{12} \end{Bmatrix} = M(\beta + \alpha) \begin{Bmatrix} W_{11} - W_{22} \\ W_{21} + W_{12} \end{Bmatrix}, \tag{5.83}$$

$$\begin{Bmatrix} W'_{13} \\ W'_{23} \end{Bmatrix} = M(\beta) \begin{Bmatrix} W_{13} \\ W_{23} \end{Bmatrix}, \tag{5.84}$$

这里,I 是单位矩阵,$W_{ij} = \partial_j w_i$,$E_{ij} = \frac{1}{2}(\partial_i u_j + \partial_j u_i)$ 是声子位移梯度张量 $\partial_i u_j$ 的对称部分,相应的反对称部分 $\frac{1}{2}(\partial_i u_j - \partial_j u_i)$ 代表刚性旋转,对弹性能无贡献,故不予考虑. 这 7 个式子(5.78)~(5.84)反映了声子、相位子应变场在群元素作用下的变换性质. 利用它们便可以得到,具有点对称 N 的准晶的声子、相位子应变以及由它们的耦合而形成的所有二次不变量. 算出了这些应变张量不变量,也就确定了独立的弹性常数,进而也就得到了相应的弹

性能表示式.

对于其他类型的准晶,其生成元一般不只一个旋转操作. 除了上面 7 个变换式外,还需写出声子、相位子应变场在其他生成元作用下的变换式. 这时,推导的过程可能繁复些,但基本方法是相同的. 现在我们就用这里所介绍的方法,推导五次准晶的热膨胀系数和压电系数的独立分量.

5.5.2 五次准晶的热膨胀系数和压电系数的独立分量的推导

从热膨胀系数的表示式

$$\alpha_{ij}^{(1)} = \frac{\partial E_{ij}}{\partial \theta}, \quad \alpha_{ij}^{(2)} = \frac{\partial W_{ij}}{\partial \theta}, \quad (5.85)$$

人们不难看出,$\alpha_{ij}^{(1)}$ 与 E_{ij} 具有相同变换特征. 因此,只要知道了 E_{ij} 的张量不变量的形式,也就知道了 $\alpha_{ij}^{(1)}$ 的张量不变量的形式,从而便可以确定它的非零独立分量. 根据定义 $E_{ij} = (\partial_j u_i + \partial_i u_j)/2(\partial_i = \partial/\partial x_i)$,声子应变场是由梯度算符和声子位移场生成的二阶对称张量. 因为梯度算符和声子位移场都是物理空间中的矢量,它们按 $\Gamma_1 + \Gamma_2$ 变换,所以二阶对称张量将按 $\{(\Gamma_1 + \Gamma_2) \times (\Gamma_1 + \Gamma_2)\}$ 变换. 这个表示是可约的,它的约化式为

$$\{(\Gamma_1 + \Gamma_2) \times (\Gamma_1 + \Gamma_2)\} = 2\Gamma_1 + \Gamma_2 + \Gamma_3. \quad (5.86)$$

上式右端各项系数可以利用式(5.47b)得到. Γ_1 前的系数 2 正是在 §5.4 中计算的结果. 注意,实空间中的二维表示 Γ_2 和 Γ_3 并不是点群 $C_5(5)$ 的不可约表示. 为了求得它们在式(5.86)中的系数,需要用表 5.1 中的特征标代入式(5.47b)中进行计算. 约化式(5.86)表明,二阶对称空间的 6 个基矢($E_{11}, E_{22}, E_{33}, E_{23}, E_{31}, E_{12}$)可以分成 4 个不变子空间. 由(5.80)和(5.81)两式可知,$E_{11} + E_{22}$ 和 E_{33} 分别张成两个恒等表示空间. 由(5.78)和(5.79)两式可知,$E_{11} - E_{22}$ 和 $2E_{12}$,张成 Γ_3 的表示空间,E_{31} 和 E_{23} 张成 Γ_2 的表示空间. 根据张量不变量的定义,E_{ij} 中有两个不变量,这就是 $E_{11} + E_{22}$ 和 E_{33}. 只有由这些不变量线性组合而成的二阶对称张

量才能满足 Neumann 原理的要求. 显然,它们的线性组合系数,或非零独立分量即为

$$\alpha_{11}^{(1)} = \alpha_{22}^{(1)}, \alpha_{33}^{(1)}. \tag{5.87}$$

通常将它们写成如下矩阵形式:

$$\boldsymbol{\alpha}^{(1)} = \begin{bmatrix} \alpha_{11} & 0 & 0 \\ 0 & \alpha_{11} & 0 \\ 0 & 0 & \alpha_{33} \end{bmatrix}_2, \tag{5.88}$$

式中矩阵所附下标表示非零独立分量数目.

另一方面,构成相位子应变 $W_{ij} = \partial_j w_i$ 的梯度算符和相位子位移场分别是物理空间及其补空间的矢量,前者按 $\Gamma_1 + \Gamma_2$ 变换,后者按 Γ_3 变换. 因此,W_{ij} 按下面约化式变换

$$(\Gamma_1 + \Gamma_2) \times \Gamma_3 = \Gamma_2 + 2\Gamma_3. \tag{5.89}$$

由式 (5.83) 可知,$(W_{21} + W_{12}, W_{11} - W_{22})$ 张成 Γ_2 的表示空间. 由 (5.84) 和 (5.82) 两式可知,(W_{13}, W_{23}) 和 $(W_{21} - W_{12}, W_{11} + W_{22})$ 张成两个 Γ_3 的表示空间. 式 (5.89) 的等号右边不含恒等表示,故而 $\alpha^{(2)}$ 中非零独立分量的个数为零

$$\alpha^{(2)} = 0. \tag{5.90}$$

类似地,我们也可以确定压电系数非零独立分量 (Hu, et al., 1997). 从压电系数的表示式

$$d_{ijk}^{(1)} = \frac{\partial D_i}{\partial T_{jk}}, d_{ijk}^{(2)} = \frac{\partial D_i}{\partial H_{jk}}. \tag{5.91}$$

人们不难看出,$d_{ijk}^{(1)}$ 与 $D_i \times T_{jk}$ 具有相同变换特征,$d_{ijk}^{(2)}$ 与 $D_i \times H_{jk}$ 具有相同变换特征 (×表示张量积). 对于 $d_{ijk}^{(1)}$,电位移矢量是物理空间中的矢量,它按 $\Gamma_1 + \Gamma_2$ 变换,T_{jk} 与 E_{jk} 具有相同变换性质,即它按 $\{(\Gamma_1 + \Gamma_2) \times (\Gamma_1 + \Gamma_2)\} = 2\Gamma_1 + \Gamma_2 + \Gamma_3$ 变换. 因此,压电系数 $d_{ijk}^{(1)}$ 按下面约化式变换:

$$(\Gamma_1 + \Gamma_2) \times \{(\Gamma_1 + \Gamma_2) \times (\Gamma_1 + \Gamma_2)\} = (\Gamma_1 + \Gamma_2)$$
$$\times (2\Gamma_1 + \Gamma_2 + \Gamma_3) = 4\Gamma_1 + 4\Gamma_2 + 3\Gamma_3. \tag{5.92}$$

上式右边包含 4 个恒等表示,这意味着存在 4 个不变量. 这 4 个

不变量由 P_i，E_{jk} 适当线性组合而成. 首先，电位移矢量的第三分量 P_3（沿旋转轴 x_3）是一个不变量（荷载恒等表示 Γ_1），同时 $E_{11} + E_{22}$，E_{33} 在热膨胀系数的讨论中已表明也都是不变量，因此它们的乘积构成下面两个不变量：

$$P_3 E_{33}, P_3(E_{11} + E_{22}). \tag{5.93}$$

其次，(P_1, P_2) 和 (E_{31}, E_{23}) 都按表示 Γ_2 变换，即

$$\begin{bmatrix} P_1' \\ P_2' \end{bmatrix} = M(\alpha) \begin{bmatrix} P_1 \\ P_2 \end{bmatrix}, \begin{bmatrix} E_{31}' \\ E_{23}' \end{bmatrix} = M(\alpha) \begin{bmatrix} E_{31} \\ E_{23} \end{bmatrix},$$

并有

$$\begin{bmatrix} E_{23}' \\ -E_{31}' \end{bmatrix} = M(\alpha) \begin{bmatrix} E_{23} \\ -E_{31} \end{bmatrix}.$$

因此，荷载此不可约表示的两个矢量间的标积也应是不变量. 在 C_5 点群的情况下，它们有两个，即

$$P_1 E_{31} + P_2 E_{23}, P_1 E_{23} - P_2 E_{31}. \tag{5.94}$$

结合式（5.93）和式（5.94）我们得到 $d_{ijk}^{(1)}$ 的 4 个非零独立分量

$$d_{333}^{(1)}, d_{311}^{(1)} = d_{322}^{(1)}, d_{131}^{(1)} = d_{223}^{(1)}, d_{123}^{(1)} = -d_{231}^{(1)}. \tag{5.95}$$

写成矩阵形式为

$$\boldsymbol{d}^{(1)} = \begin{Bmatrix} 0 & 0 & 0 & d_{14}^{(1)} & d_{15}^{(1)} & 0 \\ 0 & 0 & 0 & d_{15}^{(1)} & -d_{14}^{(1)} & 0 \\ d_{31}^{(1)} & d_{31}^{(1)} & d_{33}^{(1)} & 0 & 0 & 0 \end{Bmatrix}_4, \tag{5.96}$$

式中对称部分指标采用了简化下标，双下标与简化下标的对应关系如下：

$$11 \Leftrightarrow 1, 22 \Leftrightarrow 2, 33 \Leftrightarrow 3, 23 \Leftrightarrow 4, 31 \Leftrightarrow 5, 12 \Leftrightarrow 6. \tag{5.97}$$

同样可以用求形如 $P_i W_{jk}$ 的不变量的方法来确定 $d_{ijk}^{(2)}$ 的非零独立分量. 不过，应该注意的是，构成相位子应变 $W_{ij} = \partial_j w_i$ 的梯度算符和相位子位移场分别是物理空间及其补空间的矢量，前者按 $\Gamma_1 + \Gamma_2$ 变换，后者按 Γ_3 变换. 因此，W_{ij} 应按约化式（5.89）变换

$$(\Gamma_1 + \Gamma_2) \times \Gamma_3 = \Gamma_2 + 2\Gamma_3.$$

这时，$d_{ijk}^{(2)}$ 的约化式为

$$(\Gamma_1 + \Gamma_2) \times \left[(\Gamma_1 + \Gamma_2) \times \Gamma_3 \right] = (\Gamma_1 + \Gamma_2) \times (\Gamma_2 + 2\Gamma_3)$$
$$= 2\Gamma_1 + 3\Gamma_2 + 5\Gamma_3.$$

两个恒等表示意味存在两个形如 $P_i W_{jk}$ 的不变量. 注意到 (P_1, P_2) 和 $(W_{21} + W_{12}, W_{11} - W_{22})$ 均按 Γ_2 变换, 这两个不变量即可由荷载此表示的两矢量间的标积得到. 它们是

$$P_1(W_{21} + W_{12}) + P_2(W_{11} - W_{22}), P_1(W_{11} - W_{22}) - P_2(W_{21} + W_{12}).$$
$$(5.98)$$

由此, $d_{ijk}^{(2)}$ 两个非零独立分量为

$$d_{121}^{(2)} = d_{112}^{(2)} = d_{211}^{(2)} = -d_{222}^{(2)}, d_{111}^{(2)} = -d_{122}^{(2)} = -d_{221}^{(2)} = -d_{212}^{(2)},$$
$$(5.99)$$

它们也可以写成

$$\boldsymbol{d}^{(2)} = \begin{bmatrix} d_{111}^{(2)} & -d_{111}^{(2)} & 0 & d_{112}^{(2)} & 0 & d_{112}^{(2)} \\ d_{112}^{(2)} & -d_{112}^{(2)} & 0 & -d_{111}^{(2)} & 0 & -d_{111}^{(2)} \\ 0 & 0 & 0 & 0 & 0 & 0 \end{bmatrix}_2 , (5.100)$$

这里, 与相位子有关的双指标编序为 $11, 22, 23, 12, 13, 21$. 其他对称准晶物理性质张量非零独立分量都可以类似地确定, 它们的形式和个数已在本书附录中给出.

参 考 文 献

胡承正、杨文革、王仁卉、丁棣华. 物理学进展, 1997(17): 345~375

Hu C Z, Wang R H, Ding D H, Yang W G. Phys Rev B, 1997(56): 2463~2468

Hu C Z, Wang R H. Ding D H. Rep Prog. Phys, 2000(63): 1~39

Yang W G, Ding D H, Hu C Z, Wang R H. Phys Rev B, 1994(49): 12656~12661

Yang W G, Ding D H, Wang R H, Hu C Z. Z Phys B, 1996(100): 447~454

Yang W G, Wang R H, Ding D H, Hu C Z. J Phys, 1995(7): 7099~7112

第六章 准晶的线弹性理论

§6.1 准晶弹性行为的基本特征

自从准晶相在实验上被观察到后,有关这一有序相的弹性问题便引起了人们极大的兴趣. Lubensky (1988) 综述了有关准晶的对称性、弹性以及流体动力学等方面的开创性的成果. 这方面的研究主要有两种方法:Penrose 拼砌(单胞法)和密度波模型(密度波法). 由于密度波方法更易于理解准晶的弹性性质,我们的注意力将集中于此表述上.

根据 Landau 的唯象理论,如果选取有序相的密度函数 $\rho(r)$ 为序参数,那么它的自由能可以按 $\rho(r)$ 的幂级数展开. 其展开式中第 k 次幂的项为

$$F^{(k)} = - A_k \sum_i \int \mathrm{d}r \rho_{G_1} \rho_{G_2} \cdots \rho_{G_k} \exp\left(\sum_i G_i \cdot r\right)$$

$$= - A_k \sum_{G_i} \Delta\left[\sum_i G_i\right] \cos\left[\sum_i \Phi_{G_i}\right] \prod_i \left| \rho_{G_i} \right|, \qquad (6.1)$$

式中,ρ_G 为 $\rho(r)$ 的 Fourier 分量

$$\rho(r) = \sum \rho_G \mathrm{e}^{\mathrm{i}G \cdot r}, \rho_G = \left| \rho_G \right| \mathrm{e}^{\mathrm{i}\Phi_i}, \qquad (6.2)$$

且由于 $\rho(r)$ 为实函数

$$\left| \rho_G \right| = \left| \rho_{-G} \right|, \Phi_G = - \Phi_{-G}. \qquad (6.3)$$

另外

$$\Delta(x) = \delta_{x,0}. \qquad (6.4)$$

显然,一个可能存在的有序相应该使得它的自由能取极小值,即

$$\frac{\delta F}{\delta \left| \rho_G \right|} = 0, \frac{\delta F}{\delta \Phi_G} = 0. \qquad (6.5)$$

可惜,要利用上式来求一个稳定有序结构的密度函数是非常棘手

的,甚至是不可能的. 因此,实际的做法是:将某一有序相结构的密度函数代入自由能展开式中,由此判断它是否或在什么条件下取极小值;并且计算中一般将自由能展开式加以截断,即取 F 中只包含所需的低阶项. 一些作者的研究表明,在包含到三次项时,稳定相呈体心立方结构;而在包含到五次项时,稳定相呈五次对称或二十面体对称结构.

这里考虑五次对称(C_{5V})情形. 五次对称结构的密度函数

$$\rho(\boldsymbol{r}) = \sum_i \rho_i \cos(\boldsymbol{G}_i \cdot \boldsymbol{r} + \boldsymbol{\Phi}_i) \qquad (\rho_i = \rho_{G_i}). \qquad (6.6)$$

若相应的 $F^{(5)}$ 不为零,则应满足条件(6.4),即和式中的 G_i 形成一封闭的五边形. 这时

$$F^{(5)} = -A_5 \rho^5 \cos(\sum_i \boldsymbol{\Phi}_i), \qquad (6.7)$$

此处,由于对称性要求

$$|\rho_i| = \rho \qquad (i = 1, 2, \cdots, 5). \qquad (6.8)$$

由此可见,当自由能取极小值时,和式 $\sum \boldsymbol{\Phi}_i$,应为某一固定值,设为常数 γ

$$\sum_i \boldsymbol{\Phi}_i = \gamma, \qquad (6.9)$$

这意味着,对于一个确定的极小值 F,有一个确定的 γ,并且 F 的值并不取决于式(6.9)中单个位相 $\boldsymbol{\Phi}_i$ 的值,而是取决于它们的和值. 选取 G_i 为下面 5 个二维倒格矢:

$$G_i = b^* [\cos 2\pi i/5, \sin 2\pi i/5] \qquad (i = 0, 1, 2, 3, 4). \qquad (6.10)$$

显然,它们满足条件式(6.4),且 G_0 与 $G_1 + G_4$ 之比是无理数. 与这 5 个 G_i 相关的 5 个相位 $\boldsymbol{\Phi}_i$ 应满足式(6.9). 所以,这种准周期结构具有 4 个独立的位相变量,也就是说,它们可以用一个 4 维矢量场参数化. 按照 2.4.1 节,我们取 4 维空间晶体倒易点阵的基矢 e_1^*, e_2^*, e_3^* 和 e_4^* 依次作为式(6.10)中的 G_1, G_2, G_3 和 G_4. 下面我们给出位相 $\boldsymbol{\Phi}_i = \boldsymbol{\Phi}_{G_i}$ 与波矢 $\widetilde{\boldsymbol{G}}$ 一个明显的函数关系式(称为参数化).

本节讨论的密度函数 $\rho(r)$ 具有点群 $C_{5v}(5m)$ 所描述的对称性,它存在于三维物理空间. 其中有二维是准周期分布的,另外一维则是周期地分布的,且沿其周期性方向具有五次旋转轴. 因此,为了描述五次准晶,需要考虑由基矢 $e_j = (e_1, e_2, e_3, e_4, e_5)$ 张着的五维空间晶体以及另外一套由基矢 $E_j = (E_1, E_2, E_3, E_4, E_5)$ 张着的正交归一化的坐标系,其中基矢 E_1, E_2, E_3 张着平行空间,基矢 E_4, E_5 张着垂直空间. 五维空间晶体中由基矢 e_5 张着的一维空间恰好就是平行空间中由基矢 E_3 张着的呈周期性的一维空间. 五维空间晶体中另外的由基矢 e_1, e_2, e_3, e_4 张着的四维空间与正交归一化坐标系中的另外 4 个基矢 E_1, E_2, E_4, E_5 相对应. 由群表示理论(见第四、五章),四维空间中的五次旋转操作在平行空间是旋转 $2\pi/5$ 角度. 在垂直空间则是旋转 $3 \times 2\pi/5$ 角度. 据此我们可以如图 2.10(a)安排倒易点阵基矢的平行空间分量,并如图 2.10(b)安排倒易点阵基矢的垂直空间分量,它们都是由正五边形的中心指向顶点的矢量.

图 2.10 所表示的 4 维晶体空间中倒易点阵基矢 $(e_1{}^*, e_2{}^*, e_3{}^*, e_4{}^*)$ 与另一套正归一化的基矢 $E_j{}^* = (E_1{}^*, E_2{}^*, E_4{}^*, E_5{}^*)$ 之间的下列关系:

$$\begin{pmatrix} e_1{}^* \\ e_2{}^* \\ e_3{}^* \\ e_4{}^* \end{pmatrix} = W^t \begin{pmatrix} E_1{}^* \\ E_2{}^* \\ E_4{}^* \\ E_5{}^* \end{pmatrix}, \qquad (6.11)$$

式中

$$W^t = a^* \begin{pmatrix} \cos\omega & \sin\omega & \cos3\omega & \sin3\omega \\ \cos2\omega & \sin2\omega & \cos\omega & \sin\omega \\ \cos3\omega & \sin3\omega & \cos4\omega & \sin4\omega \\ \cos4\omega & \sin4\omega & \cos2\omega & \sin2\omega \end{pmatrix}, \qquad (6.12)$$

$$\omega = 2\pi/5,$$

$$\cos\omega = \cos4\omega = \frac{\tau - 1}{2} = 0.309,$$

$$\cos 2\omega = \cos 3\omega = -\frac{\tau}{2} = -0.809,$$

$$\cos m\omega + \cos 3m\omega = -1/2 \quad (m \text{ 是整数}),$$

$$\sin\omega = -\sin 4\omega = \frac{\sqrt{2+\tau}}{2} = 0.951,$$

$$\sin 2\omega = -\sin 3\omega = \frac{\sqrt{3-\tau}}{2} = \frac{1}{\tau}\sin\omega = 0.588, \quad (6.13)$$

a^* 是五次准晶倒易基矢在平行空间的分量和垂直空间分量的长度. 利用式(6.13)可以求出矩阵 W 的逆矩阵 $T = W^{-1}$ 是

$$T = \frac{2}{5a^*}\begin{pmatrix} \cos\omega - 1 & \sin\omega & \cos 3\omega - 1 & \sin 3\omega \\ \cos 2\omega - 1 & \sin 2\omega & \cos\omega - 1 & \sin\omega \\ \cos 3\omega - 1 & \sin 3\omega & \cos 4\omega - 1 & \sin 4\omega \\ \cos 4\omega - 1 & \sin 4\omega & \cos 2\omega - 1 & \sin 2\omega \end{pmatrix}. \quad (6.14)$$

按照 2.1.2 节关于线性坐标变换的讨论,可知对五次准晶而言,正点阵基矢 $e_j = (e_1, e_2, e_3, e_4)$ 和 $E_j = (E_1, E_2, E_4, E_5)$,倒易点阵基矢 $e_j^* = (e_1^*, e_2^*, e_3^*, e_4^*)$ 和 $E_j^* = (E_1^*, E_2^*, E_3^*, E_4^*)$,原子位矢的分量 $x_j = (x_1, x_2, x_3, x_4)$ 和 $X_j = (X_1, X_2, X_4, X_5)$,以及倒易点阵矢量的指数 $h_j = (h_1, h_2, h_3, h_4)$ 和 $H_j = (H_1, H_2, H_4, H_5)$,分别按下列公式进行变换:

$$e_j^{\mathrm{T}} = T E_j^{\mathrm{T}} \qquad 或者 \qquad E_j = W e_j^{\mathrm{T}}, \quad (6.15)$$

$$e_j^{*\mathrm{T}} = W^{\mathrm{T}} E_j^{*\mathrm{T}} \qquad 或者 \qquad E_j^{*\mathrm{T}} = T^{\mathrm{T}} e_j^{*\mathrm{T}}, \quad (6.16)$$

$$x_j^{\mathrm{T}} = W^{\mathrm{T}} X_j^{\mathrm{T}} \qquad 或者 \qquad X_j^{\mathrm{T}} = T^{\mathrm{T}} x_j^{\mathrm{T}}, \quad (6.17)$$

$$h_j^{\mathrm{T}} = T H_j^{\mathrm{T}} \qquad 或者 \qquad H_j^{\mathrm{T}} = W h_j^{\mathrm{T}}. \quad (6.18)$$

以上各式中大写字母标出的第 1 和第 2 个分量表示平行空间,第 4 和第 5 个分量表示垂直空间.

在由正点阵基矢 $e_j = (e_1, e_2, e_3, e_4)$ 张着的四维晶体空间中,按照图 2.12(a)的描述,点群 $C_{5V}(5m)$ 的两个生成元(生成操作)的作用在坐标上的对称操作矩阵分别为

$$\Gamma(C_5) = \begin{bmatrix} -1 & -1 & -1 & -1 \\ 1 & 0 & 0 & 0 \\ 0 & 1 & 0 & 0 \\ 0 & 0 & 1 & 0 \end{bmatrix}, \ \Gamma(\sigma) = \begin{bmatrix} 0 & 0 & 0 & 1 \\ 0 & 0 & 1 & 0 \\ 0 & 1 & 0 & 0 \\ 1 & 0 & 0 & 0 \end{bmatrix}, \quad (6.19a)$$

这里 C_5 是绕 5 次轴旋转 $2\pi/5$, σ 是关于过 e_0 的平面(即垂直于图中 E_2 的平面)的映射(镜面反映). 查附录 B, 可知点群 $C_{5v}(5m)$ 有 4 个共轭类, 4 个不可约表示, 即恒等表示 Γ_1, 另外一个一维表示 Γ_2, 以及两个二维表示 Γ_3 和 Γ_4: Γ_3 是矢量表示, 即对称操作 C_5 在此表示中的矩阵为旋转 $2\pi/5$ 的变换; Γ_4 是一个非矢量的二维不可约表示, 对称操作 C_5 在此表示中的矩阵为旋转 $6\pi/5$ 的变换. 根据第五章中有关群表示理论的知识, 我们知道式(6.19a)中的表示 Γ 是可约的. 它的约化式为

$$\Gamma = \Gamma_3 + \Gamma_4. \tag{6.20}$$

首先我们尝试用 §4.1 中采用的方法对式(6.19a)中的矩阵表示 $\Gamma(C_5)$ 进行约化, 即求解下列本征方程:

$$\Gamma(C_5) W^T = W^T \Gamma'(C_5) \quad \text{或} \quad T^T \Gamma(C_5) W^T = \Gamma'(C_5), \tag{6.21}$$

式中上标 T 表示矩阵转置, $\Gamma'(C_5)$ 即约化后的矩阵表示, 由本征值 λ 构成. 求本征值 λ 也就是求解下列四次代数方程

$$|\Gamma(C_5) - \lambda I| = \begin{vmatrix} -1-\lambda & -1 & -1 & -1 \\ 1 & -\lambda & 0 & 0 \\ 0 & 1 & -\lambda & 0 \\ 0 & 0 & 1 & -\lambda \end{vmatrix} = \lambda^4 + \lambda^3 + \lambda^2 + \lambda + 1.$$

$$\tag{6.22}$$

不难验证, 这个四次多项式可以按照下列方式进行因式分解:

$$\lambda^4 + \lambda^3 + \lambda^2 + \lambda + 1 = \left(\lambda^2 - \frac{\lambda}{\tau} + 1\right)\left(\lambda^2 + \tau\lambda + 1\right)$$

$$= \left[\lambda - \exp\left(i\frac{2\pi}{5}\right)\right]\left[\lambda - \exp\left(-i\frac{2\pi}{5}\right)\right]\left[\lambda - \exp\left(i\frac{6\pi}{5}\right)\right]$$

$$\times \left[\lambda - \exp\left(-i\frac{6\pi}{5}\right)\right], \tag{6.23}$$

这里的 4 个复数根 $\exp(\pm i\frac{2\pi}{5})$ 和 $\exp(\pm i\frac{6\pi}{5})$ 满足 §4.1 中提到

的"复根成双"定理. 与之对应的约化之后的实数域上的对称操作矩阵是

$$
\Gamma'(C_5) = \begin{bmatrix} \cos\omega & -\sin\omega & 0 & 0 \\ \sin\omega & \cos\omega & 0 & 0 \\ 0 & 0 & \cos3\omega & -\sin3\omega \\ 0 & 0 & \sin3\omega & \cos3\omega \end{bmatrix} = \begin{bmatrix} M(\omega) & 0 \\ 0 & M(3\omega) \end{bmatrix}.
$$

$$(6.24\text{a})$$

矩阵 $\Gamma(C_5)$ 的 4 个本征矢 ξ, η, ρ 和 ζ 构成下列矩阵:

$$
\boldsymbol{W}^{\mathrm{T}} = [\,\xi\ \eta\ \rho\ \zeta\,] = \begin{bmatrix} \xi_1 & \eta_1 & \rho_1 & \zeta_1 \\ \xi_2 & \eta_2 & \rho_2 & \zeta_2 \\ \xi_3 & \eta_3 & \rho_3 & \zeta_3 \\ \xi_4 & \eta_4 & \rho_4 & \zeta_4 \end{bmatrix}
$$

$$
= \begin{Bmatrix} \cos\omega & \sin\omega & \cos3\omega & \sin3\omega \\ \cos2\omega & \sin2\omega & \cos\omega & \sin\omega \\ \cos3\omega & \sin3\omega & \cos4\omega & \sin4\omega \\ \cos4\omega & \sin4\omega & \cos2\omega & \sin2\omega \end{Bmatrix}. \qquad (6.25)
$$

不难验证,式(6.19a),式(6.24a)和式(6.25)满足方程(6.21).

正是考虑到式(6.15)~式(6.18)中采用的符号体系,我们故意将式(6.12)中的矩阵记为 $\boldsymbol{W}^{\mathrm{T}}$,以便与式(6.25)一致. 然后根据式(6.15)就可得到坐标变换前后两套基矢 $\boldsymbol{E}_j$ 和 $\boldsymbol{e}_j$ 之间的关系是:

$$
\begin{bmatrix} \boldsymbol{E}_1 \\ \boldsymbol{E}_2 \\ \boldsymbol{E}_4 \\ \boldsymbol{E}_5 \end{bmatrix} = \boldsymbol{W} \begin{bmatrix} e_1 \\ e_2 \\ e_3 \\ e_4 \end{bmatrix} = \begin{Bmatrix} \cos\omega & \cos2\omega & \cos3\omega & \cos4\omega \\ \sin\omega & \sin2\omega & \sin3\omega & \sin4\omega \\ \cos3\omega & \cos\omega & \cos4\omega & \cos2\omega \\ \sin3\omega & \sin\omega & \sin4\omega & \sin2\omega \end{Bmatrix} \begin{bmatrix} e_1 \\ e_2 \\ e_3 \\ e_4 \end{bmatrix},
$$

将此式与式(6.25)对比,可知本征矢 ξ, η, ρ, ζ 正好就分别是正交归一化的平行空间的 $(\boldsymbol{E}_1, \boldsymbol{E}_2)$ 和垂直空间的 $(\boldsymbol{E}_4, \boldsymbol{E}_5)$ 基矢.

以上式(6.19)到式(6.25)所描述的是对称操作矩阵 $\boldsymbol{\Gamma}(C_5)$ 约化. 读者不难验证,采用式(6.25)给出的基(或称为该矩阵的本

征矢),也可对式(6.19a)中的另一个生成操作 $\Gamma(\sigma)$ 进行约化,得到

$$T^T\Gamma(\sigma)W^t = \Gamma'(\sigma) = \begin{bmatrix} 1 & 0 & 0 & 0 \\ 0 & -1 & 0 & 0 \\ 0 & 0 & 1 & 0 \\ 0 & 0 & 0 & -1 \end{bmatrix}. \tag{6.24b}$$

式(6.24b)表明,这是个反映操作,有关的镜面与平行空间的 $E_2(X_2^{\parallel}$ 轴)以及垂直空间的 $E_5(X_2^{\perp}$ 轴)垂直.

在 4 维晶体空间的 $e_j = (e_1, e_2, e_3, e_4)$ 坐标系中的位矢的分量 $x_j = (x_1, x_2, x_3, x_4)$ 按照式(6.24a)和式(6.24b)约化成在平行空间和垂直空间的两个二维矢量的直和: $X_j = (X_1, X_2) \oplus (X_4, X_5)$. 相应地,位移矢量 $U(r)$ 的分量也按照式(6.24)约化成在平行空间和垂直空间的两个二维矢量的直和

$$U(r) = u(r) \oplus w(r). \tag{6.26}$$

从式(6.19)到式(6.26)讨论的是对正空间的坐标的对称操作矩阵的约化. 现在我们讨论对倒易空间的坐标的对称操作矩阵的约化. 由图 2.10(a)可得到在四维晶体空间的倒易点阵基矢 $e_j^* = (e_1^*, e_2^*, e_3^*, e_4^*)$ 所张的坐标系中,五次旋转和镜面反映这两个生成操作的矩阵表示分别是

$$\Gamma^*(C_5) = \begin{bmatrix} 0 & 0 & 0 & -1 \\ 1 & 0 & 0 & -1 \\ 0 & 1 & 0 & -1 \\ 0 & 0 & 1 & -1 \end{bmatrix} \text{和} \Gamma^*(\sigma) = \begin{bmatrix} 0 & 0 & 0 & 1 \\ 0 & 0 & 1 & 0 \\ 0 & 1 & 0 & 0 \\ 1 & 0 & 0 & 0 \end{bmatrix}. \tag{6.19b}$$

与式(6.19a)对比,不难证明: $\Gamma^*(C_5) = [\Gamma(C_5)^T]^{-1}$. 将式(6.21) $T^T\Gamma(C_5)W^T = \Gamma'(C_5)$ 等号两侧取转置逆,可得

$$W\Gamma(C_5)T = [\Gamma'(C_5)^T]^{-1} = \Gamma'(C_5) = \begin{bmatrix} M(\omega) & 0 \\ 0 & M(3\omega) \end{bmatrix}. \tag{6.24c}$$

与式(6.24a)对比可知,约化采用的基不一样:在正空间中约化采用的基是矩阵 W^T 的列,按照式(6.15),它们正好是平行空间和垂直空间的正点阵的基矢 E_1, E_2 和 E_4, E_5. 在倒易空间约化采

用的基则是矩阵 T 的列,按照式(6.16),它们正好是平行空间和垂直空间的倒易点阵的基矢 E_1^*,E_2^* 和 E_4^*,E_5^*.

因此,在四维晶体空间的倒易矢量 G 及其分量 $h_j = (h_1, h_2, h_3, h_4)$ 也按照式(6.24c)约化成在平行空间和垂直空间的两个二维矢量 $g^\parallel$ 和 $g^\perp$ 的直和:$G = g^\parallel \oplus g^\perp$,以及 $(h_1, h_2, h_3, h_4) = (H_1^\parallel, H_2^\parallel) \oplus (H_4^\perp, H_5^\perp)$. 式(6.1)中的位相 Φ_i 也可以相应地参数化

$$\Phi_i = \Phi_i(0) + g_i^\parallel \cdot u(r^\parallel) + g_i^\perp \cdot W(r^\parallel), \qquad (6.27)$$

式中 $\Phi_i(0)$ 代表不随物理空间位矢 r 变化的相位.

在将 Φ_n 参数化后,我们看到 $u(r^\parallel)$ 和 $W(r^\parallel)$ 的改变将导致系统能量的改变(Socolar, et al., 1986). 物理上,$u(r^\parallel)$ 和 $w(r^\parallel)$ 是两类不同的流体动力学变量. 变量 $u(r^\parallel)$ 的均匀变化代表系统平移,而空间变化产生传播的声子. 这与传统晶体一样. 因此,矢量场 $u(r^\parallel)$ 即通常声子场. 变量 $w(r^\parallel)$ 称为相位子型变量(类似于非公度晶体中的相位子自由度). 在单胞图像中,$w(r^\parallel)$ 的空间变化反映拼块的局域重排. 这两类变量均是弹性变量,对弹性能都有贡献. 由此可见,准晶体与晶体的一个重要区别在于前者除了通常声子场外,还存在相位子场. 对于其他对称的二维准晶,情况类似. 它们的弹性性质仍然可用一个 4 分量的矢量场 $U(r)$[式(6.26)]描写;只是四维晶体空间中倒易点阵基矢在物理空间的分量 $e_j^{*\parallel} = (e_1^{*\parallel}, e_2^{*\parallel}, , e_3^{*\parallel}, e_4^{*\parallel})$ 应选取具有相应对称性的二维倒格矢. 对于二十面体准晶,情况当然要复杂些,但描写其弹性性质的流体动力学变量仍由式(6.26)给出. 只不过这时 $U(r)$ 为一个六维矢量,它是两个三维矢量 $u(u_1, u_2, u_3)$ 和 $w(w_1, w_2, w_3)$ 的直和.

至此,我们得出,描述准晶的弹性行为有两类流体动力学变量. 一类即通常晶体中的声子变量 $u(r^\parallel)$,而另一类则是准晶所特有的相位子变量 $w(r^\parallel)$. 另外,从上面的分析我们还知道,这两类弹性变量在准晶对称群元素作用下具有不同的变换性质. 当

系统坐标在对称操作下变换时,声子场 $u(r^{\parallel})$ 按矢量表示变换(即具有与坐标变换相同的性质);而相位子场 $w(r^{\parallel})$ 按对称群一个相关的非矢量的不可约表示变换.

在结束本节时,还有一点需要指出的是:对于准晶体,和其他实际物理系统一样,弹性变量与弹性能之间的函数关系同样是一个十分重要的基本问题.依照通常弹性理论,物体发生形变时,在谐振子近似下,弹性能与其应变的平方成正比.在准晶的密度波模型中,相位子变量同声子变量一样都可视为连续介质的流体动力学变量,因此,它们对弹性能的贡献均正比于其梯度的平方.但在单胞模型中,相位子激发对应拼块的局域重排,出现分立的错排点.一个方向上出现错排的数目正比于 w 的改变 $|\delta w|$. 如果我们给每个错排赋予一确定的能量,那么因 w 的空间变化导致的弹性能应正比于 $|\delta w|$,即梯度的一次方.有关相位子变量对弹性能的贡献一直是一个有争议的问题.一个可能的解释是(Jeong, Steinhardt, 1993):按照热力学理论,在一定外界条件(如温度)下,稳定系统自由能应取极小值.由自由能定义 $(F = U - TS)$ 知,系统趋向稳定时,对温度比较低的情形,其能量尽可能小;对温度比较高的情形,其熵尽可能大.在前一种情况下,系统的状态称为锁定相.在锁定相中,相位子很难被热力学激发,它们的弹性能正比于其梯度的一次方.在后一种情况下,系统状态称为未锁定相.在未锁定相中,相位子和声子一样也能被热力学激发,它们的弹性能正比于其梯度的平方.在锁定相和未锁定相之间存在一转变温度 T_c. 我们的讨论将建立在密度波描述法的基础上.

§6.2　准晶的线弹性理论

在本节,我们将准晶体视为线弹性固体,然后将晶体的线弹性理论推广到准晶,建立适合准晶的线弹性理论,进而导出各类弹性方程的普通表达式(Ding, et al., 1993).

根据获得准周期点阵的切割投影法,一个三维准晶点阵可以

由一个高维空间的周期点阵通过选择投影得到. 令 V 为高维嵌入空间,则

$$V = V_E + V_I, \qquad (6.28)$$

这里,V_E 是准晶所在的实际物理空间,V_I 是它的补空间. 根据前节的讨论,我们知道,V_E 和 V_I 中的矢量在系统对称群元素作用下具有不同的变换性质. V_E 中的矢量按矢量表示变换,而 V_I 中的矢量按另一个相关的非矢量表示变换. 设 $U(r^{\parallel})$ 是 V 中的矢量,投影后有

$$U(r^{\parallel}) = u(r^{\parallel}) + w(r^{\parallel}). \qquad (6.26)$$

如前所述,$u(r^{\parallel})$ 和 $w(r^{\parallel})$ 分别为声子和相位子位移场,它们都是 V_E 中位矢 $r^{\parallel}$ 的函数. u_i 和 w_i 是 u 和 w 分别在 V_E 和 V_I 中的分量. 将微分算符 $\nabla = e_i \nabla_i (\nabla_i = \partial/\partial x_i = \partial_i)$ 作用到上式得到两个位移场的梯度

$$\nabla U = \nabla u + \nabla w, \qquad (6.29)$$

与通常晶体情况相同,∇u 能分解为对称和反对称部分. 反对称部分描写整个系统的一个刚性旋转,它不改变系统弹性能. 因为 ∇w 的反对称部分描写两个子空间的相对旋转,这种旋转需要能量,所以 ∇w 的所有分量都对弹性能有贡献. 于是,与弹性能有关的声子应变场为

$$E_{ij} = \frac{1}{2}(\partial_j u_i + \partial_i u_j). \qquad (6.30)$$

相位子应变场为

$$W_{ij} = \partial_j w_i. \qquad (6.31)$$

不难证明,上面定义的两个应变场满足下面的相容性方程组:

$$-\varepsilon_{ijk} e_{lmn} \partial_j \partial_m E_{kn} = 0,$$
$$-\varepsilon_{ijk} e_{lmn} \partial_j \partial_m w_{kn} = 0, \qquad (6.32)$$

式中 ε_{ijk} 为 Levi-Civita 记号,即

$$\varepsilon_{ijk} = \begin{cases} 1 & \text{当 } ijk \text{ 为一偶置换,} \\ -1 & \text{当 } ijk \text{ 为一奇置换,} \\ 0 & \text{其余情形.} \end{cases} \qquad (6.33)$$

与上述两个弹性应变场相对应,准晶体中应存在两个应力场. 与 E_{ij} 对应的应力场在这里记为 T_{ij},其相应的应力矢量记为 t. 它们的意义与传统的晶体弹性理论相同. 与 W_{ij} 对应的应力场记为 H_{ij},其相应的应力矢量记为 h. H_{ij} 表示作用在 V_E 空间、法线沿 x_{Ej} 方向的单位面元上的应力,在 V_I 空间中沿 x_{Ii} 方向的分量. 设 n 是 V_E 空间中一个面元的法线,则应力矢量与应力张量间的关系是:

$$t = \boldsymbol{T} \cdot \boldsymbol{n}, \qquad h = \boldsymbol{H} \cdot \boldsymbol{n} \qquad (6.34)$$

由于 $\boldsymbol{T}$ 和 $\boldsymbol{H}$ 均为二阶张量,这里的点积表示张量间的缩约,即

$$t_i = T_{ij} n_j, \quad h_i = H_{ij} n_j. \qquad (6.35)$$

令 V' 是 V_E 空间中任一体积元,S 是其闭合表面. 若作用在准晶体上的体力除惯常的体力密度 f 外,还存在一个广义体力密度 g,它的方向由 V_I 空间决定,那么我们可以将牛顿运动定律作形式上的推广. 这时牛顿动量定理是

$$\frac{\mathrm{d}}{\mathrm{d}t} \iint_{V'} \rho(\dot{u} + \dot{w}) \mathrm{d}V' = \int_{V'} (\dot{f} + g) \mathrm{d}V' + \int_S (t + h) \mathrm{d}S.$$

$$(6.36)$$

上式积分是在 V_E 空间进行,但注意到两组矢量 (u, f, t) 和 (w, g, h) 分别属于两个子空间 V_E 和 V_I(这里 + 号表直和),上述方程可分解成两个方程

$$\frac{\mathrm{d}}{\mathrm{d}t} \int_{V'} \rho \dot{u} \, \mathrm{d}V' = \int_{V'} f \mathrm{d}V' + \int_S t \mathrm{d}S,$$

$$\frac{\mathrm{d}}{\mathrm{d}t} \int_{V'} \rho \dot{w} \, \mathrm{d}V' = \int_{V'} g \mathrm{d}V' + \int_S h \mathrm{d}S. \qquad (6.37)$$

应用 Gauss 定理及式(6.34),将面积分化为体积分,便得到两组运动方程

$$\partial_j T_{ij} + f_i = \rho \ddot{u}_i,$$

$$\partial_j H_{ij} + g_i = \rho \ddot{w}_i. \qquad (6.38)$$

相应的静平衡方程是

$$\partial_j T_{ij} + f_i = 0,$$

$$\partial_j H_{ij} + g_i = 0. \tag{6.39}$$

对于声子场,牛顿角动量定理成立

$$\frac{\mathrm{d}}{\mathrm{d}t} \int_{V'} \boldsymbol{r} \times \rho \dot{\boldsymbol{u}} \, \mathrm{d}V' = \int_{V'} \boldsymbol{r} \times \boldsymbol{f} \, \mathrm{d}V' + \int_S \boldsymbol{r} \times \boldsymbol{t} \, \mathrm{d}S. \tag{6.40}$$

再应用 Gauss 定理不难导出熟知的应力互等定律

$$T_{ij} = T_{ji}. \tag{6.41}$$

但对 H_{ij},因为 r(V_E 空间矢量)和 w, g, h(均为 V_I 空间矢量)分别按不同表示变换,它们的积表示($r \times w, r \times g, r \times h$)中都不含任何矢量表示(角动量变换相应的表示),所以不成立与式(6.40)类似的表示式. 这意味着,一般地

$$H_{ij} \neq H_{ji}. \tag{6.42}$$

准晶体的弹性能是声子应变场 E_{ij} 和相位子应变场 W_{ij} 的函数. 弹性能密度可以在 $E_{ij} = 0$ 和 $W_{ij} = 0$ 附近展开成 Tayler 级数

$$F(E_{mn}, W_{mn}) = \frac{1}{2} \left[\frac{\partial^2 F}{\partial E_{ij} \partial E_{kl}} \right]_0 E_{ij} E_{kl} + \frac{1}{2} \left[\frac{\partial^2 F}{\partial W_{ij} \partial W_{kl}} \right]_0 W_{ij} W_{kl}$$

$$+ \frac{1}{2} \left[\frac{\partial^2 F}{\partial E_{ij} \partial W_{kl}} \right]_0 E_{ij} W_{kl} + \frac{1}{2} \left[\frac{\partial^2 F}{\partial W_{ij} \partial E_{kl}} \right]_0 W_{ij} E_{kl} = \frac{1}{2} C_{ijkl} E_{ij} E_{kl}$$

$$+ \frac{1}{2} K_{ijkl} W_{ij} W_{kl} + \frac{1}{2} R_{ijkl} E_{ij} W_{kl} + \frac{1}{2} R'_{ijkl} W_{ij} E_{kl}, \tag{6.43}$$

式中

$$C_{ijkl} = \left[\frac{\partial^2 F}{\partial E_{ij} \partial E_{kl}} \right]_0. \tag{6.44}$$

是与声子场相关的弹性常数

$$K_{ijkl} = \left[\frac{\partial^2 F}{\partial W_{ij} \partial W_{kl}} \right]_0 \tag{6.45}$$

是与相位子相关的弹性常数

$$R_{ijkl} = \left[\frac{\partial^2 F}{\partial E_{ij} \partial W_{kl}} \right]_0, \quad R'_{ijkl} = \left[\frac{\partial^2 F}{\partial W_{ij} \partial E_{kl}} \right]_0 \tag{6.46}$$

是与声子-相位子场耦合相关的弹性常数. 注意到式(6.30)给出的声子型应变场的对称性 $E_{ij} = E_{ji}$,式(6.41)给出的声子型应力

场 的 对 称 性 $T_{ij} = T_{ji}$，以 及 微 分 次 序 可 以 改 变 $\left(\dfrac{\partial^2 F}{\partial W \partial E} = \dfrac{\partial^2 F}{\partial E \partial W}\right)$等特性,不难证明上述各个四阶张量的分量具有如下性质：

$$C_{ijkl} = C_{klij} = C_{jikl} = C_{ijlk}, K_{ijkl} = K_{klij},$$
$$R_{ijkl} = R_{jikl}, R'_{ijkl} = R'_{ijlk}, R'_{klij} = R_{ijkl}. \tag{6.47}$$

采用矩阵记号后,式(6.43)可写成简洁形式为

$$F = \frac{1}{2}[E W]\begin{bmatrix} [C] & [R] \\ [R]^T & [K] \end{bmatrix}\begin{bmatrix} E \\ W \end{bmatrix}. \tag{6.48}$$

重复与经典弹性理论完全类似的讨论,可以得到应力、应变与弹性能密度之间的关系式

$$T_{mn} = \frac{\partial F}{\partial E_{mn}}, \ H_{mn} = \frac{\partial F}{\partial W_{mn}}. \tag{6.49}$$

将弹性能 F 的表达式(6.43)代入上式并注意到关系式(6.47),我们有如下广义 Hooke 定律

$$T_{ij} = C_{ijkl}E_{kl} + R_{ijkl}W_{kl},$$
$$H_{ij} = R_{klij}E_{kl} + K_{ijkl}W_{kl}. \tag{6.50}$$

写成矩阵形式为

$$\begin{bmatrix} T \\ H \end{bmatrix} = \begin{bmatrix} [C] & [R] \\ [R]^T & [K] \end{bmatrix}\begin{bmatrix} E \\ W \end{bmatrix}. \tag{6.51}$$

将 Hooke 定律(6.50)代入平衡方程(6.38)和(6.39)便得到声子和相位子位移(u, w)所满足的偏微分方程组

$$C_{ijkl}\partial_j\partial_l u_k + R_{ijkl}\partial_j\partial_l w_k + f_i = 0(= \rho\ddot{u}_i),$$
$$R_{klij}\partial_j\partial_l u_k + K_{ijkl}\partial_j\partial_l w_k + g_i = 0(= \rho\ddot{w}_i). \tag{6.52}$$

应用给定的边界条件,求解上述偏微分方程组,原则上就可以确定 u 和 w,进而研究准晶的弹性和缺陷等. 我们还容易发现,在准晶线弹性理论中,如果不出现相位子位移场,那么上述所有弹性方程都将简化为通常晶体中相应的方程,而这正是理论的自洽性所要求的.

从式(6.48)和式(6.51)可看出,准晶的弹性常数可以表示为

$$M_{\alpha i \beta j} = \begin{bmatrix} [C] & [R] \\ [R]^T & [K] \end{bmatrix},$$

其中第一和第三个下标分别对应于应力和应变的方向,第二和第四个下标则对应于应力或应变所作用的面的法线方向. 希腊字母 α, β 等取值的范围是 $1, 2, \cdots, d$. 这里,d 是准晶的秩,即用于描述准晶的高维晶体的维数. 拉丁字母 i, j 等取值的范围则是 $1, 2$ 和 3,即是准晶所在的物理空间的维数. 希腊字母 $\alpha, \beta, \cdots$ 取值为 $1, 2, 3$ 时对应于在物理空间的(即是声子型的)力或位移,取值为 $4, 5, \cdots, d$ 时则对应于在垂直空间的(即是相位子型的)力或位移. 当 $M_{\alpha i \beta j}$ 中的希腊字母 α, β 取值都是 $1, 2, 3$ 时,对应于声子型弹性常数 $[C]$,取值都是 $4, 5, \cdots, d$ 时对应于相位子型弹性常数 $[K]$,α 取值 $1, 2, 3$ 而 β 取值 $4, 5, \cdots, d$ 时对应于声子-相位子耦合型弹性常数 $[R]$,α 取值 $4, 5, \cdots, d$ 而 β 取值 $1, 2, 3$ 时对应于 $[R]$ 的转置矩阵 $[R]^T$.

§6.3 二维准晶的弹性常数

从上节中我们知道,只要各类准晶的弹性常数已经确定,则不难写出其弹性方程的具体形式,进而研究它们的弹性及力学性质. 由于准晶结构具有一定的对称性,因此我们可以利用群论的标准方法将它们的弹性常数构造出来. 不过,这里有几点值得注意的地方. 首先,准晶弹性常数除了通常声子型弹性常数 C_{ijkl} 外,还存在与相位子场有关的弹性常数 K_{ijkl} 和与声子-相位子耦合有关的弹性常数 $R_{ijkl}(R'_{ijkl})$. 其次,声子及相位子变量在对称群元素作用下具有不同的变换性质,即它们荷载不同的不可约表示. 最后,为避免混淆,我们用"二维准晶"来指平面准周期结构周期堆垛形成的三维固体,即平面准周期结构加周期维的三维实体;而用"平面准晶"来指平面准周期结构. 同样,"一维准晶"是指平面周期结构加一准周期维的三维实体. 因为弹性能是一标量,所以式(6.43)在系统点群所有对称操作下形式上是不变的,这就是说,等

表 6.1 计算点群 $C_{5v}(5m)$ 的弹性常数张量独立分量个数的步骤

按 Laue 类列举的对称操作 g	e	$C_5 + C_5^4$	$C_5^3 + C_5^2$	$5\sigma_v$	弹性常数张量独立分量个数：按式(5.50)
对称操作矩阵 $A(g)$	$\begin{bmatrix} 1 & 0 & 0 \\ 0 & 1 & 0 \\ 0 & 0 & 1 \end{bmatrix}$	$\begin{bmatrix} \frac{1}{2\tau} & \mp\frac{\sqrt{2+\tau}}{2} & 0 \\ \pm\frac{\sqrt{2+\tau}}{2} & \frac{1}{2\tau} & 0 \\ 0 & 0 & 1 \end{bmatrix}$	$\begin{bmatrix} -\frac{\tau}{2} & \mp\frac{\sqrt{3-\tau}}{2} & 0 \\ \pm\frac{\sqrt{3-\tau}}{2} & -\frac{\tau}{2} & 0 \\ 0 & 0 & 1 \end{bmatrix}$	$\begin{bmatrix} 1 & 0 & 0 \\ 0 & -1 & 0 \\ 0 & 0 & 1 \end{bmatrix}$	
特征标 $\chi_A(g)$	3	τ	$-\tau+1$	1	
特征标 $\chi_A(g^2)$	3	$-\tau+1$	τ	3	
特征标 $\chi_A(g^4)$	3	τ	$-\tau+1$	3	
对称操作矩阵 $B(g)$	$\begin{bmatrix} 1 & 0 \\ 0 & 1 \end{bmatrix}$	$\begin{bmatrix} -\frac{\tau}{2} & \mp\frac{\sqrt{3-\tau}}{2} \\ \pm\frac{\sqrt{3-\tau}}{2} & -\frac{\tau}{2} \end{bmatrix}$	$\begin{bmatrix} \frac{1}{2\tau} & \mp\frac{\sqrt{2+\tau}}{2} \\ \pm\frac{\sqrt{2+\tau}}{2} & \frac{1}{2\tau} \end{bmatrix}$	$\begin{bmatrix} 1 & 0 \\ 0 & -1 \end{bmatrix}$	

特征标 $\chi_B(g)$	2	$-\tau$	$\tau-1$	0	
特征标 $\chi_B(g^2)$	2	$\tau-1$	$-\tau$	2	
$\chi(g)$: 式(5.60)	21	1	1	5	$n_C=5$
$\chi(g)$: 式(5.61)	21	2τ	$-2\tau+2$	3	$n_K=4$
$\chi(g)$: 式(5.62)	36	$-(\tau+1)$	$\tau-2$	0	$n_R=3$

式右边应为由 E_{ij}, W_{ij} 所构成的二次多项式的线性组合. 所有这些多项式在群元素作用下都是形式不变的, 它们被称为(二次)不变量. 用群论语言描述就是, 这些不变量按群的恒等表示变换, 它们构成其恒等表示的基. 下面我们以二维准晶为例, 利用群论技巧构造出这些不变量, 进而确定相应的弹性常数. 计算中, 其惯用坐标系的取法为, 正交直角坐标系 X_1, X_2, X_3 中的 X_3 轴与周期方向平行, X_1, X_2 坐标平面与准周期平面重合.

在 §5.3 中已经提到 Neumann 原理, 一个系统的任何宏观物理性质必须包含该系统点群中的全部元素. 当然, 物理性质还可具有更高的对称性. 比如说, 二秩的应变张量和应力张量都具有对称中心. 即, 如果把 X_i 和 ∂_j 都反号, 则 $\partial_j X_i$ 保持不变. 因此, 属于同一 Laue 类的物体具有相同的弹性性质. 附录中的表 A.1 和表 A.2 按照 Laue 类分别列出了一维和二维准晶的点群. 今以五次对称二维准晶为例. 五次对称准晶共有两个 Laue 类(第十一和第十二 Laue 类). 我们先计算其弹性常数张量独立分量个数, 然后确定其具体形式. 表 6.1 列出了点群 $5m(C_{5v})$ 的二维准晶(它属于第十二 Laue 类)的弹性常数的独立分量的个数的步骤和结果. 而在 §5.4 的表 5.3 中, 我们列举了推导点群 $5(C_5)$ 的二维准晶(它属于第十一 Laue 类)的弹性常数的独立分量的个数的步骤和结果. 这些推导表明, 同是五次对称的二维准晶, 第十一 Laue 类和第十二 Laue 类的弹性常数的独立分量的个数不相同; 两者都有 $n_C = 5$, 但对于第十一 Laue 类, $n_K = 5$, $n_R = 6$, 而对于第十二 Laue 类, 我们有 $n_K = 4$, $n_R = 3$.

下面给出这两个 Laue 类的弹性常数张量的具体形式. 我们已经知道, $u(u_1, u_2, u_3)$ 按 $\Gamma_3 + \Gamma_1$ 变换, $w(w_1, w_2)$ 按 Γ_4 变换. 因此, 对于声子场, $\partial_j u_i$ 按

$$(\Gamma_3 + \Gamma_1) \times (\Gamma_3 + \Gamma_1) = 2\Gamma_1 + 2\Gamma_3 + \Gamma_2 + \Gamma_4 \qquad (6.53)$$

变换. 这个约化式中各个表示空间的基矢已在 5.5.1 节中推导出. 所有各类准晶的不变量已在附录 C 和 D 中给出. 结果表明, 其中 3 个反对称分量 $\partial_2 u_1 - \partial_1 u_2$, $\partial_3 u_2 - \partial_2 u_3$, $\partial_1 u_3 - \partial_3 u_1$ 荷载表

示空间 $\Gamma_2 + \Gamma_3$. 由于它们代表系统整体一个刚性旋转,对弹性能无贡献,不予考虑. 式(5.78)~式(5.81)反映了声子应变场在 5 次旋转对称操作作用下变换的性质,即两个对称分量 $\partial_1 u_1 + \partial_2 u_2$,$\partial_3 u_3$ 均按恒等表示 Γ_1 变换,它们本身即为不变量(一次不变量). 显然,任意两个一次不变量的乘积都是二次不变量. 由此得到 3 个二次不变量

$$(E_{11} + E_{22})^2, E_{33}^2, (E_{11} + E_{22})E_{33}. \tag{6.54}$$

两个对称分量 $\partial_1 u_3 + \partial_3 u_1$,$\partial_3 u_2 + \partial_2 u_3$ 荷载二维不可约表示 Γ_3 (旋转 $\pm \alpha$ 角,$\alpha = \dfrac{2\pi}{5}$). 两个对称分量 $\partial_1 u_1 - \partial_2 u_2$,$\partial_2 u_1 + \partial_1 u_2$) 荷载二维不可约表示 Γ_4(旋转 $\pm 3\alpha$ 角). 这两个矢量本身并非不变量,但容易证明,每个二维矢量的模都是一个二次不变量. 例如,由式(5.79)出发,容易证明

$$
\begin{aligned}
E_{13}'^2 + E_{23}'^2 &= \begin{bmatrix} E_{13}' & E_{23}' \end{bmatrix} \begin{bmatrix} E_{13}' \\ E_{23}' \end{bmatrix} \\
&= \begin{bmatrix} E_{13} & E_{23} \end{bmatrix} M(-\alpha)
\end{aligned}
$$

$$M(\alpha) \begin{bmatrix} E_{13} \\ E_{23} \end{bmatrix} = E_{13}^2 + E_{23}^2. \tag{6.55}$$

同样

$$(E_{11} - E_{22})^2 + (2E_{12})^2 \tag{6.56}$$

是一不变量. 至此,我们已经得到声子场共式(6.54),(6.55)和式(6.56)描述的 $n_C = 5$ 个不变量. 注意到

$$(E_{11} - E_{22})^2 + (2E_{12})^2 = (E_{11} + E_{22})^2 - 4(E_{11}E_{22} - E_{12}^2), \tag{6.57}$$

这 5 个二次不变量一般写成如下形式:

$$(E_{11} + E_{22})^2, E_{33}^2, E_{11}E_{22} - E_{12}^2, (E_{11} + E_{22})E_{33}, E_{13}^2 + E_{23}^2. \tag{6.58}$$

这时独立的弹性常数个数 $n_C = 5$,相应的非零弹性常数是

$$C_{1111} = C_{2222} = C_{11}, C_{3333} = C_{33}, C_{1133} = C_{3311} = C_{2233} = C_{3322} = C_{13},$$

$$C_{2323} = C_{1313} = C_{44}, C_{1122} = C_{2211} = C_{12},$$

$$2C_{1212} = C_{1111} - C_{1122} \quad (2C_{66} = C_{11} - C_{12}), \quad (6.59)$$

式中双下标与单下标对应为

$$11\leftrightarrow1,22\leftrightarrow2,33\leftrightarrow3,23\leftrightarrow4,31\leftrightarrow5,12\leftrightarrow6. \quad (6.60)$$

也可以将弹性常数张量写成如下矩阵形式:

$$\begin{bmatrix} C_{11} & C_{12} & C_{13} & 0 & 0 & 0 \\ C_{12} & C_{11} & C_{13} & 0 & 0 & 0 \\ C_{13} & C_{13} & C_{33} & 0 & 0 & 0 \\ 0 & 0 & 0 & C_{44} & 0 & 0 \\ 0 & 0 & 0 & 0 & C_{44} & 0 \\ 0 & 0 & 0 & 0 & 0 & C_{66} \end{bmatrix}. \quad (6.61)$$

对于相位子场,应变张量 6 个分量 $\partial_j w_i$ 的变换式为式(5.82)~式(5.84),对应于下列表示:

$$(\Gamma_3 + \Gamma_1) \times \Gamma_4 = \Gamma_3 + 2\Gamma_4, \quad (6.62)$$

其中,$(\partial_1 w_2 + \partial_2 w_1, \partial_1 w_1 - \partial_2 w_2)$ 荷载二维不可约表示 Γ_3(旋转 $\pm\alpha$ 角,$\alpha = \dfrac{2\pi}{5}$),$(\partial_1 w_2 - \partial_2 w_1, \partial_1 w_1 + \partial_2 w_2)$ 与 $(\partial_3 w_1, \partial_3 w_2)$ 都荷载二维不可约表示 Γ_4(旋转 $\pm 3\alpha$ 角). 显然,3 个矢量的模

$$(\partial_1 w_2 + \partial_2 w_1)^2 + (\partial_1 w_1 - \partial_2 w_2)^2 = (W_{21} + W_{12})^2 + (W_{11} - W_{22})^2,$$
$$(\partial_1 w_2 - \partial_2 w_1)^2 + (\partial_1 w_1 + \partial_2 w_2)^2 = (W_{21} - W_{12})^2 + (W_{11} + W_{22})^2,$$
$$(\partial_3 w_1)^2 + (\partial_3 w_2)^2 = W_{13}^2 + W_{23}^2 \quad (6.63)$$

都是不变量(式中 $W_{ij} = \partial_j w_i$). 另外,因为后两个矢量都按 Γ_4 变换,根据群表示理论,两个相同表示构成积表示(这里是 $\Gamma_4 \times \Gamma_4$)必含有恒等表示,所以它们还有一个由其点积产生的不变量

$$W'_{13}(W'_{21} - W'_{12}) + W'_{23}(W'_{11} + W'_{22})$$

$$= \begin{bmatrix} W'_{13} & W'_{23} \end{bmatrix} \begin{bmatrix} (W'_{21} - W'_{12}) \\ (W'_{11} + W'_{22}) \end{bmatrix}$$

$$= \begin{bmatrix} W_{13} & W_{23} \end{bmatrix} M(-3\alpha) M(3\alpha) \begin{bmatrix} (W_{21} - W_{12}) \\ (W_{11} + W_{22}) \end{bmatrix}$$

$$= W_{13}(W_{21} - W_{12}) + W_{23}(W_{11} + W_{22}),$$

这反映两者间存在耦合,即

$$W_{13}(W_{21} - W_{12}) + W_{23}(W_{11} + W_{22}) \qquad (6.64)$$

是个不变量. 事实上,荷载同一个不可约表示 Γ_4 的两对相位子应变分量还存在如下的不变量

$$W_{13}(W_{11} + W_{22}) - W_{23}(W_{21} - W_{12}), \qquad (6.65)$$

这是因为除了两个矢量 $\begin{bmatrix} A_1 \\ A_2 \end{bmatrix}$ 与 $\begin{bmatrix} B_1 \\ B_2 \end{bmatrix}$ 的标积 $A_1 B_1 + A_2 B_2$ 外,一

个矢量 $\begin{bmatrix} A_1 \\ A_2 \end{bmatrix}$ 与另一个矢量的伴随矢量(即与之垂直的矢量)

$\begin{bmatrix} B_2 \\ -B_1 \end{bmatrix}$ 间的标积 $A_1 B_2 - A_2 B_1$ 在旋转作用下也是不变的. 为此,

需要证明平面上任意一个矢量 $\begin{bmatrix} B_1 \\ B_2 \end{bmatrix}$ 与其伴随矢量 $\begin{bmatrix} B_2 \\ -B_1 \end{bmatrix}$ 的变换

方式是完全一样的.

证明如下:若已有 $\begin{bmatrix} B'_1 \\ B'_2 \end{bmatrix} = M(\beta)\begin{bmatrix} B_1 \\ B_2 \end{bmatrix} = \begin{bmatrix} \cos\beta & -\sin\beta \\ \sin\beta & \cos\beta \end{bmatrix}$

$\begin{bmatrix} B_1 \\ B_2 \end{bmatrix}$,则有 $\begin{bmatrix} B'_2 \\ -B'_1 \end{bmatrix} = \begin{bmatrix} 0 & 1 \\ -1 & 0 \end{bmatrix}\begin{bmatrix} B'_1 \\ B'_2 \end{bmatrix} = \begin{bmatrix} 0 & 1 \\ -1 & 0 \end{bmatrix}\begin{bmatrix} \cos\beta & -\sin\beta \\ \sin\beta & \cos\beta \end{bmatrix}$

$\begin{bmatrix} B_1 \\ B_2 \end{bmatrix} = \begin{bmatrix} 0 & 1 \\ -1 & 0 \end{bmatrix}\begin{bmatrix} \cos\beta & -\sin\beta \\ \sin\beta & \cos\beta \end{bmatrix}\begin{bmatrix} 0 & -1 \\ 1 & 0 \end{bmatrix}\begin{bmatrix} B_2 \\ -B_1 \end{bmatrix}$

$= M(\beta)\begin{bmatrix} B_2 \\ -B_1 \end{bmatrix}$.

因此,对于第十一 Laue 类而言,相位子应变场具有式(6.63)~ 式(6.65)给出的 $n_K = 5$ 个不变量. 对于第十二 Laue 类而言,准晶的对称性更高,相位子应变场应该具有式(6.19)给出的镜面反映所描述的对称性,即将下标为 2 的量改变符号后该应变量不变. 显然,式 (6.63)给出的 3 个不变量,因为由分量的平方构成,总是满足这条件的. 而(6.64)和(6.65)两式中给出的两个不变量中只有一个满足这条件. 在本章采用的坐标系之下,镜面垂直于 $E_2(X_2)$ 轴. 式

(6.64)给出的不满足镜面反映对称性的要求. 第十二 Laue 类准晶的 $n_K = 4$ 个相位子应变的二次不变量就是(6.63)和(6.65)两式所给出的. 在本书附录 C 中列举的则是(6.63)和(6.64)两式所给出的. 因为那里的坐标系是选得让镜面垂直于 $E_1(X_1)$ 轴.

相应于第十一 Laue 类(即点群 $\bar{5}$ 和 5)的 $n_K = 5$ 个非零相位子弹性常数是

$$K_{1111} = K_{2222} = K_{1212} = K_{2121} = K_1,$$

$$K_{1122} = K_{2211} = -K_{1221} = -K_{2112} = K_2,$$

$$K_{1313} = K_{2323} = K_4,$$

$$K_{1123} = K_{2311} = K_{2223} = K_{2322} = K_{1321} = K_{2113} = -K_{1312} = -K_{1213} = K_7,$$

$$K_{1113} = K_{1311} = K_{2213} = K_{1322} = K_{2312} = K_{1223} = -K_{2321} = -K_{2123} = K_6.$$

$$(6.66)$$

写成矩阵形式为

$$\begin{pmatrix} K_1 & K_2 & K_7 & 0 & K_6 & 0 \\ K_2 & K_1 & K_7 & 0 & K_6 & 0 \\ K_7 & K_7 & K_4 & K_6 & 0 & -K_6 \\ 0 & 0 & K_6 & K_1 & -K_7 & -K_2 \\ K_6 & K_6 & 0 & -K_7 & K_4 & K_7 \\ 0 & 0 & -K_6 & -K_2 & K_7 & K_1 \end{pmatrix}, \quad (6.67)$$

这里与相位子应变有关的双指标编序为 $11,22,23,12,13,21$. 当点群 52 的二次轴平行于,或点群 $5m$ 或 $\bar{5}m$ 的镜面垂直于 X_1 坐标轴时,令式(6.66)和式(6.67)中的 $K_6 = 0$,就得到相应于第十二 Laue 类(即点群 $52, 5m$ 和 $\bar{5}m$)的 $n_K = 4$ 个非零相位子弹性常数. 当点群 52 的二次轴平行于,或点群 $5m$ 或 $\bar{5}m$ 的镜面垂直于 X_2 坐标轴时,则需令式(6.66)和式(6.67)中的 $K_7 = 0$,才得到相应于第十二 Laue 类的 $n_K = 4$ 个非零相位子弹性常数.

最后,注意到声子应变场和相位子应变场的约化式(6.53)与(6.62)都包含有不可约表示 Γ_3 和 Γ_4,这说明声子与相位子间存在耦合. 具体地说,就是(5.79)和(5.83)两式给出的矢量都按照

Γ_3 变换,旋转 $\pm\alpha = \pm\dfrac{2\pi}{5}$ 角. 式 (5.78),式 (5.82) 和式 (5.84) 三式给出的矢量都按照 Γ_4 变换,旋转 $\pm 3\alpha$ 角. 由它们共三对矢量耦合可产生三对不变量

$$E_{13}(W_{21} + W_{12}) + E_{23}(W_{11} - W_{22}), \qquad (6.68a)$$

$$E_{13}(W_{11} - W_{22}) - E_{23}(W_{21} + W_{12}), \qquad (6.68b)$$

$$(E_{11} - E_{22})(W_{11} + W_{22}) + 2E_{12}(W_{21} - W_{12}), \qquad (6.68c)$$

$$(E_{11} - E_{22})(W_{21} - W_{12}) - 2E_{12}(W_{11} + W_{22}), \qquad (6.68d)$$

$$(E_{11} - E_{22})W_{23} + 2E_{12}W_{13}, \qquad (6.68e)$$

$$(E_{11} - E_{22})W_{13} - 2E_{12}W_{23}. \qquad (6.68f)$$

相应于式 (6.68) 的就是第十一 Laue 类 (即点群 $\bar 5$ 和 5) 的 $n_R = 6$ 个非零的声子-相位子耦合弹性常数

$$R_{1111} = R_{1122} = R_{1221} = -R_{2211} = -R_{2222} = -R_{1212} = R_1,$$
$$\qquad (6.69a)$$

$$R_{1112} = -R_{1121} = -R_{2212} = R_{2221} = R_{1211} = R_{1222} = R_2,$$
$$\qquad (6.69b)$$

$$R_{2312} = R_{2321} = -R_{3111} = R_{3122} = R_3, \qquad (6.69c)$$

$$R_{1312} = R_{1321} = R_{2311} = -R_{2322} = R_4, \qquad (6.69d)$$

$$R_{1113} = -R_{1223} = -R_{2213} = R_5, \qquad (6.69e)$$

$$R_{1123} = R_{1213} = -R_{2223} = R_6. \qquad (6.69f)$$

写成矩阵形式是

$$\begin{Bmatrix} R_1 & R_1 & R_6 & R_2 & R_5 & -R_2 \\ -R_1 & -R_1 & -R_6 & -R_2 & -R_5 & R_2 \\ 0 & 0 & 0 & 0 & 0 & 0 \\ R_4 & -R_4 & 0 & R_3 & 0 & R_3 \\ -R_3 & R_3 & 0 & R_4 & 0 & R_4 \\ R_2 & R_2 & -R_5 & -R_1 & R_6 & R_1 \end{Bmatrix}. \qquad (6.70)$$

相应于第十二 Laue 类 (即点群 52, $5m$ 和 $\bar 5 m$) 有 $n_R = 3$ 个非零的耦合弹性常数. 当点群 52 的二次轴平行于,或点群 $5m$ 或

$\bar{5}m$ 的镜面垂直于 X_1 坐标轴时, 令式(6.69)和式(6.70)中的 $R_2 = R_3 = R_5 = 0$. 当点群52 的二次轴平行于, 或点群 $5m$ 或 $\bar{5}m$ 的镜面垂直于 X_2 坐标轴时, 则需令式(6.69)和式(6.70)中的 $R_2 = R_4 = R_6 = 0$. 剩下的就是 $n_R = 3$ 个非零的耦合弹性常数. 利用完全相似的程序, 人们不难确定各类二维准晶的二次不变量和独立的弹性常数(Yang, et al., 1995; Hu, et al., 1996). 这些结果均已在附录 C 中给出.

用类似的方法, 王仁卉等(Wang, et al., 1997)确定了各类一维准晶的二次不变量.

§6.4 二十面体准晶的弹性常数以及弹性常数与坐标系的关系

现在我们来讨论二十面体准晶的弹性常数. 二十面体准晶点群有两种: 235 和 $m\bar{3}\bar{5}$. 后者比前者多了一个倒反操作, 故而它们的弹性性质是一样的. 二十面体准晶是三维准晶, 具有 6 支五次轴, 15 支二次轴, 10 支三次轴. 这些对称轴的分布见图 2.15. 其中点群 235 共有 60 个对称操作, 即 60 个群元: 1 个恒等操作 E, 15 个二次旋转, 20 个三次旋转, 12 个绕五次轴的 $\pm\omega$ 角的旋转($\omega = \dfrac{2\pi}{5}$), 以及 12 个绕五次轴的 $\pm 3\omega$ 角的旋转. 点群 235 的生成对称操作有两个: (1)绕某一个 5 次轴旋转; (2)绕与之相邻的一个二次轴的旋转. 点群 $m\bar{3}\bar{5}$ 共有 120 个对称操作, 即点群 235 的 60 个操作, 再加上它们与倒反构成的复合操作. 表 6.2 列出点群 235 的特征标表. 显见点群 235 有 5 个共轭类和 5 个不可约表示, 它们的维数分别是: $n_{\Gamma_1} = 1$, $n_{\Gamma_3} = 3$, $n_{\Gamma'_3} = 3$, $n_{\Gamma_4} = 4$, $n_{\Gamma_5} = 5$. 满足条件(5.35).

表 6.2 点群 235 的特征标表

	E	$12C_5$	$12C_5^3$	$20C_3$	$15C_2$
Γ_1	1	1	1	1	1
Γ_3	3	τ	$1-\tau$	0	-1
Γ'_3	3	$1-\tau$	τ	0	-1
Γ_4	4	-1	-1	1	0
Γ_5	5	0	0	-1	1

二十面体准晶的物理空间和补空间均为三维空间,分别按点群两个不同的不可约表示(Γ_3 和 Γ'_3)变换. 声子应变场变换为

$$\{\Gamma_3 \times \Gamma_3\}_S = \Gamma_1 + \Gamma_5, \tag{6.71}$$

其中 S 表示直积表示中的对称部分(反对称部分对弹性能无贡献). Γ_1 为一恒等表示,$E_{11} + E_{22} + E_{33}$ 为相应表示空间基矢. Γ_5 为一五维表示,其表示空间基矢为

$$\frac{1}{\sqrt{6}}(E_{11} + E_{22} - 2E_{33}), \frac{1}{\sqrt{2}}(E_{11} - E_{22}), \sqrt{2}E_{12}, \sqrt{2}E_{13}, \sqrt{2}E_{23} \tag{6.72}$$

从而声子场有两个二次不变量,它们与各向同性介质中的形式相同,即

$$(\nabla \cdot \boldsymbol{u})^2, (E_{23}^2 + E_{31}^2 + E_{12}^2) - (E_{11}E_{22} + E_{22}E_{33} + E_{33}E_{11}). \tag{6.73}$$

相应的弹性常数可写成

$$C_{ijkl} = \lambda\delta_{ij}\delta_{kl} + \mu(\delta_{ik}\delta_{jl} + \delta_{il}\delta_{jk}), \tag{6.74}$$

(λ, μ 为 Lame 常数). 或写成 4 个下标的矩阵的形式

$$\lfloor C_{ijkl} \rfloor = \begin{bmatrix} \lambda+2\mu & \lambda & \lambda & 0 & 0 & 0 & 0 & 0 & 0 \\ \lambda & \lambda+2\mu & \lambda & 0 & 0 & 0 & 0 & 0 & 0 \\ \lambda & \lambda & \lambda+2\mu & 0 & 0 & 0 & 0 & 0 & 0 \\ 0 & 0 & 0 & \mu & 0 & 0 & \mu & 0 & 0 \\ 0 & 0 & 0 & 0 & \mu & 0 & 0 & \mu & 0 \\ 0 & 0 & 0 & 0 & 0 & \mu & 0 & 0 & \mu \\ 0 & 0 & 0 & \mu & 0 & 0 & \mu & 0 & 0 \\ 0 & 0 & 0 & 0 & \mu & 0 & 0 & \mu & 0 \\ 0 & 0 & 0 & 0 & 0 & \mu & 0 & 0 & \mu \end{bmatrix}.$$

$$(6.75)$$

考虑到声子应变场与应力场都是对称的,可按式(6.60)的方式将它们由双下标变成单下标. 相应地,弹性常数则由 4 个下标变成双下标而成为下列的形式:

$$\lfloor C_{\alpha\beta} \rfloor = \begin{bmatrix} \lambda+2\mu & \lambda & \lambda & 0 & 0 & 0 \\ \lambda & \lambda+2\mu & \lambda & 0 & 0 & 0 \\ \lambda & \lambda & \lambda+2\mu & 0 & 0 & 0 \\ 0 & 0 & 0 & 2\mu & 0 & 0 \\ 0 & 0 & 0 & 0 & 2\mu & 0 \\ 0 & 0 & 0 & 0 & 0 & 2\mu \end{bmatrix}. \quad (6.76)$$

相位子应变场变换为

$$\Gamma_3 \times \Gamma'_3 = \Gamma_4 + \Gamma_5, \qquad (6.77)$$

其中,Γ_4 为一个四维不可约表示,其表示空间基矢是

$$\frac{1}{\sqrt{3}}(W_{11} - W_{31} - W_{13}), \frac{1}{\sqrt{3}}(W_{21} + W_{32} + W_{23}),$$

$$\frac{1}{\sqrt{3}}(W_{31} + W_{22} - W_{13}), \frac{1}{\sqrt{3}}(W_{12} + W_{32} - W_{23}), \qquad (6.78)$$

Γ_5 为五维不可约表示,相应表示空间基矢是

$$W_{33}, \frac{1}{\sqrt{3}}(W_{11} + W_{22} + W_{33}), \frac{1}{\sqrt{3}}(W_{21} - W_{12} - W_{23}),$$

$$\frac{1}{\sqrt{3}}(W_{11} + W_{31} - W_{22}), \frac{1}{\sqrt{3}}(W_{32} - W_{21} - W_{12}), \quad (6.79)$$

从而相位子场也有两个不变量,它们是

$$(W_{11} - W_{31} - W_{13})^2 + (W_{21} + W_{32} + W_{23})^2$$
$$+ (W_{31} + W_{22} - W_{13})^2 + (W_{12} + W_{32} - W_{23})^2 \quad (6.80a)$$

和

$$3W_{33}^2 + (W_{11} + W_{22} + W_{33})^2 + (W_{21} - W_{12} - W_{23})^2$$
$$+ (W_{11} + W_{31} - W_{22})^2 + (W_{32} - W_{21} - W_{12})^2, \quad (6.80b)$$

这时独立弹性常数个数 $n_K = 2$,相应的弹性常数矩阵为

$$\lfloor K_{\alpha j \beta l} \rfloor =$$

$$
\begin{pmatrix}
K_1 & 0 & 0 & 0 & K_2 & 0 & 0 & K_2 & 0 \\
0 & K_1 & 0 & 0 & -K_2 & 0 & 0 & K_2 & 0 \\
0 & 0 & K_1+K_2 & 0 & 0 & 0 & 0 & 0 & 0 \\
0 & 0 & 0 & K_1-K_2 & 0 & K_2 & 0 & 0 & -K_2 \\
K_2 & -K_2 & 0 & 0 & K_1-K_2 & 0 & 0 & 0 & 0 \\
0 & 0 & 0 & K_2 & 0 & K_1 & -K_2 & 0 & 0 \\
0 & 0 & 0 & 0 & 0 & -K_2 & K_1-K_2 & 0 & -K_2 \\
K_2 & K_2 & 0 & 0 & 0 & 0 & 0 & K_1-K_2 & 0 \\
0 & 0 & 0 & -K_2 & 0 & 0 & -K_2 & 0 & K_1
\end{pmatrix}
$$

$$(6.81)$$

由于声子、相位子应变场的变换式(6.71)和式(6.77)中都包含有五维表示 Γ_5,因此存在一个声子-相位子耦合不变量 $(E_{11} + E_{22} - 2E_{33})W_{33} + (E_{11} - E_{22})(W_{11} + W_{22} + W_{13}) +$
$+ 2E_{12}(W_{21} - W_{12} - W_{23}) + 2E_{31}(W_{11} + W_{31} - W_{22}) + 2E_{23}$
$(W_{32} - W_{21} - W_{12})$, $\quad (6.82)$

这时独立弹性常数个数 $n_R = 1$,相应的 4 个下标弹性常数矩阵形式为

$$\lfloor R_{ij\beta l}\rfloor = R \begin{pmatrix} 1 & 1 & 1 & 0 & 0 & 0 & 0 & 1 & 0 \\ -1 & -1 & 1 & 0 & 0 & 0 & 0 & -1 & 0 \\ 0 & 0 & -2 & 0 & 0 & 0 & 0 & 0 & 0 \\ 0 & 0 & 0 & 0 & 0 & -1 & 1 & 0 & -1 \\ 1 & -1 & 0 & 0 & 1 & 0 & 0 & 0 & 0 \\ 0 & 0 & 0 & -1 & 0 & -1 & 0 & 0 & 1 \\ 0 & 0 & 0 & 0 & 0 & -1 & 1 & 0 & -1 \\ 1 & -1 & 0 & 0 & 1 & 0 & 0 & 0 & 0 \\ 0 & 0 & 0 & -1 & 0 & -1 & 0 & 0 & 1 \end{pmatrix}.$$

$$(6.83)$$

考虑到声子应力场的对称性: $R_{ij\beta l}=R_{ji\beta l}$,式(6.83)可以改写成 6×9 的下列矩阵:

$$\lfloor R_{ij\beta l}\rfloor = R \begin{bmatrix} 1 & 1 & 1 & 0 & 0 & 0 & 0 & 1 & 0 \\ -1 & -1 & 1 & 0 & 0 & 0 & 0 & -1 & 0 \\ 0 & 0 & -2 & 0 & 0 & 0 & 0 & 0 & 0 \\ 0 & 0 & 0 & 0 & 0 & -1 & 1 & 0 & -1 \\ 1 & -1 & 0 & 0 & 1 & 0 & 0 & 0 & 0 \\ 0 & 0 & 0 & -1 & 0 & -1 & 0 & 0 & 1 \end{bmatrix}.$$

$$(6.84)$$

上面各式中矩阵元的下标排列顺序是 $11,22,33,23,31,12,32,13,21$.

以上的约化过程写得较为精练,仅用群表示论的语言.

需要指出的是,上述二十面体准晶弹性常数的矩阵形式是相对如下直角坐标系而言:它的 X_3 轴与一个五次轴($A5$)平行,X_2 轴与一个二次轴($A2$)平行,X_1 轴与一个伪二次轴($A2P$)平行. 以下简称这种坐标系为 $A2P$-$A2$-$A5$ 坐标系,参见图 2.15(a). 这种坐标系曾被丁棣华等(1992),Levine 等(Levine, et al.,1985),

Steurer 等(Steurer & Haibach, 1999)以及德国 Stuttgart 大学 Trebin 教授的研究小组(Ricker, et al., 2001)采用.

正如在 2.5.1 节中讨论过的,直角坐标系通常还有四种取法是:选 3 个互相正交的二次轴为 X_1, X_2, X_3,以下简称这种坐标系为 $A2$-$A2$-$A2$ 坐标系. 由于二十面体准晶不具备四次对称,绕其任一个 $A2$ 轴旋转 90°都将变成另一种新的取向状态. 这样一来,对于 $A2$-$A2$-$A2$ 坐标系,无论是平行空间还是垂直空间,都有 A 与 B 两种状态. 即图 2.15(b)描述的 AA 型 $A2$-$A2$-$A2$ 系,图 2.15(c,d)描述的 AB 型 $A2$-$A2$-$A2$ 系,图 2.15(e)描述的 BA 型 $A2$-$A2$-$A2$ 系,图 2.15(f)描述的 BB 型 $A2$-$A2$-$A2$ 系. 在那样一种坐标系中,因为声子场各向同性,所以式(6.75)和式(6.76)的矩阵结构不变,但式(6.81),(6.83)和式(6.84)的矩阵结构将很不一样(Lubensky, et al., 1985). 例如,对比图 2.15(a)与图 2.15(f),可知由 $A2P$-$A2$-$A5$ 系(以下用上标 D 标注)到 BB 型 $A2$-$A2$-$A2$ 系(以下用上标 Lub 标注)的平行空间和垂直空间坐标变换矩阵分别是

$$
Q_{\text{para}}^{\text{DLub}} = \begin{bmatrix} \dfrac{\tau}{\sqrt{2+\tau}} & 0 & -\dfrac{1}{\sqrt{2+\tau}} \\ 0 & 1 & 0 \\ \dfrac{1}{\sqrt{2+\tau}} & 0 & \dfrac{\tau}{\sqrt{2+\tau}} \end{bmatrix}, \tag{6.85a}
$$

$$
Q_{\text{perp}}^{\text{DLub}} = \begin{bmatrix} \dfrac{-\tau}{\sqrt{2+\tau}} & 0 & \dfrac{1}{\sqrt{2+\tau}} \\ 0 & -1 & 0 \\ \dfrac{-1}{\sqrt{2+\tau}} & 0 & \dfrac{-\tau}{\sqrt{2+\tau}} \end{bmatrix}. \tag{6.85b}
$$

然后按照下列公式就可由式(6.81)和式(6.83)中给出的、丁棣华等采用的 $A2P$-$A2$-$A5$ 系中的相位子弹性常数 K_{ijkl}^{D} 和声子-相位子耦合弹性常数 R_{ijkl}^{D}，求出 Lubensky 等采用的 BB 型 $A2$-$A2$-$A2$ 系中的弹性常数 K_{ijkl}^{Lub} 和 R_{ijkl}^{Lub}

$$K^{\mathrm{Lub}}(i',j',k',l')$$
$$= K^{D}(i,j,k,l) \times Q_{\mathrm{perp}}^{\mathrm{DLub}}(i',i) \times Q_{\mathrm{para}}^{\mathrm{DLub}}(j',j)$$
$$\times Q_{\mathrm{perp}}^{\mathrm{DLub}}(k',k) \times Q_{\mathrm{para}}^{\mathrm{DLub}}(l',l), \tag{6.86a}$$

$$R^{\mathrm{Lub}}(i',j',k',l')$$
$$= R^{D}(i,j,k,l) \times Q_{\mathrm{para}}^{\mathrm{DLub}}(i',i) \times Q_{\mathrm{para}}^{\mathrm{DLub}}(j',j)$$
$$\times Q_{\mathrm{perp}}^{\mathrm{DLub}}(k',k) \times Q_{\mathrm{para}}^{\mathrm{DLub}}(l',l). \tag{6.86b}$$

于是得到式(6.81)中丁棣华等采用的两个独立的相位子弹性常数 K_1^{D} 和 K_2^{D} 在 Lubensky 坐标系中的矩阵形式

$$K_1^{D}\boldsymbol{I} + K_2^{D}\begin{bmatrix} -\tau & 0 & 1 & 0 & 0 & 0 & 0 & 0 & 0 \\ 0 & 0 & 0 & 0 & -1 & 0 & 0 & 1 & 0 \\ 1 & 0 & 1/\tau & 0 & 0 & 0 & 0 & 0 & 0 \\ 0 & 0 & 0 & -\tau & 0 & 1 & 0 & 0 & 0 \\ 0 & -1 & 0 & 0 & 0 & 0 & 0 & 1 & 0 \\ 0 & 0 & 0 & 1 & 0 & 1/\tau & 0 & 0 & 0 \\ 0 & 0 & 0 & 0 & 0 & 0 & -\tau & 0 & -1 \\ 0 & 1 & 0 & 0 & 1 & 0 & 0 & 0 & 0 \\ 0 & 0 & 0 & 0 & 0 & 0 & -1 & 0 & 1/\tau \end{bmatrix},$$
$$\tag{6.87a}$$

式中 $\boldsymbol{I}$ 表示 9×9 的单位矩阵，以及式(6.83)中丁棣华等采用的独立的声子-相位子耦合弹性常数 R^{D} 在 Lubensky 坐标系中的矩阵形式为

$$R^{D} = \begin{bmatrix} 0 & -\tau & 0 & 0 & 1 & 0 & 0 & -1/\tau & 0 \\ 0 & 1 & 0 & 0 & 1/\tau & 0 & 0 & \tau & 0 \\ 0 & 1/\tau & 0 & 0 & -\tau & 0 & 0 & -1 & 0 \\ 0 & 0 & 0 & 1/\tau & 0 & \tau & 0 & 0 & 0 \\ -1/\tau & 0 & -\tau & 0 & 0 & 0 & 0 & 0 & 0 \\ 0 & 0 & 0 & 0 & 0 & 0 & 1/\tau & 0 & -\tau \\ 0 & 0 & 0 & 1/\tau & 0 & \tau & 0 & 0 & 0 \\ -1/\tau & 0 & -\tau & 0 & 0 & 0 & 0 & 0 & 0 \\ 0 & 0 & 0 & 0 & 0 & 0 & 1/\tau & 0 & -\tau \end{bmatrix}$$

$$(6.87b)$$

对比图 5.15(f)与图 5.15(c),可得到从 Lubensky 的 BB 型坐标系到 Jaric 和 Nelson 的(以下用上标 J 标注)AB 型坐标系的变换矩阵:

$$Q_{\text{para}}^{\text{LubJ}} = \begin{bmatrix} 0 & 0 & 1 \\ 0 & 1 & 0 \\ -1 & 0 & 0 \end{bmatrix}, \quad Q_{\text{perp}}^{\text{LubJ}} = \begin{bmatrix} -1 & 0 & 0 \\ 0 & 1 & 0 \\ 0 & 0 & -1 \end{bmatrix}. \quad (6.88a)$$

对比图 5.15(c)与图 5.15(e),就得到从 Jaric 和 Nelson 的 AB 型坐标系到 Ishii(石井)的 BA 型坐标系(以下用上标 I 标注)的变换矩阵

$$Q_{\text{para}}^{\text{JI}} = \begin{bmatrix} 1 & 0 & 0 \\ 0 & 0 & 1 \\ 0 & 1 & 0 \end{bmatrix}, \quad Q_{\text{perp}}^{\text{JI}} = \begin{bmatrix} 1 & 0 & 0 \\ 0 & 0 & 1 \\ 0 & 1 & 0 \end{bmatrix}. \quad (6.88b)$$

对比图 5.15(c)与图 5.15(b),则得到从 Jaric 和 Nelson 的 AB 型坐标系到武汉大学准晶课题组常采用的 AA 型坐标系(以下用上标 W 标注)的变换矩阵

$$Q_{\text{para}}^{\text{JW}} = \begin{bmatrix} 1 & 0 & 0 \\ 0 & 1 & 0 \\ 0 & 0 & 1 \end{bmatrix}, \quad Q_{\text{perp}}^{\text{JW}} = \begin{bmatrix} 0 & 1 & 0 \\ 1 & 0 & 0 \\ 0 & 0 & 1 \end{bmatrix}. \quad (6.88c)$$

有了这些坐标变换矩阵,就可按式(6.86)得到式(6.81)中丁棣华等采用的两个独立的相位子弹性常数 K_1^D 和 K_2^D,以及式(6.83)中丁棣华等采用的独立的声子-相位子耦合弹性常数 R^D 在 J,I,W 坐标系中的矩阵形式. 计算结果列在附录 E.3 中.

§6.5 各类弹性方程具体形式举例
(丁棣华等,1998)

知道了准晶的弹性常数 C_{ijkl},K_{ijkl} 和 R_{ijkl} 的矩阵结构,便不难写出 §6.2 中各类弹性方程的具体形式. 今以第十四 Laue 类为例,它包含点群 $10mm$,1022,$\overline{10}m2$ 和 $10/mmm$. 这种十次对称准晶共有 9 个独立的弹性常数,即

$$n_C = 5 \qquad n_K = 3, \qquad n_R = 1. \qquad (6.89)$$

相应的弹性常数矩阵,对声子场由式(6.61)给出,对相位子场为

$$[K] = \begin{bmatrix} K_1 & K_2 & 0 & 0 & 0 & 0 \\ K_2 & K_1 & 0 & 0 & 0 & 0 \\ 0 & 0 & K_4 & 0 & 0 & 0 \\ 0 & 0 & 0 & K_1 & 0 & -K_2 \\ 0 & 0 & 0 & 0 & K_4 & 0 \\ 0 & 0 & 0 & -K_2 & 0 & K_1 \end{bmatrix}. \qquad (6.90)$$

对声子-相位子耦合为

$$[R] = \begin{bmatrix} R & R & 0 & 0 & 0 & 0 \\ -R & -R & 0 & 0 & 0 & 0 \\ 0 & 0 & 0 & 0 & 0 & 0 \\ 0 & 0 & 0 & 0 & 0 & 0 \\ 0 & 0 & 0 & 0 & 0 & 0 \\ 0 & 0 & 0 & -R & 0 & R \end{bmatrix}. \qquad (6.91)$$

$$
\begin{bmatrix}
T_{11} \\ T_{22} \\ T_{33} \\ T_{23} \\ T_{31} \\ T_{12} \\ H_{11} \\ H_{22} \\ H_{23} \\ H_{12} \\ H_{13} \\ H_{21}
\end{bmatrix}
=
\begin{bmatrix}
c_{11} & c_{12} & c_{13} & 0 & 0 & 0 & R & R & 0 & 0 & 0 & 0 \\
c_{12} & c_{11} & c_{13} & 0 & 0 & 0 & -R & -R & 0 & 0 & 0 & 0 \\
c_{13} & c_{13} & c_{33} & 0 & 0 & 0 & 0 & 0 & 0 & 0 & 0 & 0 \\
0 & 0 & 0 & c_{44} & 0 & 0 & 0 & 0 & 0 & 0 & 0 & 0 \\
0 & 0 & 0 & 0 & c_{44} & 0 & 0 & 0 & 0 & 0 & 0 & 0 \\
0 & 0 & 0 & 0 & 0 & c_{66} & 0 & 0 & 0 & -R & 0 & R \\
R & -R & 0 & 0 & 0 & 0 & K_1 & K_2 & 0 & 0 & 0 & 0 \\
R & -R & 0 & 0 & 0 & 0 & K_2 & K_1 & 0 & 0 & 0 & 0 \\
0 & 0 & 0 & 0 & 0 & 0 & 0 & 0 & K_4 & 0 & 0 & 0 \\
0 & 0 & 0 & 0 & 0 & -R & 0 & 0 & 0 & K_1 & 0 & -K_2 \\
0 & 0 & 0 & 0 & 0 & 0 & 0 & 0 & 0 & 0 & K_4 & 0 \\
0 & 0 & 0 & 0 & 0 & R & 0 & 0 & 0 & -K_2 & 0 & K_1
\end{bmatrix}
\begin{bmatrix}
E_{11} \\ E_{22} \\ E_{33} \\ 2E_{23} \\ 2E_{31} \\ 2E_{12} \\ W_{11} \\ W_{22} \\ W_{23} \\ W_{12} \\ W_{13} \\ W_{21}
\end{bmatrix}
\tag{6.92}
$$

于是,我们可以写成 Hooke 定律(6.51)的具体形式为式(6.92)将上式的 12×12 的矩阵表示应用到式(6.48),便得到弹性能 F 的表达式

$$
\begin{aligned}
F =& \frac{1}{2} c_{11} (E_{11}^2 + E_{22}^2) + \frac{1}{2} c_{33} E_{33}^2 + c_{12} E_{11} E_{22} + 2 c_{66} E_{12}^2 \\
& + c_{13} (E_{11} + E_{22}) E_{33} + 2 c_{44} (E_{23}^2 + E_{31}^2) + \frac{1}{2} K_1 W_{ij} W_{ij} + K_2 \\
& \cdot (W_{11} W_{22} - W_{12} W_{21}) + \frac{1}{2} K_4 (W_{23}^2 + W_{13}^2) + R [(E_1 - E_2) \\
& \cdot (W_{11} + W_{22}) + 2 E_6 (W_{21} - W_{12})],
\end{aligned}
\tag{6.93}
$$

式中,$i, j = 1, 2$.

若只考虑平面准周期结构,即平面准晶,那么 $C_{ijkl}, K_{ijkl}, R_{ijkl}$ 下标中的 $i, j, k, L = 1, 2$. 这时,式(6.92)的矩阵表达式化简为

$$
\begin{pmatrix}
\lambda + 2\mu & \lambda & 0 & 0 & R & R & 0 & 0 \\
\lambda & \lambda + 2\mu & 0 & 0 & -R & -R & 0 & 0 \\
0 & 0 & \mu & \mu & 0 & 0 & -R & R \\
0 & 0 & \mu & \mu & 0 & 0 & -R & R \\
R & -R & 0 & 0 & K_1 & K_2 & 0 & 0 \\
R & -R & 0 & 0 & K_2 & K_1 & 0 & 0 \\
0 & 0 & -R & -R & 0 & 0 & K_1 & -K_2 \\
0 & 0 & R & R & 0 & 0 & -K_2 & K_1
\end{pmatrix},
\tag{6.94}
$$

式中,λ, μ 为 Lame 常数,而

$$
\begin{aligned}
C_{1111} = C_{2222} = \lambda + 2\mu, \quad C_{1122} = C_{2211} = \lambda, \\
C_{1212} = C_{2121} = C_{1221} = C_{2112} = \mu.
\end{aligned}
\tag{6.95}
$$

Hooke 定律化简为

$$
\begin{aligned}
T_{11} &= \lambda (E_{11} + E_{22}) + 2\mu E_{11} + R (\partial_1 w_1 + \partial_2 w_2), \\
T_{22} &= \lambda (E_{11} + E_{22}) + 2\mu E_{22} - R (\partial_1 w_1 + \partial_2 w_2), \\
T_{12} &= 2\mu E_{12} + R (\partial_1 w_2 - \partial_2 w_1) = T_{21},
\end{aligned}
$$

$$H_{11} = R(E_{11} - E_{22}) + K_1 \partial_1 w_1 + K_2 \partial_2 w_2,$$

$$H_{22} = R(E_{11} - E_{22}) + K_1 \partial_2 w_2 + K_2 \partial_1 w_1,$$

$$H_{12} = -2RE_{12} + K_1 \partial_2 w_1 - K_2 \partial_1 w_2,$$

$$H_{21} = 2RE_{12} + K_1 \partial_1 w_2 - K_2 \partial_2 w_1. \qquad (6.96)$$

对其他点群的二维准晶,弹性方程的具体表达式均可类似推导,这里从略.

下面讨论二十面体准晶. 二十面体准晶的三类弹性常数分别由式(6.76),(6.81)和式(6.84)给出. 将它们代入式(6.51)得到广义 Hooke 定律的表达式

$$T_{11} = \lambda\theta + 2\mu E_{11} + R(W_{11} + W_{22} + W_{33} + W_{13}),$$

$$T_{22} = \lambda\theta + 2\mu E_{22} - R(W_{11} + W_{22} - W_{33} + W_{13}),$$

$$T_{33} = \lambda\theta + 2\mu E_{33} - 2RW_{33},$$

$$T_{23} = 2\mu E_{23} + R(W_{32} - W_{12} - W_{21}) = T_{32},$$

$$T_{31} = 2\mu E_{31} + R(W_{11} - W_{22} + W_{31}) = T_{13},$$

$$T_{12} = 2\mu E_{12} + R(W_{21} - W_{23} - W_{12}) = T_{21},$$

$$H_{11} = R(E_{11} - E_{22} + 2E_{31}) + K_1 W_{11} + K_2(W_{31} + W_{13}),$$

$$H_{22} = R(E_{11} - E_{22} - 2E_{31}) + K_1 W_{22} + K_2(W_{13} - W_{31}),$$

$$H_{33} = R(E_{11} + E_{22} - 2E_{33}) + (K_1 + K_2)W_{33},$$

$$H_{23} = -2RE_{12} + (K_1 - K_2)W_{23} + K_2(W_{12} - W_{21}),$$

$$H_{31} = 2RE_{31} + (K_1 - K_2)W_{31} + K_2(W_{11} - W_{22}),$$

$$H_{12} = -2R(E_{23} + E_{12}) + K_1 W_{12} + K_2(W_{23} - W_{32}),$$

$$H_{32} = 2RE_{23} + (K_1 - K_2)W_{32} - K_2(W_{12} + W_{21}),$$

$$H_{13} = R(E_{11} - E_{22}) + (K_1 - K_2)W_{13} + K_2(W_{11} + W_{22}),$$

$$H_{21} = 2R(E_{11} - E_{23}) + K_1 W_{21} - K_2(W_{23} + W_{32}),$$

$$(6.97)$$

式中, $\theta = E_{11} + E_{22} + E_{33}$.

<h2 style="text-align:center">参 考 文 献</h2>

丁棣华,杨文革,胡承正. 武汉大学学报(自然科学版),1992(3):23

丁棣华,王仁卉,杨文革,胡承正. 物理学进展,1998(18):223~260

Ding D H, Yang W G, Hu C Z , Wang R H. Phys Rev B, 1993(48):7003~7010

Hu C Z, Wang R H, Ding D H et al. Acta Crystallorg A,1996(52):251~256

Jeong H C, Steinhardt P. J Phys B Rev,1993(48):9394~9403

Levine D, Lubensky T C. Ostlund S et al. Phys Rev Lett,1985(54):1520~1523

Lubensky TC,Ramaswamy S,Toner J. Phys Rev B, 1985(32):7444~7452

Lubensky TC. in: Jaric MV ed. Aperiodicity and Order, Vol. 1: Introduction to Quasicrystals. New york: Academic Press,1988. 199~280

Ricker M, Bachteler J, Trebin H R. Eur J Phys B, 2001(23):351~363

Socolar J E S, Lubensky T C, Steinhardt P J. Phys Rev B, 1986(34):3345~3360

Steurer W, Haibach T. In:Stadnik ZM ed. Physical Properties of Quasicrystals. Berlin: Springer,1999

Wang R H, Yang W G, Hu C Z et al. J Phys,1997(9): 2411~2422

Yang W G, Wang R H, Ding D H et al. J Phys,1995(7): 7099~7112

第七章 准晶的电子结构和物理性能

§7.1 准周期系统的电子结构 (Fujiwara,1999)

固体中电子能级的计算,即能带的确定,是一个十分重要的问题. 为了计算振动谱、电导率、热导率、磁有序、光介函数等这些可直接观测的物理量,原则上都需要有关电子能级和波函数的知识. 对于晶体,能级的处理已经有了一套比较完善的方法. 在绝热近似和单电子近似范围内,由于晶体具有平移周期性,它的波函数满足 Bloch 定理,即

$$\psi_n(\boldsymbol{k},\boldsymbol{r}) = \exp(\mathrm{i}\boldsymbol{k}\cdot\boldsymbol{r})u_n(\boldsymbol{k},\boldsymbol{r}),$$

其中,

$$u_n(\boldsymbol{k},\boldsymbol{r}+\boldsymbol{R}) = u_n(\boldsymbol{k},\boldsymbol{r}),$$

($\boldsymbol{R}$ 为任一格矢),称为晶胞周期性函数. n 为能带指标,$\boldsymbol{k}$ 为波矢.

与晶体不同,准晶体不具有平移周期性,Bloch 定理不再适用. 不过,与无序系统也不同,准晶仍具有长程取向有序. 特别,根据准晶高维空间描述法,准晶体是由处于高维空间一特定条带中的周期格点向物理空间投影生成的. 由于这种特殊地位,准晶中电子的能级和波函数无疑将会呈现一些异乎寻常的特性. 下面,我们先介绍一维准周期格点中电子能级和波函数,然后讨论一般准周期系统.

7.1.1 一维准周期格点

描述一维系统电子运动的 Schrödinger 方程在紧束缚近似下可以写成:

$$t_{n+1}\psi_{n+1} + t_n\psi_{n-1} = E\psi_n \tag{7.1}$$

这里 t_n 表示两点 (t_{n-1}, t_n) 间的跳跃积分, ψ_n 为点 r 的波函数. 若引入记号:

$$\psi_n = \begin{pmatrix} \psi_n \\ \psi_{n-1} \end{pmatrix}, M(t_j, t_i) = \begin{pmatrix} E/t_j & -t_i/t_j \\ 1 & 0 \end{pmatrix}. \qquad (7.2)$$

$M(t_j, t_i)$ 称转移矩阵, 则式(7.1)可改写成

$$\psi_{n+1} = M(t_{n+1}, t_n) \psi_n. \qquad (7.3)$$

利用矩阵的性质, 显然

$$\psi_{n+1} = M(n) \psi_1, \qquad (7.4)$$

式中

$$M(n) = M(t_{n+1}, t_n) M(t_n, t_{n-1}) \cdots M(t_2, t_1). \qquad (7.5)$$

一个典型的一维准周期格点可以由 Fibonacci 序列生存. 它可以按照下面的自生成律递归构成

$$S_0 = S, S_1 = L, S_{n+1} = S_n S_{n-1}, \qquad (7.6)$$

其中 S, L 是两点间键长. 类似地, 一个 Fibonacci 数 F_L 由 $F_{L+1} = F_L + F_{L-1}$ 递归给出, 而 $F_0 = F_1 = 1$. 两个相邻的这样的数的比值当 L 不断增大时趋近于一个极限值: $F_{L+1}/F_L \to \tau = (1+\sqrt{5})/2$ (黄金平均). 若点 n 恰好是一 Fibonacci 数, 即 $n = F_L, M(n) = M_L = M(F_L)$, 则按照 Fibonacci 数列构成的特点, 应有

$$M_L = M_{L-2} M_{L-1}, \qquad (7.7a)$$

$$M_1 = M(t_A, t_A), M_2 = M(t_A, t_B) M(t_B, t_A). \qquad (7.7b)$$

此处, t_A, t_B 分别为相应于两种不同键长 L, S 的跳跃积分, $M(t_j, t_i)$ 的定义见式(7.2). 由此可见, 它们都是行列式为 1 的 2×2 实矩阵. 若 n 为一个一般点, 可写成 $n = F_{L1} + F_{L2} + \cdots + F_{Li}(L1 > L2 > \cdots > Li)$, 则转移矩阵

$$M(n) = M_{Li} \cdots M_{L2} M_{L1}. \qquad (7.8)$$

直接求解准周期系统的能级和波函数恐怕很难办到, 它通常都是作为周期系统的极限情形来实现的. 对于一维 Fibonacci 格点, 递归关系式(7.7)确定了转移矩阵的具体表示式, 知道了转移矩阵, 我们便可以计算 n 有限时电子的能级和波函数, 从而推得一维 Fibonacci格点($n \to \infty$ 的极限情形)相应的结果.

为此,我们先给出转移矩阵某些有用的特性. 由上述可知, M_L 是幺模矩阵,即这些矩阵的行列式的值等于1. 所有行列式为1 的 2×2 实矩阵组成的集合,称为实特殊线性群,用 $SL(2,R)$ 表示.

$$M_L \in SL(2,R) \tag{7.9}$$

式(7.7a)等号两侧左乘 $(M_{L-2})^{-1}$,右乘 $(M_L)^{-1}$,可得: $(M_{L-2})^{-1} = M_{L-1}(M_L)^{-1}$. 并进而有

$$M_{L+1} + M_{L-2}^{-1} = M_{L-1}M_L + M_{L-1}M_L^{-1}, \tag{7.10}$$

两边取迹得

$$\mathrm{tr}M_{L+1} + \mathrm{tr}M_{L-2}^{-1} = \mathrm{tr}[M_{L-1}(M_L + M_L^{-1})]. \tag{7.11}$$

显然,若 $M = \begin{pmatrix} a & b \\ c & d \end{pmatrix} \in SL(2,R)$,即 $ad - bc = 1$(幺模),则

$$M^{-1} = \begin{pmatrix} d & -b \\ -c & a \end{pmatrix} \in SL(2,R),$$

并进而有

$$\mathrm{tr}M^{-1} = \mathrm{tr}M,$$

$$M + M^{-1} = \begin{pmatrix} a+d & 0 \\ 0 & a+d \end{pmatrix} = (a+d)\begin{pmatrix} 1 & 0 \\ 0 & 1 \end{pmatrix} = (\mathrm{tr}M)U, \tag{7.12a}$$

(U 为单位矩阵). 所以

$$\mathrm{tr}M_{L-2}^{-1} = \mathrm{tr}M_{L-2},$$

$$M_L + M_L^{-1} = (\mathrm{tr}M_L)U, \tag{7.12b}$$

代入式(7.11)有

$$\mathrm{tr}M_{L+1} + \mathrm{tr}M_{L-2} = \mathrm{tr}M_L \mathrm{tr}M_{L-1}. \tag{7.13}$$

令 $x_L = \frac{1}{2}\mathrm{tr}M_L$,我们得到有关转移矩阵迹间的一个递归公式

$$x_{L+1} = 2x_L x_{L-1} - x_{L-2}, \tag{7.14}$$

其中,$x_{-1} = (t_B/t_A + t_A/t_B)/2$,$x_0 = E/2t_B$,$x_1 = E/2t_A$. 定义

$$I = x_{L+1}^2 + x_L^2 + x_{L-1}^2 - 2x_{L+1}x_L x_{L-1} - 1. \tag{7.15}$$

由式(7.14)知

$$I = x_{L+1}^2 + x_L^2 + x_{L-1}^2 - 2x_{L+1}x_L x_{L-1} - 1$$
$$= x_L^2 + x_{L-1}^2 + x_{L-2}^2 - 2x_L x_{L-1}x_{L-2} - 1$$

$$= \cdots = x_1^2 + x_0^2 + x_{-1}^2 - 2x_1 x_0 x_{-1} - 1 = \frac{1}{4}\left[\frac{t_B}{t_A} - \frac{t_A}{t_B}\right]^2, \quad (7.16)$$

它是一个与 L 无关的不变量.

下面我们计算一维 Fibonacci 格点中电子能级. 若 $|X_L| \leqslant 1$, 可令 $x_L = \cos\theta_L$. 由式(7.14)得

$$\begin{aligned}
\cos\theta_{L+1} &= 2\cos\theta_L \cos\theta_{L-1} - \cos\theta_{L-2} \\
&= \cos(\theta_L + \theta_{L-1}) + \cos(\theta_L - \theta_{L-1}) - \cos\theta_{L-2},
\end{aligned}$$

即

$$\cos\theta_{L+1} - \cos(\theta_L + \theta_{L-1}) = \cos(\theta_L - \theta_{L-1}) - \cos\theta_{L-2}, \quad (7.17)$$

这个方程有一个明显的解

$$\theta_{L+1} = \theta_L + \theta_{L-1}. \quad (7.18)$$

若令 $x_0 = \cos\theta_0$,那么由上式和递归关系,我们便推得

$$x_L = \cos(F_L \theta_0). \quad (7.19)$$

类似地,若 $|x_L| \geqslant 1$,可令 $x_L = \mathrm{ch}\theta_L$,这时式(7.18)仍然成立,进而

$$x_L = \mathrm{ch}(F_L \theta_0). \quad (7.20)$$

式(7.20)表明, x_L 将随着 L 的增大而指数形式地增大. 注意到 x_L 是一包含能量 E 的 F_L 次方程,我们知道,这时 E 的取值是禁戒的,它不属于能谱中. 所以,只有满足 $|x_L| \leqslant 1$ 的条件的 E 才有允许值,即属于能谱. 这就是说

$$|x_L| = 1 \quad (7.21)$$

决定了能带结构. 式(7.21)是一个包含参数 t_A, t_B 关于 E 的 F_L 次方程. 这样的方程一般需要数值求解. 图 7.1 标绘了 $t_A = 1.0$, $t_B = 2.0$, $L = 1, 2, 3, 4, 5, 6$ 时电子能带结构. 至于一维 Fibonacci 格点能谱,则可由 $L \to \infty$ 时的极限情形得到. 由此,我们可以得到下述一些结论:

(1) 这一能带结构具有自相似性.

(2) 随着 L 的增大,能带数目增多,带宽减小,当 $L \to \infty$ 时,它们也将趋于无穷. 这表明一维 Fibonacci 格点的电子能谱分布与 Cantor 集类似(Cantor 集是集合论创始人 G. Cantor 所构造的

一个集合). 它由闭区间[0,1]先去掉三等分中的中间开区间(1/3,2/3),再去掉剩下两个闭区间三等分的两个中间开区间(1/9,2/9)和(7/9,8/9),然后又去掉剩下 4 个闭区间三等分的 4 个中间开区间(1/27,2/27)、(7/27,8/27)、(19/27,20/27)和(25/27,26/27);如是下去直至无穷. 所剩下的余集即 Cantor 集. 它的 Lebesgue 测度为零.

(3)随着 L 的变化,能带的边缘也在变动. 因此,对能谱中的给定能级,相应的态密度(DOS)不会严格为零,但有可能具有极小值. 这种能级形成所谓赝能隙(pseudogap),并且由于其能谱是一个 Cantor 集,它的 DOS 累积值是一个几乎处处连续但不可微分的函数. 这种函数称为奇异连续的.

(4)态密度存在精细结构,即在态密度对能量标绘的图上可见许许多多尖峰(spikiness).

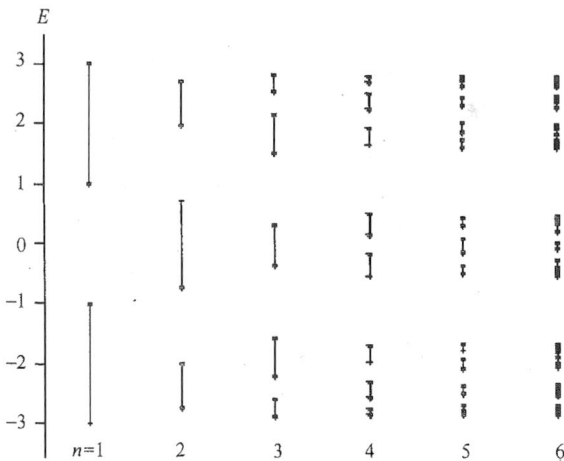

图 7.1 一维 Fibonacci 格点的电子谱
($L = n + 1$ 为 Fibonacci 数 F_L 的排序号).

要进一步求解准周期系统的波函数显然更困难,一般都采用数值计算方法. 为了得到本征波函数,先应确定它在谱中所相应的本征能级,但由于刚才所述的原因,能谱是一个 Lebesgue 测度为零的 Cantor 集,因此,实际确定谱中一个严格本征值原则上几乎办不到,计算中采取的大半是近似值. 对一维 Fibonacci 格点,能谱中有两个特殊点,它们波函数的特征比较容易分析. 这两个点,即带的中点($E=0$)和带的边缘(E 的允许值中最大和最小值). 下面我们以带的中点为例分析其波函数的特征. 由式(7.2)和式(7.7),我们可以求得相应的转移矩阵

$$M_1 = \begin{pmatrix} 0 & -1 \\ 1 & 0 \end{pmatrix}, M_2 = \begin{pmatrix} -R & 0 \\ 0 & -1/R \end{pmatrix}, M_3 = \begin{pmatrix} 0 & 1/R \\ -R & 0 \end{pmatrix}$$

$$M_4 = \begin{pmatrix} 0 & -1 \\ 1 & 0 \end{pmatrix}, M_5 = \begin{pmatrix} 1/R & 0 \\ 0 & R \end{pmatrix}, M_6 = \begin{pmatrix} 0 & -R \\ 1/R & 0 \end{pmatrix}$$

$$M_{L+6} = M_L, R = t_B/t_A, \tag{7.22}$$

这是 6 个元素组成的循环,其中,

$$M_3 M_6 = \begin{pmatrix} 1/R^2 & 0 \\ 0 & R^2 \end{pmatrix}. \tag{7.23}$$

若令

$$n = F_3 + F_6 + F_9 + F_{12} + \cdots + F_{3 \times 2m}, \tag{7.24}$$

由式(7.5)可得

$$M(n) = M_3 M_6 M_9 M_{12} \cdots M_{3 \times 2m},$$

继而

$$\psi_n = R^{2m} \psi_0. \tag{7.25}$$

若令

$$n = F_3 + F_6 + F_9 + \cdots + F_{3 \times (2m+1)}, \tag{7.26}$$

则有

$$M(n) = M_3 M_6 M_9 \cdots M_{3 \times (2m+1)},$$

$$\psi_n = -R^{2m+1} \psi_1. \tag{7.27}$$

可见,随着准周期格点 n 的增大,每当 n 的值满足条件(7.24)和(7.26)时,相应波函数取值出现峰值,而且它们具有自相似性. 事实上,如果选取初始点:$|\psi_1| = |\psi_0| = 1$,且认为,$F_{L+1}/F_L \approx \tau$,那么由式(7.24),式(7.25)[或式(7.26),式(7.27)]得

$$n = \tau^{3k}, |\psi_n| = R^k, \tag{7.28}$$

这表明 n 扩大 $|\tau^3|$ 倍，$|\psi_n|$ 将扩大 R 倍，即波函数的模在标度变换

$$n \leftrightarrow \frac{n}{\tau^3}, |\psi| \leftrightarrow \frac{|\psi|}{R} \qquad (7.29)$$

下不变. 由式(7.28)，我们有

$$\frac{\ln|\psi_n|}{\ln n} \approx \beta = \frac{\ln R}{\ln \tau^3}$$

或

$$\psi_n \approx n^\beta, \qquad (7.30)$$

这种具有幂函数渐近行为的波函数，既不是扩展型的，像通常固体中平面波或 Bloch 波函数那样在整个空间振荡；也不是定域型的（其振幅随距离指数衰减，而实际只集中在几个原子组成的区域内）. 我们称这种波函数为临界波函数. 图 7.2 示出了相应能带中点处的波函数. 对于能带边缘的点，可以类似地构造一个由两个元素组成的循环来进行分析. 至于能谱中其他一些点，情况将更为复杂，一般都需要进行数值计算. 不过，所有研究表明，对于一维 Fibonacci 格点，它的波函数具有自相似性质，存在幂函数渐近行为，是一种临界波函数.

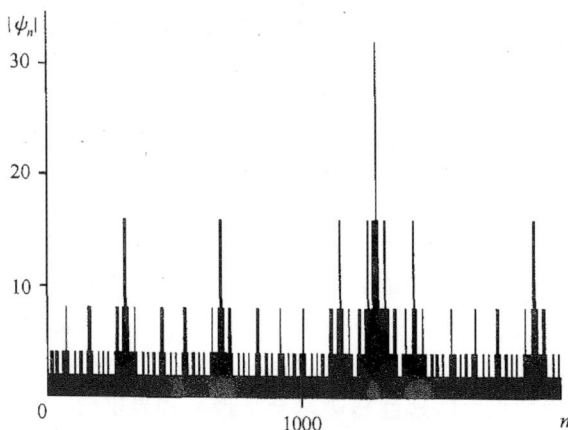

图 7.2　一维 Fibonacci 格点能带中点处波函数.

上面所讨论的虽是电子的能带结构,但对格点振动所产生的声子也适用.这时仅需将式(7.1)中的变数作如下替换:

$$t_i \rightarrow K_i, t_{A,B} \rightarrow K_{A,B}, E \rightarrow -\omega^2 + K_i + K_j, \qquad (7.31)$$

(ω 为声子频率,K 为力常数),便可描写声子的运动.因此,声子谱及其波函数也与电子谱及其波函数一样具有上述非寻常的特征.

7.1.2 三维准晶体

计算实际三维准晶体的电子结构仍是利用准晶近似相来逼近,但计算量更大、更复杂.如二十面体准晶 Al-Mn-Si 的[1/1]近似相,一个元胞就含有 138 个原子.为了易于计算,一般都采用 muffin-tin(蛋糕模子)轨道,即将原子势看作球形,在球内基函数为通常原子轨道,在球外满足一 Laplace 方程.系统的波函数可以用这样的基函数展开,而系统的哈密顿量则用紧束缚形式给出.因此,这种方法称为紧束缚线性 muffin-tin 轨道(TB-LMTO)法,它是求解像准晶近似相这样具有大元胞的复杂系统一个有力的工具.虽然实际三维准晶体结构更加复杂,研究更加困难,但对不同准晶体构造的各种结构模型进行的计算表明,它们在电子结构上也具有与一维准周期系统相类似的性质.它们在 Fermi 面邻域同样存在赝能隙,DOS 结构中也有许多尖峰(精细结构),它们的本征态仍然是临界波函数.

根据量子理论,一个系统的物理性质取决于它们的薛定鄂方程解.我们已经知道,一个晶体,它的能量本征值是(绝对)连续的,形成所谓能带;它的本征波函数是扩展的(Bloch 定理).一个完全无序系统,它的能量本征值是分立的,它的本征波函数是定域的.从上面的讨论可见,准晶体位于这两者之间.它的能量本征值是奇异连续的,而本征波函数是临界函数.由于准晶这一独特的性质,它的相关物理性能必然会呈现一些异乎寻常的特征.在下面几节,我们将分别予以介绍.

§7.2 准晶的导电性能 (Rapp, 1999)

准晶大多由金属元素构成. 由金属元素形成的晶体,它们的导电性能是人所共知的. 金属是电的良导体(电阻率 $\rho \approx 1\mu\Omega cm$). 金属的电阻是温度 T 的函数,ρ 一般随 T 增加而增加. 变化规律可用 Grüneisen 公式描写

$$\rho = ATG(x), G(x) = x^{-4} \int_0^x \frac{s^5}{(e^s - 1)(1 - e^{-s})} ds, \quad (7.32)$$

这里,$x = \theta_D / T$,θ_D 为 Debye 温度. 金属的导电性还与金属内杂质类型和浓度有关,其相互关系符合 Mathiessen 规律

$$\rho = \rho_0(T) + \rho_i(x), \quad (7.33)$$

式中 ρ 为实验观测值,$\rho_0(T)$ 是与温度相关的纯金属电阻率,$\rho_i(x)$ 是依赖于杂质浓度(x)的杂质电阻率(剩余电阻).

与金属晶体这些导电性质相比,准晶体显示出一种迥然不同的特征. 准晶一般有比较大的电阻. 如在温度为 4K 时,二十面体准晶 I-Al-Cu-Fe 的电阻率 $\rho(4K) = 4.3 m\Omega cm$, I-Al-Cu-Ru 的 $\rho(4K) = 30 m\Omega cm$, 而对 I-Al-Pd-Re 的 $\rho(4K)$ 竟超过 $200 m\Omega cm$. 当温度不太高时,准晶的电阻随温度的增加而减少. 如对 I-Al-Pd-Re,它的电阻率在 4K 和 300K 之比可高达 $\rho(4K)/\rho(300K) \approx 190$. 准晶的电阻也与其组分浓度有关. 实验发现,准晶的导电性能随样品质量的改善反而降低. 准晶的导电率 σ(不是电阻率 ρ,$\rho = 1/\sigma$)在一个较宽的温度范围内也可表示成

$$\sigma = \sigma_0 + \Delta\sigma(T), \quad (7.34)$$

式中 σ 为准晶导电率,σ_0 为剩余导电率,$\Delta\sigma(T)$ 为与温度相关的项. 另外,对十次准晶(DQC)导电性能的实验观测得到:沿周期方向显示通常金属特点,该方向电阻率 ρ_p 小,且随温度增加而增加($d\rho_p/dT > 0$);但沿准周期平面却显示异常行为,该方向电阻率 ρ_q 大,且随温度增加而减少($d\rho_q/dT < 0$).

准晶异常的导电行为反映了系统准周期结构对其物理性能的

影响,它可以从准周期系统中电子结构的异常性得到解释. 金属具有无能隙能带结构,电子易于跃迁,电阻小. 准晶能带结构存在赝能隙,电子不容易跃迁,电阻大. 另外,根据 Boltzmann 输运理论,导电率

$$\sigma = e^2 \tau \left(\frac{n}{m^*} \right). \qquad (7.35)$$

由于准晶电子结构中的态密度有许多尖峰,它反映了带的平滑程度较好,而能带曲线的平滑导致了大的有效质量$((1/m^*)_{\alpha\beta} \approx \partial^2\varepsilon/\partial k_\alpha \partial k_\beta)$. 再者,准晶中载流子浓度($n$)较小. 这种小的载流子浓度和大的有效质量值也是准晶导电性低的一个原因. 准晶中无序的存在使得由于准周期性所诱导的电子态密度的峰值被抹平,结果导致电子的迁移变容易. 无序还强化了相邻带间耦合的可能性,这有助于电子在弱定域态间的跃迁. 正是这样一些原因,准晶中的无序引起了其导电率的增加. 温度升高,电子热运动加剧,无序度变大;杂质和缺陷的存在则增加了其结构的无序. 因此,准晶的导电率将随温度的增加而增加,随样品质量的改善而下降. 上面对准晶导电性方面异常行为的解释大半都是建立在 Boltzmann 输运理论的基础上. 这一理论将电子结构与其输运性能紧密相连. 不过,对 Boltzmann 理论直接推广到准晶是否合理这一问题仍然是有争议的. 一个明显的例子便是:晶体中的 Mathiessen 规律[式(7.33)]可利用解 Boltzmann 输运方程的弛豫时间近似得到;由是,对准晶中与之对立的关系式(7.34)的解释恐怕就只有在 Boltzmann 理论的框架外去搜寻.

§7.3 准晶的磁性行为(Fukamichi,1999; O'handely,et al.,1991)

组成物质的粒子与磁场的相互作用反映在两个方面:一是带电粒子在磁场中运动时将受到磁场作用力(洛伦兹力);二是粒子由于本身的轨道角动量和内禀角动量(自旋)而具有磁矩,这一磁

矩将与外磁场产生作用. 前者表现为宏观系统中 Hall 效应和磁致电阻(磁阻);后者表现为宏观系统有着不同的磁性.

Hall 在 1879 年发现金属中电流(J_x)在垂直磁场(H_z)作用下发生偏转,导致在有限样品中出现横向电场(E_y). 这一现象被称为 Hall 效应. Hall 场(E_y)同 $H_z J_x$(J_x 为电流密度)的比值 R_H 定义为 Hall 系数:

$$R_H = \frac{E_y}{H_z J_x}. \tag{7.36}$$

由于电子、空穴两种载流子所带电荷相异,它们在磁场中的偏转方向正好相反. 若 E 与 $H \times J$ 方向相同,R_H 为正(对空穴);若方向相反,R_H 为负(对电子). 对于正常金属,R_H 一般为负,其大小可由金属中自由电子模型计算得到($R_H \approx -1/ne$). 此外,R_H 与温度依赖关系较小,且一般不改变符号. 实验发现,廿面体准晶 Al-Cu-Fe 和 Al-Cu-Ru 的 Hall 系数 R_H 为负,但绝对值比金属大两个数量级,与温度有密切关系,且随温度增加可能改变符号. 有人认为,这些准晶的 R_H 大是因为载流子浓度小,而 R_H 与温度密切相关也是因为载流子浓度与温度有关的结果;且由于能带结构的影响,其载流子类型还可能改变.

金属中的电子在磁场力的作用下会改变其运动方向. 这种偏离运动增加了它同晶格或杂质原子的碰撞机会,从而金属电阻率将增加,称为磁致电阻(磁阻). 通常所谓磁阻并不是指在磁场中导体的绝对电阻,而被定义为磁场存在时电阻率的增加($\Delta\rho$)与磁场为零时的电阻率(ρ_0)之比($\Delta\rho/\rho_0 = (\rho - \rho_0)/\rho_0$). 金属的磁阻,在低场下正比于场强平方($H^2$). 在充分大的磁场下,可能趋近饱和. 大多数金属磁阻和磁场的关系可用 Kohler 规律描写

$$\frac{\Delta\rho}{\rho_0} = F\left(\frac{H}{\rho_0}\right), \tag{7.37}$$

式中函数 F 仅依赖于金属性质而与温度无关. 实验观测到,对高电阻的准晶磁阻比较大,$|\Delta\rho/\rho|$ 可从 i-Al-Cu-Fe 和 i-Al-Cu-Ru 的百分之几到 i-Al-Pd-Re 的 100%. 而且,当温度 T 不太高时,准

晶磁致电阻的情况将更加复杂. 比如, i-Al-Cu-Fe 的磁阻在 $T \leqslant$ 100K 为正, 且随外场增加而增加; 但若 $T > 100$K 时, 磁阻将为负, 且随外场增加而减少. 这时, Kohler 规律也不再适用. 准晶磁阻的这种异常表现可用量子干涉效应予以解释. 20 世纪 70 年代末和 20 世纪 80 年代初对弱定域化理论和实验研究表明, 应该区分传导电子在迁移中所受到的弹性和非弹性这两类不同的散射. 弹性散射是电子从一个动量本征态变到另一个动量本征态, 但能量不变. 这种散射实际上是波在势场中的散射. 它的特点是入射波和散射波间有确定的相位关系. 非弹性散射是电子从一个能量本征态变到另一个能量本征态, 与散射前后状态无关. 我们知道, 金属中的电子可以认为是自由的. 这就是说, 电子处在动量本征态的时间(弹性散射时间 τ)要比非弹性散射的时间 τ_{ie}(电子处在能量本征态的时间)长. 电子在时间 τ 内运动的距离即平均自由程. 电子波在这段路上所发生的散射是互不相干的, 它的传播可以用准经典方法描述. 这便是传统的固体电导理论. 对于准晶, 特别是高电阻准晶, 电子将不再是自由的. 随着温度 T 的下降, τ_{ie} 增加; 当 T 下降到适当值, 可使得 $\tau \ll \tau_{ie}$ 成立. 这时, 电子在时间 τ_{ie} 内所走的这段路上可以被散射很多次而保留相位间的确定关系(通常称为相位记忆). 于是, 电子波在传播路上会互相干涉, 这就是量子干涉效应. 实际上, 电子在运动中还可能受到外磁场或电子本身自旋与散射产生的轨道运动间的作用而发生相干散射. 由于这些散射时间(外场散射时间 τ_B、自旋-轨道散射时间 τ_{so} 和 τ_{ie})在不同条件下相对大小不同, 以及它们本身一般都与外场和温度有关, 因此, 准晶磁阻也就呈现上面所述的复杂情形.

物质在磁场中的行为通常有逆磁、顺磁、铁磁和反铁磁. 一切原子(或分子), 当它们位于磁场 H 中时, 都会获得一个感应磁偶极矩, 其方向总是与 H 相反. 因此, 一个物质的原子如不具有固有磁矩, 则它的磁性质就是逆磁的. 这时, 磁化率 χ 为负($\chi = M/H$, M 为磁化强度). 如物质的原子具有固有磁矩(磁性原子), 则原子将在磁场方向具有净的顺向排列. 这时, 物质沿磁场

方向有微弱磁化,χ 为正. 这类物质在磁场中的行为表现出顺磁性. 由质子、中子构成的原子核贡献很小,原子磁性主要来自绕原子核运动的电子,即电子的轨道磁矩和自旋磁矩. 顺磁体和逆磁体磁化率都很小($|\chi| \approx 10^{-6}$). 对于某些材料来说,它们含有铁、钴、镍这些元素,其自旋能存在长程取向有序,从而形成一种自旋有序相. 这就是说,这类物质中自旋耦合比较强. 按照海森堡的观点,描写它们的哈密顿量可取为

$$H = \varepsilon_0 - \sum J_{ij} s_i \cdot s_j , \qquad (7.38)$$

式中,$s_{j(i)}$ 为原子的自旋算符,J_{ij} 为它们之间的交换积分参量 ($J_{ij} = J_{ij}(|R_i - R_j|)$). 对于这样的哈密顿量,系统的基态将不再是正常 Fermi 态. 若所有的 $J_{ij} > 0$,则基态为自旋波态(铁磁相),否则,为反自旋波态(反铁磁相). 处在铁磁相的物体(铁磁体)有相当大的正磁化率($\chi \approx 10^3$),可产生自发磁化,在交变磁场中出现磁滞回线现象. 反铁磁体的一个重要特征是它的磁化率-温度(χ-T)曲线有一个明显的峰. 这两类磁性物质都存在一个转变温度,对铁磁体,这个温度称 Curie 温度,而对反铁磁体,称为 Neel 温度. 在转变温度以上,物质本质上是顺磁的,磁化率都满足 Curie-Weiss 定律

$$\chi = \frac{C}{T - \theta} , \qquad (7.39)$$

只是对前者,$\theta > 0$,对后者,$\theta < 0$.

实际观察到准晶体在磁场中同样也有逆磁、顺磁、铁磁和反铁磁这些不同行为. 实验上报道最多的是准晶的顺磁性. 几乎所有由 Al 和过渡金属组成的准晶(Al-T)都有顺磁性. 此外,在 $Al_{65}Cu_{20}Fe_{15}$ 也发现有顺磁行为. 若用 Cr 代替 Fe,顺磁性将减弱;而用 Mn 代替 Fe,则顺磁性加强. 这些材料的磁化率都满足类似的 Curie-Weiss 定理:

$$\chi - \chi_0 = \frac{C}{T - \theta} . \qquad (7.40)$$

1988 年,在 I-Al-Mn-Ge 中首次观察到铁磁有序,随后发现 I-Al-Mn-Si、I-Al-B-Pd-Fe 等准晶也具有铁磁性. 相对来说,准晶铁磁体

有较低的磁化强度,较高的 Curie 温度和较大的矫顽力. 这样的铁磁特性来自材料中只存在少量的磁团结构. 这种结构可能是由相位子所引起的原子重排而诱导生成. 此外,这种结构也具有很强的各向异性,以致在某些方向显示较大的矫顽力. 这有点与铁磁晶体类似. 实验表明,含过渡金属元素的准晶,它们的磁性很大程度上与过渡金属有关. 比如,含 Mn 的准晶,它的磁性主要由 Mn 原子磁性决定. 不过,并非所有的 Mn 原子都是磁性的. 实际上,只有少部分 Mn 原子才具有磁性. 磁性 Mn 原子的百分比(x_m)与 Mn 原子的浓度(x)之比 x_m/x 与 x 有关. 可见改变 Mn 原子浓度有可能改变相应准晶的磁性. 有文章就提到在具有低浓度 Mn 的准晶 Al-Pd-Mn 中观察到逆磁性. 另外,Mn 原子的磁性还与周围局域环境有关. 改变这一局域环境有可能改变 Mn-Mn 原子间自旋交换力的符号,这时将出现反铁磁作用. 像 $Al_{85-x}Pd_{15}Mn_x$ 准晶,其磁化率所满足的 Curie-Weiss 公式中 θ_p 为负($\theta_p \approx -29 \sim -10K$),说明其 Mn-Mn 交换作用是反铁磁的. 更进一步,最近有人报道在含稀土元素(RE)的准晶中,如 $Mg_{42}Tb_8Zn_{50}$,当温度降到 20K 时观察到反铁磁长程有序. 不过,也有相反的报道存在. 可见,$Mg_{42}RE_8Zn_{50}$是否存在反铁磁长程有序仍然是有争议的.

§7.4　准晶的热性质（Hafner,1999）

按照固体的量子理论,低温下电子比热不再能忽略. 这时,金属的比热

$$C = C_{ph} + C_e, \tag{7.41}$$

C_{ph}是晶格比热,它满足 Debye T^3 律

$$C_{ph} = \beta T^3, \tag{7.42}$$

C_e 是电子比热,它与 T 成正比

$$C_e = \gamma T, \tag{7.43}$$

γ 是电子比热系数,在自由电子近似下,有

$$\gamma = \frac{\pi^2}{3} k_B^2 N(\varepsilon_f) \qquad (7.44)$$

k_B 为 Boltzmann 常数,ε_f 为 Fermi 能,$N(\varepsilon_f)$ 为电子 Fermi 面态密度. 我们知道,在这种情况下,金属的导电率

$$\sigma = \frac{1}{3} e^2 \overline{(\tau v^2)}_{\varepsilon_f} N(\varepsilon_f), \qquad (7.45)$$

因此,有

$$\rho = \frac{1}{\sigma} = \frac{\pi^2 k_B^2}{3 e^2 D \gamma}, \qquad (7.46)$$

式中 $D = \tau v_f^2/3$ 为扩散系数. 这说明准晶体的高电阻和它的低电子比热互相关联. 实际上,准晶体电子比热系数的实验观测值 γ_{exp} 一般都比由自由电子模型所计算的值 γ_{free} 要小. 比如,对准晶 $\text{Al}_{55}\text{Li}_{35.8}\text{Cu}_{9.2}$,$\gamma_{\text{exp}} = 0.318\text{mJ mol}^{-1}\text{K}^{-2}$,$\gamma_{\text{exp}}/\gamma_{\text{free}} = 0.39$. 这种小的 γ 值是因为准晶能带结构中存在赝能隙以致 $N(\varepsilon_f)$ 小的缘故. 有一点值得注意的是:实验观测到的 γ 与 ρ 的关系式并非与式(7.46)相似,而是

$$\gamma \approx \frac{1}{\sqrt{\rho}}. \qquad (7.47)$$

对此的解释是:通常准晶体的态密度 $N(\varepsilon_f)$ 和扩散系数 D 都很小,正是这一双重因素使得 ρ 不是与 γ 的一次方,而是与它的平方成反比.

至于准晶的传热能力,如同它的导电性一样不高,即它的导热系数 κ 小,且 κ 也与温度密切有关. 实验还观察到,十次准晶的电子导热系数有明显的各向异性. 如 $d\text{-Al}_{65}\text{Cu}_{20}\text{Co}_{15}$ 中电子导热系数沿准周期平面在 100K 时要比周期方向小一个数量级,在 1K 时则小到二个数量级.

我们知道,电流在导体中流动的同时,不断地把能量较高的电子从一端输送至另一端,这样,在导体中便形成了一个温度场,即温度梯度 $\nabla T \neq 0$. 温度梯度的出现使得导体中除了电流外还有热量的传递(热流). 而导体两端温度的差异又会在电路中产生一相关电动势(热电动势或温差电动势). 这种热能和电能相互转换

的现象叫做热电效应. 导体中单位体积内热量的变化率仿照流体力学中连续性方程的推导可以表示为

$$\frac{\mathrm{d}u}{\mathrm{d}t} = J_e \cdot \left(E + \frac{\nabla \mu}{e} \right) - \nabla \cdot J_q, \tag{7.48}$$

式中 J_e 为电流密度,E 为电场强度,J_q 为热流密度,u 为热量密度,μ 是通常化学势,一般它是温度和粒子浓度的函数. 因此,$\nabla \mu / e$ 是由于化学势所引入的附加电场(内电场). 根据不可逆过程热力学理论,通量和动力成线形关系,即

$$J_e = e^2 L_0 \left(E + \frac{\nabla \mu}{e} \right) + \frac{e}{T} L_1 \cdot \nabla T,$$

$$J_q = -e L_1 \left(E + \frac{\nabla \mu}{e} \right) - \frac{1}{T} L_2 \cdot \nabla T, \tag{7.49}$$

式中 L_i 为动力系数,它一般为一个二阶张量. 为简单计,此处我们仅考虑它为标量的特殊情形. 金属导电率 σ 是在恒温条件下测定的,这时,$\nabla T = \nabla \mu = 0$. 由上式知

$$J_e = e^2 L_0 E. \tag{7.50}$$

对照关于导电现象的欧姆定律

$$J_e = \sigma E, \tag{7.51}$$

有

$$\sigma = e^2 L_0. \tag{7.52}$$

而导热系数则是在不存在电流条件下测定的. 这时从式(7.49)的第一式可知

$$e^2 L_0 \left(E + \frac{\nabla \mu}{e} \right) + \frac{e}{T} L_1 \nabla T = 0, \tag{7.53}$$

即

$$e^2 L_0 \left(E + \frac{\nabla \mu}{e} \right) = -\frac{e}{T} L_1 \nabla T. \tag{7.54}$$

代入式(7.49)的第二式可得

$$J_q = \left(\frac{L_1^2}{TL_0} - \frac{L_2}{T} \right) \nabla T. \tag{7.55}$$

对照关于热传导现象的 Fourier 定律

$$J_q = -\kappa \nabla T, \tag{7.56}$$

有

$$\kappa = \frac{L_0 L_2 - L_1^2}{T L_0}. \tag{7.57}$$

将式(7.49),(7.52)和式(7.56)代入式(7.48)得

$$\begin{aligned}
\frac{\mathrm{d}u}{\mathrm{d}t} &= J_e \cdot \left(\frac{J_e}{e^2 L_0} - \frac{L_1}{e T L_0} \nabla T \right) - \nabla \cdot \left[-e L_1 \left(\frac{J_e}{e^2 L_0} - \frac{L_1}{e T L_0} \nabla T \right) - \frac{L_2}{T} \nabla T \right] \\
&= \frac{J_e^2}{\sigma} + \left[\frac{\mathrm{d}}{\mathrm{d}T} \left(\frac{L_1}{e L_0} \right) - \frac{L_1}{e T L_0} \right] \nabla T \cdot J_e + \nabla \cdot (\kappa \nabla T) \\
&= \frac{J_e^2}{\sigma} + T \frac{\mathrm{d}}{\mathrm{d}T} \frac{L_1}{e T L_0} \nabla T \cdot J_e + \nabla \cdot (\kappa \nabla T) \\
&= \frac{J_e^2}{\sigma} + T \nabla \left(\frac{L_1}{e T L_0} \right) \cdot J_e + \nabla \cdot (\kappa \nabla T).
\end{aligned} \tag{7.58}$$

上式右端第一项表示焦耳热,第三项是通常的热扩散,中间一项即与热电效应有关,称为 Thomson 热. 由此可见,非零的温度梯度诱导了一个附加电场,产生了一个相应的附加电动势(热电动势 ε). 式中 $T \nabla (L_1/e T L_0)$ 即为这一电场强度. 记

$$s = \frac{\mathrm{d}\varepsilon}{\mathrm{d}T} = \frac{L_1}{e T L_0}. \tag{7.59}$$

它表示热电动势随温度的变化率,叫做(绝对)热电动势率. 由此,单位时间内、单位体积所释放的 Thomson 热可写成

$$u_T = T \nabla \frac{L_1}{e T L_0} \cdot J_e = T \frac{\mathrm{d}}{\mathrm{d}T} \frac{L_1}{e T L_0} \nabla T \cdot J_e, \tag{7.60}$$

对照描述 Thomson 效应的实验规律

$$u_T = \sigma_T \nabla T \cdot J_e, \tag{7.61}$$

有

$$\sigma_T = T \frac{\mathrm{d}}{\mathrm{d}T} \frac{L_1}{e T L_0} = T \frac{\mathrm{d}s}{\mathrm{d}T},$$

或

$$\frac{\mathrm{d}s}{\mathrm{d}T} = \frac{\sigma_T}{T}, \tag{7.62}$$

式中 σ_T 为 Thomson 系数. 实验表明对多数金属,s 值略为 $-10\mu\mathrm{V/K}$. 不过,对 Cu,Ag,Au,s 值为正. 比如,对 Cu,在一个

较广的温度范围内(10~500K),s 值约为 1~2μV/K. 从对准晶中热电现象的实验观察得知,其绝对热电动势 s 与温度和每原子电子数(e/a)密切相关. 比如对二十面体准晶 Al-Cu-Ru,s 从很低温度时一个很小的负值开始随温度而下降,到某一温度值达到负的极大,然后开始上升,到另一适当温度时将改变符号. 如对 i-Al$_{65}$Cu$_{20}$Ru$_{15}$,在温度约 70K 时,s 达到极小值(-15μV/K),温度约 150K,s 改变符号. 对 i-Al$_{70}$Cu$_{15}$Ru$_{15}$,在温度约 120K 时,s 达到极小值(-15μV/K),温度约 250K,s 改变符号. 而对 i-Al$_{68}$Cu$_{17}$Ru$_{15}$,在温度约 150K 时,s 达到极小值(-20μV/K),温度约 300K,s 才改变符号. 另外,对十次对称准晶,同样存在各向异性行为. 比如 d-Al$_{73}$Cu$_{17}$Co$_{10}$,低温下,s(负值)沿准周期方向有很大的增强效应. 准晶热电现象中的异常表现同样被认为与它们独特的能带结构有关.

如前所述,十次准晶沿十次轴方向具有周期性,在垂直于十次轴的平面内显示准周期性. 因此,十次准晶的物理性能应该具有很强的各向异性. 即:沿十次轴方向的物理性能应该具有晶体中的特点,沿垂直于十次轴的方向则应该显示准晶中的特性. 张殿琳研究小组系统地实验研究了 Al$_{62}$Si$_3$Cu$_{20}$Co$_{15}$,Al$_{65}$Cu$_{20}$Co$_{15}$ 和 Al$_{65}$Ni$_{20}$Co$_{15}$ 十次准晶的电阻 (Li,et al.,1990;Wang,et al.,1994;Zhang & Wang,1994),Hall 效应 (Zhang,et al.,1990;Wang,et al.,1993a;Wang,et al.,1993b),热电势 (Lin,et al.,1996;Lin,et al.,1998;张殿琳,1997),导热 (Zhang,et al.,1991) 等物理性能的各向异性. 近年他们又通过对 AlNiCo 十次准晶—Al$_2$O$_3$-Al 隧道结中在极低温下的隧道谱的测量,发现了丰富的尖峰结构 (Li,et al.,1999a,1999b;张殿琳,1999). 详见原始论文.

至此,我们对准晶体一些重要的物理性质在目前理论和实验所了解的程度上作了一个比较全面的描写. 叙述的着重点主要在准晶体与晶体,特别是与金属晶体的区别上,并且对这种差异作了尽可能详细的阐明. 无疑,这种说明多半还属于定性上的. 欲求进一步了解准晶这些奇异的物理性质还需理论和实验上作更多的工作. 特别地,是否存在有由于准周期性这一结构上的特征而为准晶所固有的性质? 对此问题,目前仍然莫衷一是,因为一些看来独特的性质在与准晶有相似组分的晶体(准晶近似相)中也可以发现(Stadnik,1999). 所有这一切均表明这一领域仍有许多空白尚待有心人去填补.

参 考 文 献

张殿琳. 物理,1997(26):257

张殿琳. 物理,1999(28):668

Fujiwara T. In:Stadnik ZM ed. Physical Properties of Quasicrystals. Berlin: Springer, 1999

Fukamichi K. In:Stadnik ZM ed. Physical Properties of Quasicrystals. Berlin: Springer, 1999

Hafner J, Krajci M. In: Stadnik ZM ed. Physical Properties of Quasicrystals. Berlin: Springer,1999

Li G H, He H F, Wang Y P, Lu L, Li S L, Jing X N, Zhang D L. Phys Rev Lett, 1999(82):1229

Li G H, He H F, Wang Y P, Lu L, Li S L, Jin X N, Zhang D L. Phys Rev Lett, 1999(83):3969

Lin S Y,Li G H,Zhang D L. In:Takeuchi S,Fujiwara T,eds. Proc 6th Intern Conf on Quasicrystals. Singapore: World Scientific,1998. 684~687

Lin S Y,Wang X M,Lu L,Zhang D L,He L X,Kuo K H. Phys Rev B,1990(41): 9625

Lin S Y,Li G H,Zhang D L. Phys Rev Lett,1996(77):1998

O'handley R C,Dunlap R A,McHenry M E. In: Buschow KHJ ed. Handbook of Magnetic Materials. Amsterdam: Elsevier,1991(6). 453~510

Rapp Ö. In:Stadnik ZM ed. Physical Properties of Quasicrystals,Berlin: Springer,1999

Stadnik Z M. In:Stadnik ZM ed. Physical Properties of Quasicrystals,Berlin: Springer,1999

Wang Y P,Lu L,and Zhang D L. J Non-Cryst Solids,1993(153~154): 361

Wang Y P,Zhang D L,and Chen L F. Phys Rev B,1993(48): 10542

Wang Y P and Zhang D L. Phys RevB,1994(49):13204

Zhang D L,Lu L,Wang X M,and Lin S Y. Phys RevB, 1990(41): 8557

Zhang D L,Cao S C,Wang Y P,Lu L,and Wang X M. Phys Rev Lett,1991(66): 2778

Zhang D L and Wang Y L. Materials Science Forum,1994(150~151): 445

第八章 准晶近似相和准晶相变

§8.1 准晶近似相

准晶发现后不久,人们便观察到,与某一准晶具有类似化学配比的晶体不但常与之共生,且在对称轴方位上还密切相关;而在低温下,一些热力学稳定的准晶相又会向相应的晶体相跃迁. 这种与准晶有类似化学配比和相关结构的晶体被称为准晶的晶体近似相. 进一步对准晶结构的研究表明,准晶近似相可以由高维周期点阵的特定投影条带斜率的无理-有理数替换中得到,即用有理数 p/q 来逼近准晶特征长度的无理数将准晶与其近似相通过同一高维空间联系起来. 比如五次、十次、二十面体对称准晶的近似相可以用 $F_{n+1}/F_n (F_{n+1}, F_n$ 为相邻 Fibonacci 数)来逼近黄金中值 $\tau = (1 + \sqrt{5})/2$ 得到. 八次对称准晶的近似相可以用 T_{2n}/T_{2n-1} (这里 $T_{2n+1} = T_{2n} + T_{2n-1}$, $T_{2n+2} = T_{2n+1} + T_{2n-1}$, $T_1 = T_2 = 1$)代替 $\sqrt{2}$ 得到. 十二次对称准晶近似相可以用 T_{2n}/T_{2n-1} (这里 $T_{2n+1} = T_{2n} + T_{2n-1}$, $T_{2n+2} = T_{2n+1} + 2T_{2n-1}$, $T_1 = 2$, $T_2 = 3$)代替 $\sqrt{3}$ 得到. 准晶相及其近似相结构紧密联系的这一特点使我们有可能利用准晶近似相来构筑准晶的结构模型,这样就解决了用通常结构分析方法难以得到不具有平移周期性的准晶结构这一问题. 另外,由于准晶近似相常与准晶共生,它们的存在无疑会影响准晶的制备及性能. 研究准晶及其近似相的结构联系及相变特性还有助于完善准晶制备技术及新准晶材料的研制.

某些合金系中准晶相相应于高温稳定相,其近似相相应于低温稳定相. 当温度达到临界值时,它们之间将发生结构相变. 准晶的几何结构决定了它的无公度性,使得元激发中除了通常声子外,还有相位子激发. 因此,一些学者认为,与自发剪切应变在马氏体相变中的作用相类似,自发相位子应变可能是诱导准晶中结构相变的主要原因(Lubensky,et al.,1986).

中国准晶研究工作者投入了相当多的力量研究准晶的晶体近似相. 特别是郭可信院士和他的学生在十次准晶的晶体近似相研究方面,研究工作最为系统. 详见§8.5及表8.2. 中国科学院物理研究所李方华院士领导的研究组(Li,et al.,1988;Li,et al.,1989;Li,et al.,1990;Cheng,et al.,1990;Pan,et al.,1990;Pan,et al.,1992;Li,et al.,1992;Li,et al.,1993)从选区电子衍射花样中,率先发现了二十面体准晶到其体心立方晶体近似相几乎连续的转变过程. 在此基础上推导出了准晶与晶体之间关系的表达式,再根据此公式提出了测定准晶结构的一种新方法.

武汉大学准晶研究组运用载能粒子辐照和改变温度等实验方法,系统地研究了涉及准晶的相变过程:(1)亚稳的 Al_4Mn 二十面体准晶在加热时与试样中的 Al 晶体反应而生成 Al_6Mn 晶体的相变过程(Wang,et al.,1986). (2)能量为 120kV 的 Ar^+ 离子辐照以及能量为 1MeV 的电子辐照对亚稳的 $Al_{76}Si_4Mn_{20}$ 二十面体准晶的效应(Wang,et al.,1991;Wang,et al.,1992;Wang,et al.,1994). 发现在低温下,辐照使得准晶非晶化. 在中温,辐照使得准晶无序度增大. 在一定的条件下,辐照使得准晶多晶化. 在高温,辐照使得准晶的完整性增加. 还在局部区域观察到 Ar^+ 离子辐照使得简单点阵的 $Al_{76}Si_4Mn_{20}$ 二十面体准晶转变成面心点阵的二十面体准晶. (3) Ar^+ 离子辐照和改变温度对稳定的 $Al_{62.5}Cu_{25}Fe_{12.5}$ 二十面体准晶的效应(Wang,et al.,1993;Wang,et al.,1995;Yang,et al.,1996). 发现能量为 120kV 的 Ar^+ 离子在室温下辐照使得 $Al_{62.5}Cu_{25}Fe_{12.5}$ 二十面体准晶转变成 B2 型(即 CsCl 型)结构或基于 B2 型结构的晶体相. 如果辐照剂量适当,则随后将此试样加热到 1000K 的温度时,可观察到试样中不太薄的区域重新转变成面心二十面体准晶. 而能量为 120kV 的 Ar^+ 离子在液氮温度下辐照使得 $Al_{62.5}Cu_{25}Fe_{12.5}$ 二十面体准晶转变成 B2

型结构的晶体则较之室温辐照需要更高的剂量. (4)室温下, Ar^+ 离子辐照对稳定的 $Al_{70}Co_{15}Ni_{15}$ 十次准晶的效应(Qin, et al., 1995;Qin,et al.,1997). 研究发现:随着辐照剂量的增加发生下列相变过程:有序的 $Al_{70}Co_{15}Ni_{15}$ 十次准晶⇒无序的 $Al_{70}Co_{15}Ni_{15}$ 十次准晶⇒体心立方结构的晶体⇒有序的 B2 型(CsCl 型)结构的晶体⇒体心立方结构的晶体. 辐照引起原子位移而导致无序化,同时使得空位浓度增加,促进扩散,从而导致有序化,这样两个相反的过程与被辐照的试样,辐照温度,辐照剂量和剂量速率等因素有关. 考虑到这两个过程的竞争就可以解释上述实验结果.

大连理工大学董闯及其同事(Dong, 1995c; Dong, et al., 1998a; Dong,et al.,2000)系统地讨论了基于 B2 的结构与准晶的原子结构之间的相似,认为基于 B2 的结构确实是准晶的晶体近似相.

准晶及其近似相间的转变仍然可以在 Landau 相变理论的框架内予以描写. 下面,我们先介绍准晶结构相变的 Landau 理论,然后运用它来分析实验上所观察到的一些准晶结构相变现象.

§8.2　准晶结构相变的 Landau 理论
(Hu,et al.,2000)

Landau 二级相变理论形式简单、概括性强、应用范围广,它不但是理解连续相变的必要基础,而且还成功地推广到多种一级相变中. 现在,Landau 理论已经成为研究相变问题的一个重要而有力的工具. 这里,我们将结合群论方法介绍它在准晶结构相变中的应用.

Landau 理论注意对称性变化在相变中的作用,它将对称性破缺与有序相的出现紧密联系在一起. Landau 理论认为,高温相一般具有较高对称性,而低温相具有较低对称性;换言之,低温相的对称群 G 是高温相的对称群 G_0 的真子群($G \subset G_0$). 在相变点两侧,物体具有不同的对称性,而利用群理论我们便可以确定各种可能的对称性变化.

在 Landau 唯象理论中,准晶的密度函数可以表示成

$$\rho(\mathbf{r}) = \sum_G \rho_G \exp(i\mathbf{G} \cdot \mathbf{r}),$$

$$\rho_G = |\rho_G| \exp(i\phi_G), \tag{8.1}$$

式中 $|\rho_G|$ 是 ρ_G 的振幅,ϕ_G 是它的相位. 在将 ϕ_G 参数化时,由于存在两类流体动力学变量:声子变量 u 和相位子变量 w,因此

$$\phi_G = \mathbf{G} \cdot \mathbf{u} + \mathbf{G}' \cdot \mathbf{w}, \tag{8.2}$$

这里 $\mathbf{G}$ 是物理空间的倒格矢,$\mathbf{G}'$ 是垂直空间的共轭(倒格)矢. 如果我们只考虑相位涨落中的线性效应,那么由于线性声子应变不会改变单胞的组态,这时我们有

$$u_i(\mathbf{r}) = u_i(\mathbf{r}_0),$$

$$w_i(\mathbf{r}) = w_i(\mathbf{r}_0) + W_{ij}\Delta r_j, \tag{8.3}$$

式中 $W_{ij} = \partial_j w_i$. 将上式代入式(8.1)得

$$\rho = \rho(\mathbf{r}) \approx \rho_0[1 + i(-G'_i + G_i\delta_{ij}/W_{ij})\Delta r_j W_{ij}]$$

$$= \rho_0(1 + C_{ij}W_{ij}) = \rho_0 + \delta\rho, \tag{8.4}$$

这里,$\rho_0 = \rho(\mathbf{r}_0)$,$C_{ij}(\propto \Delta r_j)$ 是无穷小参数. 注意到 W_{ij} 适当线性组合后可以按对称群的不可约表示变换,因此,上式中 $\delta\rho$ 所包含的即是这些经适当线性组合后按群的不可约表示变换的各项. 式(8.4)表明,在相变点一侧(高温相),$C_{ij} = 0$,$\rho(=\rho_0)$ 具有较高的对称 G_0;而在相变点的另一侧,C_{ij} 不全为零,$\delta\rho$、从而 ρ,具有较低的对称 G(G 是 G_0 的子群). 用群论语言来说,ρ_0 是对称群 G_0 的不变量,它按 G_0 的恒等表示变换;$\delta\rho$ 是对称群 G 的不变量,它按 G 的恒等表示变换. 因此,确定准晶结构相变中对称性变化的可能方式,便归结为寻找那些张成 G 的恒等表示的不为零的相位子应变分量. 而后者则可以利用母群相对于子群的约化理论得到.

根据准晶高维空间描写法,一个 d 维准晶可由 N 维晶体点阵投影生成. 如果我们将那些不为零的相位子应变分量视作高维空间的一个旋转,那么适当调整相位子波幅,即用一个有理值代替准晶几何结构中非公度长度标度的无理值,可得到一个调制的公度

结构. 这便是准晶中相位子应变所诱导的结构相变(Ishii, 1989, 1992). 事实上, N 维空间的一个旋转可以表示为

$$R = \exp\Big[\sum_{i<j} \alpha_{ij} X_{ij}\Big],\qquad(8.5)$$

这里 X_{ij} 为 N 维旋转群的生成元(X_{ij} 是一 $N \times N$ 矩阵, 它的第 L 行和第 L' 列的元素为 $(X_{ij})_{LL'} = \delta_{Li}\delta_{L'j} - \delta_{Lj}\delta_{L'i}$). 在此旋转下, 高维空间矢量变换为

$$\boldsymbol{r}' = \exp\Big[\sum_{i<j} \alpha_{ij} X_{ij}\Big]\boldsymbol{r},\qquad(8.6)$$

对无穷小变换

$$
\begin{aligned}
x'_L &= \sum_{L'}\Big(\delta_{LL'} + \sum_{i<j} \alpha_{ij} X_{ij}\Big)x_{L'}\\
&= x_L + \sum_{L'}\Big[\sum_{i<j}\alpha_{ij}(\delta_{Li}\delta_{L'j} - \delta_{Lj}\delta_{L'i})\Big]x_{L'}\\
&= x_L + \sum_{L'>L}\alpha_{LL'}x_{L'} - \sum_{L'<L}\alpha_{L'L}x_{L'} = x_L + \sum_{L'}\alpha_{LL'}x_{L'}.\qquad(8.7)
\end{aligned}
$$

由此得

$$\tilde{u}_i = x'_i - x_i = \sum_j \alpha_{ij} x_j,$$

$$\frac{\partial \tilde{u}_i}{\partial x_j} = \alpha_{ij}, \quad \tilde{\boldsymbol{u}} = (\boldsymbol{u}, \boldsymbol{w}).\qquad(8.8)$$

如果我们只考虑相位子应变, 则有

$$W_{ij} = \partial_j w_i = \frac{\partial w_i}{\partial x_j} = \alpha_{ij}.\qquad(8.9)$$

写成矩阵形式为

$$\begin{pmatrix} 0 & W^t \\ -W & 0 \end{pmatrix}.\qquad(8.10)$$

继而式(8.5)右边化为

$$\exp\Big[\sum_{i<j}\alpha_{ij}X_{ij}\Big] = \sum_{n=0}^{\infty}\frac{1}{n!}\begin{pmatrix} 0 & W^t \\ -W & 0 \end{pmatrix}^n.\qquad(8.11)$$

令

$$R = \exp\Big[\sum_{i<j}\alpha_{ij}X_{ij}\Big] = \begin{pmatrix} B_{\parallel} & A^t \\ -A & B_{\perp} \end{pmatrix},\qquad(8.12)$$

利用矩阵乘积的定义可得

$$B_{\parallel} = \sum_{n=0}^{\infty} \frac{(-1)^n}{(2n)!}(W^t W)^n, B_{\perp} = \sum_{n=0}^{\infty} \frac{(-1)^n}{(2n)!}(WW^t)^n,$$

$$A = \sum_{n=0}^{\infty} \frac{(-1)^n}{(2n+1)!}(WW^t)^n W. \qquad (8.13)$$

对于具有某种对称 G_0 和 G(G 为 G_0 的子群)的准晶及其近似相,我们可以利用群表示的约化理论找出那些不为零的相位子应变分量(此模式称为锁定模),由此构造出矩阵 W 和高维空间中相应的旋转操作,进而确定长度标度中的无理-有理变换.相应地,我们说这种相位子自由度引起的结构调制导致了准晶及其近似相间的相跃迁.

§8.3 二维准晶的结构相变(Hu,et al.,1996)

利用群理论分析相变点对称性变化时,有几点需要说明的是:首先,由于相位子自由度不破坏反演对称,我们所考虑的群中将不包含反演操作;其次,由于相位子变量的引进起源于非晶体学旋转对称,我们的讨论将只涉及点群;最后,为了简单起见,对称性分析将局限于母群和它的最大子群之间.另外,对二维准晶,周期方向一般不会发生结构改变,因此,我们只考虑准周期平面.

8.3.1 十次准晶

十次对称准晶的代表群为 $D_{10}(10\ 2\ 2)$.它有 20 个元素,8 个共轭类,8 个不可约表示,其中 4 个一维表示(Γ_1 为恒等表示),4 个二维表示(特征标表见附录 B).相位子应变张量 $\partial_j w_i$ 按下述约化式变换:

$$\Gamma_5 \times \Gamma_7 = \Gamma_6 + \Gamma_8. \qquad (8.14)$$

从第六章中我们知道,其中 $(\partial_1 w_1 + \partial_2 w_2, \partial_1 w_2 - \partial_2 w_1)$ 荷载二维不可约表示 Γ_6;$(\partial_1 w_2 + \partial_2 w_1, \partial_1 w_1 - \partial_2 w_2)$ 荷载二维不可约表示 Γ_8.晶体学点群 $D_2(2\ 2\ 2)$ 是点群 D_{10} 的一个最大子群.它的特征标表为

D_2	ε	C_{2z}	C_{2y}	C_{2x}
A	1	1	1	1
B_1	1	1	-1	-1
B_2	1	-1	1	-1
B_3	1	-1	-1	1

当 D_{10} 限定在 D_2 上时,式(8.14)右边两个表示的特征标为

	ε	C_{2z}	C_{2y}	C_{2x}
Γ_6	2	2	0	0
Γ_8	2	2	0	0

从而,Γ_6 和 Γ_8 相对于 D_2 的约化式如下:

$$\Gamma_6\Big|_{D_2} = A + B_1, \Gamma_8\Big|_{D_2} = A + B_1. \tag{8.15}$$

可见,它们均包含 D_2 的恒等表示(A),因而都是锁定模.而相位子应变分量 $\partial_1 w_1 + \partial_2 w_2, \partial_1 w_1 - \partial_2 w_2$ 分别是相应的不变量.正是这些非零分量诱导了 $D_{10} \rightarrow D_2$ 结构相变.与之相联系的矩阵 W 为

$$W = \alpha_6 \begin{pmatrix} 1 & 0 \\ 0 & 1 \end{pmatrix} + \alpha_8 \begin{pmatrix} 1 & 0 \\ 0 & -1 \end{pmatrix}. \tag{8.16}$$

由此得

$$W^t W = W W^t = (\alpha_6^2 + \alpha_8^2) \begin{pmatrix} 1 & 0 \\ 0 & 1 \end{pmatrix} + 2\alpha_6\alpha_8 \begin{pmatrix} 1 & 0 \\ 0 & -1 \end{pmatrix}, \tag{8.17}$$

$$(W^t W)^2 = (W W^t)^2 = \left[(\alpha_6^2 + \alpha_8^2)^2 + (2\alpha_6\alpha_8)^2 \right] \begin{pmatrix} 1 & 0 \\ 0 & 1 \end{pmatrix}$$
$$+ 2(\alpha_6^2 + \alpha_8^2) 2\alpha_6\alpha_8 \begin{pmatrix} 1 & 0 \\ 0 & -1 \end{pmatrix}.$$

若要求任意 $(W^t W)^n$ 的值,可令

$$(W^t W)^n = (W W^t)^n = a_n \begin{pmatrix} 1 & 0 \\ 0 & 1 \end{pmatrix} + b_n \begin{pmatrix} 1 & 0 \\ 0 & -1 \end{pmatrix}, \tag{8.18}$$

则

$$(W^t W)^{n+1} = (W W^t)^{n+1} = (a_n a_1 + b_n b_1) \begin{pmatrix} 1 & 0 \\ 0 & 1 \end{pmatrix}$$

$$+ (a_n b_1 + b_n a_1)\begin{pmatrix} 1 & 0 \\ 0 & -1 \end{pmatrix},$$

$$\begin{pmatrix} a_{n+1} \\ b_{n+1} \end{pmatrix} = \begin{pmatrix} a_1 & b_1 \\ b_1 & a_1 \end{pmatrix}\begin{pmatrix} a_n \\ b_n \end{pmatrix} = \cdots = \begin{pmatrix} a_1 & b_1 \\ b_1 & a_1 \end{pmatrix}^{n+1}\begin{pmatrix} 1 \\ 0 \end{pmatrix} \quad (8.19)$$

不难验证

$$\frac{1}{\sqrt{2}}\begin{pmatrix} 1 & 1 \\ 1 & -1 \end{pmatrix}\begin{pmatrix} a_1 & b_1 \\ b_1 & a_1 \end{pmatrix}\frac{1}{\sqrt{2}}\begin{pmatrix} 1 & 1 \\ 1 & -1 \end{pmatrix} = \begin{pmatrix} \lambda_1 & 0 \\ 0 & \lambda_2 \end{pmatrix}, \quad (8.20)$$

式中

$$\lambda_1 = a_1 + b_1, \lambda_2 = a_1 - b_1, a_1 = a_6^2 + a_8^2, b_1 = 2a_6 a_8.$$

利用式(8.19)和(8.20)两式有

$$\begin{pmatrix} a_n \\ b_n \end{pmatrix} = \frac{1}{\sqrt{2}}\begin{pmatrix} 1 & 1 \\ 1 & -1 \end{pmatrix}\begin{pmatrix} \lambda_1^n & 0 \\ 0 & \lambda_2^n \end{pmatrix}\frac{1}{\sqrt{2}}\begin{pmatrix} 1 & 1 \\ 1 & -1 \end{pmatrix}\begin{pmatrix} 1 \\ 0 \end{pmatrix}$$

$$= \frac{1}{2}\begin{pmatrix} \lambda_1^n + \lambda_2^n \\ \lambda_1^n - \lambda_2^n \end{pmatrix}. \quad (8.21)$$

上式给出式(8.18)中系数为

$$a_n = \frac{1}{2}(\lambda_1^n + \lambda_2^n) = \frac{1}{2}\left[(a_6 + a_8)^{2n} + (a_6 - a_8)^{2n}\right],$$

$$b_n = \frac{1}{2}(\lambda_1^n - \lambda_2^n) = \frac{1}{2}\left[(a_6 + a_8)^{2n} - (a_6 - a_8)^{2n}\right]. \quad (8.22)$$

于是

$$R = \begin{pmatrix} B_\parallel & A^t \\ -A & B_\perp \end{pmatrix},$$

$$B_\parallel = B_\perp = \sum_{n=0}^{\infty} \frac{(-1)^n}{(2n)!}\left[a_n\begin{pmatrix} 1 & 0 \\ 0 & 1 \end{pmatrix} + b_n\begin{pmatrix} 1 & 0 \\ 0 & -1 \end{pmatrix}\right]$$

$$= \begin{pmatrix} \cos(\alpha_6 + \alpha_8) & 0 \\ 0 & \cos(\alpha_6 - \alpha_8) \end{pmatrix},$$

$$A = \sum_{n=0}^{\infty} \frac{(-1)^n}{(2n+1)!}\left[a_n\begin{pmatrix} 1 & 0 \\ 0 & 1 \end{pmatrix} + b_n\begin{pmatrix} 1 & 0 \\ 0 & -1 \end{pmatrix}\right]$$

$$\left[\alpha_6\begin{pmatrix} 1 & 0 \\ 0 & 1 \end{pmatrix} + \alpha_8\begin{pmatrix} 1 & 0 \\ 0 & -1 \end{pmatrix}\right]$$

$$= \begin{pmatrix} \sin(\alpha_6 + \alpha_8) & 0 \\ 0 & \sin(\alpha_6 - \alpha_8) \end{pmatrix}. \quad (8.23)$$

若选取高维空间的基矢为(Zhang & Kuo,1990b)

$$\tilde{e}_1 = (1,0,1,0,1),$$

$$\tilde{e}_2 = (1/2\tau, \sqrt{2+\tau}/2, -\tau/2, \sqrt{3-\tau}/2, 1),$$

$$\tilde{e}_3 = (-\tau/2, \sqrt{3-\tau}/2, 1/2\tau, -\sqrt{2+\tau}/2, 1),$$

$$\tilde{e}_4 = (-\tau/2, -\sqrt{3-\tau}/2, 1/2\tau, \sqrt{2+\tau}/2, 1),$$

$$\tilde{e}_5 = (1/2\tau, -\sqrt{2+\tau}/2, -\tau/2, -\sqrt{3-\tau}/2, 1), \qquad (8.24)$$

则在上述旋转作用下,变换后的基矢

$$\tilde{e}_i{}' = R\tilde{e}_i \qquad (8.25)$$

由于高维空间基矢有五个分量,式中 R 应理解为

$$\begin{pmatrix} R & 0 \\ 0 & 1 \end{pmatrix}. \qquad (8.26)$$

选取恰当的旋转,可以在长度标度比率中实现有理-无理替换,即用 F_{n+1}/F_n 代替 τ,于是,调制后的结构将具有周期性. 比较新旧基矢相应分量,我们有

$$\frac{\tilde{e}_{2x}}{\tilde{e}_{1x}} = \frac{\tilde{e}'_{2x}}{\tilde{e}'_{1x}},$$

$$\frac{1}{2\tau} = \frac{(1/2\tau)\cos(\alpha_6 + \alpha_8) - (\tau/2)\sin(\alpha_6 + \alpha_8)}{\cos(\alpha_6 + \alpha_8) + \sin(\alpha_6 + \alpha_8)},$$

$$\frac{F_n}{F_{n+1}} = \frac{1}{\tau} \frac{\cos(\alpha_6 + \alpha_8) - \tau^2 \sin(\alpha_6 + \alpha_8)}{\cos(\alpha_6 + \alpha_8) + \sin(\alpha_6 + \alpha_8)}, \qquad (8.27)$$

即

$$\tan(\alpha_6 + \alpha_8) = \frac{\sin(\alpha_6 + \alpha_8)}{\cos(\alpha_6 + \alpha_8)} = \frac{F_{n+1} - \tau F_n}{\tau(\tau F_{n+1} + F_n)} = \frac{(-1/\tau)^n}{\tau\tau^{n+1}}$$

$$= \frac{(-1)^n}{\tau^{2(n+1)}}, \qquad (8.28)$$

$$\frac{\tilde{e}_{2y}}{\tilde{e}_{3y}} = \frac{\tilde{e}'_{2y}}{\tilde{e}'_{3y}},$$

$$\frac{\sqrt{2+\tau}}{\sqrt{3-\tau}} = \frac{(\sqrt{2+\tau}/2)\cos(\alpha_6 - \alpha_8) + (\sqrt{3-\tau}/2)\sin(\alpha_6 - \alpha_8)}{(\sqrt{3-\tau}/2)\cos(\alpha_6 - \alpha_8) - (\sqrt{2+\tau}/2)\sin(\alpha_6 - \alpha_8)},$$

$$(8.29)$$

$$\frac{F_{n+1}}{F_n} = \frac{\sqrt{2+\tau}\cos(\alpha_6 - \alpha_8) + \sqrt{3-\tau}\sin(\alpha_6 - \alpha_8)}{\sqrt{3-\tau}\cos(\alpha_6 - \alpha_8) - \sqrt{2+\tau}\sin(\alpha_6 - \alpha_8)}$$

$$= \frac{\tau\cos(\alpha_6 - \alpha_8) + \sin(\alpha_6 - \alpha_8)}{\cos(\alpha_6 - \alpha_8) - \tau\sin(\alpha_6 - \alpha_8)},$$

即

$$\tan(\alpha_6 - \alpha_8) = \frac{F_{n+1} - \tau F_n}{F_n + \tau F_{n+1}} = \frac{(-1/\tau)^n}{\tau^{n+1}} = \frac{(-1)^n}{\tau^{2n+1}}. \tag{8.30}$$

计算中我们利用了性质

$$\tau F_{n+1} + F_n = \tau(F_n + F_{n-1}) + F_n = (1+\tau)F_n + \tau F_{n-1} = \tau^2 F_n + \tau F_{n-1}$$
$$= \tau(\tau F_n + F_{n-1}) = \tau^2(\tau F_{n-1} + F_{n-2}) = \cdots$$
$$= \tau^n(\tau F_1 + F_0) = \tau^{n+1}$$

和

$$F_{n+1} - \tau F_n = (1-\tau)F_n + F_{n-1} = -\frac{1}{\tau}(F_n - \tau F_{n-1}) = \cdots$$
$$= \frac{(-1)^n}{\tau^n}.$$

上面给出的式子表明了非零相位子应变强度应该满足的条件. 此相位子应变诱导了对称性变化 $D_{10} \to D_2$. 实验上已观察到许多 Al-TM(TM 为过渡金属)合金中存在十次准晶相与其近似相间的相互转变,并且其衍射花样显示有式(8.28)和式(8.30)所给出的规律(Zhang & Kuo,1990b).

8.3.2 八次准晶

八次对称准晶的代表群为 D_8. 它共有 16 个元素,7 个共轭类,7 个不可约表示,其中 4 个一维表示,3 个二维表示(特征标表见附录). 相位子应变张量$\partial_j w_i$按下述约化式变换:

$$\Gamma_5 \times \Gamma_7 = \Gamma_3 + \Gamma_4 + \Gamma_6, \tag{8.31}$$

其中$\partial_1 w_1 - \partial_2 w_2$荷载一维不可约表示 Γ_3,$\partial_1 w_2 + \partial_2 w_1$荷载一维不可约表示 Γ_4,余下的两个分量$\partial_1 w_1 + \partial_2 w_2$,$\partial_1 w_2 - \partial_2 w_1$荷载二维不可约表示 Γ_6. 点群 D_8 所包含的最大子群为 D_4,它的特征标表为

D_4	ε	$2C_4$	C_2	$2C_2{}'$	$2C_2{}''$
A_1	1	1	1	1	1
A_2	1	1	1	-1	-1
B_1	1	-1	1	1	-1
B_2	1	-1	1	-1	1
E	1	0	-2	0	0

当 D_8 限定在 D_4 上时,式(8.31)右边 3 个表示的特征标为

	ε	$2C_4$	C_2	$2C_2{}'$	$2C_2{}''$
Γ_3	1	1	1	1	1
Γ_4	1	1	1	-1	-1
Γ_6	2	-2	2	0	0

显然,它们相对于 D_4 的约化式为

$$\Gamma_3\Big|_{D_4} = A_1,\ \Gamma_4\Big|_{D_4} = A_2,\ \Gamma_6\Big|_{D_4} = B_1 + B_2. \tag{8.32}$$

可见,只有 Γ_3 含 D_4 的恒等表示(A_1). 这意味着 Γ_3 为一锁定模,相应的相位子应变分量 $\partial_1 w_1 - \partial_2 w_2$ 是一不变量. 正是这一非零分量诱导了 $D_8 \rightarrow D_4$ 结构相变. 与这一非零分量相联系的矩阵

$$W = \alpha_3 \begin{pmatrix} 1 & 0 \\ 0 & -1 \end{pmatrix}, \tag{8.33}$$

由此得

$$R = \begin{pmatrix} B_{\parallel} & A^t \\ -A & B_{\perp} \end{pmatrix},$$

$$B_{\parallel} = B_{\perp} = \sum_{n=0}^{\infty} \frac{(-1)^n}{(2n)!}(WW^t)^n = \cos\alpha_3 \begin{pmatrix} 1 & 0 \\ 0 & 1 \end{pmatrix},$$

$$A = \sum_{n=0}^{\infty} \frac{(-1)^n}{(2n+1)!}(WW^t)^n W = \sin\alpha_3 \begin{pmatrix} 1 & 0 \\ 0 & -1 \end{pmatrix}. \tag{8.34}$$

若选取高维空间的正交基矢为(You & Hu,1988)

$$\tilde{e}_1 = (1,0,1,0),$$

$$\tilde{e}_2 = (1/\sqrt{2},1/\sqrt{2},-1/\sqrt{2},1/\sqrt{2}),$$

$$\tilde{e}_3 = (0,1,0,-1),$$

$$\tilde{e}_4 = (-1/\sqrt{2}, 1/\sqrt{2}, 1/\sqrt{2}, 1/\sqrt{2}). \tag{8.35}$$

变换后正交基矢

$$\tilde{e}_i' = R\tilde{e}_i.$$

如果在长度标度比率中实行有理-无理替换,即用 T_{2n}/T_{2n-1} 代替 $\sqrt{2}$,那么调制后的结构可能具有周期性. 这时

$$\frac{T_{2n}}{T_{2n-1}} = \frac{\cos\alpha_3 + \sin\alpha_3}{(\cos\alpha_3 - \sin\alpha_3)/\sqrt{2}}, \tan\alpha_3 = \frac{T_{2n} - \sqrt{2}\,T_{2n-1}}{T_{2n} + \sqrt{2}\,T_{2n-1}}. \tag{8.36}$$

模式 Γ_3 中这一非零相位子分量诱导了对称性变化 $D_8 \to D_4$.

8.3.3 十二次准晶

十二次对称准晶的代表群为 D_{12},它有 24 个元素,9 个共轭类,9 个不可约表示,其中 4 个一维表示,5 个二维表示(特征标表见附录). 相位子应变场约化式为

$$\Gamma_5 \times \Gamma_9 = \Gamma_3 + \Gamma_4 + \Gamma_8, \tag{8.37}$$

其中 $\partial_1 w_1 - \partial_2 w_2$ 荷载一维表示 Γ_3;$\partial_1 w_2 + \partial_2 w_1$ 荷载一维表示 Γ_4;$\partial_1 w_1 + \partial_2 w_2, \partial_1 w_2 - \partial_2 w_1$ 荷载二维表示 Γ_8. 点群 D_{12} 包含两个晶体学允许的最大子群 D_6 和 D_4. 当 D_{12} 限定在 D_4 时,上面三个表示的约化式表明,只有 Γ_8 含有 D_4 的恒等表示. 因此,Γ_8 是一锁定模式,相应的不变量为 $\partial_1 w_1 + \partial_2 w_2$. 这时

$$W = \alpha_8 \begin{pmatrix} 1 & 0 \\ 0 & 1 \end{pmatrix}, \tag{8.38}$$

由此得

$$R = \begin{pmatrix} B_\parallel & A^t \\ -A & B_\perp \end{pmatrix},$$

$$B_\parallel = B_\perp = \cos\alpha_8 \begin{pmatrix} 1 & 0 \\ 0 & 1 \end{pmatrix}, A = \sin\alpha_8 \begin{pmatrix} 1 & 0 \\ 0 & 1 \end{pmatrix}. \tag{8.39}$$

若选取高维空间的基矢(You & Hu,1988)

$$\tilde{e}_1 = (1,0,1,0,1,0),$$

$$\tilde{e}_2 = (\sqrt{3}/2, 1/2, -\sqrt{3}/2, 1/2, 0, 1),$$

$$\tilde{e}_3 = (1/2, \sqrt{3}/2, 1/2, -\sqrt{3}/2, -1, 0),$$
$$\tilde{e}_4 = (0, 1, 0, 1, 0, -1),$$
$$\tilde{e}_5 = (-1/2, \sqrt{3}/2, -1/2, -\sqrt{3}/2, 1, 0),$$
$$\tilde{e}_6 = (-\sqrt{3}/2, 1/2, \sqrt{3}/2, 1/2, 0, 1). \tag{8.40}$$

变换后的基矢即

$$\tilde{e}_i{'} = R\tilde{e}_i \tag{8.41}$$

由于高维空间基矢有 6 个分量,式中 R 应理解为

$$\begin{pmatrix} R & 0 & 0 \\ 0 & 1 & 0 \\ 0 & 0 & 1 \end{pmatrix}. \tag{8.42}$$

选择恰当的旋转,可以在长度标度比率变换中实现有理-无理替换,即用 T_{2n}/T_{2n-1} 代替 $\sqrt{3}$,于是,调制后的结构将具有周期性.比较新旧基矢相应分量,我们有

$$\frac{T_{2n}}{T_{2n-1}} = \frac{\sqrt{3}(\cos\alpha_8 - \sin\alpha_8)}{\cos\alpha_8 + \sin\alpha_8}, \tan\alpha_8 = \frac{\sqrt{3}T_{2n-1} - T_{2n}}{\sqrt{3}T_{2n-1} + T_{2n}}. \tag{8.43}$$

Krumeich 等(1993, 1994)用透射电子显微术研究 $Ta_{0.63}Te_{0.37}$ 合金时发现,其中有十二次对称准晶相,其沿 12 次轴方向的周期 $c = 2.070$nm. 另有两个四方晶体近似相,与 12 次准晶具有类似的化学成分. 它们的点阵常数分别是:$a_1 = 2.7587$nm,$c_1 = 2.0548$nm;$a_2 = 3.7588$nm,$c_2 = 2.0662$nm. 可见这 3 个相沿周期方向的点阵常数相同,而且两个四方近似相的另外一个点阵常数 a_1 与 a_2 与十二次对称相中的无理标度因子($\xi = 2 + \sqrt{3}$)还存在如下关系:

$$\frac{a_2^2}{a_1^2} = \frac{\xi}{2}, \tag{8.44}$$

这一实验结果可以很好地在上述理论范围内予以解释. 利用式(8.41)和式(8.43),我们得到旋转算符在物理空间的表示矩阵

$$\frac{\lambda(\cos\alpha_8 + \sin\alpha_8)}{2T_{2n-1}} \begin{pmatrix} 2T_{2n-1} & 0 \\ T_{2n} & T_{2n-1} \end{pmatrix}, \tag{8.45}$$

式中 λ 为比例因子. 继而

$$a_i = \frac{\lambda (\cos\alpha_8 + \sin\alpha_8)}{2 T_{2n-1}}. \tag{8.46}$$

根据式(8.43)

$$\cos\alpha_8 = \frac{\sqrt{3} T_{2n-1} + T_{2n}}{\sqrt{2(3 T_{2n-1}^2 + T_{2n}^2)}}, \sin\alpha_8 = \frac{\sqrt{3} T_{2n-1} - T_{2n}}{\sqrt{2(3 T_{2n-1}^2 + T_{2n}^2)}}. \tag{8.47}$$

将式(8.47)代入式(8.46),有

$$a_i = \frac{\sqrt{3}\lambda}{\sqrt{2(3 T_{2n-1}^2 + T_{2n}^2)}}. \tag{8.48}$$

由电子衍射花样知,具有晶格常数 a_2 的近似相可在有理-无理标度替换中用 $9/5$ 代替 $\sqrt{3}$ 得到,而晶格常数为 a_1 的近似相可由 $12/7$ 代替 $\sqrt{3}$ 得到. 因此

$$\frac{a_2^2}{a_1^2} = \frac{3 T_5^2 + T_6^2}{3 T_3^2 + T_4^2} = \frac{3 \times 7^2 + 12^2}{3 \times 5^2 + 9^2} = 1.865 = \frac{\xi}{2}. \tag{8.49}$$

上式结果与实验所观测到的完全吻合. 此外,Fujii 等(1998)在 Bi-Mn 合金中观察到点阵常数为 $a = 1.726$nm,$c = 1.921$nm 的四方晶体相,发现其原子结构与 12 次准晶密切相关.

Conrad 等(2000)和 Krumeich 等(2000)研究了 $(Ta,V)_{1.6}Te$ $= (Ta,V)_{61.5}Te_{38.5}$ 十二次准晶的六角近似相:(1)$Ta_{21}Te_{13} = (Ta,V)_{61.8}Te_{38.2}$,空间群为 $P6mm$,$a = 1.95$nm,$c = 1.03$nm. (2)$Ta_{97}Te_{60}$ 和 $Ta_{83}V_{14}Te_{60} = (Ta,V)_{61.8}Te_{38.2}$. (3)$(Ta,V)_{151}Te_{74} = (Ta,V)_{67.1}Te_{32.9}$. 这种 $D_{12} \rightarrow D_6$ 的对称性变化,也可以进行与 $D_{12} \rightarrow D_4$ 相类似的分析,在此从略.

§8.4 二十面体准晶的结构相变(Ishii,1989;1992)

二十面体点群 Y 包含 60 个元素,即 60 个对称操作,它们是:(1)24 个绕六支五次对称轴的旋转操作. 这些操作又可分成两个共轭类:$12C_5$,包括 12 个旋转 $\pm\frac{2\pi}{5}$ 角度的对称操作;$12C_5^2$,包括 12 个旋转 $\pm\frac{4\pi}{5}$ 角度的对称操作. (2)20 个绕着十支三次对称轴的

旋转 $\pm \dfrac{2\pi}{3}$ 角度的对称操作. (3)15 个绕着十五支二次对称轴旋转 π 角的对称操作. (4)一个恒等操作. 共分成 5 个共轭类,故有 5 个不可约表示. 其中 1 个恒等表示,2 个三维表示,1 个四维表示和 1 个五维表示(特征标表见下).

Y	ε	$12C_5$	$12C_5^2$	$20C_3$	$15C_2$
Γ_1	1	1	1	1	1
Γ_3	3	τ	$-1/\tau$	0	-1
$\Gamma_3{}'$	3	$-1/\tau$	τ	0	-1
Γ_4	4	-1	-1	1	0
Γ_5	5	0	0	-1	1

相位子应变张量 $\partial_j w_i$ 的约化式为

$$\Gamma_3 \times \Gamma_3{}' = \Gamma_4 + \Gamma_5, \tag{8.50}$$

其中 Γ_4 的表示空间基矢可写成

$$e_1^{(4)} = \frac{1}{\sqrt{3}}(\partial_1 w_1 + \partial_2 w_2 + \partial_3 w_3), \quad e_2^{(4)} = \frac{1}{\sqrt{3}}(\frac{1}{\tau}\partial_1 w_2 + \tau \partial_2 w_1),$$

$$e_3^{(4)} = \frac{1}{\sqrt{3}}(\frac{1}{\tau}\partial_2 w_3 + \tau \partial_3 w_2), \quad e_4^{(4)} = \frac{1}{\sqrt{3}}(\frac{1}{\tau}\partial_3 w_1 + \tau \partial_1 w_3). \tag{8.51}$$

Γ_5 的表示空间基矢可写成

$$e_1^{(5)} = \frac{1}{\sqrt{2}}(\partial_1 w_1 - \partial_2 w_2), \quad e_2^{(5)} = \frac{1}{\sqrt{6}}(\partial_1 w_1 + \partial_2 w_2 - 2\partial_3 w_3),$$

$$e_3^{(5)} = \frac{1}{\sqrt{3}}(\tau \partial_1 w_2 - \frac{1}{\tau}\partial_2 w_1), \quad e_4^{(5)} = \frac{1}{\sqrt{3}}(\tau \partial_2 w_3 - \frac{1}{\tau}\partial_3 w_2),$$

$$e_5^{(5)} = \frac{1}{\sqrt{3}}(\tau \partial_3 w_1 - \frac{1}{\tau}\partial_1 w_3). \tag{8.52}$$

二十面体点群的 3 个最大子群,即四面体群 T、五次对称群 D_5 和三次对称群 D_3. 它们的特征标表分别为

T	ε	$4C_3$	$4C_3^2$	$3C_2$
A	1	1	1	1
E	2	-1	-1	2
T	3	0	0	-1

D_5	ε	$4C_3$	$4C_3^2$	$3C_2$
A_1	1	1	1	1
A_2	1	1	1	-1
E_1	2	$1/\tau$	$-\tau$	0
E_2	2	$-\tau$	$1/\tau$	0

D_3	ε	$2C_3$	$3C_2$
A_1	1	1	1
A_2	1	1	-1
E	2	-1	0

下面分别对这三种情况予以扼要分析.

8.4.1 对称性变化 $Y \to T$

当 Y 限定在 T 上时,式(8.50)右边两个表示的特征标为

T	ε	$4C_3$	$4C_3^2$	$3C_2$
Γ_4	4	1	1	0
Γ_5	5	-1	-1	1

其相对于 T 的约化式为

$$\Gamma_4\Big|_T = A + T, \Gamma_5\Big|_T = E + T. \tag{8.53}$$

可见, Γ_4 是一锁定模(含有 T 的恒等表示 A),相应的非零相位子应变分量为

$$e_1^{(4)} = \frac{1}{\sqrt{3}}(\partial_1 w_1 + \partial_2 w_2 + \partial_3 w_3). \tag{8.54}$$

与之相联系的矩阵

$$W = \alpha_4 \begin{pmatrix} 1 & 0 & 0 \\ 0 & 1 & 0 \\ 0 & 0 & 1 \end{pmatrix}, \tag{8.55}$$

继而

$$R = \begin{pmatrix} B_{\parallel} & A^t \\ -A & B_{\perp} \end{pmatrix},$$

$$B^{\parallel} = B_{\perp} = \cos\alpha_4 \begin{pmatrix} 1 & 0 & 0 \\ 0 & 1 & 0 \\ 0 & 0 & 1 \end{pmatrix}, A = \sin\alpha_4 \begin{pmatrix} 1 & 0 & 0 \\ 0 & 1 & 0 \\ 0 & 0 & 1 \end{pmatrix}. \quad (8.56)$$

若按照 Ishii（1989；1992）采用的坐标系,见图 2.15（e）和式
(2.96e),选取高维超立方晶体基矢为

$$\tilde{\boldsymbol{p}}_1 = \frac{1}{\sqrt{2(\tau^2+1)}} (\tau, \tau, 1, 0, 0, 1),$$

$$\tilde{\boldsymbol{p}}_2 = \frac{1}{\sqrt{2(\tau^2+1)}} (1, -1, 0, \tau, \tau, 0),$$

$$\tilde{\boldsymbol{p}}_3 = \frac{1}{\sqrt{2(\tau^2+1)}} (0, 0, \tau, 1, -1, -\tau),$$

$$\tilde{\boldsymbol{p}}_4 = \frac{1}{\sqrt{2(\tau^2+1)}} (1, 1, -\tau, 0, 0, -\tau),$$

$$\tilde{\boldsymbol{p}}_5 = \frac{1}{\sqrt{2(\tau^2+1)}} (-\tau, \tau, 0, 1, 1, 0),$$

$$\tilde{\boldsymbol{p}}_6 = \frac{1}{\sqrt{2(\tau^2+1)}} (0, 0, 1, -\tau, \tau, -1), \quad (8.57)$$

则

$$\tilde{\boldsymbol{p}}' = R\tilde{\boldsymbol{p}}. \quad (8.58)$$

特别地

$$\tilde{\boldsymbol{p}}'_4 = -\tilde{\boldsymbol{p}}_1 \sin\alpha_4 + \tilde{\boldsymbol{p}}_4 \cos\alpha_4. \quad (8.59)$$

由上式及定义(8.57)和渐近式 $\tau \doteq F_{k+1}/F_k$,我们不难得到

$$-\frac{F_k}{F_{k+1}} = \frac{\cos\alpha_4 - \tau\sin\alpha_4}{-\tau\cos\alpha_4 - \sin\alpha_4}, \quad (8.60)$$

即

$$\tan\alpha_4 = \frac{F_{k+1} - \tau F_k}{\tau F_{k+1} + F_k}. \quad (8.61)$$

8.4.2　对称性变化 $Y \rightarrow D_5$

式(8.50)右边两个表示相对于 D_5 的约化式为

$$\Gamma_4\bigg|_{D_5} = E_1 + E_2,\ \Gamma_5\bigg|_{D_5} = A_1 + E_1 + E_2. \qquad (8.62)$$

可见，Γ_5 是一锁定模，相应的非零相位子应变分量为

$$\sqrt{2}\,e_1^{(5)} - \sqrt{3}\,e_3^{(5)} = (\partial_1 w_1 - \partial_2 w_2) - \left(\tau \partial_1 w_2 - \frac{1}{\tau}\partial_2 w_1\right). \qquad (8.63)$$

与之相联系的矩阵

$$W = \alpha_5 \begin{pmatrix} 1 & 1/\tau & 0 \\ -\tau & -1 & 0 \\ 0 & 0 & 0 \end{pmatrix}. \qquad (8.64)$$

继而

$$R = \begin{pmatrix} B_\parallel & A^t \\ -A & B_\perp \end{pmatrix},$$

$$B^\parallel = B_\perp = \begin{pmatrix} 1 & 0 & 0 \\ 0 & 1 & 0 \\ 0 & 0 & 1 \end{pmatrix} - \frac{1-\cos\phi}{\sqrt{5}} \begin{pmatrix} 1/\tau & -1 & 0 \\ -1 & \tau & 0 \\ 0 & 0 & 0 \end{pmatrix},$$

$$A = \frac{\sin\phi}{\sqrt{5}} \begin{pmatrix} 1 & 1/\tau & 0 \\ -\tau & -1 & 0 \\ 0 & 0 & 0 \end{pmatrix},\ \phi = \sqrt{5}\,\alpha_5. \qquad (8.65)$$

这时

$$\tilde{p}'_4 = -\frac{\sin\phi}{\sqrt{5}}\tilde{p}_1 - \frac{\sin\phi}{\sqrt{5}\,\tau}\tilde{p}_2 + \left(1 - \frac{1-\cos\phi}{\sqrt{5}\,\tau}\right)\tilde{p}_4 + \frac{1-\cos\phi}{\sqrt{5}}\tilde{p}_5. \qquad (8.66)$$

而 p_4 可写成

$$\tilde{p}_4 = \frac{1}{\sqrt{2(\tau^2+1)}}\bigg(1,\ -\cos\theta + \tau\sin\theta,\ -\cos\theta - \frac{\tau^2}{2}\sin\theta,\ -\cos\theta + \frac{1}{2}\sin\theta,$$

$$-\cos\theta + \frac{1}{2}\sin\theta,\ -\cos\theta - \frac{\tau^2}{2}\sin\theta\bigg), \qquad (8.67)$$

式中 $\cos\theta = 1/\sqrt{5},\ \sin\theta = 2/\sqrt{5}$. 容易验证上式与 (8.57) 中的定义一致. 比较

$$\tilde{p}'_4 = \frac{1}{\sqrt{2(\tau^2+1)}}\bigg(\cos\phi - \sin\phi,\ 1 + \frac{1-\cos\phi-\sin\phi}{\sqrt{5}},\ -\tau + \frac{1-\cos\phi-\sin\phi}{\sqrt{5}},$$

$$\frac{1-\cos\phi-\sin\phi}{\sqrt{5}},\ \frac{1-\cos\phi-\sin\phi}{\sqrt{5}},\ -\tau + \frac{1-\cos\phi-\sin\phi}{\sqrt{5}}\bigg),$$

$$\tilde{\boldsymbol{p}}_4 = \frac{1}{\sqrt{2(\tau^2+1)}} \left(1, 1 - \cos\theta + \frac{1}{2}\sin\theta, -\tau - \cos\theta + \frac{1}{2}\sin\theta, \right.$$

$$\left. -\cos\theta + \frac{1}{2}\sin\theta, -\cos\theta + \frac{1}{2}\sin\theta, -\tau - \cos\theta + \frac{1}{2}\sin\theta \right), \quad (8.68)$$

得

$$\cos\phi - \sin\phi = 1, \frac{1 - \cos\phi - \sin\phi}{\sqrt{5}} = -\cos\theta + \frac{1}{2}\sin\theta,$$

即

$$\sin\phi = \frac{\sqrt{5}\cos\theta - 1}{2}, \cos\phi = \frac{\sqrt{5}\cos\theta + 1}{2}. \quad (8.69)$$

一个调制后的周期结构可以在上式中用一有理数代替 $\cos\theta$ 得到,即令 $m/n \doteq \cos\theta$(m,n 为互质的两整数). 于是,由式(8.69)有

$$\tan\phi = \frac{\sqrt{5}m - n}{\sqrt{5}m + n}. \quad (8.70)$$

8.4.3 对称性变化 $Y \to D_3$

式(8.50)右边两个表示相对于 D_3 的约化式为

$$\Gamma_4 \big|_{D_3} = A_1 + A_2 + E, \Gamma_5 \big|_{D_3} = A_1 + 2E. \quad (8.71)$$

可见,Γ_4 和 Γ_5 都是锁定模,相应的非零相位子分量为

$$3e_1^{(4)} + \sqrt{5}(e_2^{(4)} + e_3^{(4)} + e_4^{(4)}) = \sqrt{3}(\partial_1 w_1 + \partial_2 w_2 + \partial_3 w_3) +$$

$$\sqrt{\frac{5}{3}} \left(\frac{1}{\tau}\partial_1 w_2 + \tau\partial_2 w_1 + \frac{1}{\tau}\partial_2 w_3 + \tau\partial_3 w_2 + \frac{1}{\tau}\partial_3 w_1 + \tau\partial_1 w_3 \right), \quad (8.72)$$

$$e_3^{(5)} + e_4^{(5)} + e_5^{(5)} = \frac{1}{\sqrt{3}} \left(\tau\partial_1 w_2 - \frac{1}{\tau}\partial_2 w_1 + \tau\partial_2 w_3 - \frac{1}{\tau}\partial_3 w_2 \right.$$

$$\left. + \tau\partial_3 w_1 - \frac{1}{\tau}\partial_1 w_3 \right).$$

与之相联系的矩阵

$$\mathbf{W} = \alpha_4 \begin{pmatrix} 3/\sqrt{5} & \tau & 1/\tau \\ 1/\tau & 3/\sqrt{5} & \tau \\ \tau & 1/\tau & 3/\sqrt{5} \end{pmatrix} + \alpha_5 \begin{pmatrix} 0 & -1/\tau & \tau \\ \tau & 0 & -1/\tau \\ -1/\tau & \tau & 0 \end{pmatrix}. \quad (8.73)$$

利用与上节确定十次对称中的 R 相类似的方法，我们可以求得

$$R = \begin{pmatrix} B_\parallel & A^t \\ -A & B_\perp \end{pmatrix},$$

$$B_\perp = \frac{1}{3}\cos\theta_1 \begin{pmatrix} 1 & 1 & 1 \\ 1 & 1 & 1 \\ 1 & 1 & 1 \end{pmatrix} + \frac{1}{3}\cos\theta_2 \begin{pmatrix} 2 & -1 & -1 \\ -1 & 2 & -1 \\ -1 & -1 & 2 \end{pmatrix},$$

$$A = \frac{1}{3}\sin\theta_1 \begin{pmatrix} 1 & 1 & 1 \\ 1 & 1 & 1 \\ 1 & 1 & 1 \end{pmatrix} + \frac{1}{6}\sin\theta_2 \begin{pmatrix} 1 & 1+3/\tau & 1-3\tau \\ 1-3\tau & 1 & 1+3/\tau \\ 1+3/\tau & 1-3\tau & 1 \end{pmatrix},$$

$$\theta_1 = \frac{8}{\sqrt{5}}\alpha_4 + \alpha_5, \quad \theta_2 = \frac{2}{\sqrt{5}}\alpha_4 - 2\alpha_5, \tag{8.74}$$

这时

$$\tilde{p}'_4 = -\left(\frac{1}{3}\sin\theta_1 + \frac{1}{6}\sin\theta_2\right)\tilde{p}_1 - \left(\frac{1}{3}\sin\theta_1 + \frac{1+3/\tau}{6}\sin\theta_2\right)\tilde{p}_2$$
$$- \left(\frac{1}{3}\sin\theta_1 + \frac{1-3/\tau}{6}\sin\theta_2\right)\tilde{p}_3 + \left(\frac{1}{3}\cos\theta_1 + \frac{2}{3}\cos\theta_2\right)\tilde{p}_4$$
$$+ \left(\frac{1}{3}\cos\theta_1 - \frac{1}{3}\cos\theta_2\right)\tilde{p}_5 + \left(\frac{1}{3}\cos\theta_1 - \frac{1}{3}\cos\theta_2\right)\tilde{p}_6. \tag{8.75}$$

定义二十面体的一个三次轴同与其共面的两个五次轴的交角为 θ、θ'，则

$$\tan\theta = \frac{2}{\tau^2}, \quad \tan\theta' = 2\tau^2. \tag{8.76}$$

相关的非公度比率

$$\lambda_\parallel = \frac{\cos\theta'}{\cos\theta} = \frac{1}{\tau^3}, \quad \lambda_\perp = \frac{\sin\theta'}{\sin\theta} = \tau. \tag{8.77}$$

利用式(8.76)和(8.77)，p_4 可改写成

$$\tilde{p}_4 = (x_1, x_2, y_1, z_1, y_2, -z_2), \tag{8.78}$$

这里

$$x_1 = \frac{1}{3\sqrt{\lambda_\parallel^2 + 1}}\left[-\lambda_\parallel + \frac{1}{2}\lambda_\perp(2\tau-1)\tan\theta\right],$$

$$y_1 = \frac{1}{3\sqrt{\lambda_\parallel^2 + 1}}\left[-\lambda_\parallel - \frac{1}{2}\lambda_\perp(\tau+1)\tan\theta\right],$$

$$z_1 = \frac{1}{3\sqrt{\lambda_\parallel^2 + 1}} \left[-\lambda_\parallel + \frac{1}{2}\lambda_\perp(-\tau + 2)\tan\theta \right],$$

$$x_2 = \frac{1}{3\sqrt{\lambda_\parallel^2 + 1}} \left[1 + \frac{1}{2}(-\tau + 2)\tan\theta \right],$$

$$y_2 = \frac{1}{3\sqrt{\lambda_\parallel^2 + 1}} \left[1 - \frac{1}{2}(\tau + 1)\tan\theta \right],$$

$$z_2 = \frac{1}{3\sqrt{\lambda_\parallel^2 + 1}} \left[1 + \frac{1}{2}(2\tau - 1)\tan\theta \right]. \tag{8.79}$$

容易验证上式与(8.57)中的定义一致. 比较式(8.75)和(8.78), 我们发现

$$\frac{1}{\sqrt{2(\tau^2+1)}} \left[-(\tau + 2)\sin\theta_2 \right] = \frac{1}{2\sqrt{\lambda_\parallel^2 + 1}}(\lambda_\perp - \tau)\tan\theta,$$

$$\frac{1}{\sqrt{2(\tau^2+1)}} \left[\tau(\tau + 2)\cos\theta_2 \right] = \frac{1}{2\sqrt{\lambda_\parallel^2 + 1}}(\lambda_\perp \tau^2 + \tau)\tan\theta. \tag{8.80}$$

由此得

$$\tan\theta_2 = \frac{\tau - \lambda_\perp}{\lambda_\perp \tau + 1}. \tag{8.81}$$

另外

$$\sin\theta_1 + \tau\cos\theta_1 = \frac{\lambda_\parallel + 1}{\sqrt{\lambda_\parallel^2 + 1}}\sqrt{\frac{\tau^2 + 1}{2}}. \tag{8.82}$$

注意到

$$\sqrt{(\tau^6 + 1)(\tau^2 + 1)/2} = 3\tau + 1,$$

$$\sqrt{(\lambda_\parallel^2 + 1)(\tau^6 + 1)} = \sqrt{(\lambda_\parallel + \tau^3)^2 + (\lambda_\parallel \tau^3 - 1)^2},$$

$$(3\tau + 1)(\lambda_\parallel + 1) = (\tau^3\lambda_\parallel - 1) + \tau(\lambda_\parallel + \tau^3), \tag{8.83}$$

式(8.82)成为

$$\sin\theta_1 + \tau\cos\theta_1 = \frac{(\tau^3\lambda_\parallel - 1) + \tau(\lambda_\parallel + \tau^3)}{\sqrt{(\lambda_\parallel + \tau^3)^2 + (\tau^3\lambda_\parallel - 1)^2}}.$$

由此得

$$\tan\theta_1 = \frac{\tau^3\lambda_\parallel - 1}{\lambda_\parallel + \tau^3}. \tag{8.84}$$

一个调制后的结构可以在式(8.81)和(8.84)中利用 Finonacci 数来逼近 $\lambda_\parallel$, $\lambda_\perp$, 即令

$$\lambda_\parallel = \frac{F_k}{F_{k+3}}, \lambda_\perp = \frac{F_{k'+1}}{F_{k'}} \tag{8.85}$$

得到. 反映式(8.61), (8.71), (8.81)和式(8.84)所示规律的准晶近似相已被观察到. 有关二十面体准晶结构相变的详细讨论请参考文献(Ishii, 1989; 1992).

这里需要指出的是, 在研究准晶及其近似相间的相跃迁时, 除了上述建立在 Landau 理论基础上的对称性分析即群论方法外, 还有一些方法无需借助群论技巧, 如依据随机拼砌模型进行的解析分析法、转移矩阵数值计算法、Bathe-Ansatz 法以及线性相位子应变理论方法等(Li, Park, Widom, 1992; Widom, 1993; Kalugin, 1994). 下面两节我们将介绍其中的线性相位子应变理论方法, 并将收集到的实验上已发现的十次准晶的晶体近似相和二十面体准晶的晶体近似相分别列于表 8.2 和表 8.4.

§8.5 用线性相位子应变法讨论十次准晶的晶体近似相

对于十次准晶而言, 基矢 $e_5 \parallel E_3$ 张着的一维空间是周期性的, 这里不需考虑. 由基矢 E_4 和 E_5 张着的是二维垂直空间. 式(2.51a)和式(2.51b)给出的描述线性相位子应变的矩阵 A_P(作用到正点阵的坐标 X_j 上的矩阵)及其转置逆矩阵 $(A_p^{-1})^T$(作用到倒易点阵的坐标 X_j^* 或 H_j 上的矩阵)具体化为

$$A_P = \begin{bmatrix} 1 & 0 & 0 & 0 \\ 0 & 1 & 0 & 0 \\ A_{41} & A_{42} & 1 & 0 \\ A_{51} & A_{52} & 0 & 1 \end{bmatrix} \tag{8.86}$$

和

$$(A_p^{-1})^T = \begin{bmatrix} 1 & 0 & -A_{41} & -A_{51} \\ 0 & 1 & -A_{42} & -A_{52} \\ 0 & 0 & 1 & 0 \\ 0 & 0 & 0 & 1 \end{bmatrix}. \tag{8.87}$$

一般的情况下,如果设 $A_{42} = A_{51} = 0$,并选取适当的相位子应变的参数 A_{41} 和 A_{52},使得互相垂直的沿着基矢 $\boldsymbol{E}_1$ 和基矢 $\boldsymbol{E}_2$ 的两方向都变成周期性的,则得到正交晶系的晶体近似相. 正交的晶体近似相也正是实验上观察得最多的. 现详细讨论如下:

由式(2.65)和式(2.59),四维空间倒易矢量 $\boldsymbol{r}^* = h_1 \boldsymbol{e}_1^* + h_2 \boldsymbol{e}_2^* + h_3 \boldsymbol{e}_3^* + h_4 \boldsymbol{e}_4^*$ 的平行分量是

$$\boldsymbol{H}^{\parallel T} = \begin{bmatrix} H_1 \\ H_2 \end{bmatrix} = a^* \begin{bmatrix} \left\{ \dfrac{\tau-1}{2}(h_1+h_4) - \dfrac{\tau}{2}(h_2+h_3) \right\} \\ \left\{ \dfrac{\sqrt{2+\tau}}{2}(h_1-h_4) + \dfrac{\sqrt{3-\tau}}{2}(h_2-h_3) \right\} \end{bmatrix}. \tag{8.88}$$

垂直空间分量是

$$\boldsymbol{H}^{\perp T} = \begin{bmatrix} H_4 \\ H_5 \end{bmatrix} = a^* \begin{bmatrix} \left\{ -\dfrac{\tau}{2}(h_1+h_4) + \dfrac{\tau-1}{2}(h_2+h_3) \right\} \\ \left\{ -\dfrac{\sqrt{3-\tau}}{2}(h_1-h_4) + \dfrac{\sqrt{2+\tau}}{2}(h_2-h_3) \right\} \end{bmatrix}. \tag{8.89}$$

线性相位子应变把倒易矢量的平行空间分量变成了

$$(H^{\parallel \prime})^T = \begin{bmatrix} H_1 - A_{41} H_4 \\ H_2 - A_{52} H_5 \end{bmatrix}$$

$$= \frac{a^*}{2\tau} \begin{bmatrix} \left\{ (1+A_{41}\tau^2)(h_1+h_4) - (\tau^2+A_{41})(h_2+h_3) \right\} \\ \sqrt{\tau+2}\left\{ (\tau+A_{52})(h_1-h_4) + (1-A_{52}\tau)(h_2-h_3) \right\} \end{bmatrix}. \tag{8.90}$$

若取有关的线性相位子应变参数

$$A_{41} = \frac{(\tau^2 F_{n-1} - F_{n+1})}{(\tau^2 F_{n+1} - F_{n-1})}, \tag{8.91}$$

$$A_{52} = \frac{(F_{n+1} - \tau F_n)}{(\tau F_{n+1} + F_n)}. \tag{8.92}$$

根据式(2.57)有关 Fibonacci 数列的特性,此式可化简为

$$A_{41} = \frac{-(-1)^{n-1}}{\tau^{n+1}} = \frac{(-1)^n}{\tau^{2n}}, \tag{8.93}$$

$$A_{52} = \frac{(-\tau)^{-n}}{\tau^{n+1}} = \frac{(-1)^n}{\tau^{2n+1}}, \tag{8.94}$$

而且有

$$1 + A_{41}\tau^2 = \frac{\tau^2 \sqrt{5} F_{n-1}}{(\tau^2 F_{n+1} - F_{n-1})} = \frac{\sqrt{5} F_{n-1}}{\tau^{n-1}}, \tag{8.95}$$

$$\tau^2 + A_{41} = \frac{\tau^2 \sqrt{5} F_{n+1}}{(\tau^2 F_{n+1} - F_{n-1})} = \frac{\sqrt{5} F_{n+1}}{\tau^{n-1}}, \tag{8.96}$$

$$\tau + A_{52} = \frac{(2+\tau) F_{n+1}}{\tau^{n+1}} = \frac{\tau \sqrt{5} F_{n+1}}{\tau^{n+1}}, \tag{8.97}$$

和

$$1 - A_{52}\tau = \frac{(2+\tau) F_n}{\tau^{n+1}} = \frac{\tau \sqrt{5} F_n}{\tau^{n+1}}. \tag{8.98}$$

[推导中用到了式(2.29)中列举的有关 τ 的关系式和式(2.57)给出的有关 Fibonacci 数列的特性],于是线性相位子应变 A_{41} 把倒易矢量的平行空间 X 分量(即沿 E_1 方向,也就是沿 $A2P$ 方向的分量)由 H_1 变成了

$$H_1' = H_1 - A_{41}H_4 = \frac{5a^*}{2\sqrt{5}\tau^n}[F_{n-1}(h_1 + h_4) - F_{n+1}(h_2 + h_3)]. \tag{8.99}$$

而线性相位子应变 A_{52} 则把倒易矢量的平行空间 Y 分量(即沿 E_2 方向,也就是沿 $A2D$ 方向的分量)由 H_2 变成了

$$H_2' = H_2 - A_{52}H_5 = \frac{5a^* \sqrt{2+\tau}}{2\sqrt{5}\tau^{n+1}}[F_{n+1}(h_1 - h_4) + F_n(h_2 - h_3)]. \tag{8.100}$$

与式(8.88)对比,可见,十次准晶中成无理数比例关系 $\frac{\tau}{\tau-1} = \tau$ 的倒易矢量的平行空间 X 分量,现在已被 Fibonacci 数(整数)之比 $\frac{F_{n+1}}{F_{n-1}}$ 所取代,从而使正空间 X 方向(即某个 $A2P$ 方向)晶化.

晶化相的倒易基矢的长度为 $(a_1^{Ap})^* = (a_P^{Ap})^* = \dfrac{5a^*}{2\sqrt{5}\,\tau^n}$, 正空间基

矢的长度是 $a_P^{Ap} = \dfrac{2\sqrt{5}\,\tau^n}{5a^*}$. 按式(2.61), $\dfrac{2}{5a^*}$ 是正空间中的特征正

五边形的外接圆的半径, 即 Penrose 菱形的边长 a_R. 因此有

$$a_P^{Ap} = \frac{2\sqrt{5}\,\tau^n}{5a^*} = \sqrt{5}\,a_R\tau^n . \tag{8.101}$$

而十次准晶中成无理数比例关系 $\dfrac{\sqrt{2+\tau}}{\sqrt{3-\tau}} = \tau$ 的倒易矢量的平行空

间 Y 分量, 现在已被 Fibonacci 数(整数)之比 $\dfrac{F_{n+1}}{F_n}$ 所取代, 从而使

正空间 Y 方向(即与上述 $A2P$ 垂直的 $A2D$ 方向)也被晶化. 晶

化相的倒易基矢的长度为 $(a_2^{Ap})^* = (a_D^{Ap})^* = \dfrac{5a^*\sqrt{2+\tau}}{2\sqrt{5}\,\tau^{n+1}}$, 正空

间基矢的长度是

$$a_D^{Ap} = \frac{\sqrt{5}\,\tau^{n+1}a_R}{\sqrt{2+\tau}} . \tag{8.102}$$

显然, n 越大, 则相位子位移量越小, 同时其晶体近似相的单胞就

越大.

　　以上讨论的是线性相位子应变导致准晶倒易矢量的长度由无

理数比变成整数比. 现在从另外一个角度讨论准晶与其晶体近似

相之间的关系, 即线性相位子应变使得高维空间中某些阵点的垂

直分量变成 0, 使这些阵点落在平行空间内, 从而产生晶化. 由式

(2.64), (2.61)和式(2.60), 四维空间晶体点阵矢量 $r = me_1 +$

$ne_2 + pe_3 + qe_4$ 的平行空间分量是

$$X^{\parallel} = \begin{bmatrix} X_1 \\ X_2 \end{bmatrix} = \frac{2}{5a^*}\begin{bmatrix} \left\{ -(3-\tau)\dfrac{(m+q)}{2} - (2+\tau)\dfrac{(n+p)}{2} \right\} \\ \left\{ \sqrt{2+\tau}\,\dfrac{(m-q)}{2} + \sqrt{3-\tau}\,\dfrac{(n-p)}{2} \right\} \end{bmatrix} .$$

$$\tag{8.103}$$

垂直空间分量是

$$X^{\perp} = \begin{bmatrix} X_4 \\ X_5 \end{bmatrix} = \frac{2}{5a^*} \left[\left\{ -\frac{2+\tau}{2}(m+q) - \frac{3-\tau}{2}(n+p) \right\} \atop \left\{ -\frac{\sqrt{3-\tau}}{2}(m-q) + \frac{\sqrt{2+\tau}}{2}(n-p) \right\} \right].$$

(8.104)

线性相位子应变把垂直分量 $X^{\perp}$ 变成了

$$X^{\perp'} = \begin{bmatrix} X'_4 \\ X'_5 \end{bmatrix} = \begin{pmatrix} X_4 + A_{41}X_1 \\ X_5 + A_{52}X_2 \end{pmatrix}$$

$$= \frac{2}{5a^*} \left\{ -\frac{3-\tau}{2} \{ (\tau^2 + A_{41})(m+q) + (1 + A_{41}\tau^2)(n+p) \} \atop \frac{\sqrt{3-\tau}}{2} \{ -(1 - A_{52}\tau)(m-q) + (A_{52} + \tau)(n-p) \} \right\}.$$

(8.105)

把式(8.95)到式(8.98)代入上式,就有

$$X^{\perp'} = \begin{bmatrix} X'_4 \\ X'_5 \end{bmatrix} = \frac{2}{5a^*} \left\{ -\frac{(3-\tau)\sqrt{5}}{2\tau^{n-1}} \{ F_{n+1}(m+q) + F_{n-1}(n+p) \} \atop \frac{\sqrt{(3-\tau)5}}{2\tau^n} \{ -F_n(m-q) + F_{n+1}(n-p) \} \right\}.$$

(8.106)

由式(8.106)可知,当 $\dfrac{m+q}{n+p} = -\dfrac{F_{n-1}}{F_{n+1}}$ 时,有 $X'_4 = 0$. 再与式

(8.103)对比,可知:当 $m = q$, $n = p$ 时,满足条件 $\dfrac{m+q}{n+p} = -\dfrac{F_{n-1}}{F_{n+1}}$

的点阵矢量 $\boldsymbol{r} = m(\boldsymbol{e}_1 + \boldsymbol{e}_4) + n(\boldsymbol{e}_2 + \boldsymbol{e}_3)$ 的平行空间分量沿着

E_1 方向,且其垂直分量变为零,形成了晶体近似相的周期为

$$A_1^{Ap} = \frac{2(3-\tau)(F_{n+1}\tau^2 - F_{n-1})}{5a^*} = a_R \sqrt{5}\tau^n \quad \text{的方向. 这与式}$$

(8.100)的结果一致. 类似地,当 $m = -q$, $n = -p$ 时,满足条件

$\dfrac{m-q}{n-p} = \dfrac{F_{n+1}}{F_n}$ 的点阵矢量 $\boldsymbol{r} = m(\boldsymbol{e}_1 - \boldsymbol{e}_4) + n(\boldsymbol{e}_2 - \boldsymbol{e}_3)$ 的平行

空间分量沿着 E_2 方向,且其垂直分量变为零,形成了晶体近似相

的周期为 $A_2^{Ap} = \dfrac{2\sqrt{3-\tau}\,(\tau F_{n+1}+F_n)}{5a^*} = \dfrac{a_R\sqrt{5\tau}^{\,n+1}}{\sqrt{2+\tau}}$ 的方向. 这

与式(8.101)的结果一致.

总之,在上述相位子应变的作用下,十次准晶变成了正交晶体近似相. 表8.1列举了按式(8.93),(8.94),(8.101)和(8.102)计算出的,在若干相位子应变参数作用之下的若干十次准晶正交晶体近似相的点阵常数. 表8.2列举了实验上观察到的十次准晶的若干正交晶体近似相. 文献中经常用替代黄金分割比 τ 的相邻的 Fibonacci 数之比 $\left(\dfrac{F_{n+1}^D}{F_n^D},\dfrac{F_{m+1}^P}{F_m^P}\right)$ 作为十次准晶的正交晶体近似相的标记. 例如,吴劲松等(Wu, et al., 1999)称他们发现的点阵常数为 $a = 2.04$nm (相当于 $F_{n+1}^D/F_n^D = 2/1$ 的 $A_D^{Ap} = 1.992$nm), $b = 1.25$nm, $c = 1.48$nm (相 当 于 $F_{n+1}^P/F_n^P = 1/1$ 的 $A_P^{Ap} = 1.447$nm)的 Ga-Mn 正交晶体近似相为(2/1, 1/1)近似相.

表8.1 若干十次准晶正交晶体近似相的相位子应变参数 A_{41} 和 A_{52} 以及点阵常数 A_1^{Ap} 和 A_2^{Ap}

($a_R = 0.4$nm 并定义 $F_{-1} = 1$, $F_0 = 0$, 于是有 $F_1 = 1$, $F_2 = 1$, $F_3 = 2$, $F_4 = 3$, $F_5 = 5$, $F_6 = 8$, $F_7 = 13,\cdots$)

n	F_{n+1}/F_n	A_{52}	$A_2^{Ap}=A_D^{Ap}$	$F_{n+1}/F_n/F_{n-1}$	A_{41}	$A_1^{Ap}=A_P^{Ap}$
0	1/0	$1/\tau$	0.761nm	1/0/1	1	0.894nm
1	1/1	$-1/\tau^3$	1.231nm	1/1/0	$-1/\tau^2$	1.447nm
2	2/1	$1/\tau^5$	1.992nm	2/1/1	$1/\tau^4$	2.342nm
3	3/2	$-1/\tau^7$	3.223nm	3/2/1	$-1/\tau^6$	3.789nm
4	5/3	$1/\tau^9$	5.214nm	5/3/2	$1/\tau^8$	6.130nm
5	8/5	$-1/\tau^{11}$	8.437nm	8/5/3	$-1/\tau^{10}$	9.918nm

表 8.2 实验上观察到的若干十次准晶正交晶体近似相

a_D^{Ap} \ a_P^{Ap}	0.761nm (1/0)	1.231nm (1/1)	1.992nm (2/1)	3.223nm (3/2)	5.214nm (5/3)	8.437nm (8/5)
1.447nm (1/1)		Y-Al₃Mn (Taylor, 1961; Li, et al.,1992c); Al₃Co (Ma & Kuo, 1992); Al₁₁Mn₄ (Fitzgerald, et al., 1988); Y-AlMnCu (Li & Kuo, 1992b); Al₇₀Pd₁₅Mn₁₅ (Li & Kuo, 1994); Ga₄₆Mn₅ (Wu & Kuo, 1998); Ga₇Mn₆ (Wu & Kuo, 1997; Wu, Li, Kuo, 1998; Wu & Kuo, 2000)	Al₇₀Co₁₅Ni₁₀ Tb₅ (Li, et al.,1995); GaMn (Wu & Kuo, 1998); Ga₇Mn₅ (Wu & Kuo, 1997; Wu, Ge, Kuo, 1999; Wu & Kuo, 2000); Ga₄₆Fe₂₃ Cu₂₃ S₈₈, Ga₉₀ Co₂₅ Cu₂₅, Ga₄₆ V₂₃ N₂₃ S₈ (Ge & Kuo, 1997)			

a_D^{Ap}	2.342nm	0.761nm	1.231nm	1.992nm	3.223nm	5.214nm	8.437nm
a_P^{Ap}	(2/1)	(1/0)	(1/1)	(2/1)	(3/2)	(5/3)	(8/5)
	$\pi\text{-}Al_4Mn$ (Li & Kuo, 1992a); $Al_{60}Mn_{11}Ni_4$ (Robinson, 1954); $AlMnCu$ (Robinson, 1952); $AlMnZn$ (T_3) (Damjanovic, 1961); Ga_6Mn_5 (Wu & Kuo 1998); Ga_7Mn_6 (Wu & Kuo, 1997; Wu, Li, Kuo, 1998; Wu & Kuo, 2000); $Ga_{46}Fe_{23}Cu_{23}Si_8$, $Ga_{50}Co_{25}Cu_{25}$, $Ga_{46}V_{23}Ni_{23}Si_8$ (Ge & Kuo, 1997)	Al_3Pd (Ma, Wang, Kuo, 1988);	$Al_{70}Co_{15}Ni_{10}Tb_5$ (Li et al.,1995); $\xi'\text{-}AlPdMn$ (Boudard et al.,1996)	$Al\text{-}Co\text{-}Cu$ (Liao,et al., 1992); $Al_{75}Pd_{2.1}Co_{22.9}$ (Yubuta,et al.,1998)	$Al_{24}Mn_5Zn$ (Robinson, 1952); $Al_{60}Mn_{11}Ni_4$. (VanTendeloo, et al., 1988); $Al\text{-}Cr\text{-}Fe$ (Demange, et. al., 2000); $Al\text{-}Fe\text{-}Cu$ (Dong, et al., 1992); $Al_{71}Co_{14.5}Ni_{14.5}$ (Doeblinger,et al.,2000)	$Al_{70}Co_{15}Ni_{10}Tb_5$ (Yu,et al.,1993)	

a_D^{Ap} a_P^{Ap}	0.761nm (1/0)	1.231nm (1/1)	1.992nm (2/1)	3.223nm (3/2)	5.214nm (5/3)	8.437nm (8/5)
3.789nm (3/2)		Al-Mn-Si (Kuo 1993)			Al-Co-Ni (Edagawa, et al., 1991); Al-Cu-Co-Si (Dong, et al., 1992); $Al_{70}Pd_{15}Mn_{15}$ (Li & Kuo, 1994);	$Al_{70}Co_{15}Ni_{10}Tb_5$ (Yu, et al., 1993); $Al_{65}CuCr_{17.5}Si$ (Kuo, 2002)
6.130nm (5/3)			Al-Fe-Cu (Dong, et al., 1992)			
9.92nm (8/5)				Al-Cu-Co-Si (Dong, et al., 1992);		

其实在研究十次准晶的原子结构的早期,最重要的晶体近似相是点阵常数为 $a_m = 1.5489\text{nm}$, $b_m = 0.8083\text{nm}$, $c_m = 1.2476\text{nm}$, $\beta = 107.71°$ 的单斜晶系的 $\lambda\text{-Al}_{13}\text{Fe}_4$ 相,以及 $a_m = 1.52\text{nm}$, $c_m = 1.23\text{nm}$ 的单斜晶系的 $\text{Al}_{13}\text{Co}_4$ 相. 由于 $\beta \approx 108°$, $2c_m \sin(\beta - \pi/2) \approx a_m/2$,张洪和郭可信(Zhang & Kuo, 1992b)近似地把这类单斜晶系的晶体近似相描述为正交的(1/0, 2/1)晶体近似相,其点阵常数为 $A_{\text{Orth}} = A_D = a_m/2 = 0.76 \sim 0.7745\text{nm}$, $B_{\text{Orth}} = b_m$, $C_{\text{Orth}} = A_P = 2c_m \cos(\beta - \pi/2) = 2.34 \sim 2.373\text{nm}$. 郭可信(Kuo, 2000)进一步还观察到 $\tau^2\text{-Al}_{13}\text{Co}_4$ 相和 $\tau^3\text{-Al}_{13}\text{Co}_4$ 相,它们的点阵常数 a 和 c 分别是 $\text{Al}_{13}\text{Co}_4$ 相的 τ^2 倍和 τ^3 倍.

研究准晶的晶体近似相,不但可以由已知的近似相中的基本结构单元(原子团),从而帮助我们研究准晶的原子结构,还可以由已知的小单胞近似相中的基本结构单元帮助我们研究大单胞近似相的原子结构. 例如,隋海心等(Sui, et al., 1999)在 $\text{Al}_{12}\text{Fe}_2\text{Cr}$ 合金中发现了空间群为 $P\,63/m$,点阵常数近似为 $a = 4.0\text{nm}$ 和 $c = 1.24\text{nm}$ 的大单胞晶体 $\nu\text{-Al}_{80.61}\text{Cr}_{10.71}\text{Fe}_{8.68}$,每个单胞内约有 1000 多个原子. 莫志民等(Mo, et al., 2000)曾尝试将单晶 X 射线衍射数据用直接法求解其结构,但得不到合理的结构模型. ν-$\text{Al}_{80.61}\text{Cr}_{10.71}\text{Fe}_{8.68}$ 晶体沿 $[0\ \ 0\ \ 1]$ 方向的高分辨电子显微像表明,$\nu\text{-Al}_{80.61}\text{Cr}_{10.71}\text{Fe}_{8.68}$ 晶体与 $\kappa\text{-Al}_{76}\text{Cr}_{18}\text{Ni}_6$ 和 $\lambda\text{-Al}_{4.32}\text{Mn}$ 有相同的结构单元,该结构单元是二十面体原子团. 利用单胞较小的 κ 和 λ 相中的这种二十面体原子团中已知的原子分布作为起点,莫志民等将其单晶 X 射线衍射数据用直接法解出了其结构,误差为 $R = 0.075$.

在 1.1.3 节讨论一维准晶时曾指出,表 1.7 中所列举的一维准晶都与二维准晶有密切的联系. 比如说,可以描述为在十次准晶中某一个,而且也仅仅在这个准周期方向上引入线性相位子应变而变成周期的,则此十次准晶就变成了一维准晶.

以上讨论的近似相都是用含有 0 的 Fibonacci 数列中两个近

邻整数之比 F_{n+1}/F_n 取代无理数 τ 而得到的. 实际上还有不含 0 的 Fibonacci 数列 $\cdots\Phi_{-1},\Phi_0,\Phi_1,\cdots\Phi_{n-1},\Phi_n,\Phi_{n+1}\cdots$ 也满足递推关系 $\Phi_{n+1}=\Phi_n+\Phi_{n-1}$. 当 n 趋近于无穷大时,其中两个近邻整数之比 Φ_{n+1}/Φ_n 也趋近于无理数 τ. 例如数列:$\cdots,-1,2,1,3,4,7,11,18,29,\cdots$. 现将这两类 Fibonacci 数列列于表 8.3.

表 8.3　两类 Fibonacci 数列对比

n	-1	0	1	2	3	4	5	6	7	8
有 0 数列 F_n	1	0	1	1	2	3	5	8	13	21
无 0 数列 Φ_n	-1	2	1	3	4	7	11	18	29	47

不难用数学归纳法证明这两类 Fibonacci 数列之间的下列关系:

$$\Phi_n=F_n+2F_{n-1}. \tag{8.107}$$

由式(8.105)容易证明

$$\frac{\Phi_{n+1}}{\Phi_n}=\frac{F_{n+1}+2F_n}{F_n+2F_{n-1}}=\frac{F_n\left(\dfrac{F_{n+1}}{F_n}+2\right)}{F_{n-1}\left(\dfrac{F_n}{F_{n-1}}+2\right)}\longrightarrow\frac{F_n(\tau+2)}{F_{n-1}(\tau+2)}\longrightarrow\tau,$$

即不含 0 的 Fibonacci 数列. $\cdots,\Phi_{-1},\Phi_0,\Phi_1,\cdots\Phi_{n-1},\Phi_n,\Phi_{n+1}\cdots$ 不但满足递推关系 $\Phi_{n+1}=\Phi_n+\Phi_{n-1}$, 而且当 n 趋近于无穷大时,其中两个近邻整数之比 Φ_{n+1}/Φ_n 也趋近于 τ.

杨文革等(Yang, et al., 1996)在熔炼并于 880℃ 退火 49h 的 $Al_{65}Cu_{20}Fe_{10}Mn_5$ 合金中既观察到用整数比 F_{n+1}/F_n($n=3$ 和 4) 取代无理数 τ 而得到的近似相,也观察到用整数之比 Φ_{n+1}/Φ_n ($n=3$)取代无理数 τ 而得到的近似相. 图 8.1 示出十次准晶某一个 $A2P$ 方向上的若干重要的电子衍射斑点的位置,其中各图的线性相位子应变参数 A_{41} 不同. 图 8.1(a)对应于 $A_{41}=0$,衍射斑点呈现以无理数 τ 为特征的分布. 指数为 $(\bar{1}\bar{1}\bar{1}\bar{1})$ 的倒易点对应于 $a^*=1.0nm^{-1}$,亦即相应的菱形的边长 $a_R=2/5a^*=0.4nm$. 指数为 (1001), $(0\bar{1}\bar{1}0)$, $(\bar{1}\bar{2}\bar{2}\bar{1})$ 和 $(\bar{1}3\bar{3}\bar{1})$ 的倒易量的长度则分别是 $a^*/\tau,\tau a^*,\tau^2 a^*$ 和 $\tau^3 a^*$. 由图 2.10 可知,沿着 E_1^* 方向

（即一个 $A2P$ 方向）的倒易矢量，必有 $h_1 = h_4$ 和 $h_2 = h_3$. 故而
(8.98a)式应改为

$$H_1' = (H_1 - A_{41}H_4) = \frac{5a^*}{\sqrt{5}\tau^n}\left[F_{n-1}\frac{h_1+h_4}{2} - F_{n+1}\frac{h_2+h_3}{2}\right]. \quad (8.108)$$

相应地,如果称这个 $A2P$ 方向为一维准晶的 $\boldsymbol{a}$ 方向,则其点阵常数应为 $a_{1D} = \frac{\sqrt{5}\tau^n}{2}a_R$,十次准晶的指数为 $(h_1\,h_2\,h_3\,h_4)$ 的衍射斑点则应该变成一维准晶的指数为 $(h_{1D}\,0\,0)$ 的衍射斑,这里,$h_{1D} = F_{n-1}h_1 - F_{n+1}h_2$. 图 8.1(b)和(d)分别对应于 $n=3$ 和 4,即 $A_{41} = -1/\tau^6$ 和 $1/\tau^8$ 的情况[按式(8.93)]. 图中标出了衍射斑的指数 $(h_{1D}\,0\,0) = (h_1 - 3h_2\,0\,0)$(对应于 $n=3$)和 $(2h_1 - 5h_2\,0\,0)$(对应于 $n=4$)以及点阵常数 $a_{1D} = 1.894\mathrm{nm}$ 和 $3.065\mathrm{nm}$.

现在讨论无 0 的 Fibonacci 数列的情况. 如果选取的线性相位子应变参数较之式(8.91)的参数反号

$$A_{41}' = -A_{41} = \frac{(F_{n+1} - \tau^2 F_{n-1})}{(\tau^2 F_{n+1} - F_{n-1})}. \quad (8.109)$$

利用式(2.29),(2.57)和式(8.107),则有

$$1 + A_{41}'\tau^2 = \frac{F_{n-1} + 2F_{n-2}}{\tau^{n-1}} = \frac{\Phi_{n-1}}{\tau^{n-1}}, \quad (8.110)$$

$$\tau^2 + A_{41}' = \frac{F_{n+1} + 2F_n}{\tau^{n-1}} = \frac{\Phi_{n+1}}{\tau^{n-1}}. \quad (8.111)$$

于是线性相位子应变 A_{41}' 把倒易矢量的平行空间沿 $\boldsymbol{E}_1$ 方向(也就是沿 $A2P$ 方向的分量)由 H_1 变成了

$$H_1' = (H_1 - A_{41}'H_4) = \frac{a^*}{\tau^n}\left[\Phi_{n-1}\frac{h_1+h_4}{2} - \Phi_{n+1}\frac{h_2+h_3}{2}\right]. \quad (8.112)$$

相应地,如果称这个 $A2P$ 方向为一维准晶的 $\boldsymbol{a}$ 方向,则其点阵常数应为 $a_{1D}' = \frac{5\tau^n}{2}a_R$,十次准晶的指数为 $(h_1\,h_2\,h_3\,h_4)$ 的衍射斑点则应该变成一维准晶的指数为 $(h_{1D}'\,0\,0)$ 的衍射斑,这里 $h_{1D}' = (\Phi_{n-1}h_1 - \Phi_{n+1}h_2)$. 图 8.1(c)对应于 $n=3$,即 $A_{41}' = -A_{41} = 1/\tau^6$ 的情况[按式(8.93)]. 图中标出了衍射斑的指数 $(h_{1D}'\,0\,0) =$

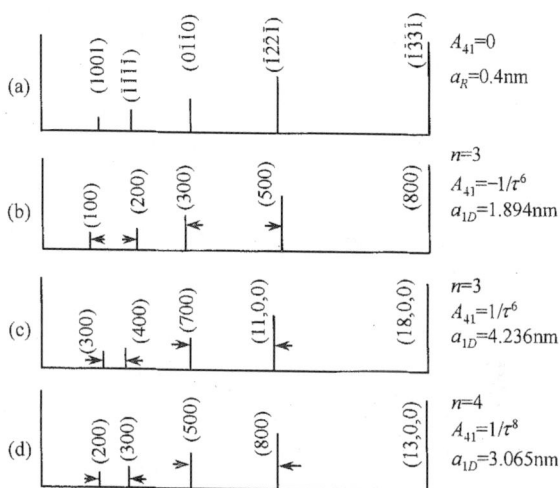

图 8.1 十次准晶某一个 $A2P$ 方向上的若干重要的电子衍射
斑点在不同的线性相位子应变参数 A_{41} 下的位置.

（a）$A_{41}=0$；（b）$A_{41}=-1/\tau^6$；（c）$A_{41}=1/\tau^6$；（d）$A_{41}=1/\tau^8$.

$(\Phi_2 h_1 - \Phi_4 h_2\ 0\ 0) = (3h_1 - 7h_2\ 0\ 0)$ 和点阵常数 $a'_{1D} = \dfrac{5\tau^3}{2} a_R = 4.236\text{nm}$.

§8.6 用线性相位子应变法讨论二十面体
准晶的晶体近似相

对于二十面体准晶而言，式（2.51）和式（2.52）给出的描述线性相位子应变的矩阵 A_P（作用到正点阵的坐标 X_j 上的矩阵）及其转置逆矩阵 $(A_p^{-1})^T$（作用到倒易点阵的坐标 H_j^* 上的矩阵）具有下列一般的表达式：

$$A_p = \begin{vmatrix} 1 & 0 & 0 & 0 & 0 & 0 \\ 0 & 1 & 0 & 0 & 0 & 0 \\ 0 & 0 & 1 & 0 & 0 & 0 \\ A_{41} & A_{42} & A_{43} & 1 & 0 & 0 \\ A_{51} & A_{52} & A_{53} & 0 & 1 & 0 \\ A_{61} & A_{62} & A_{63} & 0 & 0 & 1 \end{vmatrix}, \qquad (8.113)$$

$$(A_p^{-1})^T = \begin{vmatrix} 1 & 0 & 0 & -A_{41} & -A_{51} & -A_{61} \\ 0 & 1 & 0 & -A_{42} & -A_{52} & -A_{62} \\ 0 & 0 & 1 & -A_{43} & -A_{53} & -A_{63} \\ 0 & 0 & 0 & 1 & 0 & 0 \\ 0 & 0 & 0 & 0 & 1 & 0 \\ 0 & 0 & 0 & 0 & 0 & 1 \end{vmatrix}. \qquad (8.114)$$

如果选取适当的相位子位移矩阵的矩阵元,而且保留点群为 235 或 $m\,\overline{3}\,\overline{5}$ 的二十面体准晶的 23 或 $m\,\overline{3}$ 对称性,则得到立方晶系的晶体近似相. 这是实验上观察得最多的. 现在以图 2.15(c) 所示的 Jaric 坐标系为例,就立方晶体近似相讨论如下:

由式(2.92)和式(2.96),六维空间晶体点阵矢量 $\boldsymbol{r} = m\boldsymbol{e}_1 + n\boldsymbol{e}_2 + p\boldsymbol{e}_3 + q\boldsymbol{e}_4 + r\boldsymbol{e}_5 + s\boldsymbol{e}_6$ 的平行空间分量是

$$X^{\parallel} = \begin{vmatrix} X_1 \\ X_2 \\ X_3 \end{vmatrix} = \frac{a^{6D}}{\sqrt{2(2+\tau)}} \begin{vmatrix} \tau(m+n) + (p+s) \\ \tau(p-s) + (q-r) \\ \tau(q+r) + (m-n) \end{vmatrix}. \qquad (8.115)$$

垂直空间分量是

$$X^{\perp} = \begin{vmatrix} X_4 \\ X_5 \\ X_6 \end{vmatrix} = \frac{a^{6D}}{\sqrt{2(2+\tau)}} \begin{vmatrix} (m+n) - \tau(p+s) \\ (p-s) - \tau(q-r) \\ (q+r) - \tau(m-n) \end{vmatrix}. \qquad (8.116)$$

以上各式中六维空间晶体的点阵常数 a^{6D} 与物理空间菱面体的棱边长度 a_R 之间的关系是:$a^{6D} = \sqrt{2}a_R$.

类似地,由式(2.85)和式(2.88),六维空间倒易矢量 $\boldsymbol{r}^* = h_1\boldsymbol{e}_1^* + h_2\boldsymbol{e}_2^* + h_3\boldsymbol{e}_3^* + h_4\boldsymbol{e}_4^* + h_5\boldsymbol{e}_5^* + h_6\boldsymbol{e}_6^*$ 的平行分量是

$$H^{\parallel} = \begin{Bmatrix} H_1 \\ H_2 \\ H_3 \end{Bmatrix} = \frac{a^{6D^*}}{\sqrt{2(2+\tau)}} \begin{Bmatrix} \tau(h_1+h_2)+(h_3+h_6) \\ \tau(h_3-h_6)+(h_4-h_5) \\ \tau(h_4+h_5)+(h_1-h_2) \end{Bmatrix}. \qquad (8.117)$$

垂直空间分量是

$$H^{\perp} = \begin{Bmatrix} H_4 \\ H_5 \\ H_6 \end{Bmatrix} = \frac{a^{6D^*}}{\sqrt{2(2+\tau)}} \begin{Bmatrix} (h_1+h_2)-\tau(h_3+h_6) \\ (h_3-h_6)-\tau(h_4-h_5) \\ (h_4+h_5)-\tau(h_1-h_2) \end{Bmatrix}. \qquad (8.118)$$

以上各式中 $a^{6D^*}=1/a^{6D}$ 是六维晶体的倒易点阵常数. 设线性相位子应变式(8.113)中的左下方的 3×3 矩阵是一个对角矩阵

$$\begin{bmatrix} A_{41} & A_{42} & A_{43} \\ A_{51} & A_{52} & A_{53} \\ A_{61} & A_{62} & A_{63} \end{bmatrix} = \begin{bmatrix} A_{41} & 0 & 0 \\ 0 & A_{52} & 0 \\ 0 & 0 & A_{63} \end{bmatrix}. \qquad (8.119)$$

相应地, 式(8.113)中的右上方的 3×3 矩阵也是对角矩阵

$$\begin{bmatrix} -A_{41} & -A_{51} & -A_{61} \\ -A_{42} & -A_{52} & -A_{62} \\ -A_{43} & -A_{53} & -A_{63} \end{bmatrix} = \begin{bmatrix} -A_{41} & 0 & 0 \\ 0 & -A_{52} & 0 \\ 0 & 0 & -A_{63} \end{bmatrix}. \qquad (8.120)$$

线性相位子应变式(8.113)和式(8.119)把式(8.116)给出的正点阵矢量的垂直空间分量变成了

$$\boldsymbol{X}^{\perp'} = \begin{Bmatrix} X_4+A_{41}X_1 \\ X_5+A_{52}X_2 \\ X_6+A_{63}X_3 \end{Bmatrix}$$

$$= \frac{a^{6D}}{\sqrt{2(2+\tau)}} \begin{Bmatrix} (1+\tau A_{41})(m+n)-(\tau-A_{41})(p+s) \\ (1+\tau A_{52})(p-s)-(\tau-A_{52})(q-r) \\ (1+\tau A_{63})(q+r)-(\tau-A_{63})(m-n) \end{Bmatrix}. \qquad (8.121)$$

线性相位子应变式(8.113)和(8.120)把式(8.117)给出的倒易矢量的平行空间分量变成了

$$\boldsymbol{H}^{\parallel'} = \begin{Bmatrix} H_1-A_{41}H_4 \\ H_2-A_{52}H_5 \\ H_3-A_{63}H_6 \end{Bmatrix}$$

$$= \frac{a^{6D*}}{\sqrt{2(2+\tau)}} \begin{pmatrix} (\tau - A_{41})(h_1 + h_2) + (1 + \tau A_{41})(h_3 + h_6) \\ (\tau - A_{52})(h_3 - h_6) + (1 + \tau A_{52})(h_4 - h_5) \\ (\tau - A_{63})(h_4 + h_5) + (1 + \tau A_{63})(h_1 - h_2) \end{pmatrix}. \quad (8.122)$$

取

$$A_{41} = A_{52} = A_{63} = \frac{F_n \tau - F_{n+1}}{F_n + F_{n+1}\tau}, \quad (8.123)$$

并应用式(8.92),(8.97)和(8.98)等公式,显然有

$$1 + \tau A_{41} = 1 + \tau A_{52} = 1 + \tau A_{63} = \frac{F_n(\tau + 2)}{F_n + F_{n+1}\tau} = \frac{\sqrt{5}F_n}{\tau^n} \quad (8.124)$$

和

$$\tau - A_{41} = \tau - A_{52} = \tau - A_{63} = \frac{F_{n+1}(\tau + 2)}{F_n + F_{n+1}\tau} = \frac{\sqrt{5}F_{n+1}}{\tau^n}. \quad (8.125)$$

根据式(2.57)有关 Fibonacci 数列的特性,式(8.123)可化简为

$$A_{41} = A_{52} = A_{63} = \frac{(-1)^{n+1}}{\tau^{2n+1}}. \quad (8.126)$$

将式(8.123),(8.124)和式(8.125)代入式(8.126)和式(8.122),可得

$$\boldsymbol{X}^{\perp'} = \begin{pmatrix} X_4 + A_{41}X_1 \\ X_5 + A_{52}X_2 \\ X_6 + A_{63}X_3 \end{pmatrix}$$

$$= \frac{a^{6D}(2+\tau)}{\sqrt{2(2+\tau)}(F_n + F_{n+1}\tau)} \begin{pmatrix} F_n(m+n) - F_{n+1}(p+s) \\ F_n(p-s) - F_{n+1}(q-r) \\ F_n(q+r) - F_{n+1}(m-n) \end{pmatrix} \quad (8.127)$$

和

$$\boldsymbol{H}^{\parallel'} = \begin{pmatrix} H_1 - A_{41}H_4 \\ H_2 - A_{52}H_5 \\ H_3 - A_{63}H_6 \end{pmatrix}$$

$$= \frac{\sqrt{(2+\tau)}\,a^{6D*}}{\sqrt{2}(F_n + F_{n+1}\tau)} \begin{pmatrix} F_{n+1}(h_1 + h_2) + F_n(h_3 + h_6) \\ F_{n+1}(h_3 - h_6) + F_n(h_4 - h_5) \\ F_{n+1}(h_4 + h_5) + F_n(h_1 - h_2) \end{pmatrix}. \quad (8.128)$$

对比式(8.128)与式(8.117)可见,二十面体准晶中成无理数比例关系 τ 的倒易矢量的平行空间分量,现在已被 Fibonacci 数(整数)之比 $\dfrac{F_{n+1}}{F_n}$ 所取代,从而得到晶体近似相. 观察式(8.128)可知,$\boldsymbol{H}^{\parallel\prime}$ 的第 k 个($k=1,2,3$)分量可以表示为 $H_k a^*_{\text{Cubic}}$ 的形式. 这里 H_k 是整数,故 $\boldsymbol{H}^{\parallel\prime}$ 是某个立方晶体的倒易矢量. 这立方晶体的倒易点阵的基矢的长度是

$$a^*_{\text{cubic}} = \frac{\sqrt{(2+\tau)}\,a^{6D*}}{\sqrt{2}\,(F_n + F_{n+1}\tau)}. \tag{8.129}$$

相应的正点阵的基矢的长度是

$$a_{\text{cubic}} = \frac{1}{a^*_{\text{cubic}}} = \frac{a^{6D}\sqrt{2}\,(F_n + F_{n+1}\tau)}{\sqrt{2+\tau}} = \frac{2a_R\tau^{n+1}}{\sqrt{2+\tau}}. \tag{8.130}$$

显然,n 越大,则相位子位移量越小,见式(8.126),同时其晶体近似相的单胞越大,见式(8.130).

　　以上讨论的是线性相位子应变导致准晶倒易矢量的长度由无理数比变成整数比. 现在从线性相位子应变使得高维空间中某些阵点落在平行空间内这样一个角度来讨论晶体·近似相. 由式(8.115)和式(8.127),六维空间晶体点阵矢量 $\boldsymbol{r} = m\boldsymbol{e}_1 + n\boldsymbol{e}_2 + p\boldsymbol{e}_3 + q\boldsymbol{e}_4 + r\boldsymbol{e}_5 + s\boldsymbol{e}_6$,当 $m=n$,$p=s$,$q=r=0$,满足条件 $\dfrac{m}{p} = \dfrac{F_{n+1}}{F_n}$ 的点阵矢量 $\boldsymbol{r}_{(1)} = m(\boldsymbol{e}_1 + \boldsymbol{e}_2) + p(\boldsymbol{e}_3 + \boldsymbol{e}_6)$ 的平行空间分量沿着 $\boldsymbol{E}_{(1)}$ 方向,且其垂直分量变为零,形成的晶体近似相的周期为 $a_{\text{cubic}(1)} = \dfrac{2a_R\tau^{n+1}}{\sqrt{2+\tau}}$. 这与式(8.130)的结果一致. 类似地,满足条件 $\dfrac{p}{q} = \dfrac{F_{n+1}}{F_n}$ 的点阵矢量 $\boldsymbol{r}_{(2)} = p(\boldsymbol{e}_3 - \boldsymbol{e}_6) + q(\boldsymbol{e}_4 - \boldsymbol{e}_5)$ 的平行空间分量沿着 $\boldsymbol{E}_{(2)}$ 方向,满足条件 $\dfrac{q}{m} = \dfrac{F_{n+1}}{F_n}$ 的点阵矢量 $\boldsymbol{r}_{(3)} = m(\boldsymbol{e}_1 - \boldsymbol{e}_2) + q(\boldsymbol{e}_4 + \boldsymbol{e}_5)$ 的平行空间分量沿着 $\boldsymbol{E}_{(3)}$ 方向,相应的垂直分量都变为零,形成的晶体近似相的周期与式(8.130)的表达

式完全一样.

取 $n=0, F_{n+1}/F_n = 1/0$,得到二十面体准晶的 $1/0$ 晶体近似相,其点阵常数

$$a_{\text{cubic}}(1/0) = \frac{2\tau a_R}{\sqrt{2+\tau}} = 1.701 a_R. \tag{8.131}$$

取 $n=1, F_{n+1}/F_n = 1/1$,得到二十面体准晶的 $1/1$ 晶体近似相,其点阵常数

$$a_{\text{cubic}}(1/1) = \frac{2\tau^2 a_R}{\sqrt{2+\tau}} = 2.753 a_R. \tag{8.132}$$

若取 $n=2, F_{n+1}/F_n = 2/1$,就得到二十面体准晶的 $2/1$ 晶体近似相,其点阵常数

$$a_{\text{cubic}}(2/1) = \frac{2\tau^3 a_R}{\sqrt{2+\tau}} = 4.454 a_R. \tag{8.133}$$

Elser 与 Henley(1985)和 Guyot 与 Audier(1985)两组研究者独立地研究了立方晶系的 α-AlMnSi(空间群 $Pm\bar{3}$)和 α-AlFeSi(空间群 $Im\bar{3}$)相与 Al-Mn-(Si)二十面体准晶在结构上的密切关系. 指出:Cooper 和 Robinson (1966)测定的立方 α-AlMnSi 以及 Cooper(1967)测定的立方 α-AlFeSi 中的基本结构单元,即图 3.1 (a)和(b)描绘的由 54 个原子构成的 Mackay 二十面体,也正好就是 Al-Mn-(Si)二十面体准晶中的基本结构单元. 但在立方 α-AlMnSi 和 α-AlFeSi 中是按体心立方的方式堆垛,在 Al-Mn-(Si)二十面体准晶中则是按三维 Penrose 拼砌的方式来堆垛. Elser 和 Henley(1985),以及 Audier 和 Guyot (1986)还指出立方 α-AlMnSi 和 α-AlFeSi 就是在切割时用 $1/1$ 代替 τ 而得到的结构. Henley 和 Elser (1986),Audier 和 Guyot (1986),以及 Audier 等(1986)还研究了立方 $Mg_{32}(Al, Zn)_{49}$ 晶体与成分几乎相同的 $Zn_{38}Mg_{37}Al_{25}$ 二十面体准晶之间,以及立方 R-$Al_{5.6}Li_{2.9}Cu$ 晶体与 $Al_{5.1}Li_3Cu$ 二十面体准晶之间在结构上的关系. 他们仔细分析了 Bergman 等 (1957)测定的立方 $Mg_{32}(Al, Zn)_{49}$ 的晶体结构,发现其中的基本结构单元就是本书图 3.2(f)所示的由 137 个原子构成的 Samson-

Bergman-Pauling 菱形三十面体. Henley 和 Elser(1986)并给出了 1/1 型立方晶体的点阵常数 a_{cubic} 与二十面体准晶的点阵常数 a_R 的下列关系:

$$a_{cubic} = \sqrt{4 + \frac{8}{\sqrt{5}}} a_R. \tag{8.134}$$

注意到, $\sqrt{5} = 2\tau - 1 = \frac{\tau + 2}{\tau}$ 和 $2\tau + 1 = \tau^3$, 容易证明式(8.134)与式 (8.132)是等价的. 遗憾的是, Elser 和 Henley(1985)给出的公式 则有错误.

杉山和平贺 (Sugiyama & Hiraga, 2000)对于二十面体准晶的 1/0, 1/1 和 2/1 三类晶体近似相进行了很好的综述. 他们把二十 面体准晶的立方近似相分成两种:其一是原子团按体心立方点阵 堆垛(以下简记为 I),另一种则按简单立方点阵(以下简记为 P) 堆垛而得到. 实验上已经观察到 $I(1/0)$, $I(1/1)$, $I(2/1)$, $P(1/0)$, $P(1/1)$ 和 $P(2/1)$ 共六种晶体近似相,其中 1/1 型的最多. 按 照杉山和平贺 (Sugiyama & Hiraga, 2000)的观点, Adam 和 Rich (1954)报道的 $Al_{12}Mn$ 晶体($Im\ \bar{3}$, $a_{cubic} = 0.75nm$)就是二十面体 准晶的一个 $I(1/0)$ 晶体近似相. 其晶体结构的基本单元是如图 3.1(a)和图 3.2(a)所示的由 12 个 Al 原子(加上中心的 1 个 Mn 原子)构成的 $Al_{12}Mn$ 二十面体. 这样的 $Al_{12}Mn$ 二十面体原子团 按体心立方的方式堆垛就得到空间群为 $Im\ \bar{3}$, 点阵常数为 a_{cubic} $= 0.75nm$ 的 $Al_{12}Mn$ 晶体. Araki 等(1993)和 Sugiyama 等(1998) 研究的 γ-Al-Cu-Ru-Si, Mahne 和 Steurer (1996)和 Sugiyama 等 (2000b)研究的 γ-$Al_{63.6}Pd_{30.2}Fe_{6.2}$, 以及 Edler 等(1998)和 Sugiya-ma 等(2000b)研究的 $Al_{66.8}Pd_{21.2}Ru_{12.0}$, 具有相同的结构. 例如, $Al_{66.8}Pd_{21.2}Ru_{12.0}$ 和 γ-$Al_{63.6}Pd_{30.2}Fe_{6.2}$ 的基本结构单元都是图 3.2 (b)所示的内壳层为二十面体、外壳层为五角十二面体,再加上一 个中心原子构成的原子团. 让五角十二面体沿着它的三支互相垂 直的二次轴的方向共棱边地堆垛就得到 $P(1/0)$ 型的近似相. 但 其基本结构单元中构成五角十二面体的外壳层的 20 个原子会按一定的规则有序分布,导致形成点阵常数加倍的空间群为 $Fm\overline{3}$ 的面心立方点阵. 其中 $Al_{66.8}Pd_{21.2}Ru_{12.0}$ 的点阵常数是 1.56058nm,γ-$Al_{63.6}Pd_{30.2}Fe_{6.2}$ 的点阵常数是 1.55187nm. 此外,Sugiyama 等(2000b)研究的 $Al_{68.9}Pd_{17.1}Fe_{13.9}$,是外壳为具有二十面体对称的原子团按简单立方点阵堆垛而得的 1/0 类,即 $P(1/0)$ 型的近似相. 这里形成点阵常数加倍至 $a_{cubic} = 1.53755nm$ 的空间群为 $Im\overline{3}$ 的体心立方点阵. 每个单胞内的 8 个原子团中有 6 个正二十面体,2 个正五角十二面体. 最后,Grin 等(1997)研究了 $Ir_2Al_5(P23, a_{cubic} = 0.77nm)$ 和 $Rh_2Al_5(P23, a_{cubic} = 0.77nm)$ 的结构,并将它们归类为 $P(1/0)$.

在 1.2.1 节讨论了二十面体准晶 IQC-$Al_{5.1}Li_3Cu$,其点阵常数 $a_R = 0.504nm$. Hardy 和 Silcock(1955)测定了立方 R-$Al_{5.6}Li_{2.9}Cu$ 的晶体结构,它与 $Al_{5.1}Li_3Cu$ 二十面体准晶之间具有类似的结构上的关系. 又,Guryan 等(1988)优化了立方晶体 R-$Al_{5.6}Li_{2.9}Cu$ 的晶体结构,指出它的点阵常数 $a_{cubic} = 1.389nm$. 两者之比为 $a_{cubic}/a_R = 2.756$,与式(8.132)中给出的理论值 2.753 符合得非常好. 李慧林和郭可信(Li and Kuo, 1994)在经过 800℃ 退火 3 天的 $Al_{70}Pd_{20}Mn_{10}$ 试样中观察到 $Al_{70}Pd_{20}Mn_{10}$ 二十面体准晶的 1/1 和 2/1 立方近似相. 它们的点阵常数分别是 $a_{cubic}(1/1) = 1.24nm$ 和 $a_{cubic}(2/1) = 2.03nm$. 与 Boudard 等(1992)给出的 $Al_{70}Pd_{20}Mn_{10}$ 二十面体准晶的点阵常数 $a_R = 0.456nm$ 相比,可得 $a_{cubic}(1/1)/a_R = 2.719$,$a_{Cubic}(2/1)/a_R = 4.452$. 与式(8.123)与式(8.124)中给出的理论值 2.753 和 4.454 相符合. 蔡安邦等(Tsai, et al., 2000)和郭俊清等(Guo, et al., 2000)新发现了二元的稳定的 Cd 基二十面体准晶,Kaneko 等(2001)新发现了 $Zn_{80}Mg_5Sc_{15}$ 二十面体准晶,这些二十面体准晶与其晶体近似相的点阵常数之间也有类似的关系. 现将有关实验数据及其比值 a_{cubic}/a_R 列于表 8.4. 它们与按式(8.131),(8.132),(8.133)计算出的理论值 1.701,2.753,4.454 相符合.

表 8.4 二十面体准晶及其晶体近似相的点阵常数

二十面体准晶 IQC	a_R(nm)	立方近似相 (F_{n+1}/F_n)	a_{cubic}(nm)	a_{cubic}/a_R	参考文献
IQC-$Al_{74}Mn_{20}Si_6$	0.460	$Al_{12}Mn(1/0)$	0.75	1.63	Adam & Rich (1954)
		α-$(Al_{72.5}Mn_{17.4}Si_{10.1})$ (1/1)	1.268	2.7565	Cooper & Robinson (1966); Cooper (1967); Elser & Henley (1985); Guyot & Audier (1985); Audier & Guyot (1986)
		α-$AlFeSi$(1/1)			
IQC-$Al_{62.5}Cu_{25}Fe_{12.5}$	0.445 $\times 2$	$Al_{53}Si_9Cu_{25.5}Fe_{12.5}$ (1/1);	1.232;	2.769;	Takeuchi, et al. (2000); Bresson, et al. (1998); Quiquandon, et al. (1998)
		α-$Al_{55}Si_7Cu_{25.5}Fe_{12.5}$ (1/1);	1.2330;	2.771;	
		α_1-$Al_{57}Si_{05}Cu_{27}Fe_{11}$ (1/1)	1.2345	2.774	
IQC-$Al_{5.1}Li_3Cu$	0.504	R-$Al_{5.6}Li_{2.9}Cu$(1/1)	1.389	2.756	Hardy & Silcock (1955); Guryan, et al. (1988)
IQC-$Zn_{38}Mg_{37}Al_{25}$	0.518	$Mg_{32}(Al,Zn)_{49}$(1/1)	1.416 1.422	2.734 2.745	Bergman, et al. (1957); Henley & Elser (1986); Audier & Guyot (1986); Audier, et al. (1986); Chandra, et al (1988)

二十面体准晶 IQC	a_R(nm)	立方近似相 (F_{n+1}/F_n)	a_{Cubic}(nm)	a_{Cubic}/a_R	参考文献
IQC-$Al_{70}Pd_{20}Mn_{10}$	0.456	$Al_{70}Pd_{20}Mn_{10}$(1/1)	1.24	2.719	Boudard, et al.
		$Al_{70}Pd_{20}Mn_{10}$ (2/1); $Al_{69.5}Pd_{23.0}Mn_{6.2}Si_{1.3}$ (2/1); $Al_{69.6}Pd_{24.3}Mn_{6.1}$ (2/1)	2.03; 2.0211	4.452; 4.432	(1992); Li and Kuo (1994); Sugiyama, et al. (1998b) Yamamoto & Hiraga (2000)
IQC-$Cd_{84}Yb_{16}$	0.5681	Cd_6Yb (1/1)	1.564	2.753	Tsai, et al., (2000) Guo, et al., (2000)
IQC-$Cd_{85}Ca_{15}$	0.5731	Cd_6Ca (1/1)	1.568	2.736	Guo, et al., (2000)
IQC-$Zn_{80}Mg_5Sc_{15}$	0.5031	$Zn_{17}Sc_3$(1/1)	1.3854	2.754	Kaneko, et al., (2001)
IQC-$Al_{73}Pd_{15}$ Ru_{12};		$Al_{66.8}Pd_{21.2}Ru_{12}\cdot$ (1/0); $Al_{68.5}Pd_{20}Ru_{11.5}$(1/0)	1.56058/2; 1.55/2		Edler, et al., (1998); Sugiyama, et al., (2000b)
		$Al_{75}Pd_{15}Ru_{10}$(2/1);	2.00		Shibuya, et al., (2000)
		γ-$Al_{63.6}Pd_{30.2}Fe_{6.2}$ (1/0);	1.55187/2		Mahne & Steurer (1996); Sugiyama, et al., (2000b)
IQC-$Al_{71}Pd_{18}$ Fe_{11}		$Al_{68.9}Pd_{17.1}Fe_{13.9}$ (1/0); $Al_{71}Pd_{14}Fe_{15}$(1/0)	1.53/2		Sugiyama, et al., (2000b); Shibuya, et al., (2000)

二十面体准晶 IQC	a_R(nm)	立方近似相 (F_{n+1}/F_n)	a_{Cubic}(nm)	a_{Cubic}/a_R	参考文献
		γ-Al-Cu-Ru-Si(1/0); $Al_{71.5}Cu_{8.5}Ru_{20}$(1/0)	1.53755/2; 0.77;		Araki, et al., (1993); Kirihara, et al., (1998);
		Al-Cu-Ru(1/1)	1.24		Shield, et al., (1992); Sugiyama, et al., (1998b)
IQC-$Al_{71}Pd_{17.5}$ $Os_{11.5}$		$Al_{74}Pd_{16}Os_{10}$(1/0)	1.55/2		Shibuya, et al., (2000)
		$Al_{69.5}Pd_{20}Os_{10.5}$(2/1)	2.00		
		Ir_2Al_5(1/0); Rh_2Al_5(1/0)	0.77 0.77		Grin, et al., (1997
IQC-$Ti_{41.5}$ $Zr_{41.5}Ni_{17}$; IQC-$Ti_{45}Zr_{38}$ Ni_{17}	0.52	$Ti_{50}Zr_{35}Ni_{15}$(1/1); $Ti_{50-40}Zr_{31-42}Ni_{16-19}$ (W-phase) (1/1).	1.432	2.754	Kim, et al., (1998); Majzoub, et al., (2000); Sadoc, et al., (2000)

李方华研究组(Li, et al., 1988; 1989; 1990; Cheng, et al., 1990; Pan, et al., 1990; Pan, et al., 1992; Li, et al., 1992; 1993)从选区电子衍射花样中,率先发现了二十面体准晶到其体心立方晶体近似相几乎连续的转变过程. 在此基础上推导出了准晶与晶体之间关系的表达式,再根据此公式提出了测定准晶结构的一种新方法.

一般的情况下,如果在相位子位移矩阵式(8.113)和(8.114)中选取适当的矩阵元,而且保留的对称性为 5 或 $\bar{5}$,则得到的近似相是五次准晶. 如果保留的对称性为 3 或 $\bar{3}$,则得到三角晶系的晶体近似相. 如果保留的对称性较之 23 或 m $\bar{3}$ 更低,仅有 222 或 mmm,则得到正交晶系的晶体近似相. Gratias 等(1995), Niizeki

等(1992),以及 Quiquandon 等 (1995,1996,1999)就此进行了系统的讨论,本书不再重复.

实验上还观察到二十面体准晶的六角晶系的晶体近似相,如空间群为 $P6_3/mmc$,点阵常数为 $a = 0.7500\text{nm}$, $c = 0.7772\text{nm}$ 的 β-Al_9Mn_3Si(Robinson,1952),点阵常数为 $a = 1.240\text{nm}$, $c = 2.623\text{nm}$ 的 β-AlFeSi(Corby & Black,1977).

一般认为与准晶有相近的化学配比和相同的结构单元(原子团)的晶体称为准晶的晶体近似相. 准晶及其晶体近似相都可以描述为高维空间晶体被物理空间切割而得到. 当切割的斜率为无理数时,得到准晶. 引入线性相位子应变以改变切割的斜率,使之变成有理数,就得到该准晶的晶体近似相. 但董闯(Dong,1995a)就准晶的晶体近似相提出了一个新的准则:与某准晶具有近似相同的价电子浓度的 Hume-Rothery 晶体相就是该准晶的晶体近似相. 这个准则并不要求两者具有相近的化学成分. 董闯及其同事(Dong,1995b;Dong,1996;董闯,1998;Dong,et al.,1998a;Dong, et al.,1998b)不但认为 λ-$Al_{13}Fe_4$ 相是 I-$Al_{62.5}Cu_{25}Fe_{12.5}$ 二十面体准晶的晶体近似相,而且还进一步讨论了下列各相的价电子浓度和原子结构,认为它们也是 Al-Cu-TM(TM 代表过渡族金属元素)准晶的近似相. 包括:Al_3Ni_2 结构类型的 Al_3Cu_2,H-Al_3($Cu_{0.75}$ $Co_{0.25})_2$ 和 ϕ-$Al_{10}Cu_{10}Fe_1$ 等相(Dong,1995b),γ 黄铜结构类型的 δ-Al_4Cu_9 相(Dong,1996),面心正交的 oF-Al_3Cu_4(即 ζ-Al_3Cu_4),体心正交的 oI-Al_2Cu_3 和六角的 $\varepsilon2$-Al_2Cu_3 等相(Dong,et al.,1998a; 1998b).

参 考 文 献

董闯. 准晶材料,北京:国防工业出版社,1998

Adam J,Rich J B. Acta Crystallogr,1954(7):813

Araki K, Waseda A, Kimura K and Inoue A. Philos Mag Lett,1993(67):351

Audier M, Guyot P. Philos. Mag B,1986a(53):L43~L51

Audier M, Guyot P. In: Extended Icosahedral Structures. Eds. Jaric MV, Gratias D. Boston:Academic Press, 1986b. 1~36

Audier M, Sainfort P, Dubost B. Philos Mag,1986(B 54):L105~L111

Bergman G,Waugh J L T, Pauling L. Acta Crystallogr,1957(10):254

Boudard M, Klein H, de Boissieu M, Audier M, Vincent H. Phil Mag A, 1996(74): 939

Bresson L, Quivy A, Faudot F, Quiquandon M, Calvayrac Y. In: Takeuchi S, Fujiwara T
    Eds. Proc 6th Int Conf on Quasicrystals. Singapore: World Sci,1998:211~214

Cheng Y F, Hui M J, Chen X S and Li F H. Phil Mag Lett,1990(61): 173~179

Conrad M, Krumeich F, Reich C, Harbrecht B. Mater Sci Eng A, 2000 (294~296):
    37~40

Cooper M, Robinson K. Acta Crystallogr,1966(20):614

Cooper M. Acta Crystallogr, 1967(23): 1106

Corby R N, Black P J. Acta Crystallogr B,1977(33):3468

Damjanovic A. Acta crystallogr,1961(14): 982~987

Demange V, Wu J S, Brien V, Machizaud F, Dubois J M. Mater Sci Eng A,2000(294~
    296):79~81

Doeblinger M, Wittmann R, Gerthsen D, Grushko B. Mater Sci Eng A, 2000 (294~
    296):131~134

Dong C. Scr Metall Mater,1995a,33(2):239~243

Dong C. J Phys I France,1995b,5(12): 1625~34

Dong C. In: Janot C, Mosseri R Eds. Proc 5th Int Conf on Quasicrystals. Singapore:
    World Sci,1995c. 334~337

Dong C. Philos Mag A,1996,73(6):1519~1528

Dong C, Dubois J M, Kang S, Audier M. Philos Mag B,1992,65(1):107~26

Dong C, Wang D H, Wang Y M, Ge F, He F Z, Zhang Q H, Chattopadhyay K, Ran-
    ganathan S. In: Takeuchi S, Fujiwara T Eds. Proc 6th Int Conf on Quasicrystals. Singa-
    pore: World Sci,1998a. 223~226

Dong, C, Zhang Q H, Wang D H, Wang Y M. Eur Phys J B,1998b,6(1):25~32

Dong C; Zhang Q H,Wang D H,Wang Y M. Micron,2000(31): 507~514

Edagawa K, Suzuki K, Ichihara M, Audier M. Phil Mag B,1991(64): 629~638

Edler FJ, Gramlich V, Steurer W. J Alloy Comp,1998(269):7

Elser V,Henley C L. Phys Rev Lett,1985(55): 2883~2886

Fujii Y, Amino K, Yoshida K. In: Takeuchi S, Fujiwara T Eds. Proc 6th Int Conf on
    Quasicrystals. Singapore: World Sci,1998:227~230

Fitzgerald D, Withers RL, Stewart AM, Calka A. Phil Mag B,1988(58):15~33

Ge SP, Kuo K H. Metall. Mater. Trans A,1999(30):697~705

Gratias D, Quiquandon M, Katz A. J Phys,1995(7): 9101

Grin Y, Peters K, Burkhardt U, Goltzman K, Ellner M. Z Kristallogr,1997(212): 439

Guo J Q, Abe E, Tsai A P. Phys Rev B,2000(62): R14605~R14608

Guryan C A, Stephens P W, Goldman A I, Gayle F W. Phys Rev B,1988(37): 8495~8498

Guyot P, Audier M. Phil Mag B,1985(52):L15~19

Hardy H K, Silcock J M. J Inst Metals,1955(24):423

Henley C L, Elser V. Philos Mag B,1986(53):L59

Hu C Z, Wang R H, Ding D-H,Yang W G. Phys Rev B,1996(53): 12031~12034

Hu C Z, Wang R H,Ding D H. Rep Prog Phys,2000(63): 1~39

Ishii Y. Phys Rev B,1989(39): 11862~11871

Ishii Y. Phys Rev B,1992(45): 5228~5239

Kalugin P A. J Phys A,1994(27):3599~3614

Kim W J, Gibbons P C, Kelton K F. In: Takeuchi S, Fujiwara T Eds. Proc 6th Int Conf
on Quasicrystals. Singapore: World Sci,1998:47~50

Kirihara K, Kimura K, Ino H, Dmitrienko V E. In: Takeuchi S, Fujiwara T Eds. Proc
6th Int Conf on Quasicrystals. Singapore: World Sci,1998:243~246

Klein H, Audier M, Boudard M, Boissieu MDE, Beraha L, Duneau M, In: Janot C,
Mosseri R Eds. Proc 5th Int Conf on Quasicrystals. Singapore: World Sci, 1995:338~
342

Krumeich F, Conrad M, Harbrecht. Optik Suppl,1993,5(94): 68

Krumeich F, Conrad M, Harbrecht B. Proc 13th Int Congress Electron Microscopy (ICEM-
13) Paris. 1994. 751~752

Krumeich F, Reich C, Conrad M, Harbrecht B. Mater Sci Eng A, 2000 (294~296):
152~155

Kuo K H. J Non-Cryst Solids,1993(153~154): 40~44

Kuo K H. Pentagon tessellation in crystalline and quasicrystalline phases, in Symmetry
2000.2001

Kuo K H. Acta Cryst A,2002(58):209

Li W, Park H & Widom M J. Stat Phys,1992(66):1~69

Lubensky T C, Socolar J E S, Steinhardt P J, Bancel P A,Heiney P A. Phys Rev Lett,
1986(57):1440~1443

Li F H. in: Crystal-Quasicrystal Transitions. ed. Jacaman MJ and Torres M. Elsevier Sci
Publ,1993:13~47

Li F H, Teng C M, Huang Z R, Chen X C and Chen X S. Phil Mag Lett,1988(57):
113~116

Li F H, Pan G Z, Tao S Z, Hui M J, Mai Z H, Chen X S and Cai L Y. Phil Mag B,
1989(59):535~542

Li F H and Chen Y F. Acta Cryst A,1990(46): 142~149

Li F H, Pan G Z, Huang D X, Hashimoto H and Yokota Y. Ultramicroscopy,1992(45):
  299~305

Li X Z and Kuo K H. Phil Mag B,1992a(65):525~533

Li X Z, Kuo K H. Phil Mag B,1992b(66): 117~124

Li XZ, Shi D, Kuo KH. Phil Mag B,1992c(66):331~340

Li H L, Kuo K H. Phil Mag Lett,1994(70):55~62

Li X Z, Yu R C, Zhang Z, Kuo K H. Phil Mag. B,1995(71): 261~272

Liao X Z, Kuo K H, Zhang H, Urban K. Phil Mag B,1992(66): 549~558

Majzoub E H, Kim J Y, Hennig R G, Kelton K F, Gibbons P C, Yelon W B. Mater Sci
  Eng A,2000(294~296):108~111

Ma L, Wang R, Kuo K H. Scripta Met,1988(22):1791~1794

Ma X L, Kuo K H. Metall Trans A,1992(23): 1121~1128

Mahne S, Steurer W. Z Krist,1996(211):17

Mo Z M,Zhou H Y,Kuo K H. Acta Crystallogr B,2000(56): 392~401

Pan G Z, Chen Y F and Li F H. Phys Rev B,1990(41): 3401~340

Pan G Z, Teng C M and Li F H. Phys Rev B,1992(46):6091~6098

Qin Y L, Wang R H, Wang Q L, Zhang Y M, Pan C X. Phil Mag Lett,1995(71):83~
  90

Qin Y L, Wang R H, Wang Q L. Rad Effects and Defects in Solids,1997(140):335~349

Quiquandon M, Gratias D, Devaud J, Lann Ale, Hyetch M, Bresson L. In: Takeuchi S,
  Fujiwara T Eds. Proc. 6th Int Conf on Quasicrystals. Singapore: World Sci,1998:239~
  242

Quiquandon M, Katz A, Puyraimond F, Gratias D. Acta Cryst A,1999(55): 975~983

Quiquandon M, Quivy A, Devaud J, Faudot F, Lefebvre S, Bessiere M, Calvayrac Y. J
  Phys: Condens Matter,1996(8): 2487~2512

Quiquandon M, Quivy A, Faudot F, Saadi N, Calvayrac Y, Lefebvre S, Bessiere M. Proc
  5th Int Conf on Quasicrystals. Eds. Janot C, Mosseri R, Singapore: World Sci,1995:
  152~155

Robinson K. Acta Crystallogr,1952(5): 397~403

Robinson K. Acta Crystallogr,1954(7): 494

Sadoc A, Kim J Y, Kelton K F. Mater Sci Eng A,2000(294~296):348~350

Shibuya T, Asao T, Tamura M, Tamura R, Takeuchi S. Mater Sci Eng A,2000 (294~296):
  61~64

Shield J E et al. Phys Rev B,1992(45): 2063

Sugiyama K, Hiraga K. 日本金属学会会报,2000(32):635~640

Sugiyama K, Kaji N, Yubuta K, Hiraga K. In: Takeuchi S, Fujiwara T Eds. Proc 6th Int

Conf on Quasicrystals. Singapore: World Sci,1998a:199~206

Sugiyama K, Kato T, Saito K, Hiraga K. Phil Mag Lett,1998b(77): 165~171

Sugiyama K, Kato K, Ogawa T, Hiraga K. J Alloy Comp,2000a(299): 169~174

Sugiyama K,Hiraga K, Saito K. Mater Sci Eng,2000b(294~296):345~347

Sui H X,Li X Z,Kuo K H. Phil Mag Lett,1999(79): 181~185

Takeuchi T, Yamada H, Takata M, Nakata T, Tanaka N, Mizutani U. Mater Sci Eng A, 2000(294~296):340~344

Taylor M A. Acta Crystallogr,1961(14): 84

Van Tendeloo G, Van Landuyt J, Amelinckx S, Ranganathan S. J Microsc,1988(149): 1

Wang R H, Gui J N, Yao S N, Cheng Y F, Lu G H, Huang M F. Phil Mag B, 1986(54): L33~L37

Wang R H, Wang Z G, Deng W F, Ohnuki S, Takahashi H. In: Proc of VIth China-Japan Electron Microscopy Seminar (Okayama,1991). 1991. 73~76

Wang Z G,. Deng W F, Wang R H. Phys Stat Sol A,1992(133): 299~304

Wang Z G, Yang X X, Wang R H. J Phys:Condens Matter,1993(5): 7569~7576

Wang R H, Takahashi H, Ohnuki S, Wang Z G. Radiation Effects and Defects in Solids, 1994(129): 173~180

Wang R H, Yang XX, Takahashi H, Ohnuki S.J Phys: Condens Matter, 1995 (7): 2105~2114

Widom M. Phys Rev Lett,1993(70):2094~2097

Wu J S, Ge S P, Kuo K H. Phil Mag A,1999(79):1787~1803

Wu J S, Kuo K H. Metall Mater Trans A,1997(28A): 729~742

Wu J S, Kou K H. In: Takeuchi S, Fujiwara T Eds. Proc 6th Int Conf on Quasicrystals. Singapore: World Sci,1998. 215~218

Wu J S, Kuo K H. Micron,2000(31): 459~467

Wu J S, Li X Z, Kuo K H. Phil Mag Lett,1998(77):359~370

Yamamoto A, Hiraga K. Mater Sci Eng A,2000(294~296):228~231

Yang X X, Wang R H, Fan X J. Phil Mag Lett,1996(73): 121~127

Yang W G, Gui J N, Wang R H. Phil Mag Lett,1996(74): 357~366

You J Q, Hu T B. Pphys Stat Sol B,1988(147): 471~484

Yu R C, Li X Z, Xu D P, Zhang Z, Su W H, Kuo K H. Phil Mag Lett,1993(67): 287~292

Yubuta K, Sugiyama K, Hiraga K, In: Takeuchi S, Fujiwara T Eds. Proc 6th Int Conf on Quasicrystals. Singapore: World Sci,1998. 235~238

Zhang H, Kuo K H. Phys Rev B,1990a(41): 3482~3487

Zhang H, Kuo K H. Phys Rev B,1990b(42): 8907~8914

第九章　晶体与准晶的热漫散射理论

在晶体的结构分析工作中,需要对比实验测定的和理论计算的衍射峰的累积强度. 早在 X 射线衍射晶体结构分析工作的初期(1913~1928),Debye(1914),随后 Faxen (1923)和 Waller (1928)就已经讨论了晶体中原子热振动会导致累积强度的降低,而且这种效应随温度的升高以及衍射矢量的长度的增大而加重. 另一方面,Laval(1939)和 Zachariasen (1940)互相独立地探讨了晶体中原子热振动引起的热漫散射的理论. 由于热漫散射强度在倒易空间中的分布与晶体的弹性常数和温度关系极为密切,我们可以通过实验测定热漫散射强度在倒空间中的分布而测定出该晶体的弹性常数,详见 Wooster 的有关专著(Wooster,1962). 在国内,在郭可信的指导下,吴德昌与王仁卉用 X 射线热漫散射的方法测定了锌晶体的弹性常数(吴德昌,王仁卉,1966). 此外,在晶体的结构分析工作中有时需要精确地测定某些衍射峰的累积强度. 由于热漫散射的强度在倒易空间中的分布并非均匀,而是在衍射峰处达到极大,随着对峰位的偏离的增大而成平方地减小(详见下文),就必须会计算热漫散射对这些峰的累积强度的贡献,并将其一一从实验测得的对应的衍射峰的累积强度中扣除.

预期在准晶中也应该有类似的现象,而且,正如在第六章中已经详细地讨论过,准晶可以描述为用三维的物理空间去切割高维(d 维,$d > 3$)空间中的晶体而得. 这样一来,准晶中原子的位移有两种类型:在 3 维的物理空间(或称为平行空间)内位移的声子型的位移 $u^{\parallel}(r^{\parallel})$,以及在($d-3$)维的补空间(或称为垂直空间)内位移的相位子型的位移 $u^{\perp}(r^{\parallel})$,它们都是物理空间中的位矢 $r^{\parallel}$ 的函数. 因而准晶中的应变也有声子型和相位子型两类,弹性常数则有声子型、相位子型和声子-相位子耦合型共三类. 预期准晶热漫散射的理论计算公式会比晶体的情况更为复杂,但却是可以用类似的方法推导出来的. 此外,除了应用热漫散射强度在倒空间的分布测定弹性常数的方法之外,现有的应用其他原理的实验测定晶体的弹性常数的方法,如测量超声波速度(Amazit, et al.,1995),测量超声谐振频率(Chernikov, et al.,1998;Tanaka, et al.,1996),都只能推广到测定准晶的声子型弹性常数,见参考文献(Amazit, et al., 1995;Chernikov, et al., 1998;Tanaka, et al., 1996)及其中所引用的文献. 至今能推广到测定准晶的相位子型或者声子-相位子耦合型弹性常数的方法只有热漫散射法(de Boissieu, et al.,1995;Boudard, et al.,1996).

本章将要详细讨论准晶的热漫散射理论. 首先介绍常用的一些数学公式,接着再介绍晶体的热漫散射理论,然后再讨论准晶的热漫散射理论,最后介绍准晶弹性常数的热漫散射测定的初步工作.

§9.1 常用的一些数学公式

9.1.1 与 Fourier 变换和 δ 函数有关的几个公式

晶体学和衍射物理学工作者习惯于采用的倒易空间的基矢 $e_j^* = (e_1^*, e_2^*, e_3^*, e_4^*, e_5^*, e_6^*)$ 与正空间的基矢 $e_j = (e_1, e_2, e_3, e_4, e_5, e_6)$ 之间有如下关系:

$$e_j^{*\,\mathrm{T}} e_j = I \quad \text{或者} \quad e_j^{\mathrm{T}} e_j^* = I \tag{2.2}$$

这里 I 表示单位矩阵. $\rho(x_1, x_2) = \rho(r)$ 函数的 Fourier 变换(Cowley,1981),即衍射振幅 Φ 的表达式为

$$\Phi(h_1, h_2) = \int \rho(x_1, x_2) \exp(2\pi i(h_1 x_1 + h_2 x_2)) \mathrm{d}\, x_1 \, \mathrm{d}\, x_2,$$

或

$$\Phi(r^*) = \int \rho(r) \exp(2\pi i\, r^* \cdot r) \mathrm{d}\, r. \tag{2.18a}$$

它是倒易点阵矢量 $r^*(h_1, h_2)$ 的函数. 逆 Fourier 变换的表达式

为

$$\rho(x_1, x_2) = \int \Phi(h_1, h_2)\exp(-2\pi i(h_1 x_1 + h_2 x_2))\mathrm{d}h_1\,\mathrm{d}h_2,$$

或

$$\rho(\boldsymbol{r}) = \int \Phi(\boldsymbol{r}^*)\exp(-2\pi i\,\boldsymbol{r}^*\cdot\boldsymbol{r})\mathrm{d}\boldsymbol{r}^*. \qquad (2.18b)$$

而凝聚态物理学工作者习惯于采用的波矢 $\boldsymbol{s}$ 或 $\boldsymbol{k}$ 的长度为倒易矢量 $\boldsymbol{r}^*$ 的 2π 倍. 这时 $\rho(\boldsymbol{r})$ 函数的 Fourier 变换的表达式为

$$\Phi(\boldsymbol{s}) = \int \rho(\boldsymbol{r})\,\exp(i\boldsymbol{s}\cdot\boldsymbol{r})\mathrm{d}^d\boldsymbol{r}, \qquad (9.1)$$

其中的上标 d 表示空间的维数. 相应的逆 Fourier 变换的表达式为

$$\rho(\boldsymbol{r}) = \frac{1}{(2\pi)^d}\int \Phi(\boldsymbol{s})\,\exp(-i\,\boldsymbol{s}\cdot\boldsymbol{r})\mathrm{d}^d\boldsymbol{s}. \qquad (9.2)$$

注意式 (9.2) 积分号前面有一个系数 $\dfrac{1}{(2\pi)^d}$. 相应的 δ 函数的表达式应为

$$\delta(\boldsymbol{r}) = \frac{1}{(2\pi)^d}\int \exp(i\boldsymbol{s}\cdot\boldsymbol{r})\mathrm{d}^d\boldsymbol{s} \qquad (9.3)$$

和

$$\delta(\boldsymbol{s}) = \frac{1}{(2\pi)^d}\int \exp(i\boldsymbol{s}\cdot\boldsymbol{r})\mathrm{d}^d\boldsymbol{r}. \qquad (9.4)$$

现在,我们来讨论 Fourier 变换的切割定理的具体的表达式. 考虑 3 维物理空间(平行空间)中秩为 d 的准晶,此时补空间(垂直空间)则是 $(d-3)$ 维的. 物理空间中的准晶的密度函数 $\rho^{\parallel}(\boldsymbol{r}^{\parallel})$ 可以表示为 d 维空间的晶体的密度函数 $\rho(\boldsymbol{r}) = \rho(\boldsymbol{r}^{\parallel}, \boldsymbol{r}^{\perp})$ 被物理空间切割而得到

$$\rho^{\parallel}(\boldsymbol{r}^{\parallel}) = \rho(\boldsymbol{r}^{\parallel}, \boldsymbol{r}^{\perp}=0). \qquad (9.5)$$

改变积分次序并利用式 (9.3),我们有

$$\frac{1}{(2\pi)^{d-3}}\int \Phi(\boldsymbol{s}^{\parallel}, \boldsymbol{s}^{\perp})\mathrm{d}^{d-3}\boldsymbol{s}^{\perp}$$

$$= \frac{1}{(2\pi)^{d-3}}\int \mathrm{d}^{d-3}\boldsymbol{s}^{\perp}\iint \rho(\boldsymbol{r}^{\parallel}, \boldsymbol{r}^{\perp})\exp[i(\boldsymbol{s}^{\parallel}\cdot\boldsymbol{r}^{\parallel} + \boldsymbol{s}^{\perp}\cdot\boldsymbol{r}^{\perp})]\mathrm{d}\boldsymbol{r}^{\parallel}\,\mathrm{d}\boldsymbol{r}^{\perp}$$

$$= \iint \delta(\boldsymbol{r}^{\perp}) \rho(\boldsymbol{r}^{\parallel}, \boldsymbol{r}^{\perp}) \exp[\mathrm{i}(\boldsymbol{s}^{\parallel} \cdot \boldsymbol{r}^{\parallel} + \boldsymbol{s}^{\perp} \cdot \boldsymbol{r}^{\perp})] \mathrm{d}\boldsymbol{r}^{\parallel} \mathrm{d}\boldsymbol{r}^{\perp}$$

$$= \int \rho(\boldsymbol{r}^{\parallel}, \boldsymbol{r}^{\perp} = 0) \exp[\mathrm{i}(\boldsymbol{s}^{\parallel} \cdot \boldsymbol{r}^{\parallel})] \mathrm{d}\boldsymbol{r}^{\parallel}. \tag{9.6}$$

式(9.6)说明:高维正空间的函数 $\rho(\boldsymbol{r}^{\parallel}, \boldsymbol{r}^{\perp})$ 被平行空间切割(就是令 $\boldsymbol{r}^{\perp} = 0$)之后进行 Fourier 变换,即式(9.6)等号右边,等于该函数的 Fourier 变换 $\Phi(\boldsymbol{s}^{\parallel}, \boldsymbol{s}^{\perp})$ 向平行空间的投影,即等号左边,对 $\mathrm{d}^{d-3} \boldsymbol{s}^{\perp}$ 积分. 注意,对 $d-3$ 维的垂直空间的 $\mathrm{d}^{d-3} \boldsymbol{s}^{\perp}$ 积分,则积分号之前有一个系数 $\dfrac{1}{(2\pi)^{d-3}}$.

现在我们探讨 d 维正空间中的一个周期点阵

$$f(\boldsymbol{r}) = \sum_{R} \delta(\boldsymbol{r} - \boldsymbol{R}) \tag{9.7}$$

的 Fourier 变换 $\Phi(\boldsymbol{s})$. 式(9.7)中 $\boldsymbol{R}$ 是指向点阵格点的矢量. 一方面,按照式(9.1),函数 $f(\boldsymbol{r})$ 的 Fourier 变换的表达式为

$$\Phi(\boldsymbol{s}) = \int \sum_{R} \delta(\boldsymbol{r} - \boldsymbol{R}) \exp(\mathrm{i}\, \boldsymbol{s} \cdot \boldsymbol{r}) \mathrm{d}\boldsymbol{r} = \sum_{R} \exp(\mathrm{i}\, \boldsymbol{s} \cdot \boldsymbol{R}) \tag{9.8}$$

另一方面,式(9.8)等号右边的 d 维点阵位矢 $\boldsymbol{R}$ 和波矢 s 都可以分解

$$\boldsymbol{R} = \sum_{j=1}^{d} n_j \boldsymbol{e}_j, \quad \boldsymbol{s} = \sum_{j=1}^{d} s_j \boldsymbol{e}_j^* = \sum_{j=1}^{d} 2\pi h_j \boldsymbol{e}_j^*. \tag{9.9}$$

因此,式(9.8)等号右边的对 d 维点阵位矢 $\boldsymbol{R}$ 的求和,可以分解成 d 个因子,其中第 j 个因子是形如 $\displaystyle\sum_{n_j=0}^{(N_j-1)} \exp(\mathrm{i} s_j n_j)$ 的由 N_j 个项组成的几何级数之和. 这个和的模量等于 $\dfrac{\sin(s_j N_j / 2)}{\sin(s_j / 2)}$. 当 $s_j = 2\pi h_j$ (h_j 是整数)时,它达到峰值等于 N_j,全宽为 $\dfrac{2\pi}{N_j}$ 的主极大. 当 N_j 趋向无穷大时,主极大的峰高也趋向无穷大,峰宽则趋近于 0,成为系数为 $\dfrac{2\pi}{e_j}$ 的、以波矢 s 为自变量的 δ 函数. 因此,式(9.8)可以写成

$$\sum_R \exp(i s \cdot \boldsymbol{R}) = \frac{(2\pi)^d}{v_c} \sum_S \delta(s - \boldsymbol{S}), \qquad (9.10)$$

式中 $\boldsymbol{S}$ 是 d 维倒易空间中指向倒易阵点的矢量，v_c 是 d 维正空间中的单胞体积. 一般的有关 X 射线或电子衍射分析的教科书，例如黄胜涛(1985)和 Cowley(1981)都有式(9.8)等号右边几何级数的求和的详细的讨论. 式(9.10)也可用于三维空间中的晶体，此时 $d=3$.

严格地说，δ 函数的主峰高应该趋近于无穷大，峰宽则趋近于 0. 但是，实际的试样中的相干畴的尺度总是有限而不是无穷大的. 在这种情况下，我们还是借用 δ 函数的符号，但是却赋予其主峰某一个有限的峰高. 例如，对 $d=3$ 的晶体而言，在式(9.10)中令 s 等于某一个倒易阵点的位矢 $\boldsymbol{S}_j$ 时，等号右边对倒易点阵矢量 $\boldsymbol{S}$ 的求和就只剩下 $s = \boldsymbol{S}_j$ 这一项. 由于 $\boldsymbol{S}_j \cdot \boldsymbol{R}$ 等于 2π 的整数倍，等号左边的求和得到相干畴中对衍射有贡献的阵点的总数 N. 于是我们得到

$$\delta(s=0) = N \frac{v_c}{(2\pi)^3} = \frac{V}{(2\pi)^3}. \qquad (9.11)$$

式(9.11)说明：当相干畴中对衍射有贡献的体积 $V \to \infty$ 时，每一个衍射峰的主峰高都趋近于无穷大. 但实际试样中的相干畴的体积 V 是有限的. 此时我们借用 δ 函数这一符号来描述衍射峰形，但是却赋予其主峰的峰高的值正比于体积 V.

现在，我们讨论准晶的情况. 在式(9.10)中令 $s^{\parallel}=0$，则式(9.10)中的 δ 函数要求 $\boldsymbol{S}^{\parallel}=0$. 由于无论是垂直空间或是平行空间相对于 d 维空间的取向矩阵的系数都是含有无理数的，满足条件 $\boldsymbol{S}^{\parallel}=0$ 的倒易阵点只有一个，其垂直分量也等于 0：$\boldsymbol{S}^{\perp}=0$. 于是式(9.10)变成了

$$\delta^{\parallel}(s^{\parallel}=0)\delta^{\perp}(s^{\perp}) = \frac{v_c}{(2\pi)^d} \sum_R \exp(i s^{\perp} \cdot \boldsymbol{R}^{\perp}). \qquad (9.12)$$

在垂直空间引入原子面函数(或称为窗口函数)$w(\boldsymbol{r}^{\perp})$，即规定一定的范围，比如说，$d$ 维空间的单胞体积 v_c 在垂直空间的投影

$v^\perp$. 当且仅当某个原子的垂直空间坐标 $r^\perp$ 在 $v^\perp$ 的范围之内时,该原子被平行空间切割

$$w(\boldsymbol{r}^\perp) = \begin{cases} 1, \text{如果} \quad r^\perp \in v^\perp, \\ 0, \quad \text{其他}. \end{cases} \tag{9.13}$$

原子面函数的 Fourier 变换则是

$$W(\boldsymbol{s}^\perp) = \int w(\boldsymbol{r}^\perp)\exp(\mathrm{i}s^\perp \cdot \boldsymbol{r}^\perp)\mathrm{d}^{d-3}\boldsymbol{r}^\perp. \tag{9.14}$$

当 $s^\perp = 0$ 时,由式(9.14)可知

$$W(\boldsymbol{s}^\perp = 0) = v^\perp. \tag{9.15}$$

式(9.14)的逆 Fourier 变换是

$$w(\boldsymbol{r}^\perp) = \frac{1}{(2\pi)^{d-3}}\int W(\boldsymbol{s}^\perp)\exp(-\mathrm{i}s^\perp \cdot \boldsymbol{r}^\perp)\,\mathrm{d}^{d-3}\boldsymbol{s}^\perp. \tag{9.16}$$

式(9.12)等号两边都乘以 $W(\boldsymbol{s}^\perp)$,对 $\mathrm{d}^{d-3}\boldsymbol{s}^\perp$ 积分,用式(9.15)和式(9.16),并注意到

$$\sum_R w(\boldsymbol{R}^\perp) = N^\parallel, \tag{9.17}$$

即可得

$$\delta^\parallel(\boldsymbol{s}^\parallel = 0) = N^\parallel \frac{v_c}{v^\perp(2\pi)^3} = \frac{V^\parallel}{(2\pi)^3}, \tag{9.18}$$

这里 $N^\parallel$ 是 d 维空间晶体点阵中被平行空间切割的阵点数,$N^\parallel v_c$ 是这些阵点在 d 维空间中的总体积,这体积在垂直空间的宽度是 $v^\perp$. 因此, $N^\parallel \frac{v_c}{v^\perp} = V^\parallel$ 是物理空间中对衍射有贡献的阵点对应的总体积. 可见式(9.18)具有与式(9.11)相同的物理意义.

由式(9.11)可以立即得到晶体中 δ 函数的平方的计算公式如下:

$$[\delta(s)]^2 = N\frac{v_c}{(2\pi)^3}\delta(s). \tag{9.19}$$

由式(9.18)可以立即得到准晶中 δ 函数的平方的计算公式如下:

$$[\delta^\parallel(\boldsymbol{s}^\parallel)]^2 = N^\parallel \frac{v_c}{v^\perp(2\pi)^3}\delta^\parallel(\boldsymbol{s}^\parallel). \tag{9.20}$$

9.1.2 与准晶运动方程有关的若干公式

在 §6.2 讨论准晶的线弹性理论时已经指出：准晶的弹性常数可以表示为 $M_{\alpha i \beta j} = \begin{bmatrix} [C] & [R] \\ [R]^{\mathrm{T}} & [K] \end{bmatrix}$，其中第一和第三个下标分别对应于应力和应变的方向，第二和第四个下标则对应于应力或应变所作用的面的法线方向．希腊字母 $\alpha, \beta, \cdots$ 取值的范围是 $1, 2, \cdots, d$．这里 d 是准晶的秩，即用于描述准晶的高维晶体的维数．拉丁字母 $i, j, \cdots$ 取值的范围则是 1,2 和 3，即是准晶所在的物理空间的维数．希腊字母 $\alpha, \beta, \cdots$ 取值为 1,2,3 时对应于在物理空间的（即是声子型的）力或位移，取值为 $4,5,\cdots, d$ 时则对应于在垂直空间的（即是相位子型的）力或位移．当 $M_{\alpha i \beta j}$ 中的希腊字母 α, β 取值都是 1,2,3 时，对应于声子型弹性常数 $[C]$，取值都是 $4,5,\cdots, d$ 时对应于相位子型弹性常数 $[K]$，α 取值 1,2,3 而 β 取值 $4,5,\cdots, d$ 时对应于声子-相位子耦合型弹性常数 $[R]$，α 取值 $4,5,\cdots, d$ 而 β 取值 1,2,3 时对应于 $[R]$ 的转置矩阵 $[R]^{\mathrm{T}}$．

准晶作为一种具有相位子型位移与力的特殊的连续介质，其运动方程可以表示如下：

$$M_{\alpha i \beta j} \partial x_i^{\parallel} \partial x_j^{\parallel} u_{\beta}(\boldsymbol{r}^{\parallel}) = \rho \ddot{u}_{\alpha}(\boldsymbol{r}^{\parallel}), \qquad (9.21)$$

式中 d 维空间的位移矢量 $\boldsymbol{u}(\boldsymbol{r}^{\parallel})$ 是其位矢 $\boldsymbol{r}^{\parallel} = x_1^{\parallel} \boldsymbol{e}_1^{\parallel} + x_2^{\parallel} \boldsymbol{e}_2^{\parallel} + x_3^{\parallel} \boldsymbol{e}_3^{\parallel}$ 的函数．等号右边的 $\ddot{u}_{\alpha}$ 上方的两点表示对时间 t 的二级微分．准晶运动方程式(9.21)的推导方法如下：在 §6.2 讨论准晶的线弹性理论时，已给出了广义 Hooke 定理式(6.50)．将此式代入式(6.38)中，并忽略体力密度 $\boldsymbol{f}$ 与 $\boldsymbol{g}$，即令 $f_i = g_i = 0$，再注意到上述关于准晶弹性常数 $M_{\alpha i \beta j}$ 的定义就得到式(9.21)．将式(9.21)中的位移矢量 $\boldsymbol{u}(\boldsymbol{r}^{\parallel})$ 进行 Fourier 变换

$$\boldsymbol{U}(\boldsymbol{p}^{\parallel}) = \int \boldsymbol{u}(\boldsymbol{r}^{\parallel}) \exp(\mathrm{i} \boldsymbol{p}^{\parallel} \cdot \boldsymbol{r}^{\parallel}) \mathrm{d}^3 \boldsymbol{r}^{\parallel}, \qquad (9.22)$$

$$\boldsymbol{u}(\boldsymbol{r}^{\parallel}) = \frac{1}{(2\pi)^3} \int \boldsymbol{U}(\boldsymbol{p}^{\parallel}) \exp(-\mathrm{i} \boldsymbol{p}^{\parallel} \cdot \boldsymbol{r}^{\parallel}) \mathrm{d}^3 \boldsymbol{p}^{\parallel}, \qquad (9.23)$$

式中 $\boldsymbol{U}(\boldsymbol{p}^{\parallel}) = \mathrm{U}(\boldsymbol{p}^{\parallel}) n^0(\boldsymbol{p}^{\parallel})$ 中的 $n^0(\boldsymbol{p}^{\parallel})$ 是波矢为 $\boldsymbol{p}^{\parallel}$、角频率

为 $\omega = 2\pi v = p^{\parallel}c$ 的格波(即声子)的位移方向的单位矢量,是 d 维空间中的矢量,$U(p^{\parallel})$ 是它的振幅. c 是该格波传播的速度,即声速. 由式(9.22)和式(9.23)可知,对实空间的函数的微分 $(\partial x_j^{\parallel} u_\beta(r^{\parallel}))$ 的 Fourier 变换,等于该函数的 Fourier 变换 $U_\beta(p^{\parallel})$ 乘以波矢的对应的分量 $(-ip_j^{\parallel})$. 此外,函数 $u_\alpha(r^{\parallel})$ 对时间 t 的微分 $\dot{u}_\alpha$ 等于该函数的 Fourier 变换 $U_\alpha(p^{\parallel})$ 乘以 $i\omega$. 据此,对式(9.21)进行 Fourier 变换,得到

$$- M_{\alpha i \beta j} p_i^{\parallel} p_j^{\parallel} n_\beta^0(p^{\parallel}) = - \rho \omega^2(p^{\parallel}) n_\alpha^0(p^{\parallel}). \qquad (9.24)$$

引入 $d \times d$ 的流体动力学矩阵 A,其矩阵元定义为

$$A_{\alpha\beta}(p^{\parallel}) = M_{\alpha i \beta j} p_i^{\parallel} p_j^{\parallel}. \qquad (9.25)$$

显然矩阵 A 是实数的($A_{\alpha\beta}^* = A_{\alpha\beta}$),对称的($A_{\alpha\beta} = A_{\beta\alpha}$),是 $p^{\parallel}$ 的偶函数 $A(p^{\parallel}) = A(-p^{\parallel})$. 准晶运动方程式(9.24)可以进一步简化成下列形式:

$$A_{\alpha\beta}(p^{\parallel}) n_\beta^0(p^{\parallel}) = \rho \omega^2(p^{\parallel}) n_\alpha^0(p^{\parallel}), \qquad (9.26)$$

这是一个典型的本征方程,共有 d 个($\mu = 1, 2, \ldots, d$)本征值 $\lambda(p^{\parallel}, \mu) = \rho \omega^2(p^{\parallel}, \mu)$ 和本征矢 $n^0(p^{\parallel}, \mu)$. 注意:求解本征方程只能得到本征矢的方向,却不能得到本征矢的振幅 $U(p^{\parallel})$. 引入下列有关本征值的对应于波矢 $p^{\parallel}$ 的 $d \times d$ 的矩阵

$$\Lambda(p^{\parallel}) = \begin{bmatrix} \lambda(p^{\parallel}, 1) & 0 & \cdots & \cdots & 0 \\ 0 & \ddots & & & \vdots \\ \vdots & & \lambda(p^{\parallel}, \mu) & & \vdots \\ \vdots & & & \ddots & 0 \\ 0 & \cdots & \cdots & 0 & \lambda(p^{\parallel}, d) \end{bmatrix} \qquad (9.27)$$

和 d 个($\mu = 1, 2, \cdots, d$)本征矢方向的单位矢量的对应于波矢 $p^{\parallel}$ 的 $d \times d$ 的矩阵

$$N(p^{\parallel}) = \begin{bmatrix} n_1^0(p^{\parallel}, 1) \cdots n_1^0(p^{\parallel}, \mu) \cdots n_1^0(p^{\parallel}, d) \\ \vdots & \vdots & \vdots \\ n_\beta^0(p^{\parallel}, 1) \cdots n_\beta^0(p^{\parallel}, \mu) \cdots n_\beta^0(p^{\parallel}, d) \\ \vdots & \vdots & \vdots \\ n_d^0(p^{\parallel}, 1) \cdots n_d^0(p^{\parallel}, \mu) \cdots n_d^0(p^{\parallel}, d) \\ \vdots & \vdots & \vdots \end{bmatrix}, \qquad (9.28)$$

则式(9.26)可以写成如下矩阵乘法的形式：

$$A(p^{\|})N(p^{\|}) = N(p^{\|})\Lambda(p^{\|}).\qquad(9.29)$$

由于矩阵 A 是实数的($A^*_{\alpha\beta} = A_{\alpha\beta}$)，对称的($A_{\alpha\beta} = A_{\beta\alpha}$)，可以证明（详见有关线性代数的教科书，例如 Jenning (1977)）：这 d 个本征值 $a(p^{\|}, \mu) = \rho\omega^2(p^{\|}, \mu)$ 也是实数的. 而且可以把这 d 个本征矢 $n^0(p^{\|}, \mu)$ 也都选成实数的. 进一步还可以证明这 d 个本征矢是互相正交的，即 $N(p^{\|})$ 是正交矩阵

$$N^T(p^{\|})N(p^{\|}) = I,\qquad(9.30)$$

这里上标 T 表示该矩阵的转置矩阵，I 表示单位矩阵. 由式(9.29)容易证明下列关系

$$A(p^{\|}) = N(p^{\|})\Lambda(p^{\|})N^T(p^{\|}),\qquad(9.31a)$$

$$A^{-1}(p^{\|}) = N(p^{\|})\Lambda^{-1}(p^{\|})N^T(p^{\|}),\qquad(9.31b)$$

$$\Lambda(p^{\|}) = N^T(p^{\|})A(p^{\|})N(p^{\|}).\qquad(9.32)$$

如果 $d = 3$，则本节的讨论也可用于晶体.

9.1.3 Gauss 积分

在实数域，有一个关于 Gauss 函数的积分的公式，即：$\int_{-\infty}^{+\infty} \exp(-x^2)\mathrm{d}x = \sqrt{\pi}$. 作变量替代 $y = x \mp a/(2\sqrt{c})$，可得

$$\int_{-\infty}^{+\infty} \exp(-cx^2 \pm ax)\mathrm{d}x = \sqrt{\frac{\pi}{c}}\exp\left(\frac{a^2}{4c}\right).\qquad(9.33)$$

式(9.33)中的被积函数和积分变量是实数域的标量. 现在让我们将它推广到复数域的矢量. 对应于式(9.33)中的实数标量"c"的是一个 $d \times d$ 的矩阵 C，它是个对称矩阵：$C^T = C$. 例如，式(9.25)定义的流体动力学矩阵 A 就是个对称矩阵. 对应于式(9.33)中的实数标量"a"和"x"的各是一个复数域的 $d \times 1$ 的列矩阵 a 和 $U(p, \mu)$. 在这一情况下，式(9.33)可以推广成

$$\int \exp(-U^T C U + a^T U)\mathrm{d}U = \sqrt{\frac{\pi}{\lambda_\mu}}\exp\left(\frac{a^T C^{-1} a}{4}\right),\qquad(9.34a)$$

式中 λ_μ 是矩阵 C 的第 μ 个本征值. 为了证明式(9.34a)，需要引

入变量替代 $V = U - \frac{1}{2} C^{-1} a$. 由于 $a^{\mathrm{T}} U = \sum a_\mu U_\mu = U^{\mathrm{T}} a$, 并注意到 $C^{\mathrm{T}} = C$, 我们有 $V^{\mathrm{T}} C V = (U^{\mathrm{T}} - \frac{1}{2} a^{\mathrm{T}} C^{-1}) C (U - \frac{1}{2} C^{-1} a) = U^{\mathrm{T}} C U - \frac{a^{\mathrm{T}} U + U^{\mathrm{T}} a}{2} + \left(\frac{a^{\mathrm{T}} C^{-1} a}{4} \right) = U^{\mathrm{T}} C U - a^{\mathrm{T}} U + \left(\frac{a^{\mathrm{T}} C^{-1} a}{4} \right)$, . 故而式(9.34a)等号的左边变换成了

$$\int \exp(- U^{\mathrm{T}} C U + a^{\mathrm{T}} U) \, \mathrm{d} U = \exp\left(\frac{a^{\mathrm{T}} C^{-1} a}{4} \right) \int \exp(- V^{\mathrm{T}} C V) \mathrm{d} V.$$

用(9.31a)式, 可计算上式等号右边的积分

$$\int \exp(- V^{\mathrm{T}} C V) \, \mathrm{d} V = \int \exp(- U^{\mathrm{T}} C U) \, \mathrm{d} U$$
$$= \int \exp(- \lambda \mu |U \mu|^2) \, \mathrm{d} U = \sqrt{\frac{\pi}{\lambda \mu}}.$$

于是式(9.34a)得证.

现在讨论矩阵 C 仍然是对称矩阵($C^{\mathrm{T}} = C$), 但式(9.34a)被积函数中的 $\frac{1}{2}(a^{\mathrm{T}} U + U^{\mathrm{T}} a)$ 改成了 $\frac{i}{2}(a^{\mathrm{T}} U + U^{\mathrm{T}} a)$ 的情况. 作一个变量替代 $V = U - \frac{i}{2} C^{-1} a$, 则有

$$V^{\mathrm{T}} C V = \left[U^{\mathrm{T}} - \frac{i}{2} a^{\mathrm{T}} C^{-1} \right] C \left[U - \frac{i}{2} C^{-1} a \right]$$
$$= U^{\mathrm{T}} C U - \frac{i}{2} [a^{\mathrm{T}} U + U^{\mathrm{T}} a] - \frac{1}{4} a^{\mathrm{T}} C^{-1} a.$$

类似于推导式(9.34a)的过程, 容易证明

$$\int \exp\left(- U^{\mathrm{T}} C U + \frac{i}{2} [a^{\mathrm{T}} U + U^{\mathrm{T}} a]\right) \mathrm{d} U$$
$$= \exp\left(- \frac{a^{\mathrm{T}} C^{-1} a}{4} \right) \int \exp(- V^{\mathrm{T}} C V) \, \mathrm{d} V$$
$$= \sqrt{\frac{\pi}{\lambda \mu}} \exp\left(- \frac{a^{\mathrm{T}} C^{-1} a}{4} \right). \tag{9.35a}$$

最后, 讨论 Hermitian 矩阵 C 的情况: $C^+ = C$ (这里的上标符号 + 表示转置而且复共轭). 例如, 式(9.21)定义的流体动力学矩阵 A 是实对称矩阵, 是厄米矩阵的一个特例. 这种情况下有

$$\int \exp(-\boldsymbol{U}^+ \boldsymbol{C} \boldsymbol{U} + \frac{a^+ \boldsymbol{U} + \boldsymbol{U}^+ a}{2}) \, \mathrm{d}\boldsymbol{U} = \sqrt{\frac{\pi}{\lambda\mu}} \exp\left(\frac{a^+ \boldsymbol{C}^{-1} a}{4}\right)$$
$$(9.36a)$$

从式(9.34a)到式(9.36a),符号 $\boldsymbol{U}$ 都是 $d \times 1$ 的列矩阵 $\boldsymbol{U}(\boldsymbol{p}, \mu)$ 的简写. 如果把 $\mu = 1, 2, \cdots, d$ 的贡献都考虑到,就有

$$\int \exp\left[-\boldsymbol{U}^{\mathrm{T}} \boldsymbol{C} \boldsymbol{U} + \frac{1}{2}(a^{\mathrm{T}} \boldsymbol{U} + \boldsymbol{U}^{\mathrm{T}} a)\right] \mathrm{d}\boldsymbol{U}$$
$$= \prod_{\mu=1}^{d} \sqrt{\frac{\pi}{\lambda\mu}} \exp\left(\frac{a^{\mathrm{T}} \boldsymbol{C}^{-1} a}{4}\right), \qquad (9.34b)$$

$$\int \exp\left[-\boldsymbol{U}^{\mathrm{T}} \boldsymbol{C} \boldsymbol{U} + \frac{i}{2}(a^{\mathrm{T}} \boldsymbol{U} + \boldsymbol{U}^{\mathrm{T}} a)\right] \mathrm{d}\boldsymbol{U}$$
$$= \prod_{\mu=1}^{d} \sqrt{\frac{\pi}{\lambda\mu}} \exp\left(-\frac{a^{\mathrm{T}} \boldsymbol{C}^{-1} a}{4}\right), \qquad (9.35b)$$

$$\int \exp\left[-\boldsymbol{U}^+ \boldsymbol{C} \boldsymbol{U} + \frac{1}{2}(a^+ \boldsymbol{U} + \boldsymbol{U}^+ a)\right] \mathrm{d}\boldsymbol{U}$$
$$= \prod_{\mu=1}^{d} \sqrt{\frac{\pi}{\lambda\mu}} \exp\left(\frac{a^+ \boldsymbol{C}^{-1} a}{4}\right). \qquad (9.36b)$$

以上三式中的 $\boldsymbol{U}$ 都是 $d \times d$ 的方阵 $\boldsymbol{U}(\boldsymbol{p})$.

§9.2　晶体的热漫散射理论

晶体中的热漫散射是由于晶体中原子热振动(声子的激发). 原子热振动导致原子偏离其理想的平衡位置. 但是,在不同的时刻,或者同一时刻在试样的不同的区域,原子相对于其平衡位置的偏离是不相同的. 因此,推导热漫散射强度计算公式通常有两个步骤:(1)在某一种原子位移组态之下的散射强度的计算;(2)求出每一种原子位移组态出现的概率,按此概率求出该试样的平均的热漫散射强度. 考虑到这种严格的理论比较复杂,一般的教科书中(例如王仁卉与郭可信,1990)只有较通俗的介绍,本书特在此节专门介绍晶体的热漫散射理论. 其目的是让读者熟悉上述推导热漫散射强度计算公式的两个步骤. 然后再把这些理论推广到准晶的情况.

9.2.1 理想完整晶体的衍射强度

理想的完整晶体的密度分布函数的表达式是

$$\rho_0(\boldsymbol{r}) = \sum_R \delta(\boldsymbol{r} - \boldsymbol{R}) \otimes \rho_c(\boldsymbol{r}), \qquad (9.37)$$

式中 $\boldsymbol{R}$ 表示晶体点阵中阵点的位矢，$\sum_R \delta(\boldsymbol{r} - \boldsymbol{R})$ 描述晶体点阵，$\rho_c(\boldsymbol{r})$ 则是晶体的一个单胞的密度分布函数，$\otimes$ 表示卷积(convolution). $\rho_c(\boldsymbol{r})$ 的 Fourier 变换，即一个单胞对衍射振幅的贡献，就是结构因子 $F(\boldsymbol{s})$

$$F(\boldsymbol{s}) = \int \rho_c(\boldsymbol{r}) \exp(\mathrm{i}\boldsymbol{s} \cdot \boldsymbol{r}) \mathrm{d}\boldsymbol{r}, \qquad (9.38)$$

晶体点阵函数 $\sum_R \delta(\boldsymbol{r} - \boldsymbol{R})$ 的 Fourier 变换 $\Phi_L(\boldsymbol{s})$ 可由式(9.8)和式(9.10)得到

$$\Phi_L(\boldsymbol{s}) = \int \sum_R \delta(\boldsymbol{r} - \boldsymbol{R}) \exp(\mathrm{i}\,\boldsymbol{s} \cdot \boldsymbol{r}) \mathrm{d}\,\boldsymbol{r} = \sum_R \exp(\mathrm{i}\,\boldsymbol{s} \cdot \boldsymbol{R})$$

$$= \frac{(2\pi)^3}{v_c} \sum_S \delta(\boldsymbol{s} - \boldsymbol{S}). \qquad (9.39)$$

2.2.2 节已经证明了：两个函数的卷积的 Fourier 变换，等于这两个函数各自的 Fourier 变换的乘积，见式(2.24). 据此，由式(9.37)，可得到完整晶体的密度函数 $\rho_0(\boldsymbol{r})$ 的 Fourier 变换，即完整晶体的衍射振幅的表达式

$$\Phi_0(\boldsymbol{s}) = \int \rho_0(\boldsymbol{r}) \exp(\mathrm{i}\boldsymbol{s} \cdot \boldsymbol{r}) \mathrm{d}\boldsymbol{r} = \sum_R \exp(\mathrm{i}\boldsymbol{s} \cdot \boldsymbol{R}) F(\boldsymbol{s}) \qquad (9.40)$$

$$= \frac{(2\pi)^3}{v_c} \sum_S \delta(\boldsymbol{s} - \boldsymbol{S}) F(\boldsymbol{S}). \qquad (9.41)$$

由式(9.41)得到理想完整晶体的衍射强度的表达式

$$I_0(\boldsymbol{S}) = \Phi_0(\boldsymbol{S}) \Phi_0(\boldsymbol{s})^*$$

$$= \frac{(2\pi)^6}{v_c^2} \sum_S \sum_Q \delta(\boldsymbol{s} - \boldsymbol{S}) \delta(\boldsymbol{s} - \boldsymbol{Q}) F(\boldsymbol{S}) F^*(\boldsymbol{Q}),$$

式中两个 δ 函数迫使对 $\boldsymbol{Q}$ 求和时仅仅 $\boldsymbol{Q} = \boldsymbol{S}$ 者有贡献，并且用

式(9.19),于是得到

$$I_0(\boldsymbol{S}) = N \frac{(2\pi)^3}{v_c} \sum_{\boldsymbol{S}} \delta(\boldsymbol{s} - \boldsymbol{S}) |F(\boldsymbol{S})|^2, \qquad (9.42)$$

式中 N 表示相干畴中对衍射有贡献的单胞的总数. 式(9.42)表明,仅当衍射矢量 $\boldsymbol{s}$ 在倒易点阵中某一阵点 $\boldsymbol{S}$ 附近时,才有可测量的强度. 将式(9.42)围绕某一倒易点 $\boldsymbol{S}$ 积分,就得到该反射的累积强度

$$I_0^{\mathrm{Int}}(\boldsymbol{S}) = \frac{1}{(2\pi)^3} \int_{\boldsymbol{S}} I_0(\boldsymbol{s}) \mathrm{d}^3 s = \frac{N}{v_c} |F(\boldsymbol{S})|^2, \qquad (9.43)$$

式(9.42)也可以由式(9.40)推导出来

$$I_0(\boldsymbol{S}) = \Phi_0(\boldsymbol{s}) \Phi_0(\boldsymbol{s})^* = \sum_{\boldsymbol{R}_1} \sum_{\boldsymbol{R}_2} \exp\left(\mathrm{i}\boldsymbol{s} \cdot (\boldsymbol{R}_1 - \boldsymbol{R}_2)\right) |F(\boldsymbol{s})|^2$$

$$= \sum_{\boldsymbol{R}_1} \sum_{\boldsymbol{R}} \exp\left(\mathrm{i}\boldsymbol{s} \cdot \boldsymbol{R}\right) |F(\boldsymbol{s})|^2$$

$$= N \frac{(2\pi)^3}{v_c} \sum_{\boldsymbol{S}} \delta(\boldsymbol{s} - \boldsymbol{S}) |F(\boldsymbol{S})|^2. \qquad (9.44)$$

推导过程中已经注意到双重求和仅仅依赖于两个格点之间的相对距离 $\boldsymbol{R} = \boldsymbol{R}_1 - \boldsymbol{R}_2$,对 $\boldsymbol{R}_1$ 的求和则等于乘以 N,还用了式(9.10). 对式(9.41)进行逆 Fourier 变换,得到

$$\rho_0(\boldsymbol{r}) = \frac{1}{(2\pi)^3} \int \Phi_0(\boldsymbol{s}) \exp(-\mathrm{i}\boldsymbol{s} \cdot \boldsymbol{r}) \mathrm{d}^3 s$$

$$= \frac{1}{v_c} \sum_{\boldsymbol{S}} F(\boldsymbol{S}) \exp(-\mathrm{i}\boldsymbol{S} \cdot \boldsymbol{r}). \qquad (9.45)$$

9.2.2 有位移场的晶体的衍射强度:一般公式

由一般的固体物理教科书,例如谢希德和方俊鑫(1961),一个由 N 个单胞(每个单胞内有 n 个原子)构成的晶体,共有 $3nN$ 个自由度. 若将位移场 $\boldsymbol{u}(\boldsymbol{r})$ 进行 Fourier 级数展开

$$\boldsymbol{u}(\boldsymbol{r}) = \frac{1}{V} \sum_{\boldsymbol{p}} \sum_{\omega} \boldsymbol{U}(\boldsymbol{p}, \omega) \exp\left[-\mathrm{i}(\boldsymbol{p} \cdot \boldsymbol{r} - \omega t)\right], \qquad (9.46)$$

则格波的波矢 $\boldsymbol{p}$ 的个数为 N,每个波矢 $\boldsymbol{p}$ 有 $3n$ 个频率 ω,其中有 3 个是声频波($\mu = 1, 2, 3$). 另外 $(3n-3)$ 支是光频波,其频率远

远高于声频波. 由下文将要介绍的,热漫散射的强度与频率的平方成反比,故而本书不讨论光频波对热漫散射的贡献. 而且声频波对热漫散射的贡献也主要考虑频率较低,即波矢 p 的值较小(波长较长)者. 在此条件下,角频率 ω 与 p 成正比: $\omega = pC$,比例系数 C 是常数,即是声频波的波速,也就是连续介质中的弹性波的速度. 在连续介质近似下,可以认为在每个单胞内的原子的位移都是一样的: 位移 u 是单胞的坐标 R 的函数: $u(R)$,即式(9.46)中的 r 都换成 R. 由于倒易点阵的任意一个阵点的位矢 S 与正点阵的任意一个阵点的位矢 R 的标量积 $S \cdot R$ 都等于 2π 的整数倍,我们有 $\exp[-\mathrm{i}(p+S) \cdot R] = \exp(-\mathrm{i}p \cdot R)$,故而独立的格波波矢仅限于一个倒易单胞之内,通常都是选在第一个 Brillouin 区之内. 每个倒易单胞的体积等于 $\dfrac{1}{v_c}$,再考虑到波矢 p 等于相应的倒易矢量的 2π 倍,每个格波波矢 p 在三维的 p 空间内占有的体积就是 $\dfrac{(2\pi)^3}{Nv_c} = \dfrac{(2\pi)^3}{V}$,这里 V 是晶体试样对衍射强度有贡献的区域的体积. 因此,若把式(9.46)改写成积分的形式,就应该是

$$u(r) = \frac{1}{V} \sum_p \sum_{\mu=1}^{3} U(p,\mu) \exp[-\mathrm{i}(p \cdot r - \omega t)]$$
$$= \frac{1}{(2\pi)^3} \int \mathrm{d}^3 p U(p) \exp(-\mathrm{i}p \cdot r), \qquad (9.47)$$

式中 $U(p) = \displaystyle\sum_{\mu=1}^{3} U(p,\mu) \exp(\mathrm{i}\omega t)$. (9.46)和(9.47)两式的逆 Fourier 变换是

$$U(p) = \int u(r) \exp(\mathrm{i}p \cdot r) \mathrm{d}^3 r. \qquad (9.48)$$

由于正空间中的位移 $u(r)$ 是实数,由式(9.48)可知 $U^*(p) = U(-p)$. 位移场为 $u(R)$ 的晶体的密度分布函数 $\rho(r)$ 的表达式是

$$\rho(r) = \sum_R \delta[r - R - u(R)] \otimes \rho_c(r). \qquad (9.49)$$

它与式(9.37)的差别在于单胞的位置由 R 变成了 $R + u(R)$. 密

度函数 $\rho(r)$ 的 Fourier 变换,即有位移场的晶体的衍射振幅的表达式

$$\Phi(s) = \int \rho(r)\exp(\mathrm{i}s \cdot r)\mathrm{d}r$$
$$= \sum_{R} \exp[\mathrm{i}s \cdot R + \mathrm{i}s \cdot u(R)]F(s) \qquad (9.50)$$

由式(9.50)可得有位移场的晶体的衍射强度的表达式

$$I(s) = \Phi(s)\Phi(s)^{*}$$
$$= \sum_{R_1}\sum_{R_2} \exp(\mathrm{i}s \cdot (R_1 - R_2))$$
$$\cdot \exp[\mathrm{i}s \cdot u(R_1) - \mathrm{i}s \cdot u(R_2)]|F(s)|^{2}. \qquad (9.51)$$

式(9.51)中的因子 $f(u) = \exp[\mathrm{i}s \cdot u(R_1) - \mathrm{i}s \cdot u(R_2)]$ 需要按照该种位移场出现的概率进行平均,才能得到衍射强度的最后的表达式.

9.2.3 有位移场的晶体的衍射强度:按 Boltzmann 分布计算 $f(u)$ 的平均值

位移场 $u(r)$ 引起的弹性自由能 E 在正空间的表达式是

$$E = \frac{1}{2} \int \mathrm{d}^3 r \, \frac{\partial u_i(r)}{\partial x_j} C_{ijkL} \frac{\partial u_k(r)}{\partial x_L}. \qquad (9.52)$$

将式(9.47)代入,就得到弹性自由能 E 在 Fourier 变换之后的表达式是

$$E = \frac{-1}{2(2\pi)^6} \int \mathrm{d}^3 r \int \mathrm{d}^3 p \int \mathrm{d}^3 q U_i(q) q_j C_{ijkL} p_L U_k(p)$$
$$\cdot \exp[-\mathrm{i}(p + q) \cdot r]. \qquad (9.53)$$

先进行 $\int \mathrm{d}^3 r$ 积分,并注意到式(9.4),就可得到一个 $\delta(p + q)$ 函数. 再进行 $\int \mathrm{d}^3 q$ 积分,得到

$$E = \frac{1}{2(2\pi)^3} \int \mathrm{d}^3 p U_i(-p) p_j C_{ijkL} p_L U_k(p)$$
$$= \frac{1}{2(2\pi)^3} \int \mathrm{d}^3 p U_i(-p) A_{ik}(p) U_k(p)$$

$$= \frac{1}{2V} \sum_p U_i(-\boldsymbol{p}) A_{ik}(\boldsymbol{p}) U_k(\boldsymbol{p}). \qquad (9.54)$$

式(9.54)中的 C_{ijkL} 是晶体的弹性常数,而

$$A_{ik}(\boldsymbol{p}) = p_j C_{ijkL} p_L \qquad (9.55)$$

是一个 3×3 的流体动力学矩阵 $\boldsymbol{A}$ 的矩阵元. 显然矩阵 $\boldsymbol{A}$ 是实数的($A_{ik}^* = A_{ik}$),对称的($A_{ik} = A_{ki}$,是 $\boldsymbol{p}$ 的偶函数[$A(\boldsymbol{p}) = A(-\boldsymbol{p})$].

按照 Boltzmann 分布,某种位移场 $\boldsymbol{u}(\boldsymbol{r})$ 或者 $\boldsymbol{U}(\boldsymbol{p})$ 出现的概率决定于该状态的自由能 E 和温度 T

$$P[\boldsymbol{u}] = \exp\left(-\frac{E}{k_B T}\right). \qquad (9.56)$$

式(9.51)中的因子 $f(\boldsymbol{u}) = \exp[i\boldsymbol{s} \cdot \boldsymbol{u}(\boldsymbol{R}_1) - i\boldsymbol{s} \cdot \boldsymbol{u}(\boldsymbol{R}_2)]$ 的平均值的计算公式就是

$$\langle f(\boldsymbol{u}) \rangle = \frac{\displaystyle\int f(\boldsymbol{u}) P[\boldsymbol{u}] \mathrm{D}\boldsymbol{u}}{\displaystyle\int P[\boldsymbol{u}] \mathrm{D}\boldsymbol{u}}, \qquad (9.57)$$

或者,按照式(9.47)对 $\boldsymbol{u}(\boldsymbol{r})$ 进行 Fourier 级数展开

$$
\begin{aligned}
f(\boldsymbol{u}) &= \exp[i\boldsymbol{s} \cdot \boldsymbol{u}(\boldsymbol{R}_1) - i\boldsymbol{s} \cdot \boldsymbol{u}(\boldsymbol{R}_2)] \\
&= \prod_p \exp\left\{\frac{i}{V} \boldsymbol{s}[\exp(-i\boldsymbol{p} \cdot \boldsymbol{R}_1) - \exp(-i\boldsymbol{p} \cdot \boldsymbol{R}_2)] \cdot \boldsymbol{U}(\boldsymbol{p})\right\} \\
&= \exp\left\{\frac{1}{(2\pi)^3} \int \mathrm{d}^3\boldsymbol{p}\,(i\boldsymbol{s}[\exp(-i\boldsymbol{p} \cdot \boldsymbol{R}_1) - \exp(-i\boldsymbol{p} \cdot \boldsymbol{R}_2)]) \cdot \boldsymbol{U}(\boldsymbol{p})\right\}.
\end{aligned}
$$
$$(9.58)$$

将式(9.54),(9.56)和(9.58)代入(9.57),得到

$$\langle f(\boldsymbol{u}) \rangle =$$

$$\frac{\displaystyle\int \exp\left[\frac{1}{(2\pi)^3} \int \left\{i\boldsymbol{s}^+ [\exp(-i\boldsymbol{p}^{\mathrm{T}}\boldsymbol{R}_1) - \exp(-i\boldsymbol{p}^{\mathrm{T}}\boldsymbol{R}_2)]\boldsymbol{U}(\boldsymbol{p}) - \frac{1}{2k_B T}\boldsymbol{U}^+(\boldsymbol{p})\boldsymbol{A}(\boldsymbol{p})\boldsymbol{U}(\boldsymbol{p})\right\} \mathrm{d}^3\boldsymbol{p}\right]\mathrm{D}\boldsymbol{U}}{\displaystyle\int \exp\left[-\frac{1}{2k_B T}\frac{1}{(2\pi)^3}\int \boldsymbol{U}^+(\boldsymbol{p})\boldsymbol{A}(\boldsymbol{p})\boldsymbol{U}(\boldsymbol{p})\mathrm{d}^3\boldsymbol{p}\right]\mathrm{D}\boldsymbol{U}}$$

$$(9.59)$$

上式中黑体字母代表矩阵,例如 $\boldsymbol{A}(\boldsymbol{p})$ 代表 3×3 的方阵,$\boldsymbol{s}$ 代表 3×1 的列矩阵,$\boldsymbol{U}(\boldsymbol{p}, \boldsymbol{\mu})$ 代表 3×1 的列矩阵,即第 μ 个本征矢方

向的振幅,$U(p)$则代表3×3的由$\mu=1,2,3$的3个本征矢方向的振幅构成的方阵. 如上所述,对p的积分$\dfrac{1}{(2\pi)^3}\displaystyle\int d^3p$也就等于对$p$的求和:$\dfrac{1}{(2\pi)^3}\displaystyle\int d^3p=\dfrac{1}{V}\sum_p$,进一步还有$\exp\Big[\sum_p\cdots\Big]=\prod_p\exp[\cdots]$. 因此,在计算平均值$\langle f(u)\rangle$的公式中,可以先对某一个格波矢$p$的第$\mu$个本征矢计算对其振幅$U(p,\mu)$的积分,再计算对$\mu$和$p$的求和. 故而计算上式的核心是计算下列高斯积分:$\displaystyle\int\exp[ia^+(p)U(p,\mu)-U^+(p,\mu)C(p)U(p,\mu)]\cdot DU(p,\mu)$. 式中,$a^+(p)=\dfrac{1}{(2\pi)^3}s^+[\exp(-ip^TR_1)-\exp(-ip^TR_2)]$,$C(p)=\dfrac{1}{(2\pi)^32k_BT}A(p)$. 矩阵$C(p)$与$A(p)$仅相差一实数的常数系数,因而有相同的特性:是实数的($C^*=C$),对称的($C^T=C$),因而是厄米的 ($C^+=C$),而且是p的偶函数:$C(-p)=C(p)$,具有相差同一系数的本征值,以及相同的本征矢. 由于被积函数中矩阵相乘的结果都是数值,可将这些矩阵相乘进行转置而不影响其结果. 又因为在对p的积分中,p换成$-p$不影响积分的结果,而且我们有:$U(-p)=U^*(p)$,$a(-p)=a^*(p)$,$C(-p)=C(p)$. 这样,对上列的高斯积分中被积函数的宗量进行转置并把p换成$-p$之后,对应于式(9.56)的概率函数没有改变,待求平均的函数变成了$\exp[iU^+(p,\mu)a(p)]$. 作一个变量替代$V(p,\mu)=U(p,\mu)-\dfrac{i}{2}C^{-1}(p)a(p)$,则有

$$V^T(-p,\mu)C(p)V(p,\mu)=\Big[U^T(-p,\mu)-\dfrac{i}{2}a^T(-p)C^{-1}(p)\Big]$$

$$C(p)\Big[U(p,\mu)-\dfrac{i}{2}C^{-1}(p)a(p)\Big]=[U^T(-p,\mu)C(p)U(p,\mu)]$$

$$-\dfrac{i}{2}[a^T(-p)U(p,\mu)+U^T(-p,\mu)a(p)]-\dfrac{1}{4}a^T(-p)$$

$$\cdot C^{-1}(p)a(p),$$

这个式子也就是

$$V^+ CV = U^+ CU - \frac{\mathrm{i}}{2}[a^+ U + U^+ a] - \frac{1}{4}a^+ C^{-1}a.$$

类似于推导式(9.34a),式(9.35a)和式(9.36a),可以求出式 (9.59)中对 $U(p,\mu)$ 的积分为

$$\int \exp\Big\{\frac{\mathrm{i}}{2}[a^+(p)U(p,\mu) + U^+(p,\mu)a(p)]$$
$$- U^+(p,\mu)C(p)U(p,\mu)\Big\}\mathrm{D}U(p,\mu)$$
$$= \sqrt{\frac{\pi}{\lambda\mu}}\exp\Big[-\frac{1}{4}a^+(p)C^{-1}(p)a(p)\Big]. \tag{9.60}$$

如果把 $\mu = 1,2,3$ 的贡献都考虑到,就有

$$\int \exp\Big\{\frac{\mathrm{i}}{2}[a^+(p)U(p) + U^+(p)a(p)]$$
$$- U^+(p)C(p)U(p)\Big\}\mathrm{D}U(p)$$
$$= \prod_{\mu=1}^{3}\sqrt{\frac{\pi}{\lambda\mu}}\exp\Big[-\frac{1}{4}a^+(p)C^{-1}(p)a(p)\Big]. \tag{9.61}$$

于是,式(9.59)只剩下对 p 的积分了

$$\langle f(u)\rangle = \exp\Big[\frac{-k_B T}{2(2\pi)^3}\int a^+(p)A^{-1}(p)a(p)\mathrm{d}^3 p\Big]$$
$$= \exp\Big[\frac{-k_B T}{2(2\pi)^3}\int s^{\mathrm{T}}[\exp(-\mathrm{i}p^{\mathrm{T}}R_1) - \exp(-\mathrm{i}p^{\mathrm{T}}R_2)]$$
$$A^{-1}(p)s[\exp(\mathrm{i}\,p^{\mathrm{T}}R_1) - \exp(\mathrm{i}\,p^{\mathrm{T}}R_2)]\mathrm{d}^3 p\Big]$$
$$= \exp\Big[\frac{-k_B T}{(2\pi)^3}\int s^{\mathrm{T}}A^{-1}(p)s$$
$$\Big[1 - \frac{1}{2}\exp(\mathrm{i}p^{\mathrm{T}}R) - \frac{1}{2}\exp(-\mathrm{i}p^{\mathrm{T}}R)\Big]\mathrm{d}^3 p\Big]$$
$$= \exp[-2M]\exp$$
$$\Big[\frac{k_B T}{(2\pi)^3}\int s^{\mathrm{T}}A^{-1}(p)s\,\exp(\pm\mathrm{i}p^{\mathrm{T}}R)\mathrm{d}^3 p\Big]$$

$$\approx \exp[-2M(s)]\left[1 + \frac{k_B T}{(2\pi)^3}\int s^{\mathrm{T}} A^{-1}(p) s \exp(\pm i \, p^{\mathrm{T}} R) \mathrm{d}^3 p\right].$$

$$(9.62)$$

在推导过程中用到了被积函数是 p 的偶函数的特性. 式(9.62)中的 $R = R_1 - R_2$ 是两个格点之间的相对位矢,式中的德拜-瓦勒因子 $\exp[-2M(s)]$ 中的 $M(s)$ 的表达式为

$$M(s) = \frac{k_B T}{2(2\pi)^3}\int s^{\mathrm{T}} A^{-1}(p) s \, \mathrm{d}^3 p. \qquad (9.63)$$

把式(9.62)代入式(9.51),得到对长波声子各种振幅平均了的衍射强度公式如下:

$$I(s) = \sum_{R_1}\sum_{R}\exp(is\cdot R)|F(s)|^2 \exp[-2M(s)]$$

$$\left[1 + \frac{k_B T}{(2\pi)^3}\int s^{\mathrm{T}} A^{-1}(p) s \exp(\pm i \, p^{\mathrm{T}} R)\mathrm{d}^3 p + \cdots\right.$$

$$= I_B(s) + I_{\mathrm{TDS1}}(S) + \cdots. \qquad (9.64)$$

式(9.64)中的 $I_B(s)$ 是 Bragg 反射的强度分布,用推导式(9.44)的方法可得到其表达式是

$$I_B(s) = \sum_{R_1}\sum_{R}\exp(is\cdot R)|F(s)|^2 \exp[-2M(s)]$$

$$= N\frac{(2\pi)^3}{v_c}\sum_{S}\delta(s - S)|F(S)|^2 \exp[-2M(s)]. \qquad (9.65)$$

围绕某一倒易点 S 积分,就得到该 Bragg 反射的累积强度

$$I_B^{\mathrm{Int}}(S) = \frac{1}{(2\pi)^3}\int_S I_B(s)\mathrm{d}^3 s = \frac{N}{v_c}|F(S)|^2 \exp[-2M(S)]. \qquad (9.66)$$

与式(9.44)和式(9.43)对比,这里多出了个德拜-瓦勒因子 $\exp[-2M]$. 用式(9.10),可推导出式(9.64)中的一级热漫散射的强度公式如下:

$$I_{\mathrm{TDS1}}(S) = \sum_{R_1}\sum_{R}\exp(is^{\mathrm{T}} R)|F(s)|^2 \exp[-2M(s)]$$

$$\cdot \frac{k_B T}{(2\pi)^3}\int s^{\mathrm{T}} A^{-1}(p) s \exp(\pm i \, p^{\mathrm{T}} R)\mathrm{d}^3 p$$

$$= N \frac{k_B T}{v_c} \int \sum_s \delta[s - (S \pm p)] |F(s)|^2$$

$$\cdot \exp[-2M(s)] s^T A^{-1}(p) s \mathrm{d}^3 p$$

$$= N \frac{k_B T}{v_c} \sum_s |F(S \pm p)|^2 \exp[-2M(S \pm p)]$$

$$(S \pm p)^T A^{-1}(p)(S \pm p). \tag{9.67}$$

由式(9.31b)可知 $A^{-1}(p) \sim \dfrac{1}{\lambda_\mu} \sim \dfrac{1}{\omega^2} \sim \dfrac{1}{p^2}$,即:热漫散射的强度随

着从倒易阵点的偏离量的增加而按照 $\dfrac{1}{|p|^2}$ 急剧地减小,只需要考

虑每个倒易阵点对其近邻处的热漫散射的贡献就够了. 比如说,
倒易阵点 S 近邻区的一级热漫散射强度的表达式为

$$I_{\mathrm{TDS1}}(S \pm p) = N \frac{k_B T}{v_c} |F(S \pm p)|^2 \exp[-2M(S \pm p)]$$

$$\cdot (S \pm p)^T A^{-1}(p)(S \pm p)$$

$$\approx I_B^{\mathrm{Int}}(S) k_B T [S^T A^{-1}(p) S]. \tag{9.68}$$

图 9.1 示出了倒易矢量 S 指着的倒易阵点,围绕此点的用虚线框
出的第一 Brillouin 区,格波的波矢 p,以及衍射矢量 $s = S \pm p$.

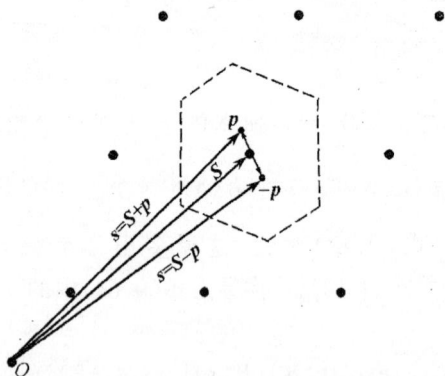

图 9.1 倒易矢量 S 指着的倒易阵点,围绕此点的用虚线框出
的第一 Brillouin 区,格波的波矢 p,以及衍射矢量 $s = S \pm p$

9.2.4 有位移场的晶体的衍射强度：按能量均分定理计算 $f(u)$ 的平均值

在本节,将介绍在一般的教科书(如 Guinier,1963;王仁卉,郭可信,1990)中所用到的较为通俗的求 $f(u)$ 的平均值的方法. 先把指数函数展开成级数,再注意到位移 $u(R)$ 的奇数次方的平均值为 0,我们有

$$
\begin{aligned}
\langle f(u)\rangle &= \langle \exp[\,i\, s\cdot u\,(R_1) - i\, s\cdot u(R_2)]\rangle \\
&\approx 1 + \langle[\,i\, s\cdot u(R_1) - i\, s\cdot u\,(R_2)]\rangle \\
&\quad - \frac{1}{2}\langle[\,s\cdot u\,(R_1) - s\cdot u\,(R_2)]^2\rangle + \cdots \\
&\approx \exp\left[-\frac{1}{2}\langle[\,s\cdot u\,(R_1) - s\cdot u\,(R_2)]^2\rangle\right] \\
&= \exp(-2M)\exp[\langle[\,s\cdot u\,(R_1)][\,s\cdot u\,(R_2)]\rangle] \\
&\approx \exp(-2M)\{1 + \langle[\,s\cdot u\,(R_1)][\,s\cdot u\,(R_2)]\rangle + \cdots\},
\end{aligned}
\tag{9.69}
$$

式中的 Debye-Waller 因子 $\exp[-2M(s)]$ 中的 $M(s)$ 的表达式为

$$
M(s) = \frac{1}{2}\langle[\,s\cdot u(R)]^2\rangle. \tag{9.70}
$$

式(9.69)中大括号 $\{\ \}$ 内的第一项对应于 Bragg 反射,第二项对应于一级热漫散射. 按照式(9.47)将位移矢量 $u(R)$ 展开成 N 个波矢为 p,每个波矢有三个偏振方向($\mu = 1,2,3$)的格波. 又注意到

$$
\begin{aligned}
&\langle \exp[\pm i(p\cdot R_1 - q\cdot R_2)]\rangle \\
&\quad = \exp[\pm i(p\cdot R)]\langle \exp[\pm i(p - q)\cdot R_2]\rangle \\
&\quad = \exp[\pm i(p\cdot R)]\frac{(2\pi)^3}{Nv_c}\sum_S \delta(p - q - S) \\
&\quad = \exp[\pm i(p\cdot R)]\frac{(2\pi)^3}{V}\delta(p - q),
\end{aligned}
$$

这里 $R = R_1 - R_2$,用到了式(9.10),而且由于 p 与 q 都是在第一 Brillouin 区内取值,对 S 的求和只能取 $S = 0$ 一项. 于是式(9.69)中的求平均的项应是

$$\langle [s \cdot u(R_1)][s \cdot u(R_2)] \rangle$$

$$= \frac{1}{V(2\pi)^3} \int d^3p \sum_{\mu=1}^{3} |s \cdot U(p,\mu)|^2 \exp[\pm i(p \cdot R)].$$
(9.71)

令式(9.71)中的 $R_1 = R_2$，因而 $R = 0$，代入式(9.70)，可得

$$M(s) = \frac{1}{2V(2\pi)^3} \int d^3p \sum_{\mu=1}^{3} |s \cdot U(p,\mu)|^2. \quad (9.72)$$

把式(9.72)代入式(9.69)，再代入式(9.51)，得到对长波声子各种振幅平均了的衍射强度公式如下：

$$I(s) = \sum_{R_1} \sum_{R} \exp(is \cdot R) |F(s)|^2 \exp[-2M(s)]$$

$$\left[1 + \frac{1}{V(2\pi)^3} \int d^3p \sum_{\mu=1}^{3} |s \cdot U(P,\mu)|^2 \exp[\pm i(p \cdot R)] + \cdots \right]$$

$$= I_B(s) + I_{\text{TDS1}}(s) + \cdots, \quad (9.73)$$

式中对应于 Bragg 反射的强度的分布 $I_B(s)$ 及围绕某一倒易阵点 S 积分而得到的该反射的累积强度 $I_B^{\text{Int}}(S)$ 的表达式与式(9.65) 和式(9.66)完全一样. 倒易阵点 S 近邻区的一级热漫散射强度的表达式为

$$I_{\text{TDS1}}(S \pm p) = I_B^{\text{Int}}(S) \frac{1}{V} \sum_{\mu=1}^{3} |(S \pm p) \cdot U(p,\mu)|^2. \quad (9.74)$$

为了求得式(9.72)和式(9.74)中格波的振幅 $U(p,\mu)$ 的表达式，我们应用能量均分定理，即每一个自由度的平均能量是 $k_B T$，其中 $\frac{1}{2}k_B T$ 是平均动能，$\frac{1}{2}k_B T$ 是平均势能. 设晶体的质量密度为 ρ. 由式(9.47)可知：波矢为 p 的第 μ 支格波的位移是 $\frac{1}{V}U(p,\mu)\exp(-i(p \cdot r - \omega t))$，速度的平均值是 $\frac{1}{V}|U(p,\mu)|$ $\cdot \omega(p,\mu)$，与这支格波对应的平均动能是 $\frac{V\rho}{2}\frac{1}{V^2}|U(p,\mu)|^2$ $\cdot \omega^2(p,\mu)$，它应该等于 $\frac{1}{2}k_B T$. 据此可得波矢为 p 的第 μ 支格波的位移的振幅及其与 s 的标量积的表达式

$$| U(\boldsymbol{p}, \mu)|^2 = V k_B T \frac{1}{\rho \omega^2(\boldsymbol{p})} = V k_B T (\boldsymbol{\Lambda}^{-1}(\boldsymbol{p}))_{\mu\mu}, \quad (9.75)$$

$$\frac{1}{V} \sum_{\mu=1}^{3} | \boldsymbol{S} \cdot \boldsymbol{U}(\boldsymbol{p}, \mu)|^2 = k_B T \sum_{\mu=1}^{3} \boldsymbol{s}^T \boldsymbol{n}_\mu^0(\boldsymbol{p}) [\boldsymbol{\Lambda}^{-1}(\boldsymbol{p})]_{\mu\mu} \boldsymbol{n}_\mu^{0T}(\boldsymbol{p}) \boldsymbol{s}$$
$$(9.76)$$

$$= k_B T \, \boldsymbol{s}^T \boldsymbol{N}(\boldsymbol{p}) \boldsymbol{\Lambda}^{-1}(\boldsymbol{p}) \boldsymbol{N}^T(\boldsymbol{p}) \boldsymbol{s} = k_B T \boldsymbol{s}^T \boldsymbol{A}^{-1}(\boldsymbol{p}) \boldsymbol{s}. \quad (9.77)$$

从式(9.76)到式(9.77)用到了式(9.27),(9.28)和式(9.31b).把式(9.77)代入式(9.72)和式(9.74),就分别得到式(9.63)关于 $M(s)$ 和式(9.68)关于一级热漫散射强度的公式.

把式(9.75)代入式(9.74),可得关于一级热漫散射强度的另外一个表达式

$$I_{\mathrm{TDS1}}(\boldsymbol{S} \pm \boldsymbol{p}) = I_B^{\mathrm{Int}}(\boldsymbol{S}) \frac{|\boldsymbol{s}|^2 k_B T}{\rho |\boldsymbol{p}|^2} \sum_{\mu=1}^{3} \frac{\cos^2[\boldsymbol{s}, \boldsymbol{U}(\boldsymbol{p}, \mu)]}{C^2}$$

$$= \frac{N|F(\boldsymbol{S})|^2 \exp(-2M(s))|\boldsymbol{s}|^2 k_B T}{v_c \rho |\boldsymbol{p}|^2} \sum_{\mu=1}^{3} \frac{\cos^2(\boldsymbol{s}, \boldsymbol{U}(\boldsymbol{p}, \mu))}{C^2},$$
$$(9.78)$$

这个表达式较之文献(王仁卉,郭可信,1990)中的式(4.22)仅多一个因子 N,这是因为这里给出的是 N 个单胞构成的晶体在波矢空间 $\boldsymbol{s} = \boldsymbol{S} \pm \boldsymbol{p}$ 处的一级热漫散射的强度,而在文献(王仁卉,郭可信,1990)中给出的则是单位衍射强度,即平均每个单胞对倒易空间 $\boldsymbol{s} = \boldsymbol{S} \pm \boldsymbol{p}$ 处的一级热漫散射强度的贡献.

式(9.78)表明:(1)热漫散射强度随着远离倒易阵点而按 $\frac{1}{|\boldsymbol{p}|^2}$ 的规律急剧减小,因而只需要考虑每个倒易阵点近邻处的热漫散射就够了,而且也只需要考虑最近邻的倒易阵点的贡献.(2)Bragg反射强度愈大,温度愈高,距离倒易点阵原点愈远,则热漫散射愈强.(3)热漫散射强度还与晶体的弹性波的波矢 $\boldsymbol{p}$ 的方向,以及从倒易点阵原点到观测点的位矢 $\boldsymbol{s} = \boldsymbol{S} \pm \boldsymbol{p}$ 的方向有关.

9.2.5 有位移场的晶体的衍射强度:晶体热漫散射强度公式的流体动力学方法推导

Wooster 在其关于晶体 X 射线漫反射的专著(Wooster,1962)中,把对 X 射线衍射有贡献的电子密度函数分成两部分:$\rho(r) = \rho_0(r) - \Delta\rho(r)$. 其中一是平均晶体中的 $\rho_0(r)$,二是由于位移场 $u(r)$ 而引起的电子的流出,导致电子密度的减小 $\Delta\rho(r) = \nabla \cdot (\rho_0(r)u(r))$. 对于电子衍射,我们可以把 $\rho(r)$ 理解为电势函数,即

$$\rho(r) = \rho_0(r) - \nabla \cdot (\rho_0(r)u(r)). \tag{9.79}$$

把式(9.45)和式(9.47)代入,可得

$$\rho(r) = \frac{1}{v_c} \sum_S F(S) \left\{ \exp(-iS \cdot r) + \frac{i}{(2\pi)^3} \right.$$
$$\left. \int d^3p \sum_\mu \times (S \pm p) \cdot U(p,\mu) \exp[-i(S \pm p) \cdot r] \right\}. \tag{9.80}$$

将密度函数 $\rho(r)$ 的这个表达式进行 Fourier 变换,并用到式(9.4),即得到有位移场的晶体的衍射振幅的表达式

$$\Phi(s) = \frac{(2\pi)^3}{v_c} \sum_S F(S) \left\{ \delta(s-S) + \frac{i}{(2\pi)^3} \sum_\mu (S \pm p) \cdot U(p,\mu) \right\}. \tag{9.81}$$

应用式(9.11)和式(9.19),并且仅考虑围绕某个倒易阵点 S 的热漫散射,可得衍射强度的表达式如下:

$$I(s) = I_B(s) + I_{\text{TDS1}}(s) + \cdots,$$

其中 $I_B(s)$ 是 Bragg 反射的强度分布

$$I_B(s) = N \frac{(2\pi)^3}{v_c} \delta(s-S) |F(S)|^2. \tag{9.82}$$

将其围绕该倒易阵点 S 积分而求得的该 Bragg 反射的累积强度是

$$I_B^{\text{Int}}(S) = \frac{N}{v_c} |F(S)|^2. \tag{9.83}$$

$I_{\text{TDS1}}(s)$ 是一级热漫散射的强度分布

$$I_{\text{TDS1}}(s \pm p) = I_B^{\text{Int}}(S) \frac{1}{V} \sum_{\mu=1}^{3} |(S \pm p) \cdot U(p,\mu)|^2 \tag{9.84}$$

$$= I_B^{\mathrm{Int}}(\boldsymbol{S})k_B T(\boldsymbol{S}\pm\boldsymbol{p})^{\mathrm{T}}\boldsymbol{A}^{-1}(\boldsymbol{p})(\boldsymbol{S}\pm\boldsymbol{p}). \qquad (9.85)$$

在由式(9.84)到式(9.85)的推导过程中用到了式(9.77). 注意到 $\rho_0(\boldsymbol{r})$ 是平均晶体的密度函数,故而本节讨论的结构因子表达式 $F(\boldsymbol{S})$ 内已经包含了 Debye-Waller(Wooster 1962;王仁卉,郭可信, 1990). 将式(9.82)～式(9.85)与式(9.65),(9.66),(9.68), (9.74)对比,则可以说以上讨论的三种推导方法所得到的结果都 是一样的.

§9.3 位移场能够迅速达到平衡的准晶的 热漫散射理论

上一节里我们用了三种方法推导了晶体的热漫散射理论,得 到了同样的表达式. 本节我们将这三种方法推广到准晶的情况. 推导过程中注意准晶相对于晶体的特殊性:(1)准晶可以描述为用 三维的物理空间去切割高维(d 维,$d>3$)空间中的晶体而得. 因 而准晶中原子的位移有两种类型:在 3 维的物理空间(或称为平行 空间)内位移的声子型的位移 $\boldsymbol{u}^{\parallel}(\boldsymbol{r}^{\parallel})$,以及在($d-3$)维的补空 间(或称为垂直空间)内位移的相位子型的位移 $\boldsymbol{u}^{\perp}(\boldsymbol{r}^{\parallel})$,它们都 是物理空间中的位矢 $\boldsymbol{r}^{\parallel}$ 的函数. (2)准晶中的相位子型的位移描 述的是原子从某个平衡位置(或亚平衡位置)跳跃到其近邻的另一 个平衡位置(或亚平衡位置). 这是一种扩散型的运动,需要较高 的温度才能较快地达到平衡态. 本节讨论当温度较高时相位子位 移场能够迅速达到平衡的准晶的热漫散射理论.

上述三种方法中按 Boltzmann 分布求系综平均值的方法是由 Jaric,Nelson(1988)最先推广到准晶的. 王仁卉等(Wang,et al., 2000;2001)进一步完善了这一方法,并将按能量均分定理求平均 值的方法,还有流体动力学的方法,也推广到准晶的情况. 雷建林 等在这些基本理论的基础上,运用本书第六章关于二维准晶($d=$ 5, $d-3=2$)各种 Laue 类的弹性常数矩阵的知识,给出了五次 (Lei,et al.,1998),十次(Lei,et al.,1999a),八次(Lei,et al.,

1999b),十二次(Lei,et al.,2000)这 4 个晶系的二维准晶的流体动力学矩阵的形式,并进而计算了这 4 个二维准晶晶系的等强度热漫散射轮廓图.

9.3.1 理想完整准晶的热漫散射理论

在 d 维空间中理想的完整晶体的密度分布函数的表达式是

$$\rho_0(r) = \sum_R \delta(r - R) \otimes \rho_c(r), \qquad (9.86)$$

式中 R 表示 d 维晶体点阵中阵点的位矢, $\sum_R \delta(r - R)$ 描述 d 维晶体点阵, $\rho_c(r)$ 则是 d 维晶体的一个单胞的密度分布函数, $\otimes$ 表示卷积. $\rho_c(r)$ 的 Fourier 变换就是结构因子 $F(s)$

$$F(s) = \int \rho_c(r) \exp(i\, s \cdot r) d^d r \qquad (9.87)$$

d 维晶体点阵函数 $\sum_R \delta(r - R)$ 的 Fourier 变换 $\Phi_L(s)$ 可由式 (9.8)和式(9.10)得到

$$\Phi_L(s) = \int \sum_R \delta(r - R) \exp(i\, s \cdot r) d^d r = \sum_R \exp(i\, s \cdot R)$$

$$= \frac{(2\pi)^d}{v_c} \sum_s \delta(s - S). \qquad (9.88)$$

由 2.2.2 节可知:两个函数的卷积的 Fourier 变换,等于这两个函数各自的 Fourier 变换的乘积. 据此可得到 d 维完整晶体的密度函数 $\rho_0(r)$ 的 Fourier 变换的表达式

$$\Phi_0(s) = \int \rho_0(r) \exp(i\, s \cdot r) d^d r = \sum_R \exp(i\, s \cdot R)\, F(s) \qquad (9.89a)$$

$$= \frac{(2\pi)^d}{v_c} \sum_S \delta(s - S)\, F(S). \qquad (9.89b)$$

将式(9.89)进行逆 Fourier 变换,可得密度函数 $\rho_0(r)$ 的另一个表达式如下:

$$\rho_0(r) = \frac{1}{v_c} \sum_Q F(Q) \exp(-i Q \cdot R). \qquad (9.90)$$

准晶可以描述为用三维的物理空间(或称为平行空间)去切割

高维(d维,$d>3$)空间中的晶体而得. 按照这种描述方法,三维的物理空间中的准晶的密度函数 $\rho^{\|}(\boldsymbol{r}^{\|})$ 应该等于 d 维晶体的密度分布函数 $\rho(\boldsymbol{r})$ 当位矢 $\boldsymbol{r}$ 的垂直分量 $\boldsymbol{r}^{\perp}=0$ 时(切割)的值

$$\rho^{\|}(\boldsymbol{r}^{\|}) = \rho(\boldsymbol{r})\Big|_{\boldsymbol{r}^{\perp}=0} = \rho(\boldsymbol{r}^{\|}, \boldsymbol{r}^{\perp}=0). \tag{9.5}$$

由 2.2.2 节的讨论可知:某个函数的切割的 Fourier 变换,等于这个函数的 Fourier 变换的投影. 据此可得到三维准晶的密度函数 $\rho^{\|}(\boldsymbol{r}^{\|})$ 的 Fourier 变换的一般表达式

$$\begin{aligned}\Phi^{\|}(\boldsymbol{s}^{\|}) &= \int \rho^{\|}(\boldsymbol{r}^{\|}) \exp(\mathrm{i}\,\boldsymbol{s}^{\|}\cdot\boldsymbol{r}^{\|})\mathrm{d}^3\,\boldsymbol{r}^{\|} \\ &= \frac{1}{(2\pi)^{d-3}}\int \Phi(\boldsymbol{s})\mathrm{d}^{d-3}\boldsymbol{s}^{\perp}. \end{aligned} \tag{9.6}$$

将式(9.89b)代入式(9.6),可得到理想的完整的 3 维准晶的衍射振幅的表达式如下:

$$\Phi_0^{\|}(\boldsymbol{s}^{\|}) = \frac{(2\pi)^3}{v_c}\sum_{S}\delta^{\|}(\boldsymbol{s}^{\|}-\boldsymbol{S}^{\|})\,F(\boldsymbol{S}). \tag{9.91}$$

将式(9.89a)代入式(9.6)可得到理想的完整的 3 维准晶的衍射振幅的另一种表达式如下:

$$\begin{aligned}\Phi_0^{\|}(\boldsymbol{s}^{\|}) &= \frac{1}{(2\pi)^{d-3}}\int\sum_{R}\exp(\mathrm{i}\,\boldsymbol{s}\cdot\boldsymbol{R})\,F(\boldsymbol{s})\mathrm{d}^{d-3}\,\boldsymbol{s}^{\perp} \\ &= \frac{1}{(2\pi)^{d-3}}\int\sum_{R}\exp(\mathrm{i}\,\boldsymbol{s}^{\|}\cdot\boldsymbol{R}^{\|}+\mathrm{i}\boldsymbol{k}^{\perp}\cdot\boldsymbol{R}^{\perp})F(\boldsymbol{s}^{\|},\boldsymbol{k}^{\perp})\mathrm{d}^{d-3}\,\boldsymbol{k}^{\perp} \\ &= \frac{1}{(2\pi)^{d-3}}\int\sum_{R}\exp(\mathrm{i}\,\boldsymbol{k}^{\|}\cdot\boldsymbol{R}^{\|}+\mathrm{i}\boldsymbol{k}^{\perp}\cdot\boldsymbol{R}^{\perp})F(\boldsymbol{k}^{\|},\boldsymbol{k}^{\perp}) \\ &\quad \cdot\delta^{\|}(\boldsymbol{s}^{\|}-\boldsymbol{k}^{\|})\mathrm{d}^3\boldsymbol{k}^{\|}\mathrm{d}^{d-3}\boldsymbol{k}^{\perp} \\ &= \frac{1}{(2\pi)^{d-3}}\int\sum_{R}\exp(\mathrm{i}\,\boldsymbol{k}\cdot\boldsymbol{R})\int F(\boldsymbol{k})\delta^{\|}(\boldsymbol{s}^{\|}-\boldsymbol{k}^{\|})\mathrm{d}^d\boldsymbol{k}. \end{aligned} \tag{9.92}$$

式(9.92)的推导过程中首先进行了积分变量的变换(把 $\boldsymbol{s}^{\perp}$ 变成 $\boldsymbol{k}^{\perp}$),然后引入 $\delta^{\|}(\boldsymbol{s}^{\|}-\boldsymbol{k}^{\|})$ 函数并对 $\mathrm{d}^3\boldsymbol{k}^{\|}$ 积分. 式(9.92)的优点在于可以较为方便地推广到有位移场的情况.

由式(9.91),并注意到式(9.18),可得到理想的完整的 3 维准晶的衍射强度的表达式如下:

$$I_0^{\parallel}(\boldsymbol{s}^{\parallel}) = \Phi_0^{\parallel}(\boldsymbol{s}^{\parallel})\Phi_0^{\parallel}(\boldsymbol{s}^{\parallel})^*$$
$$= \frac{V^{\parallel}(2\pi)^3}{v_c^2}\sum_{\boldsymbol{S}}\delta^{\parallel}(\boldsymbol{s}^{\parallel}-\boldsymbol{S}^{\parallel})|F(\boldsymbol{S})|^2. \quad (9.93)$$

式(9.93)中，$V^{\parallel} = \dfrac{N^{\parallel}v_c}{v^{\perp}}$表示对衍射有贡献的准晶试样的体积，$N^{\parallel}$是被平行空间切割的$d$维空间的单胞数，$N^{\parallel}v_c$是这些单胞在$d$维空间的总体积，$v^{\perp}$是$d$维空间的单胞体积$v_c$在垂直空间的投影．

式(9.93)也可由式(9.92)推导出来

$$I_0^{\parallel}(\boldsymbol{s}^{\parallel}) = \Phi_0^{\parallel}(\boldsymbol{s}^{\parallel})\Phi_0^{\parallel}(\boldsymbol{s}^{\parallel})^* = \frac{1}{(2\pi)^{2d-6}}\int \mathrm{d}^d\boldsymbol{k}_1 \int \mathrm{d}^d\boldsymbol{k}_2$$
$$\cdot \sum_{\boldsymbol{R}_1}\sum_{\boldsymbol{R}_2}\exp(\mathrm{i}\,\boldsymbol{k}_1\cdot\boldsymbol{R}_1 - \mathrm{i}\,\boldsymbol{k}_2\cdot\boldsymbol{R}_2)F(\boldsymbol{k}_1)F^*(\boldsymbol{k}_2)$$
$$\cdot \delta^{\parallel}(\boldsymbol{s}^{\parallel}-\boldsymbol{k}_1^{\parallel})\delta^{\parallel}(\boldsymbol{s}^{\parallel}-\boldsymbol{k}_2^{\parallel}). \quad (9.94)$$

引入单胞对相对位矢$\boldsymbol{R} = \boldsymbol{R}_1 - \boldsymbol{R}_2$，注意到$\mathrm{i}\,\boldsymbol{k}_1\cdot\boldsymbol{R}_1 - \mathrm{i}\,\boldsymbol{k}_2\cdot\boldsymbol{R}_2 = \mathrm{i}\,\boldsymbol{k}_1\cdot\boldsymbol{R} + \mathrm{i}(\boldsymbol{k}_1 - \boldsymbol{k}_2)\cdot\boldsymbol{R}_2$，在对$\boldsymbol{R}$和$\boldsymbol{R}_2$的求和过程中运用式(9.10)，就得到

$$\sum_{\boldsymbol{R}}\sum_{\boldsymbol{R}_2}\exp(\mathrm{i}\,\boldsymbol{k}_1\cdot\boldsymbol{R})\exp[\mathrm{i}(\boldsymbol{k}_1 - \boldsymbol{k}_2)\cdot\boldsymbol{R}_2]$$
$$= \frac{(2\pi)^{2d}}{v_c^2}\sum_{\boldsymbol{S}}\delta(\boldsymbol{k}_1 - \boldsymbol{S})\sum_{\boldsymbol{Q}}\delta(\boldsymbol{k}_1 - \boldsymbol{k}_2 - \boldsymbol{Q}). \quad (9.95)$$

式(9.94)中的两个δ函数迫使$\boldsymbol{k}_1^{\parallel} = \boldsymbol{k}_2^{\parallel}$．一方面，这说明式(9.94)中的两个$\delta$函数是一样的，运用式(9.18)和式(9.20)，得到$\delta^{\parallel}(\boldsymbol{s}^{\parallel}-\boldsymbol{k}_1^{\parallel})\delta^{\parallel}(\boldsymbol{s}^{\parallel}-\boldsymbol{k}_2^{\parallel}) = \delta^{\parallel}(\boldsymbol{s}^{\parallel}-\boldsymbol{k}_1^{\parallel})\dfrac{V^{\parallel}}{(2\pi)^3}$．另一方面，将这个结果代入式(9.95)中对$\boldsymbol{Q}$求和的$\delta$函数，就迫使$\boldsymbol{Q}^{\parallel} = 0$．由于构造准晶的平行空间和垂直空间的基矢与$d$维晶体空间的基矢之间的相对取向都是无理数的，与$\boldsymbol{Q}^{\parallel} = 0$相对应，必然有$\boldsymbol{Q}^{\perp} = 0$，即$\boldsymbol{Q} = 0$．对$\boldsymbol{k}_2$积分的结果就是将式(9.94)中的全部$\boldsymbol{k}_2$改成$\boldsymbol{k}_1$．这样一来，我们就有

$$I_0^{\parallel}(\boldsymbol{s}^{\parallel}) = \frac{1}{(2\pi)^{2d-6}}\int \mathrm{d}^d\boldsymbol{k}\,\frac{(2\pi)^{2d}}{v_c^2}\sum_{\boldsymbol{S}}\delta(\boldsymbol{k} - \boldsymbol{S})|F(\boldsymbol{k})|^2$$

$$\cdot \delta^{\parallel}(s^{\parallel} - k^{\parallel}) \frac{V^{\parallel}}{(2\pi)^3}$$

$$= \frac{V^{\parallel}(2\pi)^3}{v_c^2} \sum_S \delta^{\parallel}(s^{\parallel} - S^{\parallel}) |F(S)|^2. \qquad (9.93)$$

把式(9.93)围绕着倒易点 $S^{\parallel}$(它是 d 维空间某一倒易阵点 S 向平行空间的投影)积分,就得到该反射的累积强度

$$I_0^{\mathrm{Int}}(S) = \frac{1}{(2\pi)^3} \int_S I_0^{\parallel}(s^{\parallel}) \mathrm{d}^3 s^{\parallel} = \frac{V^{\parallel}}{v_c^2} |F(S)|^2. \qquad (9.96)$$

把式(9.93),(9.96)与晶体中的式(9.42),(9.43)相比,并注意到晶体中的单胞数 $N = \dfrac{V}{v_c}$,可知完整准晶中单位体积的衍射强度的分布 $I_0^{\parallel}(s^{\parallel})$ 以及单位体积的 Bragg 反射的累积强度 $I_0^{\mathrm{Int}}(S)$ 的计算公式,与晶体中对应的计算公式在形式上是一样的.

9.3.2 位移场达到平衡的准晶热漫散射:一般公式

当温度较高时,扩散型的相位子位移也能很快达到热平衡.在这种情况下,我们可以把相位子型位移与声子型位移一起考虑.设 d 维空间中位矢为 R 的单胞位移量为 $u(R^{\parallel})$,则 d 维空间的密度函数的表达式由(9.86)式变成了

$$\rho(r) = \sum_R \delta(r - R - u(R^{\parallel})) * \rho_c(r). \qquad (9.97)$$

$\rho(r)$ 的 Fourier 变换的表达式由式(9.89a)变成了

$$\Phi(s) = \int \rho(r) \exp(\mathrm{i}\, s \cdot r) \mathrm{d}^d r$$

$$= \sum_R \exp(\mathrm{i}\, s \cdot [R + u(R^{\parallel})]) F(s). \qquad (9.98)$$

将此式向平行空间投影得到有位移场 $u(R^{\parallel})$ 的准晶的衍射振幅和衍射强度的表达式依次为

$$\Phi^{\parallel}(s^{\parallel}) = \frac{1}{(2\pi)^{d-3}} \int \sum_R \exp(\mathrm{i}\, k \cdot [R + u(R^{\parallel})])$$

$$\cdot F(k) \delta^{\parallel}(s^{\parallel} - k^{\parallel}) \mathrm{d}^d k, \qquad (9.99)$$

$$I^{\parallel}(s^{\parallel}) = \Phi^{\parallel}(s^{\parallel}) \Phi^{\parallel}(s^{\parallel})^*$$

$$= \frac{1}{(2\pi)^{2d-6}} \int \mathrm{d}^d k_1 \int \mathrm{d}^d k_2 \sum_{R_1} \sum_{R_2} \exp(\mathrm{i}\, k_1 \cdot R_1 - \mathrm{i}\, k_2 \cdot R_2)$$
$$\cdot f(u) F(k_1) F^*(k_2) \delta^{\parallel}(s^{\parallel} - k_1^{\parallel}) \delta^{\parallel}(s^{\parallel} - k_2^{\parallel}),$$

$$(9.100)$$

式中与位移场有关的因子

$$f(u) = \exp[\mathrm{i}\, k_1 \cdot u(R_1^{\parallel}) - \mathrm{i}\, k_2 \cdot u(R_2^{\parallel})]$$

需要对各种可能的位移场 $u(R^{\parallel})$ 进行平均,才能得到衍射强度的最后的表达式.

9.3.3 位移场达到平衡的准晶热漫散射:按照 Boltzmann 分布计算 $f(u)$ 的平均值

按照 Boltzmann 分布,某种位移场 $u(r)$ 或者 $U(p)$ 出现的概率决定于该状态的自由能 E 和温度 T

$$P[u] = \exp\left(-\frac{E}{k_B T}\right), \qquad (9.56)$$

再按这概率 $P[u]$ 对 $f(u)$ 进行平均

$$\langle f(u) \rangle = \frac{\int f(u) P[u] \mathrm{D} u}{\int P[u] \mathrm{D} u}, \qquad (9.57)$$

就可以得到衍射强度的最后的表达式.

把位移场函数 $u(R^{\parallel})$ 进行 Fourier 变换

$$U(p^{\parallel}) = \int u(r^{\parallel}) \exp(\mathrm{i} p^{\parallel} \cdot r^{\parallel}) \mathrm{d}^3 r^{\parallel}, \qquad (9.101)$$

$$u(r^{\parallel}) = \frac{1}{(2\pi)^3} \int U(p^{\parallel}) \exp(-\mathrm{i} p^{\parallel} \cdot r^{\parallel}) \mathrm{d}^3 p^{\parallel}, \qquad (9.102)$$

式中 $U(p^{\parallel}) = \sum_{\mu=1}^{d} U(p^{\parallel}, \mu) \exp(\mathrm{i}\omega t)$.

如前所述,准晶中位移矢量有 d 个方向,力也有 d 个方向,我们用希腊字母 $\alpha, \beta, \cdots, \mu, \nu, \cdots$ 表示. 但准晶中位矢,应力和应变作用的面的法向,则是 3 维的平行空间的矢量,我们用拉丁字母 $i, j, k, L, \cdots$ 来标记它们的分量. 例如,准晶中的应变 $\varepsilon_{\mu j} = \frac{\partial u_\mu}{\partial x_j}$,

其中 $\varepsilon_{1j}, \varepsilon_{2j}, \varepsilon_{3j}$ 是声子型应变, $\varepsilon_{4j}, \varepsilon_{5j}, \cdots \varepsilon_{dj}$ 则是相位子型应变. 应力 $\sigma_{\mu j}$ 也是一样地由声子型和相位子型两部分组成. 弹性常数 $M_{\mu j \nu L} = \dfrac{\partial^2 E}{\partial \varepsilon_{\mu j} \partial \varepsilon_{\nu L}}$ 则可分成四块

$$\boldsymbol{M} = \begin{bmatrix} \boldsymbol{C} & \boldsymbol{R} \\ \boldsymbol{R}^{\mathrm{T}} & \boldsymbol{K} \end{bmatrix}, \qquad (9.103)$$

其中 $C_{ijkL} = M_{ijkL}$, $K_{ijkL} = M_{(i+3)j(k+3)L}$, $R_{ijkL} = M_{ij(k+3)L}$ 分别是声子型, 相位子型, 声子-相位子耦合型弹性常数. 上标 T 表示矩阵的转置, 即: $(\boldsymbol{R}^{\mathrm{T}})_{kLij} = \boldsymbol{R}_{ijkL}$.

由位移场 $\boldsymbol{u}(\boldsymbol{r}^{\|})$ 而产生的弹性自由能 E 在正空间和 Fourier 变换之后的表达式分别为

$$E = \frac{1}{2} \int \mathrm{d}^3 \boldsymbol{r}^{\|} \frac{\partial u_\mu(\boldsymbol{r})}{\partial x_j} M_{\mu j \nu L} \frac{\partial u_\nu(\boldsymbol{r})}{\partial x_L}, \qquad (9.104)$$

$$E = \frac{1}{2(2\pi)^3} \int \mathrm{d}^3 \boldsymbol{p}^{\|} U_\mu(-\boldsymbol{p}^{\|}) p_j M_{\mu j \nu L} p_L U_\nu(\boldsymbol{p}^{\|})$$

$$= \frac{1}{2(2\pi)^3} \int \mathrm{d}^3 \boldsymbol{p}^{\|} U_\mu(-\boldsymbol{p}^{\|}) A_{\mu\nu}(\boldsymbol{p}^{\|}) U_\nu(\boldsymbol{p}^{\|}) \qquad (9.105a)$$

$$= \frac{1}{2(2\pi)^3} \int \mathrm{d}^3 \boldsymbol{p}^{\|} U^T(-\boldsymbol{p}^{\|}) \boldsymbol{A}(\boldsymbol{p}^{\|}) U(\boldsymbol{p}^{\|}), \qquad (9.105b)$$

这里, 式(9.105a)是分量相乘再求和的形式, 式(9.105b)则是矩阵乘法的形式. 式(9.105a)中的 $U_\mu(-\boldsymbol{p}^{\|})$ 是 $d \times 1$ 的列矩阵 $\boldsymbol{U}(\boldsymbol{p}^{\|})$ 的第 μ 个元. $d \times 1$ 的列矩阵 $\boldsymbol{U}(\boldsymbol{p}^{\|})$ 也可分解成平行空间分量 $\boldsymbol{U}^{\|}$ 和垂直空间分量 $\boldsymbol{U}^{\perp}$ 两部分: $\boldsymbol{U}(\boldsymbol{p}^{\|}) = \boldsymbol{U}^{\|}(\boldsymbol{p}^{\|}) + \boldsymbol{U}^{\perp}(\boldsymbol{p}^{\|})$.

$$A_{\mu\nu}(p^{\|}) = p_j M_{\mu j \nu L} p_L \qquad (9.106)$$

是一个 $d \times d$ 的流体动力学矩阵 $\boldsymbol{A}$ 的矩阵元. 显然矩阵 $\boldsymbol{A}$ 是实数的 $(A_{\mu\nu}^* = A_{\mu\nu})$, 对称的 $(A_{\mu\nu} = A_{\nu\mu})$, 是 $\boldsymbol{p}$ 的偶函数 $[\boldsymbol{A}(\boldsymbol{p}) = \boldsymbol{A}(-\boldsymbol{p})]$. 类似于式(9.103), $d \times d$ 的流体动力学矩阵 $\boldsymbol{A}$ 也可以分块成

$$\boldsymbol{A} = \begin{bmatrix} A^{\|,\|} & A^{\|,\perp} \\ A^{\perp,\|} & A^{\perp,\perp} \end{bmatrix}, \qquad (9.107)$$

其中

$$[A^{\parallel,\parallel}(p^{\parallel})]_{ik} = p_j C_{ijkL} p_L, \tag{9.108}$$

$$[A^{\perp,\perp}(p^{\parallel})]_{ik} = p_j C_{ijkL} p_L, \tag{9.109}$$

$$[A^{\parallel,\perp}(p^{\parallel})]_{ik} = [A^{\perp,\parallel}(p^{\parallel})]_{ki} = p_j R_{ijkL} p_L. \tag{9.110}$$

相应地,式(9.105)表示的弹性自由能 E 也可分解成下列三部分:

$$E = E_{\text{phon}}(u^{\parallel}) + E_{\text{phas}}(u^{\perp}) + E_{\text{coup}}(u^{\parallel}, u^{\perp}), \tag{9.111}$$

其中,

$$E_{\text{phon}}(u^{\parallel}) = \frac{1}{2(2\pi)^3} \int d^3 p^{\parallel} \, U^{\parallel T}(-p^{\parallel}) \, A^{\parallel,\parallel}(p^{\parallel}) \, U^{\parallel}(p^{\parallel}), \tag{9.112}$$

$$E_{\text{phas}}(u^{\perp}) = \frac{1}{2(2\pi)^3} \int d^3 p^{\parallel} \, U^{\perp T}(-p^{\parallel}) \, A^{\perp,\perp}(p^{\parallel}) \, U^{\perp}(p^{\parallel}), \tag{9.113}$$

$$E_{\text{coup}}(u^{\parallel} u^{\perp}) = \frac{1}{(2\pi)^3} \int d^3 p^{\parallel} \, U^{\parallel T}(-p^{\parallel}) \, A^{\parallel,\perp}(p^{\parallel}) \, U^{\perp}(p^{\parallel}). \tag{9.114}$$

将式(9.102),(9.105b),(9.56)代入式(9.57),得到

$$\langle f(u) \rangle = \langle \exp[ik_1^T u(R_1^{\parallel}) - ik_2^T u(R_2^{\parallel})] \rangle =$$

$$\frac{\int \exp\left[\frac{1}{(2\pi)^3}\int \left\{i\left[k_1^T \exp(-ip^{\parallel T}R_1^{\parallel}) - k_2^T \exp(-ip^{\parallel T}R_2^{\parallel})\right]U(p^{\parallel}) - \frac{1}{2k_BT}U^+(p^{\parallel})A(p^{\parallel})U(p^{\parallel})\right\} d^3 p^{\parallel}\right] DU}{\int \exp\left[-\frac{1}{2k_BT}\frac{1}{(2\pi)^3}\int U^+(p^{\parallel})A(p^{\parallel})U(p^{\parallel})d^3 p^{\parallel}\right] DU}. \tag{9.115}$$

采用类似于从式(9.59)到式(9.62)的推导方法,可得

$$\begin{aligned}
\langle f(u) \rangle &= \exp\left[\frac{-k_B T}{2(2\pi)^3}\int \left[k_1^T \exp(-ip^{\parallel T}R_1^{\parallel})\right.\right.\\
&\quad \left.\left. - k_2^T \exp(-ip^{\parallel T}R_2^{\parallel})\right] A^{-1}(p^{\parallel})\left[k_1 \exp(ip^{\parallel T}R_1^{\parallel})\right.\right.\\
&\quad \left.\left. - k_2 \exp(ip^{\parallel T}R_2^{\parallel})\right]d^3 p^{\parallel}\right]\\
&= \exp[-M(k_1) - M(k_2)] \exp\left[\frac{k_B T}{(2\pi)^3}\right.\\
&\quad \left. \cdot \int k_1^T A^{-1}(p^{\parallel}) k_2 \exp(\pm ip^{\parallel T}R^{\parallel})d^3 p^{\parallel}\right]\\
&\approx \exp[-M(k_1) - M(k_2)]
\end{aligned}$$

$$\cdot \left[1 + \frac{k_B T}{(2\pi)^3} \int k_1^{\mathrm{T}} A^{-1}(\boldsymbol{p}^{\parallel}) k_2 \exp(\pm \mathrm{i} \boldsymbol{p}^{\parallel \mathrm{T}} \boldsymbol{R}^{\parallel}) \mathrm{d}^3 \boldsymbol{p}^{\parallel} + \cdots \right].$$

$$(9.116)$$

式(9.116)中的 $\boldsymbol{R} = \boldsymbol{R}_1 - \boldsymbol{R}_2$ 是两个格点之间的相对距离,式中的 Debye-Waller 因子 $\exp[-2M(k)]$ 中的 $M(k)$ 的表达式为:

$$M(k) = \frac{k_B T}{2(2\pi)^3} \int k^{\mathrm{T}} A^{-1}(\boldsymbol{p}^{\parallel}) k \ \mathrm{d}^3 \boldsymbol{p}^{\parallel} \qquad (9.117)$$

将式(9.116)代入式(9.100),可得到对长波声子各种振幅平均了的衍射强度公式如下:

$$I(s) = \frac{1}{(2\pi)^{2d-6}} \int \mathrm{d}^d k_1 \int \mathrm{d}^d k_2 \sum_{\boldsymbol{R}} \sum_{\boldsymbol{R}_2} \exp(\mathrm{i} \, k_1^{\mathrm{T}} \boldsymbol{R}) \exp[\mathrm{i}(k_1 - k_2)^{\mathrm{T}} \boldsymbol{R}_2]$$

$$\cdot F(k_1) F^*(k_2) \delta^{\parallel}(s^{\parallel} - k_1^{\parallel}) \delta^{\parallel}(s^{\parallel} - k_2^{\parallel}) \exp[-M(k_1) - M(k_2)]$$

$$\cdot \left[1 + \frac{k_B T}{(2\pi)^3} \int k_1^{\mathrm{T}} A^{-1}(\boldsymbol{p}^{\parallel}) k_2 \exp(\pm \mathrm{i} \boldsymbol{p}^{\parallel \mathrm{T}} \boldsymbol{R}^{\parallel}) \mathrm{d}^3 \boldsymbol{p}^{\parallel} + \cdots \right]$$

$$= I_B^{\parallel}(s^{\parallel}) + I_{TDS1}^{\parallel}(s^{\parallel}) + \cdots. \qquad (9.118)$$

式(9.118)中的 $I_B^{\parallel}(s^{\parallel})$ 是 Bragg 反射的强度分布. 与式(9.94)对比,这里多出了个 Debye-Waller 因子 $\exp[-2M]$. 故而由式(9.93)可得其表达式如下:

$$I_B^{\parallel}(s^{\parallel}) = \frac{V^{\parallel}(2\pi)^3}{v_c^2} \sum_{S} \delta^{\parallel}(s^{\parallel} - S^{\parallel}) |F(S)|^2 \exp[-2M(S)].$$

$$(9.119)$$

围绕平行空间某一倒易点 $S^{\parallel}$ 积分,就得到该反射的累积强度

$$I_B^{\mathrm{Int}}(S) = \frac{1}{(2\pi)^3} \int_{S^{\parallel}} I_B^{\mathrm{Int}}(s^{\parallel}) \mathrm{d}^3 s^{\parallel} = \frac{V^{\parallel}}{v_c^2} |F(S)|^2 \exp[-2M(S)].$$

$$(9.120)$$

由式(9.118)中有关一级热漫散射强度的表达式可知,较之 Bragg 反射的表达式,这里:(1) 多出了一个因子 $k_1^{\mathrm{T}} A^{-1}(\boldsymbol{p}^{\parallel}) k_2$ 以及对 $\mathrm{d}^3 \boldsymbol{p}^{\parallel}$ 的积分;(2) 多出了一个相角因子 $\exp(\pm \mathrm{i} \boldsymbol{p}^{\parallel \mathrm{T}} \boldsymbol{R}^{\parallel})$,这个因子应该与 $\exp(\mathrm{i} \, k_1^{\mathrm{T}} \boldsymbol{R})$ 合并之后再对 $\boldsymbol{R}$ 求和,从而得到如下结果:

$\dfrac{(2\pi)^d}{v_c}\sum_S\delta(s\pm p^\parallel-S)$. 因此,有

$$I_{\mathrm{TDS1}}^{\parallel}(\boldsymbol{s}^{\parallel})=\frac{V^{\parallel}k_BT}{v_c^2}\sum_S|F(S\pm p^{\parallel})|^2\exp[-2M(\boldsymbol{S}\pm\boldsymbol{p}^{\parallel})]$$
$$(\boldsymbol{S}\pm\boldsymbol{p}^{\parallel})^{\mathrm{T}}\boldsymbol{A}^{-1}(\boldsymbol{p}^{\parallel})(\boldsymbol{S}\pm\boldsymbol{p}^{\parallel}). \qquad (9.121)$$

进一步,利用(9.27)和(9.31b)两式可知, $\boldsymbol{A}^{-1}(\boldsymbol{p}^{\parallel})\sim\dfrac{1}{\lambda_\mu}\sim\dfrac{1}{\omega^2}\sim$

$\dfrac{1}{|\boldsymbol{p}^{\parallel}|^2}$,即热漫散射的强度随着从倒易阵点的偏离量的增加而按

照$\dfrac{1}{|\boldsymbol{p}^{\parallel}|^2}$急剧地减小,只需要考虑每个倒易阵点对其近邻处的热
漫散射的贡献就够了. 比如说,倒易阵点 $\boldsymbol{S}$ 近邻区 $(\boldsymbol{S}\pm\boldsymbol{p}^{\parallel})$ 处的
一级热漫散射强度的表达式为

$$I_{\mathrm{TDS1}}^{\parallel}(S\pm p^{\parallel})=\frac{V^{\parallel}k_BT}{v_c^2}|F(S\pm p^{\parallel})|^2\exp[-2M(\boldsymbol{S}\pm\boldsymbol{p}^{\parallel})]$$
$$(\boldsymbol{S}\pm\boldsymbol{p}^{\parallel})^{\mathrm{T}}\boldsymbol{A}^{-1}(\boldsymbol{p}^{\parallel})(\boldsymbol{S}\pm\boldsymbol{p}^{\parallel})$$
$$=I_B^{\mathrm{Int}}(\boldsymbol{S})k_BT(\boldsymbol{S}\pm\boldsymbol{p}^{\parallel})^T\boldsymbol{A}^{-1}(\boldsymbol{p}^{\parallel})(\boldsymbol{S}\pm\boldsymbol{p}^{\parallel}).$$
$$(9.122)$$

对比(9.122)与(9.68)两式可知,当位移场能够达到平衡时,
晶体与准晶的一级热漫散射强度的计算公式是一样的. 主要的差
别在于:对于晶体,由于位移矢量是 3 维的,因而流体动力学矩阵
$\boldsymbol{A}(\boldsymbol{p})$ 是 3×3 的. 对于准晶,由于位移矢量是 d 维的,因而流体动
力学矩阵 $\boldsymbol{A}(\boldsymbol{p})$ 是 $d\times d$ 的.

9.3.4 位移场达到平衡的准晶热漫散射:按能量均分定理计算 $f(u)$ 的平均值

类似于式(9.69),先把指数函数展开成级数,再注意到位移
$\boldsymbol{u}(\boldsymbol{R})$ 的奇数次方的平均值为 0,我们有

$$\langle f(\boldsymbol{u})\rangle=\langle\exp[\mathrm{i}\boldsymbol{k}_1^{\mathrm{T}}\boldsymbol{u}(\boldsymbol{R}_1^{\parallel})-\mathrm{i}\boldsymbol{k}_2^{\mathrm{T}}\boldsymbol{u}(\boldsymbol{R}_2^{\parallel})]\rangle$$
$$=\exp\left[-\frac{1}{2}\langle[\boldsymbol{k}_1^{\mathrm{T}}\boldsymbol{u}(\boldsymbol{R}_1^{\parallel})-\boldsymbol{k}_2^{\mathrm{T}}\boldsymbol{u}(\boldsymbol{R}_2^{\parallel})]^2\rangle\right]$$

$$= \exp[-M(k_1) - M(k_2)]$$
$$\cdot \exp[\langle[k_1^T u(R_1^{\parallel})][k_2^T u(R_2^{\parallel})]\rangle]$$
$$= \exp[-M(k_1) - M(k_2)]$$
$$\cdot [1 + \langle[k_1^T u(R_1^{\parallel})][k_2^T u(R_2^{\parallel})]\rangle + \cdots]. \quad (9.123)$$

按照式(9.47)将位移矢量 $u(R^{\parallel})$ 对波矢 $p^{\parallel}$ 展开成 Fourier 级数,每个波矢有 d 个偏振方向($\mu = 1, 2, \cdots, d$)的格波,又注意到 $\langle \exp$
$\cdot[\pm i(p_1^{\parallel T} R_1^{\parallel} - p_2^{\parallel T} R_2^{\parallel})]\rangle = \exp[\pm i(p_1^{\parallel T} R^{\parallel})]\langle \exp[\pm i(p_1^{\parallel}$
$- p_2^{\parallel})^T R_2^{\parallel}]\rangle = \exp[\pm i(p_1^{\parallel T} R^{\parallel})]\dfrac{(2\pi)^3}{V^{\parallel}}\sum_S \delta(p_1^{\parallel} - p_2^{\parallel} - S^{\parallel})$
$= \exp[\pm i(p_1^{\parallel T} R^{\parallel})]\dfrac{(2\pi)^3}{V^{\parallel}}\delta(p_1^{\parallel} - p_2^{\parallel})$. 这里 $R^{\parallel} = R_1^{\parallel} - R_2^{\parallel}$,
用到了式(9.10),而且由于 $p_1^{\parallel}$ 与 $p_2^{\parallel}$ 都是在第一 Brillouin 区内取值,对 S 的求和只能取 $S = 0$ 一项. 于是式(9.123)中的求平均的项应是

$$\langle[k_1^T u(R_1^{\parallel})][k_2^T u(R_2^{\parallel})]\rangle$$
$$= \frac{1}{V^{\parallel}(2\pi)^3}\int d^3 p^{\parallel} \sum_{\mu=1}^{d} k_1^T U(p^{\parallel}, \mu) U^T(p^{\parallel}, \mu)$$
$$\cdot k_2 \exp[\pm i(p^{\parallel} \cdot R)]. \quad (9.124)$$

应用式(9.75)和式(9.31b),类似于推导式(9.75)和式(9.77)的方法,可以证明式(9.124)中的

$$\sum_{\mu=1}^{d} k_1^T U(p^{\parallel}, \mu) U^T(p^{\parallel}, \mu) k_2$$
$$= \sum_{\mu=1}^{d} k_1^T n^0(p^{\parallel}, \mu)|U(p^{\parallel}, \mu)|^2 n^{0T}(p^{\parallel}, \mu) k_2$$
$$= V^{\parallel} k_B T \sum_{\mu=1}^{d} k_1^T n^0(p^{\parallel}, \mu)[\Lambda^{-1}(p^{\parallel})]_{\mu\mu} n^{0T}(p^{\parallel}, \mu) k_2$$
$$= V^{\parallel} k_B T[k_1^T N(p^{\parallel})\Lambda^{-1}(p^{\parallel}) N^T(p^{\parallel}) k_2]$$
$$= V^{\parallel} k_B T[k_1^T A^{-1}(p^{\parallel}) k_2]. \quad (9.125)$$

把式(9.125)代入式(9.124),再代入式(9.123),就得到式(9.116). 然后就可得到从式(9.117)到式(9.122)的有关 Debye-

Waller 因子,Bragg 衍射的强度分布,Bragg 衍射的累积强度,以及关于一级热漫散射强度的表达式.

9.3.5 位移场达到平衡的准晶热漫散射:准晶热漫散射强度公式的流体动力学方法推导

9.2.5 节的思路在于把晶体看作由连续分布的电子密度(对 X 射线衍射)或者电势密度(对电子衍射)$\rho(r)$ 组成,不均匀的位移场 $u(r)$ 则按照流体动力学中的连续性方程引起密度函数的改变. 本节的关键在于把 9.2.5 节的思路推广到高维(d 维)空间,即:d 维空间的密度函数 $\rho(r) = \rho_0(r) - \Delta\rho(r)$ 分成两部分:一是平均晶体中的 $\rho_0(r)$,二是由于位移场 $u(r^{\parallel})$ 而引起的电子的流出,导致电子密度的减小 $\Delta\rho(r) = \nabla \cdot [\rho_0(r) u(r^{\parallel})]$,即

$$\rho(r) = \rho_0(r) - \nabla \cdot (\rho_0(r) u(r^{\parallel})). \tag{9.126}$$

把(9.90)和(9.102)两式代入,可得

$$\rho(r) = \frac{1}{v_c} \sum_S F(S) \{ \exp(-iS \cdot r)$$
$$+ \frac{i}{(2\pi)^3} \int d^3 p^{\parallel} \sum_{\mu} [(S \pm p^{\parallel})^T U(p^{\parallel}, \mu)] \exp[-i(S \pm p^{\parallel})r] \}. \tag{9.127}$$

应用式(9.4),将式(9.127)进行 Fourier 变换,即可得到有位移场的 d 维晶体的衍射振幅的表达式如下:

$$\Phi(s) = \frac{(2\pi)^d}{v_c} \sum_S F(S) \{ \delta(s - S)$$
$$+ \frac{i}{(2\pi)^3} \int d^3 p^{\parallel} \sum_{\mu} (S \pm p^{\parallel})^T U(p^{\parallel}, \mu) \delta[s - (S \pm p^{\parallel})] \}. \tag{9.128}$$

将式(9.128)向平行空间投影,得到有位移场 $u(R^{\parallel})$ 的准晶的衍射振幅的表达式为

$$\Phi^{\parallel}(s^{\parallel}) = \int \rho^{\parallel}(r^{\parallel}) \exp(i s^{\parallel} \cdot r^{\parallel}) d^3 r^{\parallel} = \frac{1}{(2\pi)^{d-3}} \int \Phi(s) d^{d-3} s^{\perp}$$

$$= \frac{(2\pi)^3}{v_c} \sum_S F(S) \left\{ \delta^{\|}(s^{\|} - S^{\|}) + \frac{\mathrm{i}}{(2\pi)^3} \int \mathrm{d}^3 p^{\|} \right.$$

$$\left. \sum_\mu (S \pm p^{\|})^T U(p^{\|}, \mu) \delta^{\|} [s^{\|} - (S^{\|} \pm p^{\|})] \right\}$$

$$= \frac{(2\pi)^3}{v_c} \sum_S F(S) \left\{ \delta^{\|}(s^{\|} - S^{\|}) \right.$$

$$\left. + \frac{\mathrm{i}}{(2\pi)^3} \sum_\mu (S \pm p^{\|})^T U(p^{\|}, \mu) \right\}. \tag{9.129}$$

注意到不同波矢 $p^{\|}$,不同偏振方向(由 μ 标记)的格波是互不相干的,并应用式(9.20)和式(9.125),可由式(9.129)求得衍射强度的表达式如下:

$$I^{\|}(s^{\|}) = \Phi^{\|}(s^{\|}) \Phi^{\|*}(s^{\|})$$

$$= \frac{V^{\|}(2\pi)^3}{v_c^2} \sum_S |F(S)|^2 \left\{ \delta^{\|}(s^{\|} - S^{\|}) \right.$$

$$\left. + \frac{k_B T}{(2\pi)^3} [(S \pm p^{\|})^T A^{-1}(p^{\|})(S^{\|} \pm p^{\|})_2] \right\}. \tag{9.130}$$

把式(9.130)与式(9.119),(9.121)对比,并注意到本节讨论的结构因子表达式 $F(S)$ 内已经包含了 Debye-Waller 因子(Wooster,1961;王仁卉,郭可信,1990),则可以说以上在9.3.3节,9.3.4节和9.3.5节讨论的三种推导方法所得到的结果都是一样的.

§9.4 相位子位移场冻结时的准晶热漫散射的一般公式

在§9.3的引言里谈到,该节的讨论适用于高温,相位子位移场能够迅速达到热平衡. 此时准晶的热漫散射理论较之晶体的情况,基本上是一样的. 差别主要在于需要把3维晶体的理论推广到 d 维晶体的情况,然后再把 d 维晶体的衍射振幅投影到3维物理空间. 本节则讨论另外一种极端的情况:准晶从某高温 T_q[相

位子位移场 $u_{T_q}^{\perp}(\boldsymbol{R}^{\parallel})$ 在此温度能够迅速达到热平衡]淬火到某一低温 T,温度低到相位子位移场 $u_{T_q}^{\perp}(\boldsymbol{R}^{\parallel})$ 已经冻结了,保持着在 T_q 温度下的状态.至于声子型位移场 $u^{\parallel}(\boldsymbol{R}^{\parallel})$,则在这两个温度下都是可以迅速热激活的.在低温 T 之下,由于声子型位移场与相位子型位移场互相耦合,我们可以计算在某一冻结着的相位子型位移场之下每一种声子型位移场出现的概率.在高温,由于声子型位移场与相位子型位移场互相耦合,我们可以按照§9.3推导出的公式计算在 T_q 温度下的某一相位子型位移场出现的概率.

首先回顾一下位移场能够迅速达到热平衡的情况下衍射强度的计算.一般公式是式(9.100),但与位移场 $u(\boldsymbol{R}^{\parallel})$ 有关的因子
$$f(\boldsymbol{u}) = \exp[\mathrm{i}\, \boldsymbol{k}_1 \cdot \boldsymbol{u}(\boldsymbol{R}_1^{\parallel}) - \mathrm{i}\, \boldsymbol{k}_2 \cdot \boldsymbol{u}(\boldsymbol{R}_2^{\parallel})].$$
需按概率 $P[\boldsymbol{u}] = \exp\left(-\dfrac{E(\boldsymbol{u})}{k_B T}\right)$ 进行平均.式中 $E(\boldsymbol{u})$ 是对应于该位移场 $\boldsymbol{u}$ 的自由能.把位移场 $u(\boldsymbol{R}^{\parallel})$ 按照式(9.102)Fourier展开之后,待进行平均的量是
$$F(\boldsymbol{p}^{\parallel}) = \exp[\mathrm{i}\, a^+(\boldsymbol{p}^{\parallel})\, U(\boldsymbol{p}^{\parallel}, \boldsymbol{\mu})], \tag{9.131a}$$
式中
$$a^+(\boldsymbol{p}^{\parallel}) = \frac{1}{(2\pi)^3}\left[k_1^T \exp(-\mathrm{i}\, \boldsymbol{p}^{\parallel T} \boldsymbol{R}_1^{\parallel}) - k_2^T \exp(-\mathrm{i}\, \boldsymbol{p}^{\parallel T} \boldsymbol{R}_2^{\parallel}) \right].$$
$$\tag{9.131b}$$
由于
$$a(-\boldsymbol{p}^{\parallel}) = a^*(\boldsymbol{p}^{\parallel}), U(-\boldsymbol{p}^{\parallel}, \boldsymbol{\mu}) = U^*(\boldsymbol{p}^{\parallel}, \boldsymbol{\mu}),$$
因而有
$$a^+(-\boldsymbol{p}^{\parallel})\, U(-\boldsymbol{p}^{\parallel}, \boldsymbol{\mu}) = U^+(\boldsymbol{p}^{\parallel}, \boldsymbol{\mu})\, a(\boldsymbol{p}^{\parallel}).$$
在位移场能够迅速达到热平衡时,式(9.131)的概率的表达式 $P[\boldsymbol{u}] = \exp\left(-\dfrac{E(\boldsymbol{p}^{\parallel})}{k_B T}\right)$ 中的对应于该格波的振幅 $U(\boldsymbol{p}^{\parallel}, \boldsymbol{\mu})$ 的自由能是
$$E(\boldsymbol{p}^{\parallel}, \boldsymbol{\mu}) = \frac{1}{2(2\pi)^3} U^T(-\boldsymbol{p}^{\parallel}, \boldsymbol{\mu})\, A(\boldsymbol{p}^{\parallel})\, U(\boldsymbol{p}^{\parallel}, \boldsymbol{\mu}). \tag{9.132}$$

因此,式(9.131a)的平均值是

$$\langle \exp[\mathrm{i}\, a^+(p^{\parallel})\, U(p^{\parallel},\mu)]\rangle$$

$$= \frac{\int \exp[\mathrm{i}\, a^+(p^{\parallel})U(p^{\parallel})]\exp\left[-\dfrac{E(p^{\parallel})}{k_B T}\right]\mathrm{D}U(p^{\parallel})}{\int \exp\left[-\dfrac{E(p^{\parallel})}{k_B T}\right]\mathrm{D}U(p^{\parallel})}$$

$$= \exp\left[-\frac{(2\pi)^3(k_B T)\, a^+(p^{\parallel})A^{-1}(p^{\parallel})a(p^{\parallel})}{2}\right]. \tag{9.133}$$

在相位子位移场冻结的情况下,被射线辐照的试样中不同的区域具有不同的相位子位移场. 在其中的每一个相位子位移场 $u_{Tq}^{\perp}(R^{\parallel})$ 的区域内,被辐照的不同的时刻或者不同的亚区域又将有不同的声子型位移场 $u^{\parallel}(R^{\parallel})$. 把位移场 $u^{\parallel}(R^{\parallel})$ 按照式(9.102)Fourier 展开之后,第一步进行平均的量是

$$F(p^{\parallel}) = \exp[\mathrm{i}\, a^+(p^{\parallel})\, U^{\parallel}(p^{\parallel},\mu)], \tag{9.134}$$

其概率计算公式中的有效的弹性自由能是

$$E_{\mathrm{eff}} = E_{\mathrm{phon}}(U^{\parallel}(p^{\parallel},\mu)) + E_{\mathrm{coup}}[U^{\parallel}(p^{\parallel},\mu),U_{Tq}^{\perp}(p^{\parallel},\mu)]. \tag{9.135}$$

为了积分计算的方便,引入下列变量替代

$$U^{\parallel}(p^{\parallel},\mu) = \overline{U}^{\parallel}(p^{\parallel},\mu) - [A^{\parallel,\parallel}(p^{\parallel})]^{-1}$$
$$A^{\parallel,\perp}(p^{\parallel})U_{Tq}^{\perp}(p^{\parallel},\mu). \tag{9.136}$$

于是 $F(p^{\parallel})$ 的平均值就可计算

$$\langle F(p^{\parallel})\rangle_1 = \langle \exp[\mathrm{i}\, a^+(p^{\parallel})\, U^{\parallel}(p^{\parallel},\mu)]\rangle_1 =$$

$$\frac{\int \exp[\mathrm{i}a^+(p^{\parallel})U^{\parallel}(p^{\parallel})]\exp\left[-\dfrac{E_{\mathrm{eff}}(p^{\parallel})}{k_B T}\right]\mathrm{D}U^{\parallel}(p^{\parallel})}{\int \exp\left[-\dfrac{E_{\mathrm{eff}}(p^{\parallel})}{k_B T}\right]\mathrm{D}U^{\parallel}(p^{\parallel})}$$

$$= \exp\left[-\frac{(2\pi)^3(k_B T)\, a^{\parallel+}(p^{\parallel})[A^{\parallel,\parallel}(p^{\parallel})]^{-1}a^{\parallel}(p^{\parallel})}{2}\right]$$
$$\cdot \exp[\mathrm{i}b^{\perp+}(p^{\parallel})U_{Tq}^{\perp}(p^{\parallel},\mu)], \tag{9.137a}$$

式中

$$b^{\perp+}(p^{\parallel}) = a^{\perp+}(p^{\parallel}) - a^{\parallel+}(p^{\parallel})[A^{\parallel,\parallel}(p^{\parallel})]^{-1}A^{\parallel,\perp}(p^{\parallel}).$$
$$(9.137b)$$

如上所述,被射线辐照的试样中不同的区域具有不同的相位子位移场. 它们是在位移场能够迅速达到热平衡的 T_q 温度下形成的,因而相应的概率计算公式中的弹性自由能的表达式应该采用在 T_q 温度下的式(9.111)~式(9.114)和式(9.133). 这一步(即第二步)需要进行平均的物理量是式(9.137)中的 $\exp[ib^{\perp+}(p^{\parallel})U_{T_q}^{\perp}(p^{\parallel},\boldsymbol{\mu})]$. 由式(9.133)可以计算出其平均值为

$$\langle\exp[ib^{\perp+}(p^{\parallel})U_{T_q}^{\perp}(p^{\parallel},\boldsymbol{\mu})]\rangle_2$$
$$= \exp\left[-\frac{(2\pi)^3(k_BT)b^{\perp+}(p^{\parallel})[A_{T_q}^{-1}(p^{\parallel})]^{\perp,\perp}b^{\perp}(p^{\parallel})}{2}\right].$$
$$(9.138)$$

由式(9.137)和式(9.138)可得 $F(p^{\parallel})$ 的总平均为

$$\ll F(p^{\parallel})\gg$$
$$= \exp\left[-\frac{(2\pi)^3(k_BT)a^{\parallel+}(p^{\parallel})[A^{\parallel,\parallel}(p^{\parallel})]^{-1}a^{\parallel}(p^{\parallel})}{2}\right]$$
$$\cdot\exp\left[-\frac{(2\pi)^3(k_BT)b^{\perp+}(p^{\parallel})[A_{T_q}^{-1}(p^{\parallel})]^{\perp,\perp}b^{\perp}(p^{\parallel})}{2}\right].$$
$$(9.139)$$

为了整理式(9.139),首先让我们介绍分块矩阵的逆矩阵的表达式. 设有两个分块矩阵

$$A = \begin{bmatrix} A^{\parallel,\parallel} & A^{\parallel,\perp} \\ A^{\perp,\parallel} & A^{\perp,\perp} \end{bmatrix} \qquad (9.107)$$

和

$$B = \begin{bmatrix} B^{\parallel,\parallel} & B^{\parallel,\perp} \\ B^{\perp,\parallel} & B^{\perp,\perp} \end{bmatrix}, \qquad (9.140a)$$

其中

$$B^{\parallel,\parallel} = [A^{\parallel,\parallel} - A^{\parallel,\perp}(A^{\perp,\perp})^{-1}A^{\perp,\parallel}]^{-1}, \quad (9.140b)$$
$$B^{\perp,\perp} = [A^{\perp,\perp} - A^{\perp,\parallel}(A^{\parallel,\parallel})^{-1}A^{\parallel,\perp}]^{-1}, \qquad (9.140c)$$
$$B^{\parallel,\perp} = -B^{\parallel,\parallel}A^{\parallel,\perp}(A^{\perp,\perp})^{-1} = -(A^{\parallel,\parallel})^{-1}A^{\parallel,\perp}B^{\perp,\perp}$$

$$= (\boldsymbol{B}^{\perp,\parallel})^{\mathrm{T}}, \tag{9.140d}$$

$$\boldsymbol{B}^{\perp,\parallel} = (\boldsymbol{B}^{\parallel,\perp})^{\mathrm{T}} = -(\boldsymbol{A}^{\perp,\perp})^{-1}\boldsymbol{A}^{\perp,\parallel}\boldsymbol{B}^{\parallel,\parallel}$$

$$= -\boldsymbol{B}^{\perp,\perp}\boldsymbol{A}^{\perp,\parallel}(\boldsymbol{A}^{\parallel,\parallel})^{-1}, \tag{9.140e}$$

则不难证明

$$\boldsymbol{A}\,\boldsymbol{B} = \begin{bmatrix} \boldsymbol{A}^{\parallel,\parallel} & \boldsymbol{A}^{\parallel,\perp} \\ \boldsymbol{A}^{\perp,\parallel} & \boldsymbol{A}^{\perp,\perp} \end{bmatrix} \begin{bmatrix} \boldsymbol{B}^{\parallel,\parallel} & \boldsymbol{B}^{\parallel,\perp} \\ \boldsymbol{B}^{\perp,\parallel} & \boldsymbol{B}^{\perp,\perp} \end{bmatrix} = \boldsymbol{I}, \tag{9.141a}$$

也就是

$$\boldsymbol{A}^{-1} = \boldsymbol{B}. \tag{9.141b}$$

把式(9.137b)中关于 $b^{\perp+}(p^{\parallel})$ 的定义代入式(9.139),然后对此式进行整理,就得到

$$\ll F(p^{\parallel})\gg$$

$$= \exp\left[-\frac{(2\pi)^3(k_B T)a^+(p^{\parallel})A_{\mathrm{eff}}^{-1}(p^{\parallel})a(p^{\parallel})}{2} \right], \tag{9.142}$$

式中

$$a^+ = \lceil a^{\parallel+} \quad a^{\perp+} \rfloor, \tag{9.143a}$$

$$a = \begin{bmatrix} a^{\parallel} \\ a^{\perp} \end{bmatrix}, \tag{9.143b}$$

A_{eff}^{-1}

$$= \left[\begin{matrix} (\boldsymbol{A}^{\parallel,\parallel})^{-1} + (\boldsymbol{A}^{\parallel,\parallel})^{-1}\boldsymbol{A}^{\parallel,\perp}\dfrac{Tq}{T}\boldsymbol{B}_{\frac{\perp}{T_q},\perp}\boldsymbol{A}^{\perp,\parallel}(\boldsymbol{A}^{\parallel,\parallel})^{-1} \\[3mm] -\dfrac{Tq}{T}\boldsymbol{B}_{\frac{\perp}{T_q},\perp}\boldsymbol{A}^{\perp,\parallel}(\boldsymbol{A}^{\parallel,\parallel})^{-1} \\[3mm] -(\boldsymbol{A}^{\parallel,\parallel})^{-1}\boldsymbol{A}^{\parallel,\perp}\dfrac{Tq}{T}\boldsymbol{B}_{\frac{\perp}{T_q},\perp} \\[3mm] \dfrac{Tq}{T}\boldsymbol{B}_{\frac{\perp}{T_q},\perp} \end{matrix} \right]. \tag{9.144}$$

不难验证,式(9.144)正好是下列表达式的逆矩阵

$$\boldsymbol{A}_{\mathrm{eff}} = \left[\begin{matrix} \boldsymbol{A}^{\parallel,\parallel} \\ \boldsymbol{A}^{\perp,\parallel} \end{matrix} \right.$$

$$\left. \begin{matrix} \boldsymbol{A}^{\parallel,\perp} \\ \dfrac{T}{T_q}[\boldsymbol{A}_{\frac{\perp}{T_q},\perp} - \boldsymbol{A}_{\frac{\perp}{T_q},\parallel}(\boldsymbol{A}_{\frac{\parallel}{T_q},\parallel})^{-1}\boldsymbol{A}_{\frac{\parallel}{T_q},\perp}] + \boldsymbol{A}^{\perp,\parallel}(\boldsymbol{A}^{\parallel,\parallel})^{-1}\boldsymbol{A}^{\parallel,\perp} \end{matrix} \right].$$

$$\tag{9.145}$$

式(9.142)和式(9.145)表明:相位子位移场冻结时的准晶热漫散射的公式,与相位子位移场能够迅速达到热平衡时的公式在形式上是完全一样的,仅需要把流体动力学矩阵中 $\boldsymbol{A}^{\perp,\perp}$ 换成式(9.145)中的

$$\boldsymbol{A}_{\text{eff}}^{\perp,\perp} = \frac{T}{T_q}[\boldsymbol{A}_{T_q}^{\perp,\perp} - \boldsymbol{A}_{T_q}^{\perp,\|}(\boldsymbol{A}_{T_q}^{\|,\|})^{-1}\boldsymbol{A}_{T_q}^{\|,\perp}]$$
$$+ \boldsymbol{A}^{\perp,\|}(\boldsymbol{A}^{\|,\|})^{-1}\boldsymbol{A}^{\|,\perp} \tag{9.146}$$

就行了. 必须强调的是:通常弹性常数与温度有关. 以上各式中标有下标 T_q 者,都应该用 T_q 温度下的弹性常数.

从物理意义上说,当 $T_q = T$ 时,两步平均的结果应与一步平均的完全相同. 本节推导相位子位移场冻结时的准晶热漫散射公式的两步平均这一方法,是 Jaric,Nelson(1988)受到过去关于黄昆漫散射强度公式的推导方法的启发,最先引进的. 但他们在进行第二步平均时,即在求 $\exp[i\boldsymbol{b}^{\perp} \cdot \boldsymbol{U}_{T_q}^{\perp}]$ 在高温 T_q 下的平均值时,仅考虑了相位子型弹性自由能 E_{phas} 的贡献. 这一失误导致他们给出的 $\boldsymbol{A}_{\text{eff}}^{\perp,\perp} = \frac{T}{T_q}\boldsymbol{A}_{T_q}^{\perp,\perp} + \boldsymbol{A}^{\perp,\|}(\boldsymbol{A}^{\|,\|})^{-1}\boldsymbol{A}^{\|,\perp}$ 较之式(9.146)少了一项 $[-\frac{T}{T_q}\boldsymbol{A}_{T_q}^{\perp,\|}(\boldsymbol{A}_{T_q}^{\|,\|})^{-1}\boldsymbol{A}_{T_q}^{\|,\perp}]$. 当 $T_q = T$ 时,他们给出的 $\boldsymbol{A}_{\text{eff}}^{\perp,\perp} = \boldsymbol{A}^{\perp,\perp} + \boldsymbol{A}^{\perp,\|}(\boldsymbol{A}^{\|,\|})^{-1}\boldsymbol{A}^{\|,\perp}$,并不等于 $\boldsymbol{A}^{\perp,\perp}$. 王仁卉等 (Wang,et al.,2000;Wang,et al.,2001)发现了这一问题,并推导出了(9.145)和(9.146)两式. 按照式(9.146),当 $T_q = T$ 时,式(9.146)中的 $\boldsymbol{A}_{\text{eff}}^{\perp,\perp}$ 等于 $\boldsymbol{A}^{\perp,\perp}$.

§9.5 各 Laue 类准晶的流体动力学矩阵

9.5.1 准晶热漫散射强度计算公式概要

由(9.66),(9.68),(9.120),(9.122)和(9.145)等式可知,无论是晶体还是准晶,无论是在相位子型位移场可以迅速达到热平衡或是相位子位移场被冻结的情况下,当绝对温度为 T 时,在倒易阵点 S 的近邻,距离 S 为 $\pm p^{\|}$ 处一级热漫散射强度的公式在

形式上都是

$$I_{\text{TDS1}}^{\parallel}(S \pm p^{\parallel}) = I_B^{\text{Int}}(S) k_B T (S \pm p^{\parallel})^{\text{T}} A^{-1}(p^{\parallel})(S \pm p^{\parallel})$$
$$(9.122)$$

$$\approx I_B^{\text{Int}}(S) k_B T S^{\text{T}} A^{-1}(p^{\parallel}) S, \qquad (9.122a)$$

式中 $A^{-1}(p^{\parallel})$ 是流体动力学矩阵 $A(p^{\parallel})$ 的逆矩阵. $I_B^{\text{Int}}(S)$ 是体积为 $V^{\parallel}$ 的试样区对倒易阵点 $S^{\parallel}$ 的 Bragg 反射的累积强度的贡献,其表达式为

$$I_B^{\text{Int}}(S) = \frac{V^{\parallel}}{v_c^2} |F(S)|^2 \exp[-2M(S)], \qquad (9.120)$$

式中 $F(S)$ 是 d 维空间中体积为 v_c 的单胞的结构因子, $\exp[-2M(S)]$ 是 Debye-Waller 因子. $d \times d$ 的流体动力学矩阵 $A(p^{\parallel})$ 的矩阵元是

$$A_{\mu\nu}(p^{\parallel}) = p_j^{\parallel} M_{\mu j\nu L} p_L^{\parallel}, \qquad (9.106)$$

式中 $M_{\mu j\nu L} = \dfrac{\partial^2 E}{\partial \epsilon_{\mu j} \partial \epsilon_{\nu L}}$ 是弹性常数,它们是弹性自由能 E 对应变 $\epsilon_{\mu j}$ 的二级微分. 对准晶而言可分成四块

$$M = \begin{bmatrix} C & R \\ R^T & K \end{bmatrix}, \qquad (9.103)$$

其中 $C_{ijkL} = M_{ijkL}$, $K_{ijkL} = M_{(i+3)j(k+3)L}$, $R_{ijkL} = M_{ij(k+3)L}$ 分别是声子型,相位子型,声子-相位子耦合型弹性常数. 上标 T 表示矩阵的转置,即: $(R^{\text{T}})_{kLij} = R_{ijkL}$.

类似于式(9.103), $d \times d$ 的流体动力学矩阵 A 也可以分块成

$$A = \begin{bmatrix} A^{\parallel,\parallel} & A^{\parallel,\perp} \\ A^{\perp,\parallel} & A^{\perp,\perp} \end{bmatrix}, \qquad (9.107)$$

其中

$$[A^{\parallel,\parallel}(p^{\parallel})]_{ik} = p_j^{\parallel} C_{ijkL} p_L^{\parallel},$$
$$[A^{\perp,\perp}(p^{\parallel})]_{ik} = p_j^{\parallel} K_{ijkL} p_L^{\parallel},$$
$$[A^{\parallel,\perp}(p^{\parallel})]_{ik} = [A^{\perp,\parallel}(p^{\parallel})]_{ik} = p_j^{\parallel} R_{ijkL} p_L^{\parallel}.$$

以上 5 个公式都是针对相位子型位移场可以迅速达到热平衡的准晶的. 若令 $d=3$,即没有垂直空间,弹性常数也是只考虑声子型

的 C_{ijkL}，而且 $\dfrac{V^{\parallel}}{v_c^2} = \dfrac{N}{v_c}$，则得到关于晶体的热漫散射的公式.

对于相位子位移场在 T_q 温度下达到热平衡之后快冷到温度 T 而被冻结的情况，仅需要把流体动力学矩阵[式(9.107)]中的 $\boldsymbol{A}^{\perp,\perp}$ 换成

$$\boldsymbol{A}_{\mathrm{eff}}^{\perp,\perp} = \frac{T}{T_q}\Big[\, \boldsymbol{A}_{T_q}^{\perp,\perp} - \boldsymbol{A}_{T_q}^{\perp,\parallel}\,(\boldsymbol{A}_{T_q}^{\parallel,\parallel})^{-1}\boldsymbol{A}_{T_q}^{\parallel,\perp}\,\Big]$$
$$+ \boldsymbol{A}^{\perp,\parallel}\,(\boldsymbol{A}^{\parallel,\parallel})^{-1}\boldsymbol{A}^{\parallel,\perp} \qquad (9.146)$$

就行了. 必须强调：通常弹性常数与温度有关. 式(9.146)中标有下标 T_q 者，都应该用 T_q 温度下的弹性常数.

由式(9.122a)可知，在倒易阵点 $\boldsymbol{S}$ 的近邻，距离 $\boldsymbol{S}$ 为 $\pm\, \boldsymbol{p}^{\parallel}$ 处的一级热漫散射强度的计算公式是

$$\boldsymbol{I}_{\mathrm{TDS1}}^{\parallel}(\boldsymbol{S}\pm\boldsymbol{p}^{\parallel})\approx\boldsymbol{I}_B^{\mathrm{Int}}(\boldsymbol{S})k_BT\,\boldsymbol{S}^{\mathrm{T}}\,\boldsymbol{A}^{-1}(\boldsymbol{p}^{\parallel})\,\boldsymbol{S}. \qquad (9.147)$$

如果只需计算各个 $\boldsymbol{p}^{\parallel}$ 处的相对强度，就只需计算 $\boldsymbol{S}^{\mathrm{T}}\boldsymbol{A}^{-1}(\boldsymbol{p}^{\parallel})$ $\boldsymbol{S}$. 其关键在于计算流体动力学矩阵 $\boldsymbol{A}(\boldsymbol{p}^{\parallel})$ 的每个矩阵元，后者的关键则在于知道弹性常数矩阵元 M_{ijkL} 的具体的形式. 在第 6 章和附录 D3，E3 已给出各 Laue 类的弹性常数矩阵的形式. 本节在此基础上将要给出各 Laue 类的准晶在常用的坐标系之下流体动力学矩阵的具体形式.

9.5.2　二十面体准晶的流体动力学矩阵

在 §2.5 中我们已经讨论了二十面体准晶常用的五种坐标系. 每种坐标系之下，弹性常数矩阵的形式都不一样，现分述如下：

(1) 在丁棣华等(Ding, et al, 1993)以及 Levine 等(1985)采用的(以下简称为"D"的)坐标系，即 z 轴平行于某一支五次轴 $A5$，y 轴平行于与此五次轴垂直的某一支二次轴 $A2$ 的情况下[图 2.15(a)]，二十面体准晶的五个独立的弹性常数 λ,μ,K_1,K_2,R 的分布如下. 需要说明的是：在下列 9×9 的矩阵中，行的顺序是 $ij =$ 11,22,33,23,31,12,32,13,21；列的顺序也是 $kl =$ 11,22,33,23,31,12,32,13,21.

$$[C_{ijkL}] = \begin{bmatrix} \lambda+2\mu & \lambda & \lambda & 0 & 0 & 0 & 0 & 0 & 0 \\ \lambda & \lambda+2\mu & \lambda & 0 & 0 & 0 & 0 & 0 & 0 \\ \lambda & \lambda & \lambda+2\mu & 0 & 0 & 0 & 0 & 0 & 0 \\ 0 & 0 & 0 & \mu & 0 & 0 & \mu & 0 & 0 \\ 0 & 0 & 0 & 0 & \mu & 0 & 0 & \mu & 0 \\ 0 & 0 & 0 & 0 & 0 & \mu & 0 & 0 & \mu \\ 0 & 0 & 0 & \mu & 0 & 0 & \mu & 0 & 0 \\ 0 & 0 & 0 & 0 & \mu & 0 & 0 & \mu & 0 \\ 0 & 0 & 0 & 0 & 0 & \mu & 0 & 0 & \mu \end{bmatrix},$$

$$(6.75)$$

$$[K_{\alpha j\beta L}]^D =$$

$$\begin{bmatrix} K_1^D & 0 & 0 & 0 & K_2^D & 0 & 0 & K_2^D & 0 \\ 0 & K_1^D & 0 & 0 & -K_2^D & 0 & 0 & K_2^D & 0 \\ 0 & 0 & K_1^D+K_2^D & 0 & 0 & 0 & 0 & 0 & 0 \\ 0 & 0 & 0 & K_1^D-K_2^D & 0 & K_2^D & 0 & 0 & -K_2^D \\ K_2^D & -K_2^D & 0 & 0 & K_1^D-K_2^D & 0 & 0 & 0 & 0 \\ 0 & 0 & 0 & K_2^D & 0 & K_1^D & -K_2^D & 0 & 0 \\ 0 & 0 & 0 & 0 & 0 & -K_2^D & K_1^D-K_2^D & 0 & -K_2^D \\ K_2^D & K_2^D & 0 & 0 & 0 & 0 & 0 & K_1^D-K_2^D & 0 \\ 0 & 0 & 0 & -K_2^D & 0 & 0 & -K_2^D & 0 & K_1^D \end{bmatrix},$$

$$(6.81)$$

$$[R_{ij\beta L}]^D = R^D \begin{bmatrix} 1 & 1 & 1 & 0 & 0 & 0 & 0 & 1 & 0 \\ -1 & -1 & 1 & 0 & 0 & 0 & 0 & -1 & 0 \\ 0 & 0 & -2 & 0 & 0 & 0 & 0 & 0 & 0 \\ 0 & 0 & 0 & 0 & 0 & -1 & 1 & 0 & -1 \\ 1 & -1 & 0 & 0 & 1 & 0 & 0 & 0 & 0 \\ 0 & 0 & 0 & -1 & 0 & -1 & 0 & 0 & 1 \\ 0 & 0 & 0 & 0 & 0 & -1 & 1 & 0 & -1 \\ 1 & -1 & 0 & 0 & 1 & 0 & 0 & 0 & 0 \\ 0 & 0 & 0 & -1 & 0 & -1 & 0 & 0 & 1 \end{bmatrix}.$$

$$(6.83)$$

按照定义式(9.106)和式(9.107),可知二十面体准晶的流体动力学矩阵 $\boldsymbol{A}$ 是个 6×6 的矩阵,并得到它的 4 个 3×3 分块矩阵的表达式分别是

$$[\boldsymbol{A}^{\parallel, \parallel}(\boldsymbol{p}^{\parallel})]_{ik} = p_j^{\parallel} C_{ijkL} p_L^{\parallel}$$

$$= \mu |\boldsymbol{p}^{\parallel}|^2 \begin{bmatrix} 1 & 0 & 0 \\ 0 & 1 & 0 \\ 0 & 0 & 1 \end{bmatrix} + (\lambda + \mu) \begin{bmatrix} (p_1^{\parallel})^2 & p_1^{\parallel} p_2^{\parallel} & p_1^{\parallel} p_3^{\parallel} \\ p_2^{\parallel} p_1^{\parallel} & (p_2^{\parallel})^2 & p_2^{\parallel} p_3^{\parallel} \\ p_3^{\parallel} p_1^{\parallel} & p_3^{\parallel} p_2^{\parallel} & (p_3^{\parallel})^2 \end{bmatrix},$$

$$\tag{9.148}$$

$$[\boldsymbol{A}^{\perp, \perp}(\boldsymbol{p}^{\parallel})]_{ik} = p_j^{\parallel} K_{ijkL} p_L^{\parallel}$$

$$= K_1^D |\boldsymbol{p}^{\parallel}|^2 \begin{bmatrix} 1 & 0 & 0 \\ 0 & 1 & 0 \\ 0 & 0 & 1 \end{bmatrix} + K_2^D$$

$$\begin{bmatrix} 2p_1^{\parallel} p_3^{\parallel} - p_3^{\parallel^2} & 2p_2^{\parallel} p_3^{\parallel} & p_1^{\parallel^2} - p_2^{\parallel^2} \\ 2p_2^{\parallel} p_3^{\parallel} & -(2p_1^{\parallel} p_3^{\parallel} + p_3^{\parallel^2}) & -2p_1^{\parallel} p_2^{\parallel} \\ p_1^{\parallel^2} - p_2^{\parallel^2} & -2p_1^{\parallel} p_2^{\parallel} & -p_1^{\parallel^2} - p_2^{\parallel^2} + p_3^{\parallel^2} \end{bmatrix}$$

$$\tag{9.149a}$$

$$[\boldsymbol{A}^{\parallel \perp}(\boldsymbol{p}^{\parallel})]_{ik} = [\boldsymbol{A}^{\parallel, \perp}(\boldsymbol{p}^{\parallel})]_{ik}^T = p_j^{\parallel} R_{ijkL} p_L^{\parallel}$$

$$= R_D$$

$$\begin{bmatrix} p_1^{\parallel^2} - p_2^{\parallel^2} + 2p_1^{\parallel} p_3^{\parallel} & 2(p_1^{\parallel} p_2^{\parallel} - p_2^{\parallel} p_3^{\parallel}) & 2p_1^{\parallel} p_3^{\parallel} \\ -2(p_1^{\parallel} p_2^{\parallel} + p_2^{\parallel} p_3^{\parallel}) & p_1^{\parallel^2} - p_2^{\parallel^2} - 2p_1^{\parallel} p_3^{\parallel} & 2p_2^{\parallel} p_3^{\parallel} \\ p_1^{\parallel^2} - p_2^{\parallel^2} & -2p_1^{\parallel} p_2^{\parallel} & p_1^{\parallel^2} + p_2^{\parallel^2} - 2p_3^{\parallel^2} \end{bmatrix}.$$

$$\tag{9.149b}$$

正如在 §6.4 中已经讨论过的,二十面体准晶的弹性常数可分成两类. 一类是声子型的弹性常数 C_{ijkL},见式(6.75),它们是各向同性的,与坐标系的选取无关. 于是,式(9.148)给出的 $\boldsymbol{A}^{\parallel, \parallel}$ 的表达式也与坐标系的选取无关. 另一类是相位子型的弹性常数 K_{ijkL} 和声子-相位子耦合型弹性常数 R_{ijkL},它们的具体的表达式

与坐标系的选取有关.

(2) Lubensky 等(1985, 1988)采用的 BB 型 $A2\text{-}A2\text{-}A2$ 坐标系,以下简称为 Lub 坐标系. 用式(6.85a)和式(6.85b)给出的 D 与 Lub 两个系的坐标之间的关系,从式(6.81)和式(6.83)给出的在 D 坐标系中的 K_{ijkL} 和 R_{ijkL} 的表达式出发,可分别按照式(6.86a)和式(6.86b)求得 Lub 坐标系中的 K_{ijkL} 和 R_{ijkL} 的表达式,即式(6.87a)和式(6.87b),并进而求得流体动力学矩阵 $(\boldsymbol{A}^{\perp\perp})^{\mathrm{Lub}}$ 和 $(\boldsymbol{A}^{\parallel\perp})^{\mathrm{Lub}}$ 分别是

$$(\boldsymbol{A}^{\perp\perp})^{\mathrm{Lub}} = K_1^D \mid p^{\parallel} \mid^2 \begin{bmatrix} 1 & 0 & 0 \\ 0 & 1 & 0 \\ 0 & 0 & 1 \end{bmatrix} - K_2^D$$

$$\begin{bmatrix} \tau p_1^{\parallel\,2} - \tau^{-1} p_2^{\parallel\,2} & -2 p_2^{\parallel} p_3^{\parallel} & -2 p_1^{\parallel} p_3^{\parallel} \\ -2 p_2^{\parallel} p_3^{\parallel} & \tau p_3^{\parallel\,2} - \tau^{-1} p_1^{\parallel\,2} & 2 p_1^{\parallel} p_2^{\parallel} \\ -2 p_1^{\parallel} p_3^{\parallel} & 2 p_1^{\parallel} p_2^{\parallel} & \tau p_2^{\parallel\,2} - \tau^{-1} p_3^{\parallel\,2} \end{bmatrix}, \quad (9.150\mathrm{a})$$

$$(\boldsymbol{A}^{\parallel\perp})^{\mathrm{Lub}} = - R^D$$

$$\begin{bmatrix} 2\tau^{-1} p_1^{\parallel} p_3^{\parallel} & 2\tau p_1^{\parallel} p_2^{\parallel} & \tau p_3^{\parallel\,2} - p_1^{\parallel\,2} - \tau^{-1} p_2^{\parallel\,2} \\ -2\tau p_2^{\parallel} p_3^{\parallel} & \tau p_1^{\parallel\,2} - p_2^{\parallel\,2} - \tau^{-1} p_3^{\parallel\,2} & -2\tau^{-1} p_1^{\parallel} p_2^{\parallel} \\ -\tau p_2^{\parallel\,2} + p_3^{\parallel\,2} + \tau^{-1} p_1^{\parallel\,2} & -2\tau^{-1} p_2^{\parallel} p_3^{\parallel} & 2\tau p_1^{\parallel} p_3^{\parallel} \end{bmatrix}.$$

$$(9.150\mathrm{b})$$

式(9.150a)和式(9.150b)中的弹性常数 K_1^D, K_2^D 和 R^D 都是 D 坐标系中的弹性常数. Lubensky (1988)本人给出的流体动力学矩阵则为下列形式:

$$(\boldsymbol{A}^{\perp\perp})^{\mathrm{Lub}} = (K_1^L + K_2^L) \mid p^{\parallel} \mid^2 \begin{bmatrix} 1 & 0 & 0 \\ 0 & 1 & 0 \\ 0 & 0 & 1 \end{bmatrix} + K_2^L$$

$$\begin{bmatrix} \tau p_1^{\|2} - \tau^{-1} p_2^{\|2} & -2p_2^{\|} p_3^{\|} & -2p_1^{\|} p_3^{\|} \\ -2p_2^{\|} p_3^{\|} & \tau p_3^{\|2} - \tau^{-1} p_1^{\|2} & 2p_1^{\|} p_2^{\|} \\ -2p_1^{\|} p_3^{\|} & 2p_1^{\|} p_2^{\|} & \tau p_2^{\|2} - \tau^{-1} p_3^{\|2} \end{bmatrix}, \quad (9.151a)$$

$$(A^{\|\perp})^{\text{Lub}} = K_3^L$$

$$\begin{bmatrix} 2\tau^{-1} p_1^{\|} p_3^{\|} & 2\tau p_1^{\|} p_2^{\|} & \tau p_3^{\|2} - p_1^{\|2} - \tau^{-1} p_2^{\|2} \\ -2\tau p_2^{\|} p_3^{\|} & \tau p_1^{\|2} - p_2^{\|2} - \tau^{-1} p_3^{\|2} & -2\tau^{-1} p_1^{\|} p_2^{\|} \\ -\tau p_2^{\|2} + p_3^{\|2} + \tau^{-1} p_1^{\|2} & -2\tau^{-1} p_2^{\|} p_3^{\|} & 2\tau p_1^{\|} p_3^{\|} \end{bmatrix}$$

$$(9.151b)$$

对比(9.150)与(9.151)两式可知,这两套弹性常数之间的关系如下:

$$K_1^D = K_1^L + K_2^L, \quad (9.152a)$$

$$K_2^D = -K_2^L, \quad (9.152b)$$

$$R^D = -K_3^L. \quad (9.152c)$$

(3) Jaric 和 Nelson(1988),Widom(1991)、还有 Shaw 等(1991)采用式(2.96c)和图 2.15(c)描述的 AB 型 $A2$-$A2$-$A2$ 坐标系(以下简称为 J 坐标系).应用§6.4 中给出的从 Lub 系到 J 系的坐标的变换关系,即式(6.88a),可以求得用 Lubensky 的弹性常数(用上标 L 标注)表达的 J 系中流体动力学矩阵为

$$(A^{\perp\perp})^J = (K_1^L + K_2^L) |p^{\|}|^2 \begin{bmatrix} 1 & 0 & 0 \\ 0 & 1 & 0 \\ 0 & 0 & 1 \end{bmatrix} + K_2^L$$

$$\begin{bmatrix} \tau p_3^{\|2} - \tau^{-1} p_2^{\|2} & 2p_1^{\|} p_2^{\|} & 2p_1^{\|} p_3^{\|} \\ 2p_2^{\|} p_1^{\|} & \tau p_1^{\|2} - \tau^{-1} p_3^{\|2} & 2p_2^{\|} p_3^{\|} \\ 2p_3^{\|} p_1^{\|} & 2p_3^{\|} p_2^{\|} & \tau p_2^{\|2} - \tau^{-1} p_1^{\|2} \end{bmatrix}, \quad (9.153a)$$

$$(A^{\|\perp})^J = [A^{\perp\|}]^T = -K_3^L$$

$$
\begin{bmatrix}
(p_1^{\parallel^2} - \tau p_2^{\parallel^2} + \tau^{-1}p_3^{\parallel^2}) & 2\tau^{-1}p_1^{\parallel}p_2^{\parallel} & -2\tau p_1^{\parallel}p_3^{\parallel} \\
-2\tau p_2^{\parallel}p_1^{\parallel} & (p_2^{\parallel^2} - \tau p_3^{\parallel^2} + \tau^{-1}p_1^{\parallel^2}) & 2\tau^{-1}p_2^{\parallel}p_3^{\parallel} \\
2\tau^{-1}p_3^{\parallel}p_1^{\parallel} & -2\tau p_3^{\parallel}p_2^{\parallel} & (p_3^{\parallel^2} - \tau p_1^{\parallel^2} + \tau^{-1}p_2^{\parallel^2})
\end{bmatrix}.
$$

$$(9.153b)$$

与 Jaric 和 Nelson (1988) 采用的弹性常数 m_1, m_2(声子型), m_3, m_4(相位子型), m_5(耦合型)及与之相对应的流体动力学矩阵形式也可求得这两套弹性常数之间的关系.

Widom(1991)和 Shaw 等(1991)采用与 Jaric 和 Nelson(1988)一致的坐标系,但弹性常数的定义不同,其相位子型的和耦合型的流体动力学矩阵 $\boldsymbol{A}^{\perp\perp}$ 和 $\boldsymbol{A}^{\parallel,\perp}$ 的形式分别为

$$
(\boldsymbol{A}^{\perp\perp})^{\mathrm{Wid}} = \left(K_1^{\mathrm{Wid}} - \frac{K_2^{\mathrm{Wid}}}{3}\right) |\boldsymbol{p}^{\parallel}|^2 \begin{bmatrix} 1 & 0 & 0 \\ 0 & 1 & 0 \\ 0 & 0 & 1 \end{bmatrix} + K_2^{\mathrm{Wid}}
$$

$$
\begin{bmatrix}
\tau p_3^{\parallel^2} - \tau^{-1}p_2^{\parallel^2} & 2p_1^{\parallel}p_2^{\parallel} & 2p_1^{\parallel}p_3^{\parallel} \\
2p_2^{\parallel}p_1^{\parallel} & \tau p_1^{\parallel^2} - \tau^{-1}p_3^{\parallel^2} & 2p_2^{\parallel}p_3^{\parallel} \\
2p_3^{\parallel}p_1^{\parallel} & 2p_3^{\parallel}p_2^{\parallel} & \tau p_2^{\parallel^2} - \tau^{-1}p_1^{\parallel^2}
\end{bmatrix}, \quad (9.154a)
$$

$$
(\boldsymbol{A}^{\parallel\perp})^{\mathrm{Wid}} = [\boldsymbol{A}^{\perp\parallel}]^T = -K_3^{\mathrm{Wid}}
$$

$$
\begin{bmatrix}
(p_1^{\parallel^2} - \tau p_2^{\parallel^2} + \tau^{-1}p_3^{\parallel^2}) & 2\tau^{-1}p_1^{\parallel}p_2^{\parallel} & -2\tau p_1^{\parallel}p_3^{\parallel} \\
-2\tau p_2^{\parallel}p_1^{\parallel} & (p_2^{\parallel^2} - \tau p_3^{\parallel^2} + \tau^{-1}p_1^{\parallel^2}) & 2\tau^{-1}p_2^{\parallel}p_3^{\parallel} \\
2\tau^{-1}p_3^{\parallel}p_1^{\parallel} & -2\tau p_3^{\parallel}p_2^{\parallel} & (p_3^{\parallel^2} - \tau p_1^{\parallel^2} + \tau^{-1}p_2^{\parallel^2})
\end{bmatrix}.
$$

$$(9.154b)$$

对比式(9.153a),(9.153b)与(9.154a),(9.154b)可推导出两者的弹性常数 K_1^L 和 K_1^{Wid} 等等(用上标 Wid 表示 Widom 采用的弹性常数)之间的关系是

$$
K_1^L = K_1^{\mathrm{Wid}} - \frac{4}{3}K_2^{\mathrm{Wid}}, \quad (9.155a)
$$

$$K_2^L = K_2^{\text{Wid}}, \qquad\qquad (9.155b)$$

$$K_3^L = K_3^{\text{Wid}}. \qquad\qquad (9.155c)$$

(4) Ishii (1992)采用的 BA 型 A2-A2-A2 坐标系(以下简称为 I 系). 应用 §6.4 中给出的从 J 系到 I 系的坐标的变换关系, 即式(6.88b), 可以求得用 Lubensky 的弹性常数(上标为 L)表达的 I 系中流体动力学矩阵为

$$A^{\perp\perp} = (K_1^L + K_2^L)\mid p^{\parallel}\mid^2 \begin{bmatrix} 1 & 0 & 0 \\ 0 & 1 & 0 \\ 0 & 0 & 1 \end{bmatrix} + K_2^L$$

$$\begin{bmatrix} \tau p_2^{\parallel\,2} - \tau^{-1} p_3^{\parallel\,2} & 2 p_1^{\parallel} p_2^{\parallel} & 2 p_1^{\parallel} p_3^{\parallel} \\ 2 p_2^{\parallel} p_1^{\parallel} & \tau p_3^{\parallel\,2} - \tau^{-1} p_1^{\parallel\,2} & 2 p_2^{\parallel} p_3^{\parallel} \\ 2 p_3^{\parallel} p_1^{\parallel} & 2 p_3^{\parallel} p_2^{\parallel} & \tau p_1^{\parallel\,2} - \tau^{-1} p_2^{\parallel\,2} \end{bmatrix}, \quad (9\text{-}156a)$$

$$A^{\parallel\perp} = K_3^L$$

$$\begin{bmatrix} (-p_1^{\parallel\,2} - \tau^{-1} p_2^{\parallel\,2} + \tau p_3^{\parallel\,2}) & 2\tau p_1^{\parallel} p_2^{\parallel} \\ -2\tau^{-1} p_2^{\parallel} p_1^{\parallel} & (-p_2^{\parallel\,2} - \tau^{-1} p_3^{\parallel\,2} + \tau p_1^{\parallel\,2}) \\ 2\tau p_3^{\parallel} p_1^{\parallel} & -2\tau^{-1} p_3^{\parallel} p_2^{\parallel} \end{bmatrix}$$

$$\begin{bmatrix} -2\tau^{-1} p_1^{\parallel} p_3^{\parallel} \\ 2\tau p_2^{\parallel} p_3^{\parallel} \\ (-p_3^{\parallel\,2} - \tau^{-1} p_1^{\parallel\,2} + \tau p_2^{\parallel\,2}) \end{bmatrix}. \qquad (9.156b)$$

如果规定 Lubensky(1988)采用的弹性常数(上标为 L)与 Ishii 采用的弹性常数(上标为 I)之间具有下列关系:

$$K_1^L + K_2^L = \frac{K_4^I + 2K_5^I}{3}, \qquad (9.157a)$$

$$K_2^L = \frac{K_4^I - K_5^I}{3}, \qquad (9.157b)$$

$$K_3^L = (K')^I, \qquad (9.157c)$$

则(9.156a)和(9.156b)两式就与 Ishii(1992)给出的流体动力学矩

阵一样. 比时需注意:Ishii (1992)文中给出的声子-相位子耦合型流体动力学矩阵 $\boldsymbol{C}$,并非 $\boldsymbol{A}^{\|\perp}$,而是其转置矩阵 $\boldsymbol{A}^{\perp\|} = (\boldsymbol{A}^{\|\perp})^T$.

德国 Trebin 研究组(Bachteler,1998;Ricker, et al.,2001)经常采用与 Ishii (1992)一样的坐标系,但用的是 μ_1,μ_2(声子型),μ_3(耦合型),μ_4,μ_5(相位子型)这样的弹性常数. 这些弹性常数与 Ishii (1992)的弹性常数(用上标 I 表示)之间的关系是

$$\mu_4 = K_4^I, \tag{9.158a}$$

$$\mu_5 = K_5^I, \tag{9.158b}$$

$$\mu_3 = -(K')^I. \tag{9.158c}$$

(5) 应用式(6.88c)给出的从 BA 型 $A2$-$A2$-$A2$ 坐标系到 AA 型 $A2$-$A2$-$A2$ 坐标系(以下简称为 AA 系)的坐标变换矩阵,可以求得用 Lubensky 的弹性常数(上标为 L)表达的在 AA 坐标系中的流体动力学矩阵为

$$(\boldsymbol{A}^{\perp,\perp})^{AA} = (K_1^L + K_2^L)|\boldsymbol{p}^\||^2 \begin{bmatrix} 1 & 0 & 0 \\ 0 & 1 & 0 \\ 0 & 0 & 1 \end{bmatrix} + K_2^L$$

$$\begin{bmatrix} \tau p_1^{\|2} - \tau^{-1} p_3^{\|2} & 2 p_1^\| p_2^\| & 2 p_2^\| p_3^\| \\ 2 p_1^\| p_2^\| & \tau p_3^{\|2} - \tau^{-1} p_2^{\|2} & 2 p_1^\| p_3^\| \\ 2 p_2^\| p_3^\| & 2 p_1^\| p_3^\| & \tau p_2^{\|2} - \tau^{-1} p_1^{\|2} \end{bmatrix}, \tag{9.159a}$$

$$(\boldsymbol{A}^{\|,\perp})^{AA} = K_3^L$$

$$\begin{bmatrix} -2\tau^{-1} p_1^\| p_2^\| & -p_1^{\|2} + \tau p_2^{\|2} - \tau^{-1} p_3^{\|2} & 2\tau p_1^\| p_3^\| \\ -p_2^{\|2} + \tau p_3^{\|2} - \tau^{-1} p_1^{\|2} & 2\tau p_1^\| p_2^\| & -2\tau^{-1} p_2^\| p_3^\| \\ 2\tau p_2^\| p_3^\| & -2\tau^{-1} p_1^\| p_3^\| & -p_3^{\|2} + \tau p_1^{\|2} - \tau^{-1} p_2^{\|2} \end{bmatrix}$$

$$\tag{9.159b}$$

综合以上有关二十面体准晶的弹性常数的讨论,至今文献中已有共四种坐标系中六种定义的弹性常数. 它们是:$AP2$-$A2$-$A5$

坐标系中的 λ , μ (声子型), K_1^D , K_2^D (相位子型), R^D (耦合型);BB
型 $A2$-$A2$-$A2$ 坐标系中的 λ , μ (声子型), K_1^L , K_2^L (相位子型), K_3^L
(耦合型);AB 型 $A2$-$A2$-$A2$ 坐标系中 Widom(1991)采用的 λ , μ
(声子型), K_1^{Wid} , K_2^{Wid} (相位子型), K_3^{Wid} (耦合型);AB 型 $A2$-$A2$-
$A2$ 坐标系中 Jaric 和 Nelson(1988)采用的 m_1 , m_2 (声子型), m_3 ,
m_4 (相位子型), m_5 (耦合型);BA 型 $A2$-$A2$-$A2$ 坐标系中 Ishii
(1992)采用的 λ , μ (声子型), K_4^I , K_5^I (相位子型), $(K')^I$ (耦合
型);BA 型 $A2$-$A2$-$A2$ 坐标系中 Trebin 等(Bachteler,et al.,1998;
Ricker,et al.,2001)采用的 μ_1 , μ_2 (声子型), μ_4 , μ_5 (相位子型), μ_3
(耦合型).

虽然二十面体准晶声子型弹性常数是各向同性的,且多数作
者都采用 Lame 弹性常数 λ 和 μ ,但 Jaric 和 Nelson(1988)采用 m_1
和 m_2 ,Trebin 等(Bachteler,et al.,1998;Ricker,et al.,2001)采用
μ_1 和 μ_2 作为声子型弹性常数. 它们定义不同,相互之间的关系
如下:

$$\lambda = \sqrt{\frac{2}{15}} \, m_2 = \frac{\mu_1 - \mu_2}{3} , \qquad (9.160\mathrm{a})$$

$$\mu = \frac{m_1}{2\sqrt{6}} - \frac{m_2}{2\sqrt{30}} = \frac{\mu_2}{2} , \qquad (9.160\mathrm{b})$$

$$\mu_1 = 2\mu + 3\lambda = \frac{m_1 + \sqrt{5}\, m_2}{\sqrt{6}} , \qquad (9.160\mathrm{c})$$

$$m_1 = \sqrt{6}\left(2\mu + \frac{\lambda}{2}\right) = \frac{\mu_1 + 5\mu_2}{\sqrt{6}} . \qquad (9.160\mathrm{d})$$

由式(9.152),(9.155),(9.157)和(9.158)可求得这六种相
位子型弹性常数之间的关系

$$(-K_2^D) = K_2^L = K_2^{\mathrm{Wid}} = \frac{m_4}{2\sqrt{5}} = \frac{K_4^I - K_5^I}{3} = \frac{\mu_4 - \mu_5}{3} , \quad (9.161\mathrm{a})$$

$$K_1^D = K_1^L + K_2^L = K_1^{\mathrm{Wid}} - \frac{K_2^{\mathrm{Wid}}}{3} = \frac{m_3}{3} - \frac{m_4}{6\sqrt{5}} = \frac{K_4^I + 2K_5^I}{3} = \frac{\mu_4 + 2\mu_5}{3} ,$$

$$(9.161\mathrm{b})$$

$$K_1^L = K_1^D + K_2^D = K_1^{\text{Wid}} - \frac{4K_2^{\text{Wid}}}{3} = \frac{m_3}{3} - \frac{2m_4}{3\sqrt{5}} = K_5^I = \mu_5 , \quad (9.161\text{c})$$

$$K_1^{\text{Wid}} = K_1^D - \frac{K_2^D}{3} = K_1^L + \frac{4K_2^L}{3} = \frac{m_3}{3} = \frac{4K_4^I + 5K_5^I}{9} = \frac{4\mu_4 + 5\mu_5}{9} ,$$
$$(9.161\text{d})$$

$$K_4^I = \mu_4 = K_1^D - 2K_2^D = K_1^L + 3K_2^L = K_1^{\text{Wid}} + \frac{5K_2^{\text{Wid}}}{3} = \frac{m_3}{3} + \frac{\sqrt{5}\,m_4}{6} ,$$
$$(9.161\text{e})$$

以及声子-相位子耦合弹性常数之间的关系

$$(-R^D) = K_3^L = K_3^{\text{Wid}} = \frac{m_5}{2\sqrt{15}} = (K')^I = -\frac{\mu_3}{\sqrt{6}}. \quad (9.162)$$

9.5.3 非晶体学对称的二维准晶的流体动力学矩阵

本书附录 D3 中列举了 4 个晶系(五角,十角,八角,十二角)8 个 Laue 类($\bar{5}, \bar{5}\,\frac{2}{m}$, $A/m = 10/m$, $A/mmm = 10/mmm$, $8/m$, $8/mmm$, $C/m = 12/m$, $C/mmm = 12/mmm$)的非晶体学对称的二维准晶的弹性常数的矩阵形式. 据此可求出它们的流体动力学矩阵. 雷建林等(Lei, et al., 1998; 1999a; 1999b; 2000)在这领域进行了系统的研究.

首先,这 8 个 Laue 类的声子型弹性常数都是一样的,因而具有同样的下列流体动力学矩阵

$\mathbf{A}^{\parallel,\parallel}(\mathbf{p}^{\parallel}) =$

$$
\begin{bmatrix}
C_{11}p_1^{\parallel 2} + C_{66}p_2^{\parallel 2} + C_{44}p_3^{\parallel 2} & (C_{11} - C_{66})p_1^{\parallel}p_2^{\parallel} \\
(C_{11} - C_{66})p_1^{\parallel}p_2^{\parallel} & C_{66}p_1^{\parallel 2} + C_{11}p_2^{\parallel 2} + C_{44}p_3^{\parallel 2} \\
(C_{44} + C_{13})p_1^{\parallel}p_3^{\parallel} & (C_{44} + C_{13})p_2^{\parallel}p_3^{\parallel}
\end{bmatrix}
$$
$$
\begin{bmatrix}
(C_{44} + C_{13})p_1^{\parallel}p_3^{\parallel} \\
(C_{44} + C_{13})p_2^{\parallel}p_3^{\parallel} \\
C_{44}(p_1^{\parallel 2} + p_2^{\parallel 2}) + C_{33}p_3^{\parallel 2}
\end{bmatrix} , \quad (9.163)
$$

其中 $C_{66} = (C_{11} - C_{12})/2$.

相位子型弹性常数 K 及声子-相位子耦合型弹性常数 R 则与 Laue 类的类型及坐标系的选取有关. 现分别叙述如下.

1. 五角晶系的二维准晶.

(1) 第 11 号 Laue 类($\bar{5}$). 按照附录 A2, Laue 类 $\bar{5}$ 应有 5 个独立的相位子型弹性常数, 即, K_1, K_2, K_4, K_6 和 K_7. 但是, 相应的流体动力学矩阵中却没有 K_2

$$\boldsymbol{A}^{\perp,\perp}(\boldsymbol{p}^{\parallel}) =$$

$$\begin{bmatrix} K_1(p_1^{\parallel^2} + p_2^{\parallel^2}) + K_4 p_3^{\parallel^2} + 2K_6 p_1^{\parallel} p_3^{\parallel} - 2K_7 p_2^{\parallel} p_3^{\parallel} \\ 2K_6 p_2^{\parallel} p_3^{\parallel} + 2K_7 p_1^{\parallel} p_3^{\parallel} \\ 2K_6 p_2^{\parallel} p_3^{\parallel} + 2K_7 p_1^{\parallel} p_3^{\parallel} \\ K_1(p_1^{\parallel^2} + p_2^{\parallel^2}) + K_4 p_3^{\parallel^2} - 2K_6 p_1^{\parallel} p_3^{\parallel} + 2K_7 p_2^{\parallel} p_3^{\parallel} \end{bmatrix}. \tag{9.164}$$

Laue 类 $\bar{5}$ 应有 6 个独立的声子-相位子耦合型弹性常数, 即 R_1, R_2, R_3, R_4, R_5 和 R_6, 相应的声子-相位子耦合型流体动力学矩阵是

$$\boldsymbol{A}^{\parallel,\perp}(\boldsymbol{p}^{\parallel}) =$$

$$\begin{bmatrix} R_1(p_1^{\parallel^2} - p_2^{\parallel^2}) + 2R_2 p_1^{\parallel} p_2^{\parallel} - (R_3 - R_5)p_1^{\parallel} p_3^{\parallel} + (R_4 + R_6)p_2^{\parallel} p_3^{\parallel} \\ R_2(p_1^{\parallel^2} - p_2^{\parallel^2}) - 2R_1 p_1^{\parallel} p_2^{\parallel} + (R_3 - R_5)p_2^{\parallel} p_3^{\parallel} + (R_4 + R_6)p_1^{\parallel} p_3^{\parallel} \\ -R_3(p_1^{\parallel^2} - p_2^{\parallel^2}) + 2R_4 p_1^{\parallel} p_2^{\parallel} \end{bmatrix}$$

$$\begin{bmatrix} -R_2(p_1^{\parallel^2} - p_2^{\parallel^2}) + 2R_1 p_1^{\parallel} p_2^{\parallel} + (R_3 - R_5)p_2^{\parallel} p_3^{\parallel} + (R_4 + R_6)p_1^{\parallel} p_3^{\parallel} \\ R_1(p_1^{\parallel^2} - p_2^{\parallel^2}) + 2R_2 p_1^{\parallel} p_2^{\parallel} + (R_3 - R_5)p_1^{\parallel} p_3^{\parallel} - (R_4 + R_6)p_2^{\parallel} p_3^{\parallel} \\ R_4(p_1^{\parallel^2} - p_2^{\parallel^2}) + 2R_3 p_1^{\parallel} p_2^{\parallel} \end{bmatrix}$$

$$\tag{9.165}$$

(2) 第 12 号 Laue 类 $\left(\bar{5}\,\dfrac{2}{m}\right)$. 按照附录 A2, Laue 类 $\bar{5}\,\dfrac{2}{m}$ 应有 4 个独立的相位子型弹性常数, 即 K_1, K_2, K_4, K_6 和 K_7 中有一个为零, 3 个独立的声子-相位子耦合型弹性常数, 即 $R_1, R_2, R_3,$

R_4, R_5 和 R_6 中有 3 个为零. 究竟哪一个或哪几个为零,则与坐标系的选取有关. 常用的坐标系有两种

(i) 对于 $A2 \parallel x_1$ 或 $m \perp x_1$ 的情况, 有 $K_6 = R_2 = R_3 = R_5 = 0$. 于是 (9.164) 和 (9.165) 两式分别蜕化为

$$A^{\perp, \perp}(\boldsymbol{p}^{\parallel}) = \begin{bmatrix} K_1(p_1^{\parallel^2} + p_2^{\parallel^2}) + K_4 p_3^{\parallel^2} - 2K_7 p_2^{\parallel} p_3^{\parallel} \\ 2K_7 p_1^{\parallel} p_3^{\parallel} \end{bmatrix}$$

$$\begin{matrix} 2K_7 p_1^{\parallel} p_3^{\parallel} \\ K_1(p_1^{\parallel^2} + p_2^{\parallel^2}) + K_4 p_3^{\parallel^2} + 2K_7 p_2^{\parallel} p_3^{\parallel} \end{matrix} \Bigg], \tag{9.166}$$

$$A^{\parallel, \perp}(\boldsymbol{p}^{\parallel}) = \begin{bmatrix} R_1(p_1^{\parallel^2} - p_2^{\parallel^2}) + (R_4 + R_6) p_2^{\parallel} p_3^{\parallel} \\ -2R_1 p_1^{\parallel} p_2^{\parallel} + (R_4 + R_6) p_1^{\parallel} p_3^{\parallel} \\ 2R_4 p_1^{\parallel} p_2^{\parallel} \end{bmatrix}$$

$$\begin{matrix} 2R_1 p_1^{\parallel} p_2^{\parallel} + (R_4 + R_6) p_1^{\parallel} p_3^{\parallel} \\ R_1(p_1^{\parallel^2} - p_2^{\parallel^2}) - (R_4 + R_6) p_2^{\parallel} p_3^{\parallel} \\ R_4(p_1^{\parallel^2} - p_2^{\parallel^2}) \end{matrix} \Bigg]. \tag{9.167}$$

(ii) 对于 $A2 \parallel x_2$ 或 $m \perp x_2$ 的情况, 即将上述坐标系绕五次轴旋转 90° 或 18° 的情况, 有 $K_7 = R_2 = R_4 = R_6 = 0$. 于是 (9.164) 和 (9.165) 两式分别蜕化为

$$A^{\perp, \perp}(\boldsymbol{p}^{\parallel}) = \begin{bmatrix} K_1(p_1^{\parallel^2} + p_2^{\parallel^2}) + K_4 p_3^{\parallel^2} + 2K_6 p_1^{\parallel} p_3^{\parallel} \\ 2K_6 p_2^{\parallel} p_3^{\parallel} \end{bmatrix}$$

$$\begin{matrix} 2K_6 p_2^{\parallel} p_3^{\parallel} \\ K_1(p_1^{\parallel^2} + p_2^{\parallel^2}) + K_4 p_3^{\parallel^2} - 2K_6 p_1^{\parallel} p_3^{\parallel} \end{matrix} \Bigg], \tag{9.168}$$

$$A^{\parallel, \perp}(\boldsymbol{p}^{\parallel}) = \begin{bmatrix} R_1(p_1^{\parallel^2} - p_2^{\parallel^2}) - (R_3 - R_5) p_1^{\parallel} p_3^{\parallel} \\ -2R_1 p_1^{\parallel} p_2^{\parallel} + (R_3 - R_5) p_2^{\parallel} p_3^{\parallel} \\ -R_3(p_1^{\parallel^2} - p_2^{\parallel^2}) \end{bmatrix}$$

$$\left.\begin{matrix} 2R_1 p_1^{\parallel} p_2^{\parallel} + (R_3 - R_5) p_2^{\parallel} p_3^{\parallel} \\ R_1(p_1^{\parallel^2} - p_2^{\parallel^2}) + (R_3 - R_5) p_1^{\parallel} p_3^{\parallel} \\ 2R_3 p_1^{\parallel} p_2^{\parallel} \end{matrix}\right]. \tag{9.169}$$

2. 十角晶系的二维准晶.

(1) 第 13 号 Laue 类($A/m = 10/m$). 按照附录 A2 和附录 D3,Laue 类 $A/m = 10/m$ 应有 3 个独立的相位子型弹性常数,即 K_1,K_2 和 K_4,2 个独立的声子-相位子耦合型弹性常数,即 R_1 和 R_2. 于是(9.164)和(9.165)两式分别蜕化为

$$\boldsymbol{A}^{\perp,\perp}(\boldsymbol{p}^{\parallel}) =$$

$$\left[\begin{matrix} K_1(p_1^{\parallel^2} + p_2^{\parallel^2}) + K_4 p_3^{\parallel^2} & 0 \\ 0 & K_1(p_1^{\parallel^2} + p_2^{\parallel^2}) + K_4 p_3^{\parallel^2} \end{matrix}\right], \tag{9.170}$$

$$\boldsymbol{A}^{\parallel,\perp}(\boldsymbol{p}^{\parallel}) =$$

$$\left[\begin{matrix} R_1(p_1^{\parallel^2} - p_2^{\parallel^2}) + 2R_2 p_1^{\parallel} p_2^{\parallel} & -R_2(p_1^{\parallel^2} - p_2^{\parallel^2}) + 2R_1 p_1^{\parallel} p_2^{\parallel} \\ R_2(p_1^{\parallel^2} - p_2^{\parallel^2}) - 2R_1 p_1^{\parallel} p_2^{\parallel} & R_1(p_1^{\parallel^2} - p_2^{\parallel^2}) + 2R_2 p_1^{\parallel} p_2^{\parallel} \\ 0 & 0 \end{matrix}\right]. \tag{9.171}$$

(2) 第 14 号 Laue 类($A/mmm = 10/mmm$). 按照附录 A2 和附录 D3,Laue 类 $A/mmm = 10/mmm$ 应有 3 个独立的相位子型弹性常数,即 K_1,K_2 和 K_4,1 个独立的声子-相位子耦合型弹性常数,即 R_1. 于是,相位子型流体动力学矩阵 $\boldsymbol{A}^{\perp,\perp}(\boldsymbol{p}^{\parallel})$ 仍然是式(9.170)式,式(9.171)则蜕化为

$$\boldsymbol{A}^{\parallel,\perp}(\boldsymbol{p}^{\parallel}) = \left[\begin{matrix} R_1(p_1^{\parallel^2} - p_2^{\parallel^2}) & 2R_1 p_1^{\parallel} p_2^{\parallel} \\ -2R_1 p_1^{\parallel} p_2^{\parallel} & R_1(p_1^{\parallel^2} - p_2^{\parallel^2}) \\ 0 & 0 \end{matrix}\right]. \tag{9.172}$$

3. 八角晶系的二维准晶

(1) 第 15 号 Laue 类($8/m$). 按照附录 A2 和附录 D3,Laue

类 8/m 应有 5 个独立的相位子型弹性常数,即 K_1, K_2, K_3, K_4 和 K_5,2 个独立的声子-相位子耦合型弹性常数,即 R_1 和 R_2. 相应的流体动力学矩阵是

$$\boldsymbol{A}^{\perp,\perp}(\boldsymbol{p}^{\parallel}) =$$

$$\begin{bmatrix} K_1 p_1^{\parallel^2} + (K_1 + K_2 + K_3) p_2^{\parallel^2} + K_4 p_3^{\parallel^2} + 2K_5 p_1^{\parallel} p_2^{\parallel} \\ K_5(p_1^{\parallel^2} - p_2^{\parallel^2}) + (K_2 + K_3) p_1^{\parallel} p_2^{\parallel} \\ \\ K_5(p_1^{\parallel^2} - p_2^{\parallel^2}) + (K_2 + K_3) p_1^{\parallel} p_2^{\parallel} \\ (K_1 + K_2 + K_3) p_1^{\parallel^2} + K_1 p_2^{\parallel^2} + K_4 p_3^{\parallel^2} - 2K_5 p_1^{\parallel} p_2^{\parallel} \end{bmatrix}, \quad (9.173)$$

$$\boldsymbol{A}^{\parallel,\perp}(\boldsymbol{p}^{\parallel}) =$$

$$\begin{bmatrix} R_1(p_1^{\parallel^2} - p_2^{\parallel^2}) + 2R_2 p_1^{\parallel} p_2^{\parallel} & -R_2(p_1^{\parallel^2} - p_2^{\parallel^2}) + 2R_1 p_1^{\parallel} p_2^{\parallel} \\ R_2(p_1^{\parallel^2} - p_2^{\parallel^2}) - 2R_1 p_1^{\parallel} p_2^{\parallel} & R_1(p_1^{\parallel^2} - p_2^{\parallel^2}) + 2R_2 p_1^{\parallel} p_2^{\parallel} \\ 0 & 0 \end{bmatrix}.$$

$$(9.174)$$

(2) 第 16 号 Laue 类 (8/mmm). 按照附录 A2 和附录 D3,Laue 类 8/mmm 应有 4 个独立的相位子型弹性常数,即 K_1, K_2, K_3 和 K_4,1 个独立的声子-相位子耦合型弹性常数,即 R_1. 于是,式(9.173)和式(9.174)表述的相位子型和声子-相位子耦合型流体动力学矩阵分别蜕化为

$$\boldsymbol{A}^{\perp,\perp}(\boldsymbol{p}^{\parallel}) = \begin{bmatrix} K_1 p_1^{\parallel^2} + (K_1 + K_2 + K_3) p_2^{\parallel^2} + K_4 p_3^{\parallel^2} \\ (K_2 + K_3) p_1^{\parallel} p_2^{\parallel} \\ (K_2 + K_3) p_1^{\parallel} p_2^{\parallel} \\ (K_1 + K_2 + K_3) p_1^{\parallel^2} + K_1 p_2^{\parallel^2} + K_4 p_3^{\parallel^2} \end{bmatrix}, \quad (9.175)$$

$$\boldsymbol{A}^{\parallel,\perp}(\boldsymbol{p}^{\parallel}) = \begin{bmatrix} R_1(p_1^{\parallel^2} - p_2^{\parallel^2}) & 2R_1 p_1^{\parallel} p_2^{\parallel} \\ -2R_1 p_1^{\parallel} p_2^{\parallel} & R_1(p_1^{\parallel^2} - p_2^{\parallel^2}) \\ 0 & 0 \end{bmatrix}. \quad (9.176)$$

4. 十二角晶系的二维准晶

(1) 第 17 号 Laue 类(C/m, $C=12$). 按照附录 A2 和附录 D3，Laue 类 C/m 应有 5 个独立的相位子型弹性常数，即 K_1，K_2，K_3，K_4 和 K_5，但没有声子-相位子耦合型弹性常数. 相应的相位子型流体动力学矩阵与式(9.173)一样，而声子-相位子耦合型流体动力学矩阵则为零

$$A^{\perp,\perp}(\boldsymbol{p}^{\parallel}) =$$

$$
\begin{bmatrix}
K_1 p_1^{\parallel^2} + (K_1+K_2+K_3) p_2^{\parallel^2} + K_4 p_3^{\parallel^2} + 2K_5 p_1^{\parallel} p_2^{\parallel} \\
\qquad K_5(p_1^{\parallel^2} - p_2^{\parallel^2}) + (K_2+K_3) p_1^{\parallel} p_2^{\parallel}
\end{bmatrix}
$$

$$
\left.
\begin{matrix}
K_5(p_1^{\parallel^2} - p_2^{\parallel^2}) + (K_2+K_3) p_1^{\parallel} p_2^{\parallel} \\
(K_1+K_2+K_3) p_1^{\parallel^2} + K_1 p_2^{\parallel^2} + K_4 p_3^{\parallel^2} - 2K_5 p_1^{\parallel} p_2^{\parallel}
\end{matrix}
\right]
\tag{9.177}
$$

$$A^{\parallel,\perp}(\boldsymbol{p}^{\parallel}) = 0. \tag{9.178}$$

(2) 第 18 号 Laue 类(C/mmm, $C=12$). 按照附录 A2 和附录 D3，Laue 类 C/mmm 应有 4 个独立的相位子型弹性常数，即 K_1，K_2，K_3 和 K_4($K_5=0$)，没有声子-相位子耦合型弹性常数. 故而式(9.177)蜕化为

$$
A^{\perp,\perp}(\boldsymbol{p}^{\parallel}) =
\begin{bmatrix}
K_1 p_1^{\parallel^2} + (K_1+K_2+K_3) p_2^{\parallel^2} + K_4 p_3^{\parallel^2} \\
\qquad (K_2+K_3) p_1^{\parallel} p_2^{\parallel}
\end{bmatrix}
$$

$$
\left.
\begin{matrix}
(K_2+K_3) p_1^{\parallel} p_2^{\parallel} \\
(K_1+K_2+K_3) p_1^{\parallel^2} + K_1 p_2^{\parallel^2} + K_4 p_3^{\parallel^2}
\end{matrix}
\right],
\tag{9.179}
$$

$$A^{\parallel,\perp}(\boldsymbol{p}^{\parallel}) = 0. \tag{9.180}$$

§9.6 准晶弹性常数测定的初步工作

如前所述，Laval(1939)和 Zachariasen(1940)互相独立地探讨了晶体中原子热振动引起的热漫散射的理论. 由于热漫散射强度在倒易空间中的分布与晶体的弹性常数和温度关系极为密切，我们可以通过实验测定热漫散射强度在倒空间中的分布而测定出该

晶体的弹性常数,详见 Wooster 的有关专著(Wooster,1962). 在国内,在郭可信先生的指导下,吴德昌与王仁卉用 X 射线热漫散射的方法测定了锌晶体的弹性常数(吴德昌,王仁卉,1966).

在制备出了准晶单晶之后,某些实验测定晶体的弹性常数的方法,如测量超声波速度和测量超声谐振频率等方法,已经推广到测定准晶的声子型弹性常数,见参考文献(Amazit,et al.,1995;Chernikov,et al.,1998;Tanaka,et al.,1996)及其中所引用的文献. 热漫散射法也被推广到测定准晶的相位子型弹性常数,见参考文献(de Boissieu,et al.,1995;Boudard,et al.,1996;Lei,et al.,2002a;2002b)及其中所引用的文献.

Reynolds 等 (1990)测定了 $Al_{5.1}Li_3Cu$ 二十面体准晶在室温沿 $A2$ 轴和 $A5$ 轴传播的超声波(频率为 20MHz)的纵波(用下标 L 标记)和横波(用下标 T 标记)的速度. 测量结果列入表 9.1 的第 2 栏与第 3 栏. 对于弹性各相同性的连续介质,声速 V 与弹性常数 C_{ij} 以及密度 ρ 之间的关系是

$$V_L = \sqrt{\frac{C_{11}}{\rho}} \qquad 和 \qquad V_T = \sqrt{\frac{C_{44}}{\rho}}. \qquad (9.181)$$

弹性常数 C_{11},C_{44},λ,μ,杨氏模量 E,体模量 B,以及泊松比 v 中仅有两个是独立的,它们之间的关系是

$$C_{11} = \lambda + 2\mu, \qquad\qquad C_{44} = \mu, \qquad (9.182)$$
$$E = \mu(3\lambda + 2\mu)/(\lambda + \mu), \qquad B = (3\lambda + 2\mu)/3,$$
$$v = \lambda/2(\lambda + \mu). \qquad (9.183)$$

利用这些关系,已知 $Al_{5.1}Li_3Cu$ 二十面体准晶的密度 $\rho = 2.464g/cm^3$,就可计算出表 9.1 中的其他数据.

表 9.1 中的有关 $Al_{5.1}Li_3Cu$ 二十面体准晶在室温的声速及弹性常数的数据表明,无论声波是沿着二十面体准晶的二次轴方向或是五次轴方向传播,测得的声速在实验精度的范围内是一样的. 这一实验结果以及其他一些实验结果(Reynolds,et al.,1990)都说明二十面体准晶的声子型弹性是各向同性的,与运用群论推导的结论一致.

表 9.1　Al$_{5.1}$Li$_3$Cu 二十面体准晶在室温的声速及弹性常数

(表中声速的单位是 10^{5}cm/s,弹性常数和模量的单位是 GPa,泊松比是无量纲的)

	V_L	V_T	C_{11}	$C_{44} = \mu$	λ	杨氏模量 E	体模量 B	泊松比 ν
沿 $A2$ 轴	6.4	3.8	100.9	35.6	29.7	87.4	53.4	0.23
沿 $A5$ 轴	6.5	3.7	104.1	33.7	36.7	85.0	59.2	0.26

　　Vanderwal 等(1992)采用 Brillouin 散射谱的方法推断出了
Al$_{63.5}$Cu$_{24.5}$Fe$_{12}$二十面体准晶的声速为 $V_L = 7.191 \times 10^5$cm/s 和
$V_T = 3.809 \times 10^5$cm/s. 注意到它的密度 $\rho = 4.5$g/cm^3,就可计算
出表 9.2 中列举的 Al$_{63.5}$Cu$_{24.5}$Fe$_{12}$二十面体准晶的弹性常数和模
量的数据.

　　Yokoyama 等(1993)研究了 Al$_{70}$Pd$_{20}$Mn$_{10}$二十面体准晶的力
学性能,断裂模式和形变行为. 他们从该准晶的单晶试样在室温
下的拉伸实验测定出杨氏模量 $E = 200$GPa 和泊松比 $\nu = 0.38$.
再用关系式(9.182)和式(9.183),就可得到表 9.2 中列举的
Al$_{70}$Pd$_{20}$Mn$_{10}$二十面体准晶的其他的弹性常数和模量的数据.

　　Amazit 等(1995)采用测量超声波速度方法测定了
Al$_{68.7}$Pd$_{21.7}$Mn$_{9.6}$二十面体准晶的声子型弹性常数是:$\mu = 65$GPa,λ
$= 85$GPa. 再用关系式(9.182)和式(9.183),就可得到表 9.2 中列
举的其他的弹性常数和模量的数据. Tanaka 等(1996)采用测量超
声谐振频率的方法测定了 Al$_{70}$Pd$_{24}$Mn$_6$, Al$_{65}$Cu$_{20}$Fe$_{15}$ 和
Al$_{67}$Cu$_{20}$Fe$_7$Ru$_6$二十面体准晶的声子型弹性常数. 这些数据都列在
表 9.2 中.

　　正如本章前面几节,特别是§9.5 中所讨论的,准晶热漫散射
强度在倒易空间中的分布与该准晶的弹性常数和温度关系极为密
切. 据此,我们可以通过实验测定热漫散射强度在倒空间中的分
布而测定出该晶体的弹性常数. de Boissieu 等(1995)和 Boudard
等(1996)用中子衍射的方法测定了 Al$_{68.2}$Pd$_{22.8}$Mn$_9$ 二十面体准

晶漫散射强度在倒易空间中的分布. 通过拟合而得到相位子型弹性常数 K_2^{Wid} 与 K_1^{Wid} 之比 $\dfrac{K_2^{\text{Wid}}}{K_1^{\text{Wid}}} = 0.50$（室温, de Boissieu, et al., 1995）和 0.52（在 200°C, Boudard, et al., 1996）.

表 9.2 若干二十面体准晶在室温的弹性常数

（表中弹性常数和模量的单位是 GPa, 相位子型弹性常数 K_2^{wid} 与 K_1^{wid} 之比 和泊松比 ν 则是无量纲的）

$\lambda(C_{12})$	$\mu(C_{44})$	C_{11}	E	B	ν	$\dfrac{K_2^{\text{Wid}}}{K_1^{\text{Wid}}}$	准晶的成分	参考文献
32.5	35	102.5	87	56	0.24		$Al_{5.1}CuLi_3$	Reynolds, et al. (1990)
100	66	230	172	143	0.30		$Al_{63.5}Cu_{24.5}Fe_{12}$	Vanderwal, et al. (1992)
59.1	68.1	195	168	104	0.232		$Al_{65}Cu_{20}Fe_{15}$	Tanaka, et al. (1996)
48.4	57.9	164	142	87.0	0.228		$Al_{67}Cu_{20}Fe_7Ru_6$	Tanaka, et al. (1996)
230	72	374	200	278	0.38		$Al_{70}Pd_{20}Mn_{10}$	Yokoyama, et al. (1993)
85	65	215	167	129	0.28		$Al_{68.7}Pd_{21.7}Mn_{9.6}$	Amazit, et al. (1995)
74.9	72.4	220	182	123	0.254		$Al_{70}Pd_{24}Mn_6$	Tanaka, et al. (1996)
						~0.50	$Al_{68.2}Pd_{22.8}Mn_9$	de Boissieu, et al. (1995)
						~0.52	$Al_{68.2}Pd_{22.8}Mn_9$	Boudard, et al. (1996)
						~0.50	$Al_{70.5}Pd_{21.5}Mn_{8.2}$	Lei, et al. (2002a)

雷建林等（Lei, et al., 2002a）采用在慢扫描电荷耦合器件上定量记录的、经过能量过滤的选区电子衍射花样, 测定了 $Al_{70.5}Pd_{21.5}Mn_{8.2}$ 二十面体准晶中围绕其最强的两个 Bragg 反射（即沿着一支二次轴的（4 4 2 0 0 2）反射和沿着一支五次轴的（$\bar{2}$ $\bar{2}$ $\bar{2}$ 2 2 $\bar{2}$ 4）反射）的电子射线漫散射强度的分布. 为了避开强度很高的

Bragg 峰,实验得到的选区电子衍射花样是略为偏离带轴的. 把相位子型弹性常数 K_2^{Wid} 与 K_1^{Wid} 之比 $\dfrac{K_2^{\mathrm{Wid}}}{K_1^{\mathrm{Wid}}}$,还有其他一些实验上不能准确测定的参数作为可调的参数,拟合出 $\dfrac{K_2^{\mathrm{Wid}}}{K_1^{\mathrm{Wid}}} = -0.50$,见图 9.2.

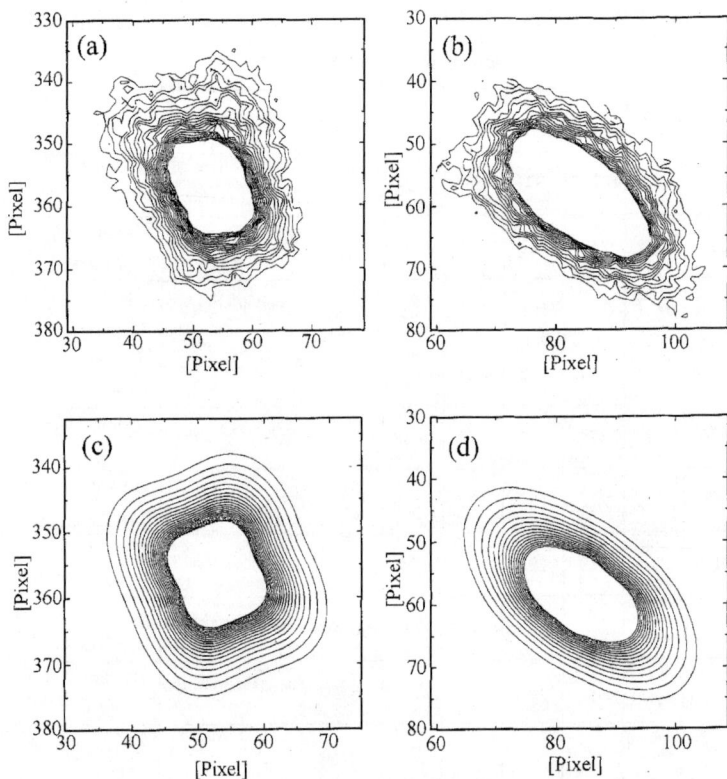

图 9.2　$Al_{70.5}Pd_{21.5}Mn_{8.2}$ 二十面体准晶中围绕其最强的两个 Bragg 反射的电子射线漫散射强度的分布. (a)和(c)围绕(4 4 2 0 0 2)反射;(b)和(d)围绕($\bar{2}\,\bar{2}\,2\,2\,\bar{2}\,\bar{4}$)反射. (a)和(b)实验的等强度轮廓图;(c)和(d)当 $\dfrac{K_2^{\mathrm{Wid}}}{K_1^{\mathrm{Wid}}} = -0.50$ 时电子漫散射的等强度轮廓图

Chernikov 等(1998)采用超声谐振频谱法测定了具有 S_1 型超结构的 $Al_{71}Ni_{16}Co_{13}$ 十次准晶的声子弹性常数。根据群表示理论的推导,具有五次、十次、八次和十二次对称的二维准晶,其声子型弹性常数中有 5 个是独立的。即:$C_{11} = C_{22}$,C_{33},$C_{44} = C_{55}$,$C_{66} = (C_{11} - C_{12})/2$,$C_{12}$,$C_{13} = C_{23}$。为了检验群表示理论的推导是否正确,Chernikov 等 (1998)用 6 个弹性常数,即 $C_{11} = C_{22}$,C_{33},$C_{44} = C_{55}$,C_{66},C_{12},$C_{13} = C_{23}$来拟合实验数据。得到这 6 个弹性常数值(以 GPa 为单位)如下:$C_{11} = C_{22} = 234.30$,$C_{33} = 232.21$,$C_{44} = C_{55} = 70.19$,$C_{66} = 88.45$,$C_{12} = 57.36$,$C_{13} = C_{23} = 66.62$。显然,这些实验值以很高的精度满足关系式 $C_{66} = (C_{11} - C_{12})/2$。

雷建林等(Lei,et al.,2002b)尝试用同步辐射 X 射线衍射实验测定 $Al_{71.5}Ni_{23.5}Fe_5$ 十次准晶的弹性常数,发现须用弹性常数比值 $C_{66}/C_{11} = 4.0$ 才能拟合出实验观察到的 X 射线漫散射强度分布。

参 考 文 献

黄胜涛主编. 固体 X 射线学(一). 北京:高等教育出版社,1985

王仁卉,郭可信. 不完整晶体的漫散射. 见:黄胜涛主编. 固体 X 射线学(二). 北京:高等教育出版社,1990. 220~269

吴德昌,王仁卉. 物理学报,1966(22):533

谢希德,方俊鑫编. 固体物理学(上册). 上海:上海科学技术出版社,1961

Amazit Y, Fischer M, Perrin B, Zarembowitch A. In:Janot C, Mosseri R eds. Proceedings of 5th International Conference on Quasicrystals. Singapore:World Scientific,1995. 584~587

Bachteler J, Trebin H R. Eur Phys J B,1988(4):299~306

Boudard M, de Boissieu M, Letoublon A, Hennion B, Bellissent R, Janot C. Europhys Lett,1996(33):199~204

Chernikov M A, Ott H R, Bianchi A et al. Phys Rev Lett,1998(80):321~324

Cowley J M. Diffraction Physic. Amsterdam:Elsevier, 1981

de Boissieu M, Boudard M, Hennion B, Bellissent R, Kycia S, Goldman A, Janot C,Audier M. Phys Rev Lett,1995(75):89

Debye P. Ann Phys Lpz,1914(43):49

Ding D-H, Yang W G, Hu C Z, Wang R H. Phys Rev,1993(B 48):7003

Faxen H. Z Phys,1923(17): 266

Guinier A. X-Ray Diffraction. San Francisco and London: W H Freeman and Company, 1963

Ishii Y. Phys Rev B,1992(45): 5228

Jaric M C, Nelson D R. Phys Rev B,1988(37): 4458

Jenning A. Matrix Computation for Engineers and Scientists. London: Wiley,1977

Laval J C R Acad Sci Paris,1939(208): 1512

Lei J L, Wang R H, Hu C Z, Ding D-H. Phys Lett A,1998(247): 343

Lei J L, Wang R H, Hu C Z, Ding D-H. Phys Rev B,1999a(59): 822

Lei J L, Hu C Z, Wang R H, Ding D-H. J Phys,Condensed Matter,1999b(11): 1211

Lei J L, Wang R H, Hu C Z, Ding D-H. Eur J Phys B,2000(13): 21

Lei J L, Wang R H, Yin J H, Duan X F. J Alloys Comp,2002a

Lei J L, Weidner E, Frey F, Wang R H. J Alloys Comp,2002b

Levine D, Lubensky T C, Ostlund S, Ramaswamy S, Steinhardt P J, Toner J. Phys Rev Lett,1985(54): 1520

Lubensky T C, Ramaswamy S and Toner J. Phys Rev B,1985(32): 7444

Lubensky T C. In: Jaric M V ed. Aperiodicity and Order, Vol. 1: Introduction to Quasicrystals. Boston: Academic Press,1988. 199~280

Reynolds G A M, Golding B, Kortan A R, Parsey J M Jr. Phys Rev,1990(B 41): 1194

Ricker M, Bachteler J, Trebin H R. Eur J Phys B,2001(23): 351~363

Shaw L J, Elser V, Henley C L. Phys Rev B,1991(43): 3423

Tanaka K, Mitarai Y, Koiwa M. Phil Mag A,1996(73): 1715~1723

Vanderwal J J, Zhao P, Walton D. Phys Rev B,1992 (46): 501

Waller I. Z Phys,1928(51): 213

Wang R H, Hu C Z, Lei J L, Ding D-H. Phys Rev B,2000(61): 5843~5845

Wang R H, Hu C Z, Lei J L. Phys Stat Sol B,2001(225): 21~34

Widom M. Phil Mag Lett,1991(64):297

Wooster W A. Diffuse X-ray Reflections from Crystals. Oxford: Clarendon Press. Yokoyama Y, Inoue A, Masumoto T. Mater Trans JIM,1993(34): 135

Zachariasen W H. Phys Rev,1940(57): 597

第十章 准晶中的结构缺陷

§10.1 准晶中的结构缺陷

一个实际的准晶体如同晶体一样,也存在诸如位错、层错、孪晶、反相畴、公度错、晶界等精细结构和结构缺陷. 它们对准晶性质及物理过程将产生直接的重大影响. 因此,自准晶问世后,对准晶缺陷的理论和实验研究一直是最活跃的领域之一. 在实验上观察到位错之前,Levine 等(1985)和 Socolar 等(1986)就已经对准晶中的位错的特殊点和基本概念在理论上进行了系统的讨论. 1987年,应用透射电子显微术(transmission electron microscopy,简称为TEM)分别在 Al-Mn (Wang, et al., 1987),Al-Mn-Si(Hiraga and Hirabayashi, 1987)和 Al-Li-Cu(Chen, et al, 1987)二十面体准晶中获得了位错的高分辨电子显微像和衍衬像. 因为位错是准晶中一类重要而特殊的结构缺陷,它的存在将影响准晶的生长、相变及力学性能等. 并且,位错的滑移还是准晶单晶高温塑性形变的主要模式(虽然其情况与晶体位错滑移并不完全相同),所以我们的讨论将侧重于准晶中的位错.

准晶位错的实验观察一般采用如下几种实验技术:TEM 中的衍射衬度成像分析法(DCI)、TEM 中的高分辨电子显微术(HREM)、TEM 中的会聚束电子衍射(CBED)和 X 射线形貌术. 在具体实验中,必要时可将上述技术中的若干种相配合,并根据理论分析配以计算机对实验结果进行模拟计算. 从文献中的报道来看,准晶位错观察实验主要集中在各种成分的三维的二十面体准晶和二维的十次对称准晶. 例如,图 10.1 示出在 720℃ 经弯曲塑性形变的 AlPdMn 二十面体准晶单晶中密集分布的位错的衍衬像.

表10.1 列出了二十面体准晶和十次准晶中有关位错及其

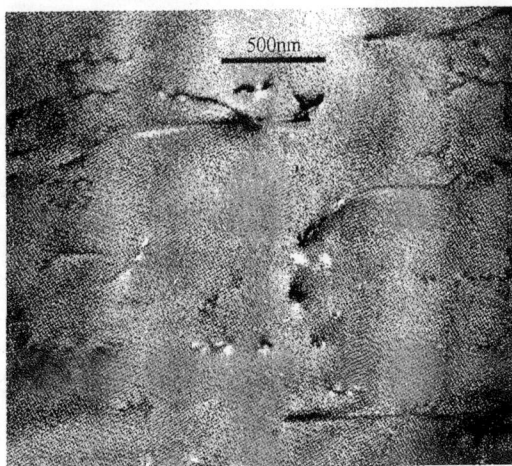

图 10.1 在 720℃ 经弯曲塑性形变的 AlPdMn 二十面体
准晶单晶中密集分布的位错的透射电镜衍衬像

Burgers 矢量 $\boldsymbol{B}$ 的实验观测的一些结果. 表 10.1 是在戴明星和王
仁卉(Dai and Wang, 1995), 以及俞大鹏等(Yu, et al., 1997)早
期所做的总结的基础上增补而成的. 表中的比值 $\zeta = \dfrac{|\boldsymbol{b}^{\perp}|}{|\boldsymbol{b}^{\parallel}|}$ 是准
晶位错 Burgers 矢量的垂直分量与平行分量的长度之比.

表 10.1 二十面体准晶和十次准晶位错及其 Burgers 矢量 $\boldsymbol{B}$ 的
实验观测结果

合金成分	$\boldsymbol{B}$ 的六维指数	$b^{\parallel}$ 大小(nm)、方向	比值 ζ	类型（组态）	实验方法	文　献
二　十　面　体　准　晶						
$Al_{85.7}Mn_{14.3}$		多种 $b^{\parallel}$		刃	HREM	Wang et al.1987,1988
$Al_{74}Mn_{20}Si_6$		$\parallel A5$		刃	HREM	Hiraga and Hirabayashi,1987
$Al_{76}Mn_{20}Si_4$		$\parallel A2$		小位错圈	DCI	Wang, et al. ,1991

合金成分	B 的六维指数	$b^{\parallel}$ 大小 (nm)、方向	比值 ζ	类型 (组态)	实验方法	文　献
Al$_{70}$Pd$_{20}$Mn$_{10}$	$\frac{1}{2}[11\,\bar{2}00\,\bar{2}]$	0.18, $\parallel A2$	τ^5	螺	DCI + CBED	Feng, et al., 1993
	$\frac{1}{2}[001\,\bar{2}2\,\bar{1}]$	0.18, $\parallel A2$	τ^5		DCI + CBED	Wang, et al., 1994a; Feng, et al., 1994b
	$\frac{1}{2}[2\,\bar{1}0\,\bar{2}0\,\bar{1}]$	$\parallel A2$	τ^5		DCI	Feng, et al., 1994d
Al$_{71}$Pd$_{19}$Mn$_{10}$	$\frac{1}{2}[\bar{1}01011]$	0.296, $\parallel A2$	τ^3	小位错圈	DCI	Wang, et al., 1994c
	$\frac{1}{2}[01\,\bar{1}10\,\bar{1}]$	0.296, $\parallel A2$	τ^3	刃	DCI + CBED	Dai, 1993
	$\frac{1}{2}[001\,\bar{2}2\,\bar{1}]$	0.183, $\parallel A2$	τ^5		DCI	Wang, et al., 1994d
Al$_{72.5}$Pd$_{17.1}$Mn$_{10.4}$		$\parallel A5$		薄片状析出相边界位错群	DCI + HREM	Wollgarten, et al., 1993b
Al$_{70}$Pd$_{20}$Mn$_{10}$		$\parallel A2$			DCI	Inoue, et al., 1994
	$\frac{1}{4}[1\,\bar{1}\bar{1}1\,\bar{3}1]$	0.17, $\parallel A5$	τ^4	不全位错	DCI + CBED	Feng, et al., 1995
Al$_{73}$Pd$_{20}$Mn$_7$ Al$_{70}$Pd$_{21}$Mn$_9$	$[2\,\bar{1}1002]$	0.183, $\parallel A2(A3、A5)$	τ^5	混合	DCI + CBED	Wollgarten, et al., 1993a; Wollgarten, et al., 1995
Al$_{70.6}$Pd$_{21.1}$Mn$_{8.3}$	$\frac{1}{2}[\bar{2}11111]$	0.11, $\parallel A5$	τ^6		CBED	Rosenfeld, et al., 1995
	$\frac{1}{4}[\bar{3}11111]$	0.17, $\parallel A5$	τ^4			
	$\frac{1}{4}[\bar{7}33333]$	0.07, $\parallel A5$	τ^8			
	$\frac{1}{2}[2\,\bar{3}2\,\bar{3}00]$	0.113, $\parallel A2$	τ^7			
	$\frac{1}{4}[\bar{5}1515\,\bar{1}]$	0.10, $\parallel A3$	τ^7			

合金成分	B 的六维指数	$b^{\parallel}$大小(nm)、方向	比值 ζ	类型(组态)	实验方法	文献
Al$_{70.4}$Pd$_{21.2^-}$Mn$_{8.4}$	$\frac{1}{2}[03\,\bar{3}20\,\bar{2}]$	0.113, ‖$A2$	τ^7	三条 Burgers矢之和为零的位错线交于一点	CBED	Wang,et al.,1998a
	$\frac{1}{2}[0\bar{2}2\,\bar{1}01]$	0.183, ‖$A2$	τ^5			
	$\frac{1}{2}[01\,\bar{1}10\,\bar{1}]$	0.296, ‖$A2$	τ^3			
Al$_{70.4}$Pd$_{21.2^-}$Mn$_{8.4}$	$\frac{1}{2}[03\,\bar{3}20\,\bar{2}]$	0.113, ‖$A2$	τ^7		HREM	Yang,et al.,2000
Al$_{62}$Cu$_{25.5}$Fe$_{12.5}$		0.307, ‖$A2$			DCI + CBED	Dai,1992
			τ^5		DCI	Wollgarten,et al.,1992
	$\frac{1}{2}[1\,\bar{1}1\,\bar{1}00]$	0.291, ‖$A2$	τ^3		DCI + CBED	Wang and Dai,1993a
			τ^5		DCI	Urban,et al.,1993
Al$_{65}$Cu$_{20}$Fe$_{15}$	$\frac{1}{2}[1\,\bar{1}\bar{1}001]$				HREM	Devaud-Rzepski,et al.,1989a
		‖$A2$		混合	DCI	Zhang,et al.,1990; Wollgarten,et al.,1991
	$\frac{1}{2}[11\,\bar{2}00\,\bar{2}]$	‖$A2$	τ^5	螺	DCI + CBED	Feng,et al.,1993
	$\frac{1}{2}[00\,\bar{1}2\,\bar{2}1]$	0.18, ‖$A2$	τ^5		DCI + CBED	Kuo, Wang(1992); Wang,et al.,1994a; Feng,et al.,1994c
	$\frac{1}{2}[\bar{1}01010]$	0.5, ‖$A3$	τ^3			
	$\frac{1}{2}[11\,\bar{2}1\,\bar{1}\bar{1}]$	0.21, ‖$A5$	τ^6			

合金成分	B的六维指数	$b^{\parallel}$大小(nm)、方向	比值 ζ	类型(组态)	实验方法	文　献
$Al_{5.5}Li_3Cu$		<0.7		小角晶界位错群	DCI	Chen, et al., 1987
Al_6Li_3Cu		$\parallel A2$		刃	DCI	Yu, et al., 1992
Al_6Li_3Cu		$\parallel A5$		螺	DCI	Baluc, et al., 1995
		$\parallel A3$		刃位错群（晶界）		
十　次　准　晶						
	$\left[\dfrac{1}{4}00000\right]$	$0.2, \parallel A10$	0	螺		
	$\left[\dfrac{1}{2}00000\right]$	$0.4, \parallel A10$	0	螺,刃		
	$\left[\dfrac{3}{4}00000\right]$	$0.6, \parallel A10$	0	螺		
	$[100000]$	$0.8, \parallel A10$	0	螺		Kuo, Wang, 1992;
		$\parallel A10$	0	刃,平行阵列倾侧晶界		Yan et al., 1992b; Yan, Wang, 1992c; Wang, et al., 1993b;
$Al_{70}Co_{15}Ni_{15}$		$\parallel A10$	0	螺,平行阵列扭转晶界	CBED	王仁卉等, 1993e; Yan, Wang, 1993a; Yan, Wang, 1993c; Yan, Wang, 1993d;
		$\parallel A2P$		螺,位错网络中的一组		Yan, Wang, 1993e; Yan, et al., 1994a; Yan, et al., 1994b; Wang, et al., 1994a;
		$\parallel A2D$		平行阵列扭转晶界		
	$[0100\overline{1}0]$	$0.19, \parallel A2D$	τ^{-1}			
	$[011\overline{1}10]$	$0.30, \parallel A2D$	τ^{-3}			
	$[12\overline{2}\overline{1}01]$			位错圈		

合金成分	B 的 六维指数	$b^{\parallel}$大小 (nm)、方向	比值 ζ	类型 (组态)	实验方法	文　献
AlCuCo(Si)		$\parallel A10$			DCI	Zhang and Urban, 1989,Zhang,et al., 1994

§10.2　准晶位错的 Burgers 矢量和在准晶中引入位错的 Volterra 过程

准晶发现一年后,准晶位错的基本理论在准晶位错这类结构缺陷还尚无实验证据的情况下,就已经发展起来了,[见 Levine, et al., 1985; Lubensky, et al., 1985; Socolar, et al., 1986; Steinhardt J. & Ostlund, 1987]. 目前更有了相当细致完善的描述. 本节将介绍准晶位错描述中两个最基本的问题:准晶位错的 Burgers 矢量和在准晶中引入位错的 Volterra 过程. 此前,Bohsung 和 Trebin (1989),Kleman 和 Sommers (1991),俞大鹏等(Yu, et al., 1997),杨文革等(Yang, et al., 1998),丁棣华等(1998)已讨论过这类问题.

大家知道,由于晶体具有平移对称性,而 Burgers 矢量又是该晶体点阵的平移矢量,所以在晶体中作一 Volterra 切口,将切口两侧的点阵结构刚性平移一个点阵矢量并重新胶合后,假想的切口并没有在物理上留下任何痕迹. 显然,这样的过程无法在准晶体自身上进行,因为准晶体自身没有这样的平移矢量. 由于准晶可以被描述为高维晶体空间向物理空间投影或被物理空间切割而得到,准晶中全位错的 Burgers 矢量 B 应该是高维空间的周期点阵的一个平移矢量:

$$B = b^{\parallel} \oplus b^{\perp}. \tag{10.1}$$

由两个正交子空间($P^{\parallel}$ 或 V_E,物理空间,平行空间,以及 $P^{\perp}$ 或

V_I, 补空间, 垂直空间) 中的矢量 $b^{\parallel}$ 和 $b^{\perp}$ 的直和构成. 在数学上意味着, 对于一个全位错, 不存在仅仅 $b^{\parallel} = 0$ 或者仅仅 $b^{\perp} = 0$ 的 Burgers 矢量 B. 这个结论的最简单的物理意义是, 准晶中的全位错不简单地对应于插入或抽去一个半无限原子平面(我们以后将在这个结论的基础上讨论在准晶中引入位错的 Volterra 过程).

准晶的弹性位移场 $U(r^{\parallel})$ 也是一个高维矢量

$$U(r^{\parallel}) = u(r^{\parallel}) \oplus w(r^{\parallel}). \tag{10.2}$$

注意, 这里的 $r^{\parallel}$ 是准晶所在的物理空间(平行空间) $P^{\parallel}$ 中的位矢. 根据式(10.2), 准晶的弹性位移场 $U(r^{\parallel})$ 也是 $P^{\parallel}$ 和 $P^{\perp}$ 这两个正交子空间中的矢量 $u(r^{\parallel})$ 和 $w(r^{\parallel})$ 的直和. 同样, 对于一个全位错, 不存在仅仅 $u = 0$ 或仅仅 $w = 0$ 的弹性位移场. $u(r^{\parallel})$ 的空间变化, 与晶体一样, 对应于声子激发, 相应的应变场称为声子应变场. $w(r^{\parallel})$ 的空间变化对应于相位子(phason)激发, 相应的应变场称为相位子应变场. 所以, 准晶位错引起的弹性位移场、应变场, 除了传统晶体中的位移场、应变场之外, 还有一个与相位子激发对应的位移场和应变场.

此外, 准晶中的倒易点阵矢量 $G = g^{\parallel} + g^{\perp}$ 也是由其物理空间分量 $g^{\parallel}$ 和垂直空间分量 $g^{\perp}$ 的直和构成. 物理空间 $P^{\parallel}$ 的维数等于准晶所存在的空间的维数, 通常是三维. 补空间 $P^{\perp}$ 的维数决定于准晶点群的性质. 例如, 对于具有五次、八次、十次、十二次对称的二维准晶(这里指的是二维准周期结构加一维周期结构组成的三维固体), 平行空间是三维, 垂直空间是二维. 对于二十面体准晶和立方准晶, $P^{\parallel}$ 和 $P^{\perp}$ 都是三维.

根据准晶位错 Burgers 矢量的以上性质, 可以想像一个在准晶中引进位错的 Volterra 过程, 见图 10.2. $P^{\parallel}$ 代表 N 维空间中一个三维子空间 V_E(物理空间, 或称为平行空间), 它与 N 维超点阵相交的斜率为无理数. $P^{\perp}$ 代表与之正交的 $(N-3)$ 维子空间 V_I(补空间, 或称为垂直空间). 图中阴影部分代表切割投影法中的"片状"条带 S. 这个条带中有 3 维是无穷大的且与 $P^{\parallel}$ 平行, 其余的 $(N-3)$ 维与 $P^{\perp}$ 平行, 且是有界的. 把在条带 S 内的 N 维空间内

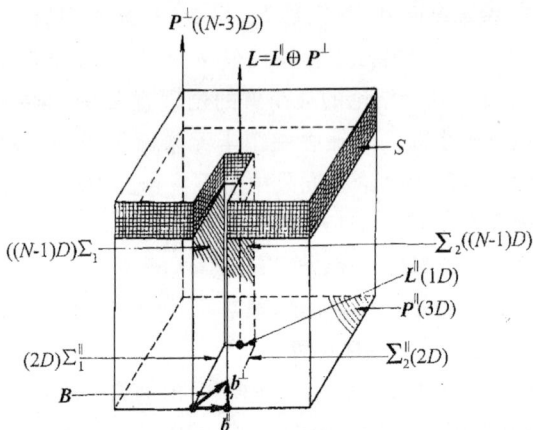

图 10.2　在 N 维空间中构造准晶中位错的 Volterra 过程

图中 $P^{\perp}$ 表示 $(N-3)$ 维的垂直空间，$P^{\parallel}$ 表示三维的平行空间，阴影部代表切割投影法中的条带 S. $L^{\parallel}$ 代表平行空间中的位错线（1 维的），它与垂直空间的直和 $L=L^{\parallel}\oplus P^{\perp}$ 构成了 N 维空间中的维数为 $(N-2)$ 的超位错线. $\sum_1$ 和 $\sum_2$ 是在 N 维空间中以超位错线 L 为边界作出切口后留下的两个超平面，这两个超平面在平行空间的投影 $\sum_1^{\parallel}$ 和 $\sum_2^{\parallel}$ 正好就是在物理空间以位错线 $L^{\parallel}$ 为边界作出切口后露出的两个二维的表面

的所有的阵点都投影到物理空间 $P^{\parallel}$，就得到准晶体. 为了在物理空间的一个准晶体中构造出一条 Burgers 矢量为 B 的位错线 $L^{\parallel}$，其 Volterra 过程有以下 6 个步骤：

（1）把图 10.2 中用实心圆点代表的在物理空间的 1 维的位错线 $L^{\parallel}$ 上举到 N 维空间成为一条 $(N-2)$ 维的超位错线 L，它是 $L^{\parallel}$ 与垂直空间的直和

$$L = L^{\parallel} \oplus P^{\perp}.$$

（2）在 N 维空间中以超位错线 L 为边界作出切口，留下两个 $(N-1)$ 维的超平面 $\sum_1$ 和 $\sum_2$. 这两个超平面在平行空间的投影 $\sum_1^{\parallel}$ 和 $\sum_2^{\parallel}$ 正好就是在物理空间以位错线 $L^{\parallel}$ 为边界作出切口

后露出的两个二维的表面. 这过程也可说成是: 在物理空间以位错线 $L^\parallel$ 为边界作出切口, 露出两个二维的表面 $\sum_1^\parallel$ 和 $\sum_2^\parallel$. 将它们上举到 N 维空间, 得到以超位错线 L 为边界的两个超平面 $\sum_1$ 和 $\sum_2$

$$\sum_1 = \sum_1^\parallel \oplus P^\perp \qquad \text{和} \qquad \sum_2 = \sum_2^\parallel \oplus P^\perp.$$

(3) 将 N 维空间中这两个超平面 $\sum_1$ 和 $\sum_2$ 相互刚性地平移高维空间的周期点阵的一个点阵矢量, 即位错线的 Burgers 矢量 B, 它由平行空间分量 $b^\parallel$ 和垂直空间分量 $b^\perp$ 两部分组成

$$B = b^\parallel \oplus b^\perp. \tag{10.1}$$

(4) 如果两个超平面 $\sum_1$ 和 $\sum_2$ 相互刚性地平移后将会造成重叠, 就在平移之前先去掉这部分重叠的物质, 即抽出半平面物质; 如果留下空隙, 就将超平面 $\sum_1$ 和 $\sum_2$ 之间的空隙填满, 即插入半平面物质.

(5) 然后把这两个超平面 $\sum_1$ 和 $\sum_2$ 粘起来. 由于平移矢量 B 是 N 维晶体点阵的一个点阵矢量, 粘合面上的物质匹配得很好. 当然, 这将造成围绕位错线 L 的弹性位移场, 而且这个弹性位移场 $U(r^\parallel)$ 也是一个 N 维矢量

$$U(r^\parallel) = u(r^\parallel) \oplus w(r^\parallel). \tag{10.2}$$

注意到 N 维空间中的超位错线 L 是平行于垂直空间 $P^\perp$ 的, 这样的位错产生的弹性位移场 $U(r^\parallel)$ 应该与位矢在垂直空间中的分量无关, 仅仅是位矢在平行空间中的分量 $r^\parallel$ 的函数.

(6) 把在条带 S 内的阵点投影到物理空间 $P^\parallel$, 就得到包含有位错线 $L^\parallel$ 的准晶体. N 维空间中的弹性位移场 $U(r^\parallel)$ 由其在物理空间中的声子型分量 $u(r^\parallel)$ 和在垂直空间中的相位子型的分量 $w(r^\parallel)$ 两部分组成. 其在垂直空间中的相位子型的分量 $w(r^\parallel)$ 将会引起某些原先在条带 S 内的阵点被移到条带之外, 从而不再能投影到物理空间; 在这些阵点附近则会有另外一些原先在条带 S 之外的、不能投影到物理空间的阵点被移到条带之内,

被投影到物理空间. 这种相位子型位移的总的效果就是:在物理空间的准晶中某些原子跳到其近邻的一个亚稳的位置.

必须强调指出的是:对于准晶中的全位错,其 Burgers 矢量的两个分量 $b^{\parallel}$ 和 $b^{\perp}$ 都不为零. 如果某位错只有物理空间分量 $b^{\parallel}$,而垂直空间分量 $b^{\perp}$ 为零,则在切口产生一个相位子型层错面. 而且这一层错面的端部为不全位错. 在经受了塑性形变而且此后在高温停留时间很短的准晶中,的确存在这种位错(王仁卉等,1992;Yan, Wang,1992d;Yan, Wang,1993b;Wang,et al.,1998b).

作为位矢在平行空间中的分量 $r^{\parallel}$ 的函数,围绕着位错线 $L^{\parallel}$ 的弹性位移场 $U(r^{\parallel})$ 仅仅决定于位错线 $L^{\parallel}$ 的位置与方向,该位错的 Burgers 矢量 B,以及该准晶的弹性常数,而与 Volterra 过程中切口的选取无关. 在物理空间中绕着位错线 $L^{\parallel}$ 走一个闭合回路 λ(称之为 Burgers 回路 λ,见图 10.3),则累积的位移量,即位移矢量 $U(r^{\parallel})$ 沿着 Burgers 回路 λ 的积分,应该等于该位错线的 Burgers 矢量 B

$$\oint_{\lambda} d\, U(r^{\parallel}) = \oint_{\lambda} \nabla_{r^{\parallel}} U(r^{\parallel}) \cdot dL^{\parallel} = B, \quad (10.3)$$

而且位移矢量的物理空间分量 $u(r^{\parallel})$ 和垂直空间分量 $w(r^{\parallel})$ 沿着 Burgers 回路 λ 的积分,应该分别等于该位错线的 Burgers 矢量的物理空间分量 $b^{\parallel}$ 和垂直空间分量 $b^{\perp}$

$$\oint_{\lambda} d\, u(r^{\parallel}) = \oint_{\lambda} \nabla_{(r^{\parallel})} u(r^{\parallel}) \cdot dL^{\parallel} = b^{\parallel}, \quad (10.4a)$$

$$\oint_{\lambda} d\, w(r^{\parallel}) = \oint_{\lambda} \nabla_{(r^{\parallel})} w(r^{\parallel}) \cdot dL^{\parallel} = b^{\perp}. \quad (10.4b)$$

注意:无论位移分量是在物理空间或是在补空间,它们的自变量都是平行空间的位矢 $r^{\parallel}$. 因而上面两个积分号内的梯度都是对 $r^{\parallel}$ 的,而且两个积分都是绕着平行空间 $P^{\parallel}$ 中的 Burgers 回路 λ 进行的.

图 10.3(a)示出了围绕位错线 $L^{\parallel}$ 的 Burgers 回路 λ. Burgers 回路 λ 的方向与位错线 $L^{\parallel}$ 的方向遵从右手螺旋(right-handed

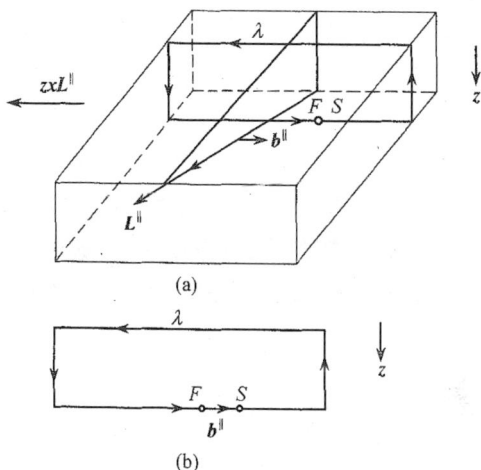

(a)

(b)

图 10.3　围绕位错线 $L^{\parallel}$ 的 Burgers 回路 λ

(a) 在含有位错的晶体中；(b) 在完整的参照晶体中. 说明关于位错线 $L^{\parallel}$ 的 Burgers 矢量 $b^{\parallel}$ 定义的完整晶体终点到始点右手螺旋法则. z 代表电子束在试样中的传播方向. 在位错线 $L^{\parallel}$ 的由矢量 $z \times L^{\parallel}$ 所指向的那一侧，$\dfrac{\mathrm{d} \boldsymbol{u}(r^{\parallel})}{\mathrm{d}z}$ 近似地平行于 $b^{\parallel}$

Screw,简写为 RH)的法则. 图 10.3(b)示出了在完整晶体中相应的回路 λ. 所不同的是：当在含有位错的晶体中从起点 S 绕着回路走了一整圈，即终点 F 与起始点 S 相同时，在作为参照物的完整晶体的相应的回路 λ 中，从 F 点到 S 点的矢量就定义为 Burgers 矢量 $b^{\parallel}$. 关于位错线的 Burgers 矢量的这种定义(Hirsch, et al., 1977;Hirth,Lothe,1968),参考文献中称之为完整晶体终点到始点右手螺旋法则(FS/RH perfect crystal convention).

　　显然,如果我们反转位错线的方向,则该位错线的 Burgers 矢量的方向也应该反转.

　　由式(10.4a)可知,沿着 Burgers 回路 λ 的方向,$\mathrm{d}\boldsymbol{u}(r^{\parallel})$ 大体上平行于 $b^{\parallel}$. 图 10.3(a)中 z 是入射电子束的方向. 显然,在位错线 $L^{\parallel}$ 的由矢量 $z \times L^{\parallel}$ 所指向的那一侧,z 的方向平行于

Burgers 回路 λ 的方向,$\dfrac{\mathrm{d}\boldsymbol{u}(\boldsymbol{r}^{\parallel})}{\mathrm{d}z}$ 近似地平行于 $\boldsymbol{b}^{\parallel}$. 在位错线 $\boldsymbol{L}^{\parallel}$ 的 $(-z \times \boldsymbol{L}^{\parallel})$ 侧,z 的方向反平行于 Burgers 回路 λ 的方向,$\dfrac{\mathrm{d}\boldsymbol{u}(\boldsymbol{r}^{\parallel})}{\mathrm{d}z}$ 近似地平行于 $(-\boldsymbol{b}^{\parallel})$.

为要将这一法则推广到准晶,只需首先在含有位错的和完整的 N 维空间晶体中作出类似的 Burgers 回路,就可得到关于准晶中的全位错的 Burgers 矢量 $\boldsymbol{B} = \boldsymbol{b}^{\parallel} \oplus \boldsymbol{b}^{\perp}$ 的定义,然后把这回路投影到物理空间即可.

§10.3　准晶位错 Burgers 矢量的实验鉴定

位错的主要特征参数是它的 Burgers 矢量及位错线的几何形状. 后者可直接采用形貌术,特别是透射电子显微镜衍衬成像技术直接观察. 但 Burgers 矢量的鉴定则较为困难. 本节主要介绍用透射电子显微镜中的(1)离焦会聚束电子衍射(convergent-beam electron diffraction,以下简写为 CBED)技术,(2)衍衬成像技术和(3)高分辨点阵条纹技术鉴定位错的 Burgers 矢量的原理和方法.

10.3.1　准晶位错 Burgers 矢量的离焦会聚束电子衍射鉴定

有关会聚束电子衍射的基本知识请参阅下列书中的有关章节:朱静等(1987),Wang,Zou(2002). 有关离焦会聚束电子衍射法测定晶体与准晶中的位错的 Burgers 矢量的原理、方法和应用举例请参见下列综述:王仁卉等(1993e);Wang 等(1994a),王仁卉(1996),Wang (2000).

图 10.4 示出的是离焦 CDEB 的光路图. 有一定角度范围(通常是 0.4°~1°)的锥形入射电子束会聚于偏离试样 Sp 距离为 Δf 的 C 点(交叉点). 让这一圆锥形会聚的入射束照射到试样上包含有 Burgers 矢量为 $\boldsymbol{b}$、线方向为 $\boldsymbol{L}^{\parallel}$ 的位错线段 $D1D2$ 的圆形区域,则试样上不同的被照射点具有不同的位移矢量 $\boldsymbol{U}(\boldsymbol{r}^{\parallel})$ 以及

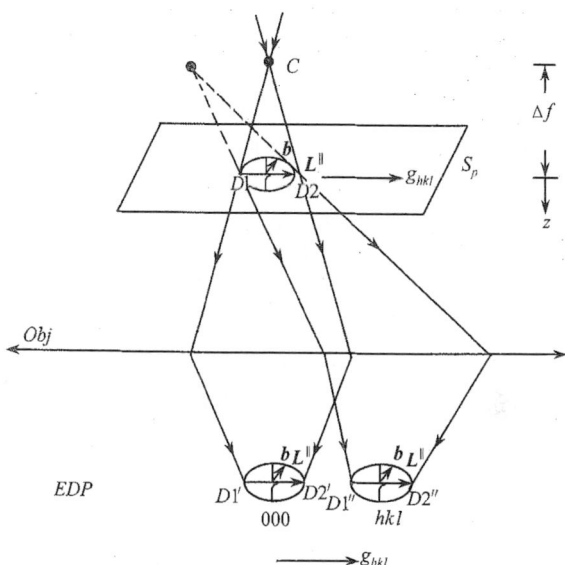

图 10.4   离焦 CBED 光路图

有一定角度范围的锥形入射电子束会聚于偏离试样 S_p 距离为 Δf 的 C 点(交叉点). 透射束和衍射束经物镜 Obj 之后在物镜后焦面 EDP 处形成的 CBED 花样由透射盘和衍射盘组成. 若试样被照射区内有缺陷,则其离焦 CBED 花样中包含着试样被照射区衍衬像的信息

不同的入射方向,因而产生强度不同的透射束和衍射束. 透射束经物镜 Obj 之后在物镜后焦面处(即图中标为 EDP 处)形成 000 透射盘,g_{hkl} 衍射束则在物镜后焦面处形成 hkl 衍射盘. 适当调节透射电子显微镜的中间镜励磁电流,可将这一衍射花样聚焦于电子显微镜的荧光屏上(衍射模式)而被观察到. 也可用照相底片或慢扫描电荷耦合器件将其记录下来. 作为一级近似,认为会聚的入射束聚成一个几何点 C,则试样被照射区的每一个点,分别对应于 000 透射盘和 hkl 衍射中的一个点. 如试样的 $D1$ 和 $D2$ 点分别对应于透射盘中的 $D1'$ 和 $D2'$ 点,以及 hkl 衍射盘中的 $D1''$ 和 $D2''$. 在 hkl 衍射盘中,该点的强度就是试样中对应点的 hkl 衍射

强度. 同样,000 透射盘中该点的强度就是试样上对应点的透射强度. 这样,离焦 CBED 花样包含着试样被照射区各点的透射强度与衍射强度的信息,即衍衬像的信息.

为了理解采用离焦会聚束电子衍射测定晶体或准晶中位错的 Burgers 矢量的原理,需要知道 Burgers 矢量为 $\boldsymbol{b}$ 或 $\boldsymbol{B} = \boldsymbol{b}^{\parallel} \oplus \boldsymbol{b}^{\perp}$ 的位错线的位移场对离焦 CBED 花样的影响. 在这方面武汉大学准晶研究组曾经做了大量预备性的工作,见 Wang, Dai(1990a), Feng 等(1992,1994a).

在有关透射电子显微分析的教科书(例如 Hirsch, et al., 1977)中都已讲到,对于衍射本领很弱的衍射束,运动学近似成立. 当入射束的波函数为 1 时,指数为 hkl 的倒易矢 g_{hkl} 对应的衍射束在试样下表面的振幅可表示为

$$\Phi_g = \frac{i\pi}{\zeta_g} \int_0^t \exp\left[-2\pi i \left(s + g \cdot \frac{\mathrm{d}\boldsymbol{u}(z)}{\mathrm{d}z} \right) z \right] \mathrm{d}z, \quad (10.5a)$$

式中 z 为距离试样上表面的深度,t 为试样膜厚,ζ_g 为 g 衍射的消光距离,它与该衍射的结构因子 $F(\boldsymbol{g})$ 成反比. s 为偏离参数. $\boldsymbol{u}(z)$ 表示入射电子射到的深度为 z 处的位移矢量,即该点原子由于有缺陷而偏离其规则位置的位移矢量. $\boldsymbol{u}(z)$ 既是深度 z 的函数,也是入射束与试样表面的交点的 (x,y) 坐标的函数,由于入射束是会聚的而不是平行的,表示入射方向对 Bragg 条件偏离程度的 s 参量也是入射束与试样表面的交点 (x,y) 坐标的函数. 这样,式(10.5a)表明 $\boldsymbol{g}$ 衍射束的强度 $I_g = |\Phi_g|^2$,以及透射速的强度 $I_0 = 1 - I_g$ 也都是 (x,y) 的函数. 按照准晶的电子衍射的动力学理论(Wang, Cheng, 1987;Cheng, Wang, 1989),对于准晶中的位错,只需把晶体中的倒易矢量 g 改成高维空间中的倒易矢量 $\boldsymbol{G} = \boldsymbol{g}^{\parallel} + \boldsymbol{g}^{\perp}$,把晶体中的位移矢量 $\boldsymbol{u}(\boldsymbol{r}^{\parallel})$ 改成高维空间中的位移矢量 $\boldsymbol{U}(\boldsymbol{r}^{\parallel}) = \boldsymbol{u}(\boldsymbol{r}^{\parallel}) \oplus \boldsymbol{w}(\boldsymbol{r}^{\parallel})$. 即:准晶中倒易矢 $\boldsymbol{G} = \boldsymbol{g}^{\parallel} + \boldsymbol{g}^{\perp}$ 对应的衍射束在试样下表面的振幅可表示为

$$\Phi_G = \frac{i\pi}{\zeta_G} \int_0^t \exp\left[-2\pi i \left(s + G \cdot \frac{\mathrm{d}\boldsymbol{U}(z)}{\mathrm{d}z} \right) z \right] \mathrm{d}z. \quad (10.5b)$$

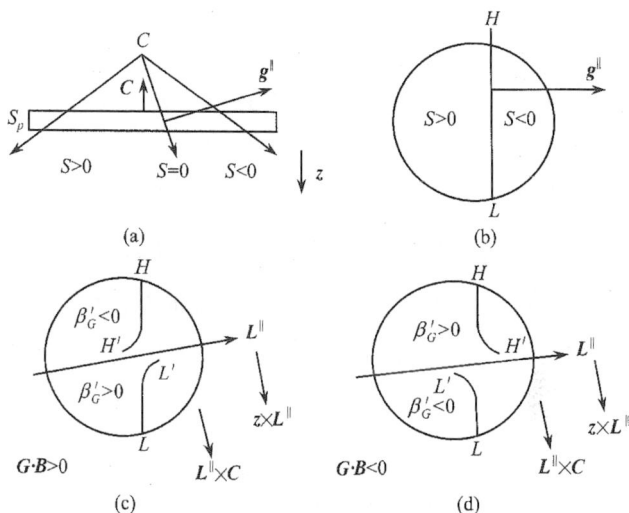

图 10.5 位错线位移场对离焦 CBED 花样的影响

(a) 离焦 CBED 实验的几何布置:会聚束斑 C 点在试样上方,图中的矢量 C 由试样指向 C 点;(b) 试样被辐照区为完整晶体时,离焦 CBED 花样中的 HOLZ 线(HL 线). 在 HL 线的顺着倒易矢量 $g^{\parallel}$ 所指的那一侧 $s<0$;(c) 当 $G \cdot B > 0$ 时,位于位错线的 $z \times L^{\parallel}$ 侧的那段 HOLZ 线朝 $g^{\parallel}$ 的正向弯折;(d) 当 $G \cdot B < 0$ 时,位于位错线的 $z \times L^{\parallel}$ 侧的那段 HOLZ 线朝 $g^{\parallel}$ 的负方向弯折

图 10.5(a)示出离焦 CBED 实验的几何布置:会聚束斑 C 点在试样上方,图中的矢量 C 由试样指向 C 点. 当入射束照射到完整晶体区时,$U(r^{\parallel}) = 0$,由式(10.5b)可得到关于衍射与透射束强度的解析表达式如下:

$$I_G = 1 - I_0 = \left(\frac{\pi t}{\zeta_G}\right)^2 \frac{\sin^2(\pi ts)}{(\pi ts)^2}. \qquad (10.6)$$

由上式可见,当偏离参数 $s = 0$ 时,即满足 Bragg 条件时,衍射束强度 I_G 最大,透射束强度 I_0 最弱. 在离焦 CBED 花样中,某些高阶反射 $g^{\parallel}$ 的衍射盘[如图 10.5(b)的圆圈]中产生对应于 $s = 0$ 的标为 HL 的一条亮的主衍射条纹. 在透射盘的相应的区域则生成一

条暗线,称之为高阶 Laue 带线(higher-order laue zone line,简称为 HOLZ 线). 在图 10.5(a)的几何布局之下,即入射束斑 C 点在试样上方的情况下,图 10.5(b)所示透射盘或衍射盘中 HL 线的右侧,即倒易矢量 $g^\parallel$ 所指的那一侧,入射角小于 Bragg 角,$s<0$. 反之,HL 线的左侧 $s>0$.

当入射束照射到缺陷影响区时,$\dfrac{\mathrm{d}U}{\mathrm{d}z}\neq 0$,有梯度的位移矢量 $U(r^\parallel)$ 使晶体局部区域点阵平面的取向与面间距发生变化,因而该局部区域的偏离参数 s 也变成了有效偏离参数 s'

$$s' = s + G \cdot \frac{\mathrm{d}U}{\mathrm{d}z} = s + \beta'_G. \tag{10.7}$$

衍射强度 I_G 达极大的区域也由 $s=0$ 区移到 $s'=0$ 的区域. 这意味着:在远离位错的区域,极大值出现在 $s=0$ 的区域,而在逐渐接近位错的过程中,由于 $\beta'_G = G \cdot \dfrac{\mathrm{d}U}{\mathrm{d}z}$ 的绝对值越来越大,对应于 $s'=0$ 的极大值区域越来越偏离原来 $s=0$ 的区域. 实验现象就是:在离焦 CBED 花样中,$g^\parallel$ 衍射盘中一条直的主衍射条纹在接近位错的过程中将向一侧弯曲.

图 10.5(c)和(d)说明 HOLZ 线跨过位错线时偏折的方向. 如上所述,当入射束斑 C 点在试样上方时,HL 线的倒易矢量 $g^\parallel$ 所指的那一侧,$s<0$. 又,在位错线 $L^\parallel$ 的 $z\times L^\parallel$ 侧,$\dfrac{\mathrm{d}U(r^\parallel)}{\mathrm{d}z}$ 近似地平行于 B. 因此,当 $G\cdot B>0$ 时,即 $\beta'_G = G\cdot\dfrac{\mathrm{d}U}{\mathrm{d}z}>0$ 时,$s'=0$ 的极大值区域应该是 $s<0$ 的区域,如图 10.5(c)之下半图所示. 在位错线 $L^\parallel$ 的 $(-z\times L^\parallel)$ 侧,$\dfrac{\mathrm{d}U(r^\parallel)}{\mathrm{d}z}$ 近似地平行于 $(-B)$. 此时,当 $G\cdot B>0$ 时,即 $\beta'_G = G\cdot\dfrac{\mathrm{d}U}{\mathrm{d}z}<0$ 时,$s'=0$ 的极大值区域应该是 $s>0$ 的区域,如图 10.5(c)之上半图所示.

图 10.5(d)示出的是 $G\cdot B<0$ 的情况. 这时 HOLZ 线的偏折方向较之图 10.5(c)中的对应于 $G\cdot B>0$ 时的偏折方向全部相

反.

如果 $\boldsymbol{G} \cdot \boldsymbol{B} = 0$,则 $\beta'_G = \boldsymbol{G} \cdot \dfrac{\mathrm{d}\boldsymbol{U}}{\mathrm{d}z} \approx 0$,HOLZ 线在跨越位错线 $\boldsymbol{L}^{\|}$ 时不会断开.

图 10.5 中描绘的 HOLZ 线 HL 与位错线 $\boldsymbol{L}^{\|}$ 相交时断开与偏折的规律是:如果 $\boldsymbol{G} \cdot \boldsymbol{B} \neq 0$,则 HL 分裂为 $HH', L'L$ 两段. 若 $\boldsymbol{G} \cdot \boldsymbol{B} > 0$,则位于位错线的 $z \times \boldsymbol{L}^{\|}$ 侧的那段 HOLZ 线朝 $g^{\|}$ 的正向弯折,另一段朝 $g^{\|}$ 的负向弯折;若 $\boldsymbol{G} \cdot \boldsymbol{B} < 0$,则位于位错线的 $z \times \boldsymbol{L}^{\|}$ 侧的那段 HOLZ 线朝 $g^{\|}$ 的负方向弯折. 如果 $\boldsymbol{G} \cdot \boldsymbol{B} = 0$,则 HL 条纹不分裂. 显然,上述现象可用来直接判断 $\boldsymbol{G} \cdot \boldsymbol{B}$ 的正负号:观察位于位错线的 $z \times \boldsymbol{L}^{\|}$ 侧的那段 HOLZ 线的弯折方向,若是朝着 $g^{\|}$ 的方向,则 $\boldsymbol{G} \cdot \boldsymbol{B} > 0$. 反之,若是朝着 $g^{\|}$ 的负方向,则 $\boldsymbol{G} \cdot \boldsymbol{B} < 0$.

以上围绕图 10.5 的讨论都是针对会聚束斑 C 点位于试样上方的情况. 如果会聚束斑 C 点位于试样之下,则 HL 线的由倒易矢量 $g^{\|}$ 所指的那一侧,入射角大于 Bragg 角,$s > 0$. 反之,HL 线的背离 $g^{\|}$ 的那一侧 $s < 0$. 这样一来,关于 HOLZ 线弯折方向的法则也应该相应地改为:如果会聚束斑 C 点位于试样之下,则观察位于位错线的 $(-z \times \boldsymbol{L}^{\|})$ 侧的那段 HOLZ 线的弯折方向,若是朝着 $g^{\|}$ 的方向,则 $\boldsymbol{G} \cdot \boldsymbol{B} > 0$. 反之,若是朝着 $g^{\|}$ 的负方向,则 $\boldsymbol{G} \cdot \boldsymbol{B} < 0$.

注意:会聚束斑 C 点位于试样上方时,矢量 $\boldsymbol{C}$ 与矢量 $\boldsymbol{z}$ 的方向相反;会聚束斑 C 点位于试样之下时,矢量 $\boldsymbol{C}$(仍然定义为由试样指向会聚束斑 C 点)与矢量 $\boldsymbol{z}$ 的方向相同. 据此,HOLZ 线的弯折规则可以表述为:若 $\boldsymbol{G} \cdot \boldsymbol{B}$ 取正号,则位于位错线的 $\boldsymbol{L}^{\|} \times \boldsymbol{C}$ 侧的那段 HOLZ 线的弯折方向是朝着 $g^{\|}$ 的方向. 根据这一规则,采用离 CBED 技术测定 $\boldsymbol{G} \cdot \boldsymbol{B}$ 的符号的方法可以表述为:若位于位错线的 $\boldsymbol{L}^{\|} \times \boldsymbol{C}$ 侧的那段 HOLZ 线的弯折方向是朝着 $g^{\|}$ 的方向,则 $\boldsymbol{G} \cdot \boldsymbol{B}$ 取正号.

上面的讨论是针对主衍射条纹的,见图 10.6(a) 中的条纹

$s_0 s_0'$. 图 10.6 的几何布置与图 10.5 一样,会聚束斑 C 点在试样上方,对应的矢量 C 由纸面指向读者. 故而在主衍射条纹的顺着倒易矢量 $\boldsymbol{g}^{\parallel}$ 所指的那一侧,$s<0$. 实际上,式(10.6)表示的 I_G 在 $t_s = \pm 1.431, \pm 2.459, \cdots$ 时达次极大,对应于 CBED 花样中的较弱的衍射条纹,见图 10.6(a)中的条纹 $s_1 s_1'$,$s_{-1} s_{-1}'$(以上对应于 $t_s = \pm 1.431$)和 $s_2 s_2'$,$s_{-2} s_{-2}'$(以上对应于 $t_s = \pm 2.459$). 这些较弱的衍射条纹也同样会在位错的应变场区域产生弯折和分裂. 而且,由于主、次极大都产生弯折和分裂,结果导致图 10.6(b)和(c)示出的新现象:图 10.6(b)表示当 $\boldsymbol{G} \cdot \boldsymbol{B} = 1$ 的位错线 $\boldsymbol{L}^{\parallel}$ 与这些衍射条纹相交时,位于位错线的由 $\boldsymbol{L}^{\parallel} \times \boldsymbol{C}$ 所指向的一侧的衍射条纹朝 $\boldsymbol{g}^{\parallel}$ 的正向弯折,而由 $(-\boldsymbol{L}^{\parallel} \times \boldsymbol{C})$ 所指向的一侧的条纹朝 $\boldsymbol{g}^{\parallel}$ 的负向弯折. 结果,原来的直衍射条纹 $s_1 s_1'$,$s_0 s_0'$,$s_{-1} s_{-1}'$ 变成了三条弯曲条纹:$s_1 s_2'$,$s_0 h_0 s_1'$,$s_{-1} 1_0 s_0'$. 由式(10.6),I_G 随 s 偏离 0 而剧减,以致实验上只能观察到 $s_0 h_0$ 和 $1_0 s_0'$ 两段条纹,即 $s_0 s_0'$ 分裂成具有一个节点的两段. 图 10.6(c)示出了 $\boldsymbol{G} \cdot \boldsymbol{B} = 2$ 时,实验上观察到 $s_0 h_0$,$h_{-1} 1_{-1}$ 和 $1_0 s_0'$ 共两节点三段. 一般地,当 $\boldsymbol{G} \cdot \boldsymbol{B} = n$($n$ 为整数)时,衍射条纹分裂成具有 $|n|$ 个节点的 $|n|+1$ 段条纹,这个规律称为 Cherns-Preston 准则(Cherns, Preston, 1986). 可见,由节点数可计算出 $\boldsymbol{G} \cdot \boldsymbol{B}$ 的绝对值.

为了解出 N 维空间的 $\boldsymbol{B} = [B_1, B_2, \cdots, B_N]$ 的 N 个分量,需要在 N 维空间选择 N 个线性独立的 $\boldsymbol{G}_i$. 二十面体准晶 CBED 花样中的 HOLZ 线的几何分布的计算机模拟方法见参考文献(Dai, Wang, 1990). 十次准晶 CBED 花样中的 HOLZ 线的计算机模拟方法见 Yan 等(1992a, 1993f). 通过模拟也同时求出了与各 HOLZ 线对应的 $\boldsymbol{G}_i$ 的指数 G_{ij}. 由 G_{ij} 及 $\boldsymbol{G}_i \cdot \boldsymbol{B} = n_i$ 计算 $\boldsymbol{B}$ 的方程是

$$\begin{bmatrix} G_{11} & G_{12} & \cdots & G_{1N} \\ \vdots & \vdots & \vdots & \vdots \\ \vdots & \vdots & \vdots & \vdots \\ G_{N1} & G_{N2} & \cdots & G_{NN} \end{bmatrix} \begin{bmatrix} B_1 \\ \vdots \\ \vdots \\ B_N \end{bmatrix} = \begin{bmatrix} n_1 \\ \vdots \\ \vdots \\ n_N \end{bmatrix}. \tag{10.8}$$

由此法实验测定的二十面体准晶的 Burgers 矢量 $\boldsymbol{B}=[B_1,B_2,\cdots,B_N]$ 的 6 维指数、$b^{\parallel}$ 的大小和方向,以及比值 $\zeta=\dfrac{|\boldsymbol{b}^{\perp}|}{|\boldsymbol{b}^{\parallel}|}$,都列于表 10.1.

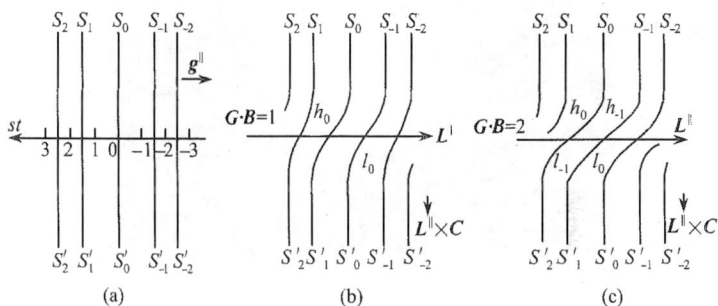

图 10.6 Burgers 矢量为 $\boldsymbol{B}$ 的位错引起的离焦 CBED 花样中倒易矢量为 $\boldsymbol{G}$ 的高阶衍射条纹的分裂和扭折. 会聚束斑 C 点在试样上方,对应的矢量 $\boldsymbol{C}$ 由纸面指向读者. 故而在主衍射条纹的顺着倒易矢量 $\boldsymbol{g}^{\parallel}$ 所指的那一侧 $s<0$.(a) 完整晶体或 $\boldsymbol{G}\cdot\boldsymbol{B}=0$ 时高阶衍射产生的条纹;(b) $\boldsymbol{G}\cdot\boldsymbol{B}=1$ 时主衍射分裂成有一个节点的两段条纹;(c) $\boldsymbol{G}\cdot\boldsymbol{B}=2$ 时主衍射分裂成有两个节点的三段条纹

现举一例. 图 10.7 是从 $\mathrm{Al}_{70.4}\mathrm{Pd}_{21.2}\mathrm{Mn}_{8.4}$ 二十面体准晶试样中某一完整区域拍摄到的离焦 CBED 花样. 为了在一幅 CBED 花样中出现尽可能多的 HOLZ 线,故意将该准晶试样倾转到偏离主要带轴且偏离重要菊池线的某一取向. 然后采用计算机模拟的方法将此花样中出现的 HOLZ 反射(衍射盘中的亮线)和 HOLZ 线(透射盘中的暗线)指标化. 图 10.7 中各 HOLZ 反射的指数列于表 10.2 中. 从透射盘中的暗线(对应于入射束和透射束的方向)指向相应的衍射盘中的亮线(对应于衍射束的方向)的矢量,就是某 6 维空间倒易矢在平行空间的分量. 例如图中标记为 $\boldsymbol{g}_1^{\parallel}$ 的矢量,就是指数为 $(2\,8\,2\,\overline{6}\,4\,4)$ 的倒易矢量 $\boldsymbol{G}_1$ 在平行空间的分量.

图 10.8(a) 是经高温塑性变形后 $\mathrm{Al}_{70.4}\mathrm{Pd}_{21.2}\mathrm{Mn}_{8.4}$ 二十面体准晶中一条位错线的衍衬像. 将离焦会聚电子束照射到该位错线

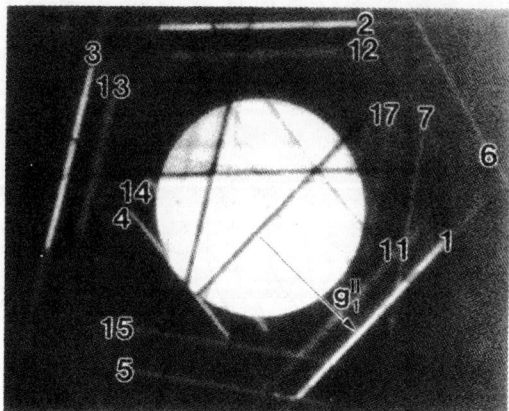

图 10.7 从 $Al_{70.4}Pd_{21.2}Mn_{8.4}$ 二十面体准晶的完整区域拍
摄的离焦 *CBED* 花样

所在区域,得到图 10.8(b)所示离焦 *CBED* 图,图中箭头 $L^{\parallel}$ 表示
位错线的方向. 比较图 10.8(b)与图 10.7,发现图 10.8(b)中的衍
射线 1 分裂为 1 个节点,且位错线 $L^{\parallel} \times C$ 一侧的分支向 $g_1^{\parallel}$ 的反
方向扭转,故 $G_1 \cdot B = n_1 = -1$. 类似地,得到 $G_2 \cdot B = n_2 = 1, G_3 \cdot$
$B = n_3 = 0, \cdots$。衍射线 4,6 和 14 与位错线不相交,因此不分裂,
也就得不到相应的 $G_i \cdot B = n_i (i = 4,6,12,14)$ 的实验值. 所有这
些信息列于表 10.2 最后一列. 从 10 个有 $G_i \cdot B = n_i$ 实验值的 G_i
中选择 6 个线性独立的 G_i 可以有多种选取方法. 对于任何一种
选择,都得到相同的柏格矢 $B = \dfrac{A}{2}[\bar{3}30220]$. 这里 $A =$
12.9Å 是面心二十面体 AlPdMn 准晶在六维空间的单胞的边长.
相应的在物理空间的菱面体的边长 $a_R = \dfrac{A}{2\sqrt{2}} = 4.56$Å.

王仁卉等(Wang, et al., 1998a; Wang, 2000)运用离焦 *CBED*
技术测定了若干组构成三叉节点的三条相交位错线的 Burgers 矢
量. 主要结果有:

表 10.2　图 10.7 和图 10.8(b)所示离焦 CBED 花样中的编号为 $i = 1$,
2,$\cdots$,17 的高阶衍射线 G_i 的指数 G_{ij} 和由图 10.8(a)中的位错引起的
这些 HOLZ 线分裂和扭折而获得的有关 $G_i \cdot B = n_i$ 的实验值.
表中的 n_i 代表位错线未与该衍射条纹相交

i	G_{i1}	G_{i2}	G_{i3}	G_{i4}	G_{i5}	G_{i6}	n_i
1	2	8	2	-6	-4	4	-1
2	2	-4	4	8	2	-6	1
3	-4	-8	-6	2	4	-2	0
4	-6	-4	-10	-6	2	4	ni
5	-4	4	-8	-12	-2	8	-2
6	8	6	12	6	-4	-4	ni
7	6	10	8	-2	-6	2	-2
11	1	5	1	-3	-3	3	0
12	1	-3	3	5	1	-3	0
13	-3	-5	-3	1	3	-1	1
14	-4	-2	-6	-4	2	2	ni
15	-3	3	-5	-7	-1	5	1
17	3	7	5	-1	-3	1	2

　　(1) 证实了位错的 Burgers 矢量的守恒性. 若取三条位错线
的方向指向三叉节点或是都从这个节点出发向外,则这三条位错
线的 Burgers 矢量之和等于零;若取一条位错线的方向指向三叉
节点,另外两条的方向从三叉节点往外指,则第一条的 Burgers 矢
量等于另外两条的 Burgers 矢量之和,显示位错分解;若取一条位
错线的方向从三叉节点往外指,另外两条的方向指向三叉节点,则
第一条的 Burgers 矢量等于另外两条的 Burgers 矢量之和,显示后
两条位错线通过位错反应生成第一条位错.

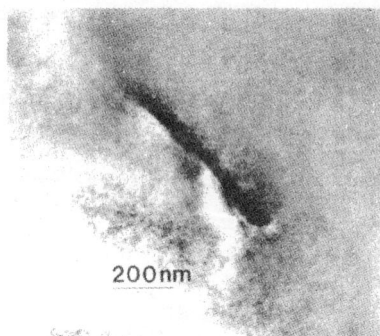

(a)

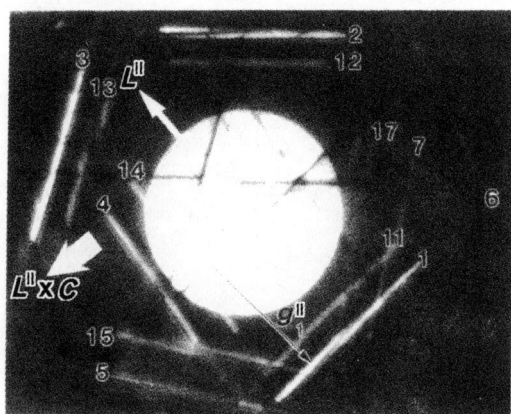

(b)

图 10.8 (a)经高温塑性变形的 $Al_{70.4}Pd_{21.2}Mn_{8.4}$二十面体
准晶中某一位错线的衍衬像. (b)从图 10.8(a)所示位错线
处拍摄的离焦 *CBED* 花样

(2) 既观察到 3 个 Burgers 矢量类型相同的位错反应

$$\frac{1}{2}[\bar{1}002\bar{1}2]+\frac{1}{2}[1\bar{2}1\bar{2}00]\leftrightarrow\frac{1}{2}[0\bar{2}10\bar{1}2].$$

(10.9a)

也观察到 3 个 Burgers 矢量类型不是完全相同的位错反应

$$\frac{1}{2}[1\,\bar{1}\,1\,\bar{1}\,0\,0] + \frac{1}{2}[\,\bar{1}\,0\,1\,\bar{1}\,1\,0] \leftrightarrow \frac{1}{2}[0\,\bar{1}\,2\,\bar{2}\,1\,0].$$

$$(10.9b)$$

和

$$\frac{1}{2}[0\,\bar{2}\,2\,\bar{1}\,0\,1] + \frac{1}{2}[0\,\bar{1}\,0\,1\,\bar{2}\,2] \leftrightarrow \frac{1}{2}[0\,\bar{3}\,2\,0\,2\,3].$$

$$(10.9c)$$

按照 Wang 等(1998a)的研究表明,位错反应式(10.9a,b,c)共涉及三类 Burgers 矢量,见表 10.3. 它们在物理空间的分量 $b^{\parallel}$ 都沿着某支二次轴 $A2$ 的方向,但 $b^{\parallel}$ 的长度则按 $\frac{1}{\tau}$ 这个因子递减. 同时 $b^{\perp}$ 的长度按因子 τ 递增,以至 Burgers 矢量的垂直分量与平行分量的长度之比 $\zeta = \frac{|b^{\perp}|}{|b^{\parallel}|}$ 按因子 τ^2 递增. 位错反应式(10.9b,c)都分别涉及到比值 ζ 不同的位错. 这样,Rosenfeld 等(1995)观察到的在准晶高温塑性形变的过程中,比值 ζ 不同的位错所占的比例发生变化的现象,就可通过位错反应得到解释了.

表 10.3 位错反应式(10.9a,b,c)涉及的三类 Burgers 矢量的特征参数

B 的名称	B 的指数	$b^{\parallel}$ 的方向	$b^{\parallel}$ 的长度	$\zeta = \frac{\mid b^{\perp} \mid}{\mid b^{\parallel} \mid}$
$B_2(\tau^3)$	$\frac{1}{2}[1\,\bar{1}\,1\,\bar{1}\,0\,0]$	平行于某支二次轴 $A2$	2.96Å	τ^3
$B_2(\tau^5)$	$\frac{1}{2}[\bar{1}\,2\,\bar{1}\,2\,0\,0]$	平行于某支二次轴 $A2$	1.83Å	τ^5
$B_2(\tau^7)$	$\frac{1}{2}[2\,\bar{3}\,2\,\bar{3}\,0\,0]$	平行于某支二次轴 $A2$	1.13Å	τ^7

10.3.2 准晶位错 Burgers 矢量的衍衬成像法鉴定

中国科学院物理研究所张泽院士与德国 Juelich 研究中心 Urban 教授准晶研究小组,系统地探讨了如何把晶体中位错 Burgers 矢量的衍衬成像鉴定法推广到准晶[见 Zhang, et al. (1990); Wollgarten, et al.(1991);Wollgarten, et al.(1992)以及 Urban, et al (1999)写的综述]. 他们指出,若把晶体倾转到仅仅倒易点 g 满足 Bragg 条件,则晶体中位错的消光条件是 $g \cdot b = 0$(Hirsch, et al.,1977). 推广到准晶中位错,其消光条件应为

$$G \cdot B = g^{\parallel} \cdot b^{\parallel} + g^{\perp} \cdot b^{\perp} = 0. \qquad (10.10)$$

对于准晶中的位错,消光条件式(10.10)分成两种情况:

(1) 强消光(strong extinction condition,简称为 SEC)

$$g^{\parallel} \cdot b^{\parallel} = g^{\perp} \cdot b^{\perp} = 0. \qquad (10.11a)$$

在 SEC 情况之下,与 $g^{\parallel}$ 方向相同的所有的倒易矢量都满足消光条件式(10.10).

(2) 弱消光(weak extinction condition,简称为 WEC)

$$g^{\parallel} \cdot b^{\parallel} = -g^{\perp} \cdot b^{\perp} \neq 0. \qquad (10.11b)$$

在 WEC 情况之下,与 $g^{\parallel}$ 方向相同的所有其他的倒易矢量都不满足消光条件式(10.10).

这样,对于 $N = 6$ 的二十面体准晶,若能找到两个强消光条件,则该位错线的 Burgers 矢量的物理空间分量 $b^{\parallel}$ 的方向和补空间分量 $b^{\perp}$ 的方向都可以测定出. 如果还能找到一个弱消光条件,则此位错的作为六维空间晶体矢量的 Burgers 矢量 B 的方向也可以测定出.

武汉大学准晶研究组进一步发展了准晶中位错 Burgers 矢量 B 的衍衬成像鉴定法. 冯江林、王仁卉(Feng, Wang, 1994d)指出,衍衬成像鉴定法需要找出$(N-1)$个(对于二十面体准晶就是 5 个)线性无关的、且与某位错的 Burgers 矢量 B 垂直的倒易矢 $G_i[i = 1,2,\cdots,(N-1)]$,即这些 G_i 与 B 满足下列关系:

$$G_i \cdot B = \sum_j G_{ij}B_j = 0, \qquad (10.12)$$

这里 $i = 1,2,\cdots,(N-1)$,$j = 1,2,\cdots,N$. 即

$$\begin{bmatrix} G_{11} & \cdots & G_{1N} \\ \vdots & & \vdots \\ G_{(N-1)1} & \cdots & G_{(N-1)N} \end{bmatrix} \begin{bmatrix} B_1 \\ \vdots \\ B_N \end{bmatrix} = \begin{bmatrix} 0 \\ \vdots \\ 0 \end{bmatrix}. \qquad (10.13)$$

正如 §10.2 所述,由式(10.3)和(10.4)可知,Burgers 矢量为 $\boldsymbol{B}$ 的位错周围的位移场 $\boldsymbol{U}(\boldsymbol{r}^{\parallel})$ 及其改变量 $\mathrm{d}\boldsymbol{U}(\boldsymbol{r}^{\parallel})$ 的方向近似地平行或反平行于 $\boldsymbol{B}$. 因此,满足条件(10.12),也就是近似地满足下列条件:

$$\beta'_G = \boldsymbol{G} \cdot \frac{\mathrm{d}\boldsymbol{U}}{\mathrm{d}z} = 0, \qquad (10.14)$$

代入式(10.5b)并与式(10.6)对比可知,满足条件式(10.14)的准晶位错,其衍射强度与完整准晶的衍射强度近似地一样,故称之为该位错"消光". 但是,与 $\boldsymbol{B}$ 垂直的 $\boldsymbol{G}_i$,仅仅是近似地满足条件(10.14),故而所谓的"消光"只是近似地"消光",实际上会或多或少显示残余衬度. 因此,如果找出了 $(N-1)$ 个(对于二十面体准晶就是 5 个)线性无关的、使某位错消光或仅显示残余衬度的倒易矢 $\boldsymbol{G}_i[i=1,2,\cdots,(N-1)]$,则可求得该位错的 Burgers 矢量为

$$\boldsymbol{B} = \beta \begin{vmatrix} \boldsymbol{e}_1 & \boldsymbol{e}_2 & \cdots & \boldsymbol{e}_N \\ G_{11} & G_{12} & \cdots & G_{1N} \\ \vdots & \vdots & & \vdots \\ G_{(N-1)1} & G_{(N-1)2} & \cdots & G_{(N-1)N} \end{vmatrix}, \qquad (10.15)$$

这个行列式中,β 是一个决定于 Burgers 矢量 $\boldsymbol{B}$ 的模和正负号的系数,$\boldsymbol{e}_j$ 是 N 维空间晶体的第 j 个基矢. 按照式(10.15)计算出的 Burgers 矢量 $\boldsymbol{B}$ 与 $\boldsymbol{G}_i$ 的标量积可写成下列行列式形式:

$$\boldsymbol{G}_i \cdot \boldsymbol{B} = \sum_j G_{ij}B_j = \beta \begin{vmatrix} G_{i1} & G_{i2} & \cdots & G_{iN} \\ G_{11} & G_{12} & \cdots & G_{1N} \\ \vdots & \vdots & & \vdots \\ G_{(N-1)1} & G_{(N-1)2} & \cdots & G_{(N-1)N} \end{vmatrix}.$$

$$(10.16)$$

由于式(10.16)右边的行列式中有两行是一样的,其值必为 0. 这

样就证明了按照式(10.15)计算出的 Burgers 矢量 **B** 满足式
(10.12).

　　武汉大学准晶研究组在准晶中位错 Burgers 矢量 **B** 的衍衬成
像鉴定法方面的另外一个贡献是将 Head 等(1973)模拟计算晶体
中的位错的衍衬像的方法推广到准晶的情况(Wang, et al.,
1990b;Wang,et al.,1991;Wang,et al.,1992;Wang,et al.,1993d;
Wang, et al., 1994c;Wang, et al., 1994d). Wang 等(1994d)对
AlPdMn 二十面体准晶中的某位错的采用一系列的倒易矢量而获
得的衍衬像进行计算机模拟,成功地鉴定出它的 Burgers 矢量 $B =$
$\frac{A}{2}[0\ 0\ 1\ \bar{2}\ 2\ \bar{1}]$,这里 $A = 12.9$Å 是面心二十面体 AlPdMn 准晶
在六维空间的单胞的边长. 相应的在物理空间的菱面体的边长
$a_R = \dfrac{A}{2\sqrt{2}} = 4.56$Å. 采用离焦 CBED 技术对同一位错进行鉴定,
得到完全相同的 Burgers 矢量. 模拟过程中发现,当采用同一个倒
易矢量,例如 $G_3 = -(4\ 6\ 6\ 0\ \bar{4}\ 0)$,假设位错的 Burgers 矢量依次
为 $B = \dfrac{A}{2}[0\ 0\ 1\ \bar{2}\ 2\ \bar{1}]$ 和 $B' = \dfrac{A}{2}[0\ 0\ \bar{1}\ 1\ \bar{1}\ 1]$时,模拟计算得到
的衍衬像的特征相似. 这里 **B** 和 **B′** 的平行空间分量的方向相同,
但从 **B**⇒**B′** 其平行空间分量的长度增加到 $\tau = 1.618$ 倍. 其原因
在于这两个 Burgers 矢量与 G_3 的标量积相同:$G_3 \cdot B = G_3 \cdot B' =$
1. 因此,当采用对比计算机模拟的与实验拍摄的位错衍衬像这一
方法来鉴定准晶中位错的 Burgers 矢量时,不但需要采用大量的
衍射矢量拍摄位错的衍衬像以求得此位错的 Burgers 矢量的方
向,还需要对若干个衍射矢量对若干种可能的 Burgers 矢量进行
计算机模拟.

　　武汉大学准晶研究组(Wang, et al., 1990b;Wang, et al.,
1991;Wang,et al.,1992;Wang,et al.,1993d;Wang,et al.,1994c)
运用衍衬成像及其模拟计算的方法,在 $Al_{76}Mn_{20}Si_4$ 简单二十面体
准晶和 $Al_{71}Pd_{19}Mn_{10}$ 面心二十面体准晶中,鉴定出了小位错圈.
其中在 $Al_{76}Mn_{20}Si_4$ 简单二十面体准晶中鉴定出的小位错圈的

Burgers 矢量的平行空间分量 $\boldsymbol{b}^{\parallel}$ 以及位错圈所在平面的法线方向 $\boldsymbol{n}$ 都平行于同一支二次轴. 在 $Al_{71}Pd_{19}Mn_{10}$ 面心二十面体准晶中鉴定出的小位错圈的 Burgers 矢量的平行空间分量 $\boldsymbol{b}^{\parallel}$ 以及位错圈所在平面的法线方向 $\boldsymbol{n}$ 互成 60°,且分别平行于一支二次轴.

准晶中位错 Burgers 矢量的透射电镜衍衬成像鉴定法现已成功地推广到 X 射线貌像术(Zou,et al.,1994;Wang,et al.,1994b; Wang,et al.,2001).

10.3.3 准晶位错 Burgers 矢量的高分辨点阵条纹法鉴定

杨文革等(Yang,et al.,1997;Yang,et al.,1998;Yang,et al., 2000)系统地研究了 AlPdMn 二十面体准晶中位错的原子模型以及准晶位错 Burgers 矢量的高分辨点阵条纹鉴定法. 指出:对包含某一条竖起来的(即平行于入射束的)、Burgers 矢量为 $\boldsymbol{B}$ 的位错线的区域,拍摄高分辨电子显微像. 将此像进行 Fourier 变换. 然后选择某一个倒易点 $\boldsymbol{G}_i = \boldsymbol{g}_i^{\parallel} + \boldsymbol{g}_i^{\perp}$ 进行逆 Fourier 变换,就得到点阵条纹像. 其中的点阵条纹的方向垂直于 $\boldsymbol{g}_i^{\parallel}$. 如果 $\boldsymbol{G}_i \cdot \boldsymbol{B} = n_i$,就会在位错线核心处出现 $|n_i|$ 条多余的半无限条纹(代表多余的半无限原子面).

图 10.9 示出晶体中某一刃位错的线方向 $\boldsymbol{L}^{\parallel}$,从位错线核心指向多余的半无限原子面的矢量 $\boldsymbol{e}$,以及刃位错的 Burgers 矢量 $\boldsymbol{b}$ 三者之间的关系. 图 10.9 示出的关系符合关于位错线 $\boldsymbol{L}^{\parallel}$ 的 Burgers 矢量 $\boldsymbol{b}$ 定义的完整晶体终点到始点右手螺旋法则. 这关系也可以表示为 $\boldsymbol{b} = \boldsymbol{e} \times \boldsymbol{u}$. 据此可得到晶体中的有关 $\boldsymbol{g} \cdot \boldsymbol{b}$ 的符号的法则:若 $(\boldsymbol{e} \times \boldsymbol{u}) \cdot \boldsymbol{g} > 0$,则有 $\boldsymbol{g} \cdot \boldsymbol{b} > 0$. 反之亦然. 杨文革等(2000)将此符号法则推广到准晶的情况:若 $(\boldsymbol{e} \times \boldsymbol{u}) \cdot \boldsymbol{g}^{\parallel} > 0$,则有 $\boldsymbol{G} \cdot \boldsymbol{B} > 0$. 反之亦然. 这里 $\boldsymbol{G} = \boldsymbol{g}^{\parallel} + \boldsymbol{g}^{\perp}$,这一被推广到准晶的法则与杨文革等(1998)进行的共 30 例模拟计算完全符合.

为了采用高分辨点阵条纹法鉴定秩为 N 的准晶(例如 $N=6$ 的二十面体准晶)中位错的 Burgers 矢量 $\boldsymbol{B}$,需要求解由 N 个线性无关的形,如

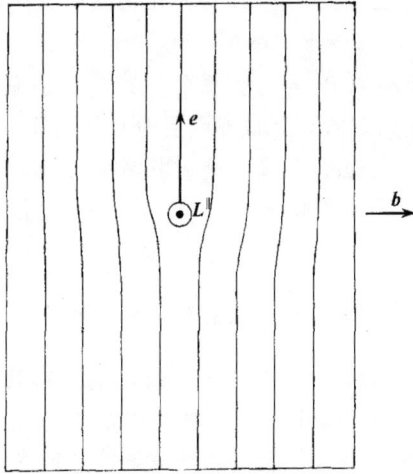

图 10.9 位错线方向为 $L^\parallel$,从位错线核心指向半无限多余原子面的矢
量为 e 的刃位错的 Burgers 矢量 b 的定义

$$G_i \cdot B = n_i \qquad (10.17)$$

的方程组成的线性方程组. 如上所述,由选择 G_i 进行逆 Fourier
变换所得的点阵条纹像中插入的半无限条纹的个数及其方向,可
分别求得式(10.17)中 n_i 的绝对值和符号. G_i 的指数 G_{ij} 可按照
2.5.4 节的方法求得. 但是,在一个带轴之下拍摄的高分辨电子
显微像,其线性无关的倒易矢的个数,通常是小于 N 的. 例如,对
于二十面体准晶,其秩为 6. 沿其任一个带轴拍摄的高分辨电子显微
像,其线性无关的倒易矢的个数是 4. 杨文革等(2000)选择一条
线方向平行于二十面体准晶的某支三次轴的位错线,不但沿着这
支三次轴拍摄了高分辨电子显微像,还沿着一支与此三次轴成
10.8°的伪二次轴(此时该位错线大体上仍是竖着的)拍摄了另一
张高分辨电子显微像. 从中选取任意 6 个线性无关的 G_i,代入由
G_{ij} 及 $G_i \cdot B = n_i$ 计算 B 的方程

$$\begin{bmatrix} G_{11} & G_{12} & \cdots & G_{1N} \\ \vdots & \vdots & \vdots & \vdots \\ \vdots & \vdots & \vdots & \vdots \\ G_{N1} & G_{N2} & \cdots & G_{NN} \end{bmatrix} \begin{bmatrix} B_1 \\ \vdots \\ \vdots \\ B_N \end{bmatrix} = \begin{bmatrix} n_1 \\ \vdots \\ \vdots \\ n_N \end{bmatrix}, \qquad (10.8)$$

求得此位错的 Burgers 矢量是 $B = \dfrac{A}{2}[\,\overline{2}\,0\,3\,\overline{2}\,3\,0\,]$,这里,$A =$ 12.9Å 是面心二十面体 AlPdMn 准晶在六维空间的单胞的边长. 相应的在物理空间的菱面体的边长 $a_R = \dfrac{A}{2\sqrt{2}} = 4.56$Å.

10.3.4 实验鉴定准晶位错 Burgers 矢量的三种方法的比较

上述三种实验鉴定准晶位错 Burgers 矢量的方法各有其适用范围和特点. 离焦 CBED 法和衍衬像消光法要求位错线沿入射束方向的投影具有一定的长度,而高分辨法则要求位错线大体上平行于入射束. 离焦 CBED 法需要让每根待测位错线与至少 N 条其指数线性无关的 HOLZ 线相交. 工作量较大,还要求研究人员会对 HOLZ 线指标化. 衍衬像消光法则可对某一选定视场内的所有的位错线同时进行研究,但有时难于可靠地区分残余衬度(对应于 $g \cdot b = 0$)和不消光(对应于 $g \cdot b \neq 0$). 有些研究人员喜欢先采用衍衬像消光法鉴定出一组位错线的 Burgers 矢量的方向,然后再对其中若干典型的位错线作离焦 CBED 实验. 这时,对每一条待研究的位错线,仅需有一条 HOLZ 线与之相交并分裂与扭折就够了.

冯江林、王仁卉(Feng, et al., 1995)联合运用离焦 CBED 法和衍衬像消光法在 AlPdMn 二十面体准晶中鉴定出两例扩展位错,即一个全位错分解成两个不全位错,其间夹着层错. 有关的位错反应如下:

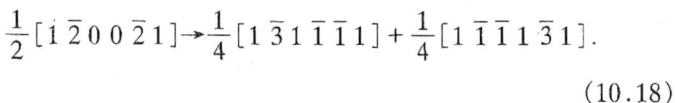

$$\frac{1}{2}[\,\overline{1}\,\overline{2}\,0\,0\,\overline{2}\,1\,] \rightarrow \frac{1}{4}[\,1\,\overline{3}\,1\,\overline{1}\,\overline{1}\,1\,] + \frac{1}{4}[\,1\,\overline{1}\,\overline{1}\,1\,\overline{3}\,1\,].$$

$$(10.18)$$

§10.4 准晶位错的弹性模型

10.4.1 准晶位错弹性位移场的普遍表达式

武汉大学准晶研究组(Ding,et al.,1994; Ding,et al.,1995a; Ding,et al.,1995b; Ding,et al.,1995c; Wang,et al.,1995; Qin,et al.,1997. 亦见下列综述:丁棣华等 1998; Hu,et al.,2000; Wang, Hu,2002)率先把晶体位错弹性位移场的普遍表达式推广到准晶的情况.

将准晶体视为连续介质,建立准晶位错的静弹性模型的基本任务,就是应用式(10.3)和式(10.4)表达的位错条件及适当的边界条件,求解偏微分方程组(6.52)

$$C_{ijkl}\partial_j\partial_l u_k + R_{ijkl}\partial_j\partial_l w_k + f_i = 0 (= \rho\ddot{u}_i),$$
$$R_{klij}\partial_j\partial_l u_k + K_{ijkl}\partial_j\partial_l w_k + g_i = 0 (= \rho\ddot{w}_i), \qquad (6.52)$$

得到准晶中位错产生的声子型和相位子型位移场

$$\boldsymbol{u} = [u_1, u_2, u_3]$$

和

$$\boldsymbol{w} = [w_1, w_2, w_3].$$

相应的应变场

$$E_{ij} = \frac{1}{2}(\partial_j u_i + \partial_i u_j) \qquad (6.30)$$

和

$$W_{ij} = \partial_j w_i, \qquad (6.31)$$

以及由广义 Hooke 定律而给出的相应的应力场

$$T_{ij} = C_{ijkl}E_{kl} + R_{ijkl}W_{kl},$$
$$H_{ij} = R_{klij}E_{kl} + K_{ijkl}W_{kl}. \qquad (6.50)$$

注意:准晶中的位移既有在物理空间 V_E 中的声子型位移,也有在补空间 V_I 中的相位子型位移. 但是,这些位移量都仅仅依赖于物理空间中的位矢 $\boldsymbol{r}^{\parallel}$. 为了简便,下文中采用 $\boldsymbol{x} = [x_1, x_2, x_3]$

或 $x' = [x'_1, x'_2, x'_3]$ 表示物理空间中的位矢. 因此,(6.30)和 (6.31)两式中的偏微分都是相对于物理空间中的位矢的分量. 例 如 ∂_j 就代表 $\dfrac{\partial}{\partial x_j}$.

假设准晶体为一无限、均匀、自由的弹性体. 当 V_E 空间中的 位矢 $x \to \infty$ 时,下面的边界条件成立:

$$T_{ij}n_j = H_{ij}n_j = 0. \qquad (10.19)$$

应用 Mura(1987)的本征应变和本征应力的概念,设 V' 是准晶体 V 中的一个子区域. 根据前面讲述的 Volterra 过程,在该区域存 在一个给定的本征应变 $E_{kl}^*(x')$ 和 $W_{kl}^*(x')$. 前者来自 Volterra 过程中的相对位移 $b^\parallel$,后者来自相对位移 $b^\perp$. 它们是在 V 中位 错周围引起的弹性应变场 $E'_{kl}(x)$ 和 $W'_{kl}(x')$ 的内应力源. 结果, 在准晶体中实际存在的应变场是本征应变与弹性应变之和

$$E_{ij} = E_{ij}^* + E'_{ij}, \qquad W_{ij} = W_{ij}^* + W'_{ij}. \qquad (10.20)$$

位错的自应力场 T_{ij}、H_{ij} 通过 Hooke 定律与弹性应变场 E'_{ij}、W'_{ij} 相 关. 将上式代入式(6.50)给出

$$T_{ij} = C_{ijkl}E_{kl} + R_{ijkl}W_{kl} - C_{ijkl}E_{kl}^* - R_{ijkl}W_{kl}^*,$$
$$H_{ij} = R_{klij}E_{kl} + K_{ijkl}W_{kl} - R_{klij}E_{kl}^* - K_{ijkl}W_{kl}^*. \qquad (10.21)$$

进而代入静平衡方程(6.39),并令 $f_i = g_i = 0$,则得到

$$C_{ijkl}\partial_j\partial_l u_k + R_{ijkl}\partial_j\partial_l w_k + X_i = 0,$$
$$R_{klij}\partial_j\partial_l u_k + K_{ijkl}\partial_j\partial_l w_k + Y_i = 0. \qquad (10.22)$$

上式中的 X_i 和 Y_i 的表达式是

$$X_i = -C_{ijkl}\partial_j E_{kl}^* - R_{ijkl}\partial_j W_{kl}^*,$$
$$Y_i = -R_{klij}\partial_j E_{kl}^* - K_{ijkl}\partial_j W_{kl}^*. \qquad (10.23)$$

将式(10.22),(10.23),(6.52)作比较可知:本征应变对静平衡方 程的贡献相当于在子区域 V' 中分布有两类体力密度 X_i 和 Y_i. 本 书以下约定在函数符号上方加一横表示该函数的 Fourier 变换. 根据函数 $f(x)$ 的 Fourier 变换的定义

$$f(\boldsymbol{x}) = \int_{-\infty}^{\infty} \overline{f}(\boldsymbol{k}) \exp(i\boldsymbol{k} \cdot \boldsymbol{x}) d\boldsymbol{k},$$

$$\overline{f}(\boldsymbol{k}) = \frac{1}{8\pi^3} \int_{-\infty}^{\infty} f(\boldsymbol{x}) \exp(-i\boldsymbol{k} \cdot \boldsymbol{x}) d\boldsymbol{x}, \tag{10.24}$$

式中 $d\boldsymbol{k} = d k_1 d k_2 d k_3, d\boldsymbol{x} = d x_1 d x_2 d x_3$. 对偏微分方程组 (10.22) 逐项进行 Fourier 变换, 就可以得到声子、相位子位移场的 Fourier 变换 $\overline{u}_i(\boldsymbol{k})$、$\overline{w}_i(\boldsymbol{k})$ 所满足的代数方程组

$$M_{ik}\overline{u_k} + R_{ik}\overline{w_k} = \overline{X_i},$$

$$R_{ik}^T \overline{u_k} + N_{ik}\overline{w_k} = \overline{Y_i}. \tag{10.25}$$

上式中的一些记号的意义如下:

$$M_{ik} = C_{ijkl} k_j k_l, \qquad R_{ik} = R_{ijkl} k_j k_l,$$

$$R_{ik}^T = R_{klij} k_j k_l, \qquad N_{ik} = K_{ijkl} k_j k_l, \tag{10.26}$$

$$\overline{X_i} = -i C_{ijkl} k_j \overline{E}_{kl}^* - i R_{ijkl} k_j \overline{w}_{kl}^*,$$

$$\overline{Y_i} = -i R_{klij} k_j \overline{E}_{kl}^* - i K_{ijkl} k_j \overline{w}_{kl}^*.$$

为了后面的推导方便, 将式 (10.25) 中的 4 个系数矩阵构成一个 6×6 矩阵, 其矩阵元是

$$A^{\alpha\beta} = \delta_i^\alpha (\delta_j^\beta M_{ij} + \delta_j^{\beta-3} R_{ij}) + \delta_j^{\alpha-3} (\delta_j^{\beta-3} R_{ij} + \delta_j^{\beta-3} N_{ij}). \tag{10.27}$$

与式 $(9.107) \sim (9.110)$ 对比可知, 这里的 $A^{\alpha\beta}$ 就是那里的 $d \times d$ 的流体动力学矩阵 $\boldsymbol{A}$ 的矩阵元. 矩阵 $\boldsymbol{A}$ 也可以分块成

$$\boldsymbol{A} = \begin{bmatrix} \boldsymbol{A}^{\|,\|} & \boldsymbol{A}^{\|,\perp} \\ \boldsymbol{A}^{\perp,\|} & \boldsymbol{A}^{\perp,\perp} \end{bmatrix}, \tag{9.107}$$

其中

$$[\boldsymbol{A}^{\|,\|}(\boldsymbol{p}^{\|})]_{ik} = p_j C_{ijkL} p_L, \tag{9.108}$$

$$[\boldsymbol{A}^{\perp,\perp}(\boldsymbol{p}^{\|})]_{ik} = p_j K_{ijkL} p_L, \tag{9.109}$$

$$[\boldsymbol{A}^{\|,\perp}(\boldsymbol{p}^{\|})]_{ik} = [\boldsymbol{A}^{\perp,\|}(\boldsymbol{p}^{\|})]_{ki} = p_j R_{ijkL} p_L \tag{9.110}$$

分别对应于这里式 (10.26) 中的 M_{ik}, N_{ik}, R_{ik}.

为了后面的推导方便, 进一步定义下面有关位移矢量和等效体力的两组六维矢量, 它们的分量形式分别是

$$V^\alpha(x) = \delta_i^\alpha u_i(x) + \delta_i^{\alpha-3} w_i(x),$$

$$\overline{V}^\alpha(k) = \delta_i^\alpha \overline{u}_i(k) + \delta_i^{\alpha-3} \overline{w}_i(k),$$

$$Z^\alpha(x) = \delta_i^\alpha X_i(x) + \delta_i^{\alpha-3} Y_i(x),$$

$$\overline{Z}^\alpha(k) = \delta_i^\alpha \overline{X}_i(k) + \delta_i^{\alpha-3} \overline{Y}_i(k).$$

(10.28)

上式中的 δ_i^α 符号的意义是

$$\delta_i^\alpha = \begin{cases} 1 & \alpha = i, \\ 0 & \alpha \neq i, \end{cases} \qquad \delta_i^{\alpha-3} = \begin{cases} 1 & \alpha - 3 = i, \\ 0 & \alpha - 3 \neq i. \end{cases}$$

(10.29)

从现在起,如不作说明,角标的取值范围是:上标 $\alpha, \beta, \cdots = 1,$ $2, \cdots, 6$;下标 $i, j, \cdots = 1, 2, 3$. 完成上述定义后,式(10.25)可简缩为下面的标准非齐次代数方程组:

$$A^{\alpha\beta}(k)\overline{V}^\beta(k) = \overline{Z}^\alpha(k).$$

(10.30)

它的解可表达为

$$\overline{V}^\alpha(k) = \overline{G}^{\alpha\beta}(k)\overline{Z}^\beta(k),$$

(10.31)

式中

$$\overline{G}^{\alpha\beta}(k) = [A^{\alpha\beta}(k)]^{-1} = B^{\alpha\beta}(k)/D(k),$$

$$\overline{Z}^\beta(k) = \frac{1}{8\pi^3} \int_{-\infty}^{\infty} Z^\beta(x')\exp(-ik \cdot x')dx'. \quad (10.32)$$

式(10.32)中的 $D(k)$ 和 $B^{\alpha\beta}(k)$ 分别是矩阵 $A^{\alpha\beta}$ 的行列式和代数余子式. 由式(10.24),(10.32)得到六维位移矢量场 $V^\alpha(x)$ 的表达式

$$V^\alpha(x) = \int_{-\infty}^{\infty} \overline{V}^\alpha \exp(ik \cdot x)dk$$

$$= \frac{1}{8\pi^3} \int_{-\infty}^{\infty} \overline{G}^{\alpha\beta}(k)Z^\beta(x')\exp[ik \cdot (x - x')]dk dx'.$$

(10.33)

上式中的 $Z^\beta(x')$ 代表分布在子区域 V' 中的体力密度. 根据熟知的弹性 Green 函数的意义,这种体力密度在区域 V 中引起的位移场可用 Green 函数表达如下:

$$V^\alpha(x) = \int_{-\infty}^{+\infty} G^{\alpha\beta}(x - x')Z^\beta(x')dx'. \quad (10.34)$$

与式(10.33)相比较有

$$G^{\alpha\beta}(\boldsymbol{x} - \boldsymbol{x}') = \frac{1}{8\pi^3}\int_{-\infty}^{\infty}\overline{G}^{\alpha\beta}(\boldsymbol{k})\exp[\mathrm{i}\boldsymbol{k}\cdot(\boldsymbol{x} - \boldsymbol{x}')]\mathrm{d}\boldsymbol{k}.$$

$$(10.35)$$

将式(10.23),(10.28)代入式(10.34),得到用 Green 函数表达的位错引起的位移场的表达式

$$V^{\alpha}(\boldsymbol{x}) = -\int_{-\infty}^{\infty}G^{\alpha\beta}(\boldsymbol{x} - \boldsymbol{x}')\big(\delta_i^{\beta}C_{ijkl} + \delta_i^{\beta-3}R_{klij}\big)\partial_j' \cdot E_{kl}^{*}(\boldsymbol{x}')\mathrm{d}\boldsymbol{x}'$$

$$= -\int_{-\infty}^{\infty}G^{\alpha\beta}(\boldsymbol{x} - \boldsymbol{x}')\big(\delta_i^{\beta}R_{ijkl} + \delta_i^{\beta-3}K_{ijkl}\big)\partial_j' \cdot w_{kl}^{*}(\boldsymbol{x}')\mathrm{d}\boldsymbol{x}'.$$

$$(10.36)$$

应用一次分部积分,并注意到 $\partial_j = -\partial_j'$,则上式可化为更方便的形式

$$V^{\alpha}(\boldsymbol{x}) = -\int_{-\infty}^{\infty}\partial_j G^{\alpha\beta}(\boldsymbol{x} - \boldsymbol{x}')\big(\delta_i^{\beta}C_{ijkl} + \delta_i^{\beta-3}R_{klij}\big)E_{kl}^{*}(\boldsymbol{x}')\mathrm{d}\boldsymbol{x}'$$

$$= -\int_{-\infty}^{\infty}\partial_j G^{\alpha\beta}(\boldsymbol{x} - \boldsymbol{x}')\big(\delta_i^{\beta}R_{ijkl} + \delta_i^{\beta-3}K_{ijkl}\big)w_{kl}^{*}(\boldsymbol{x}')\mathrm{d}\boldsymbol{x}'.$$

$$(10.37)$$

对于具体位错,只要按位错条件式(10.3)给出本征应变 $E_{ij}^{*}(\boldsymbol{x}')$ 和 $w_{ij}^{*}(\boldsymbol{x}')$ 的具体数学形式,并已知该类准晶体的弹性 Green 函数,原则上,都可由表达式(10.37)或(10.33)计算出位错(包括位错环)的位移场,并可由第六章的弹性方程计算出其他场量. 注意,像晶体位错弹性理论一样,各种弹性常数矩阵都是相对准晶的惯用坐标系的,不一定与位错坐标系一致. 因此,适当的坐标变换是必须的.

最后简单讨论一下准晶的弹性 Green 函数 $G^{\alpha\beta}(\boldsymbol{x} - \boldsymbol{x}')$. 首先要指出:式(10.23)表达的体力密度 X_i 和 Y_i 都是作用在 V_E 空间的子区域 V' 中的 $\boldsymbol{x}'$ 点,但它们的方向分别是沿 V_E 和 V_I 空间中的坐标轴方向. $G^{\alpha\beta}(\boldsymbol{x} - \boldsymbol{x}')$ 是作用在 $\boldsymbol{x}'$ 点的单位点体力的 β 方向分量($\beta = 1,2,3$ 时,方向取在 V_E;$\beta = 4,5,6$ 时取在 V_I)在 V 区

域中 x 点引起的位移的 α 方向分量($\alpha = 1, 2, 3$ 时方向取在 V_E，$\alpha = 4, 5, 6$ 时取在 V_I). 对于各类准晶体的弹性 Green 函数，我们曾作过较细致的讨论，为了节省篇幅这里不叙述了. 一般说来，只要已知了某类准晶体的弹性常数的矩阵形式，就可以应用式 (10.26), (10.27), (10.32) 和式 (10.35) 计算出 $G^{\alpha\beta}$. 然而，与传统的晶体相比，现在的情况要复杂得多. 由于矩阵 $A^{\alpha\beta}(k)$ 是 6×6，它的行列式 $D(k)$ 可以是高达 12 次的多项式. 可见，式 (10.35) 的积分一般只能由计算机作数值计算. 只有在一些较特殊的情况下，才有可能得到解析表达式.

10.4.2　准晶中直长位错线的弹性场

在晶体直长位错的弹性场的计算中，Eshelby 等 (Eshelby, et al., 1953) 和 Stroh (1958, 1962) 的理论得到广泛的应用，见专著 Hirth, Lothe (1968). 下面讨论如何将它们直接推广到准晶中直长位错的弹性场的计算. 本节内容取自 Ding 等 (1995b) 和 Ding 等 (1995c).

1. Eshelby 理论的推广 (Ding, et al., 1995b)　考虑准晶体中的一条直长位错. 我们选取位错直角坐标系 (x_1, x_2, x_3)，位错线与 X_3 轴重合且正向一致. 位错坐标系与准晶惯用坐标系之间的关系根据具体情况确定，并选择适当的坐标变换.

对于一条与 X_3 轴重合的直位错，它的位移场仅仅是 x_1 和 x_2 的函数. 将偏微分方程 (6.52) 中的各类弹性常数变换到位错坐标系的矩阵形式后，该方程组变为

$$C_{ijkL}\partial_J\partial_L u_k + R_{ijkL}\partial_J\partial_L w_k = 0,$$
$$R_{kLiJ}\partial_J\partial_L u_k + K_{ijkL}\partial_J\partial_L w_k = 0, \tag{10.38}$$

式中的下标 J, L 是大写，表示它们的取值范围是 1, 2, 而小写字母取值 1, 2, 3，下同. 令

$$B_{jl}^{\alpha\beta} = \delta_i^\alpha(\delta_k^\beta C_{ijkl} + \delta_k^{\beta-3}R_{ijkl}) + \delta_i^{\alpha-3}(\delta_k^\beta R_{klij} + \delta_k^{\beta-3}K_{ijkl})$$

$$\tag{10.39}$$

并应用式 (10.28) 的第一式，则方程组 (10.38) 有下面的简缩形式：

$$B_{jL}^{\alpha\beta} \partial_J \partial_L V^\beta(\boldsymbol{r}) = 0, \qquad (10.40)$$

上标希腊字母 α, β 的取值范围是 $1, 2, 3, 4, 5, 6$. $\boldsymbol{r}$ 是 V_E 空间坐标平面 $X_1 O X_2$ 内的位矢. 假设方程组(10.40)有下面形式的解:

$$V^\beta(\boldsymbol{r}) = A^\beta f(\eta), \quad \eta = x_1 + p x_2, \qquad (10.41)$$

式中的 A^β 和 p 是由弹性常数确定的常数, f 为待定函数. 将上式代入方程(10.40), 并消去公共因子 $\dfrac{\partial^2 f}{\partial \eta^2}$, 我们得到一组代数方程

$$\alpha^{\alpha\beta} A^\beta = 0, \qquad (10.42)$$

式中的 $\alpha^{\alpha\beta}$ 是一个 6×6 矩阵的阵元, 即

$$\alpha^{\alpha\beta} = B_{11}^{\alpha\beta} + (B_{12}^{\alpha\beta} + B_{21}^{\alpha\beta}) p + B_{22}^{\alpha\beta} p^2, \qquad (10.43)$$

它很容易由式(10.39)得到. 显然, 当且仅当这个矩阵的行列式等于零时

$$\det |\alpha^{\alpha\beta}| = 0, \qquad (10.44)$$

代数方程组有非零解. 上式是一个关于 p 的 12 次代数方程. 由于式(6.48)中的弹性常数矩阵是正定的, 且系数均为实数, 所以, 方程(10.44)的根以复共轭对的形式出现. 这意味着, 我们将有 6 对复共轭的 $p(n)$, $\eta(n)$ 和 $A^\beta(n)$, $n = 1, 2, 3, 4, 5, 6$. 于是解(10.41)具有如下叠加形式:

$$V^\beta(\boldsymbol{r}) = \mathrm{Re}\left[\sum_{n=1}^6 A^\beta(n) f(x_1 + p(n) x_2)\right]$$

$$= \mathrm{Re}\left[\sum_{n=1}^6 A^\beta(n) f(\eta(n))\right], \qquad (10.45)$$

式中的标记 Re 表示取实部.

如果用下面的符号标记两类应力场

$$M_j^\alpha = \delta_i^\alpha T_{ij} + \delta_i^{\alpha-3} H_{ij}, \qquad (10.46)$$

则广义 Hooke 定律

$$T_{ij} = C_{ijkl} \partial_l u_k + R_{ijkl} \partial_l w_k,$$

$$H_{ij} = R_{klij} \partial_l u_k + K_{ijkl} \partial_l w_k, \qquad (10.47)$$

可以简缩表示为

$$M_j^\alpha = B_{jl}^{\alpha\beta} \partial_l V^\beta(r). \tag{10.48}$$

将式(10.45)代入上式,得到应力场表达式

$$M_j^\alpha = \mathrm{Re}\left[\sum_{n=1}^{6}\left(B_{j1}^{\alpha\beta} + B_{j2}^{\alpha\beta}p(n)\right)A^\beta(n)\,\frac{\mathrm{d}f(\eta(n))}{\mathrm{d}\eta(n)}\right].$$
$$\tag{10.49}$$

我们将准晶体视为一无限大的、均匀的自由弹性体. 对于一条无限长直位错线而言,它的位移场是多值的,如式(10.3)所表达的. 但它的应力场 $M_j^\alpha(r)$,除位错芯部(原点)之外,处处是连续的. 所以,函数 $\mathrm{d}f/\mathrm{d}\eta$ 在复平面 $\eta(n)$ 上是解析的. 于是,可以将 $\mathrm{d}f/\mathrm{d}\eta$ 展成 Laurent 级数. 考虑到应力场与距原点的距离 r 成反比,且在无穷远处趋于零,级数展开式只取一项

$$f[\eta(n)] = \frac{D(n)}{\pm 2\pi\mathrm{i}}\ln\eta(n), \tag{10.50}$$

式中 $2\pi\mathrm{i}$ 前的正负号取作与 $p(n)$ 虚部的符号一致,$D(n)$ 是待定常数. 与晶体位错理论中的情况相类似,它由位错条件及静力平衡条件决定. 其推导过程也基本相似,所以这里不作详细讨论. 设

$$b^\alpha = \delta_k^\alpha b_k^{\parallel} + \delta_k^{\alpha-3} b_k^{\perp}, \tag{10.51}$$

则位错条件(10.3)简缩为

$$\oint_c \mathrm{d}V^\beta = b^\beta, \tag{10.52}$$

这里的 c 是在物理空间 V_E 中绕位错芯的 Burgers 回路.

根据式(10.45),(10.49),(10.50)和(10.52),将晶体位错理论的 Eshelby 方法中的推导过程直接推广过来即可得到 $D(n)$ 满足的 12 个代数方程

$$\mathrm{Re}\left[\sum_{n=1}^{6} A^\beta(n)D(n)\right] = b^\beta,$$

$$\mathrm{Re}\left[\sum_{n=1}^{6}\left(B_{21}^{\alpha\beta} + B_{22}^{\alpha\beta}p(n)\right)A^\beta(n)D(n)\right] = 0, \tag{10.53}$$

由此可解出 6 个 $D(n)$ 的实部和虚部. 将式(10.50)代入式

(10.45)和式(10.49),我们就可以分别得到位移场和应力场的一般表达式如下:

$$V^{\beta}(r) = \mathrm{Re}\Big[\sum_{n=1}^{6} \frac{1}{\pm 2\pi\mathrm{i}} A^{\beta}(n) D(n) \ln \eta(n) \Big], \tag{10.54}$$

$$M_j^{\alpha}(r) = \mathrm{Re}\Big[\sum_{n=1}^{6} \frac{1}{\pm 2\pi\mathrm{i}} \big(B_{j1}^{\alpha\beta} + B_{j2}^{\alpha\beta} p(n) \big) A^{\beta}(n) D(n) \eta^{-1}(n) \Big]. \tag{10.55}$$

采用晶体位错理论中的类似过程,单位长位错弹性能可导出如下:

$$w = \frac{kb^2}{4\pi} \ln \frac{R}{r_0} \tag{10.56}$$

式中的 kb^2 的表达式是

$$kb^2 = b^{\alpha} \mathrm{Im}\Big[\sum_{n=1}^{6} \pm \big(B_{21}^{\alpha\beta} + B_{22}^{\alpha\beta} p(n) \big) A^{\beta}(n) D(n) \Big], \tag{10.57}$$

k 称为对数前能量因子. 它取决于准晶的弹性性质,位错线的取向以及位错线与它的 Burgers 矢量之间的相对取向. 符号 Im 表示取虚部.

2. Stroh 理论的推广(Ding, et al, 1995c)

(1) 几点说明和预备性讨论. 这里只讨论无限长直位错的弹性性质. 所要求解的偏微分方程组依然是式(6.52). 与上述 Eshelby 法不同的是:式中的三类弹性常数,在整个理论推导和计算过程中,一直都是相对准晶惯用坐标系的,不特意单独将它们变换到位错坐标系后再进行讨论.

在 V_E 空间取一组相互正交的单位矢量(m, n, t),它们的交点与准晶惯用坐标系的原点 O 重合. 设 x 表示 V_E 空间中任意一点到原点的位矢. 一条与 t 重合的无限长直位错线所引起的位移场 u 和 w 将是 V_E 空间(m, n)平面内的两个正交坐标 $y_1 = m \cdot x$ 和 $y_2 = n \cdot x$ 的函数,而与 $t \cdot x$ 无关. t 就是代表直位错线的单位矢量. 上面我们曾引入了一些简缩标记和简缩表达式. 现将它们

——列举于后. 简缩符号是

$$V^\beta(\boldsymbol{x}) = \delta_k^\beta u_k(\boldsymbol{x}) + \delta_k^{\beta-3} w_k(\boldsymbol{x}),$$

$$B_{jl}^{\alpha\beta} = \delta_i^\alpha (\delta_k^\beta C_{ijkl} + \delta_k^{\beta-3} R_{ijkl}) + \delta_i^{\alpha-3} (\delta_k^\beta R_{klij} + \delta_k^{\beta-3} K_{ijkl}),$$

$$M_j^\alpha = \delta_i^\alpha T_{ij} + \delta_i^{\alpha-3} H_{ij},$$

$$b^\alpha = \delta_i^\alpha b_i^\| + \delta_i^{\alpha-3} b_i^\perp. \tag{10.58}$$

简缩表达式是

$$B_{jl}^{\alpha\beta} \partial_j \partial_l V^\beta(\boldsymbol{x}) = 0,$$

$$M_j^\alpha = B_{jl}^{\alpha\beta} \partial_l V^\beta(\boldsymbol{x}),$$

$$\oint_c dV^\beta = b^\beta. \tag{10.59}$$

此外,我们要求在弹性形变中,形变态相对于未形变态而言,其弹性形变能总是正的. 根据式(6.48),我们有下式成立:

$$F = \frac{1}{2} [E_{ij}, W_{ij}] \begin{bmatrix} C_{ijkl} & R_{ijkl} \\ R_{klij} & K_{ijkl} \end{bmatrix} \begin{bmatrix} E_{kl} \\ W_{kl} \end{bmatrix} > 0. \tag{10.60}$$

上式意味着 18×18 对称矩阵总是正定矩阵. 现在,我们在 V_E 空间定义一个非零的三维实矢量 a_i,并定义一个非零的六维实矢量 c^β,当 $\beta = 1, 2, 3$ 时,该矢量属于 V_E 空间;当 $\beta = 4, 5, 6$ 时,属于 V_I 空间. 于是,由式(10.60)导致下式成立:

$$c^\alpha a_j B_{jl}^{\alpha\beta} a_l c^\beta > 0. \tag{10.61}$$

上式意味着下面的 6×6 矩阵是正定的,即

$$a_j B_{jl}^{\alpha\beta} a_l = (aa)^{\alpha\beta} \equiv (aa). \tag{10.62}$$

于是,我们引出了一个重要结论:上面这个矩阵的逆矩阵 $(aa)^{-1}$ 是存在的. 请记住上式中右端的简单表达形式,它代表了左端这种形式的 6×6 矩阵. 如果我们再在 V_E 空间定义另外一个非零的三维实矢量 d,那么,根据三类弹性常数的对称性质式(6.47),不难证明,下面的关系式成立:

$$(ad)^{\alpha\beta} = (da)^{\beta\alpha}. \tag{10.63}$$

(2) Stroh 公式的推广. 设方程组(10.59)有下面形式的位移场解:

$$V^\beta(\boldsymbol{x}) = A^\beta f(\lambda) = A^\beta f(\boldsymbol{m} \cdot \boldsymbol{x} + p\boldsymbol{n} \cdot \boldsymbol{x}), \qquad (10.64)$$

这里的 A^β 是一个 6 维的复常数矢量,p 是复常数,f 是其宗量的解析函数. 将这个形式的解代入方程组(10.59),并采用式(10.62)的标记方法,我们得到

$$\{(mm)^{\alpha\beta} + p[(mn)^{\alpha\beta} + (nm)^{\alpha\beta}] + p^2(nn)^{\alpha\beta}\}A^\beta \frac{\mathrm{d}^2 f}{\mathrm{d}\lambda^2} = 0.$$

$$(10.65)$$

如果我们选取 A^β 和 p 使得

$$\{(mm)^{\alpha\beta} + p[(mn)^{\alpha\beta} + (nm)^{\alpha\beta}] + p^2(nn)^{\alpha\beta}\}A^\beta = 0,$$

$$(10.66)$$

那么,对于任何解析函数 f,式(10.64)的 V^β 是一个允许的解. 方程(10.66)是一组线性齐次代数方程组. 显然,存在 6 个非零解 A^β 的条件是其系数矩阵的行列式值等于零

$$|(mm)^{\alpha\beta} + [(mn)^{\alpha\beta} + (nm)^{\alpha\beta}]p + (nn)^{\alpha\beta}p^2| = 0,$$

$$(10.67)$$

这是关于 p 的 12 次代数方程. 与前面曾经讨论的一样,12 个根 $p_\mu(\mu = 1, 2, \cdots, 12)$ 将以 6 对共轭复根出现. 我们选取 6 个虚部为正的根用 p_μ 表示,另外 6 个与其共轭:$p_{\mu+6} = p_\mu^*$,$(\mu = 1, 2, \cdots, 6)$。

对于一个 μ 值,我们有一个六维矢量 A_μ^α,同时,我们还定义另一个六维矢量

$$L_\mu^\alpha = -[(nm)^{\alpha\beta} + p_\mu(nn)^{\alpha\beta}]A_\mu^\beta,$$

$$L_\mu^\alpha = \frac{1}{p_\mu}[(mm)^{\alpha\beta} + p_\mu(mn)^{\alpha\beta}]A_\mu^\beta, \qquad (10.68)$$

式(10.66)保证了这两个定义的等价性.

为了保证 A_μ^α 和 L_μ^α 的惟一性,我们采用下面的归一化条件:

$$2A_\mu^\alpha L_\mu^\alpha = 1. \qquad (10.69)$$

在上式中,希腊字 μ 表示的下标不适用求和约定. 以后凡是希腊字母 $\mu, \theta, \lambda, \cdots (= 1, 2, \cdots, 12)$ 作下标时,均不适用求和约定,若要求和时,将会特别标记出来. 另外,下列共轭关系也是成立的:

$$p_{\mu+6} = p_\mu^{\ *}, A_{\mu+6}^\alpha = (A_\mu^\alpha)^{\ *}, L_{\mu+6}^\alpha = (L_\mu^\alpha)^{\ *}, \mu = 1, 2, \cdots, 6.$$

$$(10.70)$$

在上面讨论的基础上,现在我们可以直接将 Stroh(1962)的六维公式推广如下:

$$V^\beta(x) = \frac{1}{2\pi i} \sum_{\mu=1}^{12} \pm A_\mu^\beta L_\mu^\alpha b^a \ln(\boldsymbol{m} \cdot \boldsymbol{x} + p_\mu \boldsymbol{n} \cdot \boldsymbol{x}). (10.71)$$

该六维矢量的梯度是

$$\frac{\partial}{\partial x} V^\beta(x) = \frac{1}{2\pi i} \sum_{\mu=1}^{12} \pm A_\mu^\beta L_\mu^\alpha b^a \frac{m_p + p_\mu n_p}{\boldsymbol{m} \cdot \boldsymbol{x} + p_\mu \boldsymbol{n} \cdot \boldsymbol{x}}. (10.72)$$

根据前面对 p_μ 的说明,上面式中的 + , − 号的取法是:当 $\mu = 1, 2, \cdots, 6$ 时取 + 号,当 $\mu = 7, 8, \cdots, 12$ 时取 − 号.

(3) 准晶中位错弹性场的积分表达式. 根据定义式(10.68),方程组(10.66)可以重写为一个 12 维特征值问题的形式

$$N\zeta_\mu = p_\mu \zeta_\mu, \qquad (10.73)$$

式中的 ζ_μ 是一个 12 维矢量,即

$$\zeta_\mu = \begin{bmatrix} A_\mu \\ L_\mu \end{bmatrix}, \qquad (10.74)$$

而 N 是一个 12×12 的矩阵

$$N = -\begin{bmatrix} (nn)^{-1}(nm) & (nn)^{-1} \\ (mn)(nn)^{-1}(nm) - (mm) & (mm)(nn)^{-1} \end{bmatrix}.$$

$$(10.75)$$

在以上结果的基础上,经过与 Bacon 等(Bacon, et al., 1978)已经做过的相同的详细推导过程,可以证明特征矢量 A_μ^α, L_μ^α 和特征值 p_μ 具有以下性质和满足下述关系式:

正交性

$$A_\lambda^\alpha L_\mu^\alpha + A_\mu^\alpha L_\lambda^\alpha = \delta_{\lambda\mu}. \qquad (10.76)$$

完备性

$$\sum_{\mu=1}^{12} A_\mu^\alpha L_\mu^\beta = \delta^{\alpha\beta},$$

$$\sum_{\mu=1}^{12} A_\mu^\alpha A_\mu^\beta = 0,$$

$$\sum_{\mu=1}^{12} L_\mu^\alpha L_\mu^\beta = 0. \tag{10.77}$$

不变性

$$\frac{\partial}{\partial\theta} A_\mu^\alpha = 0, \frac{\partial}{\partial\theta} L_\mu^\alpha = 0. \tag{10.78}$$

对于最后一个关系式,即不变性稍作如下解释:我们曾在与 t 垂直的平面内选取了一对单位矢量,组成了一个正交平面基$(\boldsymbol{m}, \boldsymbol{n})$,现在我们仍在该平面内选取另一组平面基$(\boldsymbol{m}', \boldsymbol{n}')$. 它们之间的夹角是式$(10.78)$中的 θ. 不变性关系式的意思是:特征矢量 A_μ^α,L_μ^α 与平面基$(\boldsymbol{m}, \boldsymbol{n})$的选择无关,它们只决定于该弹性问题的平面的法线 t 的取向以及弹性常数 $C_{ijkl}, K_{ijkl}, R_{ijkl}$. 但特征值所满足的关系式是

$$\frac{\partial p_\mu}{\partial\theta} = -(1 + p_\mu^2),$$

$$\int_0^{2\pi} p_\mu \mathrm{d}\theta = \pm 2\pi\mathrm{i}. \tag{10.79}$$

积分自然是在与 t 垂直的平面中进行的.

下面我们定义 3 个 6×6 的实数矩阵,并应用式$(10.76)\sim$
(10.79)导出它们的积分表达式(推导过程略去)

$$Q^{\alpha\beta} = Q^{\beta\alpha} = i\sum_{\mu=1}^{12} \pm A_\mu^\alpha A_\mu^\beta = -\frac{1}{2\pi}\int_0^{2\pi} [(nn)^{-1}]^{\alpha\beta}\mathrm{d}\theta,$$

$$B^{\alpha\beta} = B^{\beta\alpha} = -\frac{1}{4\pi\mathrm{i}}\sum_{\mu=1}^{12} \pm L_\mu^\alpha L_\mu^\beta$$

$$= \frac{1}{8\pi^2}\int_0^{2\pi} \{(mm)^{\alpha\beta} - (mn)^{\alpha\gamma}[(nn)^{-1}]^{\gamma\lambda}(nm)^{\lambda\beta}\}\mathrm{d}\theta,$$

$$S^{\alpha\beta} = i\sum_{\mu=1}^{12} \pm A_\mu^\alpha L_\mu^\beta = -\frac{1}{2\pi}\int_0^{2\pi} [(nn)^{-1}]^{\alpha\gamma}(nm)^{\gamma\beta}\mathrm{d}\theta. \tag{10.80}$$

现在回到与 t 平行的无限长度直位错线的弹性问题. 我们选取 $\boldsymbol{m}$ 沿位矢(径矢)$\boldsymbol{x}$,这意味着,$\boldsymbol{m}\cdot\boldsymbol{x} = |\boldsymbol{x}|$ 和 $\boldsymbol{n}\cdot\boldsymbol{x} = 0$ 以及我们

已改选 $|x| = r$ 和极角 θ 为坐标变量. 新旧坐标下有下列求导关系:

$$m_p \frac{\partial}{\partial x_p} = \frac{\partial}{\partial r}, \quad n_p \frac{\partial}{\partial x_p} = \frac{1}{r} \frac{\partial}{\partial \theta}, \qquad (10.81)$$

应用前面的结果,式(10.72)可以用上述矩阵表示如下:

$$\frac{\partial}{\partial x_p} V^{\beta}(x) = \frac{b^a}{2\pi r} \left\{ -m_p S^{\beta a} + n_p \left[(nn)^{-1} \right]^{\beta \gamma} \left[4\pi B^{\gamma a} + (nm)^{\gamma \lambda} S^{\gamma a} \right] \right\}.$$
$$(10.82)$$

用 m_p 左乘上式两边,得

$$\frac{\partial}{\partial r} V^{\beta}(x) = -\frac{1}{2\pi r} b^a S^{\beta a}. \qquad (10.83)$$

若改用 n_p 左乘两边,则得

$$\frac{\partial}{\partial \theta} V^{\beta}(x) = \frac{1}{2\pi} b^a \left[(nn)^{-1} \right]^{\beta \gamma} \left[4\pi B^{\gamma a} + (nm)^{\gamma \lambda} S^{\lambda a} \right].$$
$$(10.84)$$

将上面两式通过积分并合并,就最后得到位移场的积分表达式,即

$$V^{\beta}(r, \theta) = \frac{1}{2\pi} b^a \left\{ -S^{\beta a} \ln r + 4\pi B^{\gamma a} \int_0^{\theta} \left[(nn)^{-1} \right]^{\beta \gamma} \mathrm{d}\theta \right.$$
$$\left. + S^{\lambda a} \int_0^{\theta} \left[(nn)^{-1} \right]^{\beta \gamma} (nm)^{\gamma \lambda} \mathrm{d}\theta \right\}. \qquad (10.85)$$

将式(10.82)代入式(10.59),得到应力场的表达式如下:

$$M_j^a = B_{jl}^{a\beta} \frac{b^{\varphi}}{2\pi \gamma} \left\{ -m_l S^{\beta \varphi} + n_l \left[(nn)^{-1} \right]^{\beta \gamma} \left[4\pi B^{\gamma \varphi} + (nm)^{\gamma \lambda} S^{\lambda \varphi} \right] \right\}.$$
$$(10.86)$$

根据常用的计算方法,位错线的能量密度由下式计算:

$$E = \frac{1}{2} \int_{r_0}^{R} M_j^a n_j b^a \mathrm{d} |x|, \qquad (10.87)$$

式中的 r_0 和 R 是以位错线为轴线的中空圆柱体的内外半径. 将式(10.86)代入上式,就可以导出如下结果:

$$E = b^a B^{a\beta} b^{\beta} \ln \frac{R}{r_0} = K \ln \frac{R}{r_0}, \qquad (10.88)$$

式中

$$K = b^{\alpha}B^{\alpha\beta}b^{\beta}, \qquad (10.89)$$

称为对数前能量因子.

这种方法与其他理论计算相比,有它的一些特点. 计算中所涉及的弹性常数不需单独进行一次坐标变换,矩阵形式最简单.并不需要直接求出 12 次代数方程的根 p_{μ} 来. 所有计算都是实数.

§10.5　准晶位错弹性场的具体计算举例

在某些特殊情况下,准晶中的长直位错线的弹性位移场、应变场和应力场可以推导出解析表达式. 武汉大学准晶研究组在这方面已做了系统的工作,详见丁棣华等(1994),Ding 等(1995a),Ding等(1995b),Wang 等(1995),Yang 等(1995),Qin 等(1997),Yang等(1997),Yang 等(1998),以及下列综述:丁棣华等(1998),Hu 等(2000),Wang, Hu (2002). 这里仅举两个例子.

1. 十次对称二维准晶中与周期轴平行的直位错线的弹性场

这类准晶是目前位错实验观察中最常采用的准晶之一. 这里只讨论与周期轴平行的直长位错线 $\boldsymbol{L}^{\parallel}$. 这时位错坐标系与惯用坐标系 $x_1x_2x_3$ 一致. x_3 轴与 $\boldsymbol{L}^{\parallel}$ 重合,x_1 轴与准周期平面中的五支二次轴 $A2D$ 中的一个重合. $\boldsymbol{L}^{\parallel}$ 的 Burgers 矢量 $\boldsymbol{B} = (b_1^{\parallel}, b_2^{\parallel}, 0; b_1^{\perp}, b_2^{\perp})$. 其中的 $b_3^{\parallel} = 0$,这是由于位错($\boldsymbol{L}^{\parallel}, b_3^{\parallel}$) 与晶体中的一样. 对于 Laue 类 $10/mmm$(包括点群 $10\,mm$, $10/mmm$,$10\,2\,2$ 和 $\overline{10}\,m2$) 的二维准晶,它们的独立弹性常数共 9 个;$C_{11} = C_{22}, C_{33}, C_{12}, C_{13} = C_{23}, C_{44} = C_{55}, 2C_{66} = C_{11} - C_{12}$;$K_{1111} = K_{2222} = K_{1212} = K_{2121} \equiv K_1$,$- K_{1221} = - K_{2112} = K_{1122}$ $= K_{2211} \equiv K_2, K_{2323} = K_{1313} \equiv K_4$;$R_{1111} = R_{1122} = - R_{2222} =$ $- R_{2211} = - R_{1212} = R_{1221} \equiv R$.

首先,讨论 $\boldsymbol{B}_1 = (b_1^{\parallel}, 0, 0; b_1^{\perp}, 0)$ 的情况. 根据前面所述的Volterra 过程,出现本征应变的子区域 V' 是 V_E 空间中的一个半无限平面:$x_1' < 0, x_2' = 0, -\infty \leqslant x_3' \leqslant +\infty$. 相应的本征应变是

$$E_{12}^* = E_{21}^* = \frac{1}{2} b_1^{\parallel} \delta(x_2') H(-x_1'),$$

$$W_{12}^* = b_1^{\perp} \delta(x_2') H(-x_1'), \qquad (10.90)$$

式中的 $\delta(x_2')$ 是 Dirac delta 函数, $H(-x_1')$ 是 Heaviside 阶梯函数

$$H(-x_1') = \begin{cases} 1, & x_1' < 0, \\ 0, & x_1' > 0. \end{cases} \qquad (10.91)$$

将式(10.90),(10.91),(10.35)一起代入式(10.37),并完成对 x' 的积分,可得到下面的表达式:

$$V^\alpha(x) = \frac{b_1^{\parallel}}{4\pi^2} \int\!\!\!\int_{-\infty}^{\infty} \left(\delta_i^\beta C_{ij12} + \delta_i^{\beta-3} R_{12ij} \right) \left[\frac{k_j}{k_1} \overline{G}^{\alpha\beta}(k) \right]_{k_3=0}$$

$$e^{i(k_1 x_1 + k_2 x_2)} dk_1 dk_2 + \frac{b_1^{\perp}}{4\pi^2} \int\!\!\!\int_{-\infty}^{\infty} \left(\delta_i^\beta R_{ij12} + \delta_i^{\beta-3} K_{ij12} \right)$$

$$\left[\frac{k_j}{k_1} \overline{G}^{\alpha\beta}(k) \right]_{k_3=0} e^{i(k_1 x_1 + k_2 x_2)} dk_1 dk_2. \qquad (10.92)$$

由上式可知:计算可在 $k_3 = 0$ ($k^2 = k_1^2 + k_2^2$)的特殊条件下进行,这时式(10.27)构成 5×5 的矩阵

$$A^{\alpha\beta} = \begin{vmatrix} c_{11}k_1^2 + c_{66}k_2^2 & (c_{11}-c_{66})k_1 k_2 & 0 & R(k_1^2 - k_2^2) & 2Rk_1 k_2 \\ (c_{11}-c_{66})k_1 k_2 & c_{66}k_1^2 + c_{11}k_2^2 & 0 & -2Rk_1 k_2 & R(k_1^2 - k_2^2) \\ 0 & 0 & c_{44}k^2 & 0 & 0 \\ R(k_1^2 - k_2^2) & -2Rk_1 k_2 & 0 & K_1 k^2 & 0 \\ 2Rk_1 k_2 & R(k_1^2 - k_2^2) & 0 & 0 & K_1 k^2 \end{vmatrix}.$$

$$(10.93)$$

式(10.93)正好是 9.5.3 节中当 $k_3 = p_3 = 0$ 的式(9.164)($\alpha, \beta = 1, 2, 3$),式(9.171)($\alpha, \beta = 4, 5$)和式(9.173)($\alpha = 1, 2, 3, \beta = 4, 5$). 求该矩阵的逆就得到 $k_3 = 0$ 的 Green 张量函数的 Fourier 变换如下:

$$\overline{G}^{11} = -\frac{K_1 R^2}{C} \frac{1}{k^2} + \frac{K_1^2}{C} \frac{c_{66}k_1^2 + c_{11}k_2^2}{k^4},$$

$$\overline{G}^{22} = -\frac{K_1 R^2}{C}\frac{1}{k^2} + \frac{K_1^2}{C}\frac{c_{11}k_1^2 + c_{66}k_2^2}{k^4},$$

$$\overline{G}^{33} = \frac{1}{C_{44}}\frac{1}{k^2},$$

$$\overline{G}^{44} = \frac{c_{11}c_{66}K_1}{C}\frac{1}{k^2} - \frac{R^2}{C}\frac{c_{11}k_1^2 + c_{66}k_2^2}{k^4}$$
$$+ \frac{8(c_{11} - c_{66})R^2}{C}\frac{(k_1^2 - k_2^2)k_1^2 k_2^2}{k^8},$$

$$\overline{G}^{55} = \frac{c_{11}c_{66}K_1}{C}\frac{1}{k^2} - \frac{R^2}{C}\frac{c_{66}k_1^2 + c_{11}k_2^2}{k^4}$$
$$- \frac{8(c_{11} - c_{66})R^2}{C}\frac{(k_1^2 - k_2^2)k_1^2 k_2^2}{k^8},$$

$$\overline{G}^{12} = \overline{G}^{21} = -\frac{(c_{11} - c_{66})K_1^2}{C}\frac{k_1 k_2}{k^4},$$

$$\overline{G}^{14} = \overline{G}^{41} = -\frac{R}{c_{11}K_1 - R^2}\frac{1}{k^2} - \frac{2R^3 + K_1 R(3c_{11} - 5c_{66})}{C}$$
$$\cdot \frac{k_2^2}{k^4} + \frac{4K_1 R(c_{11} - c_{66})}{C}\frac{k_2^4}{k^6},$$

$$\overline{G}^{15} = \overline{G}^{51} = \frac{2R^3 + K_1 R(c_{11} - 3c_{66})}{C}\frac{k_1 k_2}{k^4}$$
$$- \frac{4K_1 R(c_{11} - c_{66})}{C}\frac{k_1 k_2^3}{k^6},$$

$$\overline{G}^{24} = \overline{G}^{42} = \frac{K_1 R(3c_{11} - c_{66}) - 2R^3}{C}\frac{k_1 k_2}{k^4}$$
$$- \frac{4K_1 R(c_{11} - c_{66})}{C}\frac{k_1 k_2^3}{k^6},$$

$$\overline{G}^{25} = \overline{G}^{52} = \frac{R}{c_{11}K_1 - R^2}\frac{1}{k^2} + \frac{2R^3 + K_1 R(3c_{11} - 5c_{66})}{C}\frac{k_1^2}{k^4}$$
$$- \frac{4K_1 R(c_{11} - c_{66})}{C}\frac{k_1^4}{k^6},$$

$$\overline{G}^{45} = \overline{G}^{54} = -\frac{3(c_{11} - c_{66})R^2}{C}\frac{k_1 k_2}{k^4} + \frac{16(c_{11} - c_{66})R^2}{C}\frac{k_1^3 k_2^3}{k^8},$$

$$\overline{G}^{13} = \overline{G}^{31} = \overline{G}^{23} = \overline{G}^{32} = \overline{G}^{34} = \overline{G}^{43} = \overline{G}^{35} = \overline{G}^{53} = 0.$$

$$(10.94)$$

上面各式中的 C 的表达式是

$$C = (c_{66}K_1 - R^2)(c_{11}K_1 - R^2).$$

将式(10.94)相应的表达式代入式(10.92),完成积分计算就可得到 $\boldsymbol{B}_1 = (b_1^{\|},0,0;b_1^{\perp},0)$ 时该直长位错线的位移场 $\boldsymbol{u}_1$ 和 $\boldsymbol{w}_1$. 将所得结果进行如下坐标变换:在 V_E 空间将坐标系绕 x_3 轴逆时针旋转 $\frac{\pi}{2}$,在 V_I 空间逆时针旋转 $\frac{3\pi}{2}$. 变换后即得到 $\boldsymbol{B}_2 = (0,b_2^{\|},0;0,b_2^{\perp})$ 对应的 $\boldsymbol{u}_2$ 和 $\boldsymbol{w}_2$. 将二者相加,就得到 $\boldsymbol{B} = (b_1^{\|},b_2^{\|},0;b_1^{\perp},b_2^{\perp})$ 时的弹性位移场的具体表达式. 结果如下:

$$u_1(x_1,x_2) = \frac{b_1^{\|}}{2\pi}\left[\arctan\frac{x_2}{x_1} + \frac{K_1(c_{11} - c_{66})}{c_{11}K_1 - R^2}\frac{x_1 x_2}{r^2}\right]$$

$$+ \frac{b_2^{\|}}{2\pi}\left[\frac{c_{66}K_1 - R^2}{c_{11}K_1 - R^2}\ln\frac{r}{r_0} - \frac{K_1(c_{11} - c_{66})}{c_{11}K_1 - R^2}\frac{x_1^2}{r^2}\right]$$

$$+ \frac{b_1^{\perp}}{2\pi}\left[\frac{R(K_1 - K_2)}{c_{66}K_1 - R^2}\frac{x_1 x_2}{r^2}\right.$$

$$\left. - \frac{K_1 R(K_1 - K_2)(c_{11} - c_{66})}{(c_{66}K_1 - R^2)(c_{11}K_1 - R^2)}\frac{x_1 x_2^3}{r^4}\right]$$

$$- \frac{b_2^{\perp}}{2\pi}\left[\frac{R(K_1 - K_2)}{c_{11}K_1 - R^2}\frac{x_1^2}{r^2}\right.$$

$$\left. + \frac{K_1 R(K_1 - K_2)(c_{11} - c_{66})}{2(c_{66}K_1 - R^2)(c_{11}K_1 - R^2)}\frac{x_1^2(x_1^2 - x_2^2)}{r^4}\right],$$

$$u_2(x_1,x_2) = \frac{b_1^{\|}}{2\pi}\left[\frac{R^2 - c_{66}K_1}{c_{11}K_1 - R^2}\ln\frac{r}{r_0} + \frac{K_1(c_{11} - c_{66})}{c_{11}K_1 - R^2}\frac{x_2^2}{r^2}\right]$$

$$+ \frac{b_2^{\|}}{2\pi}\left[\mathrm{tg}^{-1}\frac{x_2}{x_1} - \frac{K_1(c_{11} - c_{66})}{c_{11}K_1 - R^2}\frac{x_1 x_2}{r^2}\right]$$

$$+ \frac{b_1^{\perp}}{2\pi} \left[- \frac{R(K_1 - K_2)}{c_{11}K_1 - R^2} \frac{x_2^2}{r^2} \right.$$

$$+ \left. \frac{RK_1(K_1 - K_2)(c_{11} - c_{66})}{2(c_{66}K_1 - R^2)(c_{11}K_1 - R^2)} \frac{x_2^2(x_1^2 - x_2^2)}{r^4} \right]$$

$$+ \frac{b_2^{\perp}}{2\pi} \left[\frac{R(K_1 - K_2)}{c_{66}K_1 - R^2} \frac{x_1 x_2}{r^2} \right.$$

$$- \left. \frac{RK_1(K_1 - K_2)(c_{11} - c_{66})}{(c_{66}K_1 - R^2)(c_{11}K_1 - R^2)} \frac{x_1^3 x_2}{r^4} \right],$$

$$u_3 = 0,$$

$$w_1(x_1, x_2) = \frac{b_1^{\parallel}}{2\pi} \frac{2R(c_{11} - c_{66})}{c_{11}K_1 - R^2} \left(\frac{x_1 x_2}{r^2} - \frac{x_1 x_2^3}{r^4} \right)$$

$$+ \frac{b_2^{\parallel}}{2\pi} \frac{R(c_{11} - c_{66})}{c_{11}K_1 - R^2} \left(\frac{2x_1^2}{r^2} - \frac{x_1^2(x_1^2 - x_2^2)}{r^4} \right)$$

$$+ \frac{b_1^{\perp}}{2\pi} \left[\arctan \frac{x_2}{x_1} + \frac{R^2(K_1 - K_2)(c_{11} - c_{66})}{(c_{66}K_1 - R^2)(c_{11}K_1 - R^2)} \right.$$

$$\cdot \left. \left(\frac{x_1 x_2}{2r^2} - \frac{8x_1^3 x_2^3}{3r^6} \right) \right]$$

$$+ \frac{b_2^{\perp}}{2\pi} \left[\frac{R^2 \left[(K_1 + K_2)(c_{11} + c_{66}) - 2R^2 \right]}{2(c_{66}K_1 - R^2)(c_{11}K_1 - R^2)} \ln \frac{r}{r_0} \right.$$

$$- \left. \frac{R^2(K_1 - K_2)(c_{11} - c_{66})}{(c_{66}K_1 - R^2)(c_{11}K_1 - R^2)} \frac{x_1^2(x_1^2 - 3x_2^2)^2}{6r^6} \right],$$

$$w_2(x_1, x_2) = \frac{b_1^{\parallel}}{2\pi} \frac{R(c_{11} - c_{66})}{c_{11}K_1 - R^2} \left(\frac{2x_2^2}{r^2} + \frac{x_1^2(x_1^2 - x_2^2)}{r^4} \right)$$

$$+ \frac{b_2^{\parallel}}{2\pi} \frac{2R(c_{11} - c_{66})}{c_{11}K_1 - R^2} \left(\frac{x_1 x_2}{r^2} - \frac{x_1^3 x_2}{r^4} \right)$$

$$+ \frac{b_1^{\perp}}{2\pi} \left[\frac{R^2(K_1 - K_2)(c_{11} - c_{66})}{(c_{66}K_1 - R^2)(c_{11}K_1 - R^2)} \frac{x_2^2(3x_1^2 - x_2^2)^2}{6r^6} \right.$$

$$+ \left. \frac{R^2 \left[2R^2 - (K_1 + K_2)(c_{11} + c_{66}) \right]}{2(c_{66}K_1 - R^2)(c_{11}K_1 - R^2)} \ln \frac{r}{r_0} \right]$$

$$+ \frac{b_2^\perp}{2\pi} \left[\arctan \frac{x_2}{x_1} - \frac{R^2(K_1 - K_2)(c_{11} - c_{66})}{(c_{66}K_1 - R^2)(c_{11}K_1 - R^2)} \right.$$

$$\left. \cdot \left(\frac{x_1 x_2}{2r^2} - \frac{8x_1^3 x_2^3}{3r^6} \right) \right],$$

$$(10.95)$$

式中, $r^2 = x_1^2 + x_2^2$, r_0 表示位错芯半径.

2. 十次对称二维准晶中位于准周期平面内长直位错线的弹性场　还是考虑上例的点群的二维准晶, 所以弹性常数完全一样. 不过, 现在的位错线是位于准周期平面内且与该平面内的某个二次轴垂直. 选取位错坐标系 (x_1, x_2, x_3): x_3 轴与 x_1 轴分别与位错线 $L_\parallel$ 和上述二次轴重合, x_2 轴沿周期轴方向. 该位错坐标系 (x_1, x_2, x_3) 与上例的惯用坐标系 (x_1', x_2', x_3') 之间的变换关系是: $1' \rightarrow 1, 2' \rightarrow -3, 3' \rightarrow 2$.

现应用推广的 Eshelby 法进行计算. 首先将弹性常数变换到现在的位错坐标系表示(本例中, V_E 和 V_I 空间的变换方法相同). 结果如下:

$$C_{ijkL}: C_{1111} = C_{11}, C_{2222} = C_{33}, C_{1122} = C_{2211} = C_{13}, C_{3131} = C_{66},$$

$$C_{1212} = C_{2121} = C_{1221} = C_{2112} = C_{3232} = C_{44},$$

$$K_{ijkL}: K_{1111} = K_{3131} = K_1, K_{1212} = K_{3232} = K_4,$$

$$R_{ijkL}: R_{1111} = R_{3131} = R. \qquad (10.96)$$

将上述弹性常数代入式(10.38), 得到 5 个方程. 它们又可以分成两个独立的方程组. 一个是 A^1, A^2 和 A^4 的方程组

$$(c_{11} + c_{44}p^2)A^1 + (c_{13} + c_{44})pA^2 + RA^4 = 0,$$

$$(c_{13} + c_{44})pA^1 + (c_{44} + c_{33}p^2)A^2 = 0,$$

$$RA^1 + (K_1 + K_4 p^2)A^4 = 0. \qquad (10.97)$$

它的系数行列式是一个关于 p 的六次方程

$$c_{33}c_{44}K_4 p^6 + [K_4(c_{11}c_{33} - c_{13}^2 - 2c_{13}c_{44}) + c_{33}c_{44}K_1]p^4$$

$$+ [c_{11}c_{44}K_4 - c_{33}R^2 + K_1(c_{11}c_{33} - c_{13}^2 - 2c_{13}c_{44})]p^2$$

$$+ c_{44}(c_{11}K_1 - R^2) = 0, \qquad (10.98)$$

该六次代数方程可以先化为三次方程求解. 由于过程十分冗长, 这里不宜讨论.

另一组是关于 A^3 和 A^6 的代数方程组

$$(c_{66} + c_{44}p^2)A^3 + RA^6 = 0,$$
$$RA^3 + (K_1 + K_4 p^2)A^6 = 0. \tag{10.99}$$

由它的系数行列式得到一个 p 的 4 次方程

$$c_{44}K_4 p^4 + (c_{66}K_4 + c_{44}K_1)p^2 + (c_{66}K_1 - R^2) = 0. \tag{10.100}$$

显然, 该方程可解.

现在, 考虑该直位错线的 Burgers 矢量只有纯螺成分: $\tilde{b} = (0, 0, b_3^{\parallel}, 0, b_3^{\perp})$. 根据式(10.51), (10.53)和(10.54), 可见只需解方程(10.99)和(10.100)就可以了. 代数方程(10.100)有两对共轭复根 $[p(3), p(9)]$ 和 $[p(6), p(12)]$. 求解结果是

$$p(3) = \sqrt{\frac{s_1 + s_2}{2c_{44}K_4}}\, i, \quad p(6) = \sqrt{\frac{s_1 - s_2}{2c_{44}K_4}}\, i, \tag{10.101}$$

式中

$$s_1 = c_{66}K_4 + c_{44}K_1,$$
$$s_2^2 = (c_{66}K_4 - c_{44}K_1)^2 + 4c_{44}K_4 R^2. \tag{10.102}$$

如果我们任意选取 $A^3(3) = A^3(6) = 1$, 则由式(10.99)可得到

$$A^6(3) = -\frac{2c_{44}R}{c_{44}K_1 - c_{66}K_4 - s_2},$$
$$A^6(6) = -\frac{2c_{44}R}{c_{44}K_1 - c_{66}K_4 + s_2}. \tag{10.103}$$

将式(10.101)和(10.103)代入式(10.57)和式(10.54), 并考虑到 $n = 3, 6$ 以及 $b_3 = b_3^{\parallel}$, $b_6 = b_3^{\perp}$, 通过计算可定出常数 $D(3)$ 和 $D(6)$, 即

$$D(3) = \frac{s_2 - s_1 + 2c_{66}K_4}{2s_2}b_3^{\parallel} + \frac{K_4 R}{s_2}b_3^{\perp},$$
$$D(6) = \frac{s_2 + s_1 - 2c_{66}K_4}{2s_2}b_3^{\parallel} - \frac{K_4 R}{s_2}b_3^{\perp}. \tag{10.104}$$

将这些结果代入式(10.55)和式(10.57)就可以最后计算出该位错线的弹性场.

弹性位移场

$$V_3 = u_3(\boldsymbol{r})$$

$$= \frac{1}{4\pi s_2}\left\{\left[s_2 - s_1 + 2c_{66}K_4\right]b_3^{\parallel} + 2K_4Rb_3^{\perp}\right]\arctan\left(\sqrt{\frac{s_1 + s_2}{2c_{44}K_4}}\frac{x_2}{x_1}\right)\right.$$

$$\left. + \left[(s_2 + s_1 - 2c_{66}K_4)b_3^{\parallel} - 2K_4Rb_3^{\perp}\right]\arctan\left(\sqrt{\frac{s_1 - s_2}{2c_{44}K_4}}\frac{x_2}{x_1}\right)\right\},$$

$$V_6 = w_3(\boldsymbol{r})$$

$$= -\frac{c_{44}R}{2\pi s_2}\left[\left(-b_3^{\parallel} + \frac{2K_4R}{s_1 - s_2 - 2c_{66}K_4}b_3^{\perp}\right)\arctan\left(\sqrt{\frac{s_1 + s_2}{2c_{44}K_4}}\frac{x_2}{x_1}\right)\right.$$

$$\left. + \left(b_3^{\parallel} - \frac{2K_4R}{s_1 + s_2 - 2c_{66}K_4}b_3^{\perp}\right)\arctan\left(\sqrt{\frac{s_1 - s_2}{2c_{44}K_4}}\frac{x_2}{x_1}\right)\right].$$

$$(10.105)$$

作为检验,若令 $K_1 = K_4 = 0, R = 0$,则可通过求极限手续,证明上列结果与六角晶体中相应位错的位移场一致.

应力场

$$T_{13} = T_{31}$$

$$= \frac{c_{66}(s_1 - s_2 - 2c_{66}K_4) - 2c_{44}R^2}{4\pi s_2(s_1 - s_2 - 2c_{66}K_4)}$$

$$\times \left[(s_1 - s_2 - 2c_{66}K_4)b_3^{\parallel} - 2K_4Rb_3^{\perp}\right]$$

$$\times \frac{\sqrt{2c_{44}K_4(s_1 + s_2)}\,x_2}{2c_{44}K_4x_1^2 + (s_1 + s_2)x_2^2} + \frac{c_{66}(s_1 + s_2 - 2c_{66}K_4) - 2c_{44}R^2}{4\pi s_2(s_1 + s_2 - 2c_{66}K_4)}$$

$$\times \left[-(s_2 + s_1 - 2c_{66}K_4)b_3^{\parallel} + 2K_4Rb_3^{\perp}\right]\frac{\sqrt{2c_{44}K_4(s_1 - s_2)}\,x_2}{2c_{44}K_4x_1^2 + (s_1 - s_2)x_2^2},$$

$$T_{23} = T_{32}$$

$$= \frac{c_{44}}{4\pi s_2}\left\{\left[(s_2 - s_1 + 2c_{66}K_4)b_3^{\parallel} + 2K_4Rb_3^{\perp}\right]\right.$$

$$\times \frac{\sqrt{2c_{44}K_4(s_1+s_2)}\,x_1}{2c_{44}K_4x_1^2+(s_1+s_2)x_2^2}$$

$$+\left[(s_2+s_1-2c_{66}K_4)b_3^{\parallel}-2K_4Rb_3^{\perp}\right]$$

$$\left.\frac{\sqrt{2c_{44}K_4(s_1-s_2)}\,x_2}{2c_{44}K_4x_1^2+(s_1-s_2)x_2^2}\right\}.$$

(10.106)

其他的 $T_{11}=T_{22}=T_{33}=T_{12}=T_{21}=0.$

$$H_{13}=\frac{R(s_2-s_1+2c_{66}K_4-2c_{44}K_2)}{4\pi s_2(s_1-s_2-2c_{66}K_4)}$$

$$\times\left[(s_1-s_2-2c_{66}K_4)b_3^{\parallel}-2K_4Rb_3^{\perp}\right]$$

$$\times\frac{\sqrt{2c_{44}K_4(s_1+s_2)}\,x_2}{2c_{44}K_4x_1^2+(s_1+s_2)x_2^2}$$

$$+\frac{R(s_2+s_1-2c_{66}K_4+2c_{44}K_2)}{4\pi s_2(s_1+s_2-2c_{66}K_4)}$$

$$\times\left[(s_1+s_2-2c_{66}K_4)b_3^{\parallel}-2K_4Rb_3^{\perp}\right]$$

$$\times\frac{\sqrt{2c_{44}K_4(s_1-s_2)}\,x_2}{2c_{44}K_4x_1^2+(s_1-s_2)x_2^2},$$

$$H_{31}=\frac{R(s_1+s_2)}{4\pi s_2}\left(-b_3^{\parallel}+\frac{2K_4R}{s_1-s_2-2c_{66}K_4}b_3^{\perp}\right)$$

$$\times\frac{\sqrt{2c_{44}K_4(s_1+s_2)}\,x_2}{2c_{44}K_4x_1^2+(s_1+s_2)x_2^2}$$

$$+\frac{R(s_1-s_2)}{4\pi s_2}\left(b_3^{\parallel}-\frac{2K_4R}{s_1+s_2-2c_{66}K_4}b_3^{\perp}\right)$$

$$\times\frac{\sqrt{2c_{44}K_4(s_1-s_2)}\,x_2}{2c_{44}K_4x_1^2+(s_1-s_2)x_2^2},$$

$$H_{32}=\frac{c_{44}K_4R}{2\pi s^2}\left\{\left(b_3^{\parallel}-\frac{2K_4R}{s_1-s_2-2c_{66}K_4}b_3^{\perp}\right)\frac{\sqrt{2c_{44}K_4(s_1+s_2)}\,x_1}{2c_{44}K_4x_1^2+(s_1-s_2)x_2^2}\right.$$

$$+ \left(- b_3^{\parallel} + \frac{2K_4 R}{s_1 + s_2 - 2c_{66}K_4} b_3^{\perp} \right) \frac{\sqrt{2c_{44}K_4(s_1 + s_2)}\, x_1}{2c_{44}K_4 x_1^2 + (s_1 - s_2) x_2^2} \Bigg\},$$

$$(10.107)$$

其他的

$$H_{11} = H_{22} = H_{23} = H_{33} = H_{12} = H_{21} = 0.$$

对数前能量因子

$$kb^2 = - \frac{1}{2s_2} \sqrt{\frac{c_{44}}{2K_4}} \times \left[\sqrt{s_1 + s_2}\,(s_2 - s_1 + 2c_{66}K_4) \right.$$

$$+ \sqrt{s_1 - s_2}\,(s_1 + s_2 - 2c_{66}K_4) \Big] b_3^{\parallel\,2}$$

$$- \frac{\sqrt{2c_{44}K_4}}{s_2} R \left(\sqrt{s_1 + s_2} - \sqrt{s_1 - s_2} \right) b_3^{\parallel} b_3^{\perp} - \frac{2K_4^2 R^2}{s_2} \sqrt{\frac{c_{44}}{2K_4}}$$

$$\times \left(\frac{\sqrt{s_1 - s_2}}{s_1 + s_2 - 2c_{66}K_4} - \frac{\sqrt{s_1 + s_2}}{s_1 - s_2 - 2c_{66}K_4} \right) b_3^{\perp\,2}.$$

$$(10.108)$$

§10.6　准晶中的面缺陷——层错、小角晶界、孪晶、反相畴壁、公度错

中国科学院物理研究所张泽院士与德国 Juelich 研究中心 Urban 教授准晶研究小组,率先在 ALCoCu 十次准晶中观察到层错 [见 Zhang, et al.,(1989)].

武汉大学准晶研究组系统地鉴定了 AlCoNi 十次准晶中的层错. 戴明星等(Dai, et al.，1991)和王仁卉等(1992)率先鉴定出两类层错,这两类的层错面法线方向都平行于十次准晶的某支二次轴 $A2P$. 其中第二类层错的位移矢量 $R2$ 平行于在层错面上的某支二次轴 $A2D$. Yan,Wang(1992d,1993b)运用透射电镜系统地观察了经受高温冲击压缩形变之后快速冷却的 AlCoNi 十次准晶试样,发现大部分区域内或者是密集的层错,或者是密集的位错. 其中层错面的法线方向平行于十次轴 $A10$,其位移矢量 $R3$ 平行

于在层错面上的某支二次轴 $A2D$.

王仁卉等(Wang, et al., 1998b; Wang, et al., 2000)在研究 AlPdMn 二十面体准晶高温塑性形变微观机制时,也在经受高温冲击压缩形变之后快冷的试样中观察到密集的层错的条纹状衬度. 采用配有高温双倾台的超高压电镜一边升高温度,一边观察选定的层错的条纹衬度. 发现,在温度从室温上升到大约 650℃ 的过程中,层错的衬度几乎没有什么可察觉的变化. 在温度继续升高到 700℃ 的过程中,观察到层错的条纹衬度逐渐模糊,5 分钟后条纹衬度完全消失,同时其边界位错的衬度变得更明锐. 另一方面,在经受过塑性形变之后较为缓慢地冷却到室温的试样中,仅在个别试样内观察到层错. 细致的分析表明,这样的试样中的层错,已经不是面缺陷,而是有一定的厚度(约 5nm 厚),介观上的位移矢量沿着层错面的法线方向.

基于这些实验观察,王仁卉等提出了准晶单晶高温塑性形变的位错-层错机制如下:在准晶的 Schmid 因子较大的原子密排面上的位错线,当在外力作用下运动时,其声子型分量首先运动,在其后留下一个相位子型层错. 由于准晶的原子团内原子之间的键合力很强,相位子型层错的能量密度很大,导致准晶中位错运动的临界应力非常高,以至在室温或不太高的温度之下,准晶都是脆性的. 高温的热激活帮助运动着的位错攀移,绕开强键而切割弱键. 高温下的剧烈的原子扩散使得运动位错留下的相位子型层错变宽,以至于消失. 当然,扩散蠕变,准晶多晶中的晶界滑移,孪生,甚至马氏体相变过程中的切变等机制,在一定的条件下,特别是在准晶多晶试样中,也会对准晶高温塑性形变有一定的贡献.

值得注意的是:在衍衬像上显示条纹衬度的并不一定就是层错. 例如,德国 Juelich 研究中心 Urban 教授准晶研究小组(Wollgarten, et al., 1993b)在 $Al_{72.5}Pd_{17.1}Mn_{10.4}$ 合金中鉴定出从 AlPdMn 二十面体准晶基体中析出的、成分为 $Al_{69}Pd_{11}Mn_{20}$ 的、非常薄的十次准晶片. 采用衍衬成像技术,则显示类似层错的条纹衬度. 又例如,杨湘秀等(yang, et al., 1994)在 AlCuFe 二十面体准晶中鉴定出一种面缺陷,其惯习面法线方向和有效位移矢量都平行于五次轴. 这很有可能是 AlCuFe 二十面体准晶析出的具有五次对称的近似相 $P1$ 相,见本书表 1.8 和图 1.3.

　　鄢炎发和王仁卉(Yan,Wang,1992c; 1993a; 1993c. 王仁卉等, 1992)系统地鉴定了 AlCoNi 十次准晶中的小角晶界. 共发现了下列几种小角晶界:(1)Burgers 矢量平行于十次轴 $A10$ 的平行刃位错列构成的倾侧小角晶界. (2)Burgers 矢量平行于十次轴 $A10$ 的平行螺位错列构成的扭转小角晶界. (3)由两组平行螺位错列构成的扭转小角晶界. 其中一列的 Burgers 矢量平行于十次轴 $A10$,另一列的 Burgers 矢量平行于二次轴 $A2D$. (4)由两组平行螺位错列构成的扭转小角晶界. 其中一列的 Burgers 矢量平行于十次轴 $A10$,另一列的 Burgers 矢量平行于二次轴 $A2P$.

　　戴明星等(Dai,Urban,1993)在 AlCuFe 二十面体准晶中鉴定出大片的孪晶. 后来, Shield 和 Kramer(1994)在经受了高温(708℃)蠕变的 AlCuFe 面心二十面体准晶多晶中鉴定出了孪晶. 戴明星和 Urban(1993),以及 Shield 和 Kramer(1994)这两组研究工作者鉴定出的孪晶的特征参数 K_1, K_2, η_1 和 η_2 都是一样的:都是复合孪晶. 孪生面(第一个无畸变平面)的法线方向 K_1,第二个无畸变平面的法线方向 K_2,分别平行于一支五次轴 $A5$. 在 K_1 平面内的切变方向 η_1,以及在 K_2 平面内的、而且垂直于 K_1 与 K_2 交线的 η_2 方向,分别平行于一支伪二次轴 $A2P$.

　　杨湘秀等(Yang,et al.,1995b)在室温用 120keV 的 Ar^+ 离子或在超高压透射电镜中用 1MeV 的高能电子对 AlCuFe 二十面体准晶辐照,发现以一定的剂量率辐照到一定的剂量后,二十面体准晶转变成 $B2$ 结构类型的相. 当剂量率较高时,这些由二十面体准晶转变得来的 $B2$ 相形成微孪晶. 较之二十面体准晶,$B2$ 结构的晶体的对称性要低一些,失去了五次旋转对称. 这些失去的对称性将会变成 $B2$ 结构微孪晶之间的取向关系.

　　正如 2.5.3 节和 2.5.4 节所指出的,Al-Cu-TM 系(TM 代表过渡族金属,例如 Fe,Mn,Cr,Os,Ru 等),Al-Pd-TM 系(TM 代表

Mn,Fe,Cr,Re 等),以及某些 Zn-Mg-RE 系(RE 代表 Dy,Ho 等稀土元素)的合金,在一定的条件下,由于原子在晶格中分布的有序化而变成点阵常数加倍的面心点阵. 在§3.1 讨论二十面体准晶的原子结构时我们已经指出:在三维物理空间内的二十面体准晶的原子结构可以描述为六维空间的超立方晶体被三维物理空间切割而得到. 如果六维空间的超立方晶体中的偶性指数的超立方体内的原子面与奇性指数的超立方体内的原子面不同,即原子在晶格中的分布发生有序化,如图 3.4 所示出的那样,就得到面心二十面体准晶. 对简单二十面体准晶而言,六维空间的超立方体的边长 a_{half} 就是它的点阵常数. 但是,对面心二十面体准晶而言,它的点阵常数应该是 $a_0 = 2a_{half}$.

正点阵常数加倍导致倒易点阵常数减半,倒易点指数加倍. 图 2.17(a)和(b)分别是简单二十面体准晶和面心二十面体准晶的沿着某支二次轴 $A2_z$ 的选区电子衍射花样示意图. 简单和面心二十面体准晶的衍射花样的主要差别在于沿五次轴 $A5$ 和三次轴 $A3$ 方向多出了一些由于有序化而产生的超衍射,如沿五次轴的 $F1,F2,F4$ 等,以及沿三次轴的 $T1,T2,T4,T5$ 等. 沿 $A5$ 方向,$A2_y$ 方向,$A3$ 方向的代表性的衍射斑点的指数列在表 2.1. 为了便于对比两种点阵之间的异同,表中一律按照简单二十面体点阵的点阵常数来指标化. 此时基于六维空间超立方晶体的衍射指数(表 2.1 第 3 栏和第 4 栏)中,半整数的指数是面心二十面体点阵所特有的超反射.

与晶体中的情况(参阅 Barrett, Massalski, 1966)类似,在有序的面心二十面体准晶中往往存在反相畴. 由于无序的简单二十面体准晶中上述偶性或奇性的超立方体是完全等同的,在有序化的成核过程中,某一个超立方体既可以有序化为偶性的,也可以有序化为奇性的. 这些面心二十面体准晶的核长大到互相接触时,将会:(1)融合成一个畴,如果这两个畴的偶性原子与奇性原子的分布相同;或者(2)生成位移矢量为 $a_{half}<100000>$ 的反相畴壁,如果这两个畴的偶性原子与奇性原子的分布不同.

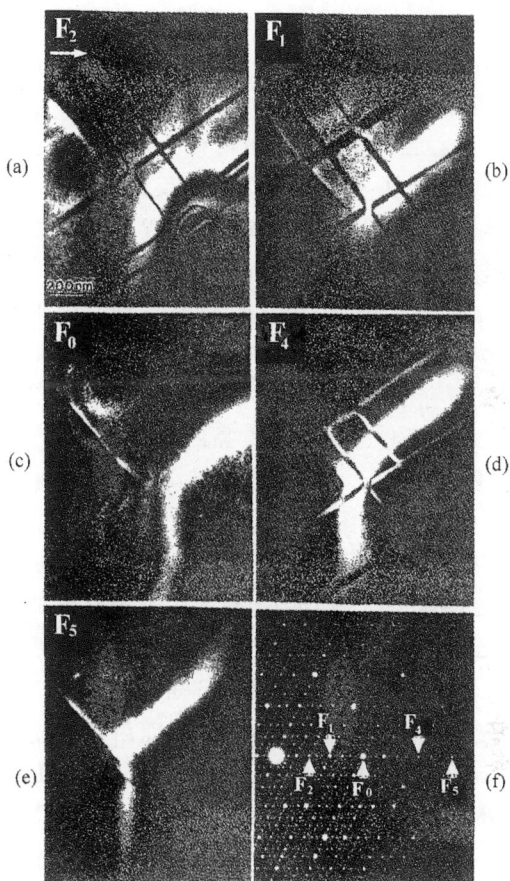

图 10.10 $Zn_{62.6}Mg_{28.3}Dy_{9.1}$ 面心二十面体准晶中的反相畴. (a)采用超反射 F_2 的对中场像;(b)采用超反射 F_1 的对中暗场像;(c)采用基本反射 F_0 的对中暗场像;(d)采用超反射 F_4 的对中暗场像;(e)采用基本反射 F_5 的对中暗场像;(f) $A2$ 带轴的选区电子衍射花样. 其中水平方向 $A5$ 轴上的标有 F_2, F_1, F_0, F_4, F_5 的衍射斑分别用于在图 10.10(a, b, c, d, e)中成像

反相畴壁不但可在不同的有序核长大到相接触时生成,还可

能由不全位错在有序化的面心二十面体准晶内扫过而生成. Burgers 矢量为 $a_{half}<100000>$ 的位错在简单二十面体准晶中是个全位错,但在有序的面心二十面体准晶中却是个不全位错. 这样的不全位错在面心二十面体准晶的滑移面内运动将会使得它扫过的面变成反相畴壁. 为了避免过分大的反相畴壁能,面心二十面体准晶中的不全位错可以是成对地运动,仅仅在这两条不全位错之间的区域是反相畴壁.

Devaud-Rzepski 等(1989b)率先在 AlCuFe 面心二十面体准晶中观察到反相畴壁.

德国 Juelich 研究中心准晶研究组(Heggen,et al.,2001)在研究 $Zn_{62.6}Mg_{28.3}Dy_{9.1}$ 面心二十面体准晶的形变机制的过程中,观察到反相畴壁. 图 10.10(a, b, c, d, e)是同一个区域采用不同的衍射所得到的对中暗场像,图 10.10(f)是从这一区域拍摄的以二次轴作为带轴的选区电子衍射花样. 这一衍射花样可按本书图 2.17(b)和表 2.1 指标化. 图 10.10(f)中用箭头标出的 F_2, F_1, F_0, F_4, F_5 共五个衍射斑点正好就是图 2.17(b)中沿着 A5 方向所标出的同名称的 5 个点. 观察表 2.1 可知其中 F_2, F_1, F_4 这 3 个衍射斑是面心二十面体准晶所特有的,因而用它们成的暗场像中反相畴壁显示很好的衬度,分别见图 10.10(a, b, d). 而其中 F_0 和 F_5 两个衍射斑则是如图 2.17(a)中所描绘的,简单二十面体准晶和面心二十面体准晶都具有的基本的反射,因而用它们成的暗场像中反相畴壁不显示衬度,分别见图 10.10(c)和(f). 同样,如果选取 T_2, T_1, T_4, T_5 中的任一个面心二十面体准晶所特有的衍射斑成对中暗场像,反相畴壁也显示很好的衬度.

将实验拍摄的或理论计算出的 $Zn_{62.6}Mg_{28.3}Dy_{9.1}$ 面心二十面体准晶的高分辨电子显微像进行 Fourier 变换. 然后选取其中的某个倒易点进行逆 Fourier 变换,就会得到对应于这个倒易点的点阵条纹像. 即:条纹的方向垂直于所选的倒易矢,条纹的间距等于所选的倒易矢的长度的倒数,即该倒易矢所对应的点阵平面的面间距. 如果选取面心二十面体准晶所特有的倒易点进行逆 Fourier

变换,则所得到的条纹在跨过反相畴壁时会发生偏折. 如果选取基本的倒易点进行逆 Fourier 变换,则所得到的条纹在跨过反相畴壁时没有变化,就好像没有反相畴壁存在.

郭可信院士准晶研究组姜节超等(Jiang, et al., 1991, 1992)系统地观察了 Mn-Si-Al 和 Mo-Cr-Ni 八次准晶中的取向畴和公度错. 他们发现 Mn-Si-Al 和 Mo-Cr-Ni 八次准晶的选取电子衍射花样中的衍射斑点可以区分成四类: O 类, X 类, Y 类和 Z 类. 其中 O 类衍射斑具有八次对称,而且,把 X 类衍射斑绕着八次轴旋转 45°,就得到 Y 类衍射斑. 如果选用 O 类衍射斑对同样的区域成暗场像,则观察不到畴壁的衬度. 如果选用 X, Y 或 Z 类衍射斑成暗场像,则观察到畴壁. 与上文讨论的 Zn-Mg-Dy 面心二十面体准晶中的畴壁不同的是,在 MnSiAl 八次准晶中往往观察到四条线或者八条线相交于一点的情况,这对应于 4 个或者 8 个畴壁相交于一条线. 通常称这种情况下的畴壁为公度错(discommensuration),称这些公度错的端点,即它们的交线为公度错位错线. 经过分析,姜节超等认为这是由于八次准晶中的原子发生了有序化而变成了对称性较低的,比如说,仅具有四次对称的畴. 相邻的畴之间则具有有序化过程中失去的对称性,即八次旋转(旋转 45°). Mo-Cr-Ni 八次准晶是有相位子型应变的,其中的公度错的结构更为复杂.

参 考 文 献

丁棣华,王仁卉,杨文革,胡承正. 武汉大学学报(自然科学版), 1994(5): 59~64

丁棣华,王仁卉,杨文革,胡承正. 物理学进展, 1998(18): 223~260

王仁卉,鄢炎发,戴明星. 武汉大学学报(自然科学版), 1992(2): 35~41

王仁卉,冯江林,鄢炎发,戴明星. 武汉大学学报(自然科学版), 1993(6): 25~30

王仁卉. 电子显微学报, 1996(15): 230~239

朱 静,叶恒强,王仁卉,温树林,康振川. 高空间分辨分析电子显微学. 北京:科学出版社, 1987. 97~169

Bacon D J, Barnett D M, Scattergood R O. Progr Mater Sci, 1978(23):51

Baluc N, Yu D.P, Kleman M. Phil Mag Lett, 1995(72):1

Barrett C S, Massalski T B. Structure of Metals. New York: McGraw-Hill, 1966. 297~302

Bohsung J & Trebin H R. in: Introduction to Mathematics of Quasicrystals. Jaric M. V. ed. London: Academic Press, 1989

Chen C H, Remeika J P, Espinosa G P, Cooper A S. Phys Rev B, 1987(35): 7737

Cheng Y F, Wang, R H. Phys Stat Sol B, 1989(152): 33~37

Cherns D, Preston A R. In: Proc 14th Int Congress on Electron Microscopy (ICEM-14) Volume III. Tokyo. 1986. 721

Dai M X, Wang R H. Solid State Commun, 1990(73): 77~80

Dai M X, Wang R H, Gui J N, Yan Y F. Phil Mag Lett, 1991(64): 21~27

Dai M X, Urban K. Phil Mag Lett, 1993(67): 67

Dai M X and Wang R H. Defect and Diffusion Forum, 1995(125~126): 19~36

Devaud-Rzepski J, Cornier-Quiquandon M, Gratias D. in: Yacaman M J et al eds. Proc 3rd Intern Conf on Quasicrystals. Singapore: Word Scientific, 1989. 498

Devaud-Rzepski J, Quivy A, Calvayrac Y, Cornier-Quiquandon M, Gratias D. Phil Mag B, 1989(60): 855

Ding D H, Yang W G, Hu C Z, Wang R H. Mater Sci Forum, 1994(150~151): 345~354

Ding D H, Wang R H, Yang W G, Hu C Z. J Phys: Condens Matter, 1995a(7): 5423~5436

Ding D H, Qin Y L, Wang R H, Hu C Z, Yang W G. Acta Phys Sinica (Overseas Edition), 1995b(4): 816~824

Ding D H, Wang R H, Yang W G, Hu C Z., Qin Y L. Phil Mag Lett, 1995c(72): 353~359

Eshelby J D, Read W T, Shockley W. Acta Met, 1953(1): 251

Feng J L, Dai M X, Wang R H, Zou H M. J Phys: Condens Matter, 1992(4): 9247~9254

Feng J L, Wang R H, and Wang Z G. Phil Mag Lett, 1993(68): 321~326

Feng J L, Zou H M, Wang R H, Yan Y F, Dai M X. Acta Cryst A, 1994(50): 27~32

Feng J L and Wang R H. Phil Mag A, 1994b(69): 981~994

Feng J L, and Wang R H. Phil Mag Lett, 1994c(69): 309~315

Feng J L, and Wang R H. J Phys: Condens Matter, 1994d(6): 6437~6446

Feng J L, Wang R H, and Dai M X. J Mater Res, 1995(10): 2742~2748

Head A K, Humble P, Clarebrough L M, Morton A J, Forwood C T. Computed electron micrographs and defect identification. Amsterdam: Elsevier, 1973

Heggen M, Feuerbacher M, Schall P, Urban K, Wang R H. Phys Rev B, 2001(64): 014202.1~6

Hiraga K and Hirabayashi M. Jpn J Appl Phys, 1987(26): L155; Mater Sci Forum, 1987 (22~24): 45

Hirsch P, Howie A, Nicholson R B, Pashley D W, Whelan M J. Electron Microscopy of Thin Crystals. Huntington:Robert E Krieger, 1977

Hirth J P, Lothe J. Theory of Dislocations. New York: McGraw-Hill, 1968

Hu C Z, Wang R H, Ding D H. Rep Prog Phys, 2000(63):1~39

Inoue A, Yokoyama Y, Masumoto T. Mater Sci Eng A, 1994(181~182): 850

Jiang J C, Wang N, Fung K K, Kuo K H. Phys Rev Lett, 1991(67): 1302

Jiang J C, Fung K K, Kuo K H. Phys Rev Lett, 1992(68): 616

Kleman M and Sommers C. Acta Met Mater, 1991(39): 287

Kuo K H, Wang R H. In: Kuo K H, Zhai Z H eds. Electron Microscopy I, 5th Asia-Pacific Electron Microscopy Conference (5APEM) Singapore: World Scientific, 1992. 22~27

Levine D, Lubensky T C, Ostlund S, Ramawamy S, Steinhardt P J &Toner J. Phys Rev Lett, 1985(54): 1520

Lubensky T C, Ramawamy S, and Toner J. Phys Rev B, 1985(32):7444

Mura T. Micromechanics of Defects in Solids. Dordrecht: Martinus Nijhoff Publ, 1987

Qin Y L, Wang R H, Ding D H, Lei J L. J Phys:Condens Matter, 1997(9): 859~872

Rosenfeld R, Feuerbacher M, Baufed B, et al. Phil Mag Lett, 1995(72): 375

Shield J E,Kramer M J. Phil Mag Lett, 1994(69): 115

Socolar J E S, Lubensky T C, and Steinhardt P J. Phys Rev B, 1986(34): 3345~3360

Steinhardt J,Ostlund S. The Physics of Quaisicystals, Singapore:World Scientific, 1987

Stroh A N. J Math Phys, 1962(41): 77

Stroh A N. Phil Mag, 1958(3): 625

Urban K, Wollgarten M, Gratias D, Zhang Z. J Non-crystalline Solids, 1993(153&154): 519

Wang D N, Ishimasa T, Nissen H U, Hovmoeller S. Mater Sci Forum, 1987(22~24): 381~396

Wang D N,Ishimasa T,Nissen H U,Hovmoeller S. Phil Mag A, 1988(58): 737

Wang J B, Gastaldi J, Wang R H. Chin Phys Lett, 2001(18):88~90

Wang R H, Cheng Y F. Mater Sci Forum, 1987(22~24): 409~420

Wang R H,Dai M X. Phil Mag Lett, 1990a(61):119~123

Wang R H, Wang Z G,(1990b) In:Kuo K H,Ninomiya T eds. Proceedings of China-Japan Seminars Quasicrystals Singapore: World Sci, TOKYO, 1989; BEIJING, 1990. 174~181

Wang R H, Dai M X. Phys Rev B, 1993a(47):15326~15329

Wang R H, Yan Y F, Kuo K H. J Non-crystalline Solids, 1993b(153&154): 103~107

Wang R H, Feng J L, Yan Y F, Dai M X. Mater Sci Forum, 1994a(150~151): 323~

334

Wang R H, Yang X X, Zou W H, Wang Z G, Gui J N, Jiang J H. J Phys: Condens Matter, 1994b(6): 9009~9016

Wang R H, Ding D H, Qin Y L, Yang W G, Hu C Z. In: Janot C, Mosseri R eds. Proc 5th Intern Conf on Quasicrystals. Singapore: World Sci, 1995. 294~297

Wang R H, Feuerbacher M, Wollgarten M and Urban K. Phil Mag A, 1998a(77): 523~540

Wang R H, Feurbacher M, Yang W G, Urban K. Phil Mag A, 1998b(78): 273~284

Wang R H. Micron, 2000(31): 475~486

Wang R H, Yang W G, Gui J N, Urban K. Mater Sci Eng A, 2000(294~296): 742~747

Wang R H, Hu C Z. Dislocations in Quasicrystals. In: Westbrook J H, Fleischer R L eds. Intermetallic Compounds-Principles and Practice, Vol.3, Progress. West Sussex: John Wiley & Sons, 2002. 379~402

Wang R H, Zou H M. In: Shi D L ed. Advances in Materials Science and Applications, Chapter 11. Beijing: Tsinghua University Press, 2002

Wang Z G, Wang R H, Deng W F. Phys Rev Lett, 1991(66): 2124~2127

Wang Z G, Wang R H. In: Kuo K H, Zhai Z H eds. Electron Microscopy I, 5th Asia-Pacific Electron Microscopy Conference (5APEM). Singapore: World Scientific, 1992. 514~515

Wang Z G, Wang R H. J Phys: Condens Matter, 1993d(5):2935~2946

Wang Z G, Dai M X, and Wang, R H. Phil Mag Lett, 1994c(69): 291~296

Wang Z G, Wang R H and Feng J L. Phil Mag A, 1994d(70): 577~590

Wollgarten M, Gratias D, Zhang Z, Urban K. Phil Mag A, 1991(64): 819

Wollgarten M, Zhang Z, Urban K. Phil Mag Lett, 1992(65): 1

Wollgarten M, Beyss M, Urban K et al. Phys Rev Lett, 1993a(71): 549~552

Wollgarten M, Lakner H, Urban K. J Non-crystalline Solids, 1993b(153&154): 108

Wollgarten M, Rosenfeld R, Feuerbacher M et al. in: Proc 5th Intern Conf on Quasicrystals. Eds. C Janot and R Mosseri. Singapore: World Sci, 1995:279~286

Yan Y F, Wang R H, Gui J N, Dai M X, He L X. Phil Mag Lett, 1992a(65):33~41

Yan Y F, Wang R H, Feng J L. Phil Mag Lett, 1992b(66): 197~201

Yan Y F, Wang R H. Phil Mag Lett, 1992c(66): 253~258

Yan Y F, Wang R H. J Phys: Condens Matter, 1992d(4): L533~L536

Yan Y F, Wang R H. J Mater Res, 1993a(8): 286~290

Yan Y F, Wang R H. Phil Mag Lett, 1993b(67): 51~57

Yan Y F, Wang R H. J Mater Sci Lett, 1993c(12): 811~813

Yan Y F, Wang R H. J Phys:Condens Matter, 1993d(5): L195~200

Yan Y F, Wang R H. Phil Mag A, 1993e(68): 1033~1038

Yan Y F, Wang R H, Gui J N, Dai M X. Acta Cryst B, 1993f(49): 435~443

Yan Y F,Wang Q L,Wang R H,Zhang Z,Kleman M. Phil Mag Lett, 1994a(70): 281~286

Yan Y F, Zhang Z,. Wang R H. Phil Mag Lett, 1994b(69):123~130

Yang W G, Lei J L, Ding D H, Wang R H, Hu C Z. Phys Lett A, 1995(200): 177~183

Yang W G, Tamura N, Feuerbacher M, Ding D H, Wang R H, Urban K. In: Takeuchi S, Fujiwara T eds. Proc 6th Int Conf on Quasicrystals. Singapore: World Scientific, 1997. 433~436

Yang W G, Feuerbacher M, Tamura N, Ding D H, Wang R H, Urban K. Phil Mag A, 1998(77): 1481~1497

Yang W G, Wang R H, Feuerbacher M, Schall P, and Urban K. Phil Mag Lett, 2000(80): 281~288

Yang X X, Wang Z G, Wang R H. Phil Mag Lett, 1994(69): 15~22

Yang X X, Wang R H, Takahashi H, Ohnuki S. Phys Stat Sol A, 1995b(152): 341~353

Yu D. P, Staiger W, & Kleman M. Phil Mag Lett, 1992(65): 189

Yu D. P, Baluc N. & Kleman M. Defect and Diffusion Forum, 1997(141~142): 65

Zhang, Urban K. Phil Mag Lett, 1989(60): 97

Zhang Z, Wollgarten M, Urban K. Phil Mag Lett, 1990(61): 125

Zhang Z, Yan Y F, Zhang H, Wang R H. Mater Sci Forum, 1994(150~151): 335~344

Zou W H, Wang R H, Gui J N, Zhao J Y, Jiang J H. J Appl Cryst, 1994(27): 13~19

附 录 A

表 A.1 一维准晶的点群、Laue 类和独立弹性常数个数

晶系	Laue 类序数	点 群	N_C	N_K	N_R	总和
三斜	1	1, $\bar{1}$	21	6	18	45
单斜	2	2, m_h, $2/m_h$	13	4	8	25
	3	2_h, m, $2_h/m$	13	4	10	27
正交	4	2_h2_h2, $mm2$, 2_hmm_h, mmm_h	9	3	5	17
四方	5	4, $\bar{4}$, $4/m_h$	7	2	4	13
	6	42_h2_h, $4mm$, $\bar{4}2_hm$, $4/m_hmm$	6	2	3	11
三角	7	3, $\bar{3}$	7	2	6	15
	8	32_h, $3m$, $\bar{3}m$	6	2	4	12
六角	9	6, $\bar{6}$, $6/m_h$	5	2	4	11
	10	62_h2_h, $6mm$, $\bar{6}m2_h$, $6/m_hmm$	5	2	3	10

表 A.2 二维准晶的点群、Laue 类和独立弹性常数个数

晶系	Laue 类序数	点 群	N_C	N_K	N_R	总和
三斜	1	1, $\bar{1}$	21	21	36	78
单斜	2	2, m, $2/m$	13	13	20	46
	3	12, $1m$, $12/m$	13	12	18	43
正交	4	$2mm$, 222, mmm, $mm2$	9	8	10	27
四方	5	4, $\bar{4}$, $4/m$	7	7	10	24
	6	$4mm$, 422, $\bar{4}m2$, $4/mmm$	6	5	5	16
三角	7	3, $\bar{3}$	7	7	12	26

晶系	Laue 类序数	点·群	N_C	N_K	N_R	总和
	8	$3m$, 32, $\bar{3}m$	6	5	6	17
六角	9	6, $\bar{6}$, $6/m$	5	5	8	18
	10	$6mm$, 622, $\bar{6}m2$, $6/mmm$	5	4	4	13
五角	11	5, $\bar{5}$	5	5	6	16
	12	$5m$, 52, $\bar{5}m$	5	4	3	12
十角	13	10, $\overline{10}$, $10/m$	5	3	2	10
	14	$10mm$, 1022, $\overline{10}m2$, $10/mmm$	5	3	1	9
八角	15	8, $\bar{8}$, $8/m$	5	5	2	12
	16	$8mm$, 822, $\bar{8}m2$, $8/mmm$	5	4	1	10
十二角	17	12, $\overline{12}$, $12/m$	5	5	0	10
	18	$12mm$, 1222, $\overline{12}m2$, $12/mmm$	5	4	0	9

附录 B 非晶体学对称的二维准晶点群的特征标表

（表中 α 为 n 次旋转，α' 为二次旋转，β 为镜面映射）

$C_5(5)$ (ρ 为五次单位原根, $\rho^5=1$. 下同)

	ε	α	α^2	α^3	α^4
Γ_1	1	1	1	1	1
Γ_2	1	ρ	ρ^2	ρ^{-2}	ρ^{-1}
	1	ρ^{-1}	ρ^{-2}	ρ^2	ρ
Γ_3	1	ρ^2	ρ^{-1}	ρ	ρ^{-2}
	1	ρ^{-2}	ρ	ρ^{-1}	ρ^2

$C_{5i}(\bar{5})$

	ε	α	α^2	α^3	α^4	i	αi	$\alpha^2 i$	$\alpha^3 i$	$\alpha^4 i$
Γ_1	1	1	1	1	1	1	1	1	1	1
Γ_2	1	1	1	1	1	-1	-1	-1	-1	-1
Γ_3	1	ρ	ρ^2	ρ^{-2}	ρ^{-1}	1	ρ	ρ^2	ρ^{-2}	ρ^{-1}
	1	ρ^{-1}	ρ^{-2}	ρ^2	ρ	1	ρ^{-1}	ρ^{-2}	ρ^2	ρ
Γ_4	1	ρ^2	ρ^{-1}	ρ	ρ^{-2}	1	ρ^2	ρ^{-1}	ρ	ρ^{-2}
	1	ρ^{-2}	ρ	ρ^{-1}	ρ^2	1	ρ^{-2}	ρ	ρ^{-1}	ρ^2
Γ_5	1	ρ	ρ^2	ρ^{-2}	ρ^{-1}	-1	$-\rho$	$-\rho^2$	$-\rho^{-2}$	$-\rho^{-1}$
	1	ρ^{-1}	ρ^{-2}	ρ^2	ρ	-1	$-\rho^{-1}$	$-\rho^{-2}$	$-\rho^2$	$-\rho$
Γ_6	1	ρ^2	ρ^{-1}	ρ	ρ^{-2}	-1	$-\rho^2$	$-\rho^{-1}$	$-\rho$	$-\rho^{-2}$
	1	ρ^{-2}	ρ	ρ^{-1}	ρ^2	-1	$-\rho^{-2}$	$-\rho$	$-\rho^{-1}$	$-\rho^2$

$$C_{5v}(5m)$$

	ε	2α	$2\alpha^2$	5β
Γ_1	1	1	1	1
Γ_2	1	1	1	-1
Γ_3	2	$1/\tau$	$-\tau$	0
Γ_4	2	$-\tau$	$1/\tau$	0

$$D_5(52)$$

	ε	2α	$2\alpha^2$	$5\dot{\alpha}'$
Γ_1	1	1	1	1
Γ_2	1	1	1	-1
Γ_3	2	$1/\tau$	$-\tau$	0
Γ_4	2	$-\tau$	$1/\tau$	0

$$D_{5d}\left(\bar{5}\frac{2}{m}\right)$$

	ε	2α	$2\alpha^2$	$5\alpha'$	i	$2\alpha i$	$2\alpha^2 i$	5β
Γ_1	1	1	1	1	1	1	1	1
Γ_2	1	1	1	-1	1	1	1	-1
Γ_3	1	1	1	1	-1	-1	-1	-1
Γ_4	1	1	1	-1	-1	-1	-1	1
Γ_5	2	$1/\tau$	$-\tau$	0	2	$1/\tau$	$-\tau$	0
Γ_6	2	$-\tau$	$1/\tau$	0	2	$-\tau$	$1/\tau$	0
Γ_7	2	$1/\tau$	$-\tau$	0	-2	$-1/\tau$	τ	0
Γ_8	2	$-\tau$	$1/\tau$	0	-2	τ	$-1/\tau$	0

$$C_{10}(10)$$

	ε	α	α^2	α^3	α^4	α^5	α^6	α^7	α^8	α^9
Γ_1	1	1	1	1	1	1	1	1	1	1
Γ_2	1	-1	1	-1	1	-1	1	-1	1	-1
Γ_3	1	$-\rho^2$	ρ^{-1}	ρ	ρ^{-2}	-1	ρ^2	$-\rho^{-1}$	ρ	$-\rho^{-2}$
	1	$-\rho^{-2}$	ρ	ρ^{-1}	ρ^2	-1	ρ^{-2}	$-\rho$	ρ^{-1}	$-\rho^2$
Γ_4	1	ρ	ρ^2	ρ^{-2}	ρ^{-1}	1	ρ	ρ^2	ρ^{-2}	ρ^{-1}
	1	ρ^{-1}	ρ^{-2}	ρ^2	ρ	1	ρ^{-1}	ρ^{-2}	ρ^2	ρ
Γ_5	1	$-\rho$	ρ^2	$-\rho^{-2}$	ρ^{-1}	-1	ρ	$-\rho^2$	ρ^{-2}	$-\rho^{-1}$
	1	$-\rho^{-1}$	ρ^{-2}	$-\rho^2$	ρ	-1	ρ^{-1}	$-\rho^{-2}$	ρ^2	$-\rho$
Γ_6	1	ρ^2	ρ^{-1}	ρ	ρ^{-2}	1	ρ^2	ρ^{-1}	ρ	ρ^{-2}
	1	ρ^{-2}	ρ	ρ^{-1}	ρ^2	1	ρ^{-2}	ρ	ρ^{-1}	ρ^2

$$C_{5h}(\overline{10})$$

	ε	α	α^2	α^3	α^4	β	$\alpha\beta$	$\alpha^2\beta$	$\alpha^3\beta$	$\alpha^4\beta$
Γ_1	1	1	1	1	1	1	1	1	1	1
Γ_2	1	1	1	1	1	-1	-1	-1	-1	-1
Γ_3	1	ρ	ρ^2	ρ^{-2}	ρ^{-1}	1	ρ	ρ^2	ρ^{-2}	ρ^{-1}
	1	ρ^{-1}	ρ^{-2}	ρ^2	ρ	1	ρ^{-1}	ρ^{-2}	ρ^2	ρ
Γ_4	1	ρ^2	ρ^{-1}	ρ	ρ^{-2}	1	ρ^2	ρ^{-1}	ρ	ρ^{-2}
	1	ρ^{-2}	ρ	ρ^{-1}	ρ^2	1	ρ^{-2}	ρ	ρ^{-1}	ρ^2
Γ_5	1	ρ	ρ^2	ρ^{-2}	ρ^{-1}	-1	$-\rho$	$-\rho^2$	$-\rho^{-2}$	$-\rho^{-1}$
	1	ρ^{-1}	ρ^{-2}	ρ^2	ρ	-1	$-\rho^{-1}$	$-\rho^{-2}$	$-\rho^2$	$-\rho$
Γ_6	1	ρ^2	ρ^{-1}	ρ	ρ^{-2}	-1	$-\rho^2$	$-\rho^{-1}$	$-\rho$	$-\rho^{-2}$
	1	ρ^{-2}	ρ	ρ^{-1}	ρ^2	-1	$-\rho^{-2}$	$-\rho$	$-\rho^{-1}$	$-\rho^2$

$$C_{10h}\left(\frac{10}{m}\right)$$

	ε	α	α^2	α^3	α^4	α^5	α^6	α^7	α^8	α^9	β	$\alpha\beta$	$\alpha^2\beta$	$\alpha^3\beta$	$\alpha^4\beta$	$\alpha^5\beta$	$\alpha^6\beta$	$\alpha^7\beta$	$\alpha^8\beta$	$\alpha^9\beta$
Γ_1	1	1	1	1	1	1	1	1	1	1	1	1	1	1	1	1	1	1	1	1
Γ_2	1	-1	1	-1	1	-1	1	-1	1	-1	1	-1	1	-1	1	-1	1	-1	1	-1
Γ_3	1	1	1	1	1	1	1	1	1	1	-1	-1	-1	-1	-1	-1	-1	-1	-1	-1
Γ_4	1	-1	1	-1	1	-1	1	-1	1	-1	-1	1	-1	1	-1	1	-1	1	-1	1
Γ_5	1	$-\rho^2$	ρ^{-1}	ρ	ρ^{-2}	-1	ρ^2	$-\rho^{-1}$	ρ	$-\rho^{-2}$	1	$-\rho^2$	ρ^{-1}	ρ	ρ^{-2}	-1	ρ^2	$-\rho^{-1}$	ρ	$-\rho^{-2}$
	1	$-\rho^{-2}$	ρ	$-\rho^{-1}$	ρ^2	-1	ρ^{-2}	ρ	ρ^{-1}	$-\rho^2$	1	$-\rho^{-2}$	ρ	$-\rho^{-1}$	ρ^2	-1	ρ^{-2}	ρ	ρ^{-1}	$-\rho^2$
Γ_6	1	$-\rho^2$	ρ^{-1}	ρ	ρ^{-2}	-1	ρ^2	$-\rho^{-1}$	ρ	$-\rho^{-2}$	-1	ρ^2	$-\rho^{-1}$	$-\rho$	$-\rho^{-2}$	1	$-\rho^2$	ρ^{-1}	$-\rho$	ρ^{-2}
	1	$-\rho^{-2}$	ρ	$-\rho^{-1}$	ρ^2	-1	ρ^{-2}	ρ	ρ^{-1}	$-\rho^2$	-1	ρ^{-2}	$-\rho$	ρ^{-1}	$-\rho^2$	1	$-\rho^{-2}$	$-\rho$	$-\rho^{-1}$	ρ^2
Γ_7	1	ρ	ρ^2	ρ^{-2}	ρ^{-1}	1	ρ	ρ^2	ρ^{-2}	ρ^{-1}	1	ρ	ρ^2	ρ^{-2}	ρ^{-1}	1	ρ	ρ^2	ρ^{-2}	ρ^{-1}
	1	ρ^{-1}	ρ^{-2}	ρ^2	ρ	1	ρ^{-1}	ρ^{-2}	ρ^2	ρ	1	ρ^{-1}	ρ^{-2}	ρ^2	ρ	1	ρ^{-1}	ρ^{-2}	ρ^2	ρ

	ε	α	α^2	α^3	α^4	α^5	α^6	α^7	α^8	α^9	β	$\alpha\beta$	$\alpha^2\beta$	$\alpha^3\beta$	$\alpha^4\beta$	$\alpha^5\beta$	$\alpha^6\beta$	$\alpha^7\beta$	$\alpha^8\beta$	$\alpha^9\beta$
Γ_8	1	ρ	ρ^2	ρ^{-2}	ρ^{-1}	1	ρ	ρ^2	ρ^{-2}	ρ^{-1}	-1	$-\rho$	$-\rho^2$	$-\rho^{-2}$	$-\rho^{-1}$	-1	$-\rho$	$-\rho^2$	$-\rho^{-2}$	$-\rho^{-1}$
	1	ρ^{-1}	ρ^{-2}	ρ^2	ρ	1	ρ^{-1}	ρ^{-2}	ρ^2	ρ	-1	$-\rho^{-1}$	$-\rho^{-2}$	$-\rho^2$	$-\rho$	-1	$-\rho^{-1}$	$-\rho^{-2}$	$-\rho^2$	$-\rho$
Γ_9	1	$-\rho$	ρ^2	$-\rho^{-2}$	ρ^{-1}	-1	ρ	ρ^2	ρ^{-2}	$-\rho^{-1}$	1	$-\rho$	ρ^2	$-\rho^{-2}$	ρ^{-1}	-1	ρ	$-\rho^2$	$-\rho^{-2}$	$-\rho^{-1}$
	1	$-\rho^{-1}$	ρ^{-2}	ρ^2	ρ	-1	ρ^{-1}	ρ^{-2}	ρ^2	ρ	1	$-\rho^{-1}$	$-\rho^{-2}$	$-\rho^2$	ρ	-1	$-\rho^{-1}$	$-\rho^{-2}$	ρ^2	$-\rho$
Γ_{10}	1	$-\rho$	ρ^2	$-\rho^{-2}$	ρ^{-1}	-1	ρ	ρ^2	ρ^{-2}	$-\rho^{-1}$	-1	ρ	$-\rho^2$	$-\rho^{-2}$	$-\rho^{-1}$	1	$-\rho$	ρ^2	$-\rho^{-2}$	ρ
	1	$-\rho^{-1}$	ρ^{-2}	ρ^2	ρ	-1	ρ^{-1}	ρ^{-2}	ρ^2	ρ	-1	ρ^{-1}	$-\rho^{-2}$	ρ^2	$-\rho$	1	$-\rho^{-1}$	$-\rho^{-2}$	$-\rho^2$	ρ
Γ_{11}	1	ρ^2	ρ^{-1}	ρ	ρ^{-2}	1	ρ^2	ρ^{-1}	ρ	ρ^{-2}	1	ρ^2	ρ^{-1}	ρ	ρ^{-2}	1	ρ^2	ρ^{-1}	ρ	ρ^{-2}
	1	ρ^{-2}	ρ	ρ^{-1}	ρ^2	1	ρ^{-2}	ρ	ρ^{-1}	ρ^2	1	ρ^{-2}	ρ	ρ^{-1}	ρ^2	1	ρ^{-2}	ρ	ρ^{-1}	ρ^2
Γ_{12}	1	ρ^2	ρ^{-1}	ρ	ρ^{-2}	1	ρ^2	ρ^{-1}	ρ	ρ^{-2}	-1	$-\rho^2$	$-\rho^{-1}$	$-\rho$	$-\rho^{-2}$	-1	$-\rho^2$	$-\rho^{-1}$	$-\rho$	$-\rho^{-2}$
	1	ρ^{-2}	ρ	ρ^{-1}	ρ^2	1	ρ^{-2}	ρ	ρ^{-1}	ρ^2	-1	$-\rho^{-2}$	$-\rho$	$-\rho^{-1}$	$-\rho^2$	-1	$-\rho^{-2}$	$-\rho$	$-\rho^{-1}$	$-\rho^2$

$C_{10v}(10mm)$

	ε	2α	$2\alpha^2$	$2\alpha^3$	$2\alpha^4$	α^5	5β	$\alpha\beta$
Γ_1	1	1	1	1	1	1	1	1
Γ_2	1	1	1	1	1	1	-1	-1
Γ_3	1	-1	1	-1	1	-1	1	-1
Γ_4	2	-1	1	-1	1	-1	-1	1
Γ_5	2	τ	$1/\tau$	$-1/\tau$	$-\tau$	-2	0	0
Γ_6	2	$1/\tau$	$-\tau$	$-\tau$	$1/\tau$	2	0	0
Γ_7	2	$-1/\tau$	$-\tau$	τ	$1/\tau$	-2	0	0
Γ_8	2	$-\tau$	$1/\tau$	$1/\tau$	$-\tau$	2	0	0

$D_{10}(10\ 2\ 2)$

	ε	2α	$2\alpha^2$	$2\alpha^3$	$2\alpha^4$	α^5	$5\alpha'$	$5\alpha\alpha'$
Γ_1	1	1	1	1	1	1	1	1
Γ_2	1	1	1	1	1	1	-1	-1
Γ_3	1	-1	1	-1	1	-1	1	-1
Γ_4	2	-1	1	-1	1	-1	-1	1
Γ_5	2	τ	$1/\tau$	$-1/\tau$	$-\tau$	-2	0	0
Γ_6	2	$1/\tau$	$-\tau$	$-\tau$	$1/\tau$	2	0	0
Γ_7	2	$-1/\tau$	$-\tau$	τ	$1/\tau$	-2	0	0
Γ_8	2	$-\tau$	$1/\tau$	$1/\tau$	$-\tau$	2	0	0

$D_{5h}(\overline{10}\ m\ 2)$

	ε	2α	$2\alpha^2$	$5\alpha'$	β	$2\alpha\beta$	$2\alpha^2\beta$	$5\alpha'\beta$
Γ_1	1	1	1	1	1	1	1	1
Γ_2	1	1	1	-1	1	1	1	-1
Γ_3	1	1	1	1	-1	-1	-1	-1
Γ_4	1	1	1	-1	-1	-1	-1	1
Γ_5	2	$1/\tau$	$-\tau$	0	2	$1/\tau$	$-\tau$	0
Γ_6	2	$-\tau$	$1/\tau$	0	2	$-\tau$	$1/\tau$	0
Γ_7	2	$1/\tau$	$-\tau$	0	-2	$-1/\tau$	τ	0
Γ_8	2	$-\tau$	$1/\tau$	0	-2	τ	$-1/\tau$	0

$$D_{10h}\left(\frac{10}{m}\,\frac{2}{m}\,\frac{2}{m}\right)$$

	ε	2α	$2\alpha^2$	$2\alpha^3$	$2\alpha^4$	α^5	β	$2\alpha\beta$	$2\alpha^2\beta$	$2\alpha^3\beta$	$2\alpha^4\beta$	$\alpha^5\beta$	$5\alpha'$	$5\alpha\alpha'$	$5\alpha'\beta$	$5\alpha\alpha'\beta$
Γ_1	1	1	1	1	1	1	1	1	1	1	1	1	1	1	1	1
Γ_2	1	1	1	1	1	1	1	1	1	1	1	1	-1	-1	-1	-1
Γ_3	1	1	1	1	1	1	-1	-1	-1	-1	-1	-1	1	1	-1	-1
Γ_4	1	1	1	1	1	1	-1	-1	-1	-1	-1	-1	-1	-1	1	1
Γ_5	1	-1	1	-1	1	-1	1	-1	1	-1	1	-1	1	-1	1	-1
Γ_6	1	-1	1	-1	1	-1	1	-1	1	-1	1	-1	-1	1	-1	1
Γ_7	1	-1	1	-1	1	-1	-1	1	-1	1	-1	1	1	-1	-1	1
Γ_8	1	-1	1	-1	1	-1	-1	1	-1	1	-1	1	-1	1	1	-1
Γ_9	2	τ	$1/\tau$	$-1/\tau$	$-\tau$	-2	2	τ	$1/\tau$	$-1/\tau$	$-\tau$	-2	0	0	0	0

	ε	2α	$2\alpha^2$	$2\alpha^3$	$2\alpha^4$	α^5	β	$2\alpha\beta$	$2\alpha^2\beta$	$2\alpha^3\beta$	$2\alpha^4\beta$	$\alpha^5\beta$	$5\alpha'$	$5\alpha\alpha'$	$5\alpha'\beta$	$5\alpha\alpha'\beta$
Γ_{10}	2	τ	$1/\tau$	$-1/\tau$	$-\tau$	-2	-2	$-\tau$	$-1/\tau$	$1/\tau$	τ	2	0	0	0	0
Γ_{11}	2	$1/\tau$	$-\tau$	$-\tau$	$1/\tau$	2	2	$1/\tau$	$-\tau$	$-\tau$	$1/\tau$	2	0	0	0	0
Γ_{12}	2	$1/\tau$	$-\tau$	$-\tau$	$1/\tau$	2	-2	$-1/\tau$	τ	τ	$-1/\tau$	-2	0	0	0	0
Γ_{13}	2	$-1/\tau$	$-\tau$	τ	$1/\tau$	-2	2	$-1/\tau$	$-\tau$	τ	$1/\tau$	-2	0	0	0	0
Γ_{14}	2	$-1/\tau$	$-\tau$	τ	$1/\tau$	-2	-2	$1/\tau$	τ	$-\tau$	$-1/\tau$	2	0	0	0	0
Γ_{15}	2	$-\tau$	$1/\tau$	$1/\tau$	$-\tau$	2	2	$-\tau$	$1/\tau$	$1/\tau$	$-\tau$	2	0	0	0	0
Γ_{16}	2	$-\tau$	$1/\tau$	$1/\tau$	$-\tau$	2	-2	τ	$-1/\tau$	$-1/\tau$	τ	-2	0	0	0	0

$$C_8(8) \quad (\rho \text{ 为八次单位原根}, \rho^8=1. \text{ 下同})$$

	ε	α	α^2	α^3	α^4	α^5	α^6	α^7
Γ_1	1	1	1	1	1	1	1	1
Γ_2	1	-1	1	-1	1	-1	1	-1
Γ_3	1	ρ	ρ^2	$-\rho^{-1}$	-1	$-\rho$	ρ^{-2}	ρ^{-1}
	1	ρ^{-1}	ρ^{-2}	$-\rho$	-1	$-\rho^{-1}$	ρ^2	ρ
Γ_4	1	ρ^2	-1	ρ^{-2}	1	ρ^2	-1	ρ^{-2}
	1	ρ^{-2}	-1	ρ^2	1	ρ^{-2}	-1	ρ^2
Γ_5	1	$-\rho^{-1}$	ρ^{-2}	ρ	-1	ρ^{-1}	ρ^2	$-\rho$
	1	$-\rho$	ρ^2	ρ^{-1}	-1	ρ	ρ^{-2}	$-\rho^{-1}$

$$S_8(\overline{8})$$

	ε	$\beta\alpha$	α^2	$\beta\alpha^3$	α^4	$\beta\alpha^5$	α^6	$\beta\alpha^7$
Γ_1	1	1	1	1	1	1	1	1
Γ_2	1	-1	1	-1	1	-1	1	-1
Γ_3	1	ρ	ρ^2	$-\rho^{-1}$	-1	$-\rho$	ρ^{-2}	ρ^{-1}
	1	ρ^{-1}	ρ^{-2}	$-\rho$	-1	$-\rho^{-1}$	ρ^2	ρ
Γ_4	1	ρ^2	-1	ρ^{-2}	1	ρ^2	-1	ρ^{-2}
	1	ρ^{-2}	-1	ρ^2	1	ρ^{-2}	-1	ρ^2
Γ_5	1	$-\rho^{-1}$	ρ^{-2}	ρ	-1	ρ^{-1}	ρ^2	$-\rho$
	1	$-\rho$	ρ^2	ρ^{-1}	-1	ρ	ρ^{-2}	$-\rho^{-1}$

$$C_{8h}\left(\frac{8}{m}\right)$$

	ε	α	α^2	α^3	α^4	α^5	α^6	α^7	β	$\alpha\beta$	$\alpha^2\beta$	$\alpha^3\beta$	$\alpha^4\beta$	$\alpha^5\beta$	$\alpha^6\beta$	$\alpha^7\beta$
Γ_1	1	1	1	1	1	1	1	1	1	1	1	1	1	1	1	1
Γ_2	1	-1	1	-1	1	-1	1	-1	1	-1	1	-1	1	-1	1	-1
Γ_3	1	1	1	1	1	1	1	1	-1	-1	-1	-1	-1	-1	-1	-1
Γ_4	1	-1	1	-1	1	-1	1	-1	-1	1	-1	1	-1	1	-1	1
Γ_5	1	ρ	ρ^2	$-\rho^{-1}$	-1	$-\rho$	ρ^{-2}	ρ^{-1}	1	ρ	ρ^2	$-\rho^{-1}$	-1	$-\rho$	ρ^{-2}	ρ^{-1}
	1	ρ^{-1}	ρ^{-2}	$-\rho$	-1	$-\rho^{-1}$	ρ^2	ρ	1	ρ^{-1}	ρ^{-2}	$-\rho$	-1	$-\rho^{-1}$	ρ^2	ρ
Γ_6	1	ρ^2	-1	ρ^{-2}	1	ρ^2	-1	ρ^{-2}	1	ρ^2	-1	ρ^{-2}	1	ρ^2	-1	ρ^{-2}
	1	ρ^{-2}	-1	ρ^2	1	ρ^{-2}	-1	ρ^2	1	ρ^{-2}	-1	ρ^2	1	ρ^{-2}	-1	ρ^2
Γ_7	1	$-\rho^{-1}$	ρ^{-2}	ρ	-1	ρ^{-1}	ρ^2	$-\rho$	1	$-\rho^{-1}$	ρ^{-2}	ρ	-1	ρ^{-1}	ρ^2	$-\rho$
	1	$-\rho$	ρ^2	ρ^{-1}	-1	ρ	ρ^{-2}	$-\rho^{-1}$	1	$-\rho$	ρ^2	ρ^{-1}	-1	ρ	ρ^{-2}	$-\rho^{-1}$
Γ_8	1	ρ	ρ^2	$-\rho^{-1}$	-1	$-\rho$	ρ^{-2}	ρ^{-1}	-1	$-\rho$	$-\rho^2$	ρ^{-1}	1	ρ	$-\rho^{-2}$	$-\rho^{-1}$
	1	ρ^{-1}	ρ^{-2}	$-\rho$	-1	$-\rho^{-1}$	ρ^2	ρ	-1	$-\rho^{-1}$	$-\rho^{-2}$	ρ	1	ρ^{-1}	$-\rho^2$	$-\rho$
Γ_9	1	ρ^2	-1	ρ^{-2}	1	ρ^2	-1	ρ^{-2}	-1	$-\rho^2$	1	$-\rho^{-2}$	-1	$-\rho^2$	1	$-\rho^{-2}$
	1	ρ^{-2}	-1	ρ^2	1	ρ^{-2}	-1	ρ^2	-1	$-\rho^{-2}$	1	$-\rho^2$	-1	$-\rho^{-2}$	1	$-\rho^2$
Γ_{10}	1	$-\rho^{-1}$	ρ^{-2}	ρ	-1	ρ^{-1}	ρ^2	$-\rho$	-1	ρ^{-1}	$-\rho^{-2}$	$-\rho$	1	$-\rho^{-1}$	$-\rho^2$	ρ
	1	$-\rho$	ρ^2	ρ^{-1}	-1	ρ	ρ^{-2}	$-\rho^{-1}$	-1	ρ	$-\rho^2$	$-\rho^{-1}$	1	$-\rho$	$-\rho^{-2}$	ρ^{-1}

$C_{8v}(8mm)$

	ε	2α	$2\alpha^2$	$2\alpha^3$	α^4	4β	$4\alpha\beta$
Γ_1	1	1	1	1	1	1	1
Γ_2	1	1	1	1	1	-1	-1
Γ_3	1	-1	1	-1	1	1	-1
Γ_4	1	-1	1	-1	1	-1	1
Γ_5	2	$\sqrt{2}$	0	$-\sqrt{2}$	-2	0	0
Γ_6	2	0	-2	0	2	0	0
Γ_7	2	$-\sqrt{2}$	0	$\sqrt{2}$	-2	0	0

$D_8(822)$

	ε	2α	$2\alpha^2$	$2\alpha^3$	α^4	$4\alpha'$	$4\alpha\alpha'$
Γ_1	1	1	1	1	1	1	1
Γ_2	1	1	1	1	1	-1	-1
Γ_3	1	-1	1	-1	1	1	-1
Γ_4	1	-1	1	-1	1	-1	1
Γ_5	2	$\sqrt{2}$	0	$-\sqrt{2}$	-2	0	0
Γ_6	2	0	-2	0	2	0	0
Γ_7	2	$-\sqrt{2}$	0	$\sqrt{2}$	-2	0	0

$D_{4d}(\overline{8}m2)$

	ε	$2\alpha i$	$2\alpha^2$	$2\alpha^3 i$	α^4	4β	$4\alpha i\beta$
Γ_1	1	1	1	1	1	1	1
Γ_2	1	1	1	1	1	-1	-1
Γ_3	1	-1	1	-1	1	1	-1
Γ_4	1	-1	1	-1	1	-1	1
Γ_5	2	$\sqrt{2}$	0	$-\sqrt{2}$	-2	0	0
Γ_6	2	0	-2	0	2	0	0
Γ_7	2	$-\sqrt{2}$	0	$\sqrt{2}$	-2	0	0

$$D_{8h}\left(\frac{8}{m}\,\frac{2}{m}\,\frac{2}{m}\right)$$

	ε	2α	$2\alpha^2$	$2\alpha^3$	α^4	β	$2\alpha\beta$	$2\alpha^2\beta$	$2\alpha^3\beta$	$\alpha^4\beta$	$4\alpha'$	$4\alpha\alpha'$	$4\alpha'\beta$	$4\alpha\alpha'\beta$
Γ_1	1	1	1	1	1	1	1	1	1	1	1	1	1	1
Γ_2	1	1	1	1	1	1	1	1	1	1	-1	-1	-1	-1
Γ_3	1	1	1	1	1	-1	-1	-1	-1	-1	1	1	-1	-1
Γ_4	1	1	1	1	1	-1	-1	-1	-1	-1	-1	-1	1	1
Γ_5	1	-1	1	-1	1	1	-1	1	-1	1	1	-1	1	-1
Γ_6	1	-1	1	-1	1	1	-1	1	-1	1	-1	1	-1	1
Γ_7	1	-1	1	-1	1	-1	1	-1	1	-1	1	-1	-1	1
Γ_8	1	-1	1	-1	1	-1	1	-1	1	-1	-1	1	1	-1
Γ_9	2	$\sqrt{2}$	0	$-\sqrt{2}$	-2	2	$\sqrt{2}$	0	$-\sqrt{2}$	-2	0	0	0	0
Γ_{10}	2	$\sqrt{2}$	0	$-\sqrt{2}$	-2	-2	$-\sqrt{2}$	0	$\sqrt{2}$	2	0	0	0	0
Γ_{11}	2	0	-2	0	2	2	0	-2	0	2	0	0	0	0
Γ_{12}	2	0	-2	0	2	-2	0	2	0	-2	0	0	0	0
Γ_{13}	2	$-\sqrt{2}$	0	$\sqrt{2}$	-2	2	$-\sqrt{2}$	0	$\sqrt{2}$	-2	0	0	0	0
Γ_{14}	2	$-\sqrt{2}$	0	$\sqrt{2}$	-2	-2	$\sqrt{2}$	0	$-\sqrt{2}$	2	0	0	0	0

$C_{12}(12)$（ρ 为十二次单位原根，$\rho^{12}=1$. 下同）

	ε	α	α^2	α^3	α^4	α^5	α^6	α^7	α^8	α^9	α^{10}	α^{11}
Γ_1	1	1	1	1	1	1	1	1	1	1	1	1
Γ_2	1	-1	1	-1	1	-1	1	-1	1	-1	1	-1
Γ_3	1	ρ	ρ^2	ρ^3	$-\rho^{-2}$	$-\rho^{-1}$	-1	$-\rho$	$-\rho^2$	$-\rho^3$	ρ^{-2}	ρ^{-1}
	1	ρ^{-1}	ρ^{-2}	ρ^{-3}	$-\rho^2$	$-\rho$	-1	$-\rho^{-1}$	$-\rho^{-2}$	$-\rho^{-3}$	ρ^2	ρ
Γ_4	1	ρ^2	$-\rho^{-2}$	-1	ρ^2	ρ^{-2}	1	$-\rho^{-2}$	$-\rho^2$	1	$-\rho^2$	ρ^{-2}
	1	ρ^{-2}	$-\rho^2$	-1	$-\rho^{-2}$	ρ^2	1	$-\rho^2$	$-\rho^{-2}$	1	$-\rho^{-2}$	ρ^2
Γ_5	1	ρ^3	-1	$-\rho^3$	1	ρ^3	-1	$-\rho^3$	1	ρ^3	-1	$-\rho^3$
	1	ρ^{-3}	-1	$-\rho^{-3}$	1	ρ^{-3}	-1	$-\rho^{-3}$	1	ρ^{-3}	-1	$-\rho^{-3}$
Γ_6	1	$-\rho^2$	$-\rho^{-2}$	1	$-\rho^2$	$-\rho^{-2}$	1	$-\rho^2$	$-\rho^{-2}$	1	ρ^2	$-\rho^2$
	1	$-\rho^{-2}$	$-\rho^2$	1	$-\rho^{-2}$	$-\rho^2$	1	$-\rho^{-2}$	ρ^2	1	$-\rho^{-2}$	ρ^2
Γ_7	1	$-\rho$	ρ^2	ρ^3	$-\rho^{-2}$	$-\rho^{-1}$	-1	ρ	$-\rho^2$	ρ^3	ρ^{-2}	$-\rho^{-1}$
	1	$-\rho^{-1}$	ρ^{-2}	$-\rho^{-3}$	$-\rho^2$	ρ	-1	ρ^{-1}	$-\rho^{-2}$	$-\rho^{-3}$	ρ^2	$-\rho$

	ε	α	α^2	α^3	α^4	α^5	α^6	α^7	α^8	α^9	α^{10}	α^{11}	β	$\alpha\beta$	$\alpha^2\beta$	$\alpha^3\beta$	$\alpha^4\beta$	$\alpha^5\beta$	$\alpha^6\beta$	$\alpha^7\beta$	$\alpha^8\beta$	$\alpha^9\beta$	$\alpha^{10}\beta$	$\alpha^{11}\beta$
Γ_1	1	1	1	1	1	1	1	1	1	1	1	1	1	1	1	1	1	1	1	1	1	1	1	1
Γ_2	1	1	1	1	1	1	1	1	1	1	1	1	-1	-1	-1	-1	-1	-1	-1	-1	-1	-1	-1	-1
Γ_3	1	-1	1	-1	1	-1	1	-1	1	-1	1	-1	1	-1	1	-1	1	-1	1	-1	1	-1	1	-1
Γ_4	1	-1	1	-1	1	-1	1	-1	1	-1	1	-1	-1	1	-1	1	-1	1	-1	1	-1	1	-1	1
Γ_5	1	ρ	ρ^2	ρ^3	$-\rho^{-2}$	$-\rho^{-1}$	-1	$-\rho$	$-\rho^2$	$-\rho^3$	ρ^{-2}	ρ^{-1}	1	ρ	ρ^2	ρ^3	$-\rho^{-2}$	$-\rho^{-1}$	-1	$-\rho$	$-\rho^2$	$-\rho^3$	ρ^{-2}	ρ^{-1}
	1	ρ^{-1}	ρ^{-2}	ρ^{-3}	$-\rho^2$	$-\rho$	-1	$-\rho^{-1}$	$-\rho^{-2}$	$-\rho^{-3}$	ρ^2	ρ	1	ρ^{-1}	ρ^{-2}	ρ^{-3}	$-\rho^2$	$-\rho$	-1	$-\rho^{-1}$	$-\rho^{-2}$	$-\rho^{-3}$	ρ^2	ρ
Γ_6	1	ρ^2	$-\rho^{-2}$	-1	$-\rho^2$	ρ^{-2}	1	ρ^2	$-\rho^{-2}$	-1	$-\rho^2$	ρ^{-2}	1	ρ^2	$-\rho^{-2}$	-1	$-\rho^2$	ρ^{-2}	1	ρ^2	$-\rho^{-2}$	-1	$-\rho^2$	ρ^{-2}
	1	ρ^{-2}	$-\rho^2$	-1	$-\rho^{-2}$	ρ^2	1	ρ^{-2}	$-\rho^2$	-1	$-\rho^{-2}$	ρ^2	1	ρ^{-2}	$-\rho^2$	-1	$-\rho^{-2}$	ρ^2	1	ρ^{-2}	$-\rho^2$	-1	$-\rho^{-2}$	ρ^2
Γ_7	1	ρ^3	-1	$-\rho^3$	1	ρ^3	-1	$-\rho^3$	1	ρ^3	-1	$-\rho^3$	1	ρ^3	-1	$-\rho^3$	1	ρ^3	-1	$-\rho^3$	1	ρ^3	-1	$-\rho^3$
	1	ρ^{-3}	-1	$-\rho^{-3}$	1	ρ^{-3}	-1	$-\rho^{-3}$	1	ρ^{-3}	-1	$-\rho^{-3}$	1	ρ^{-3}	-1	$-\rho^{-3}$	1	ρ^{-3}	-1	$-\rho^{-3}$	1	ρ^{-3}	-1	$-\rho^{-3}$
Γ_8	1	$-\rho^{-2}$	$-\rho^2$	1	$-\rho^{-2}$	$-\rho^2$	1	$-\rho^{-2}$	$-\rho^2$	1	$-\rho^{-2}$	$-\rho^2$	1	$-\rho^{-2}$	$-\rho^2$	1	$-\rho^{-2}$	$-\rho^2$	1	$-\rho^{-2}$	$-\rho^2$	1	$-\rho^{-2}$	$-\rho^2$
	1	$-\rho^2$	$-\rho^{-2}$	1	$-\rho^2$	$-\rho^{-2}$	1	$-\rho^2$	$-\rho^{-2}$	1	$-\rho^2$	$-\rho^{-2}$	1	$-\rho^2$	$-\rho^{-2}$	1	$-\rho^2$	$-\rho^{-2}$	1	$-\rho^2$	$-\rho^{-2}$	1	$-\rho^2$	$-\rho^{-2}$

	Γ_9		Γ_{10}		Γ_{11}		Γ_{12}		Γ_{13}		Γ_{14}	
$\alpha^{11}\beta$	$-\rho^{-1}$	$-\rho$	$-\rho^{-1}$	$-\rho$	$-\rho^{-2}$	$-\rho^{2}$	$-\rho^{3}$	ρ^{-3}	ρ^{-2}	ρ^{2}	$-\rho^{-1}$	ρ
$\alpha^{10}\beta$	$-\rho^{-2}$	ρ^{2}	$-\rho^{-2}$	$-\rho^{2}$	ρ^{2}	$-\rho^{-2}$	1	1	ρ^{2}	$-\rho^{-2}$	$-\rho^{-2}$	$-\rho^{2}$
$\alpha^{9}\beta$	ρ^{3}	$-\rho^{-3}$	ρ^{3}	$-\rho^{-3}$	1	1	$-\rho^{3}$	$-\rho^{-3}$	-1	-1	$-\rho^{3}$	$-\rho^{-3}$
$\alpha^{8}\beta$	$-\rho^{2}$	$-\rho^{-2}$	ρ^{2}	$-\rho^{-2}$	ρ^{2}	ρ^{2}	-1	-1	$-\rho^{-2}$	ρ^{2}	ρ^{2}	$-\rho^{-2}$
$\alpha^{7}\beta$	ρ	$-\rho^{-1}$	ρ	$-\rho^{-1}$	$-\rho^{2}$	$-\rho^{-2}$	ρ^{3}	$-\rho^{-3}$	ρ^{2}	$-\rho^{-2}$	$-\rho$	$-\rho^{-1}$
$\alpha^{6}\beta$	-1	-1	1	1	-1	-1	1	1	-1	-1	1	1
$\alpha^{5}\beta$	$-\rho^{-1}$	ρ	$-\rho^{-1}$	ρ	$-\rho^{2}$	$-\rho^{-2}$	$-\rho^{3}$	$-\rho^{-3}$	$-\rho^{-2}$	ρ^{2}	$-\rho^{-1}$	$-\rho$
$\alpha^{4}\beta$	$-\rho^{-2}$	$-\rho^{2}$	$-\rho^{-2}$	ρ^{2}	ρ^{2}	$-\rho^{-2}$	-1	-1	ρ^{2}	$-\rho^{-2}$	$-\rho^{-2}$	ρ^{2}
$\alpha^{3}\beta$	$-\rho^{3}$	$-\rho^{-3}$	$-\rho^{3}$	ρ^{-3}	1	1	ρ^{3}	$-\rho^{-3}$	-1	-1	ρ^{3}	$-\rho^{-3}$
$\alpha^{2}\beta$	ρ^{2}	$-\rho^{-2}$	ρ^{2}	$-\rho^{-2}$	$-\rho^{-2}$	ρ^{2}	1	1	$-\rho^{-2}$	ρ^{2}	$-\rho^{2}$	$-\rho^{-2}$
$\alpha\beta$	ρ	$-\rho^{-1}$	ρ	$-\rho^{-1}$	ρ^{-2}	$-\rho^{2}$	ρ^{3}	$-\rho^{-3}$	ρ^{2}	$-\rho^{-2}$	ρ	$-\rho^{-1}$
β	1	1	-1	-1	-1	-1	-1	-1	-1	-1	-1	-1
α^{11}	$-\rho^{-1}$	ρ	$-\rho^{-1}$	ρ	$-\rho^{-2}$	ρ^{2}	$-\rho^{3}$	$-\rho^{-3}$	$-\rho^{-2}$	$-\rho^{2}$	$-\rho^{-1}$	$-\rho$
α^{10}	$-\rho^{-2}$	ρ^{2}	$-\rho^{-2}$	ρ^{2}	$-\rho^{-2}$	$-\rho^{2}$	-1	-1	$-\rho^{-2}$	$-\rho^{2}$	$-\rho^{-2}$	ρ^{2}
α^{9}	ρ^{3}	$-\rho^{-3}$	$-\rho^{3}$	ρ^{-3}	-1	-1	ρ^{3}	ρ^{-3}	1	1	ρ^{3}	$-\rho^{-3}$
α^{8}	$-\rho^{2}$	$-\rho^{-2}$	ρ^{2}	$-\rho^{-2}$	$-\rho^{2}$	ρ^{2}	1	1	$-\rho^{-2}$	ρ^{2}	ρ^{2}	$-\rho^{-2}$
α^{7}	ρ	$-\rho^{-1}$	ρ	$-\rho^{-1}$	ρ^{2}	$-\rho^{-2}$	ρ^{3}	$-\rho^{-3}$	$-\rho^{-2}$	ρ^{2}	ρ	$-\rho^{-1}$
α^{6}	-1	-1	-1	-1	1	1	-1	-1	1	1	-1	-1
α^{5}	ρ^{-1}	ρ	$-\rho^{-1}$	ρ	$-\rho^{2}$	ρ^{2}	ρ^{3}	$-\rho^{-3}$	$-\rho^{-2}$	ρ^{2}	$-\rho^{-1}$	ρ
α^{4}	$-\rho^{-2}$	ρ^{2}	$-\rho^{-2}$	ρ^{2}	ρ^{2}	$-\rho^{-2}$	1	1	ρ^{2}	$-\rho^{-2}$	$-\rho^{-2}$	$-\rho^{2}$
α^{3}	$-\rho^{3}$	$-\rho^{-3}$	ρ^{3}	ρ^{-3}	-1	-1	ρ^{3}	$-\rho^{-3}$	1	1	ρ^{3}	$-\rho^{-3}$
α^{2}	ρ^{2}	$-\rho^{-2}$	ρ^{2}	$-\rho^{-2}$	$-\rho^{-2}$	$-\rho^{2}$	-1	-1	$-\rho^{-2}$	$-\rho^{2}$	ρ^{2}	$-\rho^{-2}$
α	$-\rho$	$-\rho^{-1}$	ρ	$-\rho^{-1}$	ρ^{2}	$-\rho^{-2}$	ρ^{3}	$-\rho^{-3}$	$-\rho^{2}$	$-\rho^{-1}$	ρ	$-\rho^{-1}$
ε	1	1	1	1	1	1	1	1	1	1	1	1

$$S_{12}(\overline{12})$$

	ε	$\beta\alpha$	α^2	$\beta\alpha^3$	α^4	$\beta\alpha^5$	α^6	$\beta\alpha^7$	α^8	$\beta\alpha^9$	α^{10}	$\beta\alpha^{11}$
Γ_1	1	1	1	1	1	1	1	1	1	1	1	1
Γ_2	1	-1	1	-1	1	-1	1	-1	1	-1	1	-1
Γ_3	1	ρ	ρ^2	ρ^3	$-\rho^{-2}$	$-\rho^{-1}$	-1	$-\rho$	$-\rho^2$	$-\rho^3$	ρ^{-2}	ρ^{-1}
	1	ρ^{-1}	ρ^{-2}	ρ^{-3}	$-\rho^2$	$-\rho$	-1	$-\rho^{-1}$	$-\rho^{-2}$	$-\rho^{-3}$	ρ^2	ρ
Γ_4	1	ρ^2	$-\rho^{-2}$	-1	$-\rho^2$	ρ^{-2}	1	ρ^2	$-\rho^{-2}$	-1	$-\rho^2$	ρ^{-2}
	1	ρ^{-2}	$-\rho^2$	-1	$-\rho^{-2}$	ρ^2	1	ρ^{-2}	$-\rho^2$	-1	$-\rho^{-2}$	ρ^2
Γ_5	1	ρ^3	-1	$-\rho^3$	1	ρ^3	-1	$-\rho^3$	1	ρ^3	-1	$-\rho^3$
	1	ρ^{-3}	-1	$-\rho^{-3}$	1	ρ^{-3}	-1	$-\rho^{-3}$	1	ρ^{-3}	-1	$-\rho^{-3}$
Γ_6	1	$-\rho^2$	$-\rho^{-2}$	1	$-\rho^2$	$-\rho^{-2}$	1	$-\rho^2$	$-\rho^{-2}$	1	$-\rho^2$	$-\rho^{-2}$
	1	$-\rho^{-2}$	$-\rho^2$	1	$-\rho^{-2}$	$-\rho^2$	1	$-\rho^{-2}$	$-\rho^2$	1	$-\rho^{-2}$	$-\rho^2$
Γ_7	1	$-\rho$	ρ^2	$-\rho^3$	$-\rho^{-2}$	ρ^{-1}	-1	ρ	$-\rho^2$	ρ^3	ρ^{-2}	$-\rho^{-1}$
	1	$-\rho^{-1}$	ρ^{-2}	$-\rho^{-3}$	$-\rho^2$	ρ	-1	ρ^{-1}	$-\rho^{-2}$	ρ^{-3}	ρ^2	$-\rho$

$$D_{12}(1\ 2\ 2\ 2)$$

	ε	2α	$2\alpha^2$	$2\alpha^3$	$2\alpha^4$	$2\alpha^5$	α^6	$6\alpha'$	$6\alpha\alpha'$
Γ_1	1	1	1	1	1	1	1	1	1
Γ_2	1	1	1	1	1	1	1	-1	-1
Γ_3	1	-1	1	-1	1	-1	1	1	-1
Γ_4	1	-1	1	-1	1	-1	1	-1	1
Γ_5	2	$\sqrt{3}$	1	0	-1	$-\sqrt{3}$	-2	0	0
Γ_6	2	1	-1	-2	-1	1	2	0	0
Γ_7	2	0	-2	0	2	0	-2	0	0
Γ_8	2	-1	-1	2	-1	-1	2	0	0
Γ_9	2	$-\sqrt{3}$	1	0	-1	$\sqrt{3}$	-2	0	0

$$C_{12v}(12mm)$$

	ε	2α	$2\alpha^2$	$2\alpha^3$	$2\alpha^4$	$2\alpha^5$	α^6	6β	$6\alpha\beta$
Γ_1	1	1	1	1	1	1	1	1	1
Γ_2	1	1	1	1	1	1	1	-1	-1
Γ_3	1	-1	1	-1	1	-1	1	1	-1
Γ_4	1	-1	1	-1	1	-1	1	-1	1
Γ_5	2	$\sqrt{3}$	1	0	-1	$-\sqrt{3}$	-2	0	0
Γ_6	2	1	-1	-2	-1	1	2	0	0
Γ_7	2	0	-2	0	2	0	-2	0	0
Γ_8	2	-1	-1	2	-1	-1	2	0	0
Γ_9	2	$-\sqrt{3}$	1	0	-1	$\sqrt{3}$	-2	0	0

$$D_{6d}(\overline{12}m2)$$

	ε	$2\alpha i$	$2\alpha^2$	$2\alpha^3 i$	$2\alpha^4$	$2\alpha^5 i$	α^6	6β	$6\alpha i\beta$
Γ_1	1	1	1	1	1	1	1	1	1
Γ_2	1	1	1	1	1	1	1	-1	-1
Γ_3	1	-1	1	-1	1	-1	1	1	-1
Γ_4	1	-1	1	-1	1	-1	1	-1	1
Γ_5	2	$\sqrt{3}$	1	0	-1	$-\sqrt{3}$	-2	0	0
Γ_6	2	1	-1	-2	-1	1	2	0	0
Γ_7	2	0	-2	0	2	0	-2	0	0
Γ_8	2	-1	-1	2	-1	-1	2	0	0
Γ_9	2	$-\sqrt{3}$	1	0	-1	$\sqrt{3}$	-2	0	0

$$D_{12h}\left(\frac{12}{m}\frac{2}{m}\frac{2}{m}\right)$$

	ε	$2a$	$2a^2$	$2a^3$	$2a^4$	$2a^5$	a^6	β	$2a\beta$	$2a^2\beta$	$2a^3\beta$	$2a^4\beta$	$2a^5\beta$	$a^6\beta$	$6a'$	$6aa'$	$6a'\beta$	$6aa'\beta$
Γ_1	1	1	1	1	1	1	1	1	1	1	1	1	1	1	1	1	1	1
Γ_2	1	1	1	1	1	1	1	1	1	1	1	1	1	1	-1	-1	-1	-1
Γ_3	1	1	1	1	1	1	1	-1	-1	-1	-1	-1	-1	-1	1	1	-1	-1
Γ_4	1	1	1	1	1	1	1	-1	-1	-1	-1	-1	-1	-1	-1	-1	1	1
Γ_5	1	-1	1	-1	1	-1	1	1	-1	1	-1	1	-1	1	1	-1	1	-1
Γ_6	1	-1	1	-1	1	-1	1	1	-1	1	-1	1	-1	1	-1	1	-1	1
Γ_7	1	-1	1	-1	1	-1	1	-1	1	-1	1	-1	1	-1	1	-1	-1	1
Γ_8	1	-1	1	-1	1	-1	1	-1	1	-1	1	-1	1	-1	-1	1	1	-1
Γ_9	2	$\sqrt{3}$	1	0	-1	$-\sqrt{3}$	-2	2	$\sqrt{3}$	1	0	-1	$-\sqrt{3}$	-2	0	0	0	0
Γ_{10}	2	1	-1	-2	-1	1	2	2	1	-1	-2	-1	1	2	0	0	0	0

续表

	ε	2α	$2\alpha^2$	$2\alpha^3$	$2\alpha^4$	$2\alpha^5$	α^6	β	$2\alpha\beta$	$2\alpha^2\beta$	$2\alpha^3\beta$	$2\alpha^4\beta$	$2\alpha^5\beta$	$\alpha^6\beta$	$6\alpha'$	$6\alpha\alpha'$	$6\alpha'\beta$	$6\alpha\alpha'\beta$
Γ_{11}	2	0	-2	0	2	0	-2	2	0	-2	0	2	0	-2	0	0	0	0
Γ_{12}	2	-1	-1	2	-1	-1	2	2	-1	-1	2	-1	-1	2	0	0	0	0
Γ_{13}	2	$-\sqrt{3}$	1	0	-1	$\sqrt{3}$	-2	2	$-\sqrt{3}$	1	0	-1	$\sqrt{3}$	-2	0	0	0	0
Γ_{14}	2	$\sqrt{3}$	1	0	-1	$-\sqrt{3}$	-2	-2	$-\sqrt{3}$	-1	0	1	$\sqrt{3}$	2	0	0	0	0
Γ_{15}	2	1	-1	-2	-1	1	2	-2	-1	1	2	1	-1	-2	0	0	0	0
Γ_{16}	2	0	-2	0	2	0	-2	-2	0	2	0	-2	0	2	0	0	0	0
Γ_{17}	2	-1	-1	2	-1	-1	2	-2	1	1	-2	1	1	-2	0	0	0	0
Γ_{18}	2	$-\sqrt{3}$	1	0	-1	$\sqrt{3}$	-2	-2	$\sqrt{3}$	-1	0	1	$-\sqrt{3}$	2	0	0	0	0

附 录 C

表 C.1 一维准晶的应变量不变量

Laue 类	声子场部分	相位子场部分	声子-相位子耦合部分
1	$E_{11}, E_{22}, E_{33}, E_{12}, E_{13}$	W_{31}, W_{32}, W_{33}	
2	$E_{11}, E_{22}, E_{33}, E_{12}, E_{13}^2, E_{23}^2, E_{13}E_{23}$	$W_{31}, W_{32}, W_{33}, W_{31}^2, W_{32}^2$	$W_{31}E_{13}, W_{31}E_{23}, W_{32}E_{13}, W_{32}E_{23}$
3	$E_{11}, E_{22}, E_{33}, E_{23}, E_{12}^2, E_{13}^2, E_{12}E_{13}$	W_{32}, W_{33}, W_{31}^2	$W_{31}E_{13}, W_{31}E_{12}$
4	$E_{11}, E_{22}, E_{33}, E_{12}^2, E_{13}^2, E_{23}^2$	$W_{33}, W_{31}^2, W_{32}^2$	$W_{31}E_{13}, W_{32}E_{23}$
5	$E_{33}, E_{11}+E_{22}, E_{12}^2, (E_{11}-E_{22})^2, E_{13}^2+E_{23}^2,$ $E_{12}(E_{11}-E_{22})$	$W_{33}, W_{31}^2+W_{32}^2$	$W_{31}E_{13}+W_{32}E_{23}, W_{31}E_{23}-W_{32}E_{13}$
6	$E_{33}, E_{11}+E_{22}, (E_{11}-E_{22})^2, (E_{12}+E_{21})^2$	$W_{33}, W_{31}^2+W_{32}^2$	$W_{31}E_{13}+W_{32}E_{23}$
7	$E_{33}, E_{11}+E_{22}, 2E_{13}E_{12}+E_{23}(E_{11}-E_{22}),$ $E_{13}(E_{11}-E_{22})-2E_{23}E_{12}, E_{11}E_{22}-E_{12}^2,$ $E_{13}^2+E_{23}^2$	$W_{33}, W_{31}^2+W_{32}^2$	$2W_{31}E_{12}+W_{32}(E_{11}-E_{22}),$ $W_{31}(E_{11}-E_{22})-2W_{32}E_{12},$ $W_{31}E_{13}+W_{32}E_{23}, W_{31}E_{23}-W_{32}E_{13}$

声子场部分	相位子场部分	声子-相位子耦合部分
8 $E_{33}, E_{11}+E_{22}, 2E_{13}E_{12}+E_{23}(E_{11}-E_{22})$, $E_{11}E_{22}-E_{12}^2, E_{13}^2+E_{23}^2$	$W_{33}, W_{31}^2+W_{32}^2$	$W_{31}E_{13}+W_{32}E_{23}$, $2W_{31}E_{12}+W_{32}(E_{11}-E_{22})$
9 $E_{33}, E_{11}+E_{22}, E_{11}E_{22}-E_{12}^2, E_{13}^2+E_{23}^2$	$W_{33}, W_{31}^2+W_{32}^2$	$W_{31}E_{13}+W_{32}E_{23}, W_{31}E_{23}-W_{32}E_{13}$
10 $E_{33}, E_{11}+E_{22}, E_{11}E_{22}-E_{12}^2, E_{13}^2+E_{23}^2$	W_{33}	$W_{31}E_{13}+W_{32}E_{23}$

（凡是能写成两个一次不变量之积的二次不变量在表中均未给出，下表同）

表 C.2 二维准晶的应变张量不变量

Laue 类	声子场部分	相位子场部分	声子-相位子耦合部分
1	$E_{11}, E_{22}, E_{33}, E_{12}, E_{13}, E_{23}$	$W_{11}, W_{22}, W_{13}, W_{23}, W_{12}, W_{21}$	$W_{13}E_{13}, W_{13}E_{23}$, $W_{23}E_{13}, W_{23}E_{23}$
2	$E_{11}, E_{22}, E_{33}, E_{12}, E_{13}^2$, $E_{23}^2, E_{13}E_{23}$	$W_{11}, W_{22}, W_{12}, W_{21}, W_{13}^2, W_{23}^2$, $W_{13}W_{23}$	
3	$E_{11}, E_{22}, E_{33}, E_{23}, E_{12}^2$, $E_{13}^2, E_{12}E_{13}$	$W_{11}, W_{22}, W_{23}, W_{13}^2, W_{12}^2, W_{21}^2$, $W_{13}W_{12}, W_{13}W_{21}, W_{12}W_{21}$	$W_{13}E_{12}, W_{13}E_{13}, W_{21}E_{12}$, $W_{21}E_{13}, W_{12}E_{12}, W_{12}E_{13}$
4	$E_{11}, E_{22}, E_{33}, E_{23}, E_{12}^2$, E_{13}^2	$W_{11}, W_{22}, W_{13}, W_{23}^2, W_{12}^2, W_{21}$, $W_{12}W_{21}$	$W_{12}E_{12}, W_{21}E_{12}, W_{13}E_{13}$, $W_{23}E_{23}$

Laue 类	声子场部分	相位子场部分	声子-相位子耦合部分
5	$E_{33}, E_{11}+E_{22}$, $E_{12}{}^2, (E_{11}-E_{22})^2$, $E_{13}{}^2+E_{23}{}^2$, $E_{12}(E_{11}-E_{22})$	$W_{11}+W_{22}, W_{21}-W_{12}$, $(W_{11}-W_{22})^2$, $(W_{21}+W_{12})^2$, $W_{13}{}^2+W_{23}{}^2$, $(W_{11}-W_{22})(W_{21}+W_{12})$	$W_{31}E_{13}+W_{23}E_{23}, W_{31}E_{23}-W_{23}E_{13}$, $(W_{11}-W_{22})E_{12}$, $(W_{11}-W_{22})(E_{11}-E_{22})$, $(W_{21}+W_{12})E_{12}$, $(W_{21}+W_{12})(E_{11}-E_{22})$
6	$E_{33}, E_{11}+E_{22}$, $E_{12}{}^2, (E_{11}-E_{22})^2$, $E_{13}{}^2+E_{23}{}^2$	$W_{11}+W_{22}, (W_{21}-W_{12})^2$, $(W_{11}-W_{22})^2, (W_{21}+W_{12})^2$, $W_{13}{}^2+W_{23}{}^2$	$W_{31}E_{13}+W_{23}E_{23}$, $(W_{11}-W_{22})(E_{11}-E_{22})$, $(W_{21}+W_{12})E_{12}$
7	$E_{33}, E_{11}+E_{22}$, $2E_{13}E_{12}+E_{23}(E_{11}-E_{22})$, $E_{13}(E_{11}-E_{22})-2E_{23}E_{12}$, $E_{13}{}^2+E_{23}{}^2$, $E_{11}E_{22}-E_{12}{}^2$	$W_{11}+W_{22}$, $W_{21}-W_{12}$, $W_{13}{}^2+W_{23}{}^2$, $(W_{21}+W_{12})^2+(W_{11}-W_{22})^2$, $W_{13}(W_{21}+W_{12})+W_{23}(W_{11}-W_{22})$, $W_{13}(W_{11}-W_{22})-W_{23}(W_{21}+W_{12})$	$2(W_{21}+W_{12})E_{12}+(W_{11}-W_{22})(E_{11}-E_{22})$, $(W_{21}+W_{12})(E_{11}-E_{22})-2(W_{11}-W_{22})E_{12}$, $2W_{13}E_{12}+W_{23}(E_{11}-E_{22})$, $W_{13}(E_{11}-E_{22})-2W_{23}E_{12}$, $W_{13}E_{13}+W_{23}E_{23}, W_{13}E_{23}-W_{23}E_{13}$, $(W_{21}+W_{12})E_{13}+(W_{11}-W_{22})E_{23}$, $(W_{21}+W_{12})E_{23}-(W_{11}-W_{22})E_{13}$

Laue 类	声子场部分	相位子场部分	声子-相位子耦合部分
8	$E_{33}, E_{11}+E_{22}$, $2E_{13}E_{12}+E_{23}(E_{11}-E_{22})$, $E_{13}^2+E_{23}^2$, $E_{11}E_{22}-E_{12}^2$	$W_{11}+W_{22}$, $(W_{21}-W_{12})^2$, $W_{13}^2+W_{23}^2$, $(W_{21}+W_{12})^2+(W_{11}-W_{22})^2$, $W_{13}(W_{21}+W_{12})+W_{23}(W_{11}-W_{22})$	$2(W_{21}+W_{12})E_{12}+(W_{11}-W_{22})(E_{11}-E_{22})$, $2W_{13}E_{12}+W_{23}(E_{11}-E_{22})$, $W_{13}E_{13}+W_{23}E_{23}$, $(W_{21}+W_{12})E_{13}+(W_{11}-W_{22})E_{23}$
9	$E_{33}, E_{11}+E_{22}$, $E_{13}^2+E_{23}^2$, $E_{11}E_{22}-E_{12}^2$	$W_{11}+W_{22}$, $W_{21}-W_{12}$, $W_{13}^2+W_{23}^2$, $(W_{21}+W_{12})^2+(W_{11}-W_{22})^2$,	$2(W_{21}+W_{12})E_{12}+(W_{11}-W_{22})(E_{11}-E_{22})$, $(W_{21}+W_{12})(E_{11}-E_{22})-2(W_{11}-W_{22})E_{12}$ $W_{13}E_{13}+W_{23}E_{23}$, $W_{13}E_{23}-W_{23}E_{13}$
10	$E_{33}, E_{11}+E_{22}$, $E_{13}^2+E_{23}^2$, $E_{11}E_{22}-E_{12}^2$,	$W_{11}+W_{22}$, $(W_{21}-W_{12})^2$, $W_{13}^2+W_{23}^2$, $(W_{21}+W_{12})^2+(W_{11}-W_{22})^2$	$2(W_{21}+W_{12})E_{12}+(W_{11}-W_{22})(E_{11}-E_{22})$, $W_{13}E_{13}+W_{23}E_{23}$

续表

Laue 类	声子场部分	相位子场部分	声子-相位子耦合部分
11	$E_{33}, E_{11}+E_{22},$ $E_{13}^2+E_{23}^2,$ $E_{11}E_{22}-E_{12}^2$	$W_{13}^2+W_{23}^2,$ $(W_{11}+W_{22})^2+(W_{21}-W_{12})^2,$ $(W_{21}+W_{12})^2+(W_{11}-W_{22})^2,$ $W_{13}(W_{21}-W_{12})+W_{23}(W_{11}+W_{22}),$ $W_{13}(W_{11}+W_{22})-W_{23}(W_{21}-W_{12})$	$2(W_{21}-W_{12})E_{12}+(W_{11}+W_{22})(E_{11}-E_{22}),$ $(W_{21}-W_{12})(E_{11}-E_{22})-2(W_{11}+W_{22})E_{12},$ $2W_{13}E_{12}+W_{23}(E_{11}-E_{22}),$ $W_{13}(E_{11}-E_{22})-2W_{23}E_{12},$ $(W_{21}+W_{12})E_{13}+(W_{11}-W_{22})E_{23},$ $(W_{21}+W_{12})E_{23}-(W_{11}-W_{22})E_{13}$
12	$E_{33}, E_{11}+E_{22},$ $E_{13}^2+E_{23}^2,$ $E_{11}E_{22}-E_{12}^2$	$W_{13}^2+W_{23}^2,$ $(W_{11}+W_{22})^2+(W_{21}-W_{12})^2,$ $(W_{21}+W_{12})^2+(W_{11}-W_{22})^2,$ $W_{13}(W_{21}-W_{12})+W_{23}(W_{11}+W_{22})$	$2(W_{21}-W_{12})E_{12}+(W_{11}+W_{22})(E_{11}-E_{22}),$ $2W_{13}E_{12}+W_{23}(E_{11}-E_{22}),$ $(W_{21}+W_{12})E_{13}+(W_{11}-W_{22})E_{23}$
13	$E_{33}, E_{11}+E_{22},$ $E_{13}^2+E_{23}^2,$ $E_{11}E_{22}-E_{12}^2$	$W_{13}^2+W_{23}^2,$ $(W_{11}+W_{22})^2+(W_{21}-W_{12})^2,$ $(W_{21}+W_{12})^2+(W_{11}-W_{22})^2$	$2(W_{21}-W_{12})E_{12}+(W_{11}+W_{22})(E_{11}-E_{22}),$ $(W_{21}-W_{12})(E_{11}-E_{22})-2(W_{11}+W_{22})E_{12}$
14	$E_{33}, E_{11}+E_{22},$ $E_{13}^2+E_{23}^2,$ $E_{11}E_{22}-E_{12}^2$	$W_{13}^2+W_{23}^2,$ $(W_{11}+W_{22})^2+(W_{21}-W_{12})^2,$ $(W_{21}+W_{12})^2+(W_{11}-W_{22})^2$	$2(W_{21}-W_{12})E_{12}+(W_{11}+W_{22})(E_{11}-E_{22})$

Laue类	声子场部分	相位子场部分	声子-相位子耦合部分
15	$E_{33}, E_{11}+E_{22}$, $E_{13}^2+E_{23}^2$, $E_{11}E_{22}-E_{12}^2$	$(W_{11}-W_{22})^2$, $(W_{21}+W_{12})^2$, $W_{13}^2+W_{23}^2$, $(W_{11}-W_{22})(W_{21}+W_{12})$, $(W_{11}+W_{22})^2+(W_{21}-W_{12})^2$	$2(W_{21}-W_{12})E_{12}+(W_{11}+W_{22})(E_{11}-E_{22})$, $(W_{21}-W_{12})(E_{11}-E_{22})-2(W_{11}+W_{22})E_{12}$
16	$E_{33}, E_{11}+E_{22}$, $E_{13}^2+E_{23}^2$, $E_{11}E_{22}-E_{12}^2$	$(W_{11}-W_{22})^2$, $(W_{21}+W_{12})^2$, $W_{13}^2+W_{23}^2$, $(W_{11}+W_{22})^2+(W_{21}-W_{12})^2$	$2(W_{21}-W_{12})E_{12}+(W_{11}+W_{22})(E_{11}-E_{22})$
17	$E_{33}, E_{11}+E_{22}$, $E_{13}^2+E_{23}^2$, $E_{11}E_{22}-E_{12}^2$	$(W_{11}-W_{22})^2$, $(W_{21}+W_{12})^2$, $W_{13}^2+W_{23}^2$, $(W_{11}-W_{22})(W_{21}+W_{12})$, $(W_{11}+W_{22})^2+(W_{21}-W_{12})^2$	

Laue 类	声子场部分	相位子场部分	声子-相位子耦合部分
18	$E_{33}, E_{11}+E_{22}$, $E_{13}^2+E_{23}^2$, $E_{11}E_{22}-E_{12}^2$	$(W_{11}-W_{22})^2$, $(W_{21}+W_{12})^2$, $W_{13}^2+W_{23}^2$, $(W_{11}+W_{22})^2+(W_{21}-W_{12})^2$	

附录 D　非晶体学对称的二维准晶的物理性质张量

D.1　热膨胀系数

对所有对称类型

$$\alpha^{(1)} = \begin{pmatrix} \alpha_{11}^{(1)} & 0 & 0 \\ 0 & \alpha_{11}^{(1)} & 0 \\ 0 & 0 & \alpha_{33}^{(1)} \end{pmatrix} \qquad \alpha^{(2)} = 0$$

D.2　压电系数

$5,10,8,12$	$5,10mm,8mm,12mm$
$d^{(1)} = \begin{pmatrix} 0 & 0 & 0 & d_{14}^{(1)} & d_{15}^{(1)} & 0 \\ 0 & 0 & 0 & d_{15}^{(1)} & -d_{14}^{(1)} & 0 \\ d_{31}^{(1)} & d_{31}^{(1)} & d_{33}^{(1)} & 0 & 0 & 0 \end{pmatrix}_4$	$d^{(1)} = \begin{pmatrix} 0 & 0 & 0 & 0 & d_{15}^{(1)} & 0 \\ 0 & 0 & 0 & d_{15}^{(1)} & 0 & 0 \\ d_{31}^{(1)} & d_{31}^{(1)} & d_{33}^{(1)} & 0 & 0 & 0 \end{pmatrix}_3$
$52,1022,822,1222$	$5,\overline{10}$
$d^{(1)} = \begin{pmatrix} 0 & 0 & 0 & d_{14}^{(1)} & 0 & 0 \\ 0 & 0 & 0 & 0 & -d_{14}^{(1)} & 0 \\ 0 & 0 & 0 & 0 & 0 & 0 \end{pmatrix}_1$	$d^{(2)} = \begin{pmatrix} d_{111}^{(2)} & -d_{111}^{(2)} & 0 & d_{112}^{(2)} & 0 & d_{112}^{(2)} \\ d_{112}^{(2)} & -d_{112}^{(2)} & 0 & -d_{111}^{(2)} & 0 & -d_{111}^{(2)} \\ 0 & 0 & 0 & 0 & 0 & 0 \end{pmatrix}_2$
$52,\overline{102}m\,(2/\!/x_1)$	$5m,\overline{10}m2\,(m\perp x_1)$
$d^{(2)} = \begin{pmatrix} d_{111}^{(2)} & -d_{111}^{(2)} & 0 & 0 & 0 & 0 \\ 0 & 0 & 0 & -d_{111}^{(2)} & 0 & -d_{111}^{(2)} \\ 0 & 0 & 0 & 0 & 0 & 0 \end{pmatrix}_1$	$d^{(2)} = \begin{pmatrix} 0 & 0 & 0 & d_{112}^{(2)} & 0 & d_{112}^{(2)} \\ d_{112}^{(2)} & -d_{112}^{(2)} & 0 & 0 & 0 & 0 \\ 0 & 0 & 0 & 0 & 0 & 0 \end{pmatrix}_1$

5,10,8,12	5,10mm,8mm,12mm

$\overline{8},\overline{12}$ | $\overline{8}2m$, $\overline{12}2m$ ($2/\!/x_1$)

$$d^{(2)} = \begin{pmatrix} 0 & 0 & d_{123}^{(2)} & 0 & d_{113}^{(2)} & 0 \\ 0 & 0 & -d_{113}^{(2)} & 0 & d_{123}^{(2)} & 0 \\ d_{311}^{(2)} & -d_{311}^{(2)} & 0 & d_{312}^{(2)} & 0 & d_{312}^{(2)} \end{pmatrix}_4$$

$$d^{(2)} = \begin{pmatrix} 0 & 0 & d_{123}^{(2)} & 0 & 0 & 0 \\ 0 & 0 & 0 & 0 & d_{123}^{(2)} & 0 \\ 0 & 0 & 0 & d_{312}^{(2)} & 0 & d_{312}^{(2)} \end{pmatrix}_2$$

$\overline{8}m2,\overline{12}m2$ ($m\perp x_1$) | 其他情况

$$d^{(2)} = \begin{pmatrix} 0 & 0 & 0 & 0 & d_{113}^{(2)} & 0 \\ 0 & 0 & -d_{113}^{(2)} & 0 & d_{123}^{(2)} & 0 \\ d_{311}^{(2)} & -d_{311}^{(2)} & 0 & 0 & 0 & 0 \end{pmatrix}_2$$

或者 $d^{(1)} = 0$

或者 $d^{(2)} = 0$

或者 $d^{(1)} = d^{(2)} = 0$

D.3 弹性常数

声子部分(C_{ijkl})对所有对称类型

	11	22	33	23	31	12
11	C_{11}	C_{12}	C_{13}	0	0	0
22	C_{12}	C_{11}	C_{13}	0	0	0
33	C_{13}	C_{13}	C_{33}	0	0	0
23	0	0	0	C_{44}	0	0
31	0	0	0	0	C_{44}	0
12	0	0	0	0	0	C_{66}

$$(C_{66} = (C_{11} - C_{12})/2)$$

第 11 Laue 类(Laue 类编号见表 A.2)

相位子部分(K_{ijkl})

	11	22	23	12	13	21
11	K_1	K_2	K_7	0	K_6	0
22	K_2	K_1	K_7	0	K_6	0
23	K_7	K_7	K_4	K_6	0	$-K_6$
12	0	0	K_6	K_1	$-K_7$	$-K_2$
13	K_6	K_6	0	$-K_7$	K_4	K_7
21	0	0	$-K_6$	$-K_2$	K_7	K_1

声子-相位子耦合(R_{ijkl})

	11	22	23	12	13	21
11	R_1	R_1	R_6	R_2	R_5	$-R_2$
22	$-R_1$	$-R_1$	$-R_6$	$-R_2$	$-R_5$	R_2
33	0	0	0	0	0	0
23	R_4	$-R_4$	0	R_3	0	R_3
31	$-R_3$	R_3	0	R_4	0	R_4
12	R_2	R_2	$-R_5$	$-R_1$	R_6	R_1

第 12 Laue 类

若 $2 /\!/ x_1 , m \perp x_1$，则 $K_6 = R_2 = R_3 = R_5 = 0$，

若 $2 /\!/ x_2 , m \perp x_2$，则 $K_7 = R_2 = R_4 = R_6 = 0$.

第 13 Laue 类 $\qquad K_6 = K_7 = R_3 = R_4 = R_5 = R_6 = 0$，

第 14 Laue 类 $\qquad K_6 = K_7 = R_2 = R_3 = R_4 = R_5 = R_6 = 0$.

第 15 Laue 类

相位子部分(K_{ijkl})

	11	22	23	12	13	21
11	K_1	K_2	0	K_5	0	K_5
22	K_2	K_1	0	$-K_5$	0	$-K_5$
23	0	0	K_4	0	0	0
12	K_5	$-K_5$	0	Σ	0	K_3
13	0	0	0	0	K_4	0
21	K_5	$-K_5$	K_3	0	0	Σ

$(\Sigma = K_1 + K_2 + K_3)$

声子-相位子耦合(R_{ijkl})

	11	22	23	12	13	21
11	R_1	R_1	0	R_2	0	$-R_2$
22	$-R_1$	$-R_1$	0	$-R_2$	0	R_2
33	0	0	0	0	0	0
23	0	0	0	0	0	0
31	0	0	0	0	0	0
12	R_2	R_2	0	$-R_1$	0	R_1

第 16 Laue 类，$K_5 = R_2 = 0$.

第 17 Laue 类，相位子部分同第 15 Laue 类，但无声子-相位子耦合.

第 18 Laue 类，相位子部分同第 16 Laue 类，但无声子-相位子耦合.

附录 E 二十面体准晶和立方准晶的物理性质张量

E.1 热膨胀系数

所有对称类型， $235, m\bar{3}\,\bar{5}$, $23, m3, 432, \bar{4}32, m3m$,

$$\alpha^{(1)} = \begin{bmatrix} \alpha_{11}^{(1)} & 0 & 0 \\ 0 & \alpha_{11}^{(1)} & 0 \\ 0 & 0 & \alpha_{11}^{(1)} \end{bmatrix}, \quad \alpha^{(2)} = 0, \quad \alpha^{(2)} = \begin{bmatrix} \alpha_{11}^{(2)} & 0 & 0 \\ 0 & \alpha_{11}^{(2)} & 0 \\ 0 & 0 & \alpha_{11}^{(2)} \end{bmatrix}.$$

E.2 压电系数

点群	压电常数	
	$d^{(1)}$	$d^{(2)}$
23	$\begin{bmatrix} 0 & 0 & 0 & d_{14}^{(1)} & 0 & 0 \\ 0 & 0 & 0 & 0 & d_{14}^{(1)} & 0 \\ 0 & 0 & 0 & 0 & 0 & d_{14}^{(1)} \end{bmatrix}_1$	$\begin{bmatrix} 0 & 0 & 0 & d_{123}^{(2)} & 0 & 0 & d_{132}^{(2)} & 0 & 0 \\ 0 & 0 & 0 & 0 & d_{123}^{(2)} & 0 & 0 & d_{132}^{(2)} & 0 \\ 0 & 0 & 0 & 0 & 0 & d_{123}^{(2)} & 0 & 0 & d_{132}^{(2)} \end{bmatrix}_2$
$\bar{4}3m$	$\begin{bmatrix} 0 & 0 & 0 & d_{14}^{(1)} & 0 & 0 \\ 0 & 0 & 0 & 0 & d_{14}^{(1)} & 0 \\ 0 & 0 & 0 & 0 & 0 & d_{14}^{(1)} \end{bmatrix}_1$	$\begin{bmatrix} 0 & 0 & 0 & d_{123}^{(2)} & 0 & 0 & d_{123}^{(2)} & 0 & 0 \\ 0 & 0 & 0 & 0 & d_{123}^{(2)} & 0 & 0 & d_{123}^{(2)} & 0 \\ 0 & 0 & 0 & 0 & 0 & d_{123}^{(2)} & 0 & 0 & d_{123}^{(2)} \end{bmatrix}_1$
432	$d^{(1)} = 0$	$\begin{bmatrix} 0 & 0 & 0 & d_{123}^{(2)} & 0 & 0 & -d_{123}^{(2)} & 0 & 0 \\ 0 & 0 & 0 & 0 & d_{123}^{(2)} & 0 & 0 & -d_{123}^{(2)} & 0 \\ 0 & 0 & 0 & 0 & 0 & d_{123}^{(2)} & 0 & 0 & -d_{123}^{(2)} \end{bmatrix}_1$
$m\bar{3}$ $m\bar{3}m$ 235 $m\bar{3}\,\bar{5}$	$d^{(1)} = d^{(2)} = 0$	

E.3 弹性常数

二十面体准晶,

声子场部分 (C_{ijkl}),

是各向同性的,因而与坐标系的选取无关.

$C_{ijkl} = \lambda \delta_{ij} \delta_{kl} + \mu \left(\delta_{ik} \delta_{jl} + \delta_{il} \delta_{jk} \right)$,

即是

$$[C] = \begin{bmatrix} \lambda+2\mu & \lambda & \lambda & 0 & 0 & 0 & 0 & 0 & 0 \\ \lambda & \lambda+2\mu & \lambda & 0 & 0 & 0 & 0 & 0 & 0 \\ \lambda & \lambda & \lambda+2\mu & 0 & 0 & 0 & 0 & 0 & 0 \\ 0 & 0 & 0 & \mu & 0 & 0 & \mu & 0 & 0 \\ 0 & 0 & 0 & 0 & \mu & 0 & 0 & \mu & 0 \\ 0 & 0 & 0 & 0 & 0 & \mu & 0 & 0 & \mu \\ 0 & 0 & 0 & \mu & 0 & 0 & \mu & 0 & 0 \\ 0 & 0 & 0 & 0 & \mu & 0 & 0 & \mu & 0 \\ 0 & 0 & 0 & 0 & 0 & \mu & 0 & 0 & \mu \end{bmatrix}.$$

相位子场部分 (K_{ijkl}) 和声子-相位子耦合部分 (R_{ijkl}).

(1) A2P-A2-A5 坐标系.

相位子场部分 (K_{ijkl})

$$[K] = \begin{bmatrix} K_1 & 0 & 0 & 0 & K_2 & 0 & 0 & K_2 & 0 \\ 0 & K_1 & 0 & 0 & -K_2 & 0 & 0 & K_2 & 0 \\ 0 & 0 & K_1+K_2 & 0 & 0 & 0 & 0 & 0 & 0 \\ 0 & 0 & 0 & K_1-K_2 & 0 & K_2 & 0 & 0 & -K_2 \\ K_2 & -K_2 & 0 & 0 & K_1-K_2 & 0 & 0 & 0 & 0 \\ 0 & 0 & 0 & K_2 & 0 & K_1 & -K_2 & 0 & 0 \\ 0 & 0 & 0 & 0 & 0 & -K_2 & K_1-K_2 & 0 & -K_2 \\ K_2 & K_2 & 0 & 0 & 0 & 0 & 0 & K_1-K_2 & 0 \\ 0 & 0 & 0 & -K_2 & 0 & 0 & -K_2 & 0 & K_1 \end{bmatrix}$$

声子-相位子耦合部分(R_{ijkl})

$$[R] = R \begin{bmatrix} 1 & 1 & 1 & 0 & 0 & 0 & 0 & 1 & 0 \\ -1 & -1 & 1 & 0 & 0 & 0 & 0 & -1 & 0 \\ 0 & 0 & -2 & 0 & 0 & 0 & 0 & 0 & 0 \\ 0 & 0 & 0 & 0 & 0 & -1 & 1 & 0 & -1 \\ 1 & -1 & 0 & 0 & 1 & 0 & 0 & 0 & 0 \\ 0 & 0 & 0 & -1 & 0 & -1 & 0 & 0 & 1 \\ 0 & 0 & 0 & 0 & 0 & -1 & 1 & 0 & -1 \\ 1 & -1 & 0 & 0 & 1 & 0 & 0 & 0 & 0 \\ 0 & 0 & 0 & -1 & 0 & -1 & 0 & 0 & 1 \end{bmatrix}$$

(2) BB 型 A2-A2-A2 坐标系

$[K] =$

$$\begin{bmatrix} K_1 - \tau K_2 & 0 & K_2 & 0 & 0 & 0 & 0 & 0 & 0 \\ 0 & K_1 & 0 & 0 & -K_2 & 0 & 0 & K_2 & 0 \\ K_2 & 0 & K_1 + K_2/\tau & 0 & 0 & 0 & 0 & 0 & 0 \\ 0 & 0 & 0 & K_1 - \tau K_2 & 0 & K_2 & 0 & 0 & 0 \\ 0 & -K_2 & 0 & 0 & K_1 & 0 & 0 & K_2 & 0 \\ 0 & 0 & 0 & K_2 & 0 & K_1 + K_2/\tau & 0 & 0 & 0 \\ 0 & 0 & 0 & 0 & 0 & 0 & K_1 - \tau K_2 & 0 & -K_2 \\ 0 & K_2 & 0 & 0 & K_2 & 0 & 0 & K_1 & 0 \\ 0 & 0 & 0 & 0 & 0 & 0 & -K_2 & 0 & K_1 + K_2/\tau \end{bmatrix}$$

$$R = R \begin{bmatrix} 0 & -\tau & 0 & 0 & 1 & 0 & 0 & -\tau + 1 & 0 \\ 0 & 1 & 0 & 0 & \tau - 1 & 0 & 0 & \tau & 0 \\ 0 & \tau - 1 & 0 & 0 & -\tau & 0 & 0 & -1 & 0 \\ 0 & 0 & 0 & \tau - 1 & 0 & \tau & 0 & 0 & 0 \\ -\tau + 1 & 0 & -\tau & 0 & 0 & 0 & 0 & 0 & 0 \\ 0 & 0 & 0 & 0 & 0 & 0 & \tau - 1 & 0 & -\tau \\ 0 & 0 & 0 & \tau - 1 & 0 & \tau & 0 & 0 & 0 \\ -\tau + 1 & 0 & -\tau & 0 & 0 & 0 & 0 & 0 & 0 \\ 0 & 0 & 0 & 0 & 0 & 0 & \tau - 1 & 0 & -\tau \end{bmatrix}$$

(3) AB 型 $A2$-$A2$-$A2$ 坐标系

$K =$

$$\begin{bmatrix} K_1 & -K_2 & -K_2 & 0 & 0 & 0 & 0 & 0 & 0 \\ -K_2 & K_1 & -K_2 & 0 & 0 & 0 & 0 & 0 & 0 \\ -K_2 & -K_2 & K_1 & 0 & 0 & 0 & 0 & 0 & 0 \\ 0 & 0 & 0 & K_1+K_2/\tau & 0 & 0 & -K_2 & 0 & 0 \\ 0 & 0 & 0 & 0 & K_1+K_2/\tau & 0 & 0 & -K_2 & 0 \\ 0 & 0 & 0 & 0 & 0 & K_1+K_2/\tau & 0 & 0 & -K_2 \\ 0 & 0 & 0 & -K_2 & 0 & 0 & K_1-\tau K_2 & 0 & 0 \\ 0 & 0 & 0 & 0 & -K_2 & 0 & 0 & K_1-\tau K_2 & 0 \\ 0 & 0 & 0 & 0 & 0 & -K_2 & 0 & 0 & K_1-\tau K_2 \end{bmatrix}$$

$$R = R \begin{bmatrix} 1 & \tau-1 & -\tau & 0 & 0 & 0 & 0 & 0 & 0 \\ -\tau & 1 & \tau-1 & 0 & 0 & 0 & 0 & 0 & 0 \\ \tau-1 & -\tau & 1 & 0 & 0 & 0 & 0 & 0 & 0 \\ 0 & 0 & 0 & -\tau & 0 & 0 & \tau-1 & 0 & 0 \\ 0 & 0 & 0 & 0 & -\tau & 0 & 0 & \tau-1 & 0 \\ 0 & 0 & 0 & 0 & 0 & -\tau & 0 & 0 & \tau-1 \\ 0 & 0 & 0 & -\tau & 0 & 0 & \tau-1 & 0 & 0 \\ 0 & 0 & 0 & 0 & -\tau & 0 & 0 & \tau-1 & 0 \\ 0 & 0 & 0 & 0 & 0 & -\tau & 0 & 0 & \tau-1 \end{bmatrix}.$$

(4) BA 型 $A2$-$A2$-$A2$ 坐标系

$K =$

$$\begin{bmatrix} K_1 & -K_2 & -K_2 & 0 & 0 & 0 & 0 & 0 & 0 \\ -K_2 & K_1 & -K_2 & 0 & 0 & 0 & 0 & 0 & 0 \\ -K_2 & -K_2 & K_1 & 0 & 0 & 0 & 0 & 0 & 0 \\ 0 & 0 & 0 & K_1-\tau K_2 & 0 & 0 & -K_2 & 0 & 0 \\ 0 & 0 & 0 & 0 & K_1-\tau K_2 & 0 & 0 & -K_2 & 0 \\ 0 & 0 & 0 & 0 & 0 & K_1-\tau K_2 & 0 & 0 & -K_2 \\ 0 & 0 & 0 & -K_2 & 0 & 0 & K_1+K_2/\tau & 0 & 0 \\ 0 & 0 & 0 & 0 & -K_2 & 0 & 0 & K_1+K_2/\tau & 0 \\ 0 & 0 & 0 & 0 & 0 & -K_2 & 0 & 0 & K_1+K_2/\tau \end{bmatrix}$$

$$R = R \begin{bmatrix} 1 & -\tau & \tau-1 & 0 & 0 & 0 & 0 & 0 & 0 \\ \tau-1 & 1 & -\tau & 0 & 0 & 0 & 0 & 0 & 0 \\ -\tau & \tau-1 & 1 & 0 & 0 & 0 & 0 & 0 & 0 \\ 0 & 0 & 0 & \tau-1 & 0 & 0 & -\tau & 0 & 0 \\ 0 & 0 & 0 & 0 & \tau-1 & 0 & 0 & -\tau & 0 \\ 0 & 0 & 0 & 0 & 0 & \tau-1 & 0 & 0 & -\tau \\ 0 & 0 & 0 & \tau-1 & 0 & 0 & -\tau & 0 & 0 \\ 0 & 0 & 0 & 0 & \tau-1 & 0 & 0 & -\tau & 0 \\ 0 & 0 & 0 & 0 & 0 & \tau-1 & 0 & 0 & -\tau \end{bmatrix}.$$

(5) AA 型 $A2$-$A2$-$A2$ 坐标系

$K =$

$$\begin{bmatrix} K_1-\tau K_2 & -K_2 & 0 & 0 & 0 & 0 & 0 & 0 & 0 \\ -K_2 & K_1+K_2/\tau & 0 & 0 & 0 & 0 & 0 & 0 & 0 \\ 0 & 0 & K_1 & 0 & 0 & -K_2 & 0 & 0 & -K_2 \\ 0 & 0 & 0 & K_1-\tau K_2 & -K_2 & 0 & 0 & 0 & 0 \\ 0 & 0 & 0 & -K_2 & K_1+K_2/\tau & 0 & 0 & 0 & 0 \\ 0 & 0 & -K_2 & 0 & 0 & K_1 & 0 & 0 & -K_2 \\ 0 & 0 & 0 & 0 & 0 & 0 & K_1-\tau K_2 & -K_2 & 0 \\ 0 & 0 & 0 & 0 & 0 & 0 & -K_2 & K_1+K_2/\tau & 0 \\ 0 & 0 & -K_2 & 0 & 0 & -K_2 & 0 & 0 & K_1 \end{bmatrix},$$

$$R = R \begin{bmatrix} 0 & 0 & -\tau & 0 & 0 & \tau-1 & 0 & 0 & 1 \\ 0 & 0 & \tau-1 & 0 & 0 & 1 & 0 & 0 & -\tau \\ 0 & 0 & 1 & 0 & 0 & -\tau & 0 & 0 & \tau-1 \\ 0 & 0 & 0 & 0 & 0 & 0 & \tau-1 & -\tau & 0 \\ 0 & 0 & 0 & \tau-1 & -\tau & 0 & 0 & 0 & 0 \\ \tau-1 & -\tau & 0 & 0 & 0 & 0 & 0 & 0 & 0 \\ 0 & 0 & 0 & 0 & 0 & 0 & \tau-1 & -\tau & 0 \\ 0 & 0 & 0 & \tau-1 & -\tau & 0 & 0 & 0 & 0 \\ \tau-1 & -\tau & 0 & 0 & 0 & 0 & 0 & 0 & 0 \end{bmatrix}.$$

立方准晶

共有 9 个独立的弹性常数, C_{ijkl}、K_{ijkl} 和 R_{ijkl} 各有 3 个, 而且它们具有相

同的矩阵结构. 若采用统一的、与经典弹性理论一样的减缩指标 $B_{ijkl} \rightarrow B_{KM}$，
则其形式为

$$\begin{bmatrix} B_{11} & B_{12} & B_{12} & 0 & 0 & 0 \\ B_{12} & B_{11} & B_{12} & 0 & 0 & 0 \\ B_{12} & B_{12} & B_{11} & 0 & 0 & 0 \\ 0 & 0 & 0 & B_{44} & 0 & 0 \\ 0 & 0 & 0 & 0 & B_{44} & 0 \\ 0 & 0 & 0 & 0 & 0 & B_{44} \end{bmatrix},$$

这里, $B_{KM} = C_{KM}(C_{ijkl})$, 或 $K_{KM}(K_{ijkl})$, 或 $R_{KM}(R_{ijkl})$.

附录 F　本书三位作者的准晶研究主要论文目录(1986~2003)

[1]　Wang R, Gui J, Yao S, Cheng Y, Lu G, Huang M. High-temperature X-ray Diffraction Study of the Crystallization Process in Rapidly Quenched Al (Mn, Fe). Alloys Phil Mag B, 1986(54): L33~37

[2]　Cheng Y, Wang R. Convergent-Beam Electron Diffraction Determination of the Extinction Distance of the Quasicrystalline Icosahedral Phase. Solid State Commun, 1988(68): 795~797

[3]　Cheng Y, Wang R. Dynamical Theory of Electron Diffraction for Quasicrystals. Phys Stat Sol B, 1989(152): 33~37

[4]　Dai MX, Wang R H. Experimental Observation and Computer Simulation of HOLZ Line Patterns of Quasicrystalline Icosahedral Phase. Solid State Commun, 1990(73): 77~80

[5]　Dai M X, Wang R H. Comparative Investigation of Microarea Quasilattice Parameters of Al-Mn-Si and Al-Cu-Fe Icosahedral Phases by Using HOLZ Line Patterns. Acta Cryst B, 1990(46): 455~458

[6]　Dai M X, Wang R H, Gui JN, Yan YF. Transmission Electron Microscopic Analysis of Stacking Faults in a Decagonal Al-Co-Ni. Alloy Phil Mag Lett, 1991(64): 21~27

[7]　Wang Z G, Wang R H, Deng W F. Transmission-Electron-Microscopy Studies of Small Dislocation Loops in $Al_{76}Si_4Mn_{20}$ Icosahedral Phase. Phys Rev Lett, 1991(66): 2124~2127

[8]　Yan Y, Wang R, Gui J, Dai M, He L. Experimental Observation and Computer Simulation of High-order Laue Zone Line Patterns of Al-Co-Ni Decagonal Quasicrystals. Phil Mag Lett, 1992(65): 33~41

[9]　Yan Y F, Wang R, Feng J L. Burgers vector determination of dislocations in an $Al_{70}Co_{15}Ni_{15}$ decagonal quasicrystal. Phil Mag Lett, 1992(66): 197~201

[10]　Yan Y F, Wang R. Experimental observations of small-angle grain boundaries in the $Al_{70}Co_{15}Ni_{15}$ decagonal Quasicrystal. Phil Mag Lett, 1992(66):253~258

[11] Yan Y F, Wang R. Experimental observations of effects on HOLZ lines induced by a stacking fault in an $Al_{70}Co_{15}Ni_{15}$ decagonal quasicrystal. J Phys: Condens Matter, 1992(4):L533~536

[12] Yan Y F, Wang R, Gui J, Dai M. Kikuchi patterns, index system and inflation properties of an $Al_{70}Co_{15}Ni_{15}$ decagonal phase. Acta Cryst B, 1993(49): 435~443

[13] Yan Y F, Wang R. Transmission electron microscope observations of rectangular dislocation networks in an $Al_{70}Co_{15}Ni_{15}$ decagonal quasicrystal. J Materials Res, 1993(8): 286~290

[14] Yan Y F, Wang R. High-temperature-deformation introduced defects in an $Al_{70}Co_{15}Ni_{15}$ decagonal quasicrystal. Phil Mag Lett, 1993(67): 51~57

[15] Wang Z G, Wang R. Computer simulation of diffraction contrast images of small dislocation loops in icosahedral Quasicrystals. J Phys: Condens Matter, 1993(5): 2935~2946

[16] Yan Y F, Wang R. The Burgers vector of an edge dislocation in an $Al_{70}Co_{15}Ni_{15}$ decagonal quasicrystal determined by means of convergent-beam electron diffraction. J Phys: Condens Matter, 1993(5): L195~200

[17] Wang R, Dai M X. Burgers vector of dislocations in an icosahedral $Al_{62}Cu_{25.5}Fe_{12.5}$ quasicrystal determined by means of convergent-beam electron diffraction. Phys Rev B, 1993(47): 15326~15329

[18] Wang Z G, Yang X X, Wang R H. Ar^+-ion-irradiation-induced phase transformation in an $Al_{62}Cu_{25.5}Fe_{12.5}$ icosahedral quasicrystal. J Phys: Condens Matter, 1993(5): 7569~7576

[19] Yan Y F, Wang R H. A transmission electron microscopy study of a dislocation dipole and dislocation pairs in an $Al_{70}Co_{15}Ni_{15}$ decagonal quasicrystal. Phil Mag A, 1993(68): 1033~1038

[20] Feng J L, Wang R H, Wang Z G. A new six-dimensional Burgers vector of dislocations in icosahedral quasicrystals determined by convergent-beam electron diffraction. Phil Mag Lett, 1993(68): 321~326

[21] Ding D H, Yang W G, Hu C Z, Wang R H. Generalized elasticity theory of quasicrystals. Phys Rev B, 1993(48): 7003~7010

[22] Wang R H, Takahashi H, Ohnuki S, Wang Z G. Irradiation-induced amorphization of the $Al_{76}Si_4Mn_{20}$ icosahedral quasicrystal. Radiation Effects and Defects in Solids, 1994(129): 173~180

[23] Wang R, Qin C, Lu G, Feng Y, Xu S. Projection description of cubic quasiperiodic crystals with phason strains. Acta Cryst A, 1994(50): 366~375

[24] Zou W H, Wang R, Gui J, Zhao J Y, Jiang J H. Standard Stereographic Diagrams and Indexing of X-Ray Laue Diffraction Spots of an Icosahedral Quasicrystal. J Appl Cryst, 1994(27): 13~19

[25] Wang R H, Feng J L, Yan Y F, Dai M X. Convergent-beam electron diffraction determination of the Burgers vectors of dislocations in Quasicrystals. Mater Sci Forum, 1994(150,151): 323~334

[26] Feng J L, Wang R H. Convergent-beam electron diffraction study of the Burgers vectors of dislocations in icosahedral Quasicrystals. Phil Mag A, 1994(69): 981~994.

[27] Wang Z G, Dai M X, Wang R. Observation and simulation of a small dislocation loop in Al-Pd-Mn face-centred icosahedral Quasicrystal. Phil Mag Lett, 1994(69): 291~296

[28] Feng J L, Wang R H. Fivefold and threefold-type dislocations in an Al-Cu-Fe icosahedral quasicrystal identified by defocus convergent-beam electron diffraction. Phil Mag Lett, 1994(69): 309~315

[29] Wang Z G, Wang R, Feng J L. Dynamical simulations of diffraction contrast images of straight dislocations in icosahedral Quasicrystals. Phil Mag A, 1994(70): 577~590

[30] Yang W G, Ding D H, Hu C Z, Wang R H. Group-theoretical derivation of the numbers of independent physical constants of quasicrystals. Phys Rev B, 1994(49): 12656~12661

[31] Feng J L, Wang R H. Burgers vector determination for quasi-crystalline dislocations by the diffraction contrast Technique. J Phys: Condens Matter, 1994(6): 6437~6446

[32] Wang R H, Yang X X, Zou W H, Wang Z G, Gui J N, Jiang J H. White-beam synchrotron radiation study of dislocations in an $Al_{62}Cu_{25.5}Fe_{12.5}$ icosahedral quasicrystal. J Phys: Condens Matter, 1994(6): 9009~9016

[33] Qin Y L, Wang R H, Wang Q L, Zhang Y M, Pan C X, Ar^+-ion-irradiation-induced phase transformations in an $Al_{70}Co_{15}Ni_{15}$ decagonal quasicrystal. Phil Mag Lett, 1995(71): 83~90

[34] Wang R H, Yang X X, Takahashi H, Ohnuki S. Phase transformation induced by irradiating an $Al_{62}Cu_{25.5}Fe_{12.5}$ icosahedral quasicrystal. J Phys: Condens Matter, 1995(7): 2105~2114

[35] Ding D H, Wang R H, Yang W G, Hu C Z. General expressions for the elastic displacement fields induced by dislocations in quasicrystals. J Phys: Condens Matter, 1995(7): 5423~5436

[36] Yang W G, Lei J L, Ding D H, Wang R H, Hu C Z. Elastic displacement fields induced by dislocations in dodecagonal quasicrystals. Phys Lett A, 1995(200): 177~183

[37] Yang W G, Wang R H, Ding D H, Hu C Z. Group-theoretical derivation of quadratic elastic invariants of two-dimensional quasicrystals of rank five and rank seven. J Phys: Condens Matter, 1995(7): 7099~7112

[38] Ding D H, Wang R H, Yang W G, Hu C Z, Qin Y L. Elasticity theory of straight dislocations in quasicrystals. Phil Mag Lett, 1995(72): 353~359

[39] Ding D H, Qin Y L, Wang R H, Hu C Z, Yang W G. Generalisation of Eshlby's method to the anisotropic elastiity theory of dislocations in Quasicrystals. Acta Phys Sinica (Overseas Edition), 1995(4): 816~824

[40] Feng J L, Wang R H, Dai M X. Observation and analysis of extended dislocations in an Al-Pd-Mn icosahedral quasicrystal by transmission electron microscopy. J Mater Res, 1995(10): 2742~2748

[41] Yang X X, Wang R, Fan X J. Phase transitions in $Al_{62}Cu_{25.5}Fe_{12.5}$ quasicrystal induced by low-temperature Ar^{2+} irradiation, Phil Mag Lett, 1996(73): 121~127

[42] Hu C Z, Wang R, Yang W G, Ding D H. Point groups and elastic properties of two-dimensional quasicrystals. Acta Cryst A, 1996(52): 251~256

[43] Hu C Z, Wang R, Ding D H, Yang W G. Structural Transitions in Octagonal, Decagonal and Dodecagoal Quasicrystals. Phys Rev B, 1996(53): 12031~12034

[44] Yang W G, Ding D H, Wang R H, Hu C Z. Thermodynamics of equilibrium properties of quasicrystals. Z Phys B, 1996(100): 447~454

[45] Yang W G, Gui J N, Wang R H. Some new stable one dimensional quasicrystals in an $Al_{65}Cu_{20}Fe_{10}Mn_5$ alloy. Phil Mag Lett, 1996(74): 357~366

[46] Qin Y L, Wang R H, Ding D H, Lei J L. Analytical expression of the elastic displacement fields induced by straight dislocations in decagonal, octogonal and dodecagonal quasicrystals. J Phys: Condens Matter, 1997(9): 859~872

[47] Wang R H, Yang W G, Hu C Z, Ding D H. Point and space groups and elastic behaviours of one-dimensional quasicrystals. J Phys: Condens Matter, 1997 (9), 2411~2422

[48] Qin Y L, Wang R H, Wang Q L. Ar ion irradiation effects in an $Al_{70}Co_{15}Ni_{15}$ decagonal quasicrystal. Rad Effects and Defects in Solids, 1997(140): 335~349

[49] Lei J L, Wang R H, Ding D H, Wang Z G. Calculation and Illustration of Section-Projection Diagrams of Quasicrystals. Wuhan University Journal of Natural Sciences, 1997(2): 40~44

[50] Yao D Z, Wang R H, Ding D H, Hu C Z. Evaluation of some useful integrals for the theory of dislocations in quasicrystals. Phys Lett A, 1997(225): 127～133

[51] Hu C Z, Wang R H, Ding D H, Yang W G. Piezoelectric effects in quasicrystals. Phys Rev B, 1997(56): 2463～2468

[52] 胡承正,杨文革,王仁卉,丁棣华. 准晶的对称性和物理性质. 物理学进展, 1997(17): 345～374

[53] Wang R H, Feuerbacher M, Wollgarten M, Urban K. Dislocation reactions in icosahedral Al-Pd-Mn quasicrystals. Phil Mag A, 1998(77): 523～540

[54] Yang W G, Feuerbacher M, Tamura N, Ding D H, Wang R H, Urban K. Atomic model of dislocations in Al-Pd-Mn icosahedral quasicrystals. Phil Mag A, 1998 (77): 1481～1497

[55] Wang R H, Feurbacher M, Yang W G, Urban K. Stacking faults in high-tempera-ture-deformed Al-Pd-Mn icosahedral quasicrystals. Phil Mag A, 1998(78): 273～284

[56] Lei J L, Wang R H, Hu C Z, Ding D H. Diffuse scattering from pentagonal qua-sicrystals. Phys Lett A, 1998(247): 343～352.

[57] 丁棣华, 王仁卉,杨文革,胡承正. 准晶的弹性、塑性与位错. 物理学进展, 1998 (18): 223～260

[58] Lei J L, Wang R H, Hu C Z, Ding D H. Diffuse scattering from decagonal qua-sicrystals. Phys Rev B, 1999(59): 822～828

[59] Lei J L, Hu C Z, Wang R H, Ding D H. Diffuse scattering from octagonal qua-sicrystals. J Phys: Condens Matter, 1999(11): 1211～1223

[60] Wang J B, Zhang R K, Ding D H, Wang R H. Positive-definite conditions of elastic constants of two-dimensional quasicrystals with non-crystallographic symmetries. Acta Cryst A, 1999(55): 558～560

[61] Hu C Z, Wang R H, Ding D H. Symmety groups, physical propety tensors, elastic-ity and dislocations in quasicrystals. Rep Prog Phys, 2000(63): 1～39

[62] Lei J L, Wang R H, Hu C Z, Ding D H. Diffuse scattering from dodecagonal qua-sicrystals. Eur Phys J B, 2000(13): 21～30

[63] Wang R H, Hu C Z, Lei J L, Ding D H. Theoretical aspects of thermal diffuse scat-tering from Quasicrystals. Phys Rev B, 2000(61): 5843～5845

[64] Yang W G, Wang R H, Feuerbacher M, Schall P, Urban K. Determination of the Burgers vector of dislocations in icosahedral quasicrystals by a high-resolution lattice-fringe technique. Phil Mag Lett, 2000(80): 281～288

[65] Wang R H, Defocus convergent beam electron diffraction determination of Burgers vectors of dislocations in quasicrystals. Micron, 2000(31): 475～486

[66] Wang R H, Yang W G, Gui J N, Urban K. Dislocation mechanism of high-temperature plastic deformation of Al-Cu-Fe and Al-Pd-Mn icosahedral quasicrystals. Mater Sci Eng A, 2000(294~296): 742~747

[67] Heggen M, Feuerbacher M, Schall P, Urban K, Wang R. Antiphase domains in plastically deformed Zn-Mg-Dy single quasicrystals. Phys Rev B, 2001 (64): 014202~014206

[68] Wang J B, Gastaldi J, Wang R H. Preliminary Characterization of Loop-Shaped Defect in AlPdMn Icosahedral Quasicrystal by Conventional X-ray Topography. Chin Phys Lett, 2001(18): 88~90

[69] Wang R H, Hu C Z, Lei J L. Theory of Diffuse scattering of Quasicrystals due to Thermalised Phonons and Phasons Fluctuations. Phys Stat Sol B, 2001(225): 21~34

[70] Gui J N, Wang J B, Wang R H, Wang D H, Liu J, Chen F Y. On some discrepancies in the literature about the formation of icosahedral quasicrystal in Al-Cu-Fe alloys. J Mater Res, 2001(16): 1037~1046

[71] Lei J L, Wang R H, Yin J H, Duan X F. Diffuse electron scattering determination of elastic constants of Al-Pd-Mn icosahedral quasicrystal. J Alloys Comp, 2002 (342): 326~329

[72] Weidner E, Lei J L, Frey F, Wang R H, Grushko B. Difuse scattering in decagonal Al-Ni-Fe. J Alloys Comp, 2002(342): 156~158

[73] Wang R H and Hu C Z. Dislocations in Quasicrystals. In: Intermetallic Compounds-Principles and Practice, Vol.3, Progress, Eds: J. H. Westbrook and R. L. Fleischer. West Sussex:John Wiley, 2002. 379~402

[74] Wang J B, Yang W G, Wang R H. Atomic model of anti-phase boundaries in a face-centred icosahedral Zn-Mg-Dy quasicrystal. J Phys: Condens Matter, 2003(15): 1599~1611

[75] Wang J B, Mancini L, Wang R H, Gastaldi J. Phonon-and phason-type spherical inclusions in icosahedral quasicrystals. J Phys: Condens Matter, 2003(15): L363~370

[76] Fang A H, Zou H M, Yu F M, Wang R H, Duan X F. Structure refinement of the icosahedral AlPdMn quasicrystal using quantitative convergent beam electron diffraction and symmetry-adapted parameters. J Phys: Condens Matter, 2003 (15): 4947~4960

[77] Zhao D S, Wang R H, Wang J B, Qu W B, Shen N F, Gui J N. The role of the phi-phase in the solidification process of Al-Cu-Fe icosahedral quasicrystal. Material Letters, 2003(57): 4493~4500

主要参考文献

[1]   R. Wang, J. Gui, S. Yao, Y. Cheng, G. Lu and M. Huang, High-temperature X-ray Diffraction Study of the Crystallization Process in Rapidly Quenched Al(Mn, Fe) Alloys, Phil. Mag. B. 1986, 54(2):L33~L37

[2]   Y. Cheng and R. Wang, Convergent-Beam Electron Diffraction Determination of the Extinction Distance of the Quasicrystalline Icosahedral Phase Solid State Commun.. 1988(68):795~797

[3]   Y. Cheng and R. Wang, Dynamical Theory of Electron Diffraction for Quasicrystals. phys. stat. sol. (b). 1989(152):33~37

[4]   Mingxing Dai and Renhui Wang, Experimental Observation and Computer Simulation of HOLZ Line Patterns of Quasicrystalline Icosahedral Phase. Solid state Commun.. 1990(73):77~80

[5]   Mingxing Dai and Renhui Wang, Comparative Investigation of Microarea Quasilattice Parameters of Al-Mn-Si and Al-Cu-Fe Icosahedral Phases by Using HOLZ Line Patterns. Acta Cryst. B. 1990(46):455~458

[6]   Mingxing Dai, Renhui WANG, Jianian GUI and Yanfa YAN, Transmission Electron Microscopic Analysis of Stacking Faults in a Decagonal Al-Co-Ni Alloy. Phil. Mag. Lett.. 1991,64(1):21~27

[7]   Zhouguang WANG, Renhui WANG and Wenfang Deng, Transmission-Electron-Microscopy Studies of Small Dislocation Loops in $Al_{76}Si_4Mn_{20}$ Icosahedral Phase. Physical Review Letters. 1991(66):2124~2127

[8]   Y. YAN, R. WANG, J. GUI, M. DAI and L. HE, Experimental Observation and Computer Simulation of high-order Laue zone Line Patterns of Al-Co-Ni Decagonal Quasicrystals, Phil. Mag. Lett.. 1992(65):33~41

[9]   Y. F. Yan, R. Wang and J. L. Feng, Burgers vector determination of dislocations in an $Al_{70}Co_{15}Ni_{15}$ decagonal quasicrystal Phil. Mag. Lett.. 1992, 66(4):197~201

[10]   Y. F. Yan and R. Wang, Experimental observations of small-angle grain boundaries in the $Al_{70}Co_{15}Ni_{15}$ decagonal quasicrystal, Phil. Mag. Lett.. 1992(66):253~258

[11]   Y. F. Yan, R. Wang, Experimental observations of effects on HOLZ lines induced by a stacking fault in an $Al_{70}Co_{15}Ni_{15}$ decagonal quasicrystal. J. Phys.: Condens. Matter. 1992(4):533~536

[12]   Y. F. Yan, R. Wang, J. Gui and M. Dai, Kikuchi patterns, index system and inflation properties of an $Al_{70}Co_{15}Ni_{15}$ decagonal phase. Acta Cryst.. 1993(B 49)

435~443

[13] Y. F. Yan and R. Wang, Transmission electron microscope observations of rectangular dislocation networks in an $Al_{70}Co_{15}Ni_{15}$ decagonal quasicrystal. J. Materials Res.. 1993(8):286~290

[14] Y. F. Yan and R. Wang, High-temperature-deformation introduced defects in an $Al_{70}Co_{15}Ni_{15}$ decagonal quasicrystal. Phil. Mag. Lett.. 1993(67):51~57

[15] Z. G. Wang and R. Wang, Computer simulation of diffraction contrast images of small dislocation loops in icosahedral quasicrystals. J. Phys.: Condens. Matter. 1993(5):2935~2946

[16] Y. F. Yan and R. Wang, The Burgers vector of an edge dislocation in an $Al_{70}Co_{15}$ Ni_{15} decagonal quasicrystal determined by means of convergent-beam electron diffraction. J. Phys.:Condens. Matter. 1993(5):L195~L200

[17] R. Wang and M. X. Dai, Burgers vector of dislocations in an icosahedral $Al_{62}Cu_{25.5}$ $Fe_{12.5}$ quasicrystal determined by means of convergent-beam electron diffraction, Phys. Rev. B. 1993(47):15326~15329

[18] Zhouguang Wang, Xiangxiu Yang and Renhui Wang, Ar^+-ion-irradiation-induced phase transformation in an $Al_{62}Cu_{25.5}Fe_{12.5}$ icosahedral quasicrystal J. Phys.: Condens. Matter. 1993(5):7569~7576

[19] Yanfa Yan and Renhui Wang, A transmission electron microscopy study of a dislocation dipole and dislocation pairs in an $Al_{70}Co_{15}Ni_{15}$ decagonal quasicrystal, Phil. Mag. A. 1993(68):1033~1038

[20] Jianglin Feng, Renhui Wang and Zhouguang Wang, A new six-dimensional Burgers vector of dislocations in icosahedral quasicrystals determined by convergent-beam electron diffraction, Phil. Mag. Lett.. 1993(68):321~326

[21] Di-hua Ding, Wenge Yang, Chengzheng Hu and Renhui Wang Generalized elasticity theory of quasicrystals, Phys. Rev. B. 1993(48):7003~7010

[22] Renhui Wang, Heishichiro Takahashi, Somei Ohnuki and Zhouguang Wang Irradiation-induced amorphization of the $Al_{76}Si_4Mn_{20}$ icosahedral quasicrystal Radiation Effects and Defects in Solids. 1994(129):173~180

[23] R. Wang, C. Qin, G. Lu, Y. Feng and S. Xu, Projection description of cubic quasiperiodic crystals with phason strains Acta Cryst. A. 1994(50):366~375

[24] W. H. Zou, R. Wang, J. Gui, J. Y. Zhao and J. H. Jiang, Standard Stereographic Diagrams and Indexing of X-Ray Laue Diffraction Spots of an Icosahedral Quasicrystal, J. Appl. Cryst.. 1994(27):13~19

[25] Renhui Wang, Jianglin Feng, Yanfa Yan and Mingxing Dai, Convergent-beam elec-

tron diffraction determination of the Burgers vectors of dislocations in Quasicrystals, Mater. Sci. Forum. 1994(150~151):323~334

[26] Jianglin Feng and Renhui Wang, Convergent-beam electron diffraction study of the Burgers vectors of dislocations in icosahedral quasicrystals, Phil. Mag. A, 1994(69):981~994

[27] Z. G. Wang, M. X. Dai and R. Wang, Observation and simulation of a small dislocation loop in Al-Pd-Mn face-centred icosahedral quasicrystal, Phil. Mag. Lett.. 1994(69):291~296

[28] Jianglin Feng and Renhui Wang. Fivefold and threefold-type dislocations in an Al-Cu-Fe icosahedral quasicrystal identified by defocus convergent-beam electron diffraction, Phil. Mag. Lett.. 1994(69):309~315

[29] Z. G. Wang, R. Wang and J. L. Feng, Dynamical simulations of diffraction contrast images of straight dislocations in icosahedral quasicrystals, Phil. Mag. A. 1994(70):577~590

[30] Wenge Yang, Dihua Ding, Chenzheng Hu and Renhui Wang, Group-theoretical derivation of the numbers of independent physical constants of quasicrystals Phys. Rev. B. 1994(49):12656~12661

[31] Jianglin Feng and Renhui Wang, Burgers vector determination for quasi-crystalline dislocations by the diffraction contrast technique, J. Phys. : Condens. Matter.. 1994(6):6437~6446

[32] Renhui Wang, Xiangxiu Yang, Wenhui Zou, Zhouguang Wang, Jianian Gui and Jianhua Jiang White-beam synchrotron radiation study of dislocations in an $Al_{62}Cu_{25.5}Fe_{12.5}$ icosahedral quasi-crystal, J. Phys. :Condens. Matter. 1994(6):9009~9016

[33] Yueling Qin, Renhui Wang. Qinglin Wang, Yimin Zhang and Cunxu Pan Ar^+-ion-irradiation-induced phase transformations in an $Al_{70}Co_{15}Ni_{15}$ decagonal quasicrystal Phil. Mag. Lett.. 1995(71):83~90

[34] Renhui wang, Xiangxiu Yang, H. Takahashi and S. Ohnuki, Phase transformation induced by irradiating an $Al_{62}Cu_{25.5}Fe_{12.5}$ icosahedral quasicrystal J. Phys. : Condens. Matter. 1995(7):2105~2114

[35] Di-hua Ding, Renhui Wang, Wenge Yang and chengzheng Hu, General expressions for the elastic displacement fields induced by dislocations in quasicrystals J. Phys. : Condens. Matter. 1995(7):5423~5436

[36] Wenge Yang, Jianlin Lei, Di-hua Ding, Renhui Wang and Chengzheng Hu, Elastic displacement fields induced by dislocations in dodecagonal quasicrystals, Phys. Lett. A. 1995(200):177~183

[37]   Wenge Yang, Renhui Wang, Di-hua Ding and Chengzheng Hu, Group-theoretical derivation of quadratic elastic invariants of two-dimensional quasicrystals of rank five and rank seven, J. Phys. Condens. Matter. 1995(7):7099~7112

[38]   Di-hua Ding, Renhui Wang, Wenge Yang, Chengzheng Hu and Yuelin Qin Elasticity theory of straight dislocations in quasicrystals, Phil. Mag. Lett. . 1995(72): 353~359

[39]   Di-hua Ding, Yueling Qin, Renhui Wang, Chengzheng Hu and Wenge Yang Generalisation of Eshlby's method to the anisotropic elastiity theory of dislocations in quasicrystals, Acta. Phys. Sinica (Overseas Edition). 1995(4):816~824

[40]   Jianglin Feng, Renhui Wang and Mingxing Dai, Observation and analysis of extended dislocations in an Al-Pd-Mn icosahedral quasicrystal by transmission electron microscopy, J. Mater. Res. . 1995(10):2742~2748

[41]   X. X. Yang, R. Wang and X. J. Fan, Phase transitions in $Al_{62}Cu_{25.5}Fe_{12.5}$ quasicrystal induced by low-temperature Ar^{2+} irradiation. Phil. Mag. Lett. . 1996(73):121~127

[42]   C. Z. Hu, R. Wang, W. G. Yang and D.-H. Ding. Point groups and elastic properties of two-dimensional quasicrystals, Acta Cryst. A. 1996(52):251~256

[43]   C. Z. Hu, R. Wang, D,-H. Ding and W. G. Yang. Structural Transitions in Octagonal, Decagonal and Dodecagoal Quasicrystals Phys. Rev. B. 1996 (53): 12031~12034

[44]   Wenge Yang, Di-Hua Ding, Renhui Wang and Chengzheng Hu. Thermodynamics of equilibrium properties of quasicrystals, Z. Phys. B. 1996(100):447~454

[45]   Wenge YANG, Jianian GUI and Renhui WANG. Some new stable one dimensional quasicrystals in an $Al_{65}Cu_{20}Fe_{10}Mn_5$ alloy Phil. Mag. Lett. . 1996(74):357~366

[46]   Yueling QIN, Renhui WANG, Di-hua DING and Jianlin LEI, Analytical expression of the elastic displacement fields induced by straight dislocations in decagonal, octogonal and dodecagonal quasicrystals, J. Phys. :Condens. Matter. . 1997(9):859~ 872

[47]   Renhui WANG, Wenge YANG, Chengzheng HU and Di-hua DING, Point and space groups and elastic behaviours of one-dimensional quasicrystals, J. Phys. :Condens. Matter, 1997(9):2411~2422

[48]   Yueling QIN, Renhui WANG and Qinglin WANG, Ar ion irradiation effects in an $Al_{70}Co_{15}Ni_{15}$ decagonal quasicrystal, Rad. Effects and Defects in Solids. 1997(140): 335~349

[49]   Lei Jianlin, Wang Renhui, Ding Dihua, Wang Zhouguang, Calculation and Illustra-

tion of Section-Projection Diagrams of Quasicrystals Wuhan University Journal of Natural Sciences. 1997(2):40~44

[50] Duanzheng Yao, Renhui Wang, Di-Hua Ding and Chengzheng Hu. Evaluation of some useful integrals for the theory of dislocations in quasicrystals. Phys. Lett.. 1997(225):127~133

[51] Chengzheng Hu, Renhui Wang, Di-Hua Ding, and Wenge Yang, Piezoelectric effects in quasicrystals, Phys. Rev. B. 1997(56):2463~2468

[52] 胡承正,杨文革,王仁卉,丁棣华. 准晶的对称性和物理性质. 物理学进展, 1997,17(4):345~374

[53] Renhui Wang, Michael Feuerbacher, Markus Wollgarten and Knut Urban Dislocation reactions in icosahedral Al-Pd-Mn quasicrystals, Philosophical Magazine. 1998, A77(2):523~540

[54] Renhui Wang, Michael Feurbacher, Wenge Yang and Knut Urban, Stacking faults in high-temperature-deformed Al-Pd-Mn icosahedral quasicrystals. Philosophical Magazine. 1998,A78(2):273~284

[55] Jianlin Lei, Renhui Wang, Chengzheng Hu and Di-hua Ding. Diffuse scattering from pentagonal quasicrystals, Phys. Lett.. 1998(247):343~352

[56] 丁棣华,王仁卉,杨文革,胡承正,准晶的弹性、塑性与位错. 物理学进展,1998. 18(3):223~260